Erich Lohrmann und Paul Söding

Von schnellen Teilchen und hellem Licht

Beachten Sie bitte auch weitere interessante Titel zu diesem Thema

Badge, P.

Nobel Faces

A Gallery of Nobel Prize Winners

2008

ISBN: 978-3-527-40678-4

Hoffmann, D., Walker, M. (Hrsg.)

Physiker zwischen Autonomie und Anpassung

Die Deutsche Physikalische Gesellschaft im Dritten Reich

2007

ISBN: 978-3-527-40585-5

Renn, J.

Auf den Schultern von Riesen und Zwergen

Einsteins unvollendete Revolution

2006

ISBN: 978-3-527-40595-4

Renn, J. (Hrsg.)

Albert Einstein - Ingenieur des Universums

Hundert Autoren für Einstein

2005

ISBN: 978-3-527-40579-4

Renn, J. (Hrsg.)

Einstein's Annalen Papers

The Complete Collection 1901 - 1922

2005

ISBN: 978-3-527-40564-0

Erich Lohrmann und Paul Söding

Von schnellen Teilchen und hellem Licht

50 Jahre Deutsches Elektronen-Synchrotron DESY

WILEY-VCH Verlag GmbH & Co. KGaA

Autoren

Prof. Dr. Erich Lohrmann
erich.lohrmann@desy.de

Prof. Dr. Paul Söding
paul.soeding@desy.de

Titelbild
Elektron-Proton-Speicherring HERA
(Bildrechte: DESY)

1. Auflage 2009

Bibliografische Information der Deutschen Nationalbibliothek
Die Deutsche Nationalbibliothek verzeichnet diese Publikation in der Deutschen Nationalbibliografie; detaillierte bibliografische Daten sind im Internet über <http://dnb.d-nb.de> abrufbar.

Printed in the Federal Republic of Germany

Gedruckt auf säurefreiem Papier.

Satz Uwe Krieg, Berlin

Druck und Bindung Strauss GmbH, Mörlenbach

ISBN: 978-3-527-40990-7

Inhaltsverzeichnis

Von schnellen Teilchen und hellem Licht: 50 Jahre Deutsches Elektronen-Synchrotron DESY.
Erich Lohrmann und Paul Söding

ISBN: 978-3-527-40990-7

Vorwort

Die vergangenen 50 Jahre haben bedeutende Fortschritte in der Physik, Chemie und Biologie mit sich gebracht. Für zwei der erfolgreichsten und spannendsten Wissenschaftszweige war dabei die Entwicklung großer Teilchenbeschleuniger zugleich Voraussetzung und Motor.

Das eine dieser Gebiete ist die Teilchenphysik, die Physik der kleinsten Bausteine der Materie und der fundamentalen Kräfte, die alles zusammenhalten. Hier ist man innerhalb weniger Jahrzehnte von einem arg bruchstückhaften Wissen zu einem mathematisch konsistenten, zusammenhängenden Bild der Materie und der Naturkräfte gelangt, das heute als das ‚Standardmodell der Teilchenphysik' bekannt ist und das Funktionieren und den Zusammenhalt der kleinsten Teile der Materie so perfekt beschreibt, dass es bisher alle, zum Teil sehr genaue, Prüfungen bestanden hat.

Das zweite Gebiet, welches neue Möglichkeiten für die physikalische, chemische und biologische Forschung bereitstellte, entstand sogar vollkommen neu, und zwar durch die Entdeckung einer überaus leistungsfähigen und vielseitigen Quelle für elektromagnetische Strahlung, woraus ein außerordentlich wertvolles Werkzeug für Untersuchungen und Anwendungen auf den verschiedensten Gebieten der Wissenschaft und Technik entwickelt wurde. Es ist die Synchrotronstrahlung, die erstmals 1947 an einem Elektronen-Synchrotron der Firma General Electric beobachtet und später systematisch in immer vielseitigeren Anwendungen genutzt wurde.

Auf beiden Gebieten war das in Hamburg beheimatete Deutsche Elektronen-Synchrotron DESY ein wichtiger Mitspieler[1]. Aus einem universitären Umfeld heraus gegründet hat sich das Institut, von bescheidenen Anfängen im Jahr 1956 ausgehend, einen Platz unter den weltweit führenden Zentren für die Entwicklung und den Bau von Beschleunigern für die Teilchenforschung und die Anwendung der Synchrotronstrahlung schaffen können. Viele der Forschungsergebnisse, die am DESY erzielt wurden, waren Meilensteine auf dem Weg zum Standardmodell, darunter die Spektroskopie von Charmonium, welche eine starke Stütze des Quarkmodells lieferte, die Entdeckung des Gluons, des Quants der starken Wechselwirkung, oder die Entdeckung der quantenme-

[1] Seit 2008 offiziell ‚Deutsches Elektronen-Synchrotron, Ein Forschungszentrum der Helmholtz-Gemeinschaft'.

Von schnellen Teilchen und hellem Licht: 50 Jahre Deutsches Elektronen-Synchrotron DESY.
Erich Lohrmann und Paul Söding

ISBN: 978-3-527-40990-7

chanischen Mischung der B-Mesonen, welche eine Brücke zu kosmologischen Fragen wie die Existenz von Materie im Universum schlägt.

Das Deutsche Elektronen-Synchrotron DESY bietet Forschungsmöglichkeiten für Universitäten und Forschungsinstitute auf der ganzen Welt. Die enge Einbindung der Universitäten mit ihren Studenten war ein Schlüssel für den wissenschaftlichen Erfolg. Diese enge Verzahnung zeigt sich auch an der großen Zahl von Doktoranden der Universitäten, die ihre Arbeit am DESY angefertigt haben: Auf dem Gebiet der Teilchenphysik waren es weit mehr als 1000 Doktoranden, und eine ebenfalls große und wachsende Zahl auf dem Gebiet der Synchrotronstrahlung.

Einige Zahlen mögen den zurückgelegten Weg verdeutlichen. Im Jahr 1969 verfügte das DESY über einen Beschleuniger mit einer Schwerpunktenergie von 3,4 GeV. Im Jahr 1999 waren es zwei Beschleuniger und zusätzlich drei Speicherringe, davon HERA mit einer Schwerpunktenergie von über 300 GeV. Die Schwerpunktenergie ist ein Maß für das Entdeckungspotential. Die Steigerung von 3,4 GeV auf 300 GeV – ein Faktor von rund 90 – wurde möglich durch die Fortschritte in der Kunst des Beschleunigerbaus, an denen DESY seinen maßgeblichen Anteil hatte.

Die Entwicklung auf dem Gebiet der Synchrotronstrahlung ist eher noch imponierender. Die Leistung der am DESY heute vorhandenen Strahlungsquellen übertrifft die der früher ausschließlich verwendeten Röntgenröhren um den Faktor 10^{12} (!). Dies hat viele neuartige Anwendungen auf dem Gebiet der Physik, der Chemie, der Molekularbiologie, der Medizin sowie industrielle Anwendungen ermöglicht. Die gegenwärtige Entwicklung der Beschleunigertechnik am DESY ist dazu bestimmt, mit dem neuen Freie-Elektronen-Laser FLASH, dem Umbau von PETRA zu PETRA III und dem geplanten Röntgenlaser XFEL diese Entwicklung entschieden weiter zu fördern. Die Abb. 1 macht die Entwicklung und den Ausbau der Beschleuniger und Speicherringe am DESY deutlich. Entsprechend stieg auch die Zahl der wissenschaftlichen Nutzer von 1969 bis zum Jahr 2000 um mehr als den Faktor 10 und beträgt heute fast 3000.

All dies wurde mit einem vergleichsweise bescheidenen Wachstum der Mitarbeiterzahl und des Budgets geleistet. Im Jahr 1969 waren es 922 und im Jahr 1999 dann 1562 Mitarbeiter, wobei die zweite Zahl die 1992 aus dem früheren DDR-Institut in Zeuthen hinzugekommenen Mitarbeiter einschließt.

Gegenstände dieses Buches sind die Forschungsziele und -Ergebnisse, die Beschleuniger und Experimente sowie die wichtigen Entscheidungen und Personen, und zwar von den Anfängen bis in das Jahr 2003. Der Endpunkt wurde einerseits gewählt, um zumindest einen kleinen zeitlichen Abstand zur Gegenwart zu halten, wie es jeder Geschichtsschreibung angeraten ist. Der wichtigere Grund war die im Jahr 2003 erfolgte Zäsur durch die Entscheidung für den Bau des Röntgenlasers „XFEL“ bei DESY mit der gleichzeitigen Einstellung der Vorbereitungen für den Bau eines neuen Hochenergie-Linearbeschleunigers in Hamburg. Dies markierte eine strategische Weichenstellung, insofern als die Beschleunigerentwicklung bei DESY nunmehr vorwiegend auf die Synchrotronstrahlung ausgerichtet wurde. Mit der Beendigung des Betriebs der HERA-Maschine im Jahr 2007 verblieb von den zwei großen Hochenergie-Beschleunigerzentren in Europa allein das europäische Teilchenphysik-Zentrum CERN in Genf.

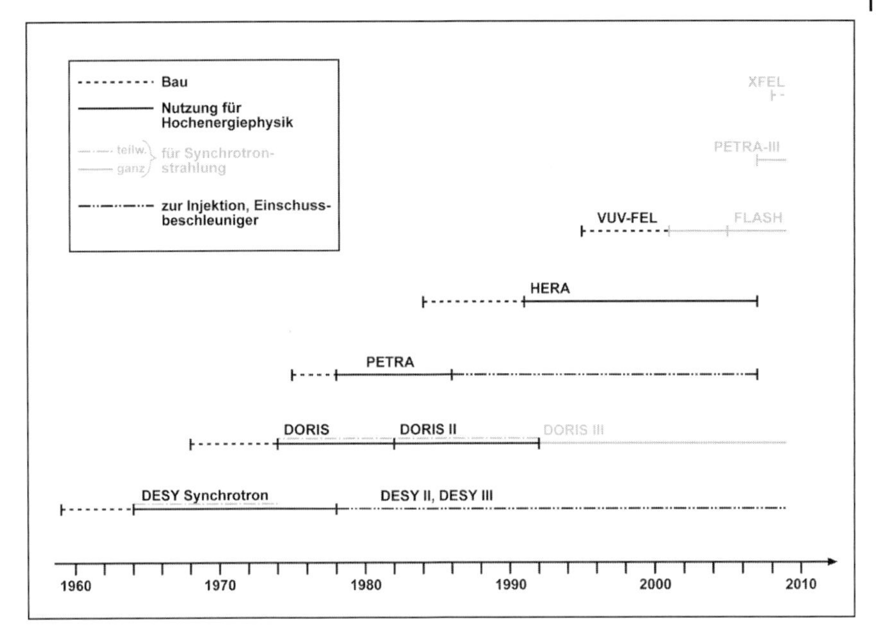

Abbildung 1 Beschleuniger und Speicherringe am DESY (DESY-Archiv).

Was ist der Sinn des Unternehmens DESY? Professor Willibald Jentschke, der Gründungsvater des DESY, hat es seinerzeit so formuliert: „Mag sich auch die Frage aufdrängen, ob diese Anstrengungen und dieser große Einsatz von Menschen und Material gerechtfertigt sind, so ist darauf zu sagen, dass die Natur von uns diesen Einsatz erfordert, wenn wir in ihre tiefsten Geheimnisse eindringen wollen. Das Forschen mit diesen Maschinen ist ein großes Abenteuer. Soll es uns doch die innerste Struktur jener Bausteine enthüllen, aus denen wir selbst alle bestehen. Nicht die Erforschung eines Teilgebietes der Physik ist das Ziel, sondern die Erforschung des Aufbaus der Welt im Ganzen."

Dieses Buch ist den vielen Kollegen und Mitarbeitern in- und außerhalb von DESY gewidmet, mit denen zusammen die Autoren über Jahrzehnte an einem spannenden wissenschaftlichen Abenteuer teilgenommen haben. Das DESY war in wesentlich stärkerem Mass, als es in dieser Darstellung zum Ausdruck kommen konnte, ein Gemeinschaftswerk, nur möglich dank der engagierten Zusammenarbeit zahlreicher Menschen, die ihre Ideen, ihren Sachverstand, ihren Ehrgeiz verbunden mit großer sozialer Kompetenz in die gemeinsame Sache eingebracht haben. Und nicht zuletzt beruhte der Erfolg auch auf der stetigen Unterstützung und Förderung durch weitsichtige Politiker vom Bund und den Ländern.

Viel mehr Namen als im Text aufgeführt hätten verdient, genannt zu werden; die Autoren bitten um Verständnis, dass sie sich in dieser Hinsicht sehr beschränken mussten. Wenn Projekte der Größenordnung, wie sie Gegenstand dieses Buches sind, erfolgreich durchgeführt werden können, dann ist dies kein Verdienst einzelner, sondern er ruht auf sehr vielen Schultern. Doch würde eine Darstellung allzu farblos bleiben, wenn sie nicht durch Hervorhebung einiger der handelnden Personen und ihrer besonderen Beiträge mit Leben erfüllt würde.

Zu danken haben die Autoren für vielfache Hilfe bei ihrem Buchvorhaben, sowohl was technische Belange angeht als auch besonders in Gestalt wichtiger Anregungen, Hinweise und Ergänzungen, dem Auffrischen von Erinnerungen, der Durchsicht von Entwürfen und sachlicher Richtigstellungen. Wir nennen dabei besonders Hermann Kumpfert, Prof. Peter Schmüser, Prof. Volker Soergel, Prof. Berndt Sonntag, Prof. Gustav Adolf Voss, Dr. Pedro Waloschek, Prof. Günter Wolf und weiter in alphabetischer Reihenfolge Ulrike Behrens, Prof. Wilfried Buchmüller, Prof. David Cassel, Dr. Donatus Degèle, Dr. Rolf Felst, Petra Folkerts, Dr. Jörg Gayler, Dr. Ulrich Gensch, Dr. Robert Gerwin, Dr. Peter von Handel, Prof. Robert Klanner, Dr. Michael Koch, Dr. Martin Köhler, Prof. Gustav Kramer, Prof. Christof Kunz, Wiebke Laasch, Dr. Frank Lehner, Britta Liebaug, Prof. Eckhard Mandelkow, Prof. Gerhard Materlik, Prof. Hinrich Meyer, Dr. Dieter Mönkemeyer, Margitta Müller, Susanne Niedworok, Dr. Dieter Notz, Dr. Hermann Scheuer, Prof. H. Schopper, Dr. Hermann Schunck, Dr. Young-Hwa Song, Dr. Christian Spiering, Dr. Andreas Schwarz, Dietmar Schmidt, Dr. Michael Walter, Martin Wendt und Uwe Wolframm.

Die Verantwortung für Fehler und andere Unzulänglichkeiten in diesem Buch tragen natürlich allein die Autoren.

Zu den Autoren:

Erich Lohrmann

Paul Söding

Erich Lohrmann: Promotion 1956 an der Technischen Hochschule Stuttgart, danach Arbeiten zur kosmischen Strahlung und Hochenergiephysik an den Universitäten Bern, Frankfurt und Chicago, seit 1961 Wissenschaftler am DESY, Experimente am Synchrotron und an allen Speicherringen des DESY und am CERN, 1968–72 und 1979–81 Leiter des Forschungsbereichs und Mitglied des DESY-Direktoriums, 1976–78 Mitglied des CERN-Direktoriums, seit 1976 Professor an der Universität Hamburg, 1994–95 Sprecher des Fachbereichs Physik, Emeritierung 1996.

Paul Söding: 1957 einer der ersten Diplomanden von W. Jentschke. Promotion und Habilitation an der Universität Hamburg, Aufenthalte an der University of California in Berkeley und an der Cornell-Universität (NY). Ab 1969 leitender Wissenschaftler am DESY. Experimente an Beschleunigern beim DESY, am CERN und in den USA. 1982–91 Leiter des Forschungsbereichs und Mitglied des DESY-Direktoriums, anschließend Leiter des Forschungsbereichs DESY-Zeuthen bis 1998. Lehrtätigkeit an der Universität Hamburg und der Humboldt-Universität zu Berlin.

1
Die Gründung des Forschungszentrums DESY

Die Geschichte beginnt im Jahr 1955. Die wissenschaftspolitischen und äußeren Umstände waren der Gründung eines größeren wissenschaftlichen Unternehmens günstig:

- Deutschland erhielt 1955 einen Teil seiner Souveränität zurück. Damit fiel das Verbot, kernphysikalische Forschungen zu betreiben.
- Das neugegründete Bundesministerium für Atomkernenergie[1] (BMAt) unter Franz Josef Strauss hatte Geld und war zu großen Unternehmungen bereit.
- Die Kernphysik hatte ein hohes Ansehen und es bestand in Deutschland ein großes Bedürfnis, den Vorsprung des Auslands auf diesem aktuellen Forschungsgebiet aufzuholen.
- Die 1954 erfolgte Gründung des CERN, des europäischen Zentrums für subatomare Forschung, konnte als Beispiel und Anreiz dienen.

Die damit gebotene Chance zu ergreifen – dazu bedurfte es jedoch einer außergewöhnlichen Persönlichkeit. Sie trat auf in Gestalt eines 44-jährigen, aus Wien stammenden Kernphysikers, der in den USA Karriere gemacht und 1954 einen Ruf als Professor an die Universität Hamburg erhalten hatte: Willibald Jentschke. Er war mit den Großprojekten der Forschung in den USA vertraut, war er doch selbst dort in leitender Funktion tätig gewesen. Hamburg konnte ihn nur reizen, wenn er hier ebenfalls etwas Neues, Großes würde aufbauen können. Dass ihm dies gelingen sollte, war neben seiner fachlichen Kompetenz und dem Ehrgeiz, in der vordersten Liga der Physik mitzuspielen, ganz besonders auch seiner Hartnäckigkeit und Unverfrorenheit gepaart mit geschickt eingesetztem Wiener Charme zu verdanken.

Die näheren Hintergründe und Einzelheiten sind in dem Buch von C. Habfast [1] geschildert; sie werden hier gekürzt wiedergegeben.

Die Geschichte beginnt also mit Willibald Jentschke. Er wurde am 6. Dezember 1911 in Wien geboren. Im Alter von 24 Jahren wurde er an der Universität Wien mit einer kernphysikalischen Arbeit promoviert. Bereits 1938, kurz vor der Entdeckung

[1] Ab 1957 wurde es zum Bundesministerium für Atomkernenergie und Wasserwirtschaft.

Von schnellen Teilchen und hellem Licht: 50 Jahre Deutsches Elektronen-Synchrotron DESY.
Erich Lohrmann und Paul Söding

ISBN: 978-3-527-40990-7

Abbildung 1.1 Professor Willibald Jentschke (DESY-Archiv).

der Uranspaltung durch Hahn und Strassmann, hatte er sich mit der Kernphysik von Uran beschäftigt, und 1939 publizierte er im Anzeiger der Akademie der Wissenschaften in Wien eine Arbeit mit dem Titel: „Über die Uranbruchstücke durch Bestrahlung von Uran mit Neutronen". Weitere Arbeiten zum selben Thema folgten in der ‚Zeitschrift für Physik' und in den ‚Naturwissenschaften'. Damit hatte er sich als einer der Experten für Uranspaltung etabliert, und während des Krieges arbeitete er weiterhin an Fragen der Physik der Uranspaltung. Nach dem Krieg erhielt er 1947 ein Angebot, in die USA zu gehen, vielleicht auch unter dem Eindruck der russischen Konkurrenz bei der Rekrutierung wissenschaftlicher Talente [2]. Von 1950 bis 1956 war er Professor an der University of Illinois at Urbana und ab 1951 Direktor des dortigen Zyklotron-Laboratoriums. Unter seiner Leitung wurde das Zyklotron umgebaut und modernisiert. Jentschke war damit als Experte in Kernphysik und im Bau von Kernphysik-Beschleunigern ausgewiesen.

Im Jahre 1954 erhielt er einen Ruf an die Universität Hamburg. Um ihn angesichts der günstigen Arbeitsbedingungen in den USA abzuwerben, war aber eine gewisse Großzügigkeit von Seiten seines potentiellen neuen Arbeitgebers, der Freien und Hansestadt Hamburg, erforderlich. Dies erklärt wenigstens zum Teil die Verhandlungsbereitschaft der Hamburger Behörden. Auf der Seite der Universität war es vor allem Professor Heinz Raether, der sich für die Berufung Jentschkes einsetzte – er wollte die „große Physik" nach Hamburg holen. Jentschkes Erfolge bei den Verhandlungen mit den Hamburger Behörden sind legendär. In jede neue Verhandlung kam er mit noch höheren Forderungen, und schließlich bewilligte der Senat am 2. August 1955 die für damalige Verhältnisse ungeheuerliche Summe von 7,35 Mio DM[2]. Damit sollte ein neues Physikinstitut entstehen, dessen Mittelpunkt eine ‚Kernmaschine' bilden würde.

Jentschke nahm den Ruf an die Universität Hamburg am 18. 10. 1955 an, und im Sommer 1956 kam er endgültig nach Hamburg.

In der Zwischenzeit hatte er erkannt, dass die Entscheidung über die Eigenschaften dieser Kernmaschine sorgfältiger Überlegung bedurfte. Von Hause aus ein Kernphysiker, hatte er doch in den USA den Aufbruch in das neue Gebiet der Hochenergiephysik wahrgenommen. Seine finanziellen Forderungen beruhten auf dem Bestreben, in Hamburg ein international konkurrenzfähiges Projekt auf diesem Gebiet zu realisieren. Eine Gelegenheit zur Konsultation mit deutschen Kollegen ergab sich bei dem internationalen Symposium über ‚High Energy Particle Accelerators' am CERN in Genf vom 11. 6.–16. 6. 1956. Eine Diskussionsrunde, an der neben Jentschke auch W. Gentner, W. Paul, W. Riezler, Ch. Schmelzer, A. Schoch und W. Walcher teilnahmen, arbeitete einen Plan für den zukünftigen Beschleuniger aus, der in Hamburg unter Jentschkes Leitung entstehen sollte [3]. Diese Runde bestand aus Deutschlands besten und erfahrensten Experten auf diesem Gebiet. So waren z. B. W. Gentner, Ch. Schmelzer und A. Schoch maßgeblich an der Entwicklung und am Bau des Synchro-Zyklotrons SC und des großen 24 GeV Protonen-Synchrotrons PS am CERN beteiligt. Der spätere Nobelpreisträger W. Paul hatte 1954 am Bonner Physikalischen Institut mit dem Bau eines 500 MeV Elektronen-Synchrotrons begonnen. Die Maschine verwendete erstmals in Europa das Prinzip der starken Fokussierung [4], welches den Bau großer Synchrotrons revolutionieren sollte – eine echte Pionierleistung. Das Bonner Synchrotron ging 1958 in Betrieb, ein Jahr früher als das PS am CERN.[3] Professor Walcher hat später anlässlich der Gründung von DESY in einer Tischrede im Hamburger Rathaus die Kernpunkte der damaligen Diskussion beschrieben[4]: Es war den Beteiligten klar, dass die Hochenergiephysik ein neues wichtiges und aktuelles Forschungsgebiet sein würde. Das Ziel war, den jungen deutschen Physikern neben CERN auch im eigenen Land adäquate Möglichkeiten durch den Bau einer eigenen Forschungsanlage zu bie-

[2] 1 EUR = 1,9558 DM

[3] Die weltweit erste Maschine dieser Art war ein 1,5 GeV Elektronen-Synchrotron, von Robert R. Wilson an der Cornell Universität erbaut und 1953 in Betrieb genommen [5, 6].

[4] Er sprach als Mitglied des Arbeitsausschusses für die Vorbereitung von DESY sowie als Vorsitzender der Deutschen Physikalischen Gesellschaft, und damit auch als Sprecher der ganzen deutschen Physikergemeinde. Seine Rede gibt eine gute Darstellung der damaligen Situation. Das macht sie historisch interessant. Sie ist deshalb im Wortlaut im Anhang E wiedergegeben.

ten. Schon hatten die anderen großen europäischen Nationen solche Pläne gefasst. Da wollten die deutschen Physiker nicht zurückstehen.

Das Ergebnis der Diskussion in Genf war das sogenannte ‚Genfer Memorandum'. Darin wurde der Bau eines Elektronen-Synchrotrons von etwa 6 GeV Energie vorgeschlagen. So wurde die Konkurrenz mit den großen Protonen-Synchrotrons vermieden, die am CERN in Genf und am Brookhaven Nationallaboratorium in den USA im Bau waren, und zugleich die Aussicht zu komplementären Untersuchungen eröffnet. Die Energie von 6 GeV war die größte Energie, die man damals realistischerweise mit Elektronen-Synchrotrons zu erreichen hoffte. Der Grund für diese Grenze ist die Synchrotronstrahlung, die der umlaufende Elektronenstrahl des Synchrotrons erzeugt. Die Intensität dieser Strahlung steigt rasch mit der Energie an, und damit wachsen auch die Schwierigkeiten für den Betrieb einer derartigen Maschine.

Günstig für diesen Vorschlag war auch, dass Prof. M. S. Livingston, einer der Erfinder der starken Fokussierung, an der Harvard Universität ebenfalls den Bau eines 6 GeV Elektronen-Synchrotrons vorbereitete, den ‚Cambridge Electron Accelerator' (C.E.A.). Professor Livingston bot den deutschen Kollegen in uneigennütziger Weise seine Hilfe beim Bau einer Schwestermaschine an, und die Aussicht, von der Erfahrung der Amerikaner profitieren zu können, war hochwillkommen. Die beiden Maschinen in Cambridge und Hamburg würden die größten dieser Art in der Welt sein und damit in Neuland vorstoßen können. Und auch in anderer Beziehung stieß dieser Plan in Neuland vor: Die Maschine sollte allen kompetenten Physikern in Deutschland zur Nutzung zur Verfügung stehen und nicht mehr ausschließlich ‚Eigentum' eines einzelnen Instituts sein.

In dem Genfer Memorandum wurde weiterhin vorgeschlagen, die Maschine in Hamburg unter der Leitung von W. Jentschke zu bauen. Hierbei spielten sicher die 7,35 Mio DM, die Hamburg zugesagt hatte, eine Rolle und auch dass die Aussicht bestand, in Hamburg ein günstiges Gelände für den Bau zu finden.

Am 27. 6. 1956 wurde das Genfer Memorandum, welches wichtige Unterstützung von Werner Heisenberg erfuhr, dem Arbeitskreis Kernphysik des BMAt vorgetragen und fand die Zustimmung der Physiker und auch der Behörde. Ministerialdirigent Dr. Alexander Hocker vom BMAt schlug vor, auch die Bundesländer zu beteiligen. Damit wurde der Zuständigkeit der Bundesländer für die Forschung Rechnung getragen und die deutschen Universitäten von Anfang an mit eingebunden. Dies sollte sich als sehr hilfreich erweisen. Am 21/22. 7. 1956 befasste sich auch der Fachausschuss Kernphysik der Deutschen Physikalischen Gesellschaft mit den Plänen. Dem Genfer Memorandum folgend schlug er als Sitz des Beschleunigers Hamburg und als Projektleiter Willibald Jentschke vor. Schließlich stimmte die Kultusministerkonferenz in ihrer Sitzung am 15. 12. 1956 dem Plan der Errichtung eines Hochenergiebeschleunigers in Hamburg ebenfalls zu.

Ende 1956 wurde ein vorläufiger Arbeitsausschuss etabliert. Ihm gehörten die Professoren W. Jentschke, W. Paul und W. Walcher, sowie Ministerialdirigent Dr. A. Hocker vom BMAt und der leitende Regierungsdirektor Dr. H. Meins und der Regierungsrat H.-L. Schneider von der Hamburger Behörde an. Dieses Gremium war für die wissenschaftliche Planung und die organisatorischen Maßnahmen bis zur offiziellen Gründung von DESY am 18. 12. 1959 verantwortlich. Auch ein Name wurde gefunden: ‚Deutsches Elektronen-Synchrotron DESY'.

Der Weg bis zur offiziellen Gründung von DESY war aber noch lang und steinig. Einer der zentralen Streitpunkte zwischen dem Bund und den Ländern war die Finanzierung und Kontrolle des neuen Forschungszentrums. Die Wissenschaft, und das war unbestreitbar der Gegenstand von DESY, gehörte in die Kompetenz der Bundesländer, worüber sie eifersüchtig wachten, einmal aus Prinzip, zum anderen weil sie eine enge Anbindung von DESY an die Universitäten und deshalb eine gewisse Kontrolle wünschten. Die Kooperation mit den Universitäten war von den Gründungsvätern so gewollt und unter den beteiligten Behörden nicht wirklich strittig. Es war auch klar, dass die Finanzierung der verschiedenen neuen in der Gründung begriffenen Forschungszentren, von denen DESY eines war, die Möglichkeiten der Länder deutlich übersteigen würde, und dass eigentlich nur das BMAt über die notwendigen Mittel verfügte. Ein Kompromiss war nötig, und um die Details wurde lange gerungen. Nach hartnäckigen Verhandlungen kam 1959 endlich eine Einigung zustande [1].

Ein ebenfalls sehr schwieriges Kapitel war die Rechtsform, wofür ein eingetragener Verein oder eine Stiftung zur Auswahl standen. Darin ging es unter anderem um eine Abwägung der Rechte und des Einflusses der Ministerien und der Wissenschaftler. Man einigte sich schließlich 1959 auf die Rechtsform einer Stiftung und auf eine Satzung [1].

Die offizielle Gründung von DESY als eine selbständige Stiftung des bürgerlichen Rechts erfolgte am 18. 12. 1959 in Hamburg durch die Unterzeichnung eines Staatsvertrags zwischen der Bundesrepublik Deutschland und der Freien und Hansestadt Hamburg (Abb. 1.2).

Als Zweck der Stiftung nannte die Satzung in der damaligen Fassung: „Zweck der Stiftung sind die Errichtung und der Betrieb eines Hochenergiebeschleunigers zur Förderung der physikalischen Grundlagenforschung auf dem Gebiet der Atomkerne und Elementarteilchen und die Durchführung der damit zusammenhängenden Untersuchungen."

Nach dem Staatsvertrag verpflichteten sich die Stifter Bund und Hamburg, die Baukosten bis in Höhe von 60 Mio DM im Verhältnis 85:15 aufzubringen. Von den Betriebskosten sollte der Bund 50% und die Länder, nach einem Beschluss ihrer Ministerpräsidenten vom 19. 7. 1959, nach dem Schlüssel des Königsteiner Staatsabkommens den Rest zahlen, wobei Hamburg zusätzlich mit einer Sitzlandquote beteiligt war. Dieses Verfahren war in der Praxis schwierig, um nicht zu sagen schmerzhaft. Der Grund war die große Zahl der an der Finanzierung beteiligten Partner und die komplizierten Förderbedingungen, eine Folge der Kompetenzstreitigkeiten zwischen dem Bund und den Ländern. Auch war die Finanzlast für die Länder eigentlich zu groß, und das sollte in den nächsten 10 Jahren zu anhaltenden Schwierigkeiten führen.

Mit der Gründung wurde als eines der Organe der Stiftung ein vorläufiges Direktorium eingesetzt: Willibald Jentschke als Vorsitzender, Wolfgang Paul (Bonn) und Wilhelm Walcher (Marburg) als auswärtige Mitglieder. Zum Leiter der Verwaltung wurde Oberregierungsrat Heinz Berghaus ernannt, der aus der Hamburger Verwaltung kam.

Der Verwaltungsrat der Stiftung konstituierte sich am 11. 4. 1960 und bestellte als Mitglieder des Direktoriums Willibald Jentschke, Peter Stähelin, Wolfgang Paul, Wil-

Abbildung 1.2 Unterzeichnung der Gründungsurkunde des DESY im Hamburger Rathaus am 18. 12. 1959 durch Professor Dr. Siegfried Balke (links), Bundesminister für Atom- und Wasserwirtschaft, und Dr. Max Brauer, Erster Bürgermeister von Hamburg (rechts) (DESY-Archiv).

helm Walcher und als Leiter der Verwaltung Regierungsdirektor Heinz Berghaus. In der darauf folgenden Amtsperiode 1964–66 bestand das Direktorium aus W. Jentschke, P. Stähelin, M. Teucher von der Universität Hamburg sowie W. Paul und W. Walcher als auswärtigen Mitgliedern.

Das dritte Organ der Stiftung, der Wissenschaftliche Rat, wirkt in wissenschaftlichen Angelegenheiten von grundsätzlicher Bedeutung mit. Er besteht aus angesehenen externen Wissenschaftlern, die meisten von ihnen von deutschen Universitäten. Er soll im Zusammenwirken mit dem Direktorium die Zusammenarbeit mit den Hochschulen und die optimale Nutzung der Forschungseinrichtungen fördern. Er ist vor wesentlichen Ausbau- und Erweiterungsmaßnahmen zu hören und er kann auch selbst solche Vorschläge einbringen. Da die Amtszeit der Mitglieder beschränkt ist, ergänzt sich der Rat selbst durch regelmäßige Zuwahl.

Mit der offiziellen Gründung im Dezember 1959 waren die administrativen und finanziellen Probleme DESYs keineswegs gelöst. Pünktlich zum Festakt der Gründung ging ein meterlanges Fernschreiben des Bundesrechnungshofs an Ministerialdirigent Hocker ein, das den Staatsvertrag und die Satzung ausgiebig kritisierte. Dennoch beschloss man zu feiern und den Vertrag zu unterzeichnen, nachdem man vereinbart hatte, den Text der Verträge nachträglich nochmals zu überprüfen. Eine Einigung mit dem Rechnungshof erwies sich dann als nicht allzu schwierig; trotzdem verzögerten bürokratische Finessen die endgültige Eintragung der Satzung bis zum 18.April 1962.

Als bedeutend schwieriger erwies sich die Finanzierung, wie im folgenden Kapitel näher ausgeführt. Es stellte sich heraus, dass die ursprünglich für den Bau des Beschleunigers vorgesehenen 60 Mio DM nicht ausreichen würden. Als zusätzlicher Finanzbedarf wurden 50 Mio DM genannt. Darin enthalten waren die Mehrkosten des Beschleunigergebäudes inklusive einer zweiten Experimentierhalle, Bauten für die Infrastruktur und Kosten für die Grundausstattung der Experimente.

Die Verhandlungen über diese Finanzierung, welche die Kompetenzen des Bundes und der Länder in der Forschung berührten, gestalteten sich schwierig und zeitraubend. Schließlich gelang in einer Sitzung des Verwaltungsrats im Mai 1962 die Einigung auf ein neues Investitionsprogramm. Von den zusätzlichen 50 Millionen übernahmen der Bund und Hamburg 20 Millionen im Verhältnis 85:15 und weitere 20 Millionen im Verhältnis 75:25. Die restlichen 10 Millionen brachte die Stiftung Volkswagenwerk auf, einem Antrag des DESY- Direktoriums folgend. Damit konnten das Laborgebäude und die Werkstatt bezahlt und ausgestattet werden.

Für die Betriebskosten dauerte es länger, eine tragfähige Lösung zu finden. Zunächst hatten sich Bund und Länder auf jährliche Kosten von 10 Mio DM eingestellt. Eine realistische Einschätzung der voraussichtlich benötigten Mittel durch das Direktorium ergaben aber etwa 30 Mio DM, eine Summe, die sich für das Jahr 1965 als richtig herausstellen sollte. Ein Gutachten, welches das Bundesministerium für wissenschaftliche Forschung von Professor Schoch und von Professor Weisskopf, dem Generaldirektor des CERN einholte, bestätigte die Schätzung des Direktoriums. Auch der Arbeitskreis Kernphysik hatte diese Summe als realistisch anerkannt. Daraufhin erklärte sich der Bund bereit, sich an den Betriebskosten von 30 Mio mit 50% zu beteiligen. Nach langen Verhandlungen mit der Ländergemeinschaft kam im Herbst 1963 auch eine Einigung mit den Ländern für die Bereitstellung der restlichen 50% zustande.

Die Betriebskosten stiegen aber weiter. Im Jahr 1967 erreichten sie 44 Mio DM. Damit gestalteten sich die jährlichen Diskussionen mit den Geldgebern als sehr mühsam. DESY argumentierte, dass nur mit Betriebskosten in solcher Höhe eine effiziente Nutzung der großen Investitionen möglich sei. Eine tragfähige Lösung wurde erst 1969 im Vorgriff auf die Finanzreform des Bundes und der Länder von 1970 erreicht. Vom 1. 1. 1970 an wurde danach der DESY-Haushalt gemeinsam vom Bund und vom Sitzland Hamburg nach dem Schlüssel 90:10 finanziert, und es kehrte etwas mehr Ruhe ein.

Wie von den Ländern befürchtet versuchte nun aber der Bund, aufgrund seiner Finanzierungsübermacht einen stärkeren direkten Einfluss auf die Forschungszentren zu gewinnen. Soweit diese Versuche die wissenschaftliche Handlungsfähigkeit von DESY zu berühren drohten, stieß dies auf den Widerstand des Wissenschaftlichen Rats von DESY unter seinem damaligen Vorsitzenden Professor Hans Ehrenberg (Mainz). Es konnte ein Kompromiss erzielt werden, der die Belange der Wissenschaft besser berücksichtigte und unter anderem dem Wissenschaftlichen Rat wichtige Kompetenzen wie die Mitwirkung bei grundlegenden wissenschaftlichen Entscheidungen und das Vorschlagsrecht für die Ernennung der Mitglieder des Direktoriums zugestand. Dazu gehörte auch die Stellungnahme zu dem Entwurf des jährlichen Wirtschaftsplans.

Dies fand in einer Neufassung der Satzung von 1970 seinen Niederschlag. Für das Direktorium waren fortan keine auswärtigen Mitglieder mehr vorgesehen. Ferner wurde ein ‚Wissenschaftlicher Ausschuss' eingesetzt, eine Folge der seit 1968 geführten Debatte zur ‚demokratischen Mitbestimmung'. Der Wissenschaftliche Ausschuss besteht aus den leitenden Wissenschaftlern, aus gewählten Mitgliedern aus den Reihen der Wissenschaftler und Ingenieure vom DESY sowie aus gewählten Vertretern der am DESY tätigen deutschen Institute. Als vorläufiger Wissenschaftlicher Ausschuss vom Direktorium Ende 1969 etabliert, wurde er nach komplizierten Diskussionen über den Wahlmodus schließlich 1972 offiziell eingeführt. Seine Aufgabe besteht in der Beratung des Direktoriums in Angelegenheiten von grundsätzlicher wissenschaftlicher Bedeutung. Er kann zudem dem Wissenschaftlichen Rat Anregungen zur Zusammensetzung des Direktoriums geben.

Sehr wichtig für die Arbeit von DESY erwies sich das Prinzip der Globalsteuerung. Innerhalb der durch den Haushalt und die Bewilligungsbedingungen sowie die Vorgaben des Wissenschaftlichen Rats gezogenen Grenzen konnten wissenschaftliche und technische Entscheidungen weitgehend frei getroffen werden. So war das DESY in der Lage, rasch und effektiv auf neue wissenschaftliche Erkenntnisse und Entwicklungen zu reagieren.

Die hier vorgestellte kurze Darstellung der rechtlichen und finanziellen Entwicklungen, die am Ende DESY zu einem arbeitsfähigen Forschungsinstitut machten, wird der tatsächlichen Geschichte nicht gerecht. Diese ist ausführlich von C. Habfast [1] dokumentiert. Die Etablierung von Großforschungszentren mit ihrem großen Bedarf an Investitions- und Betriebsmitteln schuf Probleme für die verfassungsmäßige Aufgabenteilung zwischen Bund und Ländern, die so nicht vorhersehbar gewesen waren. Das Ringen um Geld, Macht und Einfluss führte auch bei prinzipiell gutwilligen Akteuren zu manchen, sagen wir, interessanten Schachzügen. Es war dem Verhandlungsgeschick und dem Einsatz vor allem von Persönlichkeiten wie W. Jentschke, W. Paul und W. Walcher sowie auf der Seite der Verwaltung vor allem dem Ministerialdirigenten Dr. A. Hocker zu verdanken, dass schließlich ein gutes Ergebnis zustande kam.

2
Der Bau des Elektronen-Synchrotrons

2.1 Die Mannschaft der ersten Stunde

Mit der Einsetzung eines vorläufigen Arbeitsausschusses unter der Leitung von W. Jentschke Ende 1956 konnten erste konkrete Schritte zur Realisierung des Vorhabens DESY unternommen werden. Natürlich gab es nur vorläufige Finanzierungszusagen; es war im übrigen nicht klar, ob die Gründung von DESY nicht doch noch scheitern würde. In dieser Situation erhielt Jentschke die Unterstützung vieler deutscher Kollegen, die sich an der Planung, der Gewinnung geeigneter Mitarbeiter für DESY und an konkreten Entwicklungsarbeiten beteiligten. Darunter waren F. Sauter in Köln, W. Paul und H. Steinwedel in Bonn, A. Schoch am CERN in Genf, W. Walcher in Marburg und H. Ehrenberg in Mainz. M.S. Livingston, der in Cambridge ebenfalls ein 6 GeV Elektronensynchrotron erstellte, bot an, Hamburger Ingenieure und Wissenschaftler in sein Team aufzunehmen, damit sie die Kunst des Beschleunigerbaus lernen könnten.[1)]

Angesichts der ungewissen Zukunft des Projekts war es für die ersten Mitarbeiter ein großes Wagnis, sich diesem anzuschließen. Es erforderte Idealismus und die Begeisterung für eine große interessante Aufgabe. Dies konnte man auch als Filter verstehen, und durch das Werben Jentschkes und die Vermittlung von Kollegen kam so eine exzellente junge Mannschaft zusammen. Obwohl ohne jede Erfahrung im Beschleunigerbau, gelang ihnen unter der Führung Jentschkes der Bau eines erstklassigen Beschleunigers, der einen Platz unter den besten Maschinen der Welt einnehmen sollte.

Der erste Mitarbeiter überhaupt war J. Sehnalek, ausgeliehen von der Hamburger Verwaltung. Im Laufe des Jahres 1957 konnten dann weitere Mitarbeiter gewonnen werden, die als Gruppenleiter für den Bau der einzelnen Komponenten der Maschine verantwortlich wurden. Der erste offizielle Arbeitstag war der 2. Mai 1957, und zunächst erhielten die Mitarbeiter Privatdienstverträge von W. Jentschke.

Unter den Mitarbeitern der ersten Stunde waren der Physiker Klaus Steffen aus dem Hamburger Physikalischen Universitäts-Institut und der HF-Ingenieur Alfred Kroltzig, die zunächst nach Cambridge zu Livingston gingen. Hans-Otto Wüster, ein theo-

[1)] Im Jahr 1967 wurde Prof. M. S. Livingston von der Mathematisch-Naturwissenschaftlichen Fakultät der Universität Hamburg die Ehrendoktorwürde verliehen.

Von schnellen Teilchen und hellem Licht: 50 Jahre Deutsches Elektronen-Synchrotron DESY.
Erich Lohrmann und Paul Söding

ISBN: 978-3-527-40990-7

retischer Physiker, der von F. Sauter aus Köln kam, sollte die Maschinenparameter festlegen, Werner Hardt aus Bonn die Magnete konstruieren, Werner Bothe die Energieversorgung und Georg Schaffer die Hochfrequenz übernehmen. Uwe Timm, der von der Universität Hamburg kam, übernahm die Ausschreibung für den Einschuss-Linearbeschleuniger, dessen Bau an eine Firma übertragen wurde. Die Bauplanung lag in den Händen von Ottokar Beer, der einschlägige Industrieerfahrung mitbrachte. Dazu kamen noch Erwin Bodenstedt[2)] und Alfred Ladage, Assistenten Jentschkes an der Universität Hamburg.

Zu den ersten Aufgaben zählten die Erstellung von Investitions- und Personalplänen. Auch musste Labor-, Werkstatt- und Büroraum und vor allem ein geeignetes Gelände für den Bau der Maschine gefunden werden.

2.2 Gelände und Bauten

Für die Beschaffung des Geländes kam dem DESY das Glück zu Hilfe. In Bahrenfeld im Westen von Hamburg befand sich ein Flugplatz, der vorher einmal ein Exerzierplatz gewesen war. Zwischen 1890 und 1895 hatte ihn der Militärfiskus erworben und bis zum ersten Weltkrieg fanden dort Militärparaden statt [7]. Am 5. September 1904 und am 26. August 1911 kam seine Majestät Kaiser Wilhelm II nebst Gemahlin unter großer Anteilnahme der Bevölkerung zur großen Truppenparade[3)]. Die Majestäten hatten dabei auf der vor Neumühlen ankernden Yacht ‚Hohenzollern' Quartier genommen. Im Jahr 1927 entstand dann auf dieser Fläche ein Flugplatz. Im Zuge seiner Erweiterung wurde 1934 das Hünengrab mit dem Kaiser-Wilhelm-Stein abgetragen, wobei das Hünengrab eigentlich ein bronzezeitliches Hügelgrab war, ungefähr an der Stelle der heutigen DESY-Bibliothek gelegen (siehe Chronik von Martin Wendt [7]). Nach dem zweiten Weltkrieg gehörte das Areal dem Bundesverteidigungsministerium. Der zuständige Bundesminister Franz Josef Strauss konnte bewogen werden, einen großen Teil davon DESY zu überlassen. Die Bundesvermögensstelle wies DESY im Mai 1957 in den ersten Teil des Areals ein. Die Abb. 2.1 zeigt das Gelände in seinem damaligen Zustand.

Die weiteren Verhandlungen auf der Seite DESYs lagen vornehmlich auf den Schultern des Leiters der Verwaltung, Heinz Berghaus. Dieser hatte gute Verbindungen zum Hamburger Senat. Mit der Lebensklugheit des Juristen hatte er ein gutes Gefühl für künftige Entwicklungen und konnte erreichen, dass DESY ein verhältnismäßig großes Areal zugesprochen wurde. Dies erwies sich bei den späteren Erweiterungen der Anlage als ungemein hilfreich (Abb. 2.2).

Das Gelände war auch in anderer Hinsicht eine gute Wahl: Der bis in große Tiefe sandige Untergrund erwies sich als günstig für die Aufstellung des Beschleunigers, wenn man von den eingesprengten Findlingsblöcken absah.

[2)] Er nahm bald danach einen Ruf an die Universität Bonn an.

[3)] Ein Bild des Kaisers hoch zu Ross auf dem späteren DESY-Gelände befindet sich im Postkartenarchiv des Altonaer Museums.

Abbildung 2.1 Das ursprüngliche DESY-Gelände in Hamburg-Bahrenfeld (DESY-Archiv).

Die Finanzierung der ersten Bauten war schwierig [1]. Im Dezember 1957 fand das Richtfest für die sogenannten Vorbereitungsbauten statt, ein paar Baracken, welche die ersten Mitarbeiter von DESY aufnahmen. Ein Mehrzweckbau als Wissenschaftlerwohnheim, Verwaltungsbau und Kantine wurde 1959 fertiggestellt. Anfang desselben Jahres – noch vor der offiziellen Gründung von DESY – fand auch die Grundsteinlegung für das Ringtunnelgebäude statt, welches den Beschleuniger aufnehmen sollte. Das Labor- und Werkstattgebäude wurde, wie erwähnt, von der Stiftung Volkswagenwerk finanziert.

2.3 Die Planung des Beschleunigers

Im Jahr 1957 traten Physiker der Universität Stanford in Kalifornien unter der Führung von W. K. H. Panofsky mit einem Vorschlag an die Öffentlichkeit, der sofort Gesprächsstoff aller Beschleunigerenthusiasten wurde: Die Kalifornier wollten einen zwei Meilen langen Linearbeschleuniger mit einer Strahlenergie von etwa 30 GeV bauen, genannt ‚das Monster'. Damit wurde für DESY eine Grundsatzfrage aufgerollt: Synchrotron oder Linearbeschleuniger (‚Linac')?

Oberflächlich gesehen sprach vieles für den Linac, nämlich die vergleichsweise einfache und repetitive Technologie, die Möglichkeit, die Maschine in Etappen zu bauen und die Energie nachträglich zu erhöhen. Ferner sprachen dafür die vergleichsweise

Abbildung 2.2 Heinz Berghaus, Leiter der DESY Verwaltung von 1950–77, erläutert das Gelände anhand eines Modells.

einfache Konstruktion der Vakuumröhre und dass ein ejizierter Strahl, wichtig für viele Experimente, trivial vorhanden war.

Für das Synchrotron sprach, dass der Fluss der beschleunigten Teilchen im Gegensatz zum Linac etwas zeitlich gedehnt an den Experimenten ankam, was kompliziertere Experimente mit Koinzidenzanordnungen ermöglichte.

Die Argumente für die beiden Maschinen schienen den Verantwortlichen als ungefähr gleichgewichtig. Am Schluss ging eine Gruppe von Weisen (Jentschke, Paul, Schmelzer und Walcher) in Klausur [1], und ihre Entscheidung war: Synchrotron. Dies war die richtige Entscheidung. Die Punkte zugunsten eines Linacs stellten sich als nicht so schwerwiegend heraus; sie waren eher technischer Natur und konnten weitgehend durch die Ingenieurskunst der DESYaner kompensiert werden. Sehr gravierend war dagegen der physikalische Vorteil, den das Synchrotron durch die Möglichkeiten von Koinzidenzexperimenten bot. Ein Linac in Hamburg hätte gegen die Konkurrenz in Stanford mit ihrer weit höheren Energie keine Chance gehabt.

2.4 Die Festlegung der Parameter

Es folgt zunächst eine kurze Charakterisierung der Wirkungsweise eines Synchrotrons. In einer solchen Maschine laufen die Teilchen (in diesem Fall Elektronen) auf einer fast kreisförmigen Bahn um. Auf dieser Bahn werden sie durch Ablenkmagnete gehalten und durch Hochfrequenz-Beschleunigerstrecken wird ihre Energie laufend erhöht. Im gleichen Masse wie die Energie steigt, wird auch das Magnetfeld der Ablenkmagnete erhöht, bis die Endenergie erreicht ist und die Elektronen in die Versuchsanordnungen ausgelenkt werden können. Danach wird das Feld in den Ablenkmagneten auf den Anfangswert zurückgefahren, neue Elektronen in den Ring eingeschossen und ein neuer Beschleunigungszyklus gestartet.

Die Beschleunigung erfolgt in Hochfrequenzresonatoren, in die eine hochfrequente Wechselspannung so eingespeist wird, dass die Elektronen beim Durchfliegen jeweils eine beschleunigende Feldstärke sehen. Während des ganzen Vorgangs müssen die Elektronen mit einer Genauigkeit von etwa 1 mm auf einer vorgegebenen Bahn mitten durch die Magnete gehalten werden (‚Sollkreis'). Das tun sie nicht freiwillig, sondern es bedarf fokussierender Quadrupolmagnete, um sie in der Nähe der Sollbahn zu halten. Das Prinzip der starken Fokussierung [4] benutzt Magnete, die sowohl in der vertikalen als auch in der horizontalen Strahlebene abwechselnd sehr stark fokussieren bzw. defokussieren. Der kombinierte Effekt ergibt insgesamt eine Fokussierung. Dieses Prinzip kommt mit Magneten relativ kleiner Öffnung aus und spart dadurch Kosten. Beim DESY-Synchrotron waren die Funktionen der Ablenkung und Fokussierung bzw. Defokussierung in ein und demselben Magneten vereinigt (‚combined function').

Eine Besonderheit von Elektronenbeschleunigern ist die Synchrotronstrahlung. Elektronen, die auf einer Kreisbahn umlaufen, erzeugen elektromagnetische Strahlung tangential zur Elektronenbahn. Die Strahlungsleistung steigt proportional zum Strahlstrom und mit der vierten Potenz der Energie. Der Energieverlust durch diese Strahlung muss durch das Hochfrequenzsystem ausgeglichen werden. Wo die Strahlung auftrifft, verursacht sie unter Umständen schwere Schäden. Schließlich begrenzt die Synchrotronstrahlung die Energie, die mit Elektronensynchrotrons mit vernünftigem Aufwand erreicht werden kann.

Hans-Otto Wüster hatte es übernommen, die Parameter des Synchrotrons festzulegen. Dies geschah in enger Absprache mit den Gruppenleitern. Wertvollen Rat bezüglich der Optik der Maschine erhielt er von den Experten am CERN, und natürlich hatte man als Beispiel und Vorbild den ebenfalls im Bau befindlichen Cambridge Electron Accelerator (C.E.A.).

Die erste wichtige Entscheidung betraf die Magnetstruktur und den Radius der Maschine. Die Magnetstruktur wurde auch am CERN und am C.E.A. diskutiert und am Ende bestand Übereinstimmung, dass eine FODO Struktur die günstigste ist. Hier steht F bzw. D für einen fokussierenden bzw. defokussierenden kombinierten Ablenkmagneten und O für ein feldfreies gerades Stück zur Aufnahme von Beschleunigungsstrecken, Vakuumpumpen, Targets, Strahl-Injektion und -Ejektion und anderes mehr. Für den Radius der Maschine wurde ein Wert etwas größer als der des C.E.A. gewählt. DESY hatte im Gegensatz zum C.E.A. genug Platz.

Der etwas größere Radius erhöhte zwar die Kosten der Maschine, brachte aber eine Reihe von Vorteilen: Die Maschine bot etwas mehr Platz; dies war vor allem für die geraden Stücke wichtig, wo Einbauten leichter untergebracht werden konnten. Sie konnte auch eine etwas höhere Energie erreichen als der C.E.A.: 7,5 GeV im Vergleich zu 6 GeV [4]. Der etwas größere Radius hatte etwas weniger Synchrotronstrahlung zur Folge. Dies erleichterte vor allem den Bau der Vakuumkammer und verminderte Strahlenschäden sowie die benötigte Hochfrequenzleistung. Für die Wiederholfrequenz des Beschleunigungszyklus bot sich die Netzfrequenz von 50 Hz an. Dies ist ein sehr großer Wert im Vergleich zu Protonen-Synchrotrons, die typischerweise mit 0,1 Hz laufen. Da aber der Wirkungsquerschnitt für die Elektron-Proton Streuung ungefähr um den Faktor $\alpha \approx 1/137$ kleiner ist als der für Proton-Proton-Stöße, muss man höhere Strahlströme einsetzen, um vergleichbare Reaktionsraten zu erzielen. Dies erfordert eine drastische Erhöhung der Wiederholfrequenz. Allerdings erzeugt eine hohe Wiederholfrequenz wegen der entstehenden Wirbelströme gewaltige Probleme für die Magneten und die Vakuumkammer. Für die Frequenz der Hochfrequenz-Beschleunigerstrecken wählte man 500 MHz. Bei einem Ringumfang von etwa 300 m war dies ein 528faches der Umlauffrequenz der mit nahezu Lichtgeschwindigkeit umlaufenden Elektronen. Klystrons[5] für diese Frequenz waren kommerziell verfügbar.

Der Einschuss der Elektronen in das Synchrotron erfolgt durch einen Linearbeschleuniger. Zu Beginn war ein Linac von 40 MeV (1 MeV = 1 Million Elektron-Volt) im Einsatz. Er wurde später durch eine 400-MeV Anlage ersetzt. Dies erleichterte den Betrieb des Synchrotrons und ermöglichte höhere Strahlströme. (Die angegebenen Ströme sind Maximalwerte; im Routinebetrieb lagen sie bei etwa 60% dieses Wertes.) Die folgende Tabelle 2.1 zeigt die wichtigsten Parameter der Maschine.

Tabelle 2.1 Parameter des Elektronen-Synchrotrons

Strahlenergie	6,0 GeV (später 7,5 GeV)
Zahl der beschleunigten Teilchen/s	$5 \cdot 10^{12}$ (Maximalwert)
umlaufender Strom	18 mA (Maximalwert)
Wiederholfrequenz	50 Hz
Durchmesser des Sollkreises	100,8 m
Zahl der Ablenkmagnete	48
Maximale Magnetfeldstärke	0,6 Tesla bei 6 GeV
Magnetstruktur	FODO
Einschuss-Linearbeschleuniger	40 MeV (später 400 MeV)
Frequenz des Beschleunigungsfeldes	500 MHz

2.5 Der Bau des Beschleunigers

Die Planung für den Bau der einzelnen Komponenten der Maschine begann 1957, zwei Jahre vor dem eigentlichen Baubeginn. Es folgt eine Beschreibung des Baus der wichtigsten Komponenten.

[4] 1 GeV = 10^9 Elektron-Volt
[5] Röhren zur Erzeugung von Hochfrequenzleistung

Magnete (Werner Hardt): Zur Unterdrückung von Wirbelströmen waren die Magnete aus lamellierten Eisenblechen gestanzt, die dann verklebt wurden. Wegen ihrer kombinierten Funktion als Ablenk- und Fokussiermagnet haben ihre Pole eine komplizierte Form, mit Toleranzen von einigen 1/100 mm. Zur Vermeidung von Feldfehlern an den Magnetenden haben diese eine spezielle Form, für deren Berechnung erstmals eine elektronische Rechenmaschine (IBM 650 des Instituts für Schiffbau) eingesetzt wurde. Die Berechnungen und Planungen unter der Leitung von W. Hardt stellten sich anhand von Prototypmessungen als fehlerfrei heraus, und so konnte die Magnetfertigung an die Industrie vergeben werden. Dies war ein sehr großer Auftrag und er ging 1961 an die Fa. Siemens, wobei ein Konkurrenzangebot einer hierfür ebenfalls qualifizierten US-Firma dafür sorgte, dass die Kosten in Grenzen blieben [1].

Hochfrequenz (Georg Schaffer): Um die Elektronen zu beschleunigen und den Energieverlust durch Synchrotronstrahlung auszugleichen, musste über Hochfrequenz-Beschleunigerstrecken eine erhebliche HF-Leistung zugeführt werden. Dies war eine schwierige Aufgabe, die von Wolfgang Hassenpflug, einem talentierten Ingenieur, auf der theoretischen Seite gelöst wurde. Eine kritische Komponente stellten die Leistungsklystrons zur Erzeugung der großen benötigten Hochfrequenzleistung bei 500 MHz dar. Hier war es Hermann Kumpfert, der sich frühzeitig bei der Entwicklung und Beschaffung solcher Klystrons in Zusammenarbeit mit der Firma Varian in Kalifornien verdient machte.

Einschussbeschleuniger (Uwe Timm): Zu Beginn des Beschleunigungsvorgangs werden die Elektronen in das Synchrotron eingeschossen. Dort werden sie in einer Kreisbahn eingefangen und der Beschleunigungszyklus kann beginnen. Für den Einschuss wird ein Linearbeschleuniger verwendet, der zur Erleichterung des Einschussvorgangs eine möglichst hohe Energie haben sollte. Die gewählte Energie von 40 MeV für diesen Beschleuniger war nicht besonders hoch, ließ aber doch einen problemlosen Einschuss erwarten und nahm Rücksicht auf die beschränkten finanziellen Mittel. Der Beschleuniger wurde bei der Firma Metropolitan Vickers in England hergestellt.

Ringtunnel (Ottokar Beer): Für die Aufstellung der Magnete bestehen besondere Anforderungen: Sie müssen mit einer Genauigkeit von einigen 1/10 mm positioniert werden und auch da stehen bleiben. Bei einem Ringdurchmesser von 100 m ist das keine geringe Anforderung. Dem entsprechend wurde ein großer Aufwand getrieben. Hier versah man sich der Mitarbeit von Prof. F. Leonhardt, Stuttgart, einem der damals führenden deutschen Baufachleute .

Die Magnete wurden auf einem Betonring aufgestellt, der über tief im Sandboden verankerten Stützen und Pendelstäben stand. Davon versprach man sich eine solide, von Bodenbewegungen und dem Rest des Gebäudes weitgehend isolierte Aufstellung. Außerdem sollte so erreicht werden, dass sich die Form des Betonrings möglichst wenig, etwa unter Temperaturschwankungen, verändern sollte. Diese Anordnung hatte aber zwei Fehler: Sie war sehr teuer und damit eine der Ursachen für die nachträgliche Budgeterhöhung. Außerdem funktionierte sie nicht. Die Magnete bildeten zusammen mit dem Betonring ein schwingungsfähiges wenig gedämpftes System, und als die Magnete mit 50 Hz erregt wurden, traten sehr große Schwingungsamplituden auf. Sie hätten einen Betrieb der Maschine unmöglich gemacht. Es mussten nachträglich Dämpfungsglieder für die Magnete und die feldfreien Stücke eingebaut werden. Außerdem stellte sich heraus, dass die erhoffte Abkopplung des Magnetrings vom Rest des Gebäudes und auch die thermische Stabilisierung nicht funktionierte, was die Anbringung zusätzlicher Kühlrohre an dem Betonring erforderlich machte.

Bis 1963 waren diese Probleme gelöst. Retrospektiv hätte man die Magnete einfach auf den Boden des Ringtunnels stellen können. Dies geschah dann auch bei den späteren Maschinen des DESY. Diese Lösung erfordert freilich einfache und genaue Justiermöglichkeiten der Magnete und eine genaue Lagemessung des Strahls rund um den Ring, um Abweichungen der Magnetpositionen feststellen zu können.

Stromversorgung (Walter Bothe): Ein großes Problem war die Stromversorgung der Magnete. Der Strom in diesen Magneten muss von einem kleinen Anfangswert beim Beginn des Beschleunigungszyklus bis auf einen Maximalwert hochgefahren und anschließend wieder heruntergefahren werden, und das 50 mal je Sekunde. Dies wurde so realisiert, dass die Magnete zusammen mit einer Drossel und einer Kondensatorbatterie einen auf 50 Hz abgestimmten Schwingkreis mit einer Güte von etwa 100 bildeten. Diesem wurde eine Gleichstromkomponente passender Größe überlagert. Einen Begriff der Größenordnungen gibt die in den Magneten gespeicherte Energie von etwa 1 MJ. Die gesamte Anschlussleistung von DESY betrug etwa 6 MW. Auch hier hatte die Mannschaft mit Schwierigkeiten in Form von parasitären Schwingungen und Erdungsproblemen zu kämpfen: Der hohe Oberwellengehalt der Wechselrichter führte zusammen mit den Streukapazitäten der Kondensatorbank und der Zuführungsleitungen zu Kettenleiter-Schwingungen, die durch Filterkreise unterdrückt werden mussten.

Vakuumkammer (G. Bathow): Normalerweise hätte man sie aus Stahl gefertigt und sich so möglichst geringe Probleme bei der Erzielung eines guten Vakuums eingehandelt. Diese Lösung schied aber aus. Das magnetische 50 Hz-Wechselfeld hätte in einer Vakuumkammer aus Metall große Wirbelströme induziert. Allein schon das dadurch verursachte zusätzliche Magnetfeld hätte eine zu große Störung für die Bahn der Elektronen erzeugt.

Andere, nämlich nichtleitende Materialien, die Wirbelströme vermieden hätten, mussten nicht nur vakuumfest sein, sondern auch der großen Strahlenbelastung durch die Synchrotronstrahlung standhalten. Das Problem der Vakuumkammer galt deshalb zunächst als unlösbar[6)]. Glas oder Keramik hätten im Prinzip die geforderten Eigenschaften erbracht, doch waren Kammern in der benötigten Länge von 4,5 m nicht zu bekommen. Eine aus Titanbändern gewickelte Kammer wurde nicht rechtzeitig fertig, und nachdem die Vakuumkammer das zeitbestimmende Element für die Fertigstel-

[6)] Die Lösung des C.E.A., eine dünne geschlitzte Stahl-Vakuumkammer, war nicht gangbar, da der C.E.A. kleinere und kürzere Magnete verwendete, die eine solche Konstruktion zuließen, nicht aber die DESY-Magnete.

Abbildung 2.3 Luftbild von DESY mit dem zentralen Kontrollraum, der Kondensatorbatterie und den zwei Experimentierhallen (siehe Text)(DESY-Archiv).

lung der Maschine geworden war, musste man eine Notlösung wählen. Dies war eine Kammer aus geschlitztem V2A-Blech, das mit Kunstharz vakuumdicht vergossen war. Sie konnte nicht ausgeheizt werden und das Vakuum war deshalb nicht besonders gut. Dies stand dem Betrieb der Maschine jedoch nicht im Wege. Am 7. Februar 1964 wurde die Vakuumkammer geschlossen und der Versuch, die Maschine in Betrieb zu nehmen, konnte beginnen.

Abb. 2.3 zeigt ein Luftbild des Synchrotrons. Man erkennt den Kontrollraum in der Mitte, der von dem sogenannten Kondensatorgarten umgeben ist. Diese Kondensatoren sind Teil des 50 Hz-Schwingkreises für die Magnetstromversorgung. Auf dem Ring sitzen die zwei großen Experimentierhallen, Halle 1 links und Halle 2 rechts. Hinter dem Abschirmwall sind links die Werkstattgebäude und rechts das langgestreckte Laborgebäude zu sehen.

2.6 Die Inbetriebnahme

Mit dem Einbau der Vakuumkammer war die Maschine komplett und die Mannschaft begann, sie in Betrieb zu nehmen. Hierzu müssen natürlich alle Komponenten fehlerfrei und stabil arbeiten, und so kann die Inbetriebnahme ein langwieriges und frustrierendes Geschäft sein. Auch im Falle des DESY-Synchrotrons dauerten die Bemühungen mehr als zwei Wochen. Nachdem zwei zu 3/4 geschlossene Ventilschieber im Vakuumsystem entdeckt waren (von H. O. Wüster mittels der durch die Strahlverluste induzierten Radioaktivität), wurden nach wenigen Stunden am 25. Februar 1964 kurz vor Mitternacht 8000 Umläufe des Strahls bis zu einer Energie von 2,5 GeV erreicht. Am nächsten Tag gelang die Beschleunigung auf 5 GeV, nahezu die Endenergie der Maschine (Abb. 2.4).

Abbildung 2.4 Willibald Jentschke und Hermann Kumpfert (im Vordergrund), dahinter Donatus Degèle, feiern mit anderen Mitarbeitern im DESY-Kontrollraum die Inbetriebnahme des Synchrotrons am 26. 2. 1964. Am linken Bildrand Rolf Wiederöe, der Erfinder (1928) des Linearbeschleunigers [8](DESY-Archiv).

Bei all diesen Bemühungen hatte das DESY von der kompetenten und tatkräftigen Hilfe von Tom Collins profitiert, einem Besucher vom Cambridge Electron Accelerator C.E.A. Ein weiteres wichtiges Element auf dem Weg zu einem erfolgreichen Beschleunigerbetrieb war die Einrichtung einer Synchrotron-Betriebs- und Entwicklungsgruppe unter Hermann Kumpfert, und schon im Mai 1964 konnte der Betrieb für die Experimente beginnen. Die im Entwurf vorgesehene Intensität des Elektronenstrahls wurde bereits im ersten Jahr in den Spitzen übertroffen; es konnten bis zu $5 \cdot 10^{12}$ Elektronen/s beschleunigt werden.

Die offizielle Einweihung des DESY-Synchrotrons erfolgte am 12. November 1964 durch den Bundesminister für wissenschaftliche Forschung Prof. H. Lenz. Die Schwestermaschine in Cambridge war etwa zwei Jahre früher in Betrieb gegangen, nämlich im März 1962.

Die Abb. 2.5 zeigt einen Blick in den Ringtunnel.

Abbildung 2.5 Blick in den Tunnel mit dem Synchrotron. Man erkennt den Betonring, auf dem die Maschine steht, die Ablenkmagnete und eine Hochfrequenz-Beschleunigungsstrecke (DESY-Archiv).

3
Aufbau und erste Phase der Experimente

3.1 Die Vorbereitung der Experimente

Parallel zum Bau des Synchrotrons wurden die Experimente vorbereitet. Der Aufwand für Experimente steigt normalerweise mit der Energie des Beschleunigers an, und im Falle von DESY war der Bau einer experimentellen Anordnung etwas, das leicht Jahre in Anspruch nehmen konnte und eine Mannschaft aus mehreren Physikern, Ingenieuren und Technikern erforderte. Erschwerend kam hinzu, dass in Deutschland – im Vergleich zu den USA – nur wenig Erfahrung auf diesem Gebiet bestand und die Konkurrenten vom C.E.A. in Cambridge zwei Jahre Vorsprung hatten. Wegen der Größe und Komplexität der experimentellen Anlagen überstieg der erforderliche Aufwand auch die Möglichkeiten der meisten Universitätsinstitute. Infolgedessen lag ein Großteil der Vorbereitung der Experimente in den Händen von DESY und neben dem Bau des Beschleunigers war auch diese Aufgabe für den Erfolg lebenswichtig.

Dabei war klar, dass DESY sehr eng mit den Universitäten in Deutschland zusammenarbeiten und im eigentlichen Sinn für sie da sein sollte. Das Problem dabei war, dass es in Deutschland praktisch keine Hochenergiephysiker gab; die mussten erst einmal herangezogen werden. Die modernen Entwicklungen der Kern- und Teilchenphysik waren an deutschen Universitäten vielfach noch nicht recht wahrgenommen worden, man beschäftigte sich oft noch mit althergebrachten Problemen. Es fehlten eben viele der besten Köpfe, die das Land verlassen hatten. Dazu kam, dass die experimentelle kernphysikalische Forschung in Deutschland bis 1955 durch ein von den Alliierten 1946 erlassenes Kontrollratsgesetz so gut wie verboten gewesen war. Die Folge war insbesondere auch ein gravierender Mangel an zeitgemäßer experimenteller Ausrüstung und an Erfahrung im Umgang mit modernen Instrumenten.

DESY konnte deshalb nur dann ein Erfolg werden, wenn Jentschke die Schaffung einer soliden Basis an kompetentem Nachwuchs zu einer seiner vorrangigen Aufgaben machen würde. Als erstes schickte er deshalb eine Anzahl von jungen Nachwuchsphysikern, die er am Institut vorgefunden oder als Assistenten angeworben hatte, an Universitätsinstitute in den USA, wo sie an modernen Beschleunigerexperimenten teilnehmen und lernen konnten. Andere der jüngeren Wissenschaftler bekamen die Aufgabe, am Physikalischen Institut in Hamburg geeignete Studenten ‚heranzuziehen'. Da es noch keine Hochenergie-Experimente gab, sollten die Studenten die Kunst des Expe-

Von schnellen Teilchen und hellem Licht: 50 Jahre Deutsches Elektronen-Synchrotron DESY.
Erich Lohrmann und Paul Söding

ISBN: 978-3-527-40990-7

rimentierens zunächst durch Arbeiten in der Kernphysik lernen. Jentschke richtete dazu im Physikalischen Institut ein aktives kernphysikalisches Experimentierprogramm ein, um das sich seine Assistenten Erwin Bodenstedt, Jens Christiansen, Alfred Ladage und Siegfried Skorka kümmerten. Dort konnten sich Diplomanden und Doktoranden ihre Sporen an Experimenten zu aktuellen Fragen der Kernspektroskopie und Paritätsverletzung verdienen. Auch eine in den modernen Fragestellungen aktive Theoriegruppe wurde aufgebaut. Gastprofessoren aus den USA wurden eingeladen, um die Ausbildung auf ein internationales Niveau zu bringen.

Sowie die Standortwahl für DESY getroffen war, betrieb Jentschke die Verlegung ‚seines' Instituts, das 1959 neben dem bestehenden Institut für Experimentalphysik als „II. Institut für Experimentalphysik der Universität Hamburg" gegründet worden war, in einen Neubau auf dem DESY-Gelände, der 1960 fertiggestellt wurde. Hier gab es endlich genügend Platz für einen modernen 3 MeV Van de Graaff-Beschleuniger mit zugehöriger Experimentierhalle und Laborräumen für Radiochemie. Für zwei am Institut neugeschaffene Professuren wurden 1960 Peter Stähelin und Martin Teucher gewonnen. Unter der Führung von Jentschke und Stähelin startete ein aktives und vielseitiges Programm zur Untersuchung von Kernreaktionen. Andere Experimentiergruppen des Instituts begannen mit Vorbereitungen für die Experimente am zukünftigen DESY-Synchrotron, darunter die Blasenkammergruppe unter Martin Teucher und Erich Lohrmann. Durch gemeinsame Seminare des Physikinstituts und von DESY wurde die Verbindung zwischen den künftigen Experimentatoren und den Beschleuniger-Entwicklern lebendig gehalten.

So wurden die jungen Wissenschaftler an aktuelle physikalische Fragen herangeführt und konnten sich Erfahrungen und experimentelle Techniken aneignen, die später bei den Experimenten am DESY gebraucht wurden. Aus ihnen bildete sich schließlich die Stamm-Mannschaft, die den auswärtigen Nutzern des DESY Hilfestellung geben konnte. Viele erfolgreiche deutsche Kern- und Teilchenphysiker, darunter zahlreiche Lehrstuhlinhaber im In- und Ausland, haben ihre Laufbahn mit den experimentellen Arbeiten an Jentschkes Institut begonnen.

Die konkreten Vorbereitungen für die Experimente am DESY standen unter der Leitung von Peter Stähelin und Martin Teucher. P. Stähelin, ein Schweizer aus dem Kanton Basel, hatte in den USA wichtige Experimente zum Betazerfall durchgeführt und war mit Jentschke von den USA her gut bekannt (Abb. 3.1). Ab 1960 zum Forschungsdirektor am DESY berufen, war er verantwortlich für die Vorbereitung der Zählerexperimente.

M. Teucher hatte an der Universität Chicago mit der Emulsionsmethode über hochenergetische Wechselwirkungen in der kosmischen Strahlung gearbeitet. Er übernahm die Verantwortung für die Einführung visueller Methoden (Blasenkammer und Kernemulsionen).

Die Anwerbung von Physikern, welche die ersten Experimente tragen sollten, stieß auf ähnliche Schwierigkeiten wie beim Beschleunigerbau. Zum einen wirkte das 1960 in Betrieb gegangene große Protonen-Synchrotron am CERN wie ein gewaltiger Magnet auf die Physiker. Nicht hilfreich war dabei, dass auch die Gehälter am DESY in keiner Weise mit denen am CERN vergleichbar waren. Eine gewisse Abhilfe in dem letzteren Punkt brachten Stellen für sogenannte ‚Leitende Wissenschaftler', deren Ein-

Abbildung 3.1 Professor Peter Stähelin, Forschungsdirektor des DESY von 1960 bis 1967 (DESY-Archiv).

richtung Jentschke nach schwierigen Verhandlungen 1963 erreichen konnte. Dies wird ausführlich von C. Habfast [1] geschildert. Eine andere große Hilfe bot die Stiftung Volkswagenwerk. Mit ihren Stipendien ermöglichte sie die Einladung erfahrener Physiker aus den USA als Gastwissenschaftler.

Auf jeden Fall ging es dank den Bemühungen des Direktoriums voran: Einige der am Bau des Beschleunigers beteiligten Physiker wie Uwe Timm und Friedhelm Brasse wandten sich dem Experimentierprogramm zu; andere wie Klaus Steffen widmeten sich ganz der instrumentellen Seite der Vorbereitungen. Wie zuvor beim Bau des Beschleunigers entsandte DESY die Physiker Peter Joos zur Cornell-Universität und Friedhelm Brasse zum C.E.A., um Erfahrungen beim Aufbau und Betrieb von Hochenergiephysik-Experimenten zu gewinnen. Die Universitäten Karlsruhe (H. Schopper), Bonn (W. Braunschweig, D. Husmann, K. Lübelsmeyer und D. Schmitz) und Hamburg (G. Buschhorn) bereiteten mit ihren Mitarbeitern Zählerexperimente vor; dazu kamen von DESY U. Meyer-Berkhout, G. Weber, B. Elsner und Klaus Heinloth als Leiter von Experimentiergruppen. Für die visuellen Methoden kam E. Lohrmann von der Universität Chicago. Aufschlussreich ist die Zusammensetzung der Experimentiergruppen 1966 in der ersten Phase der Experimentiertätigkeit (ohne Blasenkammergruppe und Synchrotronstrahlungsexperimente): Bei DESY angestellt waren 46 Physiker (inklusive der Gastwissenschaftler aus den USA), 22 Wissenschaftler kamen von deutschen Universitäten und 7 von Instituten des Auslands.

Eine wesentliche frühzeitige Einsicht des Direktoriums war, dass DESY bei der Planung und beim Aufbau der Experimente eine starke Rolle spielen musste. Gleich zu Beginn wurde ein sehr wichtiger Beschluss gefasst: Von Anfang an sollte es nicht eine, sondern zwei große Experimentierhallen geben. Dies stützte sich auf einschlägige Erfahrungen der US-Institute: Infolge der Größe und Komplexität der Experimente waren die Aufbauzeiten und Messzeiten sehr lang. Die lange Verweilzeit in den Experimentierhallen führte zu einem großen Platzbedarf dortselbst und konnte die eigentliche Begrenzung in der Forschungskapazität darstellen.

Ein Blick in die Hallenbelegungspläne der späteren Jahre und in die Akten von Gremien wie des DESY-Forschungskollegiums zeigt die Weisheit dieser Maßnahme. Ohne sie wäre die Forschungsleistung von DESY auf ungefähr die Hälfte des tatsächlich erreichten Wertes beschränkt gewesen. Natürlich erhöhte der Bau einer weiteren Halle die Investitionskosten beträchtlich und war eine der Ursachen für die finanziellen Turbulenzen bald nach der Gründung des DESY. Berücksichtigt man jedoch auch die Betriebskosten der späteren Jahre, so muss diese Maßnahme, die eine bessere Ausnutzung des Beschleunigers gestattete, als glänzende Investition betrachtet werden.

Eine weitere Maßnahme, die sich als sehr segensreich erweisen sollte, war die Gründung der Gruppe ‚Hallendienst'. Unter diesem anspruchslosen Namen verbarg sich eine Gruppe von Physikern, Ingenieuren und Technikern, welche die Experimentiergruppen mit Rat und Tat bei der Planung und Errichtung der Experimente unterstützen sollten. ‚Tat' bedeutete in der Regel die Aufstellung der großen Komponenten eines Experiments wie Lafetten, Magnete und Vakuumsystem. Unter ihrem Leiter Dr. Donatus Degèle leistete diese hoch professionelle Gruppe unverzichtbare Hilfe für den Aufbau der Experimente (Abb. 3.2). Durch die Bereitstellung genormter Bausteine konnten ihre Planung und Aufstellung wesentlich erleichtert und Kosten gespart werden. Beispiele solcher Bausteine sind die Experimentiermagnete, die Elektronik für die Datennahme, Vakuumpumpen und -Rohre und die sogenannten Lafetten.

Die Entwicklung und der Bau großer standardisierter Ablenk- und Quadrupolmagnete durch Klaus Steffen wurde zunächst kritisch beäugt. Als es aber ans ernsthafte Experimentieren ging, erwiesen sich diese Magnete als gut konzipiert und ermöglichten den schnellen und kostengünstigen Aufbau neuer Experimente. Ein Versuch, die Magnete von deutschen Firmen bauen zu lassen, scheiterte an den hohen Kosten und den Lieferzeiten. Retter war die englische Firma Lintott, die bis dato in Deutschland praktisch unbekannt gewesen war.

Eine andere wichtige Leistung des DESY bestand in der Bereitstellung von sogenannten Lafetten. Dies waren große Drehscheiben, die auf Rollen gelagert waren und ganze Experimentieraufbauten von vielen Tonnen Gewicht tragen konnten. Mit einer Genauigkeit von besser als 1 mm konnten sie gedreht werden und ermöglichten sozusagen auf Knopfdruck Messungen unter verschiedenen Winkeln zum Strahl der Maschine.

Abbildung 3.2 Dr. Donatus Degèle (DESY-Archiv).

Nicht so erfolgreich erwies sich die Eigenentwicklung schneller Elektronik für die Zählerexperimente. Hier musste man schließlich auf die (US-) Industrie zurückgreifen mit ihrem vor allem in den USA befindlichen großen Markt.

Ein damals sehr erfolgreiches Instrument der experimentellen Hochenergiephysik war die Blasenkammer. In den Jahren um 1960 hatte sie bereits große Triumphe in der Hochenergiephysik gefeiert. Sie lieferte ein direktes Bild selbst verwickelter Reaktionen und war praktisch unentbehrlich bei der Untersuchung der vielen neuen Teilchen, die großenteils mit dieser Methode entdeckt wurden. Auch am CERN waren natürlich Experimente mit Blasenkammern geplant. Ein Elektronenbeschleuniger wie das DESY-Synchrotron dagegen bot für eine Blasenkammer schwierigere Arbeitsbedingungen, für die bis dahin keine Erfahrungen vorlagen. Martin Teucher (Abb. 3.3), in dessen Händen der Aufbau der Blasenkammertechnik am DESY lag, diskutierte dieses Problem sorgfältig mit seinen amerikanischen Kollegen, ehe er von den USA nach Hamburg kam. Er gelangte zu dem Schluss, dass die Blasenkammertechnik auch am DESY mit Gewinn eingesetzt werden konnte. Auch am C.E.A. plante man, eine Blasenkammer einzusetzen.

Die konkreten Vorbereitungen begannen 1960. M. Teucher fand in Heinz Filthuth vom CERN (später Professor in Heidelberg) und Klaus Gottstein vom MPI in München zwei Experten, die ihm mit Rat und Tat zur Seite standen. K. Gottstein baute in München eine Blasenkammer-Auswertegruppe auf, und H. Filthuth war am Bau einer

Abbildung 3.3 Professor M. Teucher im Gespräch mit Professor W. Jentschke (DESY-Archiv).

der CERN-Blasenkammern beteiligt. Eine Umfrage von Teucher unter den deutschen Hochschulen ergab, dass neben Hamburg, Heidelberg und München auch Interesse an der Universität Bonn und an der RWTH Aachen bestand.

Da die Finanzierung eines so teuren Geräts, wie es die Blasenkammer darstellte, die Möglichkeiten des DESY überstieg, stellten die fünf interessierten Institute einen Antrag an das BMAt. Basierend auf einer Empfehlung des Arbeitskreises Kernphysik vom 28. 11. 1960 genehmigte das BMAt im Prinzip den Bau einer Blasenkammer für DESY. Das BMAt würde im Besitz der Kammer bleiben und sie an die deutschen Universitäten verleihen. DESY wurde mit der Lösung der daraus entstehenden praktischen Probleme beauftragt. Dies trug in eleganter Weise dem Bund-Länderproblem bei der Finanzierung von Wissenschaft Rechnung [1].

Nun musste die Kammer nur noch gebaut werden. Durch Vermittlung von H. Filthuth wurde eine elegante Lösung gefunden: Die Blasenkammergruppe des ‚Centre d'Etudes Nucleaires' (CEA) in Saclay hatte gerade eine 80 cm lange Wasserstoff-Blasenkammer für das CERN gebaut. Es bot sich nun an, dass Saclay eine Kopie dieser Kammer für DESY bauen würde. Der Funke sprang über bei einem Besuch der französischen Experten Florent und Garçon in Hamburg im Mai 1961. Die Idee hatte so offensichtliche Vorteile, dass im September 1961 ein Vertrag vorlag und Anfang 1962 mit dem Bau der Kammer begonnen wurde. Die Kosten für die Blasenkammer selbst beliefen sich auf 4 Mio DM, dazu kamen 2,5 Mio DM für den Wasserstoffverflüssiger, die Stromversorgung, Transportkosten und Unvorhergesehenes, wofür die deutsche Seite verantwortlich zeichnete. Eine Mannschaft von DESY unter Führung von Dr. Gerhard Horlitz würde sich in Saclay am Bau beteiligen und dabei auch die nötige Erfahrung für den Umgang mit der Kammer gewinnen. Die Gruppe in Saclay arbeitete hochprofessionell; außerdem profitierte DESY von der Hilfe Saclay's bei der Beschaffung der übrigen Komponenten und bei der Inbetriebnahme der Kammer.

So war die Kammer 1964 gleichzeitig mit der Fertigstellung des Beschleunigers betriebsbereit (Abb. 3.4) [1]. Sie hatte eine Länge von 85 cm, ein Magnetfeld von 2,2 Tesla und drei Kameras für stereoskopische Aufnahmen. Sie konnte mit einer hohen Wiederholungsrate laufen; im tatsächlichen Betrieb lieferte sie 1,4 Aufnahmen/s.

Abbildung 3.4 Die Blasenkammer steht betriebsbereit. Prof. M. Teucher und Prof. W. Jentschke gratulieren der Blasenkammermannschaft zu ihrem Erfolg. Links neben Prof. Teucher steht im Vordergrund Dr. G. Horlitz, der Leiter der Blasenkammermannschaft (DESY-Archiv).

Parallel zum Bau der Blasenkammer gründete M. Teucher eine Auswertegruppe für Blasenkammerbilder an der Universität Hamburg. Zur Vorbereitung auf die Auswertung von Bildern der DESY-Blasenkammer trat er einer Kollaboration aus der RWTH Aachen, den Universitäten Birmingham, Bonn, dem Imperial College London und dem MPI für Physik in München bei. In ihrem ersten Experiment arbeitete sie mit Bildern von Pion-Proton-Reaktionen bei 4 GeV in der 80 cm Wasserstoff-Blasenkammer des CERN. Diese Kollaboration war recht erfolgreich; so entdeckte sie eine neue hadronische Resonanz mit der Bezeichnung a2(1320) [9]. Somit war DESY auch auf der Auswerteseite gerüstet.

3.2 Datenverarbeitung

Die Anforderungen an die Datenverarbeitung wurden anfänglich vor allem durch die Bedürfnisse der Beschleunigertheorie und später der Blasenkammer-Auswertung bestimmt. Zunächst konnten die Beschleuniger-Theoretiker den Rechner IBM 650 am Institut für Schiffbau in Hamburg-Barmbek benutzen. Es folgte eine Periode unbequemen Reisetourismus zum Deutschen Rechenzentrum in Darmstadt und zum MPI in München mit ihren großen IBM-Rechnern. Ein an der Universität Hamburg installierter TR4-Rechner der deutschen Firma Telefunken erwies sich als langsam und weitgehend Benutzer-unfreundlich, so dass DESY schließlich Mitte 1963 eine eigene Rechenanlage erhielt, eine IBM 650, die vorher bei der Hamburger Schlieker-Werft gestanden hatte. Bald danach folgte eine IBM 1401 und im November 1963 ein IBM 7044-Rechner. Damit besaß DESY endlich ein eigenes leistungsfähiges Rechenzentrum. Die Rechner waren nur gemietet und konnten so leichter im DESY-Etat untergebracht werden. Die Firma IBM hatte damals gewisse Eigenheiten; so durfte der Kunde nur auf speziellen IBM-Formblättern bestellen und das Ganze war nur bedingt preiswert. Dafür aber funktionierten die Rechner zuverlässig und verfügten vor allem über ein Betriebssystem, welches wichtige Anforderungen des Wissenschaftsbetriebs wie Fortran-Compiler und Massenspeicherung von Daten unterstützte.

Der allererste Rechner bei DESY war allerdings schon Anfang 1961 in Betrieb gegangen. Es war ein Analogrechner der US Firma EAI und diente zur Berechnung von Teilchenbahnen. Es war vermutlich dieser Rechner, der in die Kunstgeschichte einging, als Cord Passow von DESY und sein Künstler- Freund Kurd Alsleben im Dezember 1960 mit ihm die ersten Werke der ‚Computer-Art' schufen.

3.3 Der Aufbau von Teilchenstrahlen

Es gab drei prinzipielle Möglichkeiten, die Elektronen des Beschleunigers für Experimente zu nutzen, und alle drei standen bereits in der ersten Experimentierphase zur Verfügung.

Die erste Möglichkeit war, einen Strahlabsorber aus Metall (‚Target') seitlich in die Vakuumkammer der Maschine zu bringen und am Ende des Beschleunigungszyklus direkt in den umlaufenden Elektronenstrahl zu schieben. Diese Methode gestattet im Prinzip eine optimale Nutzung der beschleunigten Elektronen, führt aber wegen der Notwendigkeit, das Experiment innerhalb des Beschleunigertunnels aufzubauen, zu Einschränkungen der experimentellen Möglichkeiten. Die ersten Elektronen-Streuexperimente wurden auf diese Weise durchgeführt.

Um einen Strahl von Photonen zu erhalten, wird ein dünnes Target, etwa ein Kohlefaden, in den Elektronenstrahl gelenkt. Die entstehende Bremsstrahlung ist sehr eng kollimiert und kann als hochintensiver Photonenstrahl durch ein Loch in der Abschirmwand des Beschleunigers in die Experimentierhallen geführt werden.

Um einen Elektronenstrahl in den Experimentierhallen zu nutzen, muss der im Synchrotron umlaufende Strahl am Ende des Beschleunigungszyklus aus der Vakuumkammer der Maschine herausgelenkt werden. Genau dieses verbietet jedoch die Physik der Maschine – wenigstens auf den ersten Blick. Hier half ein von Ken Robinson vom C.E.A. erdachter Trick: Durch Anregung einer destabilisierenden Resonanz wird der Strahl aufgeweitet und kann dann durch einen gepulsten Septummagneten ejiziert werden.

3.4 Synchrotronstrahlung

Jede beschleunigte elektrische Ladung strahlt. Elektronen, die sich auf einer Kreisbahn bewegen, strahlen also elektromagnetische Wellen ab. Für Elektronen sehr hoher Energie in Synchrotrons ist diese Strahlung tangential zur Elektronenbahn scharf gebündelt und enthält im Falle des DESY-Synchrotrons (und ebenso bei Speicherringen) alle Wellenlängen, vom Sichtbaren bis ins Röntgengebiet. Die abgestrahlte Leistung steigt mit der vierten Potenz der Elektronenergie an und wird für große Elektronensynchrotrons zum begrenzenden Faktor für die Beschleunigung. Die mittlere vom DESY-Synchrotron abgestrahlte Leistung liegt im kW-Bereich. Sie muss durch die Hochfrequenz-Beschleunigungsstrecken aufgebracht werden und kann zu schweren Strahlenschäden an der Maschine führen. Diese Strahlung, zum ersten Mal 1947 an einem Elektronenbeschleuniger in den USA als helle Lichterscheinung beobachtet, ist für den Beschleunigerbauer ein großes Ärgernis. Auf der anderen Seite eröffnet diese sehr intensive Strahlung, die ein großes Wellenlängengebiet überdeckt, neue Möglichkeiten der Forschung in der Atom-, Molekular- und Festkörperphysik.

Peter Stähelin erkannte hellsichtig die Möglichkeiten, die sich DESY auch außerhalb der Hochenergiephysik boten, und rief ein Laboratorium für die Nutzung der Synchrotronstrahlung ins Leben. Hier sollten, ähnlich wie in der Hochenergiephysik, auswärtige Nutzer diese neuartige Strahlungsquelle für ihre Forschungen nutzen können. Darin war er seiner Zeit ein gutes Stück voraus. Da die Finanzen von DESY angespannt waren und die Synchrotronstrahlung damals nicht unbedingt zu den Kernaufgaben von DESY gehörte, warb er die Mittel für den Aufbau eines Synchrotronstrahlungs-Bunkers durch einen Antrag an die Deutsche Forschungsgemeinschaft ein. Für den Aufbau des Laboratoriums und die erste Instrumentierung hatte Stähelin die tatkräftige Hilfe seines Doktoranden Ruprecht Haensel, der im Februar 1962 von München nach Hamburg gekommen war. Dieser war von der ihm gestellten Aufgabe begeistert. Unter seiner Planung entstand das erste Synchrotronstrahlungs-Labor am DESY, der ‚Haensel-Bunker'. Als erste Instrumentierung stellte das Labor einen Vakuum-UV-Spektrographen zur Verfügung. Damit konnten 1964 die Messungen mit der Synchrotronstrahlung beginnen, und die Zahl der Nutzer stieg in der Folgezeit rasch an. Haensel selbst wurde 1966 promoviert und Leiter des DESY Synchrotronstrahlungs-Labors, dann Professor an der Universität Kiel, später Generaldirektor der Europäischen Synchrotronstrahlungsquelle in Grenoble und endlich Rektor der Universität Kiel.

Die Abbildung 3.5 zeigt Professor Stähelin 40 Jahre später am 19.April 2004, wie er bei der Tagung ‚40 Jahre Forschung mit der Synchrotronstrahlung' geehrt wird und der Vorsitzende des DESY-Direktoriums, Professor Albrecht Wagner, ihm zum 80. Geburtstag gratuliert. Die weitere Geschichte der Forschung mit Hilfe der Synchrotronstrahlung wird in Kapitel 13 geschildert.

Abbildung 3.5 Professor Peter Stähelin wird auf der Tagung ‚40 Jahre Forschung mit der Synchrotronstrahlung' geehrt (DESY-Archiv).

3.5 Regeln zur wissenschaftlichen Arbeit

Mit dem Beginn des Experimentierprogramms am CERN wurde offensichtlich, dass gewisse formale Verfahren notwendig waren, um die Zulassung von Experimentiergruppen und die Zuteilung wichtiger Resourcen wie der Strahlzeit für die internationale Nutzergemeinde zu regeln. DESY hat von diesen Überlegungen profitiert und rechtzeitig die Diskussion von Regeln für die wissenschaftliche Arbeit eröffnet. Diese lag zunächst in den Händen des Wissenschaftlichen Rats. Professor Christoph Schmelzer, der Vorsitzende des Wissenschaftlichen Rats, erstellte einen ersten Entwurf, der auf einer Umfrage unter den Mitgliedern beruhte und 1961 im Wissenschaftlichen Rat diskutiert wurde. In die weitere Diskussion, in die auch die DESY-Physiker einbezogen wurden, flossen die Erfordernisse des praktischen Wissenschaftsbetriebs verstärkt ein.

Nach den vom Wissenschaftlichen Rat schließlich verabschiedeten Regeln zur wissenschaftlichen Arbeit sollte DESY grundsätzlich allen Wissenschaftlern offenstehen (ob dazu auch Ausländer gehörten, ließen die Regeln in ihrer Weisheit offen). Die

Arbeit sollte in Arbeitsgruppen organisiert sein. Entscheidungen in Forschungsangelegenheiten sollten gemeinsam vom Direktorium und einem Ausschuss des wissenschaftlichen Rats getroffen werden. Die Empfehlung für die Genehmigung von Experimenten und die Zuteilung wichtiger Resourcen wie Strahlzeit sollte in den Händen des sogenannten Forschungskollegiums liegen. Das Forschungskollegium musste in der Lage sein, schnell und flexibel auf Ereignisse wie Pannen und Verzögerungen im Experimentier- und Beschleunigerbetrieb zu reagieren. Oft war auch die Genehmigung eines Experiments ein iterativer Prozess und erforderte mehrere Sitzungen innerhalb kurzer Zeit. Deshalb bestand das Forschungskollegium ausschließlich aus internen Mitgliedern: Physiker aus den Experimentiergruppen, der Leiter des Hallendienstes, der Strahlzeitkoordinator und das für die Forschung zuständige Direktoriumsmitglied. Hans Joos, ein theoretischer Physiker, der als leitender Wissenschaftler berufen worden war, hat dieses Gremium viele Jahre lang als Vorsitzender geleitet. Das Forschungskollegium tagte alle zwei Wochen. Neue Experimente und/oder der Antrag auf zusätzliche Strahlzeit mussten schriftlich eingereicht und in einem ‚Forschungsseminar' öffentlich begründet werden. Dieser letztere Punkt war wichtig für eine faire und transparente Entscheidungsfindung. Streng genommen hatten die Entscheidungen des Forschungskollegiums nur Vorschlagscharakter; jedoch folgte das Direktorium ihnen in allen Fällen. Der wissenschaftliche Rat, vertreten durch seinen Forschungsausschuss, verfolgte die Tätigkeit des Forschungskollegiums; er behielt sich grundsätzliche wissenschaftliche Entscheidungen vor, und er konnte als übergeordnete Autorität im Falle von unauflöslichen Kontroversen angerufen werden. Diese Regelung war seit dem Beginn der Experimente (1964) in Kraft, und sie bewährte sich in der praktischen Arbeit über ein Jahrzehnt lang. Erst die Forschung am PETRA-Speicherring mit ihrer stärkeren internationalen Komponente machte eine Änderung notwendig.

3.6 Erste Experimente mit dem Synchrotron

Das Jahr 1964 markiert den Beginn der Forschungstätigkeit mit dem Synchrotron. Seine offizielle Übergabe an die Wissenschaft durch den Bundesminister für wissenschaftliche Forschung H. Lenz erfolgte am 12. November 1964, aber die Messungen hatten schon vorher begonnen. Der Jahresbericht 1964 verzeichnet 770 Stunden Strahlzeit für die Experimente und zeigt sechs Experimente, die in den beiden Experimentierhallen und im Ringtunnel selbst aufgebaut waren. Sie umfassten bereits die zwei Hauptthemen der Forschung mit hochenergetischen Elektronen und Photonen:

– Elastische und unelastische Elektron-Proton-Streuung und

– Photoproduktion

Die elastische Elektron-Proton-Streuung war ganz offensichtlich ein wichtiges Forschungsthema, welches das Programm an jedem Elektronenbeschleuniger abdecken musste. McAllister und Hofstadter hatten 1956 erstmals mit einem Experiment zur elastischen Elektron-Proton-Streuung an dem Elektronen-Linearbeschleuniger der Universität Stanford gezeigt, dass das Proton nicht ein punktförmiges Elementarteilchen wie das Elektron ist[1)], sondern eine Ausdehnung von etwa 10^{-13} cm hat [10]. Die elastische Streuung von Elektronen am Proton war demnach ein Mittel, um die Ladungsverteilung im Innern des Protons zu messen. Das C.E.A. und DESY verfügten 1964 mit Abstand über die höchste Elektronen-Energie in der Welt und waren so in der Lage, das Proton mit einer bisher unerreichten räumlichen Auflösung zu durchleuchten.

Ein solches Experiment ist nicht einfach. Bei der Energie des DESY-Synchrotrons ist die elastische Streuung eines Elektrons am Proton nur eine von vielen verschiedenartigen Reaktionen, die das Elektron beim Zusammenstoß mit einem Proton auslöst. Die elastisch gestreuten Elektronen müssen deshalb durch eine genaue Messung ihres Streuwinkels und ihrer Energie identifiziert werden. Ihre Energie wird durch Ablenkung in einem Magnetfeld gemessen; zum Nachweis werden sie magnetisch auf eine Reihe von Zählern fokussiert, wodurch Energie und Winkel gleichzeitig gemessen werden können. Eine solche Anordnung nennt man Spektrometer. Um einen größeren Bereich von Streuwinkeln abzudecken, können solche Spektrometer auf Lafetten aufgebaut werden, die auf Rollen gelagert eine Drehung des Spektrometers um das Streuzentrum gestatten.

Am DESY bemühten sich zwei Gruppen um dieses Thema. Die eine Gruppe, genannt F21, bestand aus Wissenschaftlern der Universität Karlsruhe und des DESY. Sie wurde geführt von Friedhelm Brasse, der bereits am Bau von DESY mitgewirkt hatte, und von Herwig Schopper, Professor an der Universität Karlsruhe, der unter anderem durch Arbeiten zur Paritätsverletzung beim Beta-Zerfall bekannt geworden war. Er hatte an der Cornell-Universität gearbeitet und dort Erfahrungen in der Hochenergiephysik gesammelt. Ihr Experiment war geeignet, eine erste Messung bereits nach relativ kurzer Zeit und mit mäßigem Aufwand durchzuführen. Dazu benutzten sie ein Target innerhalb der Vakuumkammer des Synchrotrons. Am Ende des Beschleunigungszyklus wurden die Elektronen auf das Target gelenkt. Dieses Target bestand zunächst aus Polyethylen und wurde Mitte 1965 durch ein Flüssig-Wasserstoff-Target ersetzt. Dies war eine technische Meisterleistung und ermöglichte eine bedeutend bessere Messung. Die elastisch gestreuten Elektronen und die angestoßenen Protonen gelangten aus dem Target nach Durchquerung der Vakuumkammer in den Ringtunnel. Dort war für ein großes vornehmes Spektrometer kein Platz. Statt dessen benutzte die Gruppe F21 sogenannte Wilson-Spektrometer (vorgeschlagen von W. K. H. Panofsky und erstmals an der Cornell-Universität eingesetzt). Dieses einfache Spektrometer besitzt einen Quadrupolmagneten, der in der Mitte durch einen Absorber blockiert ist, und der gleichzeitig als Analysier- und Fokussiermagnet dient. Das Experiment verwendete zwei solcher Spektrometer, eines für Elektronen und eines für Protonen. Damit konnten gleichzeitig das gestreute Elektron und das gestreute Proton registriert werden, was eine wichtige Kontrollmöglichkeit angesichts der mannigfaltigen Schwierigkeiten bot, die durch das einfache Spektrometer und das Experimentieren in dem nur

[1)] Eine erste indirekte Evidenz dafür war bereits 1933 gefunden worden durch die Entdeckung des anomalen magnetischen Moments des Protons durch Otto Stern an der Universität Hamburg (Nobelpreis 1943).

sehr beschränkt zugänglichen Ringtunnel verursacht waren. Die Abb. 3.6 zeigt diese experimentelle Anordnung.

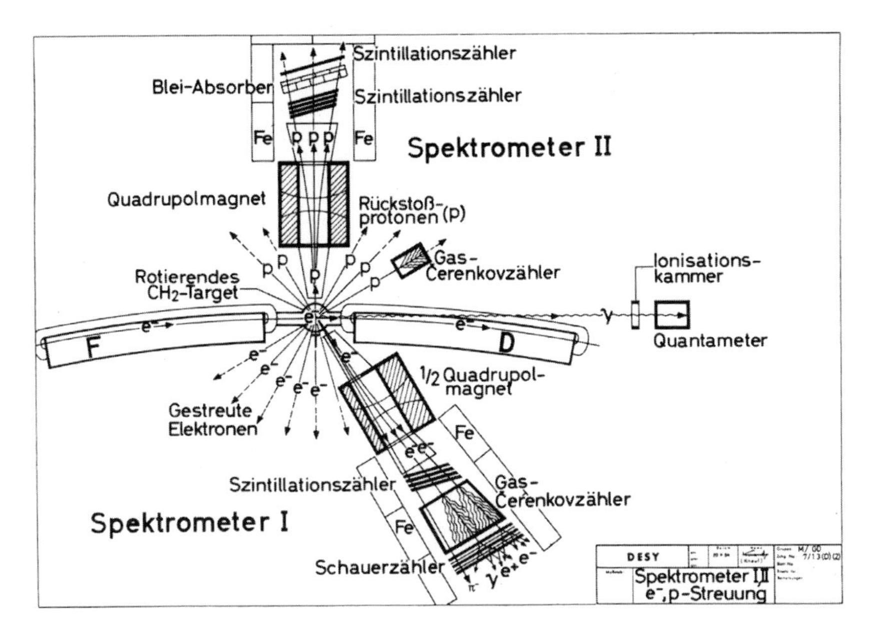

Abbildung 3.6 Die Apparatur der Gruppe F21 zur Messung der Elektron-Proton-Streuung.

Die Gruppe F21 war unter den ersten, die ein wissenschaftlich relevantes Ergebnis aus einem DESY-Experiment vorweisen konnten (siehe Abb. 3.7).

SEARCH FOR A HEAVY ELECTRON BY ELECTRON-PROTON COINCIDENCE MEASUREMENTS

H. J. Behrend, F. W. Brasse, J. Engler, E. Ganssauge, and H. Hultschig

Deutsches Elektronen Synchrotron, Hamburg, Germany

and

S. Galster, G. Hartwig, and H. Schopper

Institut für Experimentelle Kernphysik des Kernforschungszentrums Karlsruhe und der Technischen Hochschule Karlsruhe, Karlsruhe, Germany

(Received 25 October 1965)

Since measurements[1] of electron-pair production at high momentum transfers indicate a deviation from quantum electrodynamics,

could be deduced where $(\lambda e/m_e^*)$ is the coupling constant for the heavy electron.

Since the production process is a two-body

Abbildung 3.7 Die erste Publikation mit Daten aus einem DESY-Experiment, Phys. Rev. Lett. 15 (1965) 900 .

Die zweite Gruppe, die sich der Elektron-Proton-Streuung zuwandte, hiess F22. Sie wurde geführt von Ulrich Meyer-Berkhout und Gustav Weber. Beide hatten schon Erfahrungen am CERN gesammelt und schlugen ein Experiment vor, in welchem die elastische und zusätzlich die unelastische Elektron-Protonstreuung mit großer Genauigkeit gemessen werden sollte. Das Experiment verwendete den in die Halle ejizierten Elektronenstrahl und ein auf einer Lafette montiertes großes Spektrometer. Dieses Experiment war 1964 noch im Aufbau. Es war sozusagen ein Experiment der zweiten Generation.

Das andere große Forschungsthema war die Photoproduktion. Photonen hoher Energie entstehen durch Bremsstrahlung der Elektronen des Synchrotrons. Beim Auftreffen auf Protonen können sie neue Teilchen, vornehmlich Mesonen, erzeugen. Der einfachste Fall ist die Photoproduktion einzelner Pionen, also die Reaktionen

$$\gamma p \to \pi^+ n \quad \text{oder} \quad \gamma p \to \pi^0 p$$

wobei γ ein Photon (Gammaquant) von einigen GeV Energie ist, p bzw. n für Proton bzw. Neutron steht und π^+ bzw. π^0 für ein positiv geladenes bzw. neutrales Pion. Die starke Wechselwirkung war damals so etwas wie ein Buch mit sieben Siegeln, und so erhoffte man sich durch die Untersuchung dieser relativ einfachen Reaktionen neue Hinweise zu ihrem besseren Verständnis.

Ein Experiment zur Photoproduktion geladener Pionen wurde von der Gruppe F35 vorbereitet. Die Gruppenmitglieder kamen größtenteils von der Universität Hamburg, die Gruppe wurde geleitet von Gerd Buschhorn, der aus München gekommen und dort über ein kernphysikalisches Thema promoviert worden war.

Die Messung der Photoproduktion neutraler Pionen war das Ziel der Gruppe F34. Dies war eine Gastgruppe der Universität Bonn. Ihre Mitglieder M. Braunschweig, D. Husmann, K. Lübelsmeyer und D. Schmitz kamen vom Bonner Elektronen-Synchrotron und hatten als Einzige beim DESY einschlägige Erfahrungen mit Photoproduktions-Experimenten. Als erste rein auswärtige Gastgruppe waren sie ein wichtiger Testfall für den Anspruch von DESY, solche Gruppen in jeder Hinsicht zu unterstützen und ihnen gute Arbeitsmöglichkeiten zu bieten. Der nachfolgende Erfolg der Gruppe sprach dafür, dass dies gelungen war; natürlich trug auch der hohe Grad an Professionalität der Gruppenmitglieder entscheidend dazu bei. Die Experimente beider Gruppen waren Ende 1964 noch im Aufbau.

Die Energie der Photonenstrahlen von einigen GeV ermöglichte auch erstmals die Photoproduktion mehrerer Mesonen. Zur Untersuchung dieser komplizierteren Reaktionen waren zwei Experimente in Vorbereitung: Die Gruppe F32 von B. Elsner und K. Heinloth plante die Funkenkammertechnik einzusetzen; ihr Experiment war ebenfalls noch im Aufbau und konnte am Jahresende erste Probeaufnahmen machen. Die zweite Gruppe, F1, war die Blasenkammergruppe. M. Teucher hatte nicht nur den Bau der Wasserstoff-Blasenkammer in dem französischen Kernforschungszentrum Saclay in die Wege geleitet, sondern auch an der Universität Hamburg eine Auswertegruppe für Blasenkammerbilder etabliert. Diese Gruppe verfügte 1964 schon über einschlägige Erfahrungen durch die Auswertung von Bildern des CERN und beteiligte sich auch am Bau des Photonenstrahls für die Kammer. Die Kammer selbst war unter der effizienten Mithilfe der Spezialisten von Saclay bei DESY aufgebaut worden und machte Ende 1964 die ersten Probeaufnahmen.

Eine wichtiges und erfreuliches Ergebnis der ersten Experimente betraf den Strahlungsuntergrund in den Experimentierhallen. Ursprünglich war befürchtet worden, dass die aus dem Synchrotron austretenden Elektronen- und Photonenstrahlen sogar außerhalb der eigentlichen Abschirmung der Experimente einen so hohen Strahlungs-Untergrund in den Experimentierhallen erzeugen würden, dass der Aufenthalt von Personen dort unmöglich sein würde. Besonders gefürchtet war der sogenannte ‚skyshine' von Neutronen, die aus der Abschirmung nach oben gestreut, durch einen weiteren Streuvorgang in die Halle gelangen würden. Deswegen wurden Vorkehrungen getroffen, die Messdaten aus der Halle heraus in abgeschirmte Laborräume zu leiten. Außerdem wurden die Experimentierhallen von hohen und dicken Abschirmwällen umgeben. Die Physiker waren im sogenannten Laborgebäude untergebracht, das, lang und niedrig, sich in den Schatten des Abschirmwalls duckte. Die Messungen zeigten nun, dass die Planung zu sehr auf der sicheren Seite gewesen war. Tatsächlich war während des Messbetriebs ein problemloser Aufenthalt in den Hallen möglich, eine korrekte Abschirmung der Experimentierzonen durch hohe Mauern aus Schwerbeton vorausgesetzt. Dies erleichterte den Experimentierbetrieb natürlich beträchtlich.

Inzwischen hatte die Synchrotronstrahlungsgruppe von R. Haensel ihren Bunker bezogen und mit einem 30 m langen Strahlrohr die Verbindung mit dem Synchrotron hergestellt. Ein von DESY und der Werkstatt des Physikinstituts der Universität Hamburg gebauter Vakuum-UV-Spektrograph wurde installiert und mit Messungen des Spektrums der Synchrotronstrahlung begonnen.

Es ist aufschlussreich, die gesamten Aufwendungen im ersten Betriebsjahr des DESY-Synchrotrons 1964 zu betrachten. Sie betrugen insgesamt 34 Mio DM. Davon entfielen 11 Mio DM auf Investitionen für die Errichtung des Beschleunigers und der Gebäude. Die verbleibenden 23 Mio DM waren die Kosten für den laufenden Betrieb inklusive der Experimente, und davon waren 5,8 Mio DM Personalkosten. Das gesamte Personal war von 406 Mitarbeitern 1963 auf 494 im Jahr 1964 angewachsen, darunter waren 61 Verwaltungsangestellte und 55 Physiker und Diplomingenieure in der Forschung [11].

Die Abb. 3.8 zeigt Mitglieder des DESY-Direktoriums und des Verwaltungsrats, aufgenommen im Mai 1965.

3.7 Die Hamburg-Konferenz 1965

Ihr offizieller Name lautete ‚International Symposium on Electron and Photon Interactions at High Energies, Hamburg 1965.' Eine derartige Konferenz findet alle zwei Jahre statt und ist die wichtigste Gelegenheit, aktuelle Forschungsergebnisse auf diesem Gebiet vorzustellen. Wird ein großer neuer Beschleuniger in Betrieb genommen, so fungiert das betreffende Institut traditionsgemäß als Gastgeber der Konferenz. Und so fand die Konferenz im Juni des Jahres 1965 in Hamburg statt. Die Hauptergebnisse kamen natürlich von den etablierten Instituten, und der Neuankömmling DESY wurde neugierig beäugt. In diesem Test hat DESY mit zwei ersten Messergebnissen einen Achtungserfolg erzielt [12].

Die Gruppe F21 konnte Messungen zur elastischen Elektron-Proton-Streuung vorweisen. Sie konnten sich neben den Ergebnissen anderer Institute sehen lassen, auch wenn sie hinsichtlich der Genauigkeit und der Methodik noch nicht mit den besten Messungen konkurrieren konnten. Die Blasenkammergruppe konnte dank des effizien-

Abbildung 3.8 Sitzung des Verwaltungsrats im Mai 1965. Von l. nach r.: H. Berghaus, P. Stähelin, W. Walcher, M. Teucher, W. Jentschke, Ch. Schmelzer, H. Meins, ? , H. O. Wüster (DESY-Archiv).

ten Betriebs der Kammer unter G. Horlitz und der gut funktionierenden Auswertung mit ersten Daten zur Photoproduktion bei Energien von einigen GeV aufwarten. Die Zahl ihrer 1708 beobachteten Reaktionen war zwar deutlich geringer als die 3612 der Konkurrenten vom C.E.A. mit ihren zwei Jahren Vorsprung, aber dies war ausreichend, um erste Beiträge zur Photoproduktion von Pionen zu präsentieren.

Ein methodischer Erfolg verdient noch wegen seiner späteren Bedeutung Erwähnung. Eine Gruppe um U. Timm präsentierte eine Messung des Bremsstrahlungsspektrums von Elektronen von 3,8 GeV, die an einem Diamantkristall gestreut worden waren. Diese Technik, erstmals an dem italienischen Elektronensynchrotron in Frascati demonstriert, lieferte ein Energiespektrum der Photonen, das bei gewissen Energien stark überhöht war; außerdem waren die Photonen linear polarisiert. Die lineare Polarisation war es vor allem, die im Vergleich mit Experimenten an Protonbeschleunigern einen wertvollen zusätzlichen Hebel zur Aufklärung von Mechanismen der starken Wechselwirkung bot.

Die Sensation der Konferenz war jedoch eine Messung der Erzeugung von Elektron-Positron-Paaren mit großen Öffnungswinkeln durch Frank Pipkin von der Harvard Universität und Mitarbeitern am C.E.A. in Cambridge. Ziel des Experiments war die Überprüfung der Quantenelektrodynamik (QED), der Theorie der elektromagnetischen Wechselwirkung. Neben der Gravitationstheorie war dies zum damaligen Zeitpunkt die einzige physikalische Theorie, die genaue und richtige Ergebnisse lieferte. Mit den neuen großen Elektronen-Synchrotrons konnte sie auf einem bisher nicht zugänglichen Gebiet geprüft werden. Ein geeignetes Experiment hierzu war die Elektron-Positron-Paarerzeugung durch hochenergetische Photonen. Um einen Test der QED darzustellen, mussten das Elektron und Positron eines Elektron-Positron-Paars einen großen Winkel miteinander bilden. Damit bot das Experiment große Schwierigkeiten, da die

Zählrate für solche Paare sehr klein und die Rate anderer unerwünschter Reaktionen sehr groß ist. Die Pipkin-Gruppe zeigte nun auf der Konferenz Daten, die eine massive Verletzung der QED nahelegten. Unter dem Eindruck dieser Messung sagte Robert R. Wilson von der Cornell-Universität in seinem abschließenden Vortrag [12]: „One of the exciting moments at this meeting for me was the paper given by Pipkin. ... Because of the enormity of his claim, he stands out at this time as one of our heros - of course subsequent experiments will determine whether we keep him on his pedestal. ...“ Damit hatte DESY eine klare Aufgabe erhalten.

3.8 Experimente am Synchrotron 1965–67

In den Jahren 1965–1967 war der Beschleunigerbetrieb und das experimentelle Programm voll angelaufen. Mit einer Reihe neuer Resultate war DESY in die Reihe wichtiger Forschungsstätten in der Welt aufgerückt. Während DESY auf der Elektron-Photon-Konferenz 1965 in Hamburg lediglich ein Lebenszeichen gezeigt hatte, beherrschten die DESY-Daten weitgehend das Bild auf der nächsten Elektron-Photon-Konferenz, die 1967 in Stanford in Kalifornien stattfand. Hier ist die Liste dieser ersten Runde der Experimente:

F1	Photoerzeugung mit einer Wasserstoff-Blasenkammer
F21	Elektron-Nukleon-Streuung am inneren Strahl
F22	Elektron-Proton-Streuung am äußeren Strahl
F23	Elektron-Nukleon-Streuung am äußeren Strahl
F31	Symmetrische Elektron-Positron-Paarerzeugung
F32	Elektroerzeugung von Pionen und rho-Mesonen in Funkenkammern
F33	Kohärente Bremsstrahlung
F34	Photoproduktion neutraler π- und η-Mesonen
F35	Photoerzeugung von Pionen
F36	Photoerzeugung von K-Mesonen und Hyperonen
F41	Experimente mit der Synchrotronstrahlung

Die spannende Frage bei der elastischen Elektron-Proton-Streuung war, ob das Proton einen harten Kern besitzt oder ob es durch eine kontinuierliche Ladungsverteilung bis ganz nach innen beschrieben werden kann. Verkompliziert wird das Problem dadurch, dass das Proton auch ein magnetisches Moment besitzt, dessen Größe nicht allein durch die QED bestimmt wird. Man muss also sowohl die Verteilung der Ladung als auch die des magnetischen Moments messen. Zur Auswertung der Messungen dient die sogenannte Rosenbluth-Formel. Man erhält als Ergebnis den elektrischen und magnetischen Formfaktor des Protons als Funktion des sogenannten invarianten Vier-Impulsübertrags Q, der anschaulich ungefähr dem Querimpuls des gestreuten Elektrons entspricht. Bei den hohen Energien ist man nicht mehr im Gültigkeitsbereich der klassischen Mechanik, und die Vorstellung einer Ladungsverteilung im dreidimensionalen Raum ist streng genommen nicht mehr zulässig. Anschaulich kann man sich die Formfaktoren als die Fouriertransformierten der Ladungsverteilung vorstellen. Ein harter Kern würde einem Formfaktor entsprechen, der oberhalb eines gewissen Werts von Q konstant bleibt.

Auf der Stanford-Konferenz 1967 trug G. Weber vom DESY zusammenfassend über den Stand der Forschung vor. Die Messungen der Gruppen F21 und F22 vom DESY bestimmten das Bild, das sich bis heute nur noch in Details verändert hat. F21 hatte ein neues Spektrometer innerhalb des Rings installiert, und F22 hatte sein großes Spektrometer im äußeren ejizierten Protonstrahl in Betrieb genommen, und beide Experimente funktionierten gut. Sie erhielten das folgende Ergebnis für den magnetischen (G_M) und elektrischen (G_E) Formfaktor des Protons:

$$G_M(Q^2) = \frac{\mu}{(Q^2 + 0{,}71\ \text{GeV}^2)^2} \tag{3.1}$$

$$G_E(Q^2) = \frac{1}{(Q^2 + 0{,}71\ \text{GeV}^2)^2} \tag{3.2}$$

Hierbei ist μ das magnetische Moment des Protons. Diese sogenannte Dipolformel gilt mit einer Genauigkeit von etwa 20% im ganzen der Messung zugänglichen Bereich von Q^2. Im klassischen Bild entspricht dies einer nach außen hin exponentiell abnehmenden Ladungsdichte mit einem mittleren Radius von $0{,}9 \cdot 10^{-13}$ cm. Die Messungen erstreckten sich bis zu einem Wert von $Q^2 = 10\ \text{GeV}^2$, ohne dass ein harter Kern erkennbar war. Rechnet man dies nach der Heisenbergschen Unschärferelation in eine Länge um, erhält man $0{,}06 \cdot 10^{-13}$ cm als obere Schranke für eine kleinste Ausdehnung im Proton; das heißt, dass eine Struktur im Proton, falls vorhanden, kleiner als 6% des Protonradius sein muss.

Nach der Messung der elastischen Streuung wandten sich die Gruppen F21 und F22 der unelastischen Elektron-Protonstreuung zu. Dabei kommt es bei der Kollision zur Bildung weiterer Teilchen und/oder zur Bildung von Nukleon-Resonanzen. Auch diese ersten Messungen fanden auf der Stanford-Konferenz Beachtung und sollten später eine große Bedeutung gewinnen.

Was war das Geheimnis des DESY-Erfolgs in dieser frühen Phase? Man kann darüber spekulieren. Die Physiker am DESY hatten einen solide gebauten, sehr gut funktionierenden Beschleuniger. Die instrumentelle Ausstattung, angefangen mit den DESY-Experimentiermagneten und den Lafetten, war ebenfalls solide und dank der unermüdlichen Bemühungen des Direktoriums um die Finanzierung nicht übermäßig vom Geldmangel behindert. Vielleicht waren die Leute von Harvard und MIT auch etwas zu sorglos gewesen und hatten DESY unterschätzt.

Einen großen Eindruck machte das DESY bei den Konferenzen der Jahre 1966/67 mit der Überprüfung der Gültigkeit der Quantenelektrodynamik (QED). Hier war es die DESY-Columbia-Kollaboration, die mit einer sauberen und genauen Messung die QED bestätigte. Damit war die Frage der Gültigkeit der QED bis auf weiteres (d.h. bis zum nächsten großen Beschleuniger) abgeschlossen und erledigt.

Die Quantenelektrodynamik (QED) ist die Theorie der elektromagnetischen Wechselwirkung. Da sie eine der fundamentalen Wechselwirkungsarten in der Natur ist, kommt ihrer Überprüfung zentrale Bedeutung zu. Experimente bei hohen Energien können gemäß der Heisenbergschen Ungenauigkeitsrelation die Gültigkeit der Theorie bis zu kleinen Abständen hinab überprüfen, entsprechend der zur Verfügung stehenden

Energie. Mit den neuen Elektronensynchrotrons C.E.A. und DESY konnte man deshalb die Gültigkeit der QED bei höheren Energien, d.h. bis zu kleineren Abständen, überprüfen als je zuvor. Etwas allgemeiner wurde dabei auch die Frage berührt, ob die Gesetze der Physik wirklich bis hinab zu den kleinsten Abständen gültig sind oder ob es eine ‚kleinste Länge' für sinnvolle Aussagen in der Physik gibt.

Eine geeignete Reaktion zur Überprüfung der QED ist die Erzeugung eines Elektron-Positron-Paars durch ein Photon hoher Energie. Für große Winkel des Elektrons und Positrons zur Photon-Strahlachse ist ein charakteristischer lorentzinvarianter Ausdruck in dem Prozess groß, und damit ist die Bedingung für eine Prüfung der QED erfüllt. Die hohe Energie des C.E.A.- und des DESY-Synchrotrons erlaubte ein Vordringen hinab zu Abständen von weniger als $0{,}5 \cdot 10^{-13}$ cm, also weniger als die ‚Größe' des Protons.

Das Weitwinkel-Paarexperiment war zunächst von der Gruppe des Harvard-Professors Francis Pipkin am C.E.A. durchgeführt worden. Es ergab sich dabei eine große Abweichung von den Voraussagen der QED und hatte so für Aufsehen bei der Elektron-Photon-Konferenz 1965 in Hamburg gesorgt. Es war klar, dass DESY dieses Experiment wiederholen musste.

Damit befand sich DESY in einem Dilemma. Von den ursprünglich geplanten Experimenten hatte sich keines mit der Weitwinkel-Paarerzeugung befasst. Nun suchte das DESY-Direktorium nach einer Gruppe, die dieses Experiment durchführen würde. Aber keine der Gruppen, deren Experiment im Aufbau schon weit fortgeschritten war, erklärte sich dazu bereit. Offenbar herrschte bei den Physikern eine ungenaue Vorstellung über das Ansehen, das eine derartige Messung in der wissenschaftlichen Gemeinde finden würde. Lediglich die Gruppe F31, deren Experiment relativ einfach und auf die Dauer nicht konkurrenzfähig sein würde, schwenkte um und reichte auf das sanfte Drängen des Direktoriums hin einen Experimentvorschlag ein. Er war von drei Physikern unterzeichnet: Peter Joos als ‚senior physicist', John G. Asbury, einem Besucher aus den USA und Martin Rohde, einem Doktoranden. Es war klar, dass diese Gruppe zahlenmäßig zu schwach war, ein so schwieriges Experiment durchzuführen. Da am DESY selbst keine weiteren Physiker mehr verfügbar waren, suchten das Direktorium und Peter Joos weitere Mitarbeiter von außen zu gewinnen – ohne Erfolg.

Die Lösung kam am Ende durch einen persönlichen Kontakt zustande. Samuel C. C. Ting von der Columbia-Universität, ein sehr ehrgeiziger Physiker mit sicherem Gespür für ein lohnendes Experiment, sah eine Chance (Abb. 3.9). Er schrieb im November 1965 einen Brief an Gustav Weber, den er von der gemeinsamen Arbeit am CERN kannte. Darin fragte er an, ob er mit einer Gruppe der Columbia Universität an diesem Experiment teilnehmen könne.[2)] Ting wurde eingeladen und er trat sofort in Aktion.

Nun bewährte sich das Baukastenprinzip mit seinem Vorrat von Experimentier-Magneten. W. K. Bertram und J. G. Asbury, zwei Besucher aus den USA, fanden ei-

[2)] S. C. C. Ting wurde 1936 in Ann Arbor, Michigan, geboren. Seine Eltern waren beide Professoren in China, er Ingenieur, sie Psychologin. Sie waren auf Besuch in den USA und hatten eigentlich ihren Sohn in China zur Welt bringen wollen. Aber so war er amerikanischer Staatsbürger und kehrte später aus China zum Studium in die USA zurück. Zum CERN war er 1963/64 mit einem Stipendium der Ford Foundation gekommen.

Abbildung 3.9 Professor Samuel C. C. Ting und Bundespräsident Walter Scheel, aufgenommen im April 1979 (DESY-Archiv).

ne sehr vorteilhafte Kombination von noch verfügbaren Magneten. Sie bildeten die Elemente eines Doppelarmspektrometers, welches eine genaue Winkel- und Energiemessung des erzeugten Elektron-Positron-Paars gestattete. Eine riesige Schwierigkeit des Experiments war, dass die Elektronen und Positronen nur einen winzigen Bruchteil der erzeugten Teilchen bildeten. Sie mussten mit großer Sicherheit von den um den Faktor tausend häufigeren Pionen unterschieden werden. Dazu dienten zwei Gas-Cerenkovzähler, die im Instrumentarium von DESY vorrätig waren. Aber das war Ting nicht genug. Er wollte eine doppelte Identifizierung. Dazu wurden zwei große Schachteln aus Sperrholz mit Spiegeln aus dem Kaufhaus zu Gas-Cerenkovzählern umfunktioniert. Ein wichtiger Schlüssel zum Erfolg war die schnelle Elektronik. Sie kam von der berühmten Firma LeCroy aus den USA. Der Firmeninhaber Walter LeCroy selbst bemühte sich um die Durchführung des Auftrags. Ting war Tag und Nacht mit seinem Experiment zugange. Er bestand auf völliger Kontrolle aller Einzelheiten. Niemand durfte ohne seine Erlaubnis ein Kabel anfassen. Seine Gruppe, zu äußerster Disziplin angehalten, arbeitete selbst für DESY-Begriffe hart. Gruppentreffen wurden regelmäßig Sonntag Nacht angesetzt. Das Experiment war Anfang 1966 genehmigt worden, im März war Ting nach Hamburg gekommen. Das Ziel war, ein Ergebnis auf der internationalen Hochenergie-Konferenz, der ‚Rochesterkonferenz', zu präsentieren, die vom 31. August bis 7. September 1966 in Berkeley in Kalifornien stattfinden sollte. Und sie schafften es. Die DESY-Columbia-Gruppe präsentierte auf der Konferenz eine saubere und überzeugende Messung, die mit großer Genauigkeit die Vorhersage der QED bestätigte ([13], Abb. 3.10).

VALIDITY OF QUANTUM ELECTRODYNAMICS AT EXTREMELY SMALL DISTANCES*

H. Alvensleben, U. Becker,† William K. Bertram,† M. Binkley, K. Cohen, C. L. Jordan,† T. M. Knasel,† R. Marshall,† D. J. Quinn, M. Rohde, G. H. Sanders, and Samuel C. C. Ting†
Deutsches Elektronen-Synchrotron, Hamburg, Germany
(Received 30 October 1968)

We have measured the yield of electron-positron pairs from the reaction $\gamma + C \to e^+ + e^- + C$ as a test of the validity of quantum electrodynamics at very small distances. Our results show that first-order quantum electrodynamics correctly predicts the e^+e^- pair yield up to an invariant pair mass of 900 MeV/c^2.

Abbildung 3.10 Publikation der Gruppe F31 zur ‚Rettung' der Quantenelektrodynamik, Phys. Rev. Lett. 21 (1968) 1501.

Damit war DESY mit einem Schlag bekannt geworden; der Erfolg fand sogar den Weg in die Presse. So schrieb der bekannte Wissenschaftsjournalist Thomas v. Randow einen Artikel in der ‚Zeit' mit der Überschrift: „DESY rettete eine Theorie". An diesem Erfolg war natürlich Pipkin nicht ganz unschuldig und DESY legte großen Wert darauf, die Sache in gutem Einvernehmen zu beenden. Bei einem Besuch in Hamburg wurde ihm das Experiment der DESY-Columbia-Gruppe vorgeführt, um ihn von dessen Richtigkeit zu überzeugen.

Ebenfalls großen Eindruck auf den Konferenzen machten die Ergebnisse zur Photoproduktion mit Photonen hoher Energie, die mit Hilfe der Wasserstoff-Blasenkammer des DESY erhalten wurden. Diese Kammer hatte sich im Betrieb sehr bewährt. Sie nahm 1,4 Bilder pro Sekunde auf, und da das DESY Synchrotron 50 Pulse/s lieferte, benötigte die Blasenkammer nur rund 3% der beschleunigten Elektronen. Damit beeinflusste sie die anderen Experimente in ihrer Datennahme nur sehr wenig, und die Zahl der aufgenommenen Bilder war nur durch die Kapazität der Auswertegruppen begrenzt. Hier hatte sich eine schlagkräftige Kollaboration zusammengefunden, die schon vorher erfolgreich zusammengearbeitet hatte: Die R.W.T.H. Aachen, die Universitäten Bonn, Hamburg und Heidelberg, das MPI für Physik in München und ein Institut der deutschen Akademie der Wissenschaften zu Berlin-Zeuthen. Das letztere Institut lag in der DDR, und diese bemerkenswerte Zusammenarbeit mitten im kalten Krieg war durch Kontakte am CERN und die Initiative ihres Direktors Karl Lanius zustande gekommen. Die Kollaboration, vertreten durch E. Lohrmann, präsentierte auf der Elektron-Photon-Konferenz in Stanford 1967 die Ergebnisse aus 1,7 Mio aufgenommenen Bildern, worauf sich 31 000 Photoproduktions-Reaktionen hoher Energie befanden. Die Abb. 3.11 zeigt das Bild einer solchen Reaktion.

Damit konnte die Erzeugung einer großen Reihe von Teilchen durch Photoproduktion gemessen werden: η-, ρ-, ω-, ϕ- und f-Mesonen, ergänzt durch eine ausführliche Untersuchung der Erzeugung der $\Delta(1236)$ Nukleon-Resonanz. Besonders interessant waren die Messungen der Erzeugung der sogenannten Vektor-Mesonen ρ, ω und ϕ.

Abbildung 3.11 Eine Aufnahme der DESY-Blasenkammer. Der (nicht sichtbare) Strahl von Photonen hoher Energie kommt von links und erzeugt neben Elektron-Positron-Paaren zwei mit etwas Mühe sichtbare Photoproduktions-Reaktionen, eine davon mit einem Pion-Myon-Positron-Zerfall.

Sie haben die gleichen Quantenzahlen wie das Photon, und es zeigte sich, dass sich das Photon bei hoher Energie relativ leicht in eines dieser Vektormesonen verwandeln kann. Die DESY-Messungen waren eine erste starke Stütze der Vorstellungen, die unter dem Namen Vektormeson-Dominanz selbst 40 Jahre später bei der Deutung von Messungen an den HERA-Speicherringen mit ihrer 100mal höheren Energie eine große Rolle spielten. Die Abb. 3.12 zeigt eine Publikation der Gruppe.

Dieser Erfolg wurde durch ein Unglück am C.E.A. überschattet, das sich im Juli 1965 zugetragen hatte. Die Blasenkammer des C.E.A. hatte ein Eintrittsfenster für den Photonstrahl aus Beryllium. Vom Standpunkt der experimentellen Methode ist es das optimale Material. Jedoch wird Beryllium bei der Temperatur des flüssigen Wasserstoffs spröde, und das führte zum Bruch des Fensters. Der ausströmende Wasserstoff entzündete sich und dann auch das brennbare Material, das in der Experimentierhalle gelagert war. Ein größerer Brand war die Folge. Dies war ein Schlag, von dem sich das C.E.A. nie mehr ganz erholte. DESY bot daraufhin den Kollegen vom C.E.A. an, die DESY-Blasenkammerbilder mit ihnen zu teilen, doch machten diese von dem Angebot keinen Gebrauch. DESY war im übrigen in einer etwas besseren Position: das Fenster der DESY-Kammer war, nicht ganz so ambitioniert, aus Aluminium. Allerdings wurde am DESY als Lehre aus diesem Unglück eine große Aufräumaktion in den Experimentierhallen durchgeführt mit dem Ziel, alles brennbare Material aus ihnen zu verbannen.

Volume 27B, number 1 PHYSICS LETTERS 27 May 1968

PHOTOPRODUCTION OF VECTOR MESONS
ON PROTONS AT ENERGIES UP TO 5.8 GeV

Aachen-Berlin-Bonn-Hamburg-Heidelberg-München-Collaboration

R. ERBE, H. G. HILPERT, E. SCHÜTTLER, W. STRUCZINSKI
III. Physikalisches Institut der Technischen Hochschule, Aachen, Germany

K. LANIUS, A. MEYER, A. POSE, H. J. SCHREIBER
Forschungsstelle für Physik hoher Energien
der Deutschen Akademie der Wissenschaften zu Berlin-Zeuthen, Germany DDR

K. BÖCKMANN, J. MOEBES, H. H. NAGEL, B. NELLEN, W. TEJESSY
Physikalisches Institut der Universität Bonn und KFA Jülich, Bonn, Germany

G. HORLITZ, E. LOHRMANN, H. MEYER, W. P. SWANSON *, G. WOLF **, S. WOLFF
Deutsches Elektronen-Synchrotron DESY, Hamburg, Germany

Ch. FLIESSBACH, D. LÜKE, H. SPITZER, F. STORIM
Physikalisches Staatsinstitut,
II. Institut für Experimentalphysik, Universität Hamburg, Hamburg, Germany

H. BEISEL, H. FILTHUTH, P. STEFFEN
Institut für Hochenergiephysik der Universität Heidelberg, Heidelberg, Germany

P. FREUND, N. SCHMITZ ***, P. SEYBOTH, J. SEYERLEIN
Max-Planck-Institut für Physik und Astrophysik, München, Germany

Received 18 April 1968

Abbildung 3.12 Eine Publikation der Blasenkammergruppe

Die Liste der eindrucksvollen Ergebnisse der ersten drei Jahre kann fortgesetzt werden: Die Gruppe F31 von S. C. C. Ting, nachdem sie die QED gerettet hatte, wandte sich einer Reaktion zu, die sie bis dahin als störenden Untergrund bekämpft hatte: Die Pion-Paarerzeugung an verschiedenen Atomkernen. Prominent dabei war die Erzeugung eines ρ-Mesons mit unmittelbar anschließendem Zerfall in ein Pionpaar. Das war nach dem Vektormeson-Dominanz Modell zu erwarten, aber die Messungen brachten neue Einsichten durch den Vergleich der Erzeugung an verschiedenen Atomkernen.

Die Gruppe F33 perfektionierte ihre Technik der Bremsstrahlung an Diamant-Einkristallen [14, 15]. Bei der Bremsstrahlung wird ein (kleiner) Impuls auf den teilnehmenden Atomkern übertragen, um die Erhaltungssätze von Energie und Impuls zu befriedigen. Man kann nun erreichen, dass dieser Impuls gerade in das reziproke Gitter eines Diamant-Einkristalls passt. Dabei muss der Kristall genau unter dem richtigen Winkel vom Elektronenstrahl getroffen und das Bremsquant genau unter dem richtigen Winkel beobachtet werden. Die Bedingung ist nur für bestimmte Photon-Energien erfüllt. In diesem Fall kommt es zu einer kohärenten Aktion des Kristallgitters mit einer bei dieser Energie stark überhöhten Intensität der Bremsstrahlung, die außerdem auch noch linear polarisiert ist. Dies sollte sich für zukünftige Untersuchungen der Photoproduktion als sehr wichtig erweisen. Das Teuerste daran war übrigens das Goniometer. Die Kosten der Diamanten, die etwa fingernagelgroß waren, hielten sich in Grenzen. Sie waren dunkel durch kolloid gelösten Kohlenstoff und nicht für Schmuck geeignet.

Weiter sind erwähnenswert die genauen Messungen der Pion-Einfachproduktion durch die Gruppe F35 und vor allem die erste Messung der Photoproduktion von Proton-Antiproton-Paaren [16]. Dies war zwar keine wissenschaftliche Sensation, aber doch die erste Beobachtung der Erzeugung von Antiprotonen ‚durch Licht' und hatte dadurch einen gewissen PR-Wert. Da DESY zu dieser Zeit wieder einmal in sehr mühsame Diskussionen über die Finanzierung der Betriebskosten nach dem Königsteiner Staatsabkommen verwickelt war, entschloss sich der damalige Forschungsdirektor P. Stähelin, DESY mit diesem Ergebnis etwas ins Rampenlicht zu rücken, und er gab es an die Tagespresse. Der Erfolg war groß. Die Bildzeitung brachte die Meldung am 10. Dezember 1955 auf der ersten Seite mit der Überschrift „Sensation in Hamburg: Anti-Teilchen aus Licht." Die Kollegen im wissenschaftlichen Rat waren dagegen nicht der Meinung, dass man in der Bild-Zeitung publizieren sollte, und DESY musste Besserung geloben – so war das damals.

Die Gruppe F34, eine gemischte Gruppe der Universitäten Bonn und Pisa, publizierte u.a. Messungen der Photoproduktion von π^0-Mesonen, aber besonders erwähnenswert ist ihre erste Messung der Lebensdauer des η-Mesons. Das Resultat, $3 \cdot 10^{-19}$ s, ist eine extrem kurze Zeit, die sich nur indirekt durch einen Trick, den Primakoff-Effekt, messen lässt (der heutige beste Wert ist $5{,}5 \cdot 10^{-19}$ s). Diese Gruppe war nach F31 die zweite internationale Gruppe am DESY. Ihre Bildung erforderte damals keine besonderen Formalitäten. Natürlich erhielten die ausländischen Wissenschaftler keine direkte finanzielle Unterstützung von DESY, aber ansonsten waren sie ihren deutschen Kollegen gleichgestellt.

Um die Datenauswertung zu unterstützen, achtete DESY stets auf einen angemessenen Ausbau der Rechnerleistung der zentralen Rechenanlage. In der Erkenntnis, dass ein zuverlässiger Rechnerbetrieb unverzichtbar für die Forschungsleistung des Instituts ist, war die DESY-Führung jedem Experimentieren auf dem Gebiet der Rechnerausstattung abhold. So wurde 1967 der alte IBM-Rechner des Typs 7044 durch eine IBM 360/75 ersetzt, einen der damals leistungsfähigsten und zuverlässigsten Rechner in Deutschland.

4
Experimente am Elektronen-Synchrotron 1968–78

4.1 Betrieb und Ausbau des Beschleunigers

Dieses Kapitel behandelt ein Jahrzehnt von Experimenten der Hochenergie- Physik am Elektronen-Synchrotron bis zum Ende des Programms 1978. Eine Voraussetzung für eine derartig lange nutzbringende Periode der wissenschaftlichen Arbeit war die Weiterentwicklung des Beschleunigers. Diese Aufgabe wurde der Synchrotron-Betriebsgruppe übertragen, die unter der Leitung von Hermann Kumpfert stand. Die Verbindung der Aufgaben des Betriebs und der Weiterentwicklung des Beschleunigers sollte sich im folgenden als sehr erfolgreiche Strategie erweisen.

Oben auf der Wunschliste stand die Ersetzung des 40 MeV-Linearbeschleunigers für den Elektronen-Einschuss in den Ring durch einen Linearbeschleuniger mit der wesentlich höheren Energie von 400 MeV (Linac II). Damit würde nicht nur die Betriebssicherheit verbessert. Auch der Strahlstrom der Maschine konnte um eine Größenordnung weit über den ursprünglich versprochenen Wert hinaus vergrößert werden, und damit war ein konkurrenzfähiger Betrieb des Synchrotrons einige weitere Jahre lang möglich.

Mit Blick auf die Zukunftsentwicklung des DESY war diese Investition sogar von vitaler Wichtigkeit, weil der Linac II als Quelle von Positronen dienen konnte, die später für das Speicherringprogramm benötigt wurden. Zunächst musste aber für die Finanzierung gesorgt werden. Das normale DESY-Budget gab das nicht her. Die geniale, W. Paul zugeschriebene Idee [1] war nun, Gelder aus dem Währungsausgleichsabkommen mit Großbritannien zu verwenden. Damit sollten eigentlich Rüstungsgüter von englischen Firmen beschafft werden. Der Beschleuniger war kein Rüstungsgut, und er sollte zu allem Überfluss von der US-Firma Varian beschafft werden. Für den Administrator waren das aber keine Hindernisse. Varian gründete eine Zweigfirma in England, und Ausnahmeregelungen gibt es ja immer. Für die Finanzierung des Gebäudes für den Linac II wurde das DESY wieder einmal von der Stiftung Volkswagenwerk durch einen Beitrag von 3,75 Mio DM gerettet (außerdem bezahlte die Stiftung Mittel für 11 ausländische Gastwissenschaftler). Damit konnte der Linac II im Jahr 1967 in Auftrag gegeben werden.

Eine wesentliche Verbesserung des Beschleunigers bestand in dem Einbau keramischer Vakuumkammern. Diese lösten das ursprüngliche Provisorium ab, dessen Va-

Von schnellen Teilchen und hellem Licht: 50 Jahre Deutsches Elektronen-Synchrotron DESY.
Erich Lohrmann und Paul Söding

ISBN: 978-3-527-40990-7

kuumeigenschaften nicht so besonders gut gewesen waren. Auch hier ging die Bestellung aus ähnlichen Gründen an eine englische Firma. Der Einbau war Mitte 1968 abgeschlossen und verbesserte das Vakuum um fast den Faktor 100; es wurde ein Druck von etwa 10^{-7} mbar erreicht.

Der Einbau der Keramik-Vakuumkammer war eine Voraussetzung für eine weitere Verbesserung: Die Energie des Beschleunigers wurde 1968 von 6,3 GeV auf 7,5 GeV erhöht. Dazu musste mehr Hochfrequenzleistung zur Überwindung der Strahlverluste durch Synchrotronstrahlung bereitgestellt werden. Eine Schlüsselrolle spielte dabei die Technologie der Hochleistungsklystrons, welche die benötigte Hochfrequenzleistung bei 500 MHz liefern sollten. Hier war es Hermann Kumpfert, der in Zusammenarbeit mit der Industrie Röhren mit 500 kW und später 800 kW Leistung entwickelte. Diese legendären Röhren wurden vor allem auch bei den späteren Speicherringen DORIS und PETRA sehr wichtig und ihre Technologie wurde an viele andere Beschleuniger-Laboratorien exportiert.

Die Begrenzung der erreichbaren Energie wurde endgültig durch die Strahlaufweitung infolge der Synchrotronstrahlung gegeben.

Der Aufbau des 400 MeV-Linearbeschleunigers LINAC II zog sich etwas länger hin als gedacht, war aber schließlich ein voller Erfolg. Er wurde Ende 1969 in Betrieb genommen. Seine Leistung steigerte sich innerhalb des nächsten Jahres durch stetige Erhöhung der Hochfrequenz-Leistung. Ende 1970 konnten Strahlströme von 140 mA auf 520 MeV beschleunigt werden. Verglichen mit den 10 mA des Routinebetriebs war das mehr als das zehnfache an Strom. Damit konnten die meisten Experimente nicht fertig werden, da die instantanen Zählraten in den Zählern zu groß wurden.

Diese Situation war natürlich vorhergesehen worden und ein sogenannter ‚flat top'-Betrieb war in Vorbereitung. Dabei wird der 50 Hz-Frequenz des Stroms in den Synchrotronmagneten eine Komponente mit 200 Hz überlagert. Dadurch wird die Form der Stromkurve in ihrem Maximum so verändert, dass sie über eine Zeit von 3 ms ziemlich konstant ist (‚flat top'). Damit wird die Zeit, in der Teilchen in die Experimente gelenkt werden, von vorher 0.9 ms auf 3 ms ausgedehnt und so der Teilchenstrom über eine längere Zeit verteilt. Diese Maßnahme, durchgeführt von der Gruppe K unter der Leitung von W. Bothe, war ein Wunderwerk der Starkstrom- und Regelungstechnik, und es stand ab 1972 zur Verfügung.

Dabei stellte sich heraus, dass die Beschleunigung so großer Ströme im Synchrotron zu Instabilitäten führte, etwas, womit später auch alle Speicherringe zu kämpfen hatten. Eine Abhilfe brachte der Einbau von Oktopol-Magneten, und so konnten 65 mA ($2 \cdot 10^{13}$ Teilchen/s) beschleunigt werden.

Weiterhin zeigte sich im praktischen Betrieb, dass der Teilchenstrom während der 3 ms des ‚flat top' völlig gleichmäßig sein musste. Dies wurde durch eine von Günter Hemmie entwickelte Rückkopplungsschaltung erreicht und erwies sich für die Experimente als außerordentlich hilfreich.

Ein unerwarteter Nebeneffekt kam von einer großen Drosselspule, die mit 200 Hz erregt wurde. Das Summen, das von dieser im Freien stehenden Drossel ausging, erzeugte für ganz bestimmte Zonen in der Nachbarschaft durch Reflexion an Hauswänden ein stehendes Wellenfeld und war unangenehm zu hören. DESY, immer um gute Beziehungen zur Nachbarschaft bemüht, errichtete eine Schallschutzmauer um die Drossel und dann war Ruhe.

Am 6. Mai 1975 kam es zu einem Brand in Halle 1, verursacht vermutlich durch eine fehlerhafte Kabelverbindung in einem der Verteilerkästen. Die Brandbekämpfung erwies sich als schwierig, u.a. weil sich das Feuer in den unterirdischen Kabelkanälen ausbreitete. Dabei kam es zu großen Schäden hauptsächlich durch die Salzsäure, welche durch das PVC der brennenden Kabel in Verbindung mit dem Löschwasser freigesetzt wurde. Die Dachkonstruktion von Halle 1 und die Elektronik der Experimente wurden geschädigt. Letztere konnte durch Abwaschen teilweise gerettet werden. Da DESY nach einer Auflage des Verwaltungsrats zuvor seine Feuerversicherung hatte kündigen müssen, musste der Schaden aus dem laufenden Budget bezahlt werden.

Abschließend zeigt die Tabelle 4.1 die für die Experimente zur Verfügung gestellte Strahlzeit. An interessanten Daten lässt sich aus dieser Tabelle die (hohe) Effizienz des

Tabelle 4.1 Übersicht über die Betriebszeiten (h) des Synchrotrons 1964–78

	Gesamt-betriebszeit	für Experimente geplant	für Exp. erhalten	Maschinen-studien	Wartung
1964	1830	1009	767	821	
1965	5075	3464	2592	1208	400
1966	5855	4228	3460	1119	508
1967	6816	4833	4367	1105	878
1968	6968	5745	5137	527	696
1969	7160	5845	5574	552	760
1970	6456	5037	4854	766	653
1971	6384	5026	4431	696	662
1972	6876	5574	4967	571	731
1973	7792	6326	5641	558	908
1974	7760	6468	5906	456	836
1975	7400	6272	5772	336	792
1976	8303	6480	5907	390	1433
1977	6432	5159	4464	544	729
1978	7903	5999	5488	903	1001

Maschinenbetriebs ablesen, darunter der Anteil der Maschinenstudien von rund 80% im ersten Jahr, allmählich fallend auf 30% bis zu etwa 10% in den späteren Jahren. Der Betrieb ab 1974, der das Synchrotron als Einschussbeschleuniger für den DORIS-Speicherring benötigte, bedeutete keine wesentliche Einschränkung für die Experimente am Synchrotron, da der Einschuss nur einen kleinen Teil der Gesamtstrahlzeit erforderte. Anders war es mit der Inbetriebnahme von PETRA. Hier ging etwa die Hälfte der für Experimente ausgewiesenen Zeit von 5488 h an PETRA, und dieses Jahr (1978) war dann auch das letzte mit Experimentiertätigkeit am Synchrotron.

4.2 Datenverarbeitung

Die Arbeiten in der Abteilung Datenverarbeitung standen unter der Devise, den Experimentiergruppen eine optimale Unterstützung zu bieten. Für eigenständige Entwicklungen auf dem Gebiet der Informatik war damit, auch infolge der geringen Mannschaftsstärke, wenig Raum. Trotzdem wurden für die Benutzer sehr wichtige Softwarepakete entwickelt, z. B. ULTRAN, eines der ersten Plotprogramme, BOS, ein Datenbankprogramm[1)], sowie NEWLIB, ein Editor. Diese Programme fanden wegen ihrer Kompaktheit und leichten Benutzbarkeit auch Anwendungen außerhalb von DESY. Für die Speicherung der enormen bei den Experimentiergruppen anfallenden Datenmengen entwickelten G. Hochweller und F. Akolk ein neues effizientes Konzept: Die Experimente-Daten wurden zentral über Multiplexer an das Rechenzentrum übertragen mit der für die damalige Zeit hohen Datenrate von 1 MB/s. Das erforderte eine nicht triviale Modifikation des nicht trivialen IBM-Betriebssystems, die von Paul Kuhlmann vorgenommen wurde. Das Rechenzentrum speicherte und verwaltete die so übertragenen Daten zentral. Dies war ein enormer Vorteil für die Experimentiergruppen, die von dieser Aufgabe entlastet waren und von der Professionalität des Rechenzentrums profitieren konnten. Für die nachfolgende Datenverarbeitung und -Analyse standen dann die Großrechner des Rechenzentrums zur Verfügung. Vor Ort im Experiment standen nur verhältnismäßig kleine Rechner, die meisten von der Firma DEC, für die Experiment-Steuerung und die Datenauslese. Die ersten Rechner dieser Art waren die PDP5 und die legendäre PDP8. Diese Rechnersteuerung von Experimenten entwickelte sich zu einer unverzichtbaren Experimentiertechnik.

Als weitere zukunftsweisende Unterstützung des Wissenschaftsbetriebs stellte die Rechnergruppe DESY-weit Graphik-Bildschirme zur Verfügung – damals eine echte Pionierleistung. Das Rechenzentrum selbst verfügte stets über eine ausreichende Rechenkapazität von IBM-Rechnern; hier war kein Platz für Experimente. So stand dort ab Mai 1967 eine IBM 360/75, einer der leistungsfähigsten Großrechner. Ab März 1970 kam eine 360/65 dazu. Diese wurden 1973 durch eine IBM 370/168 abgelöst. Im Jahr 1974, pünktlich zum Beginn der Arbeiten am DORIS-Speicherring, besaß DESY zwei gekoppelte Systeme IBM 370/168 mit der erstaunlichen Verfügbarkeit von 99,5%.

Hier soll noch eine weitere Tätigkeit des DESY-Rechenzentrums erwähnt werden: Im Jahr 1970 begannen an der Universität Hamburg die Vorlesungen des neuen Fachbereichs Informatik, der durch die Initiative von Professor Stähelin ins Leben gerufen worden war. In dieser ersten Phase wurde ein Teil der Vorlesungen von Mitarbeitern des DESY-Rechenzentrums bestritten. Im Wintersemester 1970/71 z. B. wurden neun solche Vorlesungen angeboten.

[1)]Das BOS Programm war eine Entwicklung von V. Blobel von der Universität Hamburg.

4.3 Experimente zur Photoproduktion

Die Blasenkammergruppe schloss 1968 die Auswertung von 1,7 Mio Bildern der 85 cm Wasserstoff-Blasenkammer ab mit einer Arbeit der Aachen-Berlin-Bonn-Hamburg-Heidelberg-München-Kollaboration über ‚Photoproduction of Meson and Baryon Resonances at Energies up to 5.8 GeV' [17]. Hier sind die Ergebnisse zur Photoproduktion der Vektormesonen ρ, ω und ϕ am Proton von bleibendem Wert, da sie das Vektormeson-Dominanz-Modell stützten und Einblicke in die Spinstruktur dieser Reaktionen gewährten.

An dieser Stelle sind einige Bemerkungen zum Vektormeson-Dominanz-Modell (VDM) angebracht. Dieses Modell ist der Schlüssel zum Verständnis vieler Reaktionen der Photoproduktion. In ihm wird das Photon als quantenmechanische Überlagerung eines rein elektromagnetischen Zustandes und eines Vektormesons aufgefasst. Vektormesonen sind Mesonen mit Spin 1; sie haben dieselben Quantenzahlen wie das Photon. Die wichtigsten Vektormesonen in diesem Zusammenhang sind das ρ-, das ω- und das ϕ-Meson. Nach dem VDM enthält ein Photonstrahl einen virtuellen Anteil von Vektormesonen. Man kann so die Photoproduktion zurückführen auf die starke Wechselwirkung von Vektormesonen. Dieses Modell ließ sich anhand der Messungen der DESY-Gruppen in allen Details nachprüfen und war danach ein wichtiges Werkzeug zum Verständnis der Photoproduktion. Einige Jahrzehnte später feierte es ein comeback durch die Messungen am HERA-Speicherring bei wesentlich höherer Energie. Auch diese Tests bestand das Modell klaglos.

In einer interessanten Kombination von Zähler- und Blasenkammertechnik gelang es außerdem, mit einem energiemarkierten Photonstrahl zum ersten Mal den totalen Wirkungsquerschnitt für die Photoproduktion am Proton bei hoher Energie zu messen [18]. Auch diese Messung war im Einklang mit den Erwartungen des VDM.

Im Jahr 1967 wurde die 85 cm Blasenkammer mit Deuterium gefüllt, um die Photoproduktion am Neutron zu untersuchen. Das Problem dabei war – abgesehen von den hohen Kosten – nur solches Deuterium zu verwenden, das aus sehr altem Wasser bzw. Wasserstoff gewonnen worden war. Wasser, das aus dem normalen Kreislauf stammte, war durch die kosmische Strahlung und durch Kontamination durch die unsäglichen damaligen Atombombenversuche in der Atmosphäre mit zuviel Tritium verseucht. Dieses hätte durch seinen Beta-Zerfall einen zu großen Untergrund von störenden Spuren in der Blasenkammer verursacht. Die Lösung war die Verwendung von Deuterium aus Erdölquellen.

Die Blasenkammer arbeitete sehr gut und damit standen 1968 bereits 1,8 Mio Bilder zur Verfügung. So war es möglich, die Photoproduktion am Neutron zu untersuchen (in einer Blasenkammer ist es verhältnismäßig leicht, Reaktionen am (gebundenen) Proton von solchen am Neutron zu unterscheiden) [19]. Leider verboten die DDR-Behörden der Gruppe von der Deutschen Akademie der Wissenschaften in Berlin-Zeuthen, die ja bisher dazugehört hatte, die weitere Mitarbeit in der Kollaboration. Das Institut erscheint deshalb nur auf einer einzigen Veröffentlichung der Deuterium-Daten [20], vermutlich aus Versehen. Das Schicksal wollte es, dass gerade diese Arbeit große Beachtung fand. Sie betrifft die erstmalige Messung des totalen Wirkungsquerschnitts der Photoproduktion von π-Mesonen am Neutron:

$$\gamma + n \rightarrow \pi^- + p.$$

Damit war im Effekt die Grenze dessen erreicht, was eine Blasenkammer an einem Elektronenbeschleuniger leisten konnte. Das Problem ist, dass die Erzeugung von Elektron-Positron-Paaren sehr viel häufiger ist als die der interessierenden Photoproduktions-Reaktionen, die Blasenkammer aber nicht auf die letzteren getriggert werden kann und so hauptsächlich nur Paarerzeugung registriert. Deshalb wurde von der Gruppe F52 unter der Leitung von Alfred Ladage ein neuer Detektor gebaut, die Streamerkammer. Dies war eine gasgefüllte Kammer von 100 cm Länge und 60 cm Höhe. Wird ein kurzzeitiger (nur 10 ns dauernder) elektrischer Impuls von 500 kV an Elektroden in der Kammer angelegt, so kann man die Teilchenbahnen in der Kammer anhand einer Kette von Streamern (Vorstufe von Funken) sichtbar machen, die sich entlang der Bahnen entwickeln. Ein Problem stellt die Erzeugung eines geeigneten Hochspannungspulses dar; er wird mit Hilfe eines Marx-Generators erzeugt und mit einem Blümlein-Pulsformer zeitlich verkürzt. Diese Streamerkammer lässt sich im Gegensatz zur Blasenkammer triggern. Bereits 1969 wurden die ersten 40 000 Bilder aufgenommen. Nachdem 1971 ein neuer großer Magnet für die Streamerkammer installiert worden war, begann eine neue Generation von Experimenten zur Photo- und Elektroproduktion und der tief unelastischen Streuung [21–24]. Auch hier fanden sich große Kollaborationen zusammen mit Gruppen von Aachen, DESY, Hamburg, Heidelberg-MPI, München und Glasgow.

Diese neue Streamerkammer-Technologie wurde darüber hinaus zum Ausfuhrartikel; sie diente in späteren Jahren für Experimente am Cornell Elektronen-Synchrotron und am CERN.

Damit war die Blasenkammer aber noch nicht ganz am Ende ihrer Möglichkeiten am DESY. Nach einer Idee von H. Filthuth von der Universität Heidelberg wurde ein Strahl von K_L^0-Mesonen erzeugt durch Bestrahlung eines Beryllium-Targets mit Elektronen einer Energie von 4,5 GeV in 17,7 m Abstand von der Kammer. Die Blasenkammer nahm von 1970 bis 1972 insgesamt 2,3 Mio Bilder in diesem Strahl. Zerfälle und Reaktionen der K_L^0 Mesonen am Proton wurden untersucht. Ein Programmpunkt dabei war unter anderem die sogenannte $\Delta I = 1/2$-Regel [25, 26].

Visueller Methoden bediente sich auch die Gruppe F32. Sie wies verschiedene Vielteilchen-Endzustände in Photo-und Elektroproduktion mit Hilfe von Funkenkammern nach [27–31].

Die Gruppe F33 untersuchte die Erzeugung von ρ-Meson mit polarisierten Photonen. Zunächst entwickelte sie einen linear polarisierten Photonstrahl mit Hilfe des Überalleffekts an einem Diamanttarget. Damit konnte sie die Polarisation der mit polarisierten Photonen erzeugten ρ-Mesonen messen [32].

Die Gruppe F31 hatte mit ihrem Doppelarmspektrometer ein Instrument zur Verfügung, welches die Messung einer großen Zahl von ρ-Mesonen gestattete [33]. Damit untersuchte sie die Photoproduktion von ρ-Mesonen an einer Reihe von Kernen quer durch das periodische System. Diese Messungen bestätigten einmal mehr das Vektormeson-Dominanz-Modell (VDM). Der ρ-Meson-Anteil des Photonstrahls wird benutzt, um vermöge der starken Wechselwirkung des ρ-Mesons das Dichteprofil und den Radius der verschiedenen Atomkerne zu bestimmen. Man erhielt Werte, die mit den aus der klassischen Kernphysik bekannten übereinstimmen [34].

Ein anderes Forschungsgebiet der Gruppe F31 war die Messung des Zerfalls der Vektormesonen ρ, ω und ϕ in Elektron-Positron-Paare, also z. B. Zerfälle der Form $\rho \to e^+e^-$. Damit erhält man wichtige Parameter für das Vektormeson-Dominanz-Modell. Außerdem, und das erfordert hohe Experimentierkunst, kann man durch Interferenz mit der rein elektromagnetischen Erzeugung von Elektron-Positron-Paaren die Phase der ρ-Erzeugungsamplitude bestimmen [35]. Damit schließt sich der Kreis einer beeindruckenden Kette von Argumenten für das VDM. Eine weitere interessante Messung war die Bestimmung der Phase der Compton-Vorwärtsstreuamplitude am Proton durch Interferenz mit der Bethe-Heitler Amplidude [36]. Diese Messung kann über die Kramers-Kronig Dispersionsrelationen mit dem Verlauf des totalen Wirkungsquerschnitts für Photoproduktion am Proton in Verbindung gebracht werden.

Ein unerwartetes Ergebnis kam von der Gruppe F39. Ihr gelang die erste Messung der Delbrückstreuung bei hoher Energie [37]. Die Delbrückstreuung ist die Streuung von Licht an Licht, die durch Feynmangraphen hoher Ordnung in der QED berechnet werden kann. Als Target wird in dem Experiment das virtuelle Photonfeld eines schweren Atomkerns benutzt. Die Messungen schienen zunächst in Widerspruch zur Theorie; erst die Einführung von Coulomb-Korrekturen klärte die Diskrepanz auf [38].

Die Gruppe F34 aus Bonn hatte sich auf den Nachweis von π^0- und η-Mesonen über ihren Zerfall in zwei Gammaquanten spezialisiert und Messungen der Photoproduktion in den Reaktionen $\gamma p \to \pi^0 p$ [39] und $\gamma p \to \eta p$ [40] durchgeführt. In Zusammenarbeit mit Physikern der Universität Pisa gelang ihr unter Benutzung des Primakoff-Effekts eine Messung der Lebensdauer des π^0-Mesons von $0{,}56 \cdot 10^{-16}$ s [41], zu vergleichen mit dem heutigen besten Wert von $0{,}84 \cdot 10^{-16}$ s.

Die Gruppe F36, eine Gastgruppe des Max-Planck-Instituts für Physik in München, untersuchte die Photoproduktion seltsamer Teilchen in den Reaktionen $\gamma p \to K^+\Lambda$ und $\gamma p \to K^+\Sigma^0$ [42].

Eine besondere Erwähnung verdienen die Untersuchungen der Gruppe F35. Sie benutzten den von der Gruppe F33 entwickelten polarisierten Photonenstrahl, um die Einfach-π^+-Produktion in der Reaktion

$$\gamma + p \to \pi^+ + n$$

und die entsprechende π^--Produktion am Neutron zu messen. Der Vergleich der Wirkungsquerschnitte für polarisierte und unpolarisierte Gammaquanten gestattete neue Einblicke in den Mechanismus der Photoproduktion an Hand von Regge-Pol-Modellen [43–45]. Hierfür erhielt die Gruppe F35 den Physikpreis der Deutschen Physikalischen Gesellschaft 1970 (Abb. 4.1).

In der Laudatio heißt es: „Die Experimente der Gruppe wurden in den Jahren 1967 bis 1969 mit unpolarisierten und linear polarisierten Gammastrahlen sowohl an einem Protontarget, um positive Pionen zu erzeugen, als auch an einem Deuterontarget für negative Pionen durchgeführt. Dabei wurde festgestellt, dass die Erzeugungsrate durch Gammaquanten, deren elektrischer Feldvektor senkrecht auf der Produktionsebene steht, in der Vorwärtsrichtung nahezu winkelunabhängig ist, während sie für parallel polarisierte Quanten ein scharfes, spitzenartiges Maximum aufweist. Die Ent-

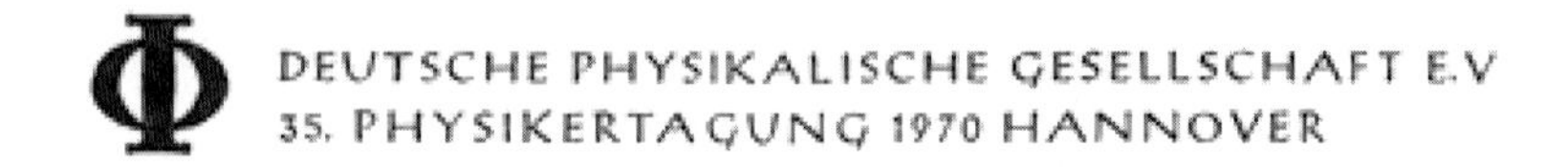

Festsitzung

Dienstag, den 29. September 1970
Hannover – Stadthalle / Kuppelsaal

I. Teil

Eröffnung und Anprachen	Prof. Dr. rer. nat. Karl Ganzhorn, Sindelfingen Präsident der Deutschen Physikalischen Gesellschaft
	Der Niedersächsische Ministerpräsident Alfred Kubel
	Der Bundespräsident D. Dr. Dr. Gustav W. Heinemann
Ehrungen	Überreichung der Max-Planck-Medaille 1970 an Prof.Dr. Rudolf Haag, Hamburg
	Überreichung des Physikpreises 1969 an Dr. Georg Alefeld, Jülich, und Dr. Max Maier, München
	Überreichung des Physikpreises 1970 an die Forschungsgruppe F 35 des Deutschen Elektronen-Synchrotons (DESY) Dipl.-Phys. Heinz Burfeindt, Dr. Gerd Buschhorn Dipl.-Phys. Christoph Geweniger,Dr. Peter Heide Dr. Ulrich Kötz, Dipl.-Phys. Rainer Kotthaus Dr. Raymond A. Lewis, Dr. Peter Schmüser Dr. Hans Jürgen Skronn, Dr. Heinrich Wahl Dr. Konrad Wegener
Festvortrag	Prof. Victor F. Weisskopf, Cambridge USA „Naturwissenschaft und Gesellschaft"
Pause	
	II. Teil
	Sitzungsleiter: Prof. Dr.-Ing. Martin Kersten, Braunschweig Vizepräsident der Deutschen Physikalischen Gesellschaft
Laudatio	zur Max-Planck-Medaille 1970 Prof. Dr. rer. nat. Harry Lehmann, Hamburg
Max-Planck-Vortrag	Prof. Dr. rer. nat. Rudolf Haag, Hamburg „Die Rolle der Quantentheorie in der Physik der letzten Jahrzehnte"

Abbildung 4.1 Festsitzung der Deutschen Physikalischen Gesellschaft in Hannover am 29. 9. 1970: Die Gruppe F35 von DESY erhält den Physikpreis und Professor Rudolf Haag von der Universität Hamburg erhält die Max-Planck-Medaille der Deutschen Physikalischen Gesellschaft.

deckung dieses markanten und komplizierten Verhaltens rückt die Photoerzeugung von Pionen in das Zentrum der Bemühungen, die Dynamik von Hochenergiereaktionen zu verstehen." Die Mitglieder der Gruppe waren: Heinz Burfeindt, Gerd Buschhorn, Christoph Geweniger, Peter Heide, Ulrich Kötz, Rainer Kotthaus, Raymond A. Lewis, Peter Schmüser, Hans Jürgen Skronn, Heinrich Wahl und Konrad Wegener.

Die Abb. 4.2 zeigt die Experimentierhalle I, wo die meisten der bis hierher beschriebenen Experimente untergebracht waren: F23, Experimente zur Elektron-Nukleon-Streuung mit Drahtfunkenkammern; F31 und F32, Paarerzeugungsexperimente; F1, Blasen- und Streamerkammer-Experimente.

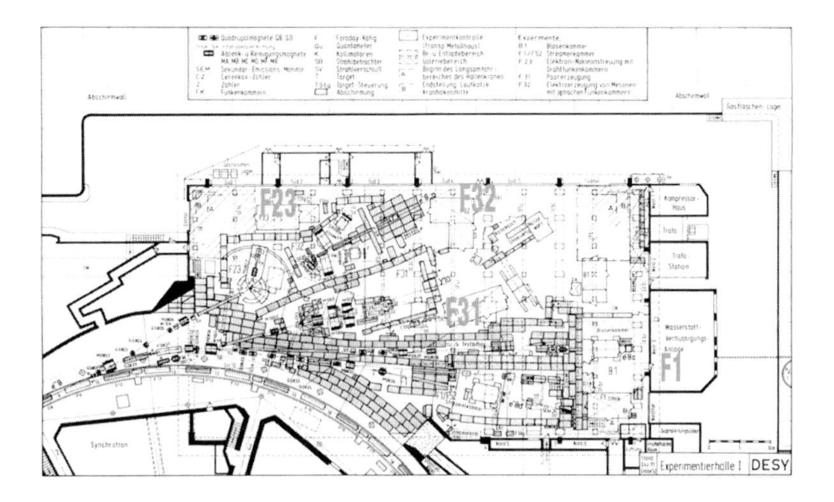

Abbildung 4.2 Die Experimentierhalle I, Stand 1971, siehe Text (DESY-Archiv).

4.4 Elektron-Nukleon-Streuung

Das zweite große wissenschaftliche Thema, die elastische und unelastische Elektron-Nukleon-Streuung, wurde von drei Gruppen untersucht, von F21 unter der Leitung von Friedhelm Brasse, von F22 unter der Leitung von Gustav Weber und von F23, eine Karlsruher Gastgruppe unter der Leitung von Dietrich Wegener.

Als erstes wandten sich die Gruppen der elastischen Elektron- Nukleon- Streuung zu. Dabei galt es sowohl die Formfaktoren des Protons als auch die des Neutrons zu messen. Die Neutronmessungen wurden mit einem Deuterium-Target durchgeführt. Die Bestimmung der Neutron-Formfaktoren aus diesen Messungen erforderte einige Kunstgriffe. Erwähnenswert, weil unkonventionell, ist dabei ein von der Gruppe F22 (neben anderen) benutztes Verfahren, die sogenannte Chew-Low-Extrapolation [46].

Anders als man naiv denken könnte, hat das elektrisch neutrale Neutron durchaus einen erheblichen Streu-Wirkungsquerschnitt für Elektronen, da es eine komplizierte elektromagnetische Ladungsstruktur aufweist. So besitzt es wie das Proton einen magnetischen Formfaktor, der ebenfalls mit der Dipolformel näherungsweise beschrieben werden kann. Der elektrische Formfaktor ist klein und lässt sich nur unter Schwierigkeiten messen. Veranschaulicht hat das Neutron einen positiv geladenen Kern, umgeben von einer negativen Ladungswolke.

Die wichtigsten Ergebnisse der drei Gruppen zum Thema Proton- und Neutron-Formfaktoren sind([47–51]): Der magnetische Formfaktor von Proton und Neutron sowie der elektrische Formfaktor des Protons folgen im wesentlichen der Dipolformel; Proton und Neutron haben also keinen harten Kern. Im Licht der neuen Erkenntnisse, wonach die elektrischen und magnetischen Eigenschaften von Proton und Neutron durch die in ihnen enthaltenen Quarks bestimmt werden, ist dies nicht weiter erstaunlich.

Die Gruppe F23 führte neben der Streuung mit Elektronen auch solche mit Positronen durch, die natürlich weit weniger genau waren, aber im Rahmen dieser Genauigkeit einen Test der Rosenbluth-Formel gestatteten [52, 53].

Nachdem die elastische Streuung erledigt war, konzentrierten sich die Gruppen auf die unelastische Streuung. Hier war es in erster Linie die Anregung der Nukleon-Resonanzen durch Elektronen, die ein reiches Arbeitsgebiet bot. Das Ziel war das modellmäßige Verständnis dieser schweren instabilen Nukleonzustände mit Massen bis zu 2 GeV.

In Zusammenarbeit mit der DESY-Theoriegruppe wurde ein reiches Material zur Struktur und zu Modellen dieser Teilchen sowie ihrer Anregung durch Elektronen erarbeitet. Dazu bauten die Experimentiergruppen ihre Detektoren weiter aus. Am weitesten ging die Gruppe F21, die bis dahin innerhalb des Synchrotron-Rings experimentiert hatte, was die Möglichkeiten stark beschränkte. Sie wollte jetzt eine große Apparatur im ejizierten Elektronenstrahl aufbauen. In den Experimentierhallen war aber dafür kein Platz. Die Errichtung einer neuen Halle hätte schon wegen des Genehmigungsverfahrens Jahre gedauert, ganz zu schweigen davon, dass dafür kein Geld vorhanden war.

Die rettende, Martin Teucher zugeschriebene Idee war, das Experiment auf einer freien Betonfläche hinter Experimentierhalle II im Freien aufzubauen. Allerdings forderten die Strahlenschutzbestimmungen eine Abschirmung des Aufbaus. Deswegen mussten aus Abschirmsteinen meterdicke Wände um den experimentellen Aufbau errichtet werden. Schließlich musste das Stiftungseigentum durch ein Dach vor dem Regen geschützt werden. Das Ganze war kein Gebäude (das hätte ja einer komplizierten Genehmigungs- und Finanzierungsprozedur bedurft), sondern eine Abschirmeinrichtung. Es hiess ‚Brassehalle', offiziell Halle IIa. Die Versorgung mit Strom und Wasser war ein Problem für sich, das aber von Donatus Degele, dem Leiter des Hallendienstes, auf imaginative Art gelöst wurde. Die Abb. 4.3 zeigt Experimentierhalle II mit der angebauten Brassehalle IIa.

Die Arbeiten der drei Gruppen über die Nukleonresonanzen stellte eine Pionierleistung dar und fand entsprechende Beachtung bei den internationalen Konferenzen [54].

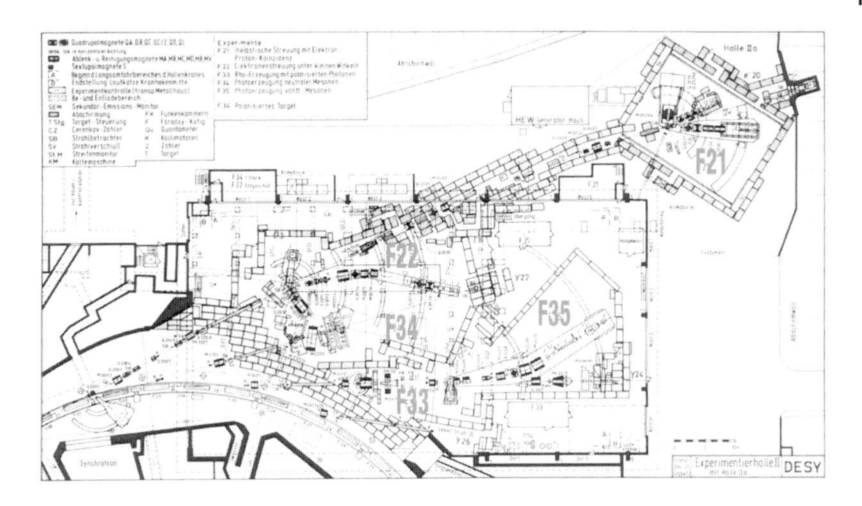

Abbildung 4.3 Experimentierhalle II mit der Brassehalle für F21, dem Elektron-Nukleon-Streuexperiment F22, dem Photoproduktionsexperiment F34 der Aachen-Bonn-DESY-Gruppe, dem Experiment F33 zur Erzeugung polarisierter Photonen und dem preisgekrönten Experiment F35, Stand 1971 (DESY-Archiv).

Die Abb. 4.4 zeigt als Beispiel ein eindrucksvolles Bild der Anregung der ersten paar Nukleonresonanzen [55].

Besonders erwähnenswert sind auch die Arbeiten zum Axialformfaktor an der Pionschwelle [56] und die Bestimmung des Verhältnisses vom longitudinalen zum tranversalen Wirkungsquerschnitt der Resonanzen [57–59]. Mit ausführlichen Koinzidenzmessungen wurde der Zerfall der Resonanzen untersucht. Für die Untersuchung der ersten Resonanz ($\Delta(1236)$) erhielt die Gruppe F21 Verstärkung durch eine französische Gruppe vom College de France [60,61]. Weitere wichtige Arbeiten zu den Nukleonresonanzen sind [62–64] , [65].

Das Gebiet der Elektroanregung von Nukleonresonanzen ist auch heute noch von Interesse, siehe z. B. die website der Thomas Jefferson National Accelerator Facility (CEBAF) [66].

Das alles klingt ganz gut, und trotzdem fehlt in dieser Aufzählung von DESY-Forschungsaktivitäten das – im Rückblick – wichtigste Thema fast ganz: Die tief unelastische Streuung. Das ist das Gebiet der unelastischen Elektron-Proton-Streuung mit einem großen (> 1 GeV) Impulsübertrag vom Elektron auf das Proton und einer hohen Schwerpunktenergie (oberhalb des Gebiets des Nukleonresonanzen).

Hätte DESY sich aggressiv an den Entdeckungen auf diesem Gebiet beteiligen können, so dass es hätte heißen können: „Das scaling in der tief unelastischen Streuung,

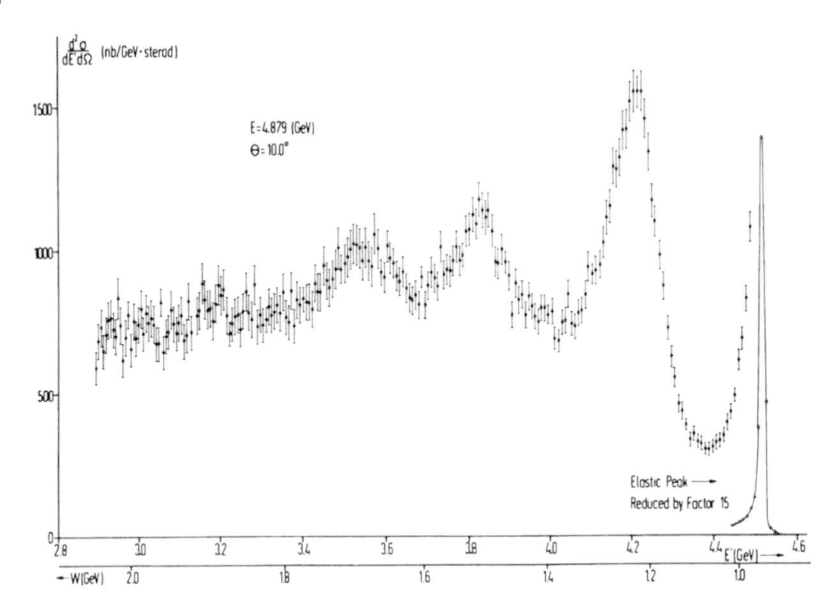

Abbildung 4.4 Energiespektrum der am Proton gestreuten Elektronen. Die Maxima markieren die Stellen des Energieverlusts bei der Anregung einer Nukleonresonanz. Messung von F22 [55].

entdeckt von SLAC[2] und DESY"? Vielleicht. Dazu eine Chronik der Entdeckung, die zeigt, wie zögerlich diese Idee aufgenommen wurde. Wurde sie vorausgesehen? Dazu Bjorken, einer der führenden Theoretiker auf diesem Gebiet, auf der Elektron-Photon-Konferenz in Stanford 1967: „We assume that the nucleon is built out of some kind of pointlike constituents. … That, of course, is folklore. … What do the data say? It is not at all encouraging." Man beachte die Vermeidung des Wortes ‚Quark'. Doch ein Jahr später, auf der internationalen Hochenergie-Physik-Konferenz in Wien 1968 präsentierte W. K. H. Panofsky als Berichterstatter die SLAC-Daten zur tief unelastischen Streuung, welche zum ersten Mal das Phänomen des ‚Skalenverhalten' zeigten. Darunter versteht man die Tatsache, dass der Wirkungsquerschnitt (abgesehen von einem trivialen Vorfaktor) erstaunlicherweise fast gar nicht von dem Impulsübertrag vom Elektron auf das Proton abhängt, sondern nur von einer Variablen, die den Impulsübertrag und die Energie des Systems in einer gewissen Kombination enthält. Die fundamentale Bedeutung dieser Entdeckung und ihre Verbindung zum Quarkmodell des Protons dämmerte den Physikern nur langsam. Bis zur Entdeckung der asymptotischen Freiheit 1973 war ihnen der Gedanke von quasi freien Quarks im Proton durchaus fremd. Panofsky formulierte dann auch 1968 vorsichtig: „Theoretical speculations are focused on the possibility that these data give evidence on the behavior of pointlike charged structures inside the nucleon." Ein Jahr später, auf der Elektron-Photon-

[2] siehe Glossar

Konferenz in Liverpool, präsentierte der Berichterstatter Fred J. Gilman vom SLAC bereits das definitive Bild des Partonmodells der tief unelastischen Streuung als der Streuung an punktförmigen Konstituenden (Partonen) im Proton. Er zitiert die Gruppe F21 vom DESY mit einem wichtigen Beitrag: Sie konnten zeigen, dass das Verhältnis des longitudinalen zum transversalen Streuquerschnitt klein ist. Dies war eine wichtige Voraussage des Partonmodells und schloss konkurrierende Modelle aus.

Was war nun die Rolle von DESY? Es gibt eine Publikation von F21 [67] die zeigt, dass die Gruppe einen selbständigen Beitrag zur Entdeckung hätte machen können. Die Daten dort reichen gerade eben in das Gebiet mit einer hadronischen Schwerpunktenergie $W > 2$ GeV oberhalb der Nukleon-Resonanzen und die statistische Genauigkeit ist nicht ausreichend, um das ‚Skalenverhalten' zu demonstrieren. Aber das ist nur eine Folge der Konzentration der Messzeit auf das Gebiet der Resonanzen statt auf die tief unelastische Streuung. Die Energie des Synchrotrons von 7,5 GeV war etwa um den Faktor 2,5 kleiner als die der SLAC-Maschine, was den Hebelarm im Quadrat des Impulsübertrags um etwa diesen Faktor verkleinerte, aber es hätte ausgereicht, um den Effekt des 'Skalenverhaltens' zu demonstrieren – bei einer sofortigen Konzentration der Messungen auf das tief unelastische Gebiet. Etwas deutlicher wird die potentielle Bedeutung der Daten in der Dr.-Arbeit von H. Dorner [68], die noch etwas genauere Daten liefert. Ein sehr wichtiger Beitrag von F21 ist die Messung des Verhältnisses vom longitudinalen zum transversalen Wirkungsquerschnitt, ein wichtiger Test des Partonmodells. Diese Messung erschien allerdings nur als DESY-Bericht [69]. *Warum*? Hier ist der Versuch einer Deutung. Die SLAC-Leute sassen in der kalifornischen Sonne auf dem Rasen und diskutierten mit Bjorken und Feynman über die aufregenden Messungen der tief unelastischen Streuung. Die Deutschen sassen unter dem melancholischen norddeutschen Himmel und betrachteten es als ihre Pflicht, das Feld der Nukleonresonanzen zu bestellen. Später leisteten sie durchaus Beiträge zur Erforschung der bei der tief unelastischen Streuung auftretenden Teilchen [70–73].

4.5 Zur Struktur der experimentellen Arbeit

Die wissenschaftliche Arbeit wurde von Experimentiergruppen geleistet, die über die Jahre hinweg weitgehend stabil blieben. Wechsel von Physikern von einer Gruppe zu einer anderen kamen selten vor. Stabilisierende Einflüsse waren ein gemeinsamer Schatz von Erfahrungen und Fähigkeiten in den jeweiligen Teams, aber vor allem auch der Besitz von personellen und instrumentellen Mitteln zur Durchführung des jeweiligen experimentellen Programms. So hatte jede Gruppe ihre eigenen Techniker und Ingenieure, ihre (kleine) Elektronikwerkstatt, einen Vorrat an Elektronik und Messgeräten, Magneten u.a.m.

Rechnungshöfe und Gremien lieben allerdings ein anderes Modell, in dem Techniker und Ingenieure und ein Großteil der Geräte in einem Pool sind und jeweils an den Brennpunkten des Geschehens gezielt eingesetzt werden können. Dies ignoriert aber wichtige Eigenarten der menschlichen Seele und führt in der Praxis oft nicht zu guten Resultaten – Kommunismus ist eben nicht so leicht zu implementieren, falls das Ganze auch noch funktionieren soll.

Beispiele für eine Auflockerung der Gruppenstruktur gab es auch. So führten die Gruppen F33 und F35 ein gemeinsames Experiment zur Comptonstreuung am Proton durch. Die Reaktion ist $\gamma p \rightarrow \gamma p$, die elastische Streuung des Photons am Proton. Diese Reaktion ist interessant und wichtig, weil sie unabhängige Aufschlüsse über den Anteil der starken Wechselwirkung im Photon gibt. Es ist eine schwierige Messung, und die beiden Gruppen vereinigten ihre experimentellen Spezialkenntnisse und hatten einen zusätzlichen Bonus durch den von F33 entwickelten polarisierten Gammastrahl. Das Experiment bestätigte einmal mehr das VDM [74–76].

Ein anderes Beispiel war die Messung des totalen Wirkungsquerschnitts der Photoproduktion, also der Erzeugung stark wechselwirkender Teilchen durch Photonen. Dieses Zählerexperiment wurde von einer Untergruppe der Blasenkammergruppe unter der Führung von Hinrich Meyer durchgeführt. Ihre genauen Messungen am Proton, am Deuteron und an einer Reihe schwerer Kerne lieferten zum ersten Mal diese wichtigen Wirkungsquerschnitte des Photons [77].

Diskussionen der Gruppenstruktur und ähnlichem, zwar von Soziologen geliebt, gehen am Wesentlichen vorbei. Das Wesentliche war ein Geist der Fairness und das Gefühl, gemeinsam an etwas Interessantem und Wichtigem zu arbeiten. Dieser Geist war dem Institut von seinem Direktor Willibald Jentschke eingeprägt worden. Die Mitarbeiter sollten tolerant sein und es für möglich halten, dass der andere auch einmal Recht haben könnte. In Diskussionen setzte Jentschke sich automatisch für den Schwächsten ein – oder wen er dafür hielt. In seiner menschlichen und gelassenen Art steuerte er DESY unbeschadet durch mancherlei Krisen aller Art. Im Fall von ernsthaften Interessenkonflikten fand sich dann häufig eine innovative technische Lösung. Typisch dafür war der ‚Bau' der ‚Brasse-Halle'.

Später, als DESY finanziell und in seiner Entscheidungsfreiheit mehr eingeschränkt war, wurde das natürlich schwieriger.

Der Geist eines Instituts wird ganz wesentlich von der Spitze her geprägt, und in diesem Zusammenhang muss noch eine weitere wichtige Persönlichkeit erwähnt werden, Dr. Gerhard Söhngen. In seiner offiziellen Funktion als Bereichsreferent hielt er das Wissenschaftsgetriebe am Laufen. Für die am DESY im Forschungsbereich Arbeitenden, vor allem auch für die auswärtigen Wissenschaftler, war er aber zugleich Kindermädchen, Psychiater und rettender Engel, und wenn etwas schief ging, übernahm er die Rolle der 14 Nothelfer. Die Abb. 4.5 zeigt ihn zusammen mit DESY-Kollegen.

Typisch für die damalige Zeit war eine Szene, die sich bei der öffentlichen Präsentation zweier rivalisierender Gruppen abspielte, die beide den Comptoneffekt am Proton messen wollten, F35 mit Gerd Buschhorn und F33 mit Uwe Timm als den Sprechern. Beiden wurde bedeutet, dass es nur für einen von ihnen Platz geben würde. Als Uwe Timm nach seiner Präsentation gefragt wurde, warum sein Experiment besser sei als das von F35 und warum das Komitee ausgerechnet sein Experiment annehmen solle, antwortete er, das Experiment von F35 sei auch sehr gut, und in die Entscheidung des Komitees wolle er sich nicht einmischen. Gerd Buschhorn, zur Sache befragt, äußerte sich im gleichen Sinn, auch er fände keine Mängel am Vorschlag von F33. Als später eine ausländische Gruppe bei DESY arbeitete, wurde klar, dass es auch andere Einstellungen gab: Der Nächste war ein Nebenbuhler, ein ‚Competitor',

Abbildung 4.5 Das Bild zeigt von l. nach r.: Dr. Donatus Degèle (leitender Physiker im Beschleuniger-Bereich), Prof. Paul Söding (DESY-Forschungsdirektor), Dr. Gerhard Söhngen, Prof.Björn Wiik, Dr. Dirk-Meins Polter (kaufmännisches Direktoriumsmitglied), Dr. Peter von Handel (Leiter des Direktoriumsbüros), Hermann Kumpfert, Prof. Volker Soergel (Vorsitzender des Direktoriums) und Dr. Hans-Falk Hoffmann (Direktor für die Infrastruktur), Aufnahme vom Juni 1989 (DESY-Archiv).

den es nach Kräften zu bekämpfen galt. Diese Philosophie führte in der Folge, nicht weiter überraschend, zu manchen unschönen Szenen.

Nach der Entdeckung des J/ψ-Mesons Ende 1974 standen naturgemäß die Arbeiten am DORIS-Speicherring im Zentrum des Interesses. So nahm die Aktivität am Synchrotron noch stärker ab, als es ohnehin der Fall gewesen wäre. Im Jahr 1978, mit der Inbetriebnahme des PETRA-Speicherrings, wurden die Messungen am Synchrotron beendet. Das Synchrotron hatte aber auch weiterhin eine wichtige Funktion als Injektor und durch das Bereitstellen von Test-Strahlen.

Die Beschreibung der experimentellen Arbeiten in den vorhergehenden Kapiteln konnte naturgemäß nicht vollständig sein; das gilt besonders auch für die zitierten Veröffentlichungen. Sie sollten einfach einen Eindruck von der Vielfalt und der Faszination des von dem Synchrotron erschlossenen Forschungsgebiets vermitteln.

5
Der Speicherring DORIS

5.1 Speicherringe

Bald nach der Inbetriebnahme des Synchrotrons war die Gruppe H ‚Zukunftsprojekte' gegründet worden. Bereits im Jahr 1966 legte sie einen Vorschlag zum Bau eines 3 GeV Elektron-Positron-Speicherrings vor, der auf Initiative von Klaus Steffen ausgearbeitet worden war. Warum schon zwei Jahre nach Betriebsbeginn des Synchrotrons etwas Neues vorschlagen?

Nun, die Vorlaufzeiten für die Realisierung eines neuen Projekts sind sehr lang. Die Entscheidungsfindung und Ausarbeitung eines Vorschlags, die wichtigsten Schritte für die Zukunft einer Institution, sollten nicht überhastet werden und können leicht einige Jahre dauern. Danach kommt der Kampf um die Genehmigung und im Erfolgsfall muss das neue Projekt dann realisiert werden. Auch dies nimmt Jahre in Anspruch. So gesehen kam die Initiative von Klaus Steffen keinesfalls zu früh.

Aber warum ein Speicherring? Steffen war ein Physiker mit großer Phantasie, Enthusiasmus und dem Drang, etwas Neues zu wagen. Vielleicht fand er die Idee, noch ein weiteres Synchrotron zu bauen, zu langweilig. Im übrigen waren Speicherringe zum neuen Spielzeug der Beschleunigerbauer geworden. Die allererste Idee dazu ging wohl auf Rolf Wideröe zurück, der Protonen mit negativen Wasserstoffionen kollidieren lassen wollte, aber er erkannte, dass die Beschleuniger- und Vakuumtechnologie dafür noch nicht reif war [8]. Die ersten konkreten Vorschläge kamen auf der Beschleunigerkonferenz 1956 am CERN für einen Proton-Proton-Speicherring von D. Kerst und für einen Elektron-Elektron-Speicherring von G. K. O'Neill, der die Sache mit einem ausgearbeiteten Vorschlag weiter verfolgte [78].

Auftrieb erhielt die Speicherring-Idee dann vor allem durch den Vorschlag Bruno Touscheks, Elektronen und Positronen in einem gemeinsamen Magnetring zu speichern, in dem sie in entgegengesetzten Richtungen umlaufen würden. Man benötigte so nur einen einzigen Ring und konnte Elektronen und Positronen mit entgegengesetzt gleichem Impuls kollidieren lassen. Damit stand eine Energie der Kollision zur Verfügung, die beim Beschuss ruhender Elektronen mit Positronen nicht in dieser Höhe erzielbar war. Der tiefere Grund für diese Überlegenheit der Speicherringe bei hohen Energien ist in der Mechanik der speziellen Relativitätstheorie zu suchen.

Von schnellen Teilchen und hellem Licht: 50 Jahre Deutsches Elektronen-Synchrotron DESY.
Erich Lohrmann und Paul Söding

ISBN: 978-3-527-40990-7

B. Touschek, ein Österreicher und Verfolgter des Naziregimes, hatte nach dem Krieg ein Unterkommen in Rom gefunden. An dem nationalen italienischen Beschleunigerzentrum in Frascati wurde nach seinem Vorschlag 1962 der erste Elektron-Positron-Speicherring ADA [79] gebaut. Dies war vergleichsweise ein Spielzeug. Klaus Steffen aber wollte etwas wirklich Großes. Er war damit in guter Gesellschaft. Auch die großen mit DESY konkurrierenden Institute C.E.A. und SLAC hatten schon 1964 Vorschläge für einen Elektron-Positron-Speicherring mit einer Energie von 3 GeV in jedem Strahl vorgelegt. Die Italiener hatten, ermutigt durch den Erfolg von ADA, schon den Bau eines Speicherrings von 1,5 GeV, genannt ADONE, beschlossen.

Welche neuen physikalischen Erkenntnisse waren aus damaliger Sicht von diesen großen Speicherringen zu erwarten? Es waren im wesentlichen drei Themen:

Erstens war es möglich, die Gültigkeit der Quantenelektrodynamik (QED) bei höheren Energien als je zuvor zu überprüfen, und zwar mit Hilfe von Reaktionen, bei denen ein Elektron und Positron in zwei Photonen oder in ein Myonpaar übergingen oder auch durch ihre elastische Streuung.

Zweitens war die Annihilation in mehrere Hadronen möglich; Gutachter wie L. van Hove und W. K. H. Panofsky unterstrichen deren Wichtigkeit. Dies war ziemlich spekulativ; vor allem der Wirkungsquerschnitt ließ sich (damals) nicht berechnen.

Drittens konnte man die Annihilation in ein Hadron-Antihadronpaar beobachten, also etwa in ein Paar von K-Mesonen oder Pionen, oder Reaktionen wie $e^+ e^- \rightarrow Proton\ Antiproton$ oder $e^+ e^- \rightarrow Hyperon\ Antihyperon$. Dies gestattete die Messung des Formfaktors dieser Teilchen im sogenannten zeitartigen Bereich, eine Information, von der man sich neue und tiefgehende Informationen über die Struktur dieser Teilchen versprach. Dies galt als der interessanteste Aspekt. Leider hatte man gute theoretische Gründe zu vermuten, dass der Wirkungsquerschnitt für solche Prozesse sehr rasch mit wachsender Energie E abnehmen würde, etwa wie $1/E^{10}$. Als Konsequenz musste ein Speicherring sehr hohe Luminosität[1)] haben, damit bei hoher Energie noch eine messbare Zählrate erreicht werden konnte.

Der von Klaus Steffen in der endgültigen Version entworfene Speicherring erfüllte diese Forderung – auf dem Papier: Elektronen und Positronen wurden in zwei getrennten Ringen geführt und trafen sich in zwei Kollisionspunkten. Mit dieser aufwändigen Konstruktion hoffte man, Instabilitäten in den gespeicherten Strahlen zu vermeiden, wie sie bei den benötigten hohen Strahlströmen aufzutreten drohten und zum Strahlverlust führen würden.

5.2 Konsultation und Entscheidungsfindung

Sollte DESY also auch einen Speicherring bauen? Zu dieser Frage führte Jentschke eine breit angelegte Konsultation durch. Natürlich war ex officio der Wissenschaftliche Rat des DESY involviert, aber Jentschke fragte auch die Mitarbeiter von DESY und Experten des In- und Auslandes. Eine näherliegende Idee war, an Stelle eines

1) Siehe Glossar

Speicherrings ein größeres Elektronen-Synchrotron zu bauen. DESY hatte jetzt die notwendige Erfahrung dafür erworben, und der wissenschaftliche Erfolg, der sich abzeichnete, legte es nahe, dass mit einer noch größeren Maschine dieser Weg fortgesetzt werden konnte. Speicherringe waren dagegen vergleichsweise Neuland.

Niemand hatte je einen Speicherring mit einer Elektronen-Energie von mehreren GeV gebaut, und die Aussichten auf ein interessantes Forschungsprogramm waren bestenfalls spekulativ. Dementsprechend wurde ein Speicherring damals nicht als die nächste große Zukunftsinvestition angesehen, sondern eher als ein Versuch, an der Erkundung einer möglicherweise interessanten neuen Richtung der Physik teilzunehmen. Als wirkliches Zukunftsprojekt galt damals nach wie vor ein größerer Beschleuniger. Die meisten Gutachter scheinen sich damals darin einig gewesen zu sein. Also, sollte DESY einen Schritt in eine unbekannte Richtung wagen? Alle US-Amerikaner antworteten mit „ja". Die deutschen Professoren gaben mehrheitlich dieselbe Antwort, zum Teil mit Vorbehalt, da zu derselben Zeit auch der Bau eines Protonenbeschleunigers in Karlsruhe diskutiert wurde. Die Physiker am DESY antworteten mehrheitlich: „Meinetwegen, falls das unser Experiment am Synchrotron und auch die weitere Verbesserung des Beschleunigers nicht stört."

Das sorgfältigste und detaillierteste Gutachten kam im März 1967 von zwei prominenten Hamburger Theoretikern, Hans Joos und Harry Lehmann, und es war negativ. Aber alle ihre Argumente waren richtig! Zuerst sagten sie, dass das Synchrotron noch zehn fruchtbare Jahre der Forschung vor sich hätte; das war richtig, die Messungen gingen tatsächlich noch bis 1978. Dann sagten sie, dass es sehr unwahrscheinlich sei, dass die Quantenelektrodynamik gerade in dem engen neuen durch den Speicherring zugänglichen Energieintervall verletzt würde; und das war auch richtig, denn selbst am LEP-Speicherring konnte 30 Jahre später bei der 30fachen Energie des DESY-Speicherrings keine Abweichung von den Vorhersagen der QED gefunden werden. Dann sagten sie, dass die (für die damals betrachteten Reaktionen) zu erwartenden Zählraten viel zu klein für vernünftige Untersuchungen sein würden. Auch darin hatten sie recht, da der Speicherring später bei weitem nicht die angekündigte Luminosität erreichte. Aus allen diesen Argumenten leiteten sie ihre absichtlich etwas provokante Empfehlung ab: Das Synchrotron ist interessant genug, ein Speicherring lohnt sich nicht, lasst es bleiben.

Diese Empfehlung war, wie sich später herausstellte, falsch. Warum? Weil sie von dem Wissen der Physik und der Wirkungsquerschnitte ausging, das 1967 als gesichert galt. Falls nämlich die Wirkungsquerschnitte in der Tat mit der Energie E wie $1/E^{10}$ abnahmen, wie die landläufige Meinung war, dann war die Hadronerzeugung nicht zu messen. Wie aber, wenn der Wirkungsquerschnitt viel langsamer abnahm, etwa wie $1/E^2$? Dann gäbe es etwas Interessantes zu sehen. So gab es z. B. eine Spekulation von Bjorken [81], der ausgehend von der Stromalgebra und einem Quarkmodell ein solches Verhalten für möglich hielt. Er sagte: „Falls ein bestimmtes Integral divergiert, wie es diese Integrale normalerweise tun, dann geht der Wirkungsquerschnitt wie $1/E^2$, aber nehmt dies nicht als Beweis." Nun gibt es ein Wort von Lichtenberg: „Man muss etwas Neues machen, um etwas Neues zu sehen" [82]. Der DESY-Speicherring war etwas Neues, und vielleicht würde man ja doch etwas Interessantes sehen. Dieses mehr gefühlsmäßige Argument gab schließlich den Ausschlag.

Warum kam damals niemand auf die Idee, dass die Schlüsselreaktion an einem Speicherring die Annihilation von Elektron und Positron in ein Quark-Antiquark-Paar sein würde und damit hochinteressant? Im Rückblick kann man nur sagen: „Wie konnten wir nur so blind sein!" Damals aber wurde das Quarkbild überhaupt nicht ernst genommen. Es war nicht gelungen, Quarks nachzuweisen, sie hatten komische drittelzahlige Ladungen, und so meinte man, dass es sich bei ihnen lediglich um eine mathematische Hilfskonstruktion handelte, die man über Bord werfen würde, sobald die ‚wahre' Theorie da wäre. Selbst Gell-Mann, einer der Erfinder der Quarks, hat zeitweise diese Ansicht vertreten. Als nach der Entdeckung der tief unelastischen Elektron-Proton-Streuung den Leuten das Quarkmodell sozusagen ins Gesicht starrte, weigerten sie sich immer noch, die Quarks zu sehen, und sprachen statt dessen aus den verschiedensten Gründen unverbindlich von ‚Partonen'.

Die ersten Ergebnisse von Speicherringen hoher Energie zu diesem Thema wurden auf der ‚International Conference on High Energy Physics' in Chicago 1972 [83] und auf der Elektron-Photon-Konferenz in Bonn 1973 vorgestellt [84]. Sie kamen vom ADONE-Speicherring in Frascati und vor allem von dem ‚bypass' am C.E.A., wo das dortige Synchrotron nach der Ablehnung des Antrags, einen richtigen Speicherring zu bauen, unter der Leitung von G. A. Voss in einen behelfsmäßigen Elektron-Positron-Speicherring umgewandelt worden war [85]. Die Messungen zeigten, dass der Wirkungsquerschnitt für Annihilation in Hadronen groß war. Dies war sensationell, aber immer noch gab es Zweifel am Quarkmodell. Erst die spektakulären Ergebnisse der Speicherringe am SLAC und am DESY in den folgenden Jahren überzeugten auch die letzten Skeptiker von der Realität des Quarkbildes.

5.3 Beschlussfassung

Auf der offiziellen Ebene wurde der erste Speicherringvorschlag im Wissenschaftlichen Rat am 9/10. 12. 1966 diskutiert. Vorangegangen war am 13. 10. 1966 eine etwas schmerzhafte Diskussion im DESY-Direktorium, das sich nicht zu einer klaren Stellungnahme durchringen konnte. Der wissenschaftliche Rat gab eine Empfehlung ab, die als vorsichtig optimistisch gelten konnte und die vorherrschende konservative Meinung über die Physikziele wiederspiegelte: Das Speicherringprojekt sei im Prinzip interessant und die Planung solle weiter gehen. Jedoch müssten vor einer endgültigen Beschlussfassung die folgenden Fragen untersucht werden:

- Was sind die genauen Kosten?
- Kann der Speicherring auch bei einer kleineren Energie wie z. B. 1 GeV betrieben werden?
- Ist die erforderliche Luminosität zu erreichen?
- Und wie passt der Plan in das allgemeine deutsche Programm über die zukünftige Finanzierung der Hochenergiephysik?

Bei der letzteren Frage ging es um die Abstimmung verschiedener Zukunftspläne, alle nicht gerade billig: Ausbau von CERN mit dem ISR (einem Proton-Proton-Speicherring) und einem 300 GeV Protonen-Beschleuniger, sowie Bau eines Protonen-Beschleunigers mittlerer Energie in Karlsruhe und eben der DESY-Speicherring. Zugunsten DESYs sprach, dass viele Physiker dem Ausbau von CERN die Priorität vor einem Beschleuniger in Karlsruhe gaben, dass es politisch einfacher ist, dem Ausbau einer existierenden Forschungsanlage zuzustimmen als einer Neugründung, und dass der DESY-Plan finanziell vergleichsweise bescheiden war mit Kosten unter 100 Mio DM. Sehr hilfreich war sicher auch, dass sich Heisenberg für den Ausbau von DESY einsetzte [1].

Inzwischen hatten Klaus Steffen und sein Team im Sommer 1967 die Fragen des Wissenschaftlichen Rats mit einer revidierten Fassung des Speicherringvorschlags [86] beantwortet, die im September offiziell vorlag. Er sah zwei übereinanderliegende Speicherringe vor, einen für Elektronen und einen für Positronen. Mit dieser Konstruktion hoffte man eine gegenseitige Beeinflussung der hohen Strahlströme zu vermeiden (die Luminosität ist proportional dem Produkt der Strahlströme). An zwei gegenüberliegenden 60 m langen geraden Stücken sollten die zwei entgegengesetzt umlaufenden Teilchenströme zur Kollision gebracht werden. Diese Kollisionszonen sollten mit einer ‚low beta insertion' ausgestattet werden, ein Trick, den K. Robinson und G. A. Voss [80] ersonnen hatten, um in der Wechselwirkungszone eine enge Strahltaille zu machen, was zu einer hohen Kollisionsrate führt. Die bei diesen Kollisionen erzeugten Teilchen würden von großen Detektoren registriert und analysiert. Die Luminosität musste möglichst groß sein. Sie war für eine Strahlenergie von 1,5 GeV optimiert, denn ungefähr dort vermutete man das Zentrum des wissenschaftlichen Interesses. Die Tabelle 5.1 zeigt die wichtigsten Parameter des Vorschlags.

Tabelle 5.1 Der DORIS-Projektvorschlag aus dem Jahr 1967.

Umfang	288 m
zwei lange gerade Stücke	je 60 m
Krümmungsradius der El.-Bahn	12,4 m
maximale Strahlenergie	3 GeV
Soll-Luminosität bei 3 GeV	$0{,}3 \cdot 10^{33}/\text{cm}^2\ \text{s}$
Soll-Luminosität bei 1,5 GeV	$0{,}8 \cdot 10^{34}/\text{cm}^2\ \text{s}$
Soll-Strom bei 3 GeV	je 1,1 A
Soll-Strom bei 1,5 GeV	je 15 A
maximale Magnetleistung	4,2 MW
maximale Hochfrequenzleistung	1,5 MW

Die Doppelspeicherring-Struktur gab dem Ding auch seinen Namen: „DOppel-RIngSpeicher DORIS". Jentschke verschickte diesen Vorschlag mit der Botschaft: „Das ist der geplante Ausbau von DESY" an die Mitglieder des Wissenschaftlichen Rats und an die Geldgeber. Dem Min.Rat Dr. Leo Prior, zuständiger Fachreferent im BMFT, war es im Sommer 1967 gelungen, die DESY-Zahlen in die mittelfristige Finanzplanung einzugliedern. Damit war die Sache im Prinzip gelaufen [1]. Die deutsche Atomkommission, welche den Vorschlag erhalten hatte, befasste sich in ihrem Arbeitskreis Physik damit und beauftragte eine ad hoc Kommission, im wesentlichen aus ehemaligen oder gegenwärtigen Mitgliedern der wissenschaftlichen Rats von DESY unter dem Vorsitz von Prof. Gerhard Knop, Universität Bonn, mit einer Stellungnahme. Diese lag am 26. 11. 1967 vor und empfahl die Annahme des Projekts. Der Verwaltungsrat, der am 20. 11. 1967 tagte, sprach sich für den Bau von DORIS aus, wobei er ein positives Votum der Atomkommission voraussetzte. Die Details der Finanzierung zwischen dem Bund und Hamburg wurden bei einem Treffen auf der Ebene der Staatssekretäre in Bonn am 20. 2. 1968 geregelt und damit erhielt DESY in der Sitzung des Verwaltungsrats am 23. 2. 1968 grünes Licht zum Bau von DORIS. Der wissenschaftliche Rat, in seiner Sitzung am 5. 1. 1968 von dem Votum der ad hoc Kommission unterrichtet, stimmte dem Bau von DORIS ebenfalls zu. Die Vorbereitungen zum Bau konnten so 1968 und der Bau selbst 1969 beginnen.

5.4 Der Bau des DORIS-Speicherrings

Im Jahr 1968 legten der Bund und Hamburg ein Investitionsprogramm für die Weiterentwicklung von DESY in Höhe von 100 Mio DM auf. Davon waren 85 Mio für den Bau des Speicherrings und 15 Mio für den Ausbau der Infrastruktur bestimmt. Im Vorgriff auf die Finanzreform beabsichtigten der Bund und Hamburg die Kosten im Verhältnis 85:15 zu teilen.

Damit konnten die Vorbereitungen zum Bau des Speicherrings anlaufen: Die Entwürfe für das Speicherringgebäude und die großen technischen Komponenten wurden überarbeitet und erste Spezifikationen für die Vergabe von Aufträgen an die Industrie verfertigt.

Parallel dazu erfolgten jahrelange umfangreiche theoretische Studien, um das Stabilitäts- oder besser Instabilitätsverhalten des Speicherrings bei großen Stromstärken zu untersuchen. In diesem Regime ist der Speicherring grundsätzlich instabil, und um trotzdem eine kleine Insel der Stabilität zu finden, muss der Speicherringbauer seine ganze Kunst aufwenden. In der richtigen Erkenntnis, dass dies das Zentralproblem sein würde, machte die Speicherringgruppe große Anstrengungen. Vielleicht ist es symptomatisch für den zunehmenden Realismus, dass der Wert für die maximale Luminosität, der im Projektvorschlag noch $8 \cdot 10^{33}$ cm^{-2} s^{-1} gewesen war, im Jahresbericht 1971 auf 10^{33} und 1972 auf $2 \cdot 10^{32}$ schrumpfte. Und es sollte noch schlimmer kommen. Wie gut, dass in der physikalischen Begründung des Projekts ein Sicherheitsfaktor von 10 bis 100 für die Luminosität verwendet worden war.

Mit dem Bau des Speicherringgebäudes und der Vergabe der ersten großen Aufträge an die Industrie wurde 1969 begonnen. Im selben Jahr erfolgte auch eine für die zukünftige Speicherringphysik entscheidende Änderung des Entwurfs: In einer Direktoriumssitzung am 11. 12. 1969 sagte Jentschke bei einer Diskussion über die Spezifikation der Speicherringmagnete plötzlich: „Lasst uns die Magnete größer machen, damit der Speicherring auf höhere Energie gehen kann.“ Dies war zwar gegen die Vorgaben des wissenschaftlichen Rats, öffnete aber das Tor zu der späteren spektakulären Physik der b-Quarks (die damals noch nicht entdeckt waren).

Der Bau von DORIS ging planmäßig voran. Leider konnte Jentschke nicht mehr bis zur endgültigen Fertigstellung dabei sein, da er die Berufung als Generaldirektor von CERN annahm und diesen Posten zum 1. Januar 1971 antrat. Vorher aber griff er nochmals entscheidend ein, um das Projekt auf dem richtigen Kurs zu halten. Es ist die eine Sache, innovative Ideen auszuarbeiten und vorzustellen; es ist eine ganz andere Sache, ein Projekt in einem vorgegebenen Kosten- und Zeitrahmen zu realisieren. Hierfür war eine andere Art von Talent erforderlich. Mit Takt und Geduld sorgte Jentschke dafür, dass die Führungsriege für den Bau des Speicherrings entsprechend verstärkt wurde. So stieß Donatus Degèle, bis dahin Leiter des Hallendienstes, zum Speicherringbau. Damit hatte das Team der Maschinenexperten von DESY eine wichtige Verstärkung erfahren, die sich auch bei den weiteren Speicherringprojekten segensreich auswirken sollte.

Als Nachfolger von Jentschke war Professor Wolfgang Paul aus Bonn zum Vorsitzenden des Direktoriums ernannt worden und er übernahm dieses Amt ab Januar 1971 (Abb. 5.1).

Abbildung 5.1 Professor Wolfgang Paul (r), im Gespräch mit Professor Volker Soergel (DESY-Archiv).

Paul, der später den Nobelpreis für seine Arbeiten zur Ionenspeicherung erhalten sollte (‚Paulfalle'), war ein Physiker der alten Schule. Er hatte in Bonn mit seinen Mitarbeitern das erste Elektronen-Synchrotron Europas nach dem Prinzip der starken Fokussierung gebaut – eine echte Pionierleistung. An dem mehr industriellen Stil, in dem DORIS gebaut wurde, fand er, oft zu Recht, manches auszusetzen und er hat, basierend auf seinem reichen Erfahrungsschatz, in vielen Fällen korrigierend eingegriffen. Er hat DESY einen großen Dienst erwiesen, indem er bereit war, die Lücke zu schließen, die durch den Weggang von Jentschke entstanden war, und hat DESY bis Mai 1973 geleitet. Dann wurde Professor Herwig Schopper aus Karlsruhe zum neuen Vorsitzenden des Direktoriums berufen (Abb. 5.2). Schopper hatte sich durch seine Arbeiten auf dem Gebiet der schwachen Wechselwirkung und durch Experimente am DESY und CERN einen Namen gemacht und verfügte darüber hinaus über ein großes Talent als Wissenschafts-Administrator mit beachtlichem diplomatischem Geschick.

Abbildung 5.2 Professor Herwig Schopper, Vorsitzender des DESY-Direktoriums 1973–1980 (DESY-Archiv).

Eine weitere Personalie war 1971 zu verzeichnen: Björn H. Wiik, ein junger norwegischer Experimentalphysiker, stieß zu DESY. Er hatte in Darmstadt studiert und sich anschließend am SLAC an wichtigen Experimenten beteiligt. Am DESY glaubte er, seine Ideen eher verwirklichen zu können als am SLAC. Er brachte auch gleich eine interessante Idee für einen Detektor am DORIS-Speicherring mit, die in Zusammenarbeit mit Kollegen am DESY zum DASP-Detektor führte.

Im Januar 1973 kam Gustav Adolf Voss aus Cambridge (USA) zu DESY und übernahm das Amt des für die Beschleuniger zuständigen Direktoriumsmitglieds. Dies war ein für die Zukunft DESY's entscheidender Schritt; er ist der Initiative von Wolfgang Paul zu verdanken. Voss war in der Anfangszeit schon einmal am DESY tätig gewesen. Im Jahr 1959 war er von Jentschke an den Cambridge Electron Accelerator entsandt worden, um die Kunst des Beschleunigerbaus zu erlernen. Er war dort geblieben und hatte durch Leistungen wie die Erfindung der ‚low beta insertion' und den Bau des C.E.A. ‚bypass' weltweite Reputation gewonnen. Nachdem der C.E.A. geschlossen worden war, konnte Voss trotz sehr attraktiver Angebote aus den USA für Hamburg gewonnen werden, wobei wohl auch private Gründe eine Rolle spielten. Voss vereinigte große wissenschaftliche Qualitäten mit ebensolchen im Management, und in den kommenden Jahren hat er die erfolgreiche Entwicklung von DESY maßgeblich gestaltet (Abb. 5.3). Gleich zu Beginn seiner Tätigkeit zeigte er eine Probe seiner Fähigkeiten als Manager: Er erreichte die von Experten bestaunte Vereinigung der Vakuumgruppen des Synchrotrons und der Gruppe H (DORIS) zu einer gemeinsamen Gruppe „HSV".

Abbildung 5.3 Professor Gustav Adolf Voss (DESY-Archiv).

Ende 1973 war DORIS soweit: Bis auf etwa ein Drittel der Stromversorgungsgeräte war alles bereit. Die letztere Schwierigkeit wurde durch Improvisation überwunden, und dann konnten am 20. 12. 1973 die ersten Elektronen gespeichert werden. Die endgültige Fertigstellung des Speicherrings erfolgte zügig und dann kam der lange und mühevolle Kampf gegen die Strahlinstabilitäten. Die beiden in getrennten Ringen gespeicherten Strahlen werden an zwei Stellen durch Ablenkung zur Kollision gebracht. An diesen zwei Wechselwirkungspunkten durchdringen sich die beiden Strahlen unter einem bestimmten Winkel, und dieser Kreuzungswinkel führt zu großen Problemen. Er erzeugt eine Kopplung zwischen den transversalen Betatron- und den in Strahlrichtung erfolgenden Synchrotronschwingungen. Immer wenn eine ganzzahlige Kombination der Frequenzen dieser Schwingungen mit der Umlauffrequenz der Teilchen übereinstimmt, kommt es zu einem resonanzartigen Aufschaukeln der Wirkung kleiner Störungen im Ring und die Strahlen gehen verloren. Durch die Kombination von Betatron- und Synchrotronschwingungen liegen diese verbotenen Resonanzlinien so dicht beieinander, dass keine stabile Einstellung der Beschleuniger-Parameter gefunden werden konnte. Der einzige Ausweg war, die Strahlströme zu erniedrigen. Erst mehr als 20 Jahre später wurde das Problem an dem Hoch-Luminositäts-Speicherring KEKB in Japan mit Hilfe sehr involvierter Konstruktionen gelöst.

Am 18. Juni 1974 wurde DORIS offiziell dem Betrieb übergeben. Die Sollstromstärken und die Soll-Luminosität waren infolge der geschilderten Schwierigkeiten bei weitem nicht erreicht worden, und dies blieb auch so. Damit hatte DORIS keinen Wettbewerbsvorteil gegenüber der einfacheren Ein-Ring-Maschine, die SLAC gebaut hatte. Glücklicherweise waren die Zählraten trotzdem ausreichend für eine erfolgreiche experimentelle Arbeit wegen der neuen Entwicklungen in der Physik, die im folgenden Kapitel unter dem Stichwort ‚Novemberrevolution' erklärt werden.

Ende 1974 war das experimentelle Programm in vollem Gang, mit Strahlströmen von 800 mA für Elektronen und 400 mA für Positronen. Die maximale Luminosität betrug knapp $10^{30}/\mathrm{cm}^2$ s. Die Abb. 5.4 zeigt einen Blick in den Tunnel des Doppelspeicherrings.

Abbildung 5.4 Der Doppelspeicherring DORIS (im Bau) (DESY-Archiv).

5.5 Die Vorbereitung der Speicherringexperimente

Die Vorbereitung der Experimente war zunächst eher schleppend verlaufen. Niemand konnte ja die Ereignisse der ‚Novemberrevolution' voraussehen, und so baute sich das Interesse nur allmählich auf. Zunächst war es nur eine Gruppe, F39 unter der Leitung von Pedro Waloschek,[2)] die ab 1969 aktiv wurde. Sehr früh fiel eine wichtige Entscheidung. Der Speicherringdetektor sollte (auch) für den Nachweis von Reaktionen mit vielen Teilchen im Endzustand geeignet sein und deshalb einen möglichst großen Raumwinkel für den Teilchennachweis überdecken. Dies war im Licht des damaligen physikalischen Erkenntnisstands nicht selbstverständlich. Eine Entscheidung, die damit eng verknüpft war, betraf das Magnetfeld, benötigt um die Impulse der erzeugten Teilchen zu messen.

Im DORIS-Speicherringvorschlag [86] wurden zu dieser Frage zwei Anordnungen diskutiert. Die eine Anordnung sah eine Reusenspule vor, bei der die Feldlinien ringförmig um den Speicherringstrahl herumgeführt wurden. Die zweite Möglichkeit war die Verwendung einer Solenoidspule, bei der die Wicklungen den Speicherringstrahl umschlossen und ein Magnetfeld parallel zum Strahl erzeugten. Die Vor- und Nachteile sind in dem Bericht aufgeführt. Die Reusenspule erzeugt am Ort der Speicherringstrahlen nur ein schwaches Magnetfeld, beeinflusst also den Speicherring weniger als das Feld der Solenoidspule. Es stellte sich dann allerdings heraus, dass dieser Vorteil gering wog, da die Wirkung des Solenoidfeldes auf die im Speicherring umlaufenden Elektronen relativ gut kompensiert werden kann. Davon abgesehen hatte die Reusenspule nur Nachteile: Sie war technisch schwieriger zu realisieren, die unvermeidlichen Spulen lagen mitten im Messvolumen und das inhomogene Magnetfeld machte die Auswertung der Reaktionen deutlich schwieriger. Die Gruppe F39 unter der Leitung von Waloschek entschied sich im Lichte dieser Überlegungen für einen Solenoid-Magneten. Dies war die richtige Wahl. Bis zum heutigen Tag ist diese Magnetfeldkonfiguration für praktisch alle Speicherringexperimente gewählt worden. Die nächste wichtige Entscheidung war, diesen Magneten in supraleitender Technologie auszuführen. Um diese Technologie zu lernen wurde beschlossen, zunächst einen ‚kleinen‘ Magneten von 1,4 m Durchmesser, einer Länge von 1,05 m und einem Feld von 2 Tesla bei der Industrie in Auftrag zu geben, sozusagen als Vorstufe für einen großen Speicherring-Detektor, und mit der Möglichkeit, ihn zunächst an dem Speicherring in Frascati einzusetzen. Nach einigem Hin und Her erhielt die Firma Siemens den Zuschlag, und gemeinsam lernten DESY und Siemens eine Menge darüber, wie man supraleitende Magnete baut und betreibt.[3)]

Zum Nachweis der erzeugten Teilchen entwickelte die Gruppe von Waloschek zylindrische Proportionaldrahtkammern, die einen Großteil des Raumwinkels um den Wechselwirkungspunkt abdeckten. Auch dieses Konstruktionsmerkmal findet man bei praktisch allen späteren Speicherring-Detektoren wieder, wobei die Proportionaldrahtkammern entsprechend den Fortschritten der Technologie durch andere Kammern ersetzt wurden. Waloschek führte 1970–71 Messungen mit solchen Kammern in einem Detektor ‚MADKA‘ an dem Speicherring ADONE in Frascati durch, wobei auch eine ausgefeilte Triggerelektronik zum Einsatz kam. Dies war recht erfolgreich und bewährte sich später beim Einsatz im PLUTO-Experiment am DORIS-Speicherring.

[2)] Pedro Waloschek, leitender Wissenschaftler am DESY, hatte an den Universitäten Bologna und Bari unterrichtet. Er hatte gute Verbindungen zu italienischen Kollegen, was für DESY nützlich war.

[3)] Ein Kurzschluss in der Spule erforderte eine zeitaufwändige Reparatur und verhinderte den ursprünglich geplanten Einsatz am ADONE-Speicherring in Frascati.

Bei der Diskussion über das experimentelle Programm am DORIS, die 1971 in Gang kam, spielte zunächst ein ‚Großdetektor' eine Rolle. Dieser, ausgestattet mit einem großen Magneten und einer Basisausrüstung an Detektoren, sollte im Prinzip allen Experimentiergruppen zur Verfügung stehen. Bald aber erkannte man, dass das Geld dafür nicht reichen würde und man sich mit kleineren Detektoren würde begnügen müssen. Ende 1971 wurden in einem Treffen eine Reihe von Vorschlägen vorgestellt. In einem der Vorschläge, später PLUTO genannt, wurde gezeigt, dass das 1,4 m supraleitende Solenoid als Analysiermagnet akzeptabel sein würde. Damit war die Idee eines noch größeren solchen Magneten als Basis eines allgemein zugänglichen Großdetektors zu Grabe getragen.

Auch S. C. C. Ting zeigte Interesse. In einem Brief regte er an, nach einem neuen schweren Lepton zu suchen[4)]. Allerdings nahm ihn sein Nobelpreis-Experiment am Brookhaven Nationallaboratorium in der Folge so in Anspruch, dass er keinen Vorschlag für den DORIS-Speicherring einreichte.

Zwei weitere Vorschläge kamen von den Gruppen F22 sowie von F1 zusammen mit F35. Die Gruppe F22 schlug eine sechszählige Reusenspule vor (‚Orangenspektrometer'). Die beiden Gruppen F1 und F35 präsentierten einen Entwurf mit zwei großen Ablenkmagneten rechts und links vom Wechselwirkungspunkt und mit einem zylindrischen Detektor in der Mitte, der Teilchen in einem großen Raumwinkel nachweisen konnte. Die großen Ablenkmagnete erlaubten den Impuls geladener Teilchen genau zu messen. Dieser Detektor erhielt den Namen DASP (Doppelarmspektrometer). Die Entscheidung fiel zugunsten von DASP, ausschlaggebend waren wohl die Tatsachen, dass sich nur die waagrechten Schlitze des Orangenspektrometers leicht nutzen ließen und damit sein nutzbarer Raumwinkel klein war, und dass sich DASP relativ leicht und schnell realisieren ließ. Das letztere war ein wichtiger Gesichtspunkt, da die Fertigstellung des Speicherrings drohend näherrückte.

Eine wichtige Verstärkung erhielt die DASP-Kollaboration durch eine Gruppe von der Universität Tokio. Ihr Leiter, der spätere Nobelpreisträger Professor Masatoshi Koshiba, hatte sich durch seine Forschungen auf dem Gebiet der kosmischen Strahlung einen Namen gemacht. Die Verbindung mit Hamburg kam aus dieser Quelle. Vorausgegangen waren Kontakte auf einer Konferenz über kosmische Strahlung in Moskau zu Professor V. Budker, dem berühmten Leiter des Instituts für Hochenergiephysik in Novosibirsk, heute ‚Budker Institute of Nuclear Physics' genannt. Budker hatte Koshiba eingeladen, an einem Elektron-Positron-Speicherring zu experimentieren, der in Novosibirsk gerade im Bau war. Aber trotz erheblicher Vorleistungen der Tokio-Gruppe in Novosibirsk und trotz eines sowjetisch-japanischen Abkommens über wissenschaftliche Zusammenarbeit versagten die sowjetischen Behörden der Gruppe aus Tokio die offizielle Genehmigung. Da erinnerte sich Koshiba an einen deutschen Wissenschaftler, der an der Universität Chicago mit ihm zusammen auf dem Gebiet der kosmischen Strahlung gearbeitet hatte und nun Forschungsdirektor am DESY war, Erich Lohrmann. Das Treffen der beiden im Sommer 1971 markiert den Beginn eines mehr als 30-jährigen sehr erfolgreichen japanischen Engagements in Hamburg. Äußere Zeichen

[4)] Ein solches Experiment wurde von Professor A. Zichichi in Frascati durchgeführt, führte aber wegen der zu geringen Energie des dortigen Speicherrings nicht zu einer Entdeckung.

der enormen Wertschätzung für diese Zusammenarbeit waren die Verleihung des Bundesverdienstkreuzes und der Ehrendoktorwürde der Universität Hamburg an Professor Koshiba.

Die Gruppe aus Tokio leistete finanzielle Beiträge und half beim Bau des Innendetektors des DASP-Experiments, und damit war zusammen mit Gruppen von der RWTH Aachen, dem MPI München, DESY und der Universität Hamburg eine schlagkräftige Kollaboration entstanden, die bald wichtige Entdeckungen am DORIS-Speicherring machen sollte.

Mit PLUTO und DASP waren die zwei Wechselwirkungszonen des Speicherrings besetzt. Da man aber von der Idee des universalen Großdetektors abgerückt war, waren im Prinzip noch weitere Detektor-Vorschläge zugelassen, die sich mit PLUTO und DASP den Platz teilen würden. Das war zwar gut gemeint und optimistisch, sollte aber später zu Problemen führen.

Nicht problematisch war ein Vorschlag der Universität Heidelberg. Er sah einen Detektor mit Bleiglas- und NaJ-Schauerzählern als Haupt-Nachweisinstrument vor. Ein Teil seiner Komponenten war bereits bei einem früheren CERN-Experiment eingesetzt worden. Man verzichtete zwar auf ein Magnetfeld, hatte aber dafür Stärken beim Nachweis neutraler Teilchen, besonders von Photonen, und das war ein Gebiet, wo die anderen Detektoren ihre Defizite hatten. Dieser Vorschlag wurde genehmigt und der Detektor beteiligte sich dann erfolgreich am Messprogramm. Später wurde er von einer großen Kollaboration übernommen und erweitert und erhielt den Namen LENA.

Ein weiterer Vorschlag kam hauptsächlich von Physikern der Universität Bonn. Er sah als Magnetfeld eine riesige achtarmige Reusenspule vor und hiess deshalb Oktopus. Mit diesem Oktopus-Vorschlag hatte DESY seine Probleme. Die Reusenspule war wegen ihrer komplizierten Geometrie für den Nachweis von Vielteilchenzuständen ungünstig, der Magnet war wegen seiner Größe sehr teuer und technologisch wegen der großen magnetischen Kräfte schwierig zu realisieren. Bald wurde klar, dass ein so großes Instrument nur mit einer großen Verspätung zum Einsatz kommen und nichts Wichtiges mehr beitragen würde. So verlief dieses im Sande.

Nicht im Sand verlief ein anderer Vorschlag. Er wurde von Physikern der Universitäten Bonn und Mainz gemacht, 1974 genehmigt und 1976 war der Detektor, genannt Bonanza, messbereit. Er war konzipiert, die Erzeugung von Neutron- Antineutron-Paaren zu messen, hatte sonst aber im Vergleich zu den anderen Experimenten keine besonderen Stärken. Unglücklicherweise wurde sein Physikprogramm durch die dramatischen Ereignisse, die auf den November 1974 folgten, überrollt. Damit konnte er sich im Wettbewerb um einen Platz im Speicherring nicht besonders gut positionieren. Die Gruppe nahm schließlich ihre Zuflucht in einer Intervention beim Forschungsausschuss des Wissenschaftlichen Rats, ein einmaliger Vorgang. Als Folge erhielt sie 7 Wochen Messzeit im Jahr 1977 zugesprochen. Es gelang dann in der Tat die erste Messung der Neutron-Antineutron-Erzeugung bei der J/ψ-Resonanz [87].

Ende 1974 waren der Speicherring und die beiden Experimente PLUTO und DASP fertig und messbereit. Da platzte die Bombe.

6
Experimente mit dem DORIS-Speicherring

6.1 Die Novemberrevolution

Während DESY mit dem Bau von DORIS beschäftigt war, waren die anderen Beschleunigerzentren nicht untätig geblieben. Der Speicherring ADONE in Frascati mit 1,5 GeV Strahlenergie war 1969 fertig geworden. Auf der Elektron-Photon-Konferenz in Cornell 1971 hatte C. Bernardini schon erste Daten präsentiert.

Die US-Forschungspolitik zeigte im Vergleich dazu ein schwaches Bild. Sowohl der Speicherringvorschlag des C.E.A. in Cambridge als auch der Vorschlag von SLAC wurden nicht genehmigt. Davon ließen sich die Physiker dieser beiden Zentren aber nicht beeindrucken. Am C.E.A. verwandelten sie unter der Leitung von G. A. Voss das Elektronen-Synchrotron in einen behelfsmäßigen Speicherring. Dieser, nach seiner Hauptidee ‚bypass' genannt [85], hatte nur eine kleine Luminosität, doch dies reichte für eine Sensation aus. Auf der internationalen Hochenergiekonferenz in Chicago 1972 konnten sie zeigen, dass der Wirkungsquerschnitt für die Elektron-Positron-Annihilation in Hadronen bei der hohen Schwerpunktenergie von 4 GeV überraschend groß war und hauptsächlich zu Vielteilchen-Endzuständen führte. Ähnliches zeigten auch die Messungen von ADONE bei kleinerer Energie [83]. Damit war die Bühne für die kommenden Sensationen präpariert und das Konzept und die experimentellen Vorbereitungen in Hamburg gerechtfertigt.

Man begann nun, diese Daten in der heute allgemein anerkannten Weise zu interpretieren: Dabei wird der Wirkungsquerschnitt für die Erzeugung von Hadronen durch die Annihilation von Elektron und Positron in ein Quark-Antiquark-Paar erklärt, wobei die Quarks sich sofort in Hadronen umwandeln. Der letztere Schritt bereitete Kopfzerbrechen: Warum konnte man die Quarks nicht direkt beobachten? Das erweckte Zweifel an diesem Bild. Sie wurden erst durch die Entdeckung der asymptotischen Freiheit und des ‚Confinement' 1973 ausgeräumt: Näherungsweise Lösungen der Gleichungen der QCD und Messungen legen es nahe, dass die Kraft zwischen zwei Quarks auch bei großem Abstand so stark bleibt, dass sich die Quarks nicht aus den Fesseln der starken Wechselwirkung befreien und als freie Teilchen auftreten könen.

Auch die Physiker am SLAC dachten sich etwas aus, um zu einem Speicherring zu kommen. Sie erklärten ihr Speicherringprojekt kurzerhand zu einem „Experiment", und damit war es nicht mehr durch die Behörden genehmigungspflichtig. Auf einem

Von schnellen Teilchen und hellem Licht: 50 Jahre Deutsches Elektronen-Synchrotron DESY.
Erich Lohrmann und Paul Söding

ISBN: 978-3-527-40990-7

Parkplatz errichteten sie eine stark vereinfachte Version eines Speicherrings, den sie ‚SPEAR' nannten. Im Gegensatz zu DORIS bestand er nur aus einem Ring und war natürlich wesentlich billiger, hatte allerdings potentiell eine kleinere Luminosität als im ursprünglichen Vorschlag vorgesehen. Doch das stellte sich im folgenden als nicht entscheidend heraus. Entscheidend war vielmehr der zeitliche Vorsprung, zu dem diese einfache Konstruktion den SLAC-Physikern verhalf. Schon 1972 war SPEAR fertiggestellt, und 1973 begannen die Messungen mit dem magnetischen Detektor MARK I.

Zunächst bestätigte man ohne Probleme die großen Wirkungsquerschnitte, die in Frascati und am C.E.A. bypass gefunden worden waren. Als die SLAC-Physiker dann systematisch den Wirkungsquerschnitt als Funktion der Schwerpunktenergie bestimmten, lag ein Messpunkt bei einem Wert der Energie nahe bei 3,2 GeV ein bisschen höher als die benachbarten Messpunkte. Um zu klären, ob das vielleicht eine Fehlmessung war, begannen sie am 10. November 1974 den Wirkungsquerschnitt in der Umgebung von 3,2 GeV in kleinen Energie-Schritten zu messen. Dies war die Nacht, in der Physikgeschichte geschrieben wurde, der Auslöser der ‚Novemberrevolution'. Bei einer Energie von 3,097 GeV fanden sie einen ungeheueren Anstieg der Zählrate; der Wirkungsquerschnitt stieg in einer sehr hohen und sehr schmalen Resonanzkurve um mehr als den Faktor 100 an. Noch nie war ein so irrer Effekt in der Elementarteilchenphysik erwartet oder beobachtet worden.

Am nächsten Tag kam Sam Ting zu einer Komiteesitzung zum SLAC, und es entspann sich der Sage nach folgender Dialog. Burton Richter, der Leiter der SLAC-Gruppe, sagte: „Sam, I have some interesting physics I want to tell you." Worauf Ting antwortete: „Burt, I also have some interesting physics I want to tell you." In der Tat hatte Ting dieselbe Resonanz schon vor der SLAC-Entdeckung in seinem Paarproduktions-Experiment am Brookhaven Nationallaboratorium (BNL) gesehen. Im Gegensatz zu den Physikern am SLAC hatte er gezielt nach einer Resonanz gesucht. Am DESY war er bei seiner Suche bis 2,8 GeV gekommen. Er hatte dann beschlossen, die Suche am BNL fortzusetzen, das über einen 33 GeV Protonenbeschleuniger verfügte. In einer experimentellen Meisterleistung entdeckte er diese spektakuläre Resonanz bei 3,1 GeV. Das war so außergewöhnlich, dass er die Messung mit äußerster Sorgfalt überprüfte. Die dadurch verursachte Verzögerung kostete ihn fast seinen Nobelpreis. Er hatte zum Glück Vorbereitungen für eine schnelle Publikation getroffen, und so erschien sein Bericht zusammen mit dem vom SLAC im selben Heft von ‚Physical Review Letters' [88, 89]. Dies war ein sicherer Nobelpreis für Ting und Richter. Der Kampf um die Ehre, das neue Teilchen zu benennen, ging unentschieden aus, und so bequemte sich die Physiker-Gemeinde, es J/ψ zu nennen, wobei J der Vorschlag von Ting und ψ der Vorschlag des SLAC war.

Diese Geschichte hinterließ einige andere Physiker mit einem roten Kopf. Der ADONE-Speicherring in Frascati hatte eine maximal erreichbare Schwerpunktenergie von offiziell 3,0 GeV. Als sich die SLAC-Entdeckung wie ein Lauffeuer herumsprach, war es kein Problem für ADONE, die Energie ein bisschen auf 3,1 GeV zu erhöhen, und da war die Resonanz. Sie war all die Jahre zum Greifen nahe gewesen. Auch am CERN mit seinen dem BNL überlegenen Anlagen hätte man diese Entdeckung wohl machen können.

6.2 Erste Messungen am DORIS-Speicherring

Anfang 1974 konnten zum ersten Mal Elektronen und Positronen im DORIS-Speicherring gespeichert werden. Aber die Strahl-Instabilitäten verhinderten zunächst das Speichern größerer Ströme. Ein Antrag der Gruppen F39/F12, mit einer in Frascati erprobten einfacheren Apparatur Messungen aufzunehmen, wurde am 1. März 1974 vom Forschungskollegium abgelehnt, da es die Tests und den Einsatz der anderen Experimente verzögern würde. Außerdem bestanden Zweifel, ob die erforderliche Variation der Strahlenergie schon möglich sein würde. In der Tat war ein Großteil der Zeit der Entwicklung des Speicherrings gewidmet, wo noch viele Schwierigkeiten bestanden, die einen geregelten Betrieb verhinderten. Auch waren häufige Betriebsunterbrechungen notwendig. Erst nach langen Anstrengungen gelang gegen Jahresende ein für Experimente brauchbarer Betrieb. Im Oktober 1974 fuhren die Detektoren PLUTO und DASP in ihre Wechselwirkungszonen und Ende Oktober begann der Messbetrieb mit den üblichen Anfangsschwierigkeiten. Ähnlich wie am SLAC hätte es wohl einige Zeit gebraucht, bis man selbständig auf die Resonanz gestoßen wäre. So aber musste man nicht lange suchen. Am 30. November 1974 war mit PLUTO und kurz darauf mit DASP die Resonanz gefunden.

Die beiden Gruppen konnten sich nun sofort an dem neuen Forschungsgebiet beteiligen, das diese Entdeckung erschloss. Es herrschte eine richtige Goldgräberstimmung, und 1975–77 häuften sich die Entdeckungen. Bald war klar, dass es sich bei der J/ψ Resonanz um einen gebundenen Zustand aus einem neuen schweren Quark, genannt c wie ‚Charme', und seinem Antiteilchen handelte. Mehrere der Entdeckungen, die zu dieser Deutung führten, kamen vom DESY, das damit schlagartig zusammen mit dem SLAC ins Zentrum der Aufmerksamkeit rückte.

Die erste bedeutende Entdeckung am DORIS machte die DASP-Kollaboration. Wenn das J/ψ wirklich ein atomähnlicher gebundener Resonanz-Zustand aus einem schweren Quark und dem entsprechenden Antiquark war, dann musste es auch, wie im Atom, noch mehrere andere gebundene Zustände geben. Solche Zustände nennt man sinngemäß ‚Charmonium'. Ein zweiter gebundener Zustand bei einer Masse von 3,686 GeV, das $\psi(2S)$, war schon am SLAC gefunden worden. Nach den Gesetzen der Atomphysik musste diese Resonanz unter Aussendung eines Photons von über 100 MeV in einen P-Wellen-Zwischenzustand (mit Bahndrehimpuls l=1) und dieser wiederum unter Emission eines Photons in das J/ψ zerfallen. Diese Kaskade aus zwei Photonen wurde von der DASP-Kollaboration gefunden [90]. Die Abb. 6.1 zeigt das Entdeckerbild des Prozesses.

Kurz darauf wurde dies von dem Heidelberg-DESY-Experiment bestätigt, das an Stelle von PLUTO in den Speicherring gerückt war. Nun musste man noch das neue schwere c-Quark direkt sehen, genauer seinen gebundenen Zustand mit einem der ‚alten' leichten Quarks. Die Entdeckung dieses Teilchens, D-Meson genannt, teilten sich DASP und der Detektor Mark I am SLAC, wobei SLAC die Nase etwas vorn hatte. Mark I entdeckte den Zustand über seinen Zerfall in ein Kaon und ein Pion [91], DASP wies den Zerfall vermöge der schwachen Wechselwirkung nach [92]. Dies war genau das, was man von der Theorie her erwarten musste.

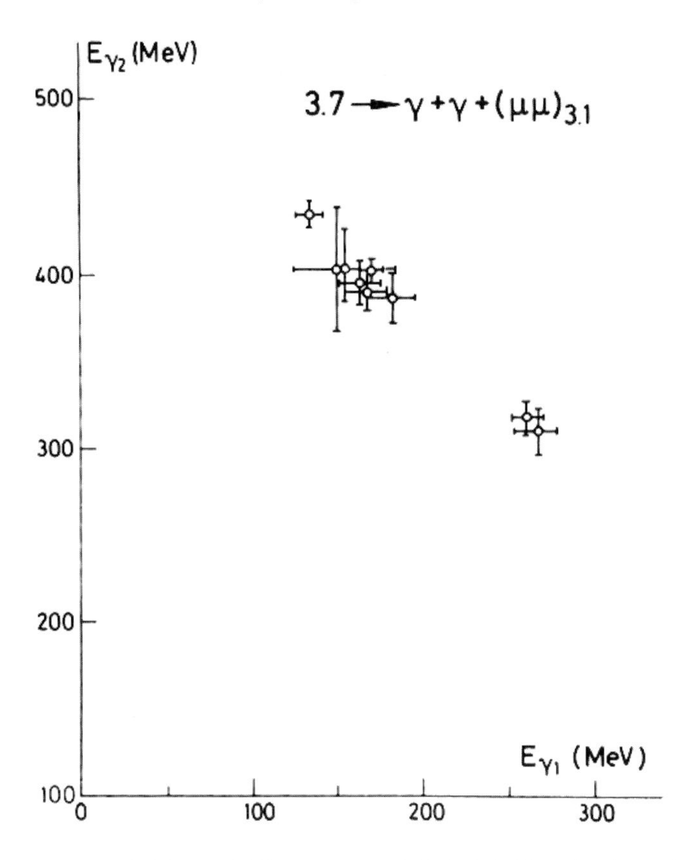

Abbildung 6.1 Zerfall des ψ(2S) über einen P-Wellen Charmonium-Zwischenzustand in das J/ψ, wobei jeweils ein Photon hoher Energie ausgesandt wird. Die Energien der beiden Photonen sind $E_{\gamma 1}$ und $E_{\gamma 2}$. Wie in der Atomphysik treten die Photonen bei festen Energien auf (‚Spektrallinien'), nur dass die Quantenenergien hier bei einigen 100 MeV liegen. Im Bild sind die Energien der beiden Photonen gegeneinander aufgetragen. Die zwei Häufungspunkte deuten auf die Entdeckung von zwei Zwischenzuständen (angeregten Charmoniumzuständen) mit Massen von 3510 MeV und 3415 MeV. (Vortrag von Björn Wiik auf dem Lepton-Photon-Symposium in Stanford 1975, siehe die Proceedings, Seite 69 ff.)

Diese Entdeckungen etablierten endgültig die Quarkvorstellung in den Köpfen der Physiker, die so lange skeptisch gewesen waren. Die Quarks waren wenigstens in ihrer schweren Version ‚sichtbar' geworden, sie bildeten ‚Quarkonium' genannte Atome, für die man sogar ein Termschema angeben konnte. Es war wie ein Dammbruch. Charakteristisch dafür war, dass die durch diese Entdeckungen inspirierten Untersuchungen damals ‚Neue Physik' genannt wurden.

Damit waren die Entdeckungen aber noch nicht zu Ende. Nun waren wieder die Physiker vom SLAC am Zug. Sie berichteten über die Paarerzeugung eines neuen

Teilchens, von dem sie vermuteten, dass es sich um eine schwere Version des Myons handelte [93]. Die treibende Kraft dahinter war Martin Perl, der dafür später den Nobelpreis erhielt.

Das Myon, eine schwere Version des Elektrons, war 1936/37 von Neddermeyer und Anderson [94] in der kosmischen Strahlung entdeckt worden, und es hatte etwa die 200-fache Masse des Elektrons. Warum gibt es so etwas? Niemand weiss es. Nun sollte es zu allem Überfluss ein weiteres elektronartiges Teilchen geben, das noch viel schwerer war, mit mehr als der 3000fachen Elektronmasse (genauer mit einer Masse von 1,777 GeV). Zunächst herrschte Skepsis bei DESY (wie auch am SLAC): War das am Ende einfach ein Zerfallsmodus des gerade eben entdeckten D-Mesons? Aber dann konnte PLUTO bestätigen, dass es sich tatsächlich um ein neues schweres Elektron handelte [95], dem von seinen Entdeckern am SLAC der Name ‚tau-Lepton' gegeben wurde.

Ein Problem zeichnete sich Ende 1975 ab: Der Bau des PETRA-Speicherrings war genehmigt worden, und DORIS war als Vorbeschleuniger für PETRA vorgesehen. Damit waren schwere Beeinträchtigungen für die Benutzer von DORIS vorprogrammiert. Dies betraf vor allem auch die immer zahlreicheren und anspruchsvolleren Nutzer der Synchrotronstrahlung. In dieser Situation ergriff der Wissenschaftliche Rat unter seinem Vorsitzenden Volker Soergel die Initiative. In der Sitzung am 22. 11. 1976 wurde eine Kommission bestehend aus den Professoren K. H. Althoff, H. Lehmann, H. E. Stier und K. Winter beauftragt, über die längerfristige Nutzung von DORIS zu beraten. Am 1. 3. 1977 machte diese Kommission in der Sitzung des Wissenschaftlichen Rats zwei wichtige Vorschläge: Eine Idee und einen Entwurf des DESY-Beschleunigerphysikers G. Mülhaupt aufgreifend schlugen sie einen Zwischenspeicherring vor, später PIA genannt, welcher die Injektion in PETRA übernehmen sollte. Damit würde DORIS wieder vollständig für Experimente zur Verfügung stehen. Das Physikprogramm an DORIS konnte damit und sollte auch weitergeführt und dazu sollte ein neuer Detektor mit Magnetfeld gebaut werden. Diese letztere Empfehlung kurz vor der Entdeckung des b-Quarks war ausgesprochen prophetisch.

Das Jahr 1977 markiert eine wichtige Änderung im Betrieb des Speicherrings, nämlich den Übergang zum Einzelringbetrieb. Der Doppelring hatte die in ihn gesetzten Erwartungen nicht erfüllt, hauptsächlich deshalb, weil der Kreuzungswinkel der beiden Strahlen im Wechselwirkungspunkt eine Quelle von Instabilitäten war und die erreichbare Luminosität massiv begrenzte. Außerdem führte die vertikale Ablenkung in der Wechselwirkungszone oberhalb von 3 GeV Strahlenergie zu einem starken Anstieg störender Synchrotronstrahlung bei den Experimenten. Deshalb war bereits 1974 der Umbau von DORIS zum Einzelring erwogen worden. Im Dezember 1977 war der Umbau abgeschlossen. Dabei waren zusätzliche vertikale Ablenkmagnete eingebaut worden, welche die Strahlen in die Mittelebene einlenkten, wo sie ohne Kreuzungswinkel aufeinander trafen. Damit verbunden war eine Erhöhung der maximalen Strahlenergie von 3,5 GeV auf 4,2 GeV, ermöglicht durch den Einbau weiterer Hochfrequenz-Beschleunigungsstrecken und einer Verstärkung der Strom- und Wasserversorgung der Magnete. Eine Änderung in der Rechnersteuerung gestattete, die Magnete etwas in den Bereich der Sättigung zu fahren. Damit war DORIS für die Zukunft gerüstet, die auch sofort kommen sollte.

Denn im selben Jahr, 1977, erfolgte die nächste große Entdeckung, diesmal am Fermi National Accelerator Laboratory (FNAL) in Batavia bei Chicago durch Leon Lederman und seine Gruppe. In einem Experiment zur Myon-Paarerzeugung beobachteten sie ein resonanzähnliches Maximum des Wirkungsquerschnitts bei einer effektiven Masse des Myonpaars von etwa 9,5 GeV [96]. In Analogie zu Tings Experiment in Brookhaven signalisierte dies die Entdeckung eines fünften noch schwereren Quarks mit einer Masse von etwa 5 GeV, das b (wie ‚bottom') genannt wurde. Eine genaue Untersuchung und Bestätigung seines Charakters als gebundener Zustand eines b- Anti b Paars erforderte wie im Fall des J/ψ eine Messung mit einem Speicherring. Konnte DORIS die nötige Schwerpunktenergie von rund 10 GeV, also 5 GeV pro Strahl, erreichen? Die erste Antwort war ‚nein'. Aber dann fühlte sich Donatus Degèle herausgefordert und zusammen mit seinen Kollegen machten sie das ‚Unmögliche' möglich: Die Fokussierungsquadrupole in der Wechselwirkungszone wurden um 80 cm vom Wechselwirkungspunkt weg verschoben; wegen der größeren Fokussierungslänge kamen sie so bei der erhöhten Energie mit derselben Feldstärke aus. Die Sextupol-Korrekturmagnete wurden neu justiert, und um die nötige Beschleunigungsspannung zu erreichen, wurden die Hochfrequenzsender aktiviert, die eigentlich für den neuen Speicherring PETRA bestimmt waren. Außerdem wurde ein Rückkopplungssystem entwickelt, um mit den neu auftretenden Strahl-Instabilitäten fertig zu werden.

All das funktionierte am Ende blendend und im April/Mai 1978 konnte in den beiden am DORIS installierten Experimenten PLUTO [97] und DASP II [98] eine scharfe Resonanz bei 9,460 GeV beobachtet werden sowie ein weiterer schmaler Zustand bei 10,023 GeV, den auch Ledermans Gruppe schon gesehen hatte. Die DORIS-Messungen der Experimente PLUTO, DASP II und DESY-Heidelberg (LENA) zeigten in der Tat, dass diese neue Resonanz, Υ (‚Ypsilon') genannt, sehr schmal war, wie erwartet, wenn es sich dabei um den Bindungszustand eines neuen schweren Quarks handelte. Die DORIS-Experimente konnten sogar durch Beobachtung des Zerfalls des Υ in Myon- bzw. Elektronpaare zeigen, dass das neue Quark die Ladung 1/3 hatte (Abb. 6.2).

Eine weitere bedeutende Entdeckung gelang PLUTO bei der Untersuchung des Zerfallsmechanismus der Υ-Resonanz. Bei einer Schwerpunktenergie knapp oberhalb oder unterhalb der Resonanz zeigte sich in der Winkelverteilung der erzeugten Teilchen eine deutliche Abweichung von der Isotropie und die Tendenz der erzeugten Teilchen, in zwei Bündeln aufzutreten. Dies passte zu dem Bild, dass bei der Elektron-Positron-Annihilation ein Paar (leichter) Quarks entstand, die in Hadronen, meist Pionen, übergingen, die sich noch annähernd in der ursprünglichen Richtung der Quarks bewegten. Bei einer Energie genau auf der Υ-Resonanz zeigte sich jedoch ein anderes Bild. Hier war die Winkelverteilung der Zerfallsteilchen deutlich anders und näherte sich mehr einer isotropen Verteilung an. Die Erklärung war, dass die Υ-Resonanz bevorzugt in Gluonen zerfallen sollte. Die Gluonen sind die Quanten der starken Wechselwirkung und wie das Photon haben sie Spin 1. Dann kann aber das Υ aufgrund der Erhaltungssätze nicht in zwei, sondern nur in drei Gluonen zerfallen, die wiederum bevorzugt in Pionen übergehen und naturgemäß ein nahezu isotropes Zerfallsmuster abgeben. Dies kann als der erste direkte Hinweis auf die Spin 1-Natur der Gluonen gelten [100, 101].

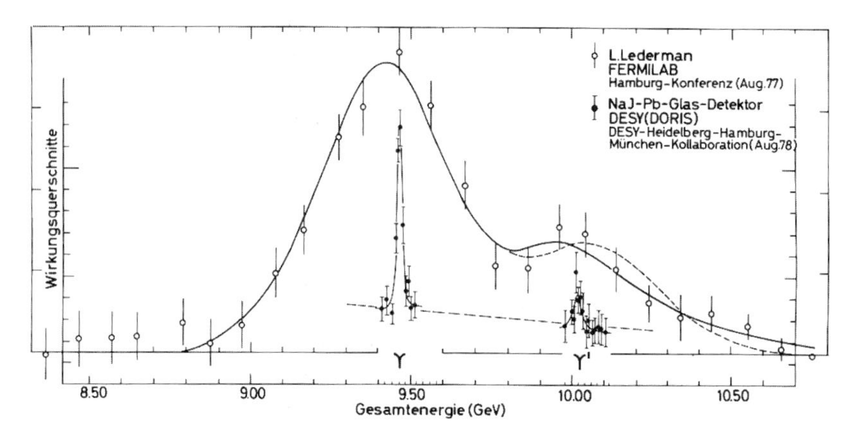

Abbildung 6.2 Nachweis der Υ-Resonanzen am DORIS-Speicherring. Die DESY-Messungen zeigen, dass die am FNAL entdeckten Resonanzen sehr schmal sind und auf die Entdeckung eines weiteren Quarks (b-Quark) hinweisen. Messung der DESY-Heidelberg-Hamburg-München-Kollaboration (LENA) [99] (auch gezeigt im CERN Courier Vol.18, 1978).

6.3 DORIS II

Im Jahre 1977 war die Υ-Resonanz entdeckt worden, und die darauffolgenden Messungen am DORIS-Speicherring zeigten, dass es sich tatsächlich um die Entdeckung eines neuen schweren Quarks, des b-Quarks, handelte. Das Υ ist ein gebundener Zustand aus einem b-Quark und seinem Antiteilchen, dem Anti-b-Quark. Es ist also eine Art schweres Quark-Atom analog zum J/ψ-Teilchen, das aus einem c- und einem Anti-c-Quark besteht. Es lag nun nahe, die Erfolgsgeschichte um die J/ψ-Resonanz mit der Υ-Resonanz zu wiederholen. Die b-Quarks bilden mit den leichteren u-, d-, s-Quarks gebundene Zustände, die sogenannten B-Mesonen, die vermöge der schwachen Wechselwirkung zerfallen. Diese neue Welt der B-Mesonen galt es zu erforschen. Im Licht dieser Erkenntnis sind zwei wichtige Entscheidungen der DESY-Direktoren zu sehen, die darauf abzielten, den DORIS-Speicherring und die Experimente für diese Aufgabe zu rüsten.

Die erste Entscheidung betraf einen radikalen Umbau von DORIS. Hierbei verlangten die Nutzer der Synchrotronstrahlung lautstark verbesserte Bedingungen und ein stärkeres Mitspracherecht beim Betrieb des Speicherrings sowie Zuteilung von Zeit als Hauptbenutzer. Folglich durfte sie der Umbau möglichst wenig stören und sollte ihre Bedingungen verbessern. Der Umbau sollte natürlich wenig kosten und auch den Verbrauch an elektrischer Energie deutlich senken. Für die Hochenergiephysiker sollte der neue Speicherring eine höhere Luminosität haben und eine Erweiterung des Energiebereichs bringen, welche eine Erforschung der Physik der b-Quarks gestatten würde.

Die wesentlichen Ideen zur Lösung des Problems kamen von Klaus Wille, und er war auch für den Bau verantwortlich [102]. DORIS II, so hiess die neue Maschine, war natürlich ein Einzelspeicherring, für den weitgehend Teile des alten Speicherrings benutzt wurden. Die Magnete wurden radikal umgebaut und mit neuen Polschuhen versehen. Die Magnetspulen der beiden Ringe wurden kombiniert, so dass jeder neue Magnet eine Spule mit der doppelten Windungszahl erhielt. Diese Maßnahmen gestatteten die erforderliche Erhöhung der Strahlenergie und außerdem verringerte sich die für den Speicherring benötigte elektrische Leistung auf etwa die Hälfte. Abgesehen von einer Entlastung des DESY-Budgets war dies nach der Zeit der ersten Energiekrise das richtige Signal.

Der Umbau, 1981 begonnen, war 1982 nach nur 6 Monaten abgeschlossen. DORIS II erreichte eine Strahlenergie von 5,6 GeV und damit eine Schwerpunktenergie von 11,2 GeV. Das war wichtig, weil das leichteste Teilchen, das ein b-Quark enthält, das B-Meson, eine Masse von 5,279 GeV hat. Bei einer Schwerpunktenergie von 10,58 GeV konnte man gerade an der Schwelle ein B-Anti-B-Paar erzeugen und hatte bei einer geringfügig höheren Energie eine Resonanzstelle im Wirkungsquerschnitt und damit eine starke Quelle von b-Quarks. Durch den Einbau einer ‚mini-beta-Sektion', d.h. durch eine starke Strahlfokussierung durch Quadrupolmagnete nahe dem Wechselwirkungspunkt, erreichte DORIS II eine im Vergleich zu DORIS wesentlich höhere Luminosität. Am 9. Mai 1982 wurde DORIS II in Betrieb genommen und alles ging reibungslos. Ende 1982 wurde eine Luminosität von $1 \cdot 10^{31}$ / cm^2 s erreicht.

Da um diese Zeit die Energiekrise sehr aktuell war, noch eine Anmerkung, wie man damit umgeht. Das Forschungsministerium, das sich zu Aktionismus herausgefordert fühlte, erörterte Maßnahmen wie Abwärmenutzung oder den Betrieb einer Fischzuchthalle. Diese Dinge hätten jedoch mehr gekostet als eingespart. Als wesentliche und nützliche Maßnahmen erwiesen sich dagegen der Umbau von DORIS zu DORIS II (Ersparnis Faktor 2 im Energieverbrauch der Magnete) und die Rechnersteuerung der Strahl-Einschusswege. Bei vergleichsweise geringen Kosten betrug die Einsparung dort 30-40%. Ein weiteres Einsparungspotential versprach die supraleitende Technologie, die das DESY nun stärker zu verfolgen begann.

Die zweite wichtige Entscheidung betraf den Bau eines Detektors der 2. Generation, wie er vom Wissenschaftlichen Rat angeregt worden war. Damit beauftragte Schopper einen jungen Physiker, Walter Schmidt-Parzefall, den er von Karlsruhe her kannte. Dieser Detektor erhielt den Namen ARGUS[1)]. Er hatte zur Spurmessung eine sehr gute 2 m lange zylindrische Driftkammer mit ingesamt 60 000 Drähten. In einem Solenoid-Magnetfeld konnten so geladene Teilchen genau gemessen werden. Ein exzellenter Schauerzähler (gebaut an der Universität Dortmund) sorgte für den Nachweis von Photonen. Eine Besonderheit war auch die Integration der mini-beta Quadrupolspulen und der Kompensationsspulen für das Solenoidfeld in den Detektor. Nur so konnte eine hohe Luminosität des Speicherrings erreicht werden.

Wer würde mit diesem Detektor arbeiten? Ein Problem war die große Attraktivität des PETRA-Speicherrings. Das DESY-Direktorium bemühte sich, dieses Han-

[1)] ‚A Russian-German- United States-Swedish Collaboration'

dicap auszugleichen und eine Mannschaft unter Schmidt-Parzefall auf die Beine zu stellen. Sozusagen als Vorübung übernahm diese Mannschaft den DASP-Detektor, der von seinen ursprünglichen Betreibern in Richtung PETRA verlassen worden war. Der DASP II-Detektor, wie er nun hiess, wurde als erstes bei der Suche nach der Υ-Resonanz eingesetzt. Den Bemühungen von Schmidt-Parzefall und Schopper gelang es dann, ausgehend von DASP II eine erstklassige internationale Kollaboration zustande zu bringen, zu der neben Hamburg die Universitäten Dortmund, Heidelberg, Lund, South Carolina sowie die Hochenergieinstitute in Toronto und Moskau kamen. Die Zusammenarbeit mit Moskau erwies sich wissenschaftlich und menschlich als sehr erfreulich, politisch aber nicht. DESY waren aufgrund eines fehlenden Vertrags über den wissenschaftlichen Austausch zwischen der Bundesrepublik und der UdSSR solche Kollaborationen untersagt. Hier wandte DESY die Strategie der drei weisen Affen an: „Nichts sehen, nichts hören, nicht sprechen.“ Ende November 1982 begann ARGUS mit den Messungen.

Auch die zweite Wechselwirkungszone von DORIS II wurde mit einem außergewöhnlichen Detektor besetzt, dem ‚Crystal Ball‘. Dazu war es aufgrund eines Vertrags zwischen den beiden Konkurrenten SLAC und DESY im Jahr 1981 gekommen. Der Crystal Ball, ursprünglich am SLAC eingesetzt, war auf den Nachweis von Photonen spezialisiert. Mit 732 Kristallen aus Natriumjodid war er nicht nur sehr teuer, sondern auch für den Photonennachweis das beste Instrument dieser Art. Die Idee war, dieses Instrument mit DORIS II, dem besten Speicherring für b-Physik, zu kombinieren. Das Ziel war die Erforschung des Spektrums von ‚bottonium‘, den gebundenen Zuständen von b- und anti-b-Quarks. Dieses Vorhaben war analog zur Untersuchung von Atomspektren, nur dass hier die Photonenergien nicht einige Elektronvolt sondern einige 100 MeV betrugen. Der SLAC-Direktor ‚Pief‘ Panofsky organisierte mit seinen guten Verbindungen zur US-Regierung den Transport des Crystal Ball von Kalifornien nach Hamburg. Die US-Luftwaffe stellte dazu das Großraumflugzeug C5A ‚Galaxie‘ für den Transport nach Frankfurt zur Verfügung. Das eigentliche Problem war sodann der anschließende Transport nach Hamburg im April 1982. Auf dem Weg dorthin hatte der Lastzug eine Panne, blieb liegen und damit fiel die Kühlung der empfindlichen NaJ-Kristalle aus. Panik! Doch Gerhard Söhngen rettete die Situation, indem er einen neuen Lastzug mit passender US-Kupplung auftrieb.

Auch der Crystal Ball wurde von einer großen Kollaboration betrieben, mit Gruppen von CalTech, Cape Town, Carnegie-Mellon, DESY, Erlangen, Florenz, Hamburg, Harvard, Krakau, Nijmegen, Princeton, SLAC, Stanford und Würzburg. Dies war im wesentlichen ein Zusammenschluss der Physiker, die den Crystal Ball am SLAC betrieben hatten und einer europäischen Kollaboration, die ihren ursprünglichen Kern in dem DESY-Heidelberg-Experiment hatte, das sich später zu der LENA-Kollaboration weiterentwickelt hatte. Diese beiden Gemeinden mussten erst einmal zusammenfinden, aber nach einiger Zeit gewöhnten sich alle aneinander.

6.4 Experimente am DORIS II-Speicherring

Das Jahr 1983 sah den Beginn der regulären Datennahme am DORIS II-Speicherring. Ziel war zunächst die Untersuchung der drei gebundenen P-Wellen b- Anti-b-Zustände. Diese Zustände zwischen dem Υ und dem höher angeregten Υ(2S) können anhand der bei ihrer Umwandlung emittierten Gamma-Quanten identifiziert werden. Unter raffinierter Ausnutzung der transversalen Polarisation von etwa 75 % der Elektronen und Positronen in DORIS konnte die Crystal Ball-Kollaboration diese Untersuchungen durch die bis dahin noch ausstehende Messung der Spins der drei P-Wellen-Zustände des $b - \bar{b}$-Systems krönen und damit die aus der QCD hergeleiteten Vorstellungen über die Hyperfein-Wechselwirkung im Quark-Antiquark-System bestätigen. Damit war für das ‚Bottomium-Atom' ein ähnliches Termschema gefunden wie für das aus c-Quarks bestehende Charmonium.

Es folgte eine Entdeckungstour durch die Physik der c- und b- Quarks. Dabei hatte DORIS II Konkurrenz vom 8 GeV CESR-Speicherring der Cornell-Universität mit den Detektoren CLEO und CUSB, konnte sich aber gut behaupten, weil der ARGUS-Detektor wohl etwas besser als sein US-Gegenüber war. Aus der Fülle der Themen und Ergebnisse seien nur die folgenden genannt: Untersuchung des Υ und Υ(2S) und ihrer Zerfälle, Entdeckung des F^*(2109)-Mesons, genaue Massengrenze des τ-Neutrinos, Entdeckung des D^{*0}(2420), Untersuchung von B-Zerfällen, Nachweis von Baryonen mit Charme-Quantenzahl (Λ_c(2285)), Entdeckung des Charme-Baryons $\Lambda_c(2625)$, Nachweis von Antideuteronen(!) [103] und die genaue Bestimmung der Zerfallsparameter und der Helizität des τ-Leptons [104].

Mit einer unerwarteten Beobachtung sah sich 1984 das Crystal Ball-Experiment konfrontiert: Man fand Anzeichen für eine monochromatische γ-Linie im Υ(1S)-Zerfall. Kein bekannter Prozess konnte so etwas erklären, man meinte auf etwas ganz Neues gestoßen sein. Die Spannung war groß, stand doch gerade die Internationale Hochenergiekonferenz in Leipzig bevor. In Abänderung des geplanten DORIS-Programms wurde eine sorgfältige Nachmessung in einem weiteren Messlauf auf der Υ(1S)-Resonanz durchgeführt. Leider bestätigten sich die Anzeichen für die γ-Linie nicht.

Die zwei bedeutendsten Entdeckungen des DORIS II-Programms wurden von der ARGUS-Kollaboration gemacht.

Die erste betrifft den Charme-losen B-Zerfall [105], der auf dem Übergang eines b-Quarks in ein u-Quark beruht. Er ist sehr selten und dementsprechend schwierig zu beobachten. Er ist aber wichtig, weil er ein Bestimmungsstück für die Elemente der Cabibbo-Kobayashi-Maskawa Matrix liefert, welche eine grundlegende quantenmechanische Eigenschaft der Quarks beschreibt.

Die Entdeckung der B-$\bar{B}$-Mischung [106] zählt zu den wichtigsten Erfolgen von DESY. Sie beschreibt den durch eine quantenmechanische Interferenz verursachten Übergang eines B-Mesons in das entsprechende Anti-B-Meson. Die Abb. 6.3 zeigt eine vom ARGUS-Detektor registrierte Reaktion, bei der sich die Teilchen des Endzustandes vollständig rekonstruieren ließen. Die ursprüngliche Reaktion muss beim Zerfall der $\Upsilon(4S)$-Resonanz nach den Erhaltungssätzen auf ein B-Meson und ein Anti-B-Meson führen. Dieser Zustand verwandelt sich in diesem Fall durch quantentheoretische Mischung in einen Zustand aus zwei B-Mesonen. Die zwei B-Mesonen werden durch ihren Zerfall identifiziert.

Diese Resultate der ARGUS-Kollaboration waren ein Höhepunkt der internationalen „Lepton-Photon"-Konferenz im Sommer 1987, die – ein glückliches Zusammentreffen – in diesem Jahr in Hamburg stattfand.

Damit wurde das Tor zur Untersuchung der rätselhaften Verletzung der CP-Erhaltung bei b-Quarks aufgestoßen, die später an speziellen Speicherringen am SLAC mit dem Detektor BABAR und in Japan am KEK mit dem Belle-Detektor eingehend untersucht wurde.

Die Verletzung der Invarianz unter CP ist unter anderem deshalb wichtig, weil es ohne sie keine herkömmliche Materie geben würde: Nach den gängigen Vorstellungen waren beim Beginn der Welt im ‚big bang' ursprünglich gleiche Mengen von Materie und Antimaterie vorhanden. Die CP-Verletzung sorgt nun für eine (kleine) Unsymmetrie zwischen Materie und Antimaterie und verhindert so, dass sich Materie und Antimaterie bis zum letzten Rest gegenseitig vernichteten.

Außerdem gestattete die Entdeckung eine erste verlässliche Schätzung für die Masse des t-Quarks (top-Quark), die sich als unerwartet groß herausstellte und damit eine wichtige Hilfe für die spätere Suche nach diesem sechsten Quark war.

Die Entdeckung der B-$\bar{B}$-Mischung wurde 1987 gemacht, in einem Jahr, in dem DORIS nicht für Messungen zur Verfügung stand, da das Synchrotron für den HERA-Betrieb umgebaut wurde. Vielleicht war aber gerade die dadurch erzwungene Muße einer diffizilen Analyse förderlich.

Im Jahr 1990 begann der Umbau von DORIS zu DORIS III, um den Nutzern der Synchrotronstrahlung bessere Bedingungen zu bieten. In der Tat brachte der Umbau den Nutzern der Synchrotronstrahlung große Vorteile. Das Gegenteil war für das ARGUS-Experiment der Fall. Die Luminosität der modifizierten Maschine war geringer als erwartet, so dass keine kompetitive Forschung mehr möglich war. ARGUS nahm deshalb nach Ende 1992 keine Daten mehr. Bis Mitte 1993 versuchten die Speicherring-Experten, doch noch einen akzeptablen Wert der Luminosität zu erreichen, jedoch vergeblich. So wurden die Messungen mit dem ARGUS-Detektor Mitte 1993 offiziell beendet.

ARGUS war einer der erfolgreichsten Detektoren am DESY. Die maßgeblichen Wissenschaftler wurden mit vielen Preisen ausgezeichnet. Walter Schmidt-Parzefall, der langjährige Sprecher von ARGUS, erhielt 1995 den Gentner-Kastler Preis. Michail Danilov, einer der führenden russischen Wissenschaftler der Kollaboration, erhielt 1996 den Max-Planck-Forschungspreis und 1998 den Karpinskij-Preis der Töpfer-Stiftung, und Henning Schröder vom DESY wurde zusammen mit Yurj Zaitsev 1997 mit dem W. K. H. Panofsky Prize der Amerikanischen Physikalischen Gesellschaft für die Entdeckung der $B - \bar{B}$-Mischung ausgezeichnet. Eine Zusammenfassung der ARGUS-Ergebnisse erschien 1996 [107].

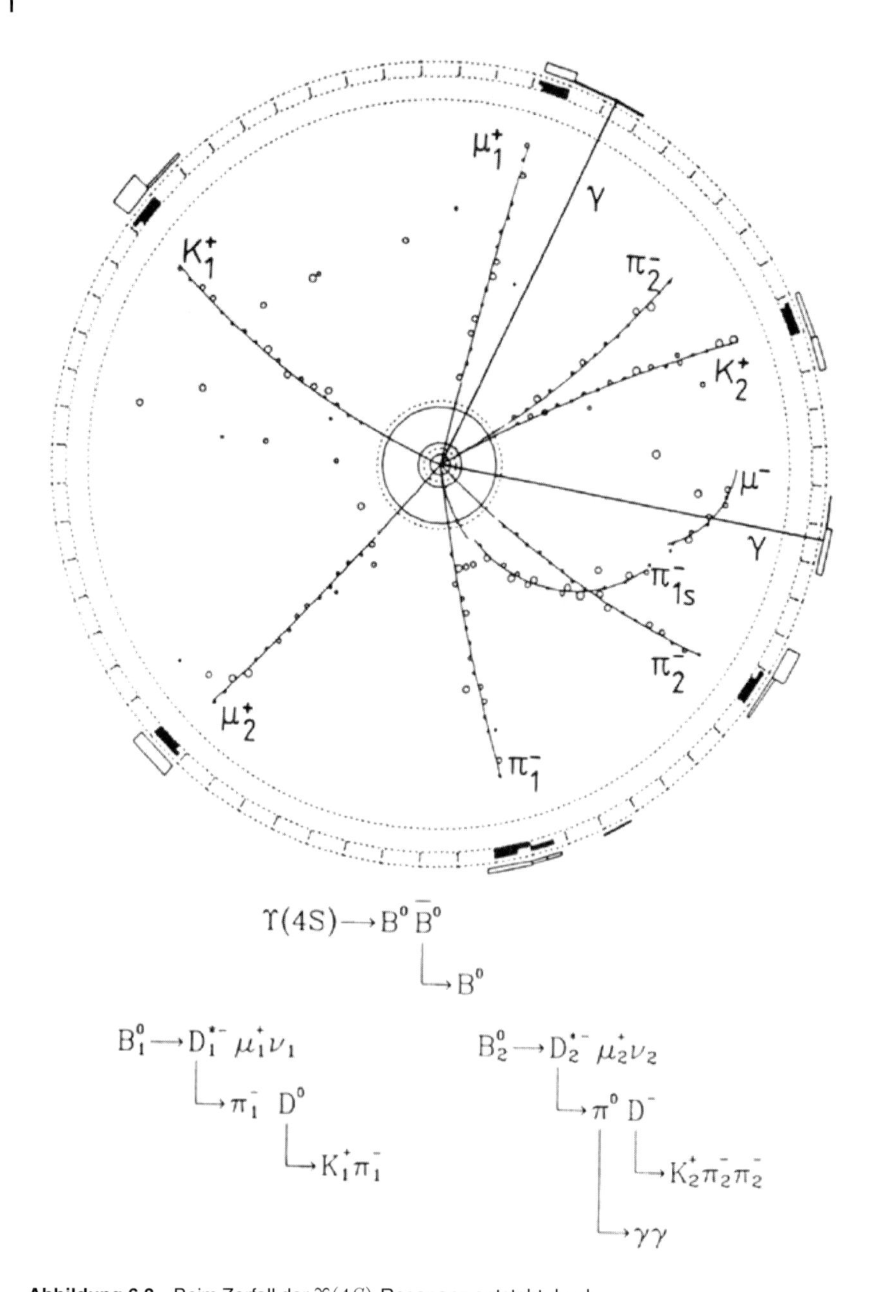

Abbildung 6.3 Beim Zerfall der $\Upsilon(4S)$-Resonanz entsteht durch quantenmechanische Mischung ein Paar von B-Mesonen, die durch ihren Zerfall identifiziert werden. Diese Reaktion, registriert im ARGUS-Detektor, ist eine Evidenz für die B-$\bar{B}$-Mischung (DESY-Archiv).

7
Der Speicherring PETRA und seine Detektoren

7.1 Planung und Genehmigung von PETRA

Schon während des Baus von DORIS wurden Pläne für einen Speicherring mit wesentlich höherer Energie geschmiedet. Nach der ursprünglichen Skepsis, die dem Bau von DORIS entgegengebracht worden war, scheint dies zunächst verwunderlich. Jedoch hatten die Ergebnisse von ADONE, dem C.E.A. bypass und SPEAR schon 1973 gezeigt, dass es sehr lohnend sein würde, die Physik der Elektron-Positron-Speicherringe zu höheren Energien hin zu verfolgen.

Allerdings enthielten die ersten Ideen die Option eines Elektron-Proton-Speicherrings. Damit konnte man die tief unelastische Elektron-Proton-Streuung zu wesentlich höheren Schwerpunktenergien verfolgen und tiefere Einblicke in die Struktur des Protons gewinnen, als es mit den Pioniermessungen am SLAC möglich gewesen war. In der Tat lag schon 1972 ein Vorschlag vor, DORIS als Elektron-Proton-Speicherring zu betreiben [108]. Maurice Tigner von der Cornell-Universität, ein Besucher beim DESY, arbeitete Vorschläge für große Elektron-Positron- und Elektron-Proton-Speicherringe aus. Ein interner Bericht dazu (S1-MT-2/73) erschien 1973. DESY-Physiker legten daraufhin einen detaillierten Vorschlag für einen Elektron-Proton-Speicherring hoher Energie vor, der den Namen PETRA erhielt, was für ‚Proton Elektron Tandem Ringbeschleuniger Anlage' stand.

Aber 1974 wurden die Pläne für einen Protonenring zugunsten eines Elektron-Positron-Speicherrings zurückgestellt. Das ‚P' in PETRA stand nun für ‚Positron'. Für diese Änderung gab es zwei Gründe. Einmal hatten die Messungen in Frascati und am C.E.A. in Cambridge gezeigt, dass die Wirkungsquerschnitte der Elektron-Positron-Annihilation bei hohen Energien groß waren und eine Fülle interessanter Messungen versprachen. Als Merkwürdigkeit sei vermerkt, dass die physikalische Begründung für PETRA immer noch das Wort ‚Quark' vermied. Zweitens konnte ein Elektron-Positron-Speicherring mit einem einzigen Ring gebaut werden, während ein Elektron-Proton-Speicherring zwei Ringe benötigte und somit wesentlich teurer war. In der Tat sollten sich Probleme der Finanzierung als wesentlich für die Genehmigungs-Strategie herausstellen.

Im Juni 1974 wurde das PETRA-Projekt im Wissenschaftlichen Rat und im Verwaltungsrat diskutiert, und im November 1974 legte DESY dem Wissenschaftlichen Rat

Von schnellen Teilchen und hellem Licht: 50 Jahre Deutsches Elektronen-Synchrotron DESY.
Erich Lohrmann und Paul Söding

ISBN: 978-3-527-40990-7

einen Vorschlag zum Bau eines Positron-Elektron-Speicherrings mit einer Strahlenergie von 19 GeV vor. Der Wissenschaftliche Rat befürwortete diesen Plan, und auch der Verwaltungsrat ermutigte DESY, mit den Planungen fortzufahren. Im nächsten Jahr 1975 wurde das Projekt international auf einer ECFA-Tagung[1] vorgestellt.

Aber die Physiker in den anderen Hochenergieinstituten schliefen nicht. Das SLAC stellte ebenfalls einen Vorschlag für einen großen Elektron-Proton-Speicherring vor, genannt PEP. Dem ‚P' in PEP widerfuhr in der Folge dasselbe Schicksal wie bei PETRA: Aus ‚Proton' wurde ‚Positron'.

Etwas überraschender war, dass auch die Engländer vom Rutherford Laboratory einen entsprechenden Vorschlag machten, den sie EPIC nannten. Auch dieser, ursprünglich als Elektron-Proton-Speicherring gedacht, mutierte zu einem Elektron-Positron-Ring. Sollte die Menschheit drei ähnlich große Elektron-Positron-Speicherringe bauen? Während es mit den Amerikanern keinen Streit gab, war das mit den Europäern anders. Es schien vernünftig, in Europa nur einen einzigen großen Speicherring zu bauen, der dann Allen zur Verfügung stehen würde. Rutherford Laboratory oder DESY? In einer Reihe von Treffen versuchte man, die Vor- und Nachteile der beiden Vorschläge gegeneinander abzuwägen. Diese Diskussionen, zwar vorwiegend sachlich geführt, entbehrten nicht einiger schriller Töne. Doch zuletzt liefen alle physikalischen und technischen Argumente der Physiker ins Leere, denn Bundesminister Hans Matthöfer[2] vom BMFT traf auf eigene Faust die Entscheidung für PETRA. Dabei war es sicher hilfreich, dass das Projekt von DESY gut begründet und von Schopper kompetent vertreten wurde und außerdem Sondermittel zur Konjunkturförderung im norddeutschen Raum zur Verfügung standen. Die Engländer andererseits litten unter einem großen Finanzengpass, und so unterstützte die englische Regierung EPIC danach nicht mehr weiter.

Die Deutschen taten sich bei der Finanzierung etwas leichter. Zwar herrschte auch hier Finanzknappheit, aber PETRA war verhältnismäßig kostengünstig, da das Synchrotron und DORIS als Einschussbeschleuniger und auch sonst eine Menge an Infrastruktur schon vorhanden war. So konnte PETRA mit der in der mittelfristigen Finanzplanung ohnehin vorgesehenen Mittelerhöhung für DESY gebaut werden. Wesentlich war dabei auch, dass dies ohne zusätzliches Personal geschehen konnte oder vielmehr geschehen musste.

Ein Gutachterausschuss unter der Leitung von Professor Heinz Maier-Leibnitz von der T.U. München gab PETRA die erste Priorität. Aber noch bevor er mit seinem offiziellen Bericht herauskam, begann, ermutigt durch das BMFT, 1975 der Bau von PETRA.

Die offizielle Genehmigung erfolgte am 9. Oktober 1975 durch den Verwaltungsrat. Für die reinen Baukosten waren 98 Mio DM vorgesehen, dazu kamen etwa 10 Mio DM aus einem Sonderprogramm zur Belebung der Konjunktur. Die letzteren Mittel wurden hauptsächlich für Bauten eingesetzt; wichtig war unter anderem der Bau der

[1] ECFA = European Committee for Future Accelerators

[2] Hans Matthöfer, SPD. Nach einer kaufmännischen Lehre hatte er Wirtschafts- und Sozialwissenschaften studiert. Vor seiner Ernennung zum Minister war er im Vorstand der Gewerkschaft IG Metall.

Experimentierhallen im Norden und Osten und eines zweiten Gästehauses wegen des erwarteten Zustroms von PETRA-Nutzern.

7.2 Der Bau von PETRA

Der Bau von PETRA stand unter der Leitung von G. A. Voss, der dieser Unternehmung seinen Stempel aufdrückte. Um geeignete Mitarbeiter optimal einzusetzen und zu motivieren, umging er die quasi-industrielle Gruppenstruktur in der Beschleunigerabteilung und bildete spezielle, temporäre Projektgruppen ohne explizite Führungsstruktur. Alle Entscheidungen, auch finanzielle, wurden in wöchentlichen Projektbesprechungen getroffen, an denen Jeder teilnehmen konnte und die nicht länger als zwei Stunden dauern durften. Riskante Entscheidungen, auch finanzielle, wurden von Voss gedeckt. Damit kamen technisch exzellente, Zeit- und Geld sparende Ideen und Maßnahmen zu stande. Beides war wichtig. Zum einen waren die genehmigten 98 Mio DM für ein Projekt dieser Größe nicht gerade viel, zum andern galt es, dieses Mal früher fertig zu sein als das Konkurrenzprojekt PEP am SLAC.

Schon vor der offiziellen Genehmigung begann die Planung und die Vorbereitung von Aufträgen an die Industrie. Der Ring wurde so groß gewählt, dass er gerade noch auf dem DESY-Gelände untergebracht werden konnte, unter Einbeziehung einiger Geländestücke, die der Universität gehörten. Damit war die ungefähre maximale Strahlenergie durch die vernünftigerweise einsetzbare Hochfrequenzleistung für die Beschleunigungsstrecken bestimmt. Sie lag bei etwas über 20 GeV. Die Tabelle 7.1 enthält die wichtigsten Daten von PETRA.

Tabelle 7.1 Der PETRA-Speicherring

Fertigstellung	1978
Ende der Messungen	1986
Maximale Strahlenergie	23,4 GeV
Maximale Luminosität	$2 \cdot 10^{31}$ cm^{-2} s^{-1}
Injektionsenergie	7 GeV
Teilchen/Paket	$1 \cdot 10^{12}$
Zahl der Pakete	2
Maximaler Strahlstrom	40 mA
Umfang	2304 m
Krümmungsradius	192 m
Wechselwirkungszonen	4
Hochfrequenzleistung	4,8 MW

Die Maschine hatte einen Umfang von 2304 m; vier lange und vier kurze gerade Stücke wurden mit Kreisbögen von 192 m Radius verbunden. Die geraden Stücke nahmen die Detektoren, Hochfrequenzbeschleunigungsstrecken und Elemente für den Einschuss von Elektronen und Positronen auf. In dem Ring kreisten je zwei Pakete von Elektronen und Positronen gegeneinander, die sich also an vier Punkten im Ring trafen.

Jedes Paket enthielt einige 10^{11} Elektronen bzw. Positronen. Der beherrschende Faktor war der Energieverlust durch Synchrotronstrahlung. Er musste durch Hochfrequenzbeschleunigungsstrecken ersetzt werden und verlangte die gewaltige HF-Leistung von 4,8 MW. Für den Einschuss war im Entwurf ein ‚Tandem' aus dem Synchrotron und DORIS vorgesehen. Elektronen bzw. Positronen sollten zunächst auf 2,2 GeV im Synchrotron beschleunigt und dann im DORIS bei 2,2 GeV zwischengespeichert werden, wobei sich der Strahlquerschnitt verkleinerte; anschließend sollten sie an das Synchrotron zurücküberwiesen, auf 7 GeV beschleunigt und dann in PETRA eingeschossen werden. In der späteren Planung wurde die Rolle von DORIS von einem kleinen speziellen Speicherring PIA übernommen und damit DORIS von dieser Aufgabe befreit.

Der Bau wurde begleitet durch die Beratungen des ‚Machine Advisory Committee'. Vor allem die Kollegen vom CERN und dem Fermi Nationallaboratorium (FNAL) gaben wertvolle Ratschläge.

Wegen der guten Vorbereitung konnten unmittelbar nach der offiziellen Genehmigung Ende 1975 die ersten Aufträge vergeben und der Bau begonnen werden. Das war wichtig, da auf diese Weise Konjunkturmittel in Höhe von etwa 10 Mio untergebracht werden konnten. Ein Glücksfall war, dass DESY für den Bau des Beschleunigertunnels und der Hallen eine private Firma beauftragen durfte, die Ingenieurfirma Windels, Peters und Timm. Dr. Windels war eine eindrucksvolle Persönlichkeit und seine Firma erwies sich als äußerst kompetent. So waren Ende 1976 bereits der PETRA-Tunnel und die Hallen zu 90% fertig. Für die Magnete gab es ein zeit- und geldsparendes Verfahren: Bei DESY wurden die Prototypen bis zur Fertigungsreife entwickelt und dann erst der Auftrag an die Industrie vergeben. Damit war der Kreis der potentiellen Anbieter stark erweitert und der Wegfall des Entwicklungsrisikos für die Firmen sparte Zeit und Geld. So wurde z. B. das Joch für die Ablenkmagnete von einer Firma gestanzt und zusammengebaut, die bis dahin nur Gehäuse für Kühlschränke hergestellt hatte.

Für die Beschleunigung wurden 8 Hochfrequenzsender mit je 500 kW Leistung und einer Frequenz von 500 MHz bestellt. Bei einem Wirkungsgrad von 60% führte dies beim Betrieb von PETRA zu einem erheblichen Verbrauch an elektrischer Energie.

Ende 1977 waren bereits die meisten Magnete geliefert und es gelang, Elektronen und Positronen durch 3/8 des Umfangs des PETRA-Rings zu führen. Eine wichtige Maßnahme war der Einsatz eines weiteren kleinen Speicherrings, genannt PIA (Positronen-Intensitäts-Akkumulator), nach einem Vorschlag von G. Mülhaupt und zusammen mit A. Febel und G. Hemmie erbaut. Direkt hinter dem Linac II installiert diente PIA dazu, die Positronen aus dem Linac zwischenzuspeichern und in einem Paket zu komprimieren. Im Juni 1979 wurden zum ersten Mal Positronen in PIA akkumuliert. Damit war der DORIS-Speicherring von seiner Aufgabe, PETRA zu füllen, entlastet und konnte weiterhin voll für die Experimente zur Verfügung stehen.

Für die Kontrolle von PETRA und der Einschussbeschleuniger gab es ab 1982 einen großen zentralen Kontrollraum. Dies ging im wesentlichen auf Franz Peters zurück [109]. Das sparte Schichtbesatzung und war für den Betrieb von großem Nutzen. Und diese Vorteile schlugen dann beim späteren Betrieb des HERA-Speicherrings noch einmal voll zu Buche.

Eine Ausschreibung für die Kontrollrechner zeigte die norwegische Firma NORSK DATA vom Kosten-Leistungsverhältnis her deutlich an der Spitze – in Übereinstimmung mit der Erfahrung am CERN. Folglich wurde der Kontrollraum mit Rechnern der NORD-Reihe (NORD 10, NORD 50, NORD 100) ausgestattet. Die deutschen Firmen waren bei der Ausschreibung nicht zum Zuge gekommen. Damit wollten sie sich nicht abfinden. Über das Bundesministerium übten sie Druck auf DESY aus, doch vergeblich, die Leistungsdaten der NORD-Rechner redeten eine zu deutliche Sprache. Um des lieben Friedens willen kaufte DESY einen AEG 80-60 Rechner, der sich aber im Betrieb nicht bewährte.

Für die Ansteuerung der Komponenten entwickelten Hans Frese und Gerd Hochweller ein eigenes System, SEDAC (Serial Data Acquisition and Control System) [110] und PADAC (Parallel Data Acquisition and Control System) für den Kontrollraum. Es war als möglichst wartungsfreies System konzipiert: Keine Kühlung, also z. B. keine Ventilatoren, konservatives Design. Sehr viele dieser Geräte waren selbst 25 Jahre später noch im Betrieb.

Mitte 1978 war es dann soweit. Am 15. Juli 1978 konnte der erste Elektronenstrahl in PETRA gespeichert werden. Damit war der Bau in nur 2 Jahren und 8 Monaten vollendet und der Terminplan um mehr als ein Jahr unterschritten. Nicht genug damit, auch von den für den Bau veranschlagten Mitteln waren fast 20 Mio DM noch übrig, die zum Bau von Experimentierhallen und dem weiteren Ausbau von PETRA benutzt werden konnten. Das alles war auch das Verdienst der exzellenten Mannschaft, die G. A. Voss zur Seite stand: Neben den schon genannten stehen die Namen Hermann Kumpfert für die allgemeine Administration, Heinz Musfeld für die Hochfrequenz, Hartwig Kaiser für die Magnete, Rolf D. Kohaupt und Alfred Piwinski für die Theorie stellvertretend für ein großartiges Team. Besonders zu erwähnen ist auch Johannes Kouptsidis, der für das Vakuumsystem verantwortlich war. Seine innovativen und wegweisenden Ideen wurden später vielfach kopiert.

Eine große Schwierigkeit beim Einfahren des Speicherrings und bei der Erzielung hoher Luminosität war die sogenannte ‚Einzelbunch-Instabilität'. Dabei schwingt das Teilchenpaket in vielen Moden, die sich zu hohen Amplituden aufschaukeln können und so zum Strahlverlust führen. Dagegen gibt es kein Patentrezept, doch nach geduldigen Bemühungen der Maschinenexperten gelang es, eine gute Luminosität zu erreichen. Noch im selben Jahr wurden die ersten Elektron-Positron-Kollisionen in dem neuen Speicherring registriert. Am 26. April 1979 wurde PETRA durch den Bundespräsidenten Walter Scheel offiziell an die Wissenschaft übergeben. Die Abb. 7.1 zeigt einen Blick in den PETRA-Tunnel.

Der konkurrierende Speicherring PEP am SLAC war erst zwei Jahre später fertig. Das hatte verschiedene Gründe. Der Baubeginn hatte sich verglichen mit PETRA etwas verzögert. Dann war da die amerikanische Industrie. Weil SLAC ganz stur verpflichtet war, den billigsten Anbieter zu nehmen, gaben die Firmen Dumping-Angebote ab und versuchten später, die wahren Kosten durch Nachforderungen hereinzuholen. Da kam es dann darauf an, wer die besseren Nerven und die besseren Rechtsanwälte hatte. Dann waren da die amerikanischen Gewerkschaften. Und SLAC hatte keinen Gustav Adolf Voss. All dies verschaffte den Physikern an PETRA einen entscheidenden Vorsprung, der ihnen die wohl bedeutendste Entdeckung bei DESY ermöglichte. Professor Voss wurde für seine Verdienste 1985 mit dem Bundesverdienstkreuz erster Klasse ausgezeichnet.

Abbildung 7.1 Der PETRA-Tunnel (DESY-Archiv).

Ein schwerer Verlust traf DESY Ende 1978. Am 26. Dezember starb Professor Martin Teucher, der seit seiner Berufung an die Universität Hamburg praktisch von Anfang an als Mitglied des DESY-Direktoriums die Geschicke von DESY mit gestaltet hatte. Beim Aufbau der Experimente mit visuellen Methoden am DESY und beim Bau von DORIS hatte er sich große Verdienste erworben. Die Öffnung von DESY in Richtung Molekularbiologie durch das EMBL hat er mit seiner großen Erfahrung engagiert gefördert. Viele Außenanlagen mit ihrer schönen Bepflanzung gehen auf ihn zurück. In seiner Eigenschaft als Universitätsprofessor hat er sich schließlich auch sehr in der Lehre und bei der Lösung struktureller Probleme innerhalb der Universität engagiert.

7.3 Die Vorbereitung der Experimente

Die Diskussion über den Bau von PETRA war im internationalen Rahmen erfolgt. Dabei zeichnete sich ab, dass das PETRA-Projekt auf großes Interesse in der internationalen Physikergemeinde stieß und deshalb im Prinzip allen Physikern zur Nutzung offenstehen sollte. Nach der Genehmigung musste diese Vorgabe in der wissenschaftlichen, administrativen und politischen Praxis umgesetzt werden. Diese Aufgabe lag vornehmlich in den Händen des Vorsitzenden des Direktoriums H. Schopper sowie des für die Forschung zuständigen Direktoriumsmitglieds G. Weber. Die erfolgreiche Lösung dieser Aufgabe war ein wichtiger Meilenstein auf dem Weg zu einer weiteren Öffnung von DESY für eine internationale Nutzergemeinde. Dies sollte sich später bei der Genehmigung des HERA-Speicherrings als sehr wesentlich erweisen.

Die erste Frage war, ob das DESY angesichts der sich abzeichnenden starken internationalen Beteiligung eine nationale Einrichtung bleiben sollte, und die Antwort war ‚ja'. Es wurden zwar Alternativen in Richtung einer internationalen Institution diskutiert, etwa eine mehr oder weniger enge Anbindung an das CERN. Aber all dies führte sofort zu komplizierten Diskussionen im Geflecht widerstreitender Interessen. Die Diskussion im Wissenschaftlichen Rat ergab eine klare Meinung für den Verbleib als nationale Institution.

Um der ausländischen Nutzergemeinde trotzdem angemessene Einflussmöglichkeiten einzuräumen, wurden international besetzte Beratergremien etabliert. Dazu gehörten der Erweiterte Wissenschaftliche Rat (EWR) und das ‚Physics Research Committee' PRC (zunächst PETRA Research Committee genannt). Der EWR sollte zu grundsätzlichen Fragen der wissenschaftlichen Nutzung von DESY Stellung nehmen, und das PRC über die Beurteilung und Zulassung von Experimenten sowie über die großen Linien des Beschleunigerbetriebs befinden. Für die personelle Besetzung der Gremien konnte man auf die Erfahrungen am CERN zurückgreifen. Man bemühte sich um erfahrene Persönlichkeiten mit großem Ansehen in der Forschung und achtete dabei, soweit möglich, auf eine globale Ausgewogenheit. Den Vorsitz im PRC führte der Vorsitzende des DESY-Direktoriums (ab 2001 übernahm auf die Initiative von Albrecht Wagner hin ein auswärtiger Wissenschaftler den Vorsitz).

Nun erhob sich die Frage der Rechte und Pflichten ausländischer Gruppen. Ihre Beteiligung am DESY war bisher quantitativ eher gering gewesen und hatte auf einer informellen Ebene stattgefunden. Das würde sich jetzt ändern. Die deutschen Geldgeber, das Bundesministerium und die Stadt Hamburg, bestanden zunächst darauf, dass sich die ausländischen Gruppen an den Betriebskosten des Speicherrings beteiligen sollten. Dies stieß auf den entschiedenen Widerstand des neugegründeten Erweiterten Wissenschaftlichen Rats [111].

In der Tat wäre eine Beteiligung an den nicht unerheblichen Betriebskosten des Speicherrings für viele Gruppen ein unüberwindliches finanzielles Hindernis gewesen. Ebenso schwer wog indessen die Wirkung dieser Maßnahme als Präzedenzfall. Wenn andere Länder ihm folgten, würde dies die internationale Nutzung vieler Beschleunigeranlagen stark erschweren. Deutsche Gruppen nutzten ja auch unentgeltlich ausländische Forschungsanlagen zusätzlich zum CERN. Schließlich konnten die Zuwendungsgeber nach massiver Intervention von Seiten des Wissenschaftlichen Rats allmählich von ihrem Verlangen abgebracht werden. In einer Verwaltungsratsitzung vom 30. 6. 76 wurde ein ad hoc-Ausschuss bestehend aus Senatsdirektor Laude von der Finanzbehörde der Stadt Hamburg, Oberregierungsrat Glatz von der Behörde für Wissenschaft und Kunst sowie den DESY-Direktoriumsmitgliedern Schopper, Voss, Weber und Berghaus gebildet. Seine Aufgabe war es, einen Vorschlag für die Kostenbeteiligung ausländischer Gruppen zu erarbeiten.

Der von dem Ausschuss erarbeitete Vorschlag sah eine Beteiligung an den Kosten von Wasser und Strom für den Betrieb des jeweiligen Detektors selbst vor sowie an den Kosten von Rechnerleistungen des DESY-Rechenzentrums, nach einem Schlüssel gemäß der Zahl der Autoren auf den Veröffentlichungen. Eine Beteiligung an den Betriebskosten des PETRA-Speicherrings war nicht mehr vorgesehen.

Dieser Vorschlag wurde vom Verwaltungsrat in seiner Sitzung am 19. 11. 1976 diskutiert und endlich akzeptiert. Das ausschlaggebende Argument war, dass PETRA ohne Beteiligung ausländischer Gruppen nicht effizient genutzt werden könne und dass diese Gruppen einen sehr bedeutenden finanziellen Beitrag (etwa 40 %) durch ihre Beteiligung am Bau und dem Betrieb der großen Detektoren leisten würden. In der Tat wäre eine Beteiligung an den PETRA-Betriebskosten von vielen potentiellen Kollaborationspartnern nicht akzeptiert worden – so schrieb z. B. Prof. G.H. Stafford, der Direktor des britischen Rutherford-Laboratoriums, in einem Brief vom 29. 11. 1976 an Schopper: „We will not pay for the running of PETRA“. Allerdings war zu diesem Datum der Streitpunkt bereits vom Tisch.

Zur Vorbereitung der Experimente fand eine Diskussionstagung Anfang März 1976 in Frascati statt. Dies war eine Art ‚Heiratsmarkt‘, wo erste Vorschläge für Detektoren präsentiert wurden und Kollaborationen geschmiedet werden konnten. Als Ergebnis entstanden ‚Absichtserklärungen‘ für eine Reihe von Detektoren, die allerdings noch nicht den Rang sorgfältig ausgearbeiteter Vorschläge hatten.

Das nächste wichtige Ereignis war das erste Treffen des PRC am 1. 6. 1976, wobei die von den verschiedenen Kollaborationen vorgelegten Absichtserklärungen diskutiert wurden und der Fahrplan für die weiteren Entscheidungen festgelegt wurde. Vom 30. 8. bis 3. 9. 1976 wurden die Experimentvorschläge öffentlich vorgestellt. Auf einer Sitzung des PRC am 19. 10. 1976 wurden fünf Detektoren zur Annahme empfohlen. Ihre Namen und die beteiligten Institute bzw. Universitäten waren:

- CELLO (DESY, Karlsruhe, München, Orsay, Paris, Saclay).
- JADE (DESY, Hamburg, Heidelberg, Lancaster, Manchester, Rutherford Lab., Tokio).
- MARK J (Aachen, DESY, MIT Cambridge, NIKHEF Amsterdam).
- PLUTO (Aachen, Bergen, DESY, Hamburg, Maryland, Siegen, Wuppertal).
- TASSO (Aachen, Bonn, DESY, Hamburg, IC London, Oxford, Rutherford Lab., Weizmann Inst., Wisconsin).

CELLO, JADE, PLUTO und TASSO sahen einen vom Prinzip her ähnlichen Aufbau des Detektors vor. Eine zentrale Spurkammer in einem Solenoidmagneten sorgte für eine genaue Winkel- und Impulsmessung geladener Teilchen. Dahinter folgte ein Nachweisgerät für neutrale Teilchen, vornehmlich Photonen. Dazu dienten Schauerzähler und Kalorimeter der verschiedensten Konstruktionen. TASSO hatte zusätzlich noch Tscherenkowzähler zur Identifikation von Teilchen. MARK J verwendete als einziges Experiment keinen Solenoidmagneten; magnetisierte Eisenplatten gestatteten, wenigstens das Vorzeichen der Ladung von Teilchen zu bestimmen. Seine Spezialität sollte eine besonders genaue Messung von Elektronen und Myonen sein. Dazu konnte der ganze riesige Detektor um die Strahlachse gedreht werden. Später stellte sich heraus, dass die Messung selbst genügend Kontrollmöglichkeiten bot, so dass der Detektor tatsächlich nie gedreht wurde.

Die Abb. 7.2 zeigt als Beispiel das Schema des JADE-Detektors. Nach diesem Schema sind heute die meisten Speicherring-Detektoren aufgebaut.

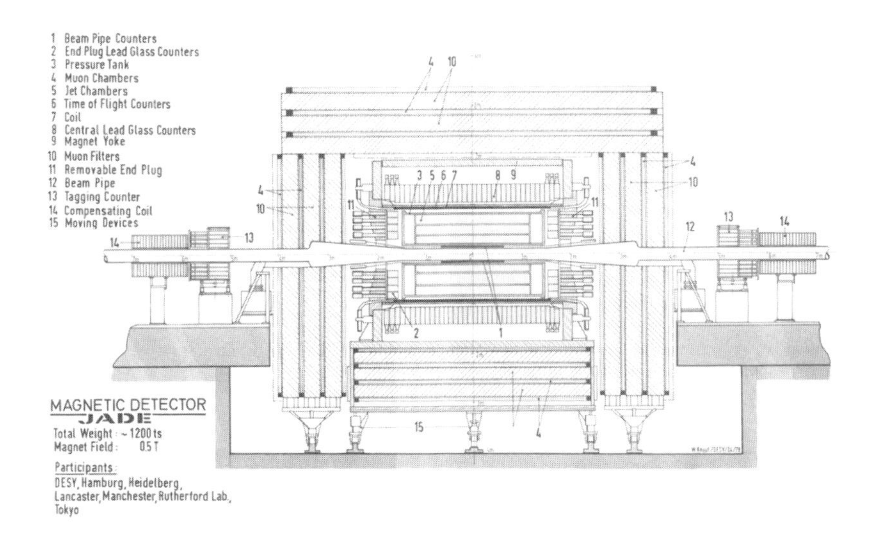

Abbildung 7.2 Schema des JADE-Detektors. Hier kam als neue Technologie für den Nachweis von Teilchenspuren zum ersten Mal eine sogenannte Jet-Kammer zum Einsatz, später oft kopiert (DESY-Archiv). Die Länge des Detektors, gemessen zwischen den Enden des Eisenjochs, betrug 7 m.

Das PRC hatte fünf Detektoren für vier Wechselwirkungszonen zur Annahme empfohlen. Das klingt schlimmer als es tatsächlich war. Der PLUTO-Detektor, der mit kleineren Umbauten von DORIS kam, war als ‚fail safe' Lösung gedacht, da er auf jeden Fall messbereit und gut verstanden war. Er würde für die ersten Messungen zur Verfügung stehen und später durch den Detektor ersetzt werden, welcher als letzter fertig wurde. Es stellte sich heraus, dass das CELLO war. Dieser Detektor hatte eine supraleitende Solenoidspule, und Probleme mit dem Heliumverflüssiger sorgten für eine massive Verzögerung. Schließlich ging der (zweimalige) Austausch der beiden Detektoren jedoch ohne größere technische oder ‚politische' Probleme vor sich.

Eine andere Kontroverse war ernsthafter. Es fällt auf, dass die Italiener, Vertreter einer großen Wissenschaftsnation, in der Liste der an PETRA beteiligten Institute ganz fehlen. Dies ging auf einen unglückseligen Beschluss der italienischen Wissenschaftsbehörde INFN zurück: Die Italiener sollten eine Wechselwirkungszone von PETRA mit einem rein italienischen Experiment besetzen und dort sozusagen die italienische Flagge hissen. Dem konnte DESY nicht zustimmen. Die Erfahrungen am CERN hatten gezeigt wie wichtig es war, in einem internationalen Forschungsinstitut keine nationalen Grenzen zu dulden und konsequent auf dem internationalen Charakter des Instituts zu bestehen. Ein Wissenschaftler, der am CERN arbeitet, wechselt sozusagen seine Nationalität und wird ein ‚Cernois'. Zunächst war die Haltung der Italiener ebenso wie die von DESY starr, und später war es für einen Kompromiss zu spät, da sich die Kollaborationen bereits fest etabliert hatten.

Beim Aufbau und Betrieb der PETRA-Detektoren ging DESY nach einem neuen Prinzip vor. Das Übliche war bis dahin gewesen, dass das ‚gastgebende' Institut im allgemeinen auch die Verantwortung für zumindest die größeren Teile des Detektors hatte. Bei PETRA wurde zum ersten Mal in großem Stil eine dezentralisierte Lösung erprobt: Die einzelnen Institute oder Gruppen in der Kollaboration teilten die Verantwortung für die verschiedenen Komponenten ihres gemeinsam genutzten Detektors unter sich auf. Dies umfasste die Planung, die Finanzierung und den Bau der jeweiligen Detektorkomponente, der nun im Heimatinstitut und nicht bei DESY erfolgen konnte; ferner die Beteiligung am Zusammenbau in der DESY-Experimentierhalle zum Gesamt-Detektor und schließlich die fortlaufende Betreuung und eventuelle Verbesserung der jeweiligen Komponente im Laufe des Experimentierbetriebs. Die Kollaborationen wählten sich einen Sprecher, der ihre Anliegen nach außen hin, insbesondere auch gegenüber dem DESY-Management und den Gremien, vertrat. Intern aber waren sie ‚demokratisch' organisiert; niemand, weder der Sprecher noch das DESY, hätte einer der Gruppen Vorschriften machen können – ausgenommen allein in sicherheitsrelevanten Punkten, diese musste DESY unter seiner Verantwortung und Kontrolle halten.

Die hiermit eingeführte Teilung der Verantwortung für so große und langfristige Vorhaben wie den Bau und Betrieb großer Speicherringdetektoren – ein Novum im internationalen Rahmen – wollte gut überlegt sein und wurde vom DESY mit einem Minimum an bürokratischem Aufwand geregelt. Es war weiterhin ein nicht triviales technisches und logistisches Problem, das Zusammenpassen all der verschiedenen Detektorkomponenten im gegebenen Zeitrahmen sicherzustellen. Hier bewies auch der DESY-Hallendienst, nun unter der kompetenten Leitung von Fritz Schwickert, wieder seine bewährten Qualitäten. Und am Ende wurde DESYs Risikobereitschaft durch die guten Erfahrungen mit den PETRA-Experimenten voll belohnt. Und nicht nur das – dies sollte das Modell auch für die meisten späteren Speicherring-Detektoren weltweit werden, vor allem aber auch das Vorbild für das noch viel größere Projekt des Baus von HERA.

Die Abb. 7.3 zeigt den Plan der DESY-Beschleuniger und Speicherringe mit den Einschusswegen und dem Standort der PETRA-Experimente nach dem Stand von 1979. Man sieht den Linearbeschleuniger (LINAC II) und das Synchrotron (DESY SYN.), welche zusammen mit dem kleinen PIA-Speicherring (am Ende des Linearbeschleunigers gelegen) zur Vorbeschleunigung der Elektronen und Positronen für die Speicherringe DORIS und PETRA dienen.

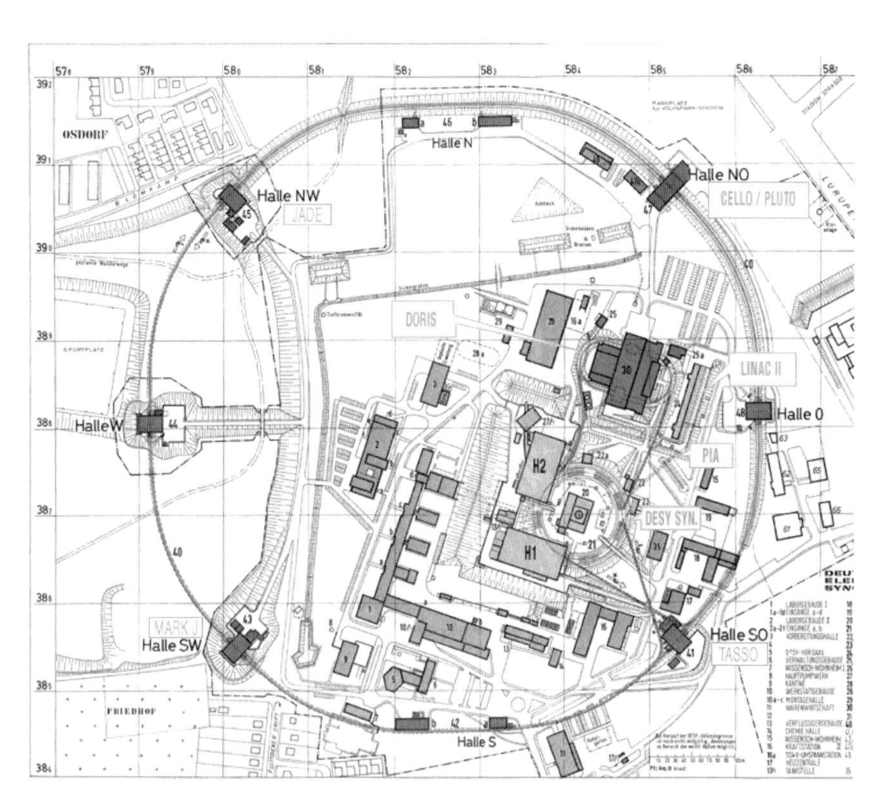

Abbildung 7.3 Der Geländeplan, Stand 1979 (siehe Text) (DESY-Archiv).

8
Experimente am PETRA-Speicherring

8.1 Einleitung

Mit dem Bau und der Inbetriebnahme von PETRA im Jahr 1978 war das DESY in seine Reifephase eingetreten. Es war jetzt kein Nischenlabor mehr, kein Tummelplatz von Spezialisten, die sich für bestimmte Einzelfragen aus dem Gebiet der Teilchenphysik interessierten. Diese Rolle hatte DESY bewusst und mit Erfolg in den ersten beiden Jahrzehnten seines Bestehens gespielt. Dies war die einzige Chance gewesen, neben dem viel größeren und personell wie finanziell wesentlich besser ausgestatteten CERN als nationale Forschungseinrichtung internationale Relevanz zu behaupten und – wenn auch in einem speziellen Sektor – eine auf der weltweiten Wissenschaftsbühne wohlgeachtete Rolle zu spielen. Diejenigen nationalen Beschleunigerzentren in Europa, die es mit CERN auf dessen angestammtem wissenschaftlichen Terrain aufzunehmen versucht hatten – also bei den damals im Mainstream liegenden Experimenten mit Hadronenstrahlen – waren mittlerweile von der Bildfläche verschwunden. DESY dagegen hatte in seiner ‚elektromagnetischen Nische' bestens überlebt.

Inzwischen war aber auf dem Gebiet der Teilchenphysik eine dramatisch veränderte Lage entstanden. Was ein Randgebiet gewesen war, lag nun im Zentrum des Interesses, denn das Potenzial der e^+e^--Speicherringe war überragend. Die Experimentatoren an den Hadron-Maschinen im CERN und Fermilab taten sich viel schwerer, da die Prozesse dort wesentlich unübersichtlicher und die Schlussfolgerungen aus den Messergebnissen und ihre Interpretation im Quarkkbild viel diffiziler waren. Die Weitsicht und Intuition der Planer der e^+e^--Speicherringe hatte sich glänzend bewährt. Und DESY war als erstes Institut mit seinem e^+e^--Speicherring PETRA in einen neuen Energiebereich vorgestoßen: Mit 30 bis 35 GeV im Schwerpunktsystem hatte man so viel Neuland vor sich, dass bedeutende Entdeckungen fast unausweichlich schienen. Darüber hinaus bot DESYs kleinerer Ring DORIS weiterhin einzigartige Möglichkeiten zur Erforschung der b-Quarks.

Man muss sich vor Augen halten, dass damals das Standardmodell zwar in seinen Grundzügen formuliert, aber noch weitgehend ungetestet war. Das Vertrauen in das Modell war noch nicht gefestigt; es konnten noch viele Überraschungen „gerade um die Ecke" auf ihre Entdeckung warten. Mit PETRA und DORIS hatte man herausragende Instrumente für solche Entdeckungen. War man im Wettrennen mit dem Konkurrenten

Von schnellen Teilchen und hellem Licht: 50 Jahre Deutsches Elektronen-Synchrotron DESY.
Erich Lohrmann und Paul Söding

ISBN: 978-3-527-40990-7

SLAC bisher immer etwas im Hintertreffen gewesen, so hatte sich dies mit PETRA in sein Gegenteil verkehrt: Der entsprechende große Speicherring PEP am SLAC wurde erst fast zwei Jahre nach PETRA fertiggestellt. Und in der maximalen Strahlenergie war PETRA ihm überlegen.

DESY war damit zu einem der weltweit attraktivsten Hochenergie-Institute geworden. Es gehörte nun zusammen mit CERN, Fermilab und SLAC zum exklusiven Kreis der Institute, in welche die internationale Gemeinschaft der Teilchenphysiker ihre größten Hoffnungen setzte. Und so herrschte eine erwartungsvolle Aufbruchstimmung bei den Experimentatoren an den DESY-Speicherringen.

Für DESYs neue Rolle war ein zweiter Punkt charakteristisch, der mit dem ersten in engem Zusammenhang stand: Es war nun eine internationale Veranstaltung. Waren die früheren Experimente am Elektronen-Synchrotron und an DORIS noch durch deutsche Gruppen dominiert gewesen – wenn auch unter signifikanter Beteiligung von ausländischen Gruppen und Einzelwissenschaftlern – so waren nun alle Kollaborationen international zusammengesetzt. Von den insgesamt etwa 500 Wissenschaftlern, die zu Anfang der achtziger Jahre in den Teilchenphysik-Experimenten am DESY tätig waren, kam fast die Hälfte von ausländischen Instituten. Prominent vertreten unter den Herkunftsländern waren Frankreich, Großbritannien, Holland, Israel, Japan, Kanada, Spanien und die USA, ferner aus den „sozialistischen Ländern" Polen, die Sowjetunion und die Volksrepublik China.

8.2 Die Entdeckung des Gluons

Im September 1978 wurden erstmals Elektron-Positron-Kollisionen am PETRA-Speicherring beobachtet. Im Oktober 1978 wurden die Detektoren installiert und am 25. 10. 1978 begannen die ersten Messungen. Ab Januar 1979 nahm der routinemäßige Experimentierbetrieb seinen Anfang. Drei Experimente waren im Einsatz: MARK J, PLUTO und TASSO. JADE, das ursprünglich auch dabei war, hatte durch einen Verlust des PETRA-Strahls in der Nähe des Detektors einen Schaden an seiner Driftkammer erlitten und musste mit einer ‚crash-Aktion' repariert werden. Es kam im Frühsommer 1979 wieder in den Strahl. MARK J nahm 1979 auch eine Gruppe des Instituts für Hochenergiephysik in Peking in die Kollaboration auf. Möglich wurde dies durch die politischen Veränderungen in der VR China, die zum Sturz der Viererbande und zur Beendigung der Kulturrevolution führten. Die Entsendung chinesischer Wissenschaftler war natürlich von höchster Stelle abgesegnet und MARK J bot sich an, weil ihr Leiter, S. C. C. Ting, chinesischen Ursprungs war und zwischen ihm und den chinesischen Machthabern ein gegenseitiges Achtungsverhältnis bestand.

Der Speicherring erreichte im Laufe des Jahres 1979 eine Energie von 15,7 GeV in jedem Strahl und eine Spitzenluminosität von $4 \cdot 10^{30}$ cm^{-2} s^{-1}. Der kleine Speicherring PIA war fertiggestellt worden und sorgte für kürzere Füllzeiten. Das waren gute Bedingungen. Die vier Experimente konnten so sehr bald erste Ergebnisse präsentieren: Eine Überprüfung der Quanten-Elektrodynamik und die Messung des totalen Wirkungsquerschnitts für die Annihilation von Elektronen und Positronen in Hadronen. Der letztere war genau wie nach dem Quarkmodell vorausgesagt:

$$R = \frac{\sigma(e^+e^- \to q\bar{q} \to Hadronen)}{\sigma(e^+e^- \to \mu^+\mu^-)} = 3 \cdot \Sigma_i {Q_i}^2 \tag{8.1}$$

Dabei ist $\sigma(e^+e^- \to \mu^+\mu^-)$ der Wirkungsquerschnitt für die Annihilation in ein Myonpaar, und die Summe geht über alle Quarkladungen Q_i. Der Faktor 3 steht für die drei Farben der Quarks.

Und wer außerdem eine ganz anschauliche Demonstration der Quarks wünschte, erhielt sie in Form von sogenannten Zwei-Jet-Ereignissen. Darin zeigten sich Reaktionen der Form $e^+e^- \to q\bar{q}$, also die Annihilation von Elektron und Positron in ein Quark-Antiquark-Paar. Da die Quarks nicht als freie Teilchen auftreten können, verwandeln sie sich in zwei Bündel (‚Jets') von Hadronen (meist Pionen), die in der ursprünglichen Richtung der Quarks fliegen. Bei einer Speicherringenergie von 2 mal 8,5 GeV war dies zum ersten Mal deutlich zu sehen (Abb. 8.1).

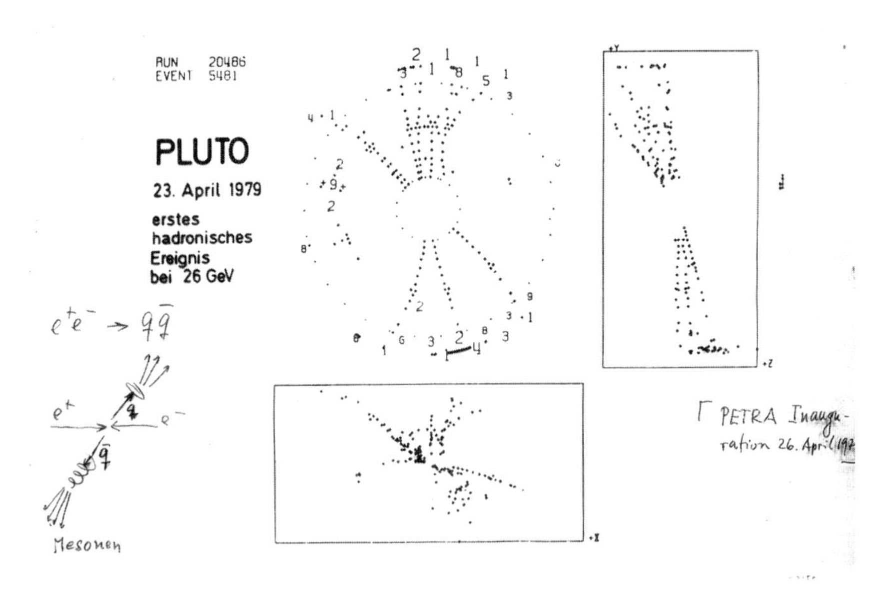

Abbildung 8.1 Eines der ersten am PETRA-Speicherring beobachteten Ereignisse, welches die Zwei-Jet-Struktur zeigt (DESY-Archiv).

In das Jahr 1979 fällt der vielleicht größte Erfolg von DESY: Die Entdeckung des Gluons. Das Gluon ist das Quant des Feldes der starken Wechselwirkung, verantwortlich für die Kernkräfte und die Bindung der Quarks im Proton und Neutron. Es ist analog zum Photon, dem Quant der elektromagnetischen Wechselwirkung. Sein Nachweis ist deshalb von grundsätzlicher Bedeutung. Eine indirekte Evidenz für die Existenz des Gluons lag schon vor in Form von Abweichungen vom Skalenverhalten bei der tief unelastischen Elektron- und Neutrinostreuung am Proton. Die Analogie mit der Elektrodynamik lieferte die Idee für eine direkte Beobachtung: So wie ein Elektron hoher Energie durch Bremsstrahlung ein Photon emittieren kann, so sollte ein Quark ein Gluon abstrahlen (‚Gluonbremsstrahlung'), in einer Reaktion der Art $e^+e^- \rightarrow q\bar{q}g$, [112] wobei g für ein Gluon steht. Da das Gluon ähnlich wie das Quark sich in einen Jet von Hadronen verwandelt, sollte dies bei genügend hoher Speicherringenergie zum Auftreten von Ereignissen mit drei Jets führen. Aber so einfach war die Sache nicht. Auch statistische Fluktuationen und andere Effekte konnten scheinbare Drei-Jet-Ereignisse erzeugen und so den Effekt vortäuschen. Es war notwendig, die Eigenschaften der Reaktionen sehr genau mit Hilfe von Monte Carlo-Simulationen [113] zu analysieren, um alle irreführenden Effekte auszuschließen. Die TASSO-Kollaboration präsentierte die erste Evidenz für Gluon-Bremsstrahlung auf Tagungen in Bergen [114] und am CERN [116] im Sommer 1979 durch Björn Wiik und Paul Söding, und sie zeigten das erste Ereignis dieser Art, aufgenommen mit dem TASSO-Detektor (Abb. 8.2). Die Analyse stützte sich auf den Vergleich der gemessenen Impuls- und Winkelverteilungen der Jets mit den Monte Carlo-Rechnungen. Darüber hinaus konnte TASSO mittels eines Analyseprogramms von Sau Lan Wu und Georg Zobernig [115] die Drei-Jet-Topologie einzelner Ereignisse direkt demonstrieren.

Dies trat die Lawine los, und etwas später kamen auch die anderen drei Kollaborationen mit ihren Untersuchungen heraus, so dass beim ‚Symposium on Lepton and Photon Interactions' am FNAL im August 1979 eine solide Evidenz für die Existenz des Gluons vorhanden war[1)] [118] (TASSO); [119] (MARK J); [120] (PLUTO); [121] (JADE). Den fehlenden Schlussstrich setzte wieder die TASSO-Kollaboration, die über die Winkelkorrelationen der Drei-Jet-Ereignisse zeigte, dass das Gluon in der Tat Spin 1 hat wie erwartet [122], bestätigt von den anderen Experimenten. Schon vorher hatten H. Krasemann und K. Koller Daten des PLUTO-Experiments auf der Υ-Resonanz [123] analysiert und einen indirekten Hinweis auf den Spin 1 des Gluons geliefert [101].

Eine Auszeichnung für die TASSO-Physiker war der ‚High Energy and Particle Physics Prize 1995' der Europäischen Physikalischen Gesellschaft (Abb. 8.3).

Zum Schluss noch die Stimme von Haim Harari vom Weizmann-Institut in Israel, der auf der Internationalen Lepton-Photon-Konferenz am Fermilab 1979 unter der Überschrift ‚Gluons exist' sagte:

> „... indirect evidence came from several sources, including the pattern of scaling violations in deep inelastic scattering... All these data provided extremely indirect evidence. ... It has been clear for some time that the most direct way of discovering the gluon would be to observe gluon jets. ... Have we really seen three jet events in e^+e^- collisions and does that confirm the existence of the gluon? Our answer is a cautious, qualified yes. ... We believe, when we look back five years from now, we will all agree that the gluon was discovered in the summer of 1979."

Wie zur Bestätigung zeigt die Titelseite des Konferenzberichts ein Drei-Jet-Ereignis.

[1)] Dabei kam es zu bizarren Versuchen, die Priorität für diese Entdeckung etwas zu manipulieren; über einige davon kann man sich mit dem Buch von Michael Riordan [117] amüsieren.

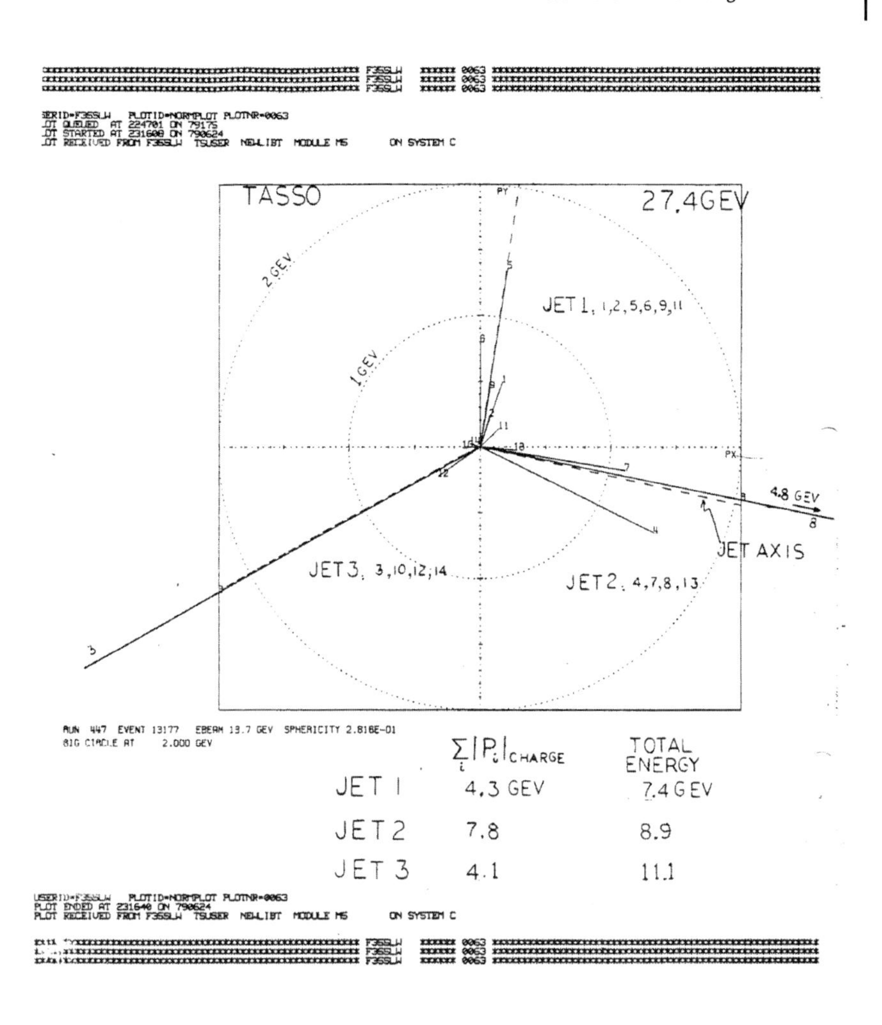

Abbildung 8.2 Das erste auf Konferenzen gezeigte Ereignis der Art Elektron+Positron → Quark+ Antiquark+Gluon, sichtbar in drei Teilchenschauern (Jets). (DESY-Archiv).

Der PETRA-Speicherring funktionierte von Anfang an gut. Im Jahre 1980 erreichte er eine Energie von 19 GeV in jedem Strahl, in der praktischen Arbeit lag die Strahlenergie allerdings in der Regel etwas niedriger bei 17,5 GeV. Eine wesentliche Verbesserung brachte die Einführung von ‚mini-beta-Sektionen', speziellen Fokussierungselementen an den Wechselwirkungspunkten, eine Erfindung von Robinson und Voss. Damit konnte die Spitzenluminosität auf $1{,}7 \cdot 10^{31}$ cm^{-2} s^{-1} gesteigert werden.

Abbildung 8.3 Vier Preisträger des ‚High Energy and Particle Physics Prize 1995' der EPS: Günter Wolf (Sprecher der TASSO-Kollaboration), Sau Lan Wu (Universität Wisconsin, Mitglied der TASSO-Kollaboration) und (zweite Reihe) Björn Wiik und Paul Söding (DESY-Archiv).

8.3 Tests der starken Wechselwirkung

Nach der Entdeckung des Gluons stand als nächstes die Messung der Kopplungskonstanten, also der Stärke der starken Wechselwirkung, auf dem Programm. Die Häufigkeit von Drei-Jet-Ereignissen ist proportional zu dieser Kopplungskonstanten α_s, die analog zur Feinstrukturkonstanten α der elektromagnetischen Wechselwirkung ist. Die Beobachtung der Drei-Jet-Ereignisse gestattete also eine erste direkte Messung der Stärke der starken Wechselwirkung. Hierzu musste die von der Quanten-Chromodynamik (QCD) vorhergesagte Gluon-Abstrahlung durch die Quarks sowohl der absoluten Wahrscheinlichkeit als auch der Winkel- und Energieverteilung nach mit den experimentellen Befunden verglichen werden. Eine große Schwierigkeit war dabei die Unsicherheit in den Modellen für die Fragmentation (Umwandlung) der Quarks und Gluonen in Hadronen. In Zusammenwirken mit der DESY-Theoriegruppe, insbesondere Ahmed Ali, und Theoretikern der Universität Hamburg um Gustav Kramer wurden die Vorhersagen bis zur zweiten Ordnung in der starken Kopplungs-Konstanten α_s überprüft. In umfassenden und systematischen Vergleichen der Vorhersagen mit den gemessenen Verteilungen konnte so die QCD über den weiten Schwerpunkts-Energiebereich von 12 bis 46 GeV innerhalb der Fehlergrenzen sehr gut bestätigt werden.

Eine Zeit lang schlugen in den Diskussionen hierüber die Wellen hoch, da die Bestimmung der absoluten Größe von α_s zunächst zwischen den PETRA-Experimenten kontrovers ausfiel. Als Ursache stellten sich am Ende gewisse Annahmen und Approximationen heraus, die in einigen der zum Vergleich mit den Messdaten herangezogenen theoretischen Berechnungen stillschweigend gemacht worden waren. Nachdem dies aufgeklärt und verstanden war, konnte aus den PETRA-Messungen der Wert von α_s auf mehrere verschiedene und voneinander unabhängige Weisen mit konsistenten Ergebnissen zu α_s = 0,14±0,02 (bei 35 GeV) bestimmt werden. Zwei der PETRA-Kollaborationen konnten schließlich sogar, durch sehr sorgfältige Messung der Erzeugungsrate der Drei-Jet-Ereignisse, Evidenz für eine Energieabhängigkeit der Quark-Gluon-Kopplung vorlegen. Damit hatte sich eine weitere fundamentale Eigenschaft der Quantenchromodynamik, die den Charakter der zugrundeliegenden Symmetriegruppe betrifft, zum ersten Mal im Experiment bestätigen lassen.

Zu Recht dürfte PETRA mit an erster Stelle genannt werden, wenn es darum geht, wie die QCD den Durchbruch zur anerkannten Theorie der starken Wechselwirkung vollzog. Beim Abschluss der PETRA-Experimente im Jahr 1986 war die QCD allgemein akzeptiert. Selbstverständlich waren wichtige Beiträge dazu auch von anderer Seite gekommen, so insbesondere von der Konkurrenzmaschine PEP in Stanford, vom CERN und vom Fermilab. Und vor allem mit LEP konnten rund eine Dekade später die in PETRA initiierten QCD-Untersuchungen zu wesentlich höherer Energie ausgedehnt und – dank der hohen Ereignisrate auf der Z°-Resonanz – mit noch viel größerer Genauigkeit ausgeführt werden, ohne dass sich dabei fundamentale Änderungen ergeben hätten.

8.4 Tests der elektromagnetischen und schwachen Wechselwirkung

Ein anderes wichtiges Thema der PETRA-Experimente war die Überprüfung der Quantenelektrodynamik (QED). Dazu musste man Reaktionen betrachten, an denen nur Teilchen mit elektromagnetischer Wechselwirkung teilnehmen, und die somit nach der QED berechnet werden konnten. PETRA als der Speicherring mit der höchsten Energie gestattete die genauesten und empfindlichsten Messungen zu dieser Frage. Hier ist die Liste der Reaktionen:

1. $e^+e^- \to e^+e^-$
2. $e^+e^- \to \gamma\gamma$
3. $e^+e^- \to \mu^+\mu^-$
4. $e^+e^- \to \tau^+\tau^-$

Reaktion 1 ist die elastische Streuung, Reaktion 2 die Vernichtung (Annihilation) in ein Photonpaar. Zu diesen ‚klassischen' Reaktionen kommen noch die Reaktionen 3 und 4, die Annihilation in ein Paar schwerer Elektronen, Myonen (μ) und tau-Leptonen (τ). Interessant ist, dass das τ ja erst wenige Jahre vorher entdeckt worden war und nun schon zur Überprüfung der QED diente. Die Experimente zeigten, dass die QED tatsächlich die Messergebnisse präzise voraussagte. Dies konnte man auch so verstehen, dass bis herab zu Dimensionen von weniger als 1% des Protonenradius keine messbare Struktur dieser Teilchen erkennbar war und sie in diesem Sinn elementar sein mussten.

Diese Ausführungen müssen an einer wichtigen Stelle ergänzt werden. Die genauen Messungen der Myon-Paarerzeugung (Reaktion 3) zeigten eine kleine Abweichung von den Vorhersagen der QED[2)]. Das positive Myon (μ^+) kommt nämlich etwas häufiger entgegengesetzt zur Richtung des Positrons heraus als anders herum. Die QED dagegen sagt eine symmetrische Winkelverteilung voraus. Die Beobachtung der Asymmetrie war eine erste direkte Evidenz für den zusätzlichen Einfluss der schwachen Wechselwirkung. Schwach bei kleinen Energien, nimmt ihre Stärke mit der Energie zu. Sie wird im Falle der Reaktionen 3 und 4 beschrieben durch den Austausch eines (virtuellen) schweren Z^0-Bosons. Dieses Boson war durch die Entdeckung der neutralen schwachen Ströme am CERN postuliert worden; mit Hilfe von Neutrino-Reaktionen konnte indirekt sogar seine Masse von etwa 90 GeV vorausgesagt werden. Dieses Teilchen und der Mechanismus, der ihm diese Masse verleiht, repräsentieren eine der Kernaussagen des Standardmodells der Elementarteilchen. Es führt zu einer gemeinsamen Betrachtungsweise der elektromagnetischen und schwachen Wechselwirkung, die als elektroschwache Theorie bezeichnet wird. Auf der Internationalen Lepton-Photon-Konferenz in Bonn 1981 konnte mit den kombinierten Daten der PETRA-Experimente zum ersten Mal eine statistisch signifikante Messung des Effekts präsentiert werden [124].

Im Laufe des Jahres 1982 gelang es, die Genauigkeit der Messungen bedeutend zu steigern. Die aus allen PETRA-Experimenten zusammengefassten Resultate für den Asymmetrieeffekt, die nun auch Daten des τ-Leptons enthielten, waren $A_{\mu\mu} = -(10{,}4 \pm 1{,}3)\%$ (Myon), $A_{\tau\tau} = -(7{,}9 \pm 2{,}3)\%$ (tau-Lepton), zu vergleichen mit einer Erwartung von $-9{,}3\%$ nach dem Standardmodell. So war nun der Effekt für beide Arten der Leptonen zweifelsfrei belegt und eine quantitative Übereinstimmung mit der Theorie festgestellt.

Bis zu welchen Energien setzt sich der theoretisch erwartete quadratische Anstieg der Stärke der schwachen Wechselwirkung fort? Der Anstieg sollte sich in dem Masse verstärken, wie die Schwerpunktenergie des Speicherrings der Masse des Z^0-Bosons näherkommt. Und wenn man die schwache Ladung wie durch die Theorie gefordert annahm, dann erlaubten die PETRA-Messungen tatsächlich bereits einen ersten Rückschluss auf die Masse des Z^0-Bosons; man erhielt $M_Z = 71\pm^{7}_{10}$ GeV. Spätere PETRA-Messungen ergaben obere und untere Schranken für die Z^0-Masse von 101 GeV bzw. 63 GeV, verträglich mit dem später am CERN genau gemessenen Wert von 91,2 GeV.

Seit der Formulierung der Theorie der schwachen Wechselwirkung durch Fermi im Jahre 1934 war dies der erste experimentelle Hinweis darauf, dass es sich bei der schwachen Wechselwirkung nicht einfach um eine ‚Kontaktwechselwirkung' mit der Reichweite Null handelte, wie Fermi angenommen hatte. Denn wenn sie durch ein Bo-

[2)] Die Messungen der τ-Paarerzeugung waren zunächst nicht genau genug, um den Effekt zu zeigen.

son endlicher und messbarer Masse übertragen wurde, dann bedeutete dies zugleich, dass die schwachen Kräfte eine kleine, aber messbare Reichweite haben müssen. Diese betrug nach den PETRA-Messungen etwa $2 \cdot 10^{-16}$ cm. Diese Tatsache war deshalb von grundsätzlicher Bedeutung, weil eine endliche Reichweite die notwendige Voraussetzung dafür ist, dass man einen gemeinsamen Ursprung der schwachen und der elektromagnetischen Phänomene überhaupt in Betracht ziehen kann.

Mittelte man die PETRA-Daten für den totalen Wirkungsquerschnitt und die Winkel-Asymmetrie für alle Lepton-Arten (Elektron, Myon und Tau) unter der Annahme einer universellen schwachen Wechselwirkung der Leptonen, so erhielt man für die schwachen Ladungen die Werte $g_A^2 = 0{,}27 \pm 0{,}02$, $g_V^2 = -0{,}01 \pm 0{,}03$, in voller Übereinstimmung mit dem Standardmodell der elektroschwachen Wechselwirkung, welches $g_A^2 = 0{,}25$, $g_V^2 = 0$ verlangt.

Wenn die einheitliche Theorie der schwachen und der elektromagnetischen Kräfte richtig und allgemein gültig ist, so muss sie auch für die Quarks gelten. Eine Ausdehnung der Untersuchungen von den Leptonen auf die Quarks sollte also der nächste Schritt sein. Von besonderem Interesse waren die schweren Quarks, die Charme- und Bottom-Quarks. Sie sind in gewöhnlicher Materie so gut wie nicht vorhanden. Die bis dahin angesammelten Kenntnisse über die schwache Wechselwirkung stammten fast ausschließlich aus Kernumwandlungen, sie bezogen sich deshalb nur auf die leichten u- und d-Quarks. Inzwischen kannte man 2 Arten neuer, schwerer Quarks – hier lag also eine *terra incognita*. Sie war für PETRA sehr gut zugänglich, denn diese c- und b-Quarks konnten durch hochenergetische Elektron-Positron-Vernichtung in großer Zahl und in ‚sauberen' Zuständen, ohne zuviel störenden Untergrund, erzeugt werden.

Zuvor musste aber eine schwierige Hürde genommen werden. Den Reaktionen war ja zunächst nicht anzusehen, von welcher Art Quarks sie stammten. Die Geduld und Erfindungsgabe der Experimentatoren bei der Analyse der Ereignisse wurde hier auf eine harte Probe gestellt. Aber dieses Problem wurde gelöst und es gelang, einen gewissen Bruchteil der erzeugten Charme- und Bottom-Quarks zu identifizieren. Nun konnte man die Winkelasymmetrie bei ihrer Erzeugung und damit die Interferenz der schwachen und der elektromagnetischen Wechselwirkungen der schweren Quarks ebenfalls beobachten und messen. Das Ergebnis war eine weitere glänzende Bestätigung der elektroschwachen Theorie (Glashow-Weinberg-Salam-(GWS)-Theorie). Die vereinten Messdaten zeigten für die schwachen axialen Ladungen die Werte $g_A = 0{,}56 \pm 0{,}18$ (Charme, c) sowie $g_A = -0{,}50 \pm 0{,}10$ (Bottom, b) – wiederum in Übereinstimmung mit den Erwartungen $+0{,}50$ beziehungsweise $-0{,}50$ nach dem Standardmodell. Damit war nun auch bewiesen, dass c und b jeweils zu einem ‚schwachen Dublett' gehören mussten – mit anderen Worten, dass zu dem b-Quark ein bisher noch unentdecktes t-Quark als Partner existieren *musste*.

Eine weitere wichtige Beobachtung im Zusammenhang mit dem Standardmodell gelang 1984. Wenn man die Messdaten aller PETRA-Experimente zusammenfasste, zeigte sich ein signifikanter Anstieg des Verhältnisses R (Gl. 8.1) des Wirkungsquerschnitts für Hadron-Erzeugung zu demjenigen für Myon-Paar-Erzeugung als Funktion der Schwerpunktenergie $\sqrt{s}$ (Abb. 8.4).

Dieser Anstieg ist eine Folge allein der schwachen Wechselwirkung und der Existenz des schweren Z-Bosons. Man befand sich deutlich sichtbar auf der an-

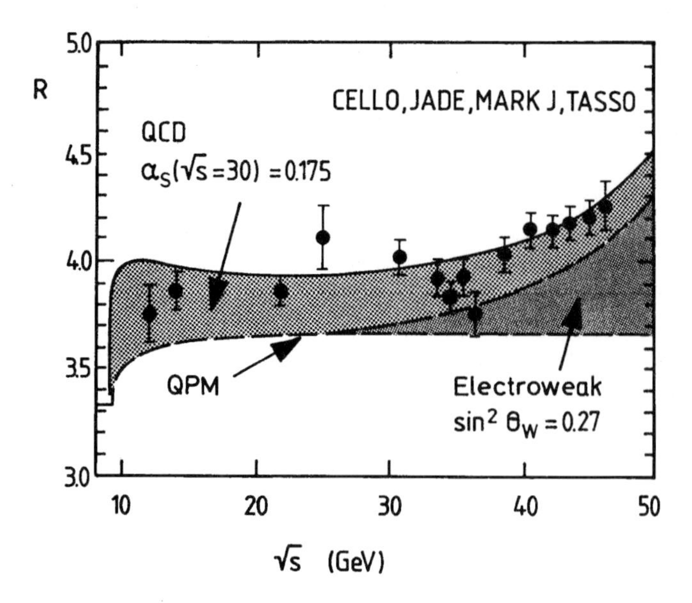

Abbildung 8.4 Messergebnisse von R (siehe Gl. 8.1) als Funktion der Schwerpunktenergie $\sqrt{s}$ ([125]).

steigenden Flanke der Z^0-Resonanz. Der Anstieg hatte genau die richtige Größe, wie man sie auf Grund der schwachen Ladungen der Quarks erwartete, deren Standardmodell-Voraussage ja bereits durch die Messungen der Winkelasymmetrie bei PETRA bestätigt worden war. Die quantitative Auswertung dieser Messung ergab für den elektroschwachen Mischungswinkel das Ergebnis $\sin^2\theta_w$ = 0,27 ± 0,04, in Übereinstimmung mit dem besten bekannten Wert von $\sin^2\theta_w$ = 0,23.

Eine weitere erwähnenswerte Messung war die präzise Bestimmung der mittleren Lebensdauer des b-Quarks, einer der wichtigen Parameter für die schwache Wechselwirkung und die Mischung der Quarks. Man misst sie durch die mittlere Flugstrecke, die ein B-Meson von seiner Erzeugung bis zum Zerfall zurücklegt, etwa 0,1 mm.

8.5 Die Jagd nach dem t-Quark

Seit langem war die Existenz eines Quarks, das noch schwerer ist als das b- (oder Bottom)-Quark, vermutet worden, und die Suche nach dem t-Quark war von Anfang an eines der Forschungsziele für die PETRA-Experimente gewesen. Aus den Messungen der Eigenschaften der b-Quarks an PETRA und DORIS und an amerikanischen e^+e^--Speicherringen war mittlerweile sogar bewiesen, dass ein Schema mit nur fünf Quarks zu Widersprüchen mit den Beobachtungen führt. Es musste mindestens noch ein unentdecktes Quark als Partner des b-Quarks geben – um so frustrierender war es, dass es sich in den PETRA-Experimenten nicht zeigte. Als einzige Erklärungsmöglichkeit blieb, dass das sechste Quark wesentlich schwerer war als bisher vermutet, so dass die Energie von PETRA zu seiner Erzeugung nicht ausreichte.

Nun war bereits seit mehreren Jahren ein Ausbauprogramm für PETRA vorbereitet worden mit dem Ziel, die Strahlenergie schrittweise weit über die ursprünglich geplante Maximalenergie hinaus zu erhöhen. Dazu waren zusätzliche Hochfrequenz-Beschleunigungsstrecken erforderlich. Die bis dahin am DESY-Synchrotron und am DORIS-Speicherring eingesetzten Hochleistungsklystrons hatten einen Wirkungsgrad von etwa 40%. Zusammen mit der Firma Valvo der Philips GmbH in Hamburg wurde nun unter der Federführung von Hermann Kumpfert ein neues Hochleistungsklystron mit einem Wirkungsgrad von etwa 70% entwickelt, das ‚PETRA-Klystron' [126, 127]. Damit war eine Ersparnis um fast einen Faktor zwei bei den Kosten der elektrischen Energie für die Hochfrequenz erreicht. Im Jahr 1983 nahm das erste Serien-Klystron aus dieser Entwicklung bei PETRA seinen Betrieb auf.

Nachdem diese technischen Voraussetzungen geschaffen waren, wurde im Herbst 1982 zunächst die Leistung der Hochfrequenzsender auf 10 MW verdoppelt, was die Schwerpunktenergie auf etwa 40 GeV brachte. Erstmals wurde dabei auch ein supraleitender Resonator erprobt. Danach wurde in zwei Schritten die Zahl der Beschleunigungsresonatoren auf das Doppelte erhöht, so dass Anfang 1984 eine Endenergie von 46,78 GeV erreicht war. Die Energie von PETRA wurde nun nur noch von dem Proton-Proton-Speicherring ISR und dem Proton-Antiproton-Speicherring (SPS) im CERN übertroffen; die letztere Maschine war auch die einzige, mit der die schwachen Vektorbosonen W^+ und Z^0 hatten erzeugt und entdeckt werden können. Die Experimente an diesen Hadron-Maschinen sind aber größeren Unsicherheiten in der Vorausberechnung der Erzeugung neuer Teilchen sowie einem stärkeren Untergrund von störenden Prozessen unterworfen als diejenigen an e^+e^--Speicherringen. Bei PETRA konnte man erwarten, ein neues Quark auch sicher zu finden, sofern nur die Energie des Speicherrings zur paarweisen Erzeugung ausreichte. Die Erzeugungsrate konnte vorausberechnet werden, wenn man die Ladung des Quarks kannte, und diese lag nach dem Symmetrieschema der Quarks fest. Und die Luminosität von PETRA war mehr als ausreichend, um eine genügende Anzahl erzeugen und einen eindeutigen Existenznachweis führen zu können.

Um den quasi-gebundenen Zustand aus top und Anti-top, das „Toponium", aufzuspüren, welcher das erste und zugleich klarste Anzeichen für die Existenz der t-Quarks liefern sollte, wurde der gesamte Energiebereich von PETRA in Schritten von 0,03 GeV im Schwerpunktsystem sorgfältig abgesucht. Da die erwartete Resonanzkurve schmal war, musste man die „richtige" Energie mit ziemlicher Genauigkeit treffen, um das Toponium nicht zu verfehlen.

Die Spannung war groß, die weltweite Hochenergiegemeinde wartete gespannt auf die neuesten PETRA-Ergebnisse, und natürlich wollte jede der Kollaborationen die erste sein, das „Signal" des t-Quarks in ihren Messdaten aufzuspüren. Trotzdem hatte man sich im Interesse eines schnelleren Vorankommens bei dem Energiescan darauf verständigt, eng zusammenzuarbeiten und die Messdaten aller vier Experimente für jeden der Energieschritte jeweils zu kombinieren. Dies geschah, ohne dass die Kollaborationen die Ergebnisse ihrer „Konkurrenten" zu sehen bekamen, indem die Daten vertraulich an den Direktor des Forschungsbereichs von DESY gegeben und von diesem kombiniert und ausgewertet wurden. Auf Grund des Ergebnisses entschied er dann über das weitere Vorgehen. Auf diese Weise wurde auch vermieden, dass sich die Kollaborationen bei der Auswertung und Interpretation ihrer Ergebnisse gegenseitig beeinflussen konnten. Doch der Erfolg blieb aus, zur großen Enttäuschung der Experimentatoren und auch mancher Theoretiker, die sich mit Vorhersagen für die Masse des t-Quarks aus dem Fenster gelehnt hatten. Man fand keinerlei Hinweise auf Toponium-Zustände; die Erkenntnis aus den ARGUS-Messungen, dass die t-Masse sehr groß und außerhalb der Reichweite von PETRA sein musste, kam erst etwas später. In der Tat sollte es noch zehn Jahre dauern, bis das t-Quark schließlich am Proton-Antiproton-Speicherring des Fermilab gefunden wurde, mit der enormen Masse von 171 GeV, das ist etwa die 180-fache Masse des Protons.

8.6 Über das Standardmodell hinaus

So erfolgreich sich das Standardmodell zeigte, so war doch auch zu Anfang der 80er Jahre schon klar, dass es nicht das letzte Wort in der Teilchenphysik sein konnte. Zu viele Fragen blieben offen, die nur im Rahmen einer noch übergreifenderen Theorie zu beantworten sein würden.

Viele Physiker setzten damals – wie auch heute – große Hoffnungen in die Theorie der Supersymmetrie. Die Supersymmetrie sagt viele neue Teilchen voraus, da es zu jeder ‚gewöhnlichen' Teilchenart ein neuartiges Partnerteilchen geben sollte, dessen Wechselwirkungen durch die Theorie eindeutig festgelegt sind.

Hier konnte man sich mit PETRA als dem e^+e^--Speicherring der höchsten Energie wiederum beste Chancen für fundamentale Entdeckungen erhoffen. Beim Entwurf der PETRA-Detektoren hatte man sich diesen Aufgaben in weiser Voraussicht bereits gestellt, und so waren diese – in unterschiedlichem Grad – zur Entdeckung der Supersymmetrie oder anderer neuer, „exotischer" Teilchen gerüstet. Auch nach der Erzeugung freier, nicht in Mesonen oder Baryonen gebundenen Quarks wurde gesucht, ferner nach weiteren schwereren Leptonen oder angeregten Zuständen der bereits bekannten Leptonen Elektron, Myon und Tau. Solche angeregten Zustände konnte man analog zu den angeregten Zuständen der Atome oder der Hadronen erwarten, wenn die Leptonen wiederum aus noch kleineren Bausteinen zusammengesetzt wären. Schließlich wurde auch nach dem Higgs-Teilchen und nach einem möglichen schweren skalaren X-Boson gefahndet, für das man zeitweilig Evidenz am Proton-Antiproton- Speicherring des CERN gefunden zu haben glaubte.

Tatsächlich glaubten PETRA-Experimentatoren nicht nur einmal, etwas fundamental Neues entdeckt zu haben – so 1984, als Physiker der CELLO-Kollboration bei Ereignissen mit vier Leptonen im Endzustand auf die Grenze der Gültigkeit der QED gestoßen zu sein meinten. Im gleichen Jahr registrierte Mark J Ereignisse mit hadronischen Jets und einem isolierten Myon – Konfigurationen, die nach dem Standardmodell zwar nicht völlig ausgeschlossen waren, aber bei den höchsten PETRA-Energien viel häufiger als erwartet aufzutreten schienen und als Signatur für ein neuartiges, exotisches Teilchen gedeutet werden konnten. Die Diskussion lebte 1986 nochmals auf, als auch JADE ähnliche Ereignisse fand.

Doch alle diese aufregenden Beobachtungen blieben zwischen den PETRA-Experimenten kontrovers oder ließen sich bei der Fortsetzung der Messungen nicht bestätigen, so dass schließlich die Zweifel überwogen und Ernüchterung einkehrte. Diese Ergebnisse, für deren Erarbeitung die enge Kooperation mit der Gruppe Theorie eine wichtige Rolle spielte, waren zwar enttäuschend, aber auch nicht völlig nutzlos, steckten sie doch die Grenzen für eine zukünftige Theorie der Elementarteilchen ab. Man wusste nun wenigstens, dass die Massen der hypothetischen Teilchen, wenn es sie denn gäbe, auf jeden Fall größer als etwa 20 GeV sein mussten – und damit weit größer als die Massen aller bis dahin bekannten Materie-Teilchen.

Tatsächlich sollte es noch schlimmer kommen: Weder die nächste noch die übernächste Generation von Speicherringen auf der Welt war leistungsfähig genug, um damit auch nur ein einziges dieser hypothetischen Teilchen oder andere neue Phänomene entdecken zu können. Mehr als zwanzig Jahre nach dem Ende der PETRA-Experimente und mehrere Generationen von Speicherringen und Experimenten später ist den Elementarteilchenphysikern noch immer nicht die Entdeckung vergönnt gewesen, die anzeigt, wie ein Weg über das Standardmodell hinaus gefunden werden könnte. Heute richten sich alle Hoffnungen auf den ‚Large Hadron Collider' LHC am CERN.

Ein interessantes Ergebnis soll abschließend erwähnt werden: Die Festlegung einer oberen Grenze für die Zahl N_ν der in der Natur existierenden leichten Neutrinosorten. Diese können alle durch die Reaktion $e^+e^- \rightarrow \nu\bar{\nu}$ in PETRA erzeugt werden. Man muss dann ‚nur' noch die Zahl solcher Reaktionen messen. Das Problem ist, dass die Neutrinos im Detektor keine Spur hinterlassen, die Reaktion sieht im Detektor also aus wie $e^+e^- \rightarrow$ nichts. Trotzdem konnte die CELLO-Kollaboration (natürlich durch einen Trick) diese Reaktionen, also das ‚nichts' nachweisen und zeigen, dass $N_\nu < 8{,}7$ sein muss; zusammen mit anderen Messungen konnte diese Grenze sogar auf $N_\nu < 4{,}6$ verbessert werden. Dies war ein erster experimenteller Hinweis darauf, dass es zusätzlich zu den bereits bekannten drei Familien von Quarks und Leptonen nicht viel mehr ähnliche Familien geben konnte. Einige Jahre später wurde durch die Experimente an dem höherenergetischen e^+e^--Speicherring LEP der Nachweis geführt, dass die Zahl N_ν tatsächlich genau 3 ist, dass es also über die bereits bekannten drei Familien hinaus keine weiteren ähnlichen Familien mehr gibt.

8.7 Das Ende der PETRA-Experimente

Am 3. November 1986 wurde das Experimentierprogramm am PETRA-Speicherring beendet. Die Zeit drängte, mit dem für den Einsatz als HERA-Injektor notwendigen Umbau von PETRA zu beginnen. Schon 1971 geplant, ab 1975 gebaut und seit 1978 in Betrieb war PETRA acht Jahre lang eines der größten und teuersten, aber auch der erfolgreichsten Instrumente der Grundlagenforschung in Deutschland und der Elektron-Positron-Speicherring mit der weltweit höchsten Energie gewesen. Im letzten Betriebsjahr lieferte er mehr Luminosität als jemals zuvor in einem Jahr. Die vier installierten Experimente CELLO, JADE, MARK J und TASSO nahmen bis zum letzten Betriebstag Daten, deren endgültige Auswertung noch mehrere Jahre in Anspruch nehmen sollte. In einem ganztägigen Kolloquium wurden im Juni 1987 die wichtigsten bei PETRA erzielten Ergebnisse noch einmal zusammenfassend vorgetragen und diskutiert. Eine Vielzahl von Ergebnissen von zehn Jahren Physik mit Elektron-Positron-Speicherringen ist in einem 1988 von A. Ali und P. Söding herausgegebenen Sammelband ‚High Energy Electron-Positron Physics' [128] zusammengefasst.

PETRA hatte den Experimenten von 1978 bis 1986 insgesamt eine integrierte Luminosität von etwa 260 pb^{-1} pro Wechselwirkungszone geliefert, verteilt auf Energien zwischen 14 und 46,8 GeV im Schwerpunktsystem. Damit waren die hochenergetischen e^+e^--Wechselwirkungen systematisch und so vollständig untersucht worden, wie es im Rahmen der erreichbaren Energie und Luminosität, des Standes der Detektortechnik und des Verständnisses der physikalischen Vorgänge möglich war. Neben herausragenden Ereignissen – wie der Entdeckung der Gluon-Jets sowie der präzisen Bestätigung der von der GWS-Theorie vorhergesagten elektroschwachen Interferenzen und dem erstmaligen Nachweis einer endlichen Reichweite der schwachen Wechselwirkung – hatte es auch herbe Enttäuschungen gegeben, etwa die vergebliche Suche nach dem top-Quark oder nach Anzeichen für die Supersymmetrie oder für andere über das Standardmodell hinausführende Phänomene.

Insgesamt ist es sicher nicht übertrieben festzustellen, dass die große Fülle systematischer Untersuchungen an PETRA den damaligen Stand und die Entwicklung der Teilchenphysik entscheidend vorangebracht hat. Die direkte Evidenz für die Realität der Quarks als – im Rahmen der Messgenauigkeit – punktförmige Spin-1/2- Teilchen mit drei Farbzuständen, und für die Existenz des Gluons als ein reales Spin 1-Teilchen – nach dem Photon das zweite nachgewiesene fundamentale Kraftteilchen – waren wesentliche Schritte zur Bestätigung der QCD. Der Durchbruch für die QCD als Theorie der starken Kräfte und der GWS-Theorie als der gültigen Beschreibung der einheitlichen elektroschwachen Wechselwirkung ging Hand in Hand mit den Ergebnissen der PETRA-Experimente.

9
HERA – von der Idee zur Realisierung

9.1 Einleitung

War DESYs strategische Ausrichtung in seinen frühen Jahren vor allem durch Jentschke und sein Direktorium – für dessen Zusammensetzung Jentschkes Einfluss natürlich maßgeblich gewesen war – bestimmt und von Schopper und Voss weiterentwickelt worden, so traten Anfang der achtziger Jahre zwei neue, außergewöhnliche Persönlichkeiten in den Vordergrund: Björn Wiik und Volker Soergel. Es waren ihre Visionen, ihr Mut und ihre Überzeugungskraft, die DESYs Geschicke für die folgenden beiden Dekaden bestimmen und darüber hinaus die Weichen für die weitere Zukunft von DESY stellen sollten. Das Zusammenwirken dieser zwei nach Neigungen und Charakter ganz verschiedenen Physiker ergab eine für DESY überaus glückliche Konstellation. Ohne sie hätte DESYs größtes Projekt, HERA, nicht verwirklicht werden können.

Ende 1980 hatte Schopper DESY verlassen, um sein neues Amt als Generaldirektor des CERN anzutreten. Sein Nachfolger als Vorsitzender des DESY-Direktoriums wurde Volker Soergel. Anfang 1981 löste Paul Söding als Forschungsdirektor Erich Lohrmann ab. Für den Beschleunigerbereich zeichnete nach wie vor G.-A. Voss als Direktoriumsmitglied verantwortlich. Neben ihm war es aber vor allem Björn Wiik, der nun in enger Kooperation mit Volker Soergel eine führende Rolle übernahm und für die gesamte spätere Zeit ebenso prägend wirken sollte wie es Willibald Jentschke für die Anfangszeit von DESY gewesen war.

Es ging dabei in erster Linie um die Entwicklung und den Bau von HERA, der großen Elektron-Proton-Speicherringanlage. Sie verlangte dem gesamten DESY eine ungeheure Anstrengung ab. Nicht nur würde HERA die erste Elektron-Proton-Kollisionsanlage überhaupt sein, so dass man auf neue und unvorhersehbare technische Probleme gefasst sein musste. Es sollte auch sofort der riesige Schritt zu einer sehr großen, weit über das DESY-Gelände hinausreichenden Anlage getan werden. Der Kostenrahmen würde deutlich über alles bisher Gewohnte hinausgehen, das gleiche galt für den Bedarf an Fachleuten – Physikern, Ingenieuren, Informatikern und Technikern. Dazu kam eine weitere große Herausforderung: Noch nirgendwo in der Welt hatte es jemand gewagt, mitten in den Wohngebieten einer Stadt, unter den Häusern der Bürger, eine solche gewaltige ‚Atomzertrümmerungs'-Anlage zu errichten. Und dies alles musste

Von schnellen Teilchen und hellem Licht: 50 Jahre Deutsches Elektronen-Synchrotron DESY.
Erich Lohrmann und Paul Söding

ISBN: 978-3-527-40990-7

geleistet werden, während gleichzeitig die bei DESY vorhandenen Kräfte durch das sehr aktive und ehrgeizige Forschungs- und Ausbauprogramm an PETRA und DORIS und in der Synchrotronstrahlungs-Nutzung voll in Anspruch genommen waren.

9.2 Björn H. Wiik

Björn Wiik war 1937 in Eidslanded geboren worden, einem winzigen abgeschiedenen Dorf an der Westküste Norwegens etwa 100 km von Bergen entfernt, wo sein Vater eine kleine Möbelfabrik betrieb. Als Junge mehr an Sport und Abenteuern interessiert als an der Schule, fuhr er auf Fischtrawlern mit und brachte es einmal sogar fertig, um der Schule zu entkommen, einsam auf Grönland zu überwintern. Seine Abiturnoten waren schließlich nicht gut genug, um in Norwegen zum Studium zugelassen zu werden. Während eines Schülerpraktikums in Oslo hatte er das Institut des führenden norwegischen Physikers Odd Dahl kennengelernt, der verschiedene kernphysikalische Beschleuniger sowie einen Forschungsreaktor aufgebaut hatte. Dadurch war Wiiks Interesse für Reaktoren und Kernphysik geweckt. Dahl schrieb ihm eine Empfehlung für die Technische Hochschule Darmstadt, mit der er 1956 dort zum Studium der Mathematik und Physik angenommen wurde.

Seine Diplom- und auch seine Doktorarbeit unter dem bekannten Kernphysiker Peter Brix befassten sich mit kernphysikalischen Themen. Nach kurzer Assistententätigkeit in Darmstadt folgte er 1965 einer Einladung an die Stanford-Universität in Kalifornien. Hier machte er bereits erste Versuche mit supraleitenden Beschleunigungsstrecken und entwarf ein supraleitendes Mikrotron [129].

Später wechselte er an den neuen großen Linearbeschleuniger des SLAC. Dort wurde gerade von Burton Richter und seinen Mitarbeitern ein erster Elektron-Positron-Speicherring fertiggestellt und dies ließ in Wiik den Gedanken nicht ruhen, dass sich Strukturuntersuchungen am Proton mit einem Elektron-Proton-Speicherring viel besser und ökonomischer würden durchführen lassen als mit üblichen Beschleunigern.

Aber niemand hatte bisher ernstlich daran gedacht, zwei Teilchen von so unterschiedlicher Masse wie Elektronen und Protonen in Speicherringen zur Kollision zu bringen, denn es gab prinzipielle Bedenken, dass dies funktionieren könne. Wiik begann das Problem zu analysieren und gelangte zu der Überzeugung, dass man einen Versuch wagen sollte.

Wiiks Ruf als ein besonders origineller, vielversprechender junger Physiker war inzwischen bis zum DESY nach Hamburg gedrungen. Günter Wolf und Gerd Buschhorn, die mit ihm durch ihren Aufenthalt beim SLAC bekannt waren, bemühten sich, ihn für DESY zu interessieren und machten den Forschungsdirektor Erich Lohrmann auf ihn aufmerksam. Lohrmann war ständig auf der Suche nach guten Mitarbeitern vor allem für das DORIS-Forschungsprogramm, zu dem sich die Physiker damals nicht gerade hindrängten. Ihm gelang es 1972, Wiik – der schon öfters zu Besuchen zum DESY gekommen war, um den sich aber auch das Weizmann-Institut in Israel sehr bemühte – fest an DESY zu binden. DORIS war im Bau und Wiik trug die Idee mit sich, dass diese Maschine als Doppelspeicherring bestens geeignet sein müsste, seine Vorstellungen für eine Elektron-Proton-Speicherringanlage zu prüfen. Auch Wolfgang Paul hatte in

Abbildung 9.1 Professor Björn H. Wiik (DESY-Archiv).

seiner Zeit als DESY-Direktor bereits angeregt, über Protonen im DORIS-Speicherring nachzudenken.

Anfang 1972 legte Wiik zusammen mit H. Gehrke, H. Wiedemann und G. Wolf einen bis hin zur Kostenschätzung schriftlich ausgearbeiteten Vorschlag vor, DORIS als Elektron-Proton-Speicherring zu nutzen [108][1]. Damit würde man die grundsätzlichen Probleme einer ep-Kollisionsmaschine klären und so die Voraussetzungen schaffen können, eventuell später eine ep-Speicherringanlage für 10 GeV Elektronen und 80 GeV Protonen zu bauen – die größte Anlage dieser Art, die auf dem DESY-Gelände Platz hätte. Dies schien ein sinnvoller Ansatz für einen neuen großen zukünftigen DESY-Beschleuniger zu sein, da wohl die meisten Physiker damals davon ausgingen, dass mit e^+e^--Maschinen bei Energien jenseits des Bereichs von DORIS nichts Neues mehr gefunden werden könne.

Der DORIS-ep-Vorschlag wurde mit großem Interesse aufgenommen, das Direktorium fasste im Frühjahr 1973 die nötigen Beschlüsse und Diskussionen und Vorarbeiten begannen. Wichtige Unterstützung fanden sie durch Maurice Tigner, Beschleuniger-Experte von der Cornell-Universität und späterer Leiter des dortigen Beschleunigerla-

[1] Parallel dazu waren auch am SLAC diesbezügliche Überlegungen durchgeführt worden [130].

bors, der sich einige Monate bei DESY aufhielt, und Kjell Johnson vom CERN, dem Erbauer des ersten Proton-Speicherrings ISR.

Im Oktober 1973 lud DESY zu einem fünftägigen Treffen ein, um in einem internationalen Rahmen über das physikalische Interesse an Elektron-Proton-Experimenten mit DORIS und mit einer eventuellen größeren *ep*-Speicherringanlage, sowie über die beschleunigertechnischen und experimentellen Probleme zu diskutieren [131]. Die führenden Fachkollegen aus dem CERN, aus England, Frankreich, Italien und den USA waren sämtlich gekommen und es bestand Einigkeit, dass sich hier Chancen für sehr interessante Experimente boten. Die Kinematik und die Ereignisraten für eine 12 + 80 GeV Elektron-Proton-Speicherringanlage und insbesondere die Möglichkeiten, die sie für die Messung schwacher Wechselwirkungen bieten würde, wurden untersucht. Die DESY-Beschleunigergruppe präsentierte Überlegungen für noch größere Elektron-Proton-Kollisionsmaschinen. Tigner stellte fest, dass es möglich scheine, eine Elektron-Proton-Kollisionsmaschine mit 20 + 1000 GeV Energie zu konstruieren, und schloss: „The mind has difficulty thinking of all the exiting possibilities!“

Beim DESY wurde nun darauf hingearbeitet, 1976 mit Untersuchungen von *ep*-Kollisionen in DORIS beginnen zu können. Es war bereits ein Injektor für die Protonen angeschafft und Protonen waren in das Synchrotron eingeschossen worden. Da kam völlig überraschend im November 1974 die Entdeckung des J/ψ-Teilchens. Damit gab es nun bei den e^+e^--Wechselwirkungen so viel zu tun, dass sich das Interesse und die Anstrengungen schlagartig darauf konzentrierten und alle anderen Pläne erst einmal auf Eis gelegt wurden.

Inzwischen war beim DESY offensichtlich geworden, von welchem Format Björn Wiik war. Er hatte von Gerd Buschhorn, der zum Max-Planck-Institut nach München gewechselt war, die Leitung der F35-Experimentiergruppe übernommen und spielte eine führende Rolle bei dem DASP-Experiment am DORIS-Speicherring. Es war nur natürlich, dass er beim DESY bald zum Leitenden Wissenschaftler ernannt wurde und später, im Jahr 1981, von der Universität Hamburg auf eine Professur als Nachfolger von Martin Teucher berufen wurde.

Im Jahr 1976 ging Wiik zu einem Forschungsaufenthalt an das CERN. Hier stand damals die Frage im Raum, welche Maschine man als nächste, nach dem ISR und dem SPS, bauen solle. Wiik griff die *ep*-Speicherring-Idee wieder auf und es gelang ihm, erstrangige Experten des CERN – darunter John Ellis, Chris Llewellyn Smith und Kurt Hübner – zur Mitarbeit an einer großen Studie für eine *ep*-Speicherringanlage zu gewinnen, welche sowohl die beschleunigertechnischen Probleme als auch die Physik und die Experimente zum Gegenstand hatte [132, 133]. Ein im Tunnel des SPS aufzubauender Elektronenring sollte hochenergetische Elektronen zur Kollision mit den Protonen liefern. Auf dem beschleunigertechnischen Sektor gab es dabei zahllose Herausforderungen; vor allem war unbekannt, wie sich die Strahlpakete gegenseitig beeinflussen und ob bei den Kollisionen nicht der eine Strahl den anderen zerstören würde. Im CERN hatte man, anders als beim SLAC und beim DESY, große Erfahrung mit Protonenbeschleunigern, so dass Wiik durch die Zusammenarbeit viel über solche Maschinen lernen konnte.

Dieses Projekt, das unter dem Namen CHEEP firmierte [133], bekam es aber mit einem schwergewichtigen Konkurrenten zu tun, denn Carlo Rubbia schlug vor, das

SPS, statt zu einer ep-Anlage, zu einem Proton-Antiproton-Speicherring umzubauen. Nach eingehenden Diskussionen entschied sich CERN für den $p\bar{p}$-Speicherring – und damit gegen die ep-Option. Diese Entscheidung war enttäuschend für Wiik und seine Mitstreiter, sie führte aber zur Entdeckung der schwachen Vektorbosonen W und Z und war damit a posteriori klar gerechtfertigt.

Die Studie für das CHEEP-Projekt hatte aber gezeigt, dass eine ep-Speicherringanlage eine sehr wertvolle Ergänzung zu anderen Speicherringen darstellen und viele derjenigen Fragen anzugehen erlauben würde, die zu den damals brennendsten offenen Fragen der Teilchenphysik gehörten:

- Sind die elektromagnetische und die schwache Wechselwirkung verschiedene Manifestationen einer einheitlichen elektroschwachen Wechselwirkung?
- Verhalten sich die Konstituenten der Hadronen auch bei höheren Energien wie strukturlose punktförmige Teilchen?
- Zeigen sich in der tief unelastischen Streuung Skalenverletzungen mit dem ‚richtigen' Verhalten, wie es von Eichtheorien, etwa der QCD, verlangt wird?
- Gibt es weitere schwerere Leptonen oder schwerere Quarks?

Diese faszinierenden Aussichten bestärkten Wiik, nach seiner Rückkehr zum DESY die Pläne für eine ep-Speicherringanlage beharrlich weiter zu verfolgen.

9.3 Die Vorgeschichte von HERA

Beim DESY war inzwischen der Bau von PETRA weit fortgeschritten. Was lag näher, als den Elektronenring von PETRA um einen Proton-Ring im gleichen Tunnel zu ergänzen? Die DESY-Maschinengruppe unter Voss zeigte 1978, dass mittels supraleitender Magnete ein Speicherring für Protonen im PETRA-Tunnel die Energie von 280 GeV erreichen könnte [134]. Diese Idee wurde unter dem Namen „PROPER" eine Zeit lang verfolgt. Doch es wurde zunehmend klar, dass dies keine längerfristige Perspektive für DESY bieten könne. Die interessanteste Physik im elektroschwachen Sektor erforderte höhere Energien.

Die ‚natürliche' Zukunftsperspektive für DESY wäre eigentlich der Bau einer höherenergetischen e^+e^--Speicherringanlage gewesen, mit der die Z^0-Resonanz erreicht werden könnte. Beim DESY hatten sich G.-A. Voss und seine Mitarbeiter mit dem überaus raschen und kostengünstigen Bau von PETRA allgemeine Anerkennung als die derzeit besten Experten weltweit für e^+e^--Maschinen erworben. Für einen nächsten Schritt zu höherer Energie war DESY damit geradezu prädestiniert. Eine solche Anlage würde allerdings einen Umfang von rund 30 km und damit ein neues Gelände erfordern. In den Schubladen lagen schon Vorschläge für mögliche Standorte, etwa in der Lüneburger Heide.

Im Gegensatz zum DESY gab es im CERN keine Erfahrungen mit Elektronenbeschleunigern, man war dort bis dahin ganz auf Protonenmaschinen ausgerichtet. Doch schon 1976 hatte Burton Richter vom SLAC während eines Forschungsaufenthalts am CERN einen Entwurf für einen sehr großen e^+e^--Speicherring, LEP, erstellt. Dieser stieß auf zunehmendes Interesse beim CERN, je deutlicher man das überragende Physikpotential der e^+e^--Speicherringe erkannte. Etwa gegen 1978 begann sich ziemlich klar abzuzeichnen, dass CERN und die europäische Hochenergiegemeinde sich für das LEP-Projekt als nächstes großes Ausbauprogramm entscheiden würden.

Nun war DESY stets gut damit gefahren, sein Programm komplementär zum CERN auszurichten, so dass die beiden Einrichtungen nicht miteinander konkurrierten, sondern sich gegenseitig ergänzten. Offensichtlich war es das einzig Sinnvolle für DESY, einer möglichen Konfrontation mit dem CERN aus dem Weg zu gehen und – wenn auch zur nicht geringen Enttäuschung manchen DESYaners – die $e^+ e^-$-Luftschlösser zu vergessen.

Damit rückte für DESY die Option einer ep-Speicherringanlage in den Vordergrund. Die Maschine müsste erheblich größer sein als PETRA und wäre damit auf dem DESY-Gelände nicht unterzubringen. Es wurde evident, dass die Sicherung der längerfristigen Zukunft von DESY große Mittel und bedeutende politische Entscheidungen erfordern würde.

Hierfür benötigte man unbedingt eine breite internationale Unterstützung. In Europa gab es mit dem European Committee for Future Accelerators (ECFA) ein wohlorganisiertes Forum der Teilchenphysiker, in dessen Rahmen neue Beschleunigerprojekte diskutiert wurden. Eine von DESY und ECFA gemeinsam im April 1979 bei DESY unter der Leitung des italienischen Physikers Ugo Amaldi organisierte Tagung zeigte das große Interesse der europäischen Teilchenphysiker an einer Elektron-Proton-Kollisionsanlage [135]. Die Diskussion war zwar noch von der Idee einer Maschine im PETRA-Tunnel, dem „PROPER“-Entwurf mit 17,5 GeV Elektronen- und 280 GeV Protonen-Strahlenergie beherrscht, jedoch wurde klar, dass ein sinnvoller nächster Schritt eine größere Maschine erforderte. Die Teilnehmer stimmten überein, dass PROPER zwar für Untersuchungen der starken Wechselwirkung von großem Wert sein würde. Noch wichtiger war aber das Feld der elektroschwachen Wechselwirkung, das Schwerpunktenergien von etwa 100 GeV, gegeben durch die Masse der W-Bosonen, verlangte. Hier wäre mit PROPER infolge seiner eingeschränkten Energie nur ein kleiner Teil des interessanten Bereichs zugänglich gewesen.

Durch diesen breiten Konsens bestärkt gingen bei DESY, vor allem von Wiik getrieben, die Studien für eine größere Anlage zügig voran. Vordringlich war die Frage des Geländes und damit der möglichen Größe des Speicherringes zu klären. Die neue Maschine, und damit DESY, auf ein völlig neues Gelände zu verlegen erschien unrealistisch. Damit wäre die Nutzung der bei DESY vorhandenen Einrichtungen und Beschleuniger für das neue Projekt weitgehend ausgeschlossen, mit offensichtlichen Konsequenzen für die Kosten. Deshalb kam nur die Unterbringung der Maschine in einem unterirdischen Ringtunnel in der Nachbarschaft des bestehenden DESY-Geländes in Betracht. Dies würde ermöglichen, das volle Potenzial der bereits gemachten Investitionen, also die Infrastruktur und die vorhandenen Beschleuniger, zu nutzen.

Mit Hilfe des beim PETRA-Bau bewährten Ingenieurbüros Peters, Windels und Timm wurde nach der größten möglichen Ringtrasse gesucht, die weitestgehend unter Industriegelände und öffentlichem Grund verlaufen und den Bau von vier oberirdisch zugänglichen Experimentehallen an den Kreuzungspunkten der Strahlen zulassen würde. Durch diese Forderungen waren Lage und Größe des Tunnels nahezu eindeutig bestimmt. Seine Länge ergab sich zu 6,3 km, er verlief größtenteils unter Gewerbegebiet und dem Hamburger Volkspark mit der Trabrennbahn; nur einige Dutzend Wohnhäuser waren zu unterqueren. Das erschien zwar verwegen, aber vielleicht doch nicht ganz ausgeschlossen. Die Trasse war zum Tunnelbau gut geeignet und konnte überdies sorgfältig so platziert werden, dass sie zwar stellenweise der Grenze zum ‚grünen' Hamburger Bezirk Eimsbüttel auf wenige Meter nahekam, ohne diesen aber zu unterfahren (siehe Abb. 9.2.

Abbildung 9.2 Der HERA-Ring. Im Vordergrund der PETRA-Speicherring, rechts am Bildrand die Bahrenfelder Trabrennbahn. Die Punkte O, S, W, N entlang des HERA-Rings markieren die Lage der unterirdischen Experimentierhallen (DESY-Archiv).

Im Lauf des Sommers 1979 hatten sich die Dinge soweit konkretisiert, dass der Bau einer Speicherring-Anlage für Elektronen von etwa 30 GeV und Protonen von etwa 800 GeV in einem solchen Ringtunnel denkbar erschien. Um die Kosten zu minimieren, könnte PETRA als Vorbeschleuniger genutzt werden.

Daraufhin empfahl der Wissenschaftliche Rat am 23. Oktober 1979, das PROPER-Projekt nicht weiter zu verfolgen und stattdessen die Planungen für die größere *ep*-Speicherringanlage voranzutreiben. Für sie war inzwischen der Name HERA („Hadron Elektron Ring Anlage") gewählt worden. Am 6. Dezember 1979 wurden die HERA-Pläne zum ersten Mal vom DESY-Verwaltungsrat, dessen Vorsitz damals Dr. Günter Lehr führte, offiziell zur Kenntnis genommen.

Inzwischen hatte ECFA die Anregung DESYs, die Studien über *ep*-Speicherring-anlagen nunmehr mit dem Fokus auf HERA zu vertiefen, nur zu gern aufgegriffen.

Wiederum gemeinsam organisiert von ECFA und DESY unter der Federführung von Ugo Amaldi und unter maßgeblicher Mitwirkung vieler DESYaner, allen voran Wiik, begannen verschiedene Studiengruppen die physikalischen Möglichkeiten, die erforderliche Beschleunigertechnologie und die für die Experimente benötigten Detektor-Anordnungen eingehend zu untersuchen. Wissenschaftler von zahlreichen deutschen Universitäten sowie vom CERN, vom Rutherford Laboratory, aus dem CEA Saclay und vom Fermilab waren daran beteiligt. Die Arbeitsgruppen schlossen ihre Studien im März 1980 ab; die Ergebnisse wurden von ECFA und DESY in einem dicken „grünen Buch" publiziert [136] und der internationalen Physikergemeinde in einem von ECFA organisierten Treffen am 28. März 1980 im CERN vorgestellt.

Als Unterlage für die Beratungen in den verschiedenen deutschen Gremien war beim DESY gleichzeitig eine Projektstudie zu HERA erstellt worden, in der die physikalischen Ziele, die Beschleuniger, Experimente, Bauten und Umwelteinflüsse sowie erste Schätzungen für Zeitplan, Kosten und Personalbedarf vorgestellt wurden [137]. Zusammen mit der Universität Bonn veranstaltete DESY im April 1980 eine Tagung in Bad Godesberg, um speziell die deutschen Teilchenphysiker über den Stand der HERA-Diskussion umfassend zu informieren und um ihre Mitarbeit zu werben.

Das wesentliche Ergebnis der ECFA/DESY-Studie war, dass das Physikpotential einer *ep*-Speicherringanlage wie HERA sehr interessant und wichtig und die Beschleuniger und Detektoren realisierbar seien. Es bilde eine wertvolle Ergänzung zu einem zukünftigen Forschungsprogramm am CERN mit dem LEP-Speicherring. ECFA konstatierte einen breiten Konsens der europäischen Teilchenphysiker, dass es in Europa neben dem CERN ein zweites großes Teilchenphysik-Zentrum mit einem zum CERN komplementären Forschungsprogramm geben solle. Daran schloss ECFA die Empfehlung, dass HERA als eine einzigartige Anlage bei DESY gebaut und den europäischen Teilchenphysikern zur Nutzung zur Verfügung gestellt werden solle.

Zur Auslegung der Maschine selbst war klar, dass die hohe angestrebte Protonenenergie von 800 GeV supraleitende Magnete erfordern würde. Das einzige Vorbild hierfür lieferte das amerikanische Fermilab, ein nationales Teilchenphysik-Zentrum unweit von Chicago mit einem Ring ähnlicher Größe wie bei DESY vorgesehen. Hier war unter der Leitung des amerikanischen Physikers Alvin Tollestrup bereits Pionierarbeit geleistet worden. Trotzdem war dieses Vorbild alles andere als ermutigend. Man war dort mit den supraleitenden Magneten in immense Schwierigkeiten geraten. Nachdem an die 100 Magnete in der Industrie gefertigt worden waren, hatte man dies aufgeben müssen, weil es den Firmen nicht gelang, die sehr kritischen und diffizilen Fertigungsbedingungen so unter Kontrolle zu halten, dass die erforderliche Qualität gewährleistet war. Das Fermilab hatte diese gewaltige Aufgabe dann selbst schultern müssen. Zwei große Hallen wurden errichtet und dort mit eigens dafür angeheuertem Personal unter genauester Aufsicht und größter Sorgfalt die Magnete gefertigt – insgesamt mehr als 1000 Stück, obwohl nur etwa 600 für den Ring benötigt wurden, also trotz aller Anstrengungen noch mit einem hohen Ausschuss und ganz erheblichen Mehrkosten.

Für das DESY konnte ein solches Vorgehen schon wegen seiner viel dünneren Personaldecke nicht in Frage kommen. Und als ob dies als Warnzeichen noch nicht genügte, begann sich soeben nach ähnlichen Magnet-Problemen das Scheitern des Isabelle-Projekts am Brookhaven-Nationallaboratorium (BNL) in den USA abzuzeichnen.

Es war offensichtlich, dass man mit HERA vor einer ungemein großen und schwierigen Aufgabe stand. Dennoch gelang es DESY, durch die ECFA-Empfehlung ermutigt, bei einem Treffen mit Vertretern in- und ausländischer Institute aus 12 Ländern im Oktober 1980 in München eine neue Studiengruppe mit starker internationaler Beteiligung ins Leben zu rufen, die bis Mitte 1981 einen detaillierten „Technischen Vorschlag für den Bau von HERA" ausarbeiten wollte. Björn Wiik hatte die 150 Teilnehmer durch seinen Optimismus und eine überzeugende Darstellung des bisher Erreichten und der wissenschaftlichen Aussichten mitzureißen vermocht.

Dem Wissenschaftsministerium waren diese Aktivitäten natürlich nicht unbekannt. Schopper und Lohrmann hatten bereits in Bonn eine Präsentation gegeben, wobei Lohrmann die Aufgabe zufiel, die HERA-Pläne vorzustellen, während Schopper als designierter CERN-Generaldirektor für LEP sprach. Es war inzwischen aber klargeworden, dass man HERA im Ministerium äußerst skeptisch beurteilte. Begründet wurde dies vor allem mit der Problematik der supraleitenden Magnete. Doch gab es viele weitere gewichtige Bedenken: Die schiere Größe des Projekts, die hohen Kosten und die offensichtlich unzureichende Personalstärke DESYs; die unvorhersehbaren Probleme bei der Errichtung einer „kernphysikalischen" Anlage mitten in einem Wohngebiet; die mangelnde Erfahrung beim DESY mit Protonen-Maschinen; die Unsicherheit, ob Elektron-Proton-Kollisionsmaschinen überhaupt funktionieren könnten; und nicht zuletzt die Tatsache, dass der Motor des Projekts, Björn Wiik, noch nie einen Beschleuniger gebaut hatte und damit nicht zu der elitären Zunft der Maschinenphysiker gerechnet wurde.

Solche Fragen hatten auch beim Wissenschaftlichen Rat beträchtliche Kopfschmerzen erzeugt. Sein Vorsitzender war derzeit Wolfgang Paul, der ja einer der Gründungsväter und später Direktoriumsvorsitzender des DESY gewesen war. Er dürfte HERA als eine Nummer zu groß für DESY angesehen haben und war wohl zu der Ansicht gelangt, dass sich Wiik in seinem Ehrgeiz überschätze. Ähnlich dachten manche innerhalb DESYs. Insgesamt überwogen auch beim DESY die Zweifel, ob es dem Institut gelingen könne, nach PETRA nochmals ein neues, international bedeutendes Beschleunigerprojekt zu realisieren. Die meisten verdrängten diese Frage; schließlich hatte man mit den derzeit führenden e^+e^--Speicherringen DORIS und PETRA ein ausgezeichnetes Arbeitsfeld und mehr als genug zu tun. Doch Wiik und seine Mitstreiter verfolgten unbeirrt die HERA-Pläne.

Dies war die Situation, als Volker Soergel im Januar 1981 den Vorsitz des Direktoriums von DESY übernahm.

9.4 Volker Soergel

Geboren 1931 in Breslau als Sohn eines Geologieprofessors war Soergel in Freiburg aufgewachsen und schon als Junge durch die Bekanntschaft mit dem bedeutenden Theoretiker Gustav Mie für die Physik begeistert worden. Er hatte an der Universität Freiburg studiert und war dort 1956 als Schüler von Wolfgang Gentner mit einer kernphysikalischen Arbeit promoviert worden. Ein Forschungsaufenthalt 1956/57 am ‚California Institute of Technology' in Pasadena, USA hatte ihn mit den neuen Ideen über die schwache Wechselwirkung in Berührung gebracht, die dort von den Theoretikern Feynman und Gell-Mann entwickelt wurden. Die damals begonnenen Experimente mit β-Zerfällen leichter Atomkerne hatte er dann in Freiburg und Heidelberg weitergeführt.

Abbildung 9.3 Professor Volker Soergel (DESY-Archiv).

Seit 1961 hatte er als ‚Senior Physicist' am CERN gearbeitet und sich mit anspruchsvollen Experimenten zu schwachen Zerfällen von Mesonen und Hyperonen einen Namen gemacht. Durch ihre frühere Beobachtung des „schwachen Magnetismus" im Kernzerfall und insbesondere durch die Messung der Rate des sehr seltenen Betazerfalls des Pions hatten er und seine Kollegen die Hypothese des erhaltenen Vektorstroms und damit die enge Verwandschaft zwischen schwachen und elektromagnetischen Wechselwirkungen bestätigen können. Andere Experimente mit K-Mesonen und Hyperonen, an denen er beteiligt war, beschäftigten sich mit der Raum-Zeit-Struktur der schwachen Wechselwirkung in verschiedenen Zerfallsprozessen. Weiter hatte er durch Experimente mit Hyperkernen, in denen gebundene Hyperonen die Stelle einzelner Nukleonen vertreten, grundlegende Fragen zur Natur der Kernkräfte und der Kernstruktur untersucht. Für seine Arbeit über den Pion-Betazerfall war er zusammen mit Joachim Heintze 1963 mit dem Physikpreis der Deutschen Physikalischen Gesellschaft ausgezeichnet worden.

Von 1967 an hatte Soergel zugleich als Professor für Physik sowie zeitweise als Direktor des Physikalischen Instituts und als Dekan der naturwissenschaftlich-mathematischen Fakultät an der Universität Heidelberg gewirkt. Im Jahr 1979 wurde er Mitglied des CERN-Direktoriums mit dem Verantwortungsbereich Forschung. Er hatte dem Wissenschaftlichen Rat von DESY viele Jahre angehört, von 1974–1979 dessen Vorsitz geführt und war daher mit DESYs Geschicken wohlvertraut.

Der Wissenschaftliche Rat unter dem Vorsitz von Wolfgang Paul hatte gute Gründe, Soergel als neuen DESY-Direktor in dieser schwierigen Phase vorzuschlagen. Von außen kommend würde er sich eine unabhängige Meinung bilden und mit erprobter Festigkeit und Durchsetzungskraft die richtige Entscheidung über DESYs Zukunft herbeiführen können.

Was hatte Soergel motiviert, die Verantwortung für ein so schwieriges Unterfangen, wie HERA es darstellte, auf sich zu nehmen? Primär dürfte es seine Begeisterung für erstklassige Physik gewesen sein. Dazu kam ein ausgeprägtes Pflichtgefühl. Durch sein Amt im Wissenschaftlichen Rat hatte er die DESY-Vorhaben bis dahin mitgetragen. Konnte er sich nun, da sein ganzer Einsatz gefragt war, versagen? Durch die Existenz zweier großer Institute, CERN und DESY, mit zueinander komplementären Programmen würde die Vielfalt, die für die Teilchenphysik in Europa fruchtbar und wichtig gewesen war, erhalten bleiben. Und als ein ausgesprochen mutiger Mann dürfte Soergel die Kühnheit der Wiikschen Pläne eher als einen Anreiz denn als abschreckend empfunden haben. Hätte er nicht mit vollem Herzen dahintergestanden, und wäre er seiner Natur nach nicht so selbstbewusst und optimistisch gewesen, dann hätte er diese große Herausforderung jedenfalls nicht angenommen.

Und in der Tat war, als Soergel am ersten Arbeitstag des Jahres 1981 bei DESY antrat, keineswegs klar, dass seine Amtszeit erfolgreich sein würde. Kaum mehr als einen Monat vorher hatte es Turbulenzen gegeben: In einer Pressemitteilung hatte DESY am 21. November 1980 bekanntgegeben, dass das Institut wegen einer Strompreiserhöhung der Hamburgischen Elektrizitätswerke und Budgetkürzungen durch die Bundesregierung bereits in drei Tagen bis auf weiteres stillgelegt werden müsse. Die Presse und das Fernsehen hatten prompt reagiert und gefragt, ob es mit Deutschland bereits so weit gekommen sei, dass es sich Spitzenforschung nicht mehr leisten könne. Dies hatte zu einer Anfrage im deutschen Bundestag und einer verärgerten Reaktion des Bundeskanzlers Helmut Schmidt geführt. Die Folge für DESY war eine ernste Rüge durch das Ministerium.

Ein riesiges Problem für DESY war, dass ein Anstieg der Gehälter um 8% und der Strompreise um 50% innerhalb eines von 1980 auf 1981 konstant gebliebenen Betriebshaushaltes verkraftet werden musste. Dies hatte ein dramatisches Absinken der Mittel zur Folge, die für Investitionen zur Verfügung standen. Damit nicht genug, wurde DESY wie den anderen Großforschungseinrichtungen des Bundes auch ab 1981 eine Stellenkürzung auferlegt: Über 5 Jahre sollten insgesamt 7,5% der Personalstellen wegfallen, und zwar „Stellenkegel-gerecht", so dass die Kürzung nicht durch die Vergabe weniger anspruchsvoller Arbeiten nach außen aufgefangen werden konnte, sondern auch das hochqualifizierte Personal von DESY dezimierte. Dies waren nicht gerade gute Voraussetzungen für ein großes neues Projekt.

Noch gewichtiger waren die zahlreichen anstehenden Probleme in Verbindung mit HERA. Wie konnten die Verantwortlichkeiten zwischen Wiik, dem Vater und Motor des Projekts, und Voss, dem überragenden Beschleuniger-Experten, aufgeteilt werden? Auf der technischen Seite sah man sich zwei besonders großen Herausforderungen gegenüber. Die erste betraf die möglichen Strahlinstabilitäten infolge der gegenseitigen Beeinflussung der gespeicherten Elektronen- und Protonenstrahlen. Niemand hatte bisher einen entsprechenden Versuch unternommen, verlässliche Computersimulationen waren noch jenseits der Möglichkeiten, und erst mit der endgültigen Fertigstellung der Maschine würde die Stunde der Wahrheit schlagen. Die zweite große Herausforderung stellte die industrielle Fertigung der supraleitenden Magnete dar. War es nicht Hybris zu glauben, man werde schaffen, woran zwei bedeutende Nationallaboratorien in Amerika mit ihren viel größeren Ressourcen gescheitert waren, nämlich eine Konstruktion und ein Herstellungsverfahren für die Magnete zu entwickeln, die eine verlässliche, zeitplangemäße und bezahlbare industrielle Serienfertigung möglich machten?

Sich durch Schwierigkeiten einschüchtern zu lassen lag indessen nicht in Soergels Art. Er hatte sich die Magnetentwicklung im Fermilab bereits angesehen und sich auch überzeugt, dass es bei DESY tüchtige Leute gab, denen man zutrauen konnte, mit den Problemen fertig zu werden. Und bald schon zeichnete sich eine positive Wendung ab.

9.5 Das HERA-Modell

Die im Oktober 1980 in München zur Ausarbeitung des HERA-Projektvorschlags gebildeten, von Wiik koordinierten Studiengruppen hatten sehr zielstrebig gearbeitet und sich viermal zu Zwischenberichten und Diskussionen getroffen. Mehr als 50 Wissenschaftler und Ingenieure aus 8 Ländern und von 22 Institutionen, darunter natürlich DESY sowie zahlreiche deutsche Universitäten, hatten sich daran beteiligt. Im Juni 1981 legten sie pünktlich ihren Projektvorschlag vor: „HERA, a Proposal for a large Electron-Proton Colliding Beam Facility at DESY" [138]. Die Protonenenergie sollte 820 GeV, die der Elektronen 30 GeV betragen; die Strahlen würden sich an vier Wechselwirkungspunkten schneiden, wofür vier unterirdische Experimentehallen gebaut werden sollten. Die Investitionskosten wurden mit 654 Millionen DM (zum Preisstand von Ende 1980) veranschlagt, davon 112 Mio DM für den Elektronen- und 282 Mio DM für den Protonenbeschleuniger, sowie 260 Mio DM im wesentlichen für Tunnel und Hallen, Stromversorgung und die Kälteanlage für die supraleitenden Magnete. Der geschätzte Personalbedarf betrug 3000 Mannjahre, ein Drittel davon Wissenschaftler und Ingenieure.

Dieser Vorschlag wurde vom DESY-Direktorium im Juli 1981 dem Wissenschaftlichen Rat vorgelegt, der zu seiner eingehenden Beurteilung eine international besetzte Kommission unter dem Vorsitz von Adolf Minten vom CERN einsetzte. Nachdem diese den Vorschlag als tragfähig und die Kostenabschätzung als realistisch befunden und der Wissenschaftliche Rat sich dieser Beurteilung angeschlossen hatte, wurde der HERA-Vorschlag zusammen mit der Stellungnahme des Wissenschaftlichen Rates im Dezember 1981 dem Verwaltungsrat zur weiteren Entscheidung zugeleitet. Im Oktober war er auch der Physiker-Öffentlichkeit in einem gemeinsam von DESY, ECFA und der Universität Wuppertal organisierten Diskussionstreffen in Wuppertal vorgestellt worden [139]. Soweit waren die Reaktionen ermutigend. Im Februar 1982 folgte eine Präsentation für Bundestagsabgeordnete in der Hamburger Landesvertretung in Bonn sowie eine Vorstellung beim Bundesforschungsminister von Bülow. Doch im Ministerium war die Reaktion eher hinhaltend. Immerhin war es Soergel aber gelungen, dass ein Posten für die Entwicklung der supraleitenden Magnete und für die vorbereitende Bauplanung in den DESY-Wirtschaftsplan für 1982 eingebracht und damit HERA zum ersten Mal sozusagen offiziell von den Zuwendungsgebern zur Kenntnis genommen worden war.

Nun traf es sich glücklich für DESY, dass das Forschungsministerium bereits 1980 eine Kommission „Großprojekte in der Grundlagenforschung" eingesetzt hatte; sie bestand aus angesehenen Fachleuten verschiedener Disziplinen unter dem Vorsitz von Professor Klaus Pinkau, dem späteren Direktor des Max-Planck-Instituts für Plasmaphysik in Garching, und hatte zehn vorgeschlagene Großprojekte kritisch geprüft. Für HERA lag ihr die vom DESY 1980 erstellte Projektstudie vor [137]. Nachdem die „Pinkau-Kommission" diesen Vorschlag eingehend mit Soergel diskutiert hatte, kam sie zu für DESY sehr hilfreichen Empfehlungen [140]. Sie wurden dem Ministerium im Februar 1981 vorgelegt und enthielten sowohl ein positives Votum zum Bau des ‚Large Electron-Positron-Ringes' (LEP) beim CERN als auch die Feststellung, DESY sei ein Flaggschiff der deutschen Grundlagenforschung und könne mit HERA auf lange Zeit ein international hochangesehenes Forschungsinstitut und Anziehungspunkt für Physiker aus der ganzen Welt bleiben. Vorausgesetzt, genügend Sicherheit für das Funktionieren der supraleitenden Magnete werde gewonnen und ein substantieller Beitrag des Auslands für den Bau des Beschleunigers eingeworben, könne ein Beginn des Baus ab 1984 in Aussicht genommen werden.

Diese Empfehlung, so positiv sie war, implizierte jedoch eine neue große Herausforderung. Bis dahin war die internationale Zusammenarbeit in der Teilchenphysik weltweit so gehandhabt worden, dass die Gastgeber-Institute – sofern es sich um nationale Institute handelte – ihre Beschleuniger und ihre Infrastruktur allen interessierten Experimentatoren kostenlos zur Verfügung stellten. Die Zulassung oder Ablehnung von Experimentevorschlägen erfolgte allein auf Grund wissenschaftlicher Kriterien; Herkunft oder Nationalität eines Nutzers spielten keine Rolle. Lediglich für die Kosten seines Experiments hatte er selbst aufzukommen oder, wenn er in einer Kollaboration mit anderen Nutzern zusammenarbeitete, einen angemessenen Beitrag dazu zu leisten. So wurde es ja auch mit den Experimenten an DORIS und PETRA gehalten. Allein das CERN funktionierte anders; es wurde – durch Staatsverträge geregelt – als europäisches Forschungsinstitut als Ganzes international finanziert und betrieben.

Die „Pinkau-Kommission" hatte in ihrer Empfehlung aber – vielleicht etwas blauäugig – substantielle ausländische Beiträge auch für den Bau des Beschleunigers impliziert, ein absolutes Novum für ein nationales Institut wie DESY. Sollte man anstreben, aus DESY eine internationale Einrichtung zu machen? Nein, die Gründung einer Art von zweitem CERN war politisch unrealistisch. Andererseits gab es für nationale Institutionen wie DESY kein Vorbild und kein erprobtes Modell, wesentliche Investitionen vom Ausland einwerben zu können.

Aus diesem Dilemma fand Soergel einen eleganten, genial-einfachen Ausweg, der unter dem Namen „HERA-Modell" berühmt werden sollte. Das Vorbild war die Art und Weise, in der die großen Kollaborationen, die bei PETRA arbeiteten, ihre Detektoren geplant, finanziert und gebaut hatten. Von Anfang an, schon beim Entwurf, hatten die an PETRA-Experimenten teilnehmenden Gruppen oder Institute gleichberechtigt zusammengearbeitet, so dass keine der Gruppen sich etwa nur als Zuarbeiter oder Zulieferer fühlen musste, sondern jede das Projekt mit gleichem Recht als das ihre ansehen konnte. DESY fungierte dabei als einer der Teilnehmer. Man hatte sich auf eine Aufgabenverteilung geeinigt, wobei sich jede Gruppe um eine Komponente des Detektors kümmerte, für die sie besondere Kompetenz hatte; für größere Komponenten teilten sich mehrere Partner in die Aufgabe. Die Übernahme einer Detektor-Komponente durch eine Gruppe oder ein Institut schloss die volle Verantwortung für diese Komponente ein, von der Geldbeschaffung über den Bau oder die Auftragsvergabe bis zur endgültigen Fertigstellung, Erprobung und Installation im Gesamtdetektor bei DESY. Man vermied damit direkte finanzielle Beiträge und sprach nur über Beiträge ‚in kind', also im wesentlichen Sachbeiträge; außer Detektorkomponenten und Instrumenten konnte dies auch die Beistellung von Materialien oder die Durchführung von bestimmten Arbeiten umfassen. Der jeweilige Beitrag blieb Eigentum der dafür verantwortlichen Gruppe oder Institution; diese verpflichtete sich, ihn zur gemeinsamen Nutzung bei DESY zu belassen, solange er von der Kollaboration benötigt würde. Dies alles war in schriftlichen Vereinbarungen festgehalten, die bilateral zwischen den einzelnen Partnerinstituten und DESY abgeschlossen worden waren. Die Zusammenarbeit nach diesem Modell bei PETRA hatte sich glänzend bewährt.

Soergels Idee war nun, die Grundzüge dieses Kollaborations-Modells auch auf den Bau der HERA-Maschine anzuwenden. Dann war man für die Einwerbung ausländischer Beiträge nicht darauf angewiesen, dass deutsche Politiker oder Ministerialbeamte die Politiker oder Beamten in anderen Ländern von dem Projekt überzeugen und schließlich den Abschluss von Staatsverträgen zustandebringen würden. Vielmehr konnte DESY selbst die Initiative ergreifen und die Physikerkollegen der ausländischen Institute solcher Länder ansprechen, die keine eigenen nationalen Hochenergie-Teilchenbeschleuniger betrieben, und diese würden sich dann bei ihren jeweiligen Geldgebern und Regierungen um die Finanzierung ihrer „in kind"-Beteiligungen am HERA-Bau bemühen. Dabei könnten sie sich Komponenten aussuchen, an deren Bau in der heimischen Industrie Interesse bestand. Die technische Gesamtverantwortung für die Anlage sollte bei DESY verbleiben.

Viele waren skeptisch, ob so etwas bei einem derart großen Projekt funktionieren könne, aber Soergel und Wiik waren optimistisch und gingen zielstrebig und energisch zur Sache. Der HERA-Projektvorschlag war ja bereits in einer breiten internationalen Kooperation entstanden. ECFA war von Anfang an eingebunden gewesen und sollte das HERA-Projekt auch weiterhin eng begleiten; der Vorsitzende von ECFA nahm regelmäßig an den Sitzungen des Erweiterten Wissenschaftlichen Rates teil. Nun nützten Soergel und Wiik ihre guten Kontakte, um in Gesprächen mit Wissenschaftlern und Wissenschaftsadministratoren derjenigen Länder, in denen starkes Interesse an HERA bestand, die Situation zu erläutern, darzulegen, dass ohne substantielle Beiträge zum Bau von HERA keine Aussicht auf Realisierung bestand, und die Möglichkeiten zu einer praktischen Beteiligung durch die Bereitstellung von HERA-Komponenten zu erkunden. Sie taten dies so überzeugend, dass ihre Ansprechpartner, anstatt verschreckt abzuwinken, fast ausnahmslos ihr Interesse bekräftigten – und schon bald war man in verschiedenen Ländern dabei, die Möglichkeiten für konkrete Beiträge zu HERA zu eruieren.

Soergels und Wiiks Geschick und Überzeugungskraft bei diesen Gesprächen wurde legendär. Es half dabei, dass die meisten der Ansprechpartner an den Experimenten mit PETRA oder DORIS beteiligt und daher gut mit DESY vertraut waren, und dass sie das Klima und die Bedingungen bei DESY während des Aufbaus ihrer Detektoren und des Betriebs der Experimente schätzen gelernt hatten. Sie hatten erfahren, dass DESY sehr gut auf wissenschaftliche Kooperation eingestellt war. So konnte DESY es wagen, die Vertreter von Instituten und Forschungsorganisationen in Frankreich, Großbritannien, Italien, Kanada, den Niederlanden und Norwegen zu einem Treffen einzuladen, das am 10. Mai 1982 bei DESY unter dem Titel ‚International Collaboration in the Construction of HERA' stattfand. Thema war die gegenseitige Information über beabsichtigte Beiträge und die Festlegung von Grundzügen für die zukünftige Zusammenarbeit beim Bau von HERA.

Tatsächlich sollte dieses Treffen zu einem Wendepunkt und zum Triumpf für das HERA-Modell werden. Den Teilnehmern lag eine detaillierte Liste der HERA-Komponenten mit den dafür von DESY veranschlagten Preisen vor. Soergel erläuterte seine Erwartungen zum Umfang der ausländischen Beiträge und bat die Teilnehmer, sich reihum dazu zu äußern, was sie sich für ihr Institut oder ihr Land vorstellen könnten. Die Stimmung der Teilnehmer war spürbar positiv, konstruktiv, teilweise geradezu enthusiastisch. Es war offensichtlich: Man war willens, den Bau von HERA als ein gemeinsam mit DESY zu schulterndes Projekt anzusehen. Die zukünftigen Partner waren sich bewusst, hier einen völlig neuen Weg zu gehen und DESY einen gewaltigen Vertrauensvorschuss zu geben. DESY – das waren in diesem Fall Soergel, Wiik und Voss. Sie hatten es vermocht, den ausländischen Kollegen Zuversicht und das Vertrauen zu vermitteln, dass ihre Investitionen in HERA gut angelegt sein würden.

Für einen Paukenschlag sorgte Antonino Zichichi, ein bekannter italienischer Teilchenphysiker und zu jener Zeit Präsident des Istituto Nazionale di Fisica Nucleare (INFN), der für die Teilchenphysik zuständigen Forschungsorganisation Italiens. Er hatte gute Verbindungen zur italienischen Regierung und stand außerdem nicht in dem Ruf, sich mit Kleinigkeiten abzugeben. Mit seiner Einstellung zu HERA sollte er diesem Ruf mehr als gerecht werden. Er kündigte ohne Umschweife die prinzipielle Bereitschaft seiner Organisation an, einen sehr substantiellen Beitrag – ein geschätzter Wert in der Größenordnung von 100 Millionen DM – für HERA-Komponenten wie Strahlführungselemente und supraleitende Magnete zu leisten, die in der italienischen Industrie gefertigt werden sollten. Dies war unerhört und übertraf die kühnsten Hoffnungen selbst solcher Optimisten wie Soergel und Wiik. Zichichis Motivation dürfte dabei nicht allein die HERA-Physik gewesen sein. Er sah sicherlich ein großes Potential für zukünftige Beschleuniger mit supraleitenden Magneten; die Mitarbeit am Bau von HERA würde die italienische Industrie dazu fit machen.

Inzwischen hatte sich bei DESY eine Magnetentwicklungsgruppe um Gerhard Horlitz formiert, den Leiter der Gruppe ‚Neue Technologien', die aus der ehemaligen

Blasenkammer-Betriebsgruppe hervorgegangen war und ihre Erfahrung in Magnetbau und Kryogenik einbrachte. Einer der Physiker dieser Gruppe, Siegfried Wolff, war zusammen mit Hartwig Kaiser, einem besonders kreativen und kompetenten Ingenieur, von DESY für einige Zeit zum Fermilab ‚ausgeliehen' gewesen. Sie hatten sich dort beim Bau der supraleitenden Magnete vielfache Erfahrungen und Verdienste erworben. Nach zweijähriger Tätigkeit waren bei DESY bereits Modell-Dipolmagnete in größerer Zahl gebaut und getestet und die Zuversicht gewonnen worden, dass man Dipolmagnete bis zur Serienreife für eine zukünftige industrielle Fertigung würde entwickeln können. Auch im Fermilab funktionierten mittlerweile die dort gebauten supraleitenden Magnete; der damalige Vorsitzende des Wissenschaftlichen Rates, Klaus Lübelsmeyer von der RWTH Aachen, war eigens hingefahren, um sie sich vor Ort anzusehen und hatte darüber einen Bericht an das Ministerium gegeben.

9.6 Die Grundsatzentscheidung

Ein Problem für die geplante internationale Zusammenarbeit beim Bau von HERA war natürlich, dass DESYs ausländische Partner ihren Geldgebern kaum konkrete Absichtserklärungen, geschweige denn verbindliche Zusagen abringen konnten, solange seitens der Zuwendungsgeber von DESY selbst noch überhaupt keine klare Aussage zu den HERA-Plänen vorlag. Zwar hatte Hamburg, vor allem dank der Initiative seines Wissenschaftssenators Professor Hansjörg Sinn, bereits im April 1982 eine Grundsatzentscheidung dahingehend getroffen, dass man sich an HERA, wenn es gebaut würde, beteiligen wolle; das Parlament, die Hamburgische Bürgerschaft, hatte sogar schon den im April 1981 öffentlich ausgelegten Bebauungsplan verabschiedet und damit die gesetzlichen Voraussetzungen für den Bau des Ringtunnels und der Hallen geschaffen. Sinn war Chemiker und ein engagierter und mutiger Verfechter guter Wissenschaft, so dass es nicht verwunderlich ist, dass Soergel schnell einen sehr guten Draht zu ihm gefunden hatte. Und Sinn als zuständiger Senator hatte es auf seine Kappe genommen, dass Hamburg über den normalen Finanzierungsbeitrag eines Bundeslandes hinausgehen und, statt für 1/9 des Beitrages des Bundes, bei HERA für 10% der Gesamtkosten des Beschleunigers einstehen würde, zu denen ja die erwarteten ausländischen Beiträge hinzukamen. Er war hierzu eigentlich nicht autorisiert gewesen, aber der Senat und die Bürgerschaft Hamburgs hatten es gebilligt. Hamburg war darüber hinaus sogar – unter dem Murren des Finanzsenators – bereit, 20% der Kosten für Tunnel und Hallen zu tragen.

Anders sah es im Bundesforschungsministerium unter Minister von Bülow aus. Zwar nahm man die Empfehlung des Pinkau-Ausschusses und die starke Unterstützung durch ECFA grundsätzlich durchaus zur Kenntnis. Doch man blieb zögerlich und wäre wohl allenfalls durch die Aussicht auf Auslandsbeiträge in einer Höhe, die vollkommen unrealistisch war, zu einem aktiven Engagement für HERA zu motivieren gewesen.

Ein weiteres Problem war inzwischen hinzugekommen. Die an Zahl und Einfluss wachsende Synchrotronstrahlungs-Gemeinde drängte auf den Bau einer neuen großen Quelle, eines Elektronenspeicherringes, der ausschließlich für die Erzeugung von Synchrotronstrahlung ausgelegt und genutzt werden sollte. Dies war ein berechtigtes und wichtiges Anliegen, und die Pläne wurden ja später auch in Form der ‚European Synchrotron Radiation Facility (ESRF)' in Grenoble realisiert. Einige der Verfechter hatten aber ihren Einfluss im Bundesforschungsministerium zu dem Versuch genutzt, das Ministerium zu überzeugen, DESY sei der am besten geeignete Standort für eine solche Maschine und seine Beschleunigerfachleute die beste Mannschaft für deren Bau. Während das letztere wohl zutraf, hätte das erstere, als Alternative zu HERA verstanden, mit Sicherheit das absehbare Ende der Teilchenforschung bei DESY bedeutet. Soergel ließ deshalb das Ministerium wissen, dass man über den Bau einer großen Synchrotronstrahlungsquelle bei DESY zu diskutieren bereit sei – allerdings erst nach erfolgter Genehmigung von HERA.

In dieser Lage konnte sich das Ministerium zu keiner Entscheidung durchringen. Doch das Glück kam DESY zu Hilfe: Im Oktober 1982 wechselte mit dem Antritt des Kabinetts Kohl auch die Leitung des Forschungsministeriums. Der neue Minister Dr. Heinz Riesenhuber kam aus der Industrie und war nicht nur Politiker und Administrator, sondern auch Wissenschaftler – ein Chemiker wie sein Hamburger Pendant Sinn. Er hatte ein feines Gespür für gute Forschung und gute Forscher. Zwischen ihm und Soergel ‚stimmte die Chemie' sofort, er begriff die Größe der Aufgabe und spürte die Begeisterung für HERA. Dass HERA das größte Projekt der Grundlagenforschung sein würde, das in Deutschland je unternommen worden war, dürfte auf einen Mann wie Riesenhuber – *nomen est omen*? – wohl eher als Herausforderung denn abschreckend gewirkt haben. Gleichzeitig mit Riesenhubers Amtsantritt übernahm Dr. Josef Rembser die Leitung der für DESY zuständigen Abteilung 2 des Forschungsministeriums – ebenfalls ein außerordentlicher Glücksfall für DESY.

Unter diesen neuen Verhältnissen konnte DESY erreichen, dass das Ministerium bereits am 22. Februar 1983 offiziell erklärte, es habe „im Zusammenhang mit den Haushaltsplanungen für das Jahr 1984 und mit der mittelfristigen Finanzplanung für 1985 bis 1987 entschieden, die Voraussetzungen für den Bau der Hadron-Elektron-Ring-Anlage (HERA) beim Deutschen Elektronen-Synchrotron (DESY) zu schaffen." Vor einer endgültigen Genehmigung sei noch die Verbindlichkeit des Kostenrahmens zu klären und eine Vereinbarung zwischen Bund und Hamburg über die gemeinsame Finanzierung auszuhandeln. Außerdem müsse die Organisation, der Zeitplan und die Projektkontrolle geklärt werden. Eine weitere Randbedingung war natürlich die hinreichende Konkretisierung der in Aussicht gestellten internationalen Beteiligung am Bau des Beschleunigers; dies war nicht allein als Hilfe bei der Finanzierung, sondern vor allem auch als Messlatte für wissenschaftliche Exzellenz gedacht. Mit Riesenhuber war eine neue Philosophie in das Ministeriums eingezogen. Man hatte den Eindruck: Nicht mehr die Kosten, sondern die wissenschaftliche Qualität galten als primärer Maßstab.

Mit seiner wegweisenden Absichtserklärung war Riesenhuber (CDU) dem Hamburger Bürgermeister Klaus von Dohnanyi (SPD) nur knapp zuvorgekommen. Der war gerade für eine neue Amtsperiode wiedergewählt worden und hatte sich für seine Regierungserklärung am 23. Februar 1983 einen besonderen Effekt durch die überraschende Ankündigung versprochen, dass Hamburg nunmehr mit einem großen neuen Projekt, HERA, voranzugehen gedenke.

Der DESY-Hörsaal war gedrängt voll, als Soergel in einer kurzfristig am 23. Februar 1983 angesetzten Veranstaltung den versammelten DESYanern und den wissenschaftlichen Gästen die für HERA nun gefallene Grundsatzentscheidung bekanntgab. Was bisher von den Meisten mit Skepsis und Zurückhaltung betrachtet worden war – nun war es auf dem besten Wege, Realität zu werden! Freude, gemischt mit einer gewissen Beklommenheit angesichts der riesigen Aufgabe, paarte sich mit Bewunderung für das von Soergel und Wiik Erreichte. Den DESYanern war nun eine neue Perspektive eröffnet.

Zugleich bedeutete dies für DESY ein mittleres Erdbeben. Mit HERA war ein Projekt zu stemmen, das alles bisher unternommene bei weitem übertraf. Es war offensichtlich, dass dies nur gelingen konnte, wenn ganz DESY darauf ausgerichtet und konzentriert würde. Allein die Synchronstrahlungs-Aktivitäten sollten davon verschont und voll weitergeführt werden. Den Boden für die Neuausrichtung zu bereiten war nun die nächste wichtige Aufgabe für Soergel und das DESY-Direktorium.

Zunächst soll hier aber das HERA-Projekt gemäß seinem damaligen Stand kurz vorgestellt werden.

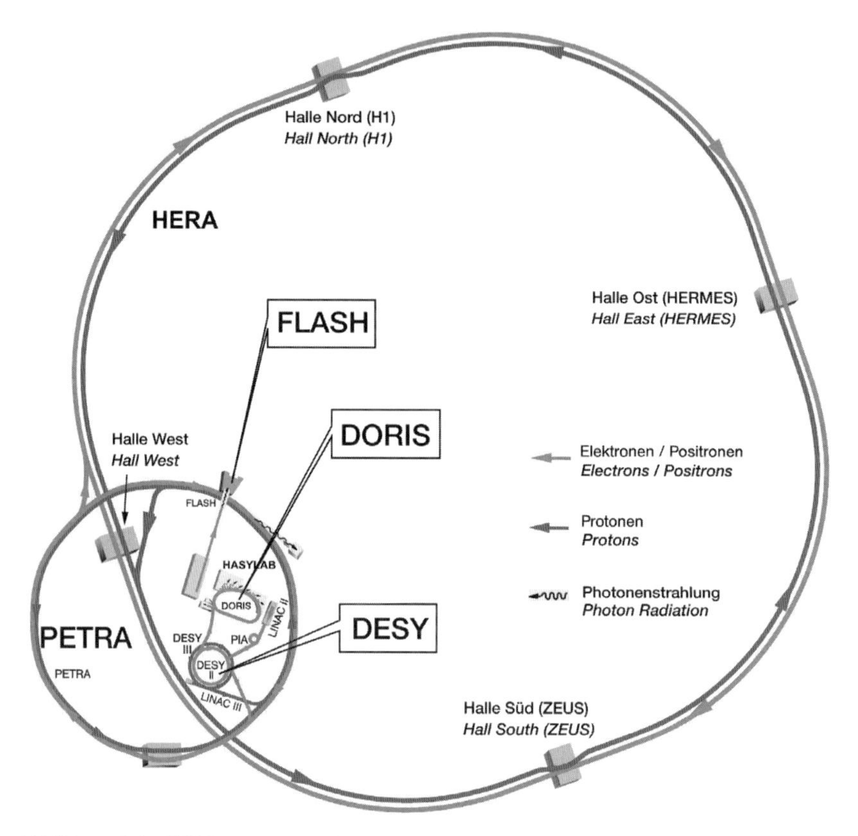

Abbildung 9.4 HERA – schematisch, mit den Einschussbeschleunigern Linac II, PIA, DESY II, DESY III, und PETRA. Ebenfalls gezeigt ist der Freie-Elektron-Laser FLASH (siehe Kap.13.8) (DESY-Archiv)

9.7 Das HERA-Projekt

Das Elektron-Proton-Speicherring-Projekt HERA sah den Bau von zwei Speicherringen von je 6,3 km Umfang vor, von denen der eine für Elektronen oder Positronen von Energien zwischen 10 und 30 GeV und der andere für Protonen von 300 bis 820 GeV ausgelegt war. Die Elektronenenergie war durch den Energieverlust durch die Synchrotronstrahlung begrenzt. Beide Speicherringe sollten übereinander in einem ringförmigen unterirdischen Tunnel von 3,2 m Durchmesser angeordnet sein und aus vier 90°-Bögen, verbunden durch vier jeweils 360 m lange gerade Stücke, bestehen. Die zueinander gegenläufigen Strahlen sollten sich an den Wechselwirkungspunkten jeweils in der Mitte der vier geraden Stücke kreuzen. Der Tunnel würde zwischen 10 und 20 m unter der Erdoberfläche liegen und sich zu 80% außerhalb des DESY-Geländes befinden.

Testbohrungen hatten gezeigt, dass die vorgesehene Trasse in einem großen Sandbecken mit lediglich einzelnen Lehm- und Mergeltaschen und eiszeitlichen Findlingsbrocken lag, allerdings zur Hälfte unterhalb des Grundwasserspiegels. Der Tunnel sollte im Schildvortriebsverfahren ohne Beeinträchtigung der Oberfläche gebaut werden. Da das Gelände leicht abfällt, würde der Ring um 1% geneigt sein. An den vier Kreuzungspunkten der Strahlen – drei davon außerhalb des DESY-Geländes – sollten unterirdische Experimentehallen von 35×25 m^2 Grundfläche in offener Bauweise errichtet werden, um dort die Detektoren für die Experimente zu installieren sowie Beschleunigerkomponenten, Serviceeinrichtungen und Kontrollräume in sieben Stockwerken in einer Art umgekehrter Wolkenkratzer unterzubringen. Für die großen Versorgungsinstallationen für elektrische Energie, Kühlwasser und die Heliumkühlung der supraleitenden Magnete war die zentrale Unterbringung in neuen, auf dem DESY-Gelände zu errichtenden Hallen vorgesehen.

Zur Vorbeschleunigung und zum Einschuss der Elektronen und Protonen in HERA sollten alle bislang bei DESY gebauten Beschleuniger außer DORIS genutzt werden. Elektronen oder Positronen würden zunächst in einem modernisierten Synchrotron vorbeschleunigt (DESY II). Danach würden sie in PETRA auf 14 GeV beschleunigt und dann in den HERA-Ring eingeschossen. Die Protonen würden ebenfalls zunächst in einem Synchrotron auf 7 GeV beschleunigt – das erforderte praktisch einen Neubau, genannt DESY III – und dann in PETRA auf eine Energie von 40 GeV gebracht; bei dieser Energie würden sie im HERA-Ring akkumuliert und dann dort weiter hochbeschleunigt werden können. Die Protonenquelle und ein 50 MeV-Linearbeschleuniger für die Anfangsbeschleunigung der Protonen müssten zusätzlich gebaut und das Synchrotron sowie PETRA zu dualen Beschleunigern für Elektronen und Protonen ausgebaut werden. Von PETRA zu HERA würden die Elektronen und Protonen durch zwei 400 m lange Tunnel geführt.

Der HERA-Elektronenring konnte im Prinzip ähnlich wie PETRA gebaut werden, dank des größeren Radius aber bei gleicher Hochfrequenzleistung eine wesentlich höhere Energie erreichen. Die Hochfrequenz-Beschleunigungsstrecken hatten in den geraden Stücken von HERA beiderseits der Wechselwirkungszonen Platz.

Für die Dipol-Ablenkmagnete und die Quadrupol-Fokussierungsmagnete in den Bögen des HERA-Protonenringes war wegen der erforderlichen hohen Magnetfeldstärken – 4,53 Tesla für die Dipolmagnete – die Verwendung Helium-gekühlter supraleitender Spulen obligatorisch. Die Strahlrohre mussten extrem gut evakuiert sein und ebenfalls auf die Temperatur des flüssigen Heliums gekühlt werden. Die zentrale Helium-Kälteanlage mit einer Kühlleistung von 20 kW bei 4,3 K würde die größte in Europa errichtete Anlage dieser Art sein. Flüssiges und gasförmiges Helium würde in einem geschlossenen Kreislauf über eine 4-fache Transferleitung zum HERA-Ring und im Innern des Tunnels zu Kälteboxen transportiert werden, von denen aus die jeweils in Oktanten miteinander verbundenen supraleitenden Magnete des Ringes versorgt würden.

Als maximale Schwerpunktenergie der Elektron-Proton-Kollisionen sollten etwa 300 GeV erreichbar sein, was einer Elektronen-Energie von etwa 50000 GeV bei Kollision mit einem stationären Target entspricht und mehr als das Zehnfache der bisher an Beschleunigern erreichten Schwerpunktenergie darstellt. Die Luminosität wurde im Projektentwurf mit $6 \cdot 10^{31}$ cm^{-2} s^{-1} veranschlagt.

An dieser Stelle ist zu bemerken, dass die Strahlen in HERA zur Kollision kollinear gegeneinander gelenkt werden. Im Projektvorschlag war man noch davon ausgegangen, die Bahnen sich unter einem Winkel kreuzen zu lassen. Doch spätere Berechnungen zeigten, dass dabei der Protonenstrahl durch die Raumladungseffekte des Elektronenstrahls aufgebläht werden würde, so dass man dieses Konzept aufgeben musste. Mit der kollinearen Strahlführung im Wechselwirkungspunkt war allerdings ein schmerzhafter Nachteil verbunden: Der Abstand zwischen dem Wechselwirkungspunkt und den Quadrupolmagneten für die Fokussierung der Protonen musste vergrößert werden mit der Folge, dass sich die Erwartungen für die Luminosität um einen Faktor von etwa 4 auf $1{,}5 \cdot 10^{31}$ cm^{-2} s^{-1} verringerten. Außerdem wurde die störende Untergrundstrahlung für die Experimente kritischer: Die zur Strahltrennung notwendige magnetische Ablenkung der Elektronen nahe der Wechselwirkungszone erzeugt störende Synchrotronstrahlung und kann außerdem Elektronen, die durch Abstrahlung Energie verloren haben, in den Detektor hineinlenken. Durch sorgfältige Gestaltung der Wechselwirkungszone und ihrer Umgebung würde dies aber beherrschbar sein. Für die HERA-Experimente würde auch mit dieser Änderung das interessante Physikprogramm, wie es schon in der CERN-Studie von Wiik und Llewellyn Smith diskutiert worden war, vollständig zugänglich sein.

Die Tabelle 9.1 fasst die wichtigsten Parameter von HERA zusammen.

9.8 Das Personalproblem

HERA war von Wiik anfangs vor allem von der Physik-Seite her vorangetrieben und inspiriert worden, wie es seiner Vergangenheit als Experimentator und seinem primären Interesse entsprach. So hatte er eine internationale Gemeinde von Physikern für die zukünftige Forschung mit HERA begeistern können. Es war aber klar, dass von der Beschleunigerseite her das HERA-Projekt allgemein, und DESY im besonderen, viel zu dünn besetzt war und dass es vor allem an Experten für Protonenbeschleuniger mangelte – insbesondere für die supraleitenden Magnete. Es gab keinen ausgewiesenen Fachmann, der hier die Führung hätte ergreifen können oder wollen. Wiik wurde klar,

Tabelle 9.1 Parameter des HERA-Speicherrings.

Luminosität	$1{,}5 \cdot 10^{31}\ \mathrm{cm}^{-2}\ \mathrm{s}^{-1}$	
Schwerpunktenergie	300 GeV	
Umfang	6336 m	
	Elektronen	Protonen
Energie	27,5 GeV	820 GeV
Magnetfeld	0,17 Tesla	4,5 Tesla
Zahl der Strahlpakete	180	180
Strahlstrom	50 mA	100 mA
Zahl der Teilchen/Paket	$4 \cdot 10^{10}$	$7 \cdot 10^{10}$
Strahlbreite im Kollisionspunkt	0,2 mm	0,2 mm
Strahlhöhe im Kollisionspunkt	0,05 mm	0,05 mm

dass HERA nicht vorankam, wenn er nicht selbst versuchen würde, diese Lücke auszufüllen. Er entschloss sich deshalb, sich ganz auf die technischen Fragen zu konzentrieren und das HERA-Projekt von dieser seiner schwierigsten Seite her anzupacken.

Wiiks Mitstreiter, die mit ihm zusammen die Entwicklung der supraleitenden Ablenkmagnete vorantrieben, waren zum Teil ebenfalls Leute, die in ihrer bisherigen Tätigkeit nichts mit dem Beschleunigerbau zu tun gehabt hatten. Zu ihnen gehörten Experimentatoren aus der von Wiik geleiteten Experimentegruppe F35, darunter Karl-Hubert Mess, der die Quench-Sicherung übernahm, und Peter Schmüser; letzterer war im ‚Hauptberuf' Professor an der Universität Hamburg und sollte sich im Verlauf des HERA-Baus noch vielfach als Ideengeber, hervorragender physikalischer Kopf und origineller Problemlöser auszeichnen. Von der TASSO-Gruppe der RWTH Aachen kam Dieter Trines, der später mit dem Vakuumsystem der Protonmaschine eine zentrale Verantwortung übernehmen und 1994 die Nachfolge von Voss als Leiter des Beschleunigerbereichs von DESY antreten sollte. Mit dabei waren natürlich die Leute der Gruppe ‚Neue Technologien', die bisher schon in der Entwicklung der supraleitenden Magnete gearbeitet hatten und unter denen vor allem Siegfried Wolff und Hartwig Kaiser zu nennen sind. Gerhard Horlitz konnte sich nun ganz auf die Flüssig-Helium-Anlage für die Kühlung der Magnete konzentrieren.

Die supraleitenden Ablenkmagnete stellten aber nur eine, wenn auch die schwierigste, der vielen Komponenten des zukünftigen HERA-Speicherrings dar. Zwar war für den Bau des HERA-Elektronenringes die erfahrene und bewährte DESY-Maschinenmannschaft unter Voss bestens aufgestellt, doch es war evident, dass für den Bau der Protonenmaschine eine um ein Vielfaches größere Personalausstattung erforderlich sein würde, als sie derzeit zur Verfügung stand. Und mit den beiden HERA-Ringen würde es keineswegs getan sein; es war auch noch eine Kette von vier Vorbeschleunigern für die Protonen zu schaffen. Zusätzliche Personalstellen für den HERA-Bau bewilligt zu bekommen war aussichtslos; im Gegenteil, es wurden laufend

Stellen im öffentlichen Bereich abgebaut und DESY blieb – Zukunftsprojekt hin oder her – davon nicht verschont.

Doch Wiik und Soergel packten das Problem entschlossen und zuversichtlich an, und sie konnten sich dabei auf das große Vertrauen stützen, das sie innerhalb DESYs genossen. Als erstes erging ein Appell an die Mitarbeiter von DESY, insbesondere diejenigen in den Experimentegruppen des Forschungsbereichs, sich so weit es irgend ginge zur Mitarbeit an HERA zur Verfügung zu stellen. Das Echo war so positiv, wie man es kaum erwartet hatte. Sehr viele Physiker erklärten sich bereit, und sie brachten auch einen Teil der Ingenieure und Techniker ihrer Gruppen mit ein – insgesamt etwa 75 Personen, die Hälfte des verfügbaren Personalbestands des Forschungsbereichs. Es war durchaus nicht selbstverständlich, dass so viele von ihnen die interessante Arbeit an den Experimenten mit für sie ungewohnten und in eine enge Disziplin eingebundene Aufgaben im HERA-Bau einzutauschen bereit waren.

Die Entscheidung für die Mitarbeit am HERA-Bau wurde aber dadurch beträchtlich erleichtert, dass Wiik selbst ein Experimentator war und man darauf vertraute, dass sich die Zusammenarbeit unter seiner Leitung in einem ähnlichen Stil gestalten werde wie in einem Experiment. Um Befürchtungen zu zerstreuen, dass, wer am HERA-Bau beteiligt gewesen war, sich später automatisch in einer HERA-Servicemannschaft wiederfinden würde, wurde vom Direktorium zugesichert, dass jeder seine ‚alte' Gruppenzugehörigkeit behalten und nach Erledigung der Aufgaben im HERA-Bau in den Forschungsbereich zurückkehren konnte, wenn sie oder er dies wünschte. Diese Zusicherung wurde jedem der Beteiligten schriftlich gegeben. Unter diesen Bedingungen sah auch der Betriebsrat kein Problem, den Veränderungen der Arbeitsbedingungen eines großen Teils der DESY-Mitarbeiter zuzustimmen, zumal diese sich ausnahmslos freiwillig bereiterklärt hatten. Sie brachten guten Willen, vielseitige physikalische und technische Fähigkeiten und Organisationsvermögen mit.

Allerdings war damit noch nicht annähernd die Hälfte der für den Bau der Protonenbeschleuniger unbedingt benötigten Personalstärke erreicht. Weitere Personalstellen bei DESY zu schaffen war unmöglich, im Gegenteil – der von den Zuwendungsgebern verbindlich festgelegte Stellenplan schrumpfte laufend. Doch Soergel wusste Rat. Er ließ DESY Kooperationsverträge mit verschiedenen deutschen Universitäten zur Zusammenarbeit beim Bau von HERA abschließen, in deren Rahmen DESY der Universität für ihre Mitwirkung Geld anwies, mit dem die Universität zeitlich befristet eingestellte Wissenschaftler bezahlte, die tatsächlich ganz für DESY arbeiteten.

Dies half beiden Seiten: DESY hatte – formal legal – Betriebsmittel zu Personalmitteln gemacht, und die Universität hatte ihre Drittmittelbilanz verbessert, was als Qualitätsausweis galt. Es ist bezeichnend für das große Vertrauen, das Soergel innerhalb DESYs entgegengebracht wurde, dass die DESY-Verwaltung ganz selbstverständlich half, solche ‚kreativen' Ideen umzusetzen. Und man darf vermuten, dass Soergel auch im Forschungsministerium Sympathisanten hatte, die es hinnahmen, wenn DESY im Interesse der Wissenschaft mit (legalen) bürokratischen Tricks arbeitete.

Auch hiermit blieb aber für die Protonenseite von HERA immer noch ein ganz erhebliches Personaldefizit. Die Lücke konnte allein durch Hilfe aus dem Ausland geschlossen werden. Nun sollten sich wiederum die guten, von gegenseitigem Vertrauen getragenen Beziehungen von Soergel und Wiik zu vielen ausländischen Kollegen und

Instituten bewähren. Alle Institute und Gruppen, die sich an den Experimenten bei HERA beteiligen wollten, wurden gebeten, auch zum Bau des Beschleunigers durch die Entsendung geeigneter Fachleute beizutragen. Und da waren insbesondere auch jene Länder, in denen Wissenschaftler zwar großes Interesse an der HERA-Physik hatten, die aber aus diversen Gründen – hauptsächlich wegen verschwindend kleiner Forschungsetats – keine Hoffnung sahen, substantielle Sachbeiträge zu HERA liefern zu können. Soergel und Wiik ermunterten sie, trotzdem mitzumachen und betonten, dass Personalbeiträge zu HERA ebenso erwünscht und wertvoll seien wie die Beistellung von Beschleunigerkomponenten.

Die Reaktion war überwältigend positiv. Insgesamt wurden es schließlich zwischen 300 und 400 Wissenschaftler, Ingenieure und Techniker aus verschiedenen Ländern, die über einen Zeitraum von fünf oder mehr Jahren am Bau der Protonenmaschinen mitwirkten. Als Herkunftsländer sind an erster Stelle Polen und China zu nennen, später kamen die damalige DDR, die UdSSR und die Tschechoslowakei hinzu. Auch aus England, der Schweiz und den USA kamen Leute. Oft waren es Experten, die in ihrer Heimat kein interessantes Projekt hatten, das sie auslastete oder befriedigte, oder die sich Erfahrungen auf einem neuen Gebiet aneignen wollten. Sie blieben mindestens ein Jahr, manche auch volle fünf Jahre, und übernahmen große und wichtige Gebiete im HERA-Bau. So konnte Wiik etwa die für das Funktionieren der Maschine ganz entscheidende Prüfung und Messung der supraleitenden Magnete zum großen Teil polnischen Mitarbeitern anvertrauen.

Dass mit einer so zusammengewürfelten, im Beschleunigerbau unerfahrenen Mannschaft eine äußerst komplizierte Maschine innerhalb des veranschlagten Budgets und Zeitplans gebaut werden sollte, war ein Novum und das schließliche Gelingen eine weitere erstaunliche Leistung von Wiik. Wie konnte dies funktionieren? Entscheidend war, dass beide Seiten davon profitierten. Bei DESY bekamen die auswärtigen Wissenschaftler, Ingenieure und Techniker Zugang zu modernsten Geräten und neuester Technologie. Sie kamen nicht als angeheuerte Arbeitskräfte, sondern waren gleichberechtigt mit den deutschen und anderen ausländischen Kollegen bei HERA; wie diese konnten sie sich ihre Aufgaben weitgehend selbst wählen, konnten dabei etwas wirklich Neues lernen und zum Funktionieren bringen, und wenn sie später in ihre Heimatländer zurückkehrten, dann mit wertvollen neugewonnenen Kenntnissen und Erfahrungen. Hinzu kam, dass dies eine ersehnte Chance für viele aus den ‚sozialistischen' Ländern war, ‚den Westen' kennenzulernen. Und so war DESY für viele Wissenschaftler und Ingenieure aus Polen, China, der Sowjetunion und nicht zuletzt der DDR ein Tor in eine andere, freiere Welt. Während ihrer Abordnung zu DESY blieb die Zugehörigkeit zum jeweiligen Heimatinstitut bestehen; DESY bezahlte lediglich die Reisen und trug die für den Aufenthalt in Hamburg notwendigen Zusatzkosten, da die Heimatinstitute dazu meist wegen ihrer Devisenprobleme nicht in der Lage waren.

Ganz wichtig war natürlich, dass man nur tüchtige und zu konstruktiver Teamarbeit fähige Leute bekam. Angesichts besonders der Vielen, die aus ‚sozialistischen' Ländern kommen sollten, musste man auch auf der Hut sein, dass nicht vorrangig nach politischer Zuverlässigkeit ausgewählte ‚Reisekader' geschickt würden. Soergel und Wiik hatten deshalb mit den Leitungen der ausländischen Heimatinstitute vereinbart, dass sie jeden Einzelnen, der zu DESY entsandt werden sollte, persönlich kennenlernen und begutachten konnten, bevor er nach Deutschland kam. Die vielen Interviews in Polen und China kosteten vor allem Wiik sehr viel Zeit, doch konnte er sich so eine Mannschaft von ausgesucht guten Leuten zusammenstellen. Einige, wie etwa manche der Informatiker von der Universität Krakau, konnten sich mit den besten Fachleuten überhaupt messen. Andere waren für Hochfrequenz- oder Vakuumtechnik qualifiziert. Aus dem Institut für Hochenergiephysik und der Tsinghua-Universität in Peking wurden etwa 200 Chinesen gewonnen, von denen einige schon Erfahrungen mit dem Bau eines Protonen-Linearbeschleunigers hatten und weitgehend eigenständig als Gruppe eingesetzt werden konnten.

Die Ausländer stellten so schließlich etwa die Hälfte der Wiikschen Mannschaft. Wiik entfaltete ein einzigartiges Talent, alle diese nach Herkunft, Sprache, Charakter und Vorkenntnissen so verschiedenartigen Leute in die gemeinschaftliche Arbeit zu integrieren und aus ihnen eine leistungsfähige und hoch motivierte Arbeitsgruppe zu formen. Und damit wurde der Bau von HERA auch ein singuläres und am Ende sehr erfolgreiches soziologisches Experiment.

9.9 Beiträge des Auslands

Inzwischen hatten sich, nach unermüdlicher Reisetätigkeit und Überzeugungsarbeit von Soergel und Wiik – häufig in Begleitung von Vertretern des Forschungsministeriums – und dank des großen Einsatzes vieler Physikerkollegen in verschiedenen Ländern, auch für die materiellen Auslandsbeiträge die Vorstellungen und Absichten konkretisiert.

Der mit Abstand gewichtigste der diskutierten Beiträge war der aus Italien. Antonino Zichichi informierte DESY im Mai 1983 über die Bereitstellung eines Postens für die supraleitenden HERA-Dipole in der Höhe von 85 Milliarden Lire in das INFN-Budget für den laufenden Fünfjahresplan – nominal ein Betrag von 140 Mio DM! Das Budget bedurfte allerdings noch der Genehmigung durch die italienische Regierung. Die bei der Herstellung der Dipolmagnete anfallenden vielfältigen Teilaufgaben wie die Herstellung des supraleitenden Kabels, die Anfertigung der Spulen, der Bau der Kryostate sollten sämtlich bei der italienischen Industrie in Auftrag gegeben werden; dort war das Interesse groß und Kontakte mit DESY waren bereits geknüpft. DESYs Kontraktpartner war das INFN, das die Arbeiten koordinieren und die Oberaufsicht und Verantwortung übernehmen würde.

Der sich abzeichnende gewaltige Beitrag aus Italien schreckte allerdings das Forschungsministerium auf. Sollte HERA tatsächlich gebaut werden, dann würde sich vor allem die mit der Herstellung der supraleitenden Magnete beauftragte Industrie wertvolle technologische Fähigkeiten sichern. Sollte dieses Know-how allein nach Italien gehen? Das würde sicherlich bei mancher deutschen Firma Missfallen erzeugen. Deshalb entschied das Ministerium, dass mindestens die Hälfte der Ablenkmagnete in Deutschland gefertigt werden sollte – und dann natürlich aus einem eventuellen DESY-HERA-Budget bezahlt werden musste.

Auch aus anderen Ländern kamen frühzeitig Zusagen für die Bereitstellung von HERA-Komponenten, so aus Kanada für die Lieferung von Strahlführungen für die

Protonen durch das Forschungszentrum TRIUMF sowie von Hochfrequenzsystemen für die Protonenbeschleunigung durch das Chalk River Laboratorium. Douglas Stairs von der McGill-Universität in Montreal, der Leiter des kanadischen „Institute of Particle Physics", hatte dafür die Zustimmung des kanadischen Forschungsrates erreichen können.

In Frankreich hatte Pierre Lehmann von der Leitung des CEA Saclay bei der Regierung beantragt, supraleitende Quadrupole für die Fokussierung der Protonen im HERA-Ring in Saclay zu entwickeln und in der französischen Industrie bauen zu lassen. Auch das Orsay-Laboratorium hatte sein Interesse erklärt, sich am HERA-Bau zu beteiligen. Die Entscheidung der Regierung stand allerdings noch aus.

Für die Niederlande konnte Walter Hoogland, der Direktor des Hochenergiephysik-Instituts NIKHEF, über die Absicht berichten, die supraleitenden Korrekturmagnete für den Protonenring, die zum Ausgleich der chromatischen Fehler der Quadrupole benötigt wurden, in der holländischen Industrie fertigen zu lassen. Prototypen waren bereits hergestellt und getestet worden.

In Israel war der Forschungsminister Yuval Neeman, ein bedeutender theoretischer Physiker, sehr an HERA interessiert und DESY erhielt über das Weizmann-Institut das Angebot für die Entwicklung und Beistellung wichtiger Kryogenik-Komponenten für den supraleitenden Protonenring.

Es folgten noch weitere Absichtserklärungen. So bot das Brookhaven-Nationallaboratorium (BNL) in den USA an, die laufende Qualitätskontrolle des supraleitenden Kabels mit den dort vorhandenen Messvorrichtungen von ihrem bestens eingearbeiteten Personal durchführen zu lassen – ein sehr wichtiger Beitrag, wie sich im Laufe der Magnetfertigung noch herausstellen sollte. Das Rutherford-Appleton-Laboratorium in England bot seine Mitarbeit beim Entwurf und Bau der Protonenbeschleuniger an. Das Kernphysikinstitut in Krakau wollte Kupferprofile zum Bau von Vakuumkammern beschaffen.

Dass DESY und seine ausländischen Partner es im späteren Verlauf zuwege brachten, formelle Verträge über HERA-Beteiligungen zwischen DESY einerseits und staatlichen Organisationen wie dem italienischen INFN und sogar direkt mit ausländischen Ministerien andererseits abzuschließen, ohne dass dies den Regierungsstellen überlassen und eine Menge Politik und Bürokratie involviert werden musste – das war schon sehr ungewöhnlich und vermutlich einzigartig. Natürlich war das Forschungsministerium informiert, aber es ließ DESY viel Freiheit. Eines Treffens zwischen Ministern oder Präsidenten bedurfte es nicht, um die internationale Beteiligung am Bau von HERA – immerhin mit ausländischen Beiträgen, deren realer Wert in der Größenordnung von 100 Millionen DM lag – zu besiegeln.

Aus den Verhandlungen, die Soergel in den Monaten nach der Projektgenehmigung zum Abschluss bringen konnte, soll hier nur eines der vielen kuriosen Details festgehalten werden [141]. Es war kurz vor Weihnachten 1984, als Soergel zusammen mit Dr. Rembser vom Forschungsministerium eine Blitzreise nach Rom unternahm, wo Zichichi die Unterzeichnung einer Vereinbarung zwischen DESY und dem Istituto Nazionale di Fisica Nucleare (INFN), der italienischen Forschungsorganisation, vorbereitet hatte. Bei dem Gespräch ging es u.a. darum, dass der italienische Beitrag kleiner als ursprünglich geplant ausfallen würde, da das Bundesministerium nunmehr die Hälfte der HERA-Ablenkmagnete übernehmen wollte.

Am Flughafen angekommen wurden die beiden rasch und ohne jegliche Passformalitäten zu einem VIP-Raum geführt, in dem der italienische Außenminister Andreotti bereits auf sie wartete. Er stand vor dem Abflug nach Warschau, doch er nahm sich viel Zeit, über Hochenergiephysik und die deutsch-italienische wissenschaftliche Kooperation zu sprechen. Großzügig stellte er am Ende sein ‚persönliches' Besprechungszimmer im italienischen Außenministerium für die Gespräche DESY-INFN zur Verfügung – einen Prachtraum, der 50 Diplomaten Platz geboten hätte und in dem nun, eskortiert durch eine Ehrengarde Carabinieri auf der Fahrt vom Flughafen zur Innenstadt, die kleine deutsch-italienische Kooperationsgruppe tagte. Der Vereinbarungstext wurde abgestimmt. Die Zeit näherte sich, bei wachsender Unruhe der deutschen Teilnehmer, dem Abflugtermin der Lufthansa-Maschine, bis Soergel und Rembser dann schließlich in buchstäblich letzter Minute mit Zichichi wieder unter Ehrengeleit und Blaulicht zum Flugplatz rasten. Der Ruf „il professore Zichichi" öffnete Türen, Pass- und Zollschranken und brachte sie ohne Check-in und Flugscheinkontrolle bis zur wartenden Maschine. Drinnen konnten sie nur ungläubig über diese „Kooperation auf Italienisch" staunen, aber – ein gewaltiger italienischer Sachbeitrag zu HERA war gesichert.

Abbildung 9.5 Volker Soergel begrüßt den Außenminister Italiens, Giuliano Andreotti (rechts), bei DESY; dahinter Antonino Zichichi, Präsident des INFN (DESY-Archiv).

Infolge der Bekanntschaft mit Professor Zichichi kam es auch noch zu Audienzen von Mitgliedern des DESY-Direktoriums bei Papst Johannes Paul II und beim italienischen Staatspräsidenten. Im Jahr 1988 folgte ein Staatsbesuch von Andreotti, bald danach Ministerpräsident Italiens, beim DESY.

Tatsächlich wurden das HERA-Modell und die ausländischen Beiträge ein eindrucksvoller Erfolg. Der großzügige italienische Beitrag von 50% der supraleitenden Dipole für den Protonenring wurde vollständig und unter Einhaltung der Qualitätsanforderungen und des Zeitplans bereitgestellt. Dies trifft gleichermaßen für den ganz überwiegenden Teil der anderen ins Auge gefassten Beiträge zu.

Der Wert der ausländischen Beiträge zu den Komponenten lässt sich, da er ‚in kind' erfolgte, nicht genau in DM beziffern. Er betrug geschätzt am Ende etwa 20% der Gesamtinvestitionen für die HERA-Maschinenkomponenten. Rechnet man die Inflation ein, so ergibt sich ein Äquivalent von weit über 100 Mio DM. Tatsächlich lagen die von den ausländischen Partnern aufgewendeten Mittel noch darüber, da ihre Herstellungskosten teilweise höher waren, als DESY sie nach seinen eigenen Maßstäben veranschlagt hatte. Eine nationale Maschine mit derart großen Beiträgen aus dem Ausland zu realisieren war ohne Beispiel. Nimmt man das gesamte HERA-Projekt einschließlich der Bauten, der Infrastruktur und vor allem der Detektoren H1 und ZEUS, dann betrugen die ausländischen Beiträge etwa 22%, was einem Wert von nahezu 300 Mio DM nach dem Preisstand von 1992 entspricht.

Die Bereitschaft bei den Partnerinstituten und ihren jeweiligen Zuwendungsgebern, für eine ausländische nationale Anlage wie HERA derart erhebliche Anstrengungen und Mittel aufzuwenden, war `nota bene` um so bemerkenswerter, als diese Beiträge mit keinerlei Zusagen für bestimmte Prioritäten bei der Nutzung der Maschine verbunden waren. Man konnte sich bei HERA nicht einkaufen, und man wollte dies auch gar nicht. Es herrschte Konsens darüber, dass wie bei den bisherigen großen Beschleunigerprojekten der Teilchenphysik der Zugang allein auf wissenschaftlicher Grundlage entschieden werden und auch Wissenschaftlern und Arbeitsgruppen aus Ländern offenstehen sollte, die sich nicht am HERA-Bau beteiligten. Die Partnerinstitute hatten genügend Selbstbewusstsein, darauf zu vertrauen, dass sie dank ihrer wissenschaftlichen Kompetenz mit ihren Forschungen schon zum Zuge kommen würden.

Andererseits war selbstverständlich, dass ein derartiges Engagement der ausländischen Partnerinstitute beim Bau von HERA mit einer angemessenen Mitwirkung bei allen Entscheidungen über die HERA-Maschine und ihre Nutzung einhergehen musste. Als primäres Steuerungsinstrument hierzu schuf Soergel das ‚HERA Management-Board'. Ihm gehörten neben den Mitgliedern des DESY-Direktoriums, den beiden HERA-Projektleitern und dem Vorsitzenden des Wissenschaftlichen Rates je zwei Vertreter der am Bau von HERA beteiligten Länder an, von denen jeweils einer ein Beschleunigerfachmann war. Je ein Vertreter des Forschungsministeriums und der Hamburger Wissenschaftsbehörde nahmen ebenfalls an den Sitzungen teil, die regelmäßig alle 6 Monate unter dem Vorsitz von Soergel bei DESY stattfanden. So wurde sichergestellt, dass der Informationsaustausch zwischen allen, die für den HERA-Bau Verantwortung trugen, funktionierte und Alle ihre Vorstellungen, Sorgen und Anliegen einbringen konnten.

Für die Diskussion und Beratung von Projektleitung und Direktorium über die mehr beschleunigerspezifischen Fragen wurde ein HERA-Maschinen- Komitee berufen. Ihm kam eine für den HERA-Bau sehr wichtige Funktion zu. Seine Mitglieder waren die Beschleunigerfachleute des Management-Boards, ergänzt durch weitere in- und ausländische Experten – die besten weltweit, die man finden konnte vor allem für diejenigen Gebiete, auf denen DESY weniger Erfahrung besaß. Sie trafen sich alle vier Monate bei DESY für jeweils 3 bis 4 Tage. Den Vorsitz führte Kjell Johnson vom CERN, als Norweger ein Landsmann von Wiik, der durch seinen erfolgreichen Bau des ersten Proton-Proton-Speicherringes ISR als einer der weltweit führenden Fachleute ausgewiesen war.

In den Sitzungen des Maschinenkomitees berichteten die für die einzelnen Gebiete beim HERA-Bau Verantwortlichen regelmäßig über den Fortschritt der Arbeiten und stellten sich den Fragen und dem Urteil der auswärtigen Experten. Schon dass sie sich hierfür auf das sorgfältigste vorbereiten mussten, war der Sache sehr zuträglich. Durch die Präsentationen und Diskussionen konnten eventuelle Fehlentwicklungen rechtzeitig aufgedeckt, Fehlermöglichkeiten erkannt sowie Ideen und Anregungen eingespeist werden. Dies erforderte viel Zeit und ernsthafte Anstrengung aller Beteiligten. Es gab aber gerade Wiik und seinen Mitarbeitern ein besseres Gefühl, wenn Außenstehende, die man respektierte, sorgfältig hinsahen und man so schließlich an Zuversicht gewann, auf dem richtigen Weg zu sein.

Was die vorgesehene Nutzung von HERA für die zukünftigen Forschungsarbeiten anging, so mussten die ausländischen Partner hier selbstverständlich gleichberechtigt mit DESY und den deutschen Wissenschaftlern mitsprechen können. Dies wurde in der Auswahl der Mitglieder des ‚Physics Research Committee', das schon für PETRA internationalisiert worden war, berücksichtigt, so dass DESYs Partner in alle Entscheidungen über die zukünftigen Experimente und über den Aufbau der Detektoren von vornherein voll eingebunden waren.

9.10 Die Projektgenehmigung

Nachdem das weite Interesse an HERA durch belastbare Absichtserklärungen für zahlreiche ausländische Komponenten- und Personalbeiträge zunehmend untermauert und der seit der Pinkau-Empfehlung von 1981 bei DESY erreichte technische Fortschritt nicht zu übersehen war, hatte Bundesforschungsminister Riesenhuber die Pinkau-Kommission im Oktober 1983 um eine erneute, ergänzende Begutachtung gebeten. Die Kommission benötigte dazu nur wenige Wochen. Sie empfahl, nunmehr unverzüglich einen formellen Beschluss zum Bau von HERA zu fassen, so dass es DESY erleichtert würde, die vorgesehenen, bereits auf Institutssebene vereinbarten internationalen Beteiligungen verbindlich zu sichern. Dies war das von DESY ersehnte Signal an Riesenhuber, die endgültige Genehmigung von HERA nicht länger hinzuhalten. In den DESY-Wirtschaftsplan für 1984 wurden nun erste Mittel für den Bau von HERA durch den Bund und Hamburg eingestellt – allerdings unter dem Vorbehalt der endgültigen Genehmigung.

Am 16. Dezember 1983 fiel noch eine wichtige Entscheidung im Hamburger Senat unter Bürgermeister Klaus von Dohnanyi: Wissenschaftssenator Sinn wurde ermächtigt, mit dem Bundesforschungsministerium einen Vertrag über die von dem 10%-Schlüssel abweichende HERA-Finanzierung abzuschließen und den Forschungsminister zu bitten, eine verbindliche Entscheidung zu HERA zu treffen. Hamburg sagte außer seiner Mehrleistung für Tunnel und Hallen auch seine Beteiligung an der Deckung von eventuellen Minderbeiträgen ausländischer Partner zu. Der Bundesforschungsminister traf daraufhin seine Entscheidung für HERA am 25. Januar 1984 und teilte dies noch am gleichen Tag von Dohnanyi und Soergel mit. Die Zustimmung der Hamburger Bürgerschaft folgte mit überwältigender Mehrheit am 15. Februar.

Am 6. April 1984 erteilten Bundesforschungsminister Riesenhuber und Hamburgs Wissenschaftssenator Sinn gemeinsam die endgültige Zustimmung der beiden Stifter von DESY mit der feierlichen Unterzeichnung der „Vereinbarung zwischen der Bundesrepublik Deutschland und der Freien und Hansestadt Hamburg zur Finanzierung der Hadron-Elektron-Ring-Anlage HERA". Die veranschlagten Kosten waren die gleichen geblieben wie im DESY-Vorschlag von 1981: 654 Millionen DM an Investitionsmitteln (nach dem Preisstand von Ende 1980 – dafür prägte Soergel den Begriff ‚HERA-Mark') sowie 3000 Mannjahre an Personalbedarf. Dass DESY die Bedarfszahlen zwischenzeitlich nicht erhöht hatte, wie es bei großen komplizierten Projekten üblich ist, hatte sicher zur Vertrauensbildung bei den Geldgebern beigetragen. Die Stifter waren bereit, den Startschuss für HERA ungeachtet des mit den ausländischen Beiträgen noch verbundenen finanziellen Restrisikos zu geben.

Die Unterzeichnung fand im Rahmen eines festlichen Aktes bei DESY in der großen DORIS-Experimentehalle statt. Hier war genügend Platz, um allen DESYanern und wissenschaftlichen Gästen die Teilnahme zu ermöglichen. Als sichtbares Zeichen des Fortschritts war einer der ersten bei DESY gebauten und erfolgreich getesteten, 6 m langen supraleitenden Dipolmagnete als Balustrade aufgestellt.

In seiner Ansprache betonte Riesenhuber, was ihn besonders beeindruckt habe sei die großartige Motivation bei DESY gewesen, die er bei seinen Gesprächen immer gespürt habe. Ferner sei es die Art gewesen, wie DESY technische Probleme angegangen sei und dass man hier offensichtlich nicht nur Experimente der Teilchenphysik kompetent auszuführen verstehe, sondern auch die ingenieursmäßigen Voraussetzungen zu schaffen von der Planung der Anlagen bis hin zu präzisen Aufträgen an Unternehmen. Dies sei ein wesentlicher Grund dafür, dass es ihm leicht gefallen sei, die Entscheidung für HERA zu treffen. Das Zusammengehen von wissenschaftlicher und technischer Kompetenz unter dem gleichen Dach habe für ihn einen ungemeinen Reiz. Und mit seinen früheren Projekten habe DESY gezeigt, dass Zeit- und Kostenpläne eingehalten würden. Als einen weiteren wichtigen Grund dafür, dass ihm die Entscheidung leichtgefallen sei, nannte er die internationale Anerkennung DESYs. Mit HERA könne hervorragende Grundlagenforschung, die „Sprünge auf neue Fragestellungen erlaubt... bis weit in die 90er Jahre, vielleicht auch bis ins nächste Jahrhundert hinein möglich werden".

In seiner Antwort bedankte sich Soergel für das in DESY gesetzte Vertrauen. Es sei ein mutiger Entschluss, dass ein so großes Projekt realisiert werden solle. Er sei froh, in einem Land zu leben, dessen Regierung die Weisheit habe, der Grundlagenforschung einen so hohen Stellenwert einzuräumen.

DESY hatte sich auf die neue Lage sehr gut vorbereitet. Die Bauarbeiten waren zum größten Teil schon im Dezember 1983 vorbehaltlich der endgültigen Genehmigung ausgeschrieben worden, die Angebote waren Ende Februar 1984 eingegangen. So konnte der erste Bauauftrag bereits wenige Tage nach der Projektgenehmigung erteilt werden, und die Arbeiten begannen nur sechs Wochen nach der Unterzeichnung des HERA-Vertrags, am 15. Mai 1984, mit dem Erdaushub für die spätere Experimentehalle Süd – also sogar schon außerhalb des DESY-Geländes. Auch Aufträge für viele der HERA-Komponenten wurden bereits erteilt.

Soergel hatte sich mit Voss und Wiik auf eine Arbeitsteilung verständigt, wonach der Bau von HERA durch zwei gleichberechtigte Projektverantwortliche geleitet werden würde, durch Voss für die Elektronenmaschine einschließlich der Bauten und durch Wiik für die Protonenbeschleuniger und die Flüssig-Helium-Kälteanlage – ein Arrangement, das sich außerordentlich bewähren sollte.

Allerdings waren die Bedenken, DESY könne sich mit dem supraleitenden Protonenring übernehmen und/oder mit den Elektron-Proton-Kollisionen in schweres Fahrwasser geraten, keineswegs ausgeräumt. HERA würde schließlich der komplizierteste und anspruchsvollste Beschleuniger sein, den man je zu bauen unternommen hatte. Es gehörte schon außerordentlicher Mut dazu, sich zum Bau der Maschine zu einem Fixpreis und in einem vorgegebenen Zeitrahmen zu verpflichten, waren doch die meisten Maschinenkomponenten Neuentwicklungen, für die Kosten und Zeitaufwand im einzelnen schwer zu übersehen waren. Dazu kam die enttäuschende Vorgeschichte der Zwei-Ring-Kollisionsmaschinen, über die man nicht hinwegsehen konnte. Der erste Versuch war DORIS gewesen, gefolgt von DCI in Frankreich; beide hatten die in sie gesetzten hohen Erwartungen nicht erfüllt. Die Strahlinstabilitäten in solchen Maschinen waren zu wenig verstanden. Zwar lief im CERN die Proton-Proton-Speicherringanlage ISR sehr erfolgreich, doch arbeitete sie unter ganz anderen Bedingungen, mit viel geringerer Strahl-Strahl-Wechselwirkung.

Es schien deshalb geraten, den HERA-Elektronenring inklusive einer Injektion für Positronen so schnell wie möglich fertigzustellen. So würde DESY jedenfalls für eine Zeitlang ein alternatives Physikprogramm mit e^+e^--Kollisionen durchführen können, wenn es bei den Protonen zu Verzögerungen oder gar grundsätzlichen Schwierigkeiten käme. Es war damals noch nicht ausgeschlossen, dass mit nur ein wenig höherer Energie, als PETRA erreichen konnte, das top-Quark erzeugt werden könnte. Dies hätte ein hervorragendes Physikprogramm eröffnet. Die Magnete des HERA-Elektronenrings würden ohne weiteres höhere Strahlenergien erlauben. Zwar war das Hochfrequenzsystem nur für Strahlenergien bis etwa 30 GeV ausgelegt, aber mit reduzierten Strömen und dem Einsatz supraleitender Resonatoren hätten sich durchaus höhere Energien erreichen lassen.

Tatsächlich hatten anfangs nicht wenige der Experimentatoren insbesondere von CELLO und JADE mit dem Gedanken gespielt, ihren Detektor im HERA-Elektronenring zu installieren und dort für einige Jahre ein interessantes e^+e^--Physikprogramm bei Energien zwischen denen von PETRA und von LEP durchzuführen. Die vergebliche Suche nach dem top-Quark an Hadron-Beschleunigern führten aber zu einer zunehmend pessimistischen Einschätzung der Wahrscheinlichkeit, das top auf diese Weise erreichen zu können, so dass der Gedanke eines zweistufigen Aufbaus von HERA, mit einer e^+e^--Phase vor der Fertigstellung des Protonenrings, an Attraktivität verlor.

In jedem Fall stellte aber der Bau eines so großen Elektronenringes eine umfangreiche und komplexe Aufgabe dar, für die Voss seine gesamte Maschinengruppe beanspruchte. Einzig Donatus Degèle, der beim DORIS-Bau in führender Funktion beteiligt gewesen war und auch einige Jahre lang den PETRA-Betrieb verantwortlich geleitet hatte, wechselte zu der Wiikschen Mannschaft; so gab es dort nun zumindest einen

Wissenschaftler, der sich in der Beschleunigerphysik und im Beschleunigerbau auf umfangreiche eigene Erfahrungen stützen konnte. Daneben leisteten aber auch noch andere Mitglieder der Maschinengruppe Hilfe beim Bau des Protonenrings, z. B. beim Entwurf der Optik. Dabei sind vor allem Reinhard Brinkmann zu nennen neben Ferdinand Willeke und Albin Wrulich.

Die Zuwendungsgeber hatten die HERA-Finanzierung wie von DESY gewünscht für die Jahre 1984 bis 1990 vorgesehen. Von den gesamten Investitionskosten von 654 Mio DM in ‚HERA-Mark' sollte ein Teil – nach sehr optimistischen Hoffnungen bis zu einem Drittel – durch Komponentenbeiträge aus dem Ausland erbracht und ein weiterer großer Teil aus dem regulären DESY-Budget abgezweigt werden. Der verbleibende Teil, mindestens 350 Mio DM, sollte zusätzlich über die 7 Jahre der HERA-Bauzeit bereitgestellt werden. Es war DESY gelungen zu erreichen, dass der Mittelzufluss an den jeweiligen Jahresbedarf angepasst wurde und also einen zeitlichen ‚Buckel' aufwies – etwas, das Geldgeber üblicherweise sehr scheuen. Für DESY war es außerordentlich hilfreich, über die ganzen Jahre des HERA-Baus ein festgelegtes, dem jeweiligen Bedarf angepasstes Budget zur Verfügung zu haben.

Dies machte allerdings eine strikte Disziplin erforderlich, denn nicht ausgegebene Mittel eines Jahres waren auf das nächste Jahr nicht übertragbar und wären verfallen. Es war also unerlässlich, die Zeitvorgaben genau einzuhalten. Darauf streng zu achten und Probleme, die natürlich an vielen Stellen auftreten konnten, rechtzeitig zu erkennen und darauf zu reagieren war eine sehr wichtige Aufgabe für Soergel und die HERA-Projektleiter. Es wäre undenkbar und für den Ruf und die Zukunft DESYs katastrophal gewesen, wenn man um einen finanziellen ‚Nachschlag' hätte einkommen müssen. Andererseits ermöglichte die so gewonnene Planungssicherheit ein strategisch ausgerichtetes, effizientes Vorgehen. In Ländern wie beispielsweise den USA, wo Budgets jährlich verhandelt werden müssen, war das längerfristige Planen viel schwieriger und die Effizienz deshalb oft schlechter; sogar die völlige Beendigung bereits weit fortgeschrittener Projekte war dort nicht ausgeschlossen. Gute Planung vorausgesetzt war das deutsche System besser geeignet, ein großes Projekt wie HERA erfolgreich zu Ende zu führen.

Ein zweites wichtiges Zugeständnis, das DESY bei seinen Verhandlungen mit den Zuwendungsgebern erreicht hatte, war die Genehmigung der HERA-Mittel als Globalsumme. Dies war nicht nur überaus hilfreich, sondern geradezu unabdingbar. Denn nur so besaß DESY die Flexibilität, seine Mittel jeweils so einzusetzen, wie es sich zur Realisierung des noch längst nicht durchentwickelten und durchgeplanten Projekts innerhalb der vorgegebenen Summe als notwendig erwies. Viele der industriell zu fertigenden HERA-Komponenten waren ja auch für die beteiligten Firmen Neuland, so dass verlässliche Kostenabschätzungen zur Zeit der HERA-Genehmigung überhaupt noch nicht möglich waren.

Bei der Festlegung dieser Finanzierungsmodalitäten war das gegenseitige Vertrauen zwischen DESY und seinen Geldgebern ganz entscheidend gewesen. DESY hatte sich verpflichtet, für die gegebene Summe HERA zu bauen, und dies wurde akzeptiert. Die laufende ‚Überwachung' des Projektfortgangs durch das Forschungsministerium und die Hamburger Senatsverwaltung war dann auch durch ein Minimum an Bürokratie geprägt. Die zuständigen Beamten waren nur wenige und sie erwiesen sich für DESY als ehrliche Makler, unter ihnen vor allem Dr. Joseph Rembser vom BMFT sowie Senatsdirektor Dr. Henning Freudenthal aus Hamburg.

Die Zuwendungsgeber wurden über einen „Vergabeausschuss" an den großen und technisch interessanten Industrieaufträgen unmittelbar beteiligt. Das Ministerium fühlte sich natürlich zu einem gewissen Grad als Sachwalter der Interessen der deutschen Industrie und wollte mögliche Kritik aus dieser Richtung vermeiden. Auch dies funktionierte auf der Basis einer guten, vertrauensvollen Zusammenarbeit.

Wie aber konnten die HERA-Verantwortlichen sicherstellen, dass bei einem derart umfangreichen, anspruchsvollen und komplexen Vorhaben – mit so vielen unterschiedlichen Komponenten, deren jede schon für sich genommen extrem kompliziert war – die Kosten nicht aus dem Ruder liefen?

Zwei Punkte waren entscheidend. Der erste und wichtigste war, dass die Verantwortlichen, die Projektleiter Voss und Wiik sowie Soergel für das Gesamtprojekt und darüber hinaus für ganz DESY, keine Manager waren, sondern Fachleute mit Scharfblick, Intuition, Beherrschung aller physikalisch und technologisch relevanten Aspekte, mit einem sicheren Sinn für das Machbare und darüber hinaus mit Menschenkenntnis. Zwar ließen sie den für die einzelnen Unterbereiche Verantwortlichen viel Freiheit und ermunterten sie zu selbständigem Arbeiten. Aber sie verfolgten auf den wöchentlichen HERA-Projektbesprechungen alle Arbeiten im Detail und sie verstanden ganz genau, was getan wurde. Sie hatten genügend Durchblick, um überall schnell zum Wesentlichen eines Problems vorzustoßen. Niemand hätte ihnen etwas vormachen können.

Der zweite entscheidende Punkt war, dass die Projektleiter und Soergel die wichtigen Entscheidungen selbst trafen. Zum Beispiel wurde den für einzelne Bereiche oder Maschinenkomponenten Verantwortlichen kein festes Budget für ihre jeweilige Aufgabe zugeteilt. Bei einer solchen Vorgehensweise tendiert jeder Bereichsverantwortliche dazu, Risikozuschläge in die Kalkulation einzubringen, um auf der sicheren Seite zu sein, und in jedem Fall die ihm einmal zugestandenen Mittel restlos zu verbrauchen. Allen am HERA-Bau Beteiligten wurde immer wieder eingehämmert, dass jeder Pfennig zählte, und letztlich entschied der Projektleiter – das wurde kollegial als „wir entscheiden" umschrieben –, wieviel eine Komponente kosten durfte. Wurde an irgendeiner Stelle mehr gebraucht, dann wurde anderswo entsprechend eingespart. Soergel und die HERA-Projektleiter hatten einen sicheren Instinkt dafür, einzuschätzen, welche Risiken verantwortbar waren. Damit übernahmen sie die volle Verantwortung für alle wichtigen Entscheidungen und nahmen Druck von den Mitarbeitern. So wurden Zeit und Kosten sparende Ideen ermutigt und umgesetzt. Und damit konnten sie durch intensive Begleitung der einzelnen Arbeiten erreichen, dass der Kostenrahmen für das Gesamtvorhaben eingehalten wurde.

Der Aufbruch in die neue Zukunft mit HERA fiel in das Jahr, in dem DESY auf sein 25-jähriges Bestehen zurückblicken konnte. Dies gab nochmals eine Gelegenheit zum Feiern. In einer Festveranstaltung am 24. September 1984 sprachen Bundespräsident Richard von Weizsäcker und der Hamburger Bürgermeister Klaus von Dohnanyi; viele Gäste aus dem In- und Ausland nahmen teil. Die Anwesenheit des italienischen Botschafters unterstrich den hohen Stellenwert, den DESY in den Augen Italiens genoss. Den Festvortrag „Grundlagenforschung – Fluch oder Segen" hielt Wolfgang Panofsky,

Direktor des SLAC-Beschleunigerzentrums in Stanford. Willibald Jentschke gab einen Rückblick auf die Anfänge, und in einem anschließenden wissenschaftlichen Kolloquium würdigten Harald Fritzsch (Universität München), Hinrich Meyer (Universität Wuppertal), Matthew Sands (University of California) und Wulf Steinmann (Präsident der Universität München) die Beiträge DESYs zur Teilchenphysik, Beschleunigertechnologie und die Forschung mit der Synchrotronstrahlung. Den Ausblick auf die Zukunft gab Volker Soergel, er fiel eher nüchtern aus: „Der Bau von HERA wird in den kommenden Jahren alle Kräfte bei DESY beanspruchen." Diese Prognose sollte sich als zutreffend erweisen.

9.11 Die Saga der supraleitenden Magnete

Auf dem kritischsten Sektor des HERA-Baus, der Entwicklung der supraleitenden Dipolmagnete bis zur Serienreife, hatten Wiik und seine Mitstreiter inzwischen signifikante Fortschritte erzielt. Wie schon erwähnt, war ein bei DESY gebauter und erfolgreich getesteter 6 m langer supraleitender Dipolmagnet bei der Unterzeichnungs-Veranstaltung ausgestellt. Die Problematik und die Entwicklung der supraleitenden Dipolmagnete sind Thema dieses Abschnitts.

Worin besteht das Problem? Für die Ablenkmagnete des Protonenringes war ein dreimal stärkeres Magnetfeld gefordert, als sich mit herkömmlichen Magneten mit Kupferspule und Eisenjoch erreichen lässt. Man benötigte Feldstärken, die weit über der magnetischen Sättigung von Eisen liegen. Mit supraleitenden Spulen lassen sich so starke Felder erzeugen, da durch supraleitende Drähte sehr hohe elektrische Ströme fließen können, ohne dass sie warm werden – etwa 200 mal höher als durch einen Kupferdraht des gleichen Querschnitts.

Der supraleitende Draht der HERA-Magnete besteht aus Filamenten einer Niob-Titan-Legierung, die verdrillt in eine Kupfermatrix eingebettet sind, etwa 2000 je 10–15 Mikrometer starke Fasern in einem Kupferdraht von knapp einem Millimeter Durchmesser. Für die HERA-Magnete wurden 24 solcher Drähte zu einem Kabel zusammengefasst. Die Stromstärke in einem solchen Kabel kann 6000 Ampere und mehr erreichen. Das Kabel wird mit Kaptonband und Glasband isoliert, jedoch so, dass flüssiges Helium hindurchdringen und die einzelnen Drähte effizient kühlen kann. Aus solchem Kabel werden Magnetspulen gewickelt. Das Glasband ist mit Epoxidharz imprägniert, so dass die fertigen Spulen durch Verbacken zu einem Paket verklebt werden können. Im Betrieb werden die Spulen durch flüssiges Helium von 4,6 K gekühlt, das sie ständig umspült.

Das Magnetfeld ist dabei in seiner Homogenität und Qualität durch die Leiteranordnung bestimmt. Um die für einen Speicherring erforderliche hohe Präzision der Magnetfeld-Verteilung von $\sim 10^{-4}$ zu erreichen, müssen die Spulen sehr präzise geformt und auf mindestens 0,02 mm genau in ihrer Position fixiert bleiben. Dies zu erreichen ist sehr schwierig, weil infolge des riesigen Magnetfelds gewaltige Kräfte auf die Spulen wirken. Bei den HERA-Dipolen werden bei voller Erregung die linke und die rechte Hälfte der Spule mit einer Kraft von etwa 100 t je Meter Spulenlänge auseinander gedrückt; außerdem möchte sich die Spule in Richtung auf die Mittelebene des

Magneten hin zusammenziehen. Diesen Kräften müssen die Spulen und ihre Halterungen widerstehen. Außerdem könnte jede noch so geringe Bewegung der Spulen unter der Wirkung der magnetischen Kräfte infolge der dadurch erzeugten Reibungswärme einen ‚Quench' auslösen, d.h. einen unkontrollierten Übergang vom supraleitenden in den normalleitenden Zustand. Dabei würde sich der Leiter schlagartig erhitzen und der Magnetstrom müsste sofort heruntergefahren werden, um einen Schaden am Magneten zu verhindern.

Mit der Erfahrung vom Fermilab wurden zunächst in der Horlitz-Gruppe mit Otto Peters als Ingenieur Dipolmagnete von 1 m Länge gebaut. Durch den Bau dieser Magnete, von denen der erste schon 1982 fertiggestellt wurde, konnte die DESY-Mannschaft mit den vielfältigen Herstellungsschritten Erfahrungen sammeln. Nun konnten supraleitende Kabel verschiedener Hersteller, verschiedene Arten der Kabelisolation sowie unterschiedliche Spulenkonfigurationen ausprobiert werden. Diese Magnete wiesen bereits Verbesserungen gegenüber dem Fermilab-Magneten auf. Die Feld-Inhomogenitäten wurden durch Einführung geeignet positionierter keilförmiger Abstandsstücke zwischen den Spulenwindungen verringert. Die Stützen, welche die geklammerte Spule halten und zentrieren, aber auch unerwünschte Wärmebrücken darstellen, wurden verbessert.

Nachdem durch die Arbeit an den Modellmagneten die Probleme des Magnetbaus prinzipiell beherrscht wurden, konnte DESY sich an den Bau von Prototypen für die ‚richtigen', zunächst 6 m langen HERA-Dipole wagen. Die Vorbereitungen hierfür waren schon 1981 mit der Entwicklung der benötigten Werkzeuge wie Spulenwickelmaschine, hydraulischer Presse, Jochstapelvorrichtung und diverser Präzisionsformen und Anschläge zum Ausbacken und Einpressen der Spulen in die Stützklammern begonnen worden. Diese Werkzeuge wurden so ausgelegt, dass damit eine Serienfertigung möglich sein sollte. Zur Zeit der HERA-Vertragsunterzeichnung, im Mai 1984, war der erste 6 m-Dipol komplett mit Kryostat fertiggestellt und getestet. Er erreichte auf Anhieb die volle Feldstärke bei ausgezeichneter Feldqualität und konnte nach wenigen Trainingsschritten (Hochfahren des Feldes bis zum Quench) bis zum kritischen Strom des supraleitenden Kabels erregt werden.

Die Fertigung der Spulen ging so vor sich, dass ein Wickelkern aus präzisionsgestanzten Blechteilen auf einer langen Bank montiert wurde, um die ein Wagen mit der Kabeltrommel umlief und das supraleitende Kabel mit einer konstanten Zugspannung über den Kern zog. Nachdem die innere Schale einer Halbspule gewickelt war, wurde sie in einer Presse in die richtige Form gedrückt und anschließend unter Wärmeeinwirkung verbacken; darauf wurde die äußere Schale gewickelt. Die fertigen oberen und unteren Halbspulen wurden dann mit einem Korsett von Halteklammern, bestehend aus Paaren von präzisionsgestanzten Edelstahl-Halblamellen, zu einer Einheit verbunden.

Die geklammerte Magnetspule, die das Edelstahl-Strahlrohr von 6 cm Durchmesser umgibt, sitzt in einem mit einphasigem flüssigem Helium gefüllten zylindrischen Edelstahl-Behälter. Der Druck im He liegt mit etwa 2,5 bar über dem kritischen Druck, so dass keine Dampfblasen entstehen können. Im HERA-Ring werden die 78 je (in der endgültigen Version) 9 m langen Dipole und 26 Quadrupole eines jeden 45°-Oktanten des Rings in kryogenischer Reihenschaltung von Helium durchströmt. Am

Abbildung 9.6 Eine am DESY entworfene Maschine für das Wickeln von 6 m langen supraleitenden Dipolspulen (DESY-Archiv).

Ende des Oktanten wird das Helium durch ein Joule-Thomson-Ventil entspannt, wobei sich ein Zweiphasen-Gemisch aus flüssigem und gasförmigem Helium von niedrigerer Temperatur bildet, das durch die gleichen Magnete zurückgeleitet wird, um den Behälter des Einphasen-Heliums strömt und diesen kühlt. Die zwei konzentrischen Helium-Zylinder werden durch ein Isoliervakuum und einen mit Heliumgas von 60 K gekühlten Strahlungsschild, umgeben von Superisolation, vor Wärmeeinstrahlung von außen geschützt. Der Kryostat seinerseits sitzt in einem Eisenjoch, welches das Magnetfeld zurückführt und es nach außen hin abschirmt, so dass es den benachbarten Elektronenring nicht stört.

Doch war inzwischen auch klar geworden, dass die Magnete so, wie sie nach dem FNAL-Vorbild im HERA-Vorschlag spezifiziert worden waren, innerhalb des Kostenrahmens kaum industriell gefertigt werden könnten. Dies dennoch zu erreichen erforderte weitere, mutige Neuerungen.

Eine dieser Neuerungen bestand in der Verwendung von Spulenklammern aus einer Aluminiumlegierung anstelle von Edelstahl. Dies war eine kühne Entscheidung gegen den Rat der Fachleute – man befürchtete Materialermüdung – aber es reduzierte die Materialkosten erheblich. Und wie sich herausstellen sollte, hatte die Neuerung auch technische Vorteile: Aluminium schrumpft bei Abkühlung, im Gegensatz zu Edelstahl, etwas mehr als die Spule, so dass deren mechanische Spannung sich erhöht. Folglich kommt man, um im abgekühlten Zustand die nötige Vorspannung zu erzielen, bei der Montage mit einer geringeren Vorspannung aus.

Die Aluminiumklammern konnten allerdings nicht, wie die Edelstahlklammern beim Fermilab-Magneten, durch Verschweißen um die Spule herum fixiert werden – wegen der besseren Wärmeleitung wären die Spulen dabei verbrannt. Stattdessen wurde eine neue, elegantere Methode gefunden, die auch eine exaktere Festlegung der durch die Klammern auf die Spule ausgeübten mechanischen Vorspannung ermöglichte. Vier Millimeter dicke, von oben und unten auf die Spulenhälften aufgesteckte Aluminium-Halblamellen fassen kammartig ineinander. In einer hydraulischen 5000 t-Presse wurde die geklammerte Spule auf die richtige Vorspannung zusammengepresst, wobei sich die oberen und unteren Halblamellen gegeneinander verschoben, bis zwei in die Mittelebene jeder Halblamelle gestanzte Löcher zur Deckung kamen und die Klammern mittels hindurchgesteckter, passgenau in den Löchern sitzenden 10 mm dicken Edelstahlstangen miteinander verriegelt werden konnten. Da die Löcher auf 1 bis 2 Hundertstel Millimeter genau gestanzt waren, führte dies zu einer reproduzierbaren und genaueren Einhaltung der Spulengeometrie als die bei Fermilab angewendete Verschweißung. Außerdem konnte man die Spule wieder öffnen, wenn Feldfehler oder Defekte zu korrigieren waren.

Eine weitere wesentliche Neuerung ergab sich in Zusammenarbeit mit der Industrie. Um geeignete Firmen frühzeitig in die Magnetentwicklung und -fertigung einzubinden, hatte DESY parallel zu den eigenen Arbeiten bei Siemens sowie bei Brown, Boveri & Cie (BBC) in Mannheim Studien in Auftrag gegeben. Auf der Grundlage einer knappen Spezifikation des Magneten sollte eine für die Serienherstellung geeignete Lösung vorgeschlagen werden.

Die BBC hatte dafür unter der Federführung von Dr. C.-H. Dustmann einen originellen Entwurf geliefert, in dem man eine Weiterentwicklung des Magneten sehen konnte, der am Brookhaven- Nationallaboratorium (BNL) für den dort geplanten Isabelle-Speicherring entwickelt, aber tatsächlich nie in die Serienfertigung gegangen war. Bei diesem sogenannten ‚Kalteisen-Magnetkonzept' ist die Spule direkt vom Eisenjoch umgeben und geklammert; das Joch befindet sich also innerhalb des Kryostaten im flüssigen Helium. Man spart sich damit die zusätzlichen Klammern. Die Spule und das Joch bilden eine robuste starre Einheit, für die wenige Stützen im Kryostaten ausreichen, was die Kälteverluste verringert. Vor allem hatte das Konzept ein durch das Eisenjoch um 40% verstärktes Feld, so dass man deutlich weniger des teuren supraleitenden Kabels benötigte. Die Schwäche des Konzepts lag in der partiellen magnetischen Sättigung des Eisens, die zu unerwünschten Feldinhomogenitäten führt, die durch Korrekturspulen kompensiert werden müssen. Außerdem war eine größere Masse zu kühlen, das verlängerte die Abkühlzeit.

Im ganzen erschien das BBC-Konzept aber als eine interessante, kostensenkende Alternative zum Warmeisen-Magneten. Deshalb war 1981 an BBC ein Auftrag erteilt worden für die Entwicklung und Fertigung von drei Prototypmagneten nach diesem Entwurf in enger Zusammenarbeit mit DESY. Der erste dieser 6 m langen Kalteisen-Prototypen war 1984 fertiggestellt. In den Tests bei DESY zeigte sich, dass auch dieser Magnettyp ohne Probleme auf die Sollfeldstärke und erheblich darüber hinaus erregt werden konnte.

Diese ermutigenden Ergebnisse führten zu einem Vorschlag von P. Schmüser, K.-H. Mess und H. Kaiser, wie sich die Vorteile des Warm- und des Kalteisentyps miteinander kombinieren und die Nachteile vermeiden ließen [142]. Als wesentlichen Vorteil erkannten sie dabei auch, dass der Quench-Schutz einfacher und sicherer realisiert werden konnte. Das Ergebnis war der in Zusammenarbeit mit BBC entworfene ‚HERA-Magnet'.

Man übernahm die mit Aluminiumklammern versehene Spule des Warmeisen-Magneten und setzte sie direkt in das Eisenjoch. Durch 4 Zähne, die in Nuten des Eisens eingriffen, wurde sie darin trotz unterschiedlicher Schrumpfung bei der Abkühlung exakt zentriert gehalten. Spule und Joch sassen im inneren Edelstahlzylinder des Kryostaten. So behielt man eine zuverlässige Spulenklammerung bei gleichzeitiger Feldverstärkung durch das Eisen um immer noch beträchtliche 22%, wobei die magnetische Sättigung und damit die Feldinhomogenitäten nahezu vernachlässigbar waren. Um die benötigte Apertur und damit die Kosten zu minimieren, war der Magnet der Strahltrajektorie entsprechend gekrümmt. Zusammen mit Vereinfachungen beim Kryostaten führten die Konstruktionsänderungen zu Ersparnissen von 10 bis 15% relativ zum Warmeisen-Magneten. Außerdem entschloss man sich, die Länge der Magnete auf 9 m zu vergrößern, um so an den komplizierten und arbeitsaufwendigen Kryoverbindungen zu sparen.

Der erste von mehreren 1 m-Prototypen dieses neuen HERA-Magneten war bereits im Frühjahr 1985 fertiggestellt. Die Spulen waren bei DESY gewickelt und geklammert und der Firma BBC zum Einbau in die Eisenjoche und Kryostate beigestellt worden. In den anschließenden Tests bei DESY zeigte der Magnet hervorragende Feldeigenschaften bei stabilem Betrieb. Der HERA-Magnet bot auch mehr Sicherheit beim Quenchschutz.

Damit blieb als einziger Nachteil des HERA-Magneten die größere zu kühlende Masse. Es schien aber klar, dass es für einen effizienten Betrieb von HERA viel mehr darauf ankam, Anlässe für ein Aufwärmen und Wiederabkühlen zu vermeiden als die dazu benötigte Zeit zu minimieren. So war die Entscheidung konsequent, die bei Fermilab erprobte Linie der Warmeisen-Magnete zu verlassen und es stattdessen mit dem neuen Magnettyp zu wagen. Für eine Weile betrachtete man die 6 m langen Warmeisen-Magnete noch als Auffanglösung für den Fall, dass man auf unerwartete Schwierigkeiten stoßen sollte. Doch die folgenden Prototypmagnete bestätigten die exzellenten Eigenschaften des neuen Konzepts. Sie erreichten Feldstärken, die das Sollfeld um 30% überstiegen; mit maximal einem Trainingsschritt wurde der kritische Strom des supraleitenden Kabels erreicht. Die Feldqualität übertraf die Spezifikation. Die Kälteverluste waren klein. Und nicht zuletzt: Die Herstellungskosten waren vor allem wegen des sehr viel einfacheren Kryostaten weit gesenkt, so dass nunmehr die Fertigung erheblich unter den im HERA-Vorschlag veranschlagten Kosten realistisch erschien. Dass der HERA-Magnet eine gelungene Konstruktion war, wurde letztendlich durch das gute Funktionieren von HERA bewiesen – und nicht nur das: Auch für die Magnete der nachfolgenden supraleitenden Maschinen wie SSC und LHC ist dieses Konzept zum Vorbild geworden.

Der hier vielleicht entstandene Eindruck, dass diese komplexe und schwierige Entwicklung stets geradlinig und folgerichtig abgelaufen sei, ist allerdings nicht zutreffend; es gab durchaus Probleme und Irrwege. So kam es zu einem Unfall, bei dem ein Magnet zerstört wurde – offenbar durch ein Versagen der Isolation der Spulen; die Ursache, vermutlich irgendeine Verunreinigung, ließ sich nicht eindeutig identifizieren. Doch Wiik und seine Mitstreiter behielten die Nerven und die Überzeugung, dass ihr Konzept in Ordnung war.

Mit den 9 m langen HERA-Magneten bestand jede Zelle des Protonenrings aus 4 Dipolmagneten und 2 Quadrupolmagneten sowie Korrekturmagneten für die Ablenkung in der horizontalen und der vertikalen Ebene; 13 Zellen bildeten ein Achtel des Rings (einen Oktanten). Alle Dipole und Quadrupole eines Oktanten wurden elektrisch und kryogenisch in Reihe geschaltet. Während Quadrupol-, Sextupol- und die noch höherpoligen Korrekturspulen direkt um das Strahlrohr herum in den Dipol- bzw. Quadrupol-Kryostaten angebracht waren, wurden die für die Bahnlagekorrektur zuständigen Dipole als ‚superferrische' Magnete, also Eisenmagnete mit supraleitender Spule, ausgelegt und in die Kryostate der Quadrupole eingebaut.

Für Langzeittests von Magneten war bei DESY schon 1983 eine 70 m lange Testhalle errichtet worden, um dort eine Kette von Dipolen und Quadrupolen installieren zu können, die wie im HERA-Ring elektrisch und kryogenisch miteinander verbunden und mit 1% Neigung aufgestellt waren. Hier konnte das Funktionieren der Verbindungen zwischen den Magneten – Strahlrohr, elektrische und Kryo-Verbindungen – geprüft, das Fließen des Heliums in dem geneigten System getestet und insbesondere das Verhalten beim wiederholten Abkühlen und beim Quenchen untersucht werden. Tritt ein Quench auf, dann muss der Magnetstrom abgeschaltet werden, damit der Leiter nicht schmilzt. Das darf aber vor allem bei vielen hintereinander geschalteten Magneten nicht zu rasch geschehen, da sich wegen der großen Gesamtinduktivität sonst eine gefährlich hohe Induktionsspannung aufbauen würde. Deswegen wird jede Magnetspule durch eine Diode überbrückt, die, sobald sich eine gewisse Spannung aufgebaut hat, den Strom übernimmt.

Das Quenchen eines Magneten kann nicht nur durch Bewegung eines Leiters unter Feldänderungen ausgelöst werden, sondern in einem Beschleuniger auch durch Verluste des gespeicherten Strahls, etwa beim Versagen eines Strahlführungselements, wenn dadurch Teilchen auf das Strahlrohr in einen Magneten treffen. Das kontrollierte Verhalten beim Quenchen ist deshalb von entscheidender Bedeutung für die Betriebssicherheit eines supraleitenden Beschleunigers. Die Tests bestätigten, dass ein zuverlässiger Quench-Schutz der HERA-Magnete möglich war und der Quench eines Magneten sich nicht auf benachbarte Magnete übertrug.

Nun wurde es Zeit für die Ausschreibung der Serienfertigung. Dies war nicht ohne Delikatesse. DESY muss ja grundsätzlich einen freien Wettbewerb zulassen und das Angebot des günstigsten Bieters annehmen. Andererseits bestand natürlich ein vitales Interesse daran, dass die Serienfertigung an die Firma BBC in Mannheim ging. Sie hatte bereits supraleitende Spulen für Fusionsanlagen geliefert und in der Zusammenarbeit mit DESY an den HERA-Dipolmagneten jahrelange Erfahrungen sammeln und sehr viel lernen können. Selbst für BBC stellte aber der Bau einer Großserie dieser Magnete eine echte Herausforderung dar. Andere Firmen dagegen würden die Probleme vielleicht nicht hinreichend einschätzen können und möglicherweise Angebote mit unrealistischen Zeitplänen oder Preisen abgeben. Die Erleichterung war groß, als es schließlich tatsächlich die Firma BBC war, die das günstigste Angebot vorlegte.

Der 1987 an BBC in Mannheim gegebene Auftrag sah den Bau von 215 Standard-Dipolmagneten für die Bögen des HERA-Rings sowie einiger weiterer spezieller Magnete vor. Werkzeuge und Vorrichtungen für den Bau der Spulen wurden BBC von DESY beigestellt (die Wickelmaschine wurde von BBC von 6 m auf 9 m verlängert), ebenso das supraleitende Kabel, das DESY nach einer Ausschreibung bei einem Schweizer Werk der BBC gekauft hatte.

Die Serienproduktion geklammerter Spulen wurde im Januar 1988 von DESY freigegeben. Mitte 1988 traf eine Vorserie kompletter Magnete bei DESY ein, die vermessen und im Dauertest geprüft wurden. Der am längsten getestete Magnet wurde zerlegt und auf inneren Verschleiß untersucht. Es konnten keine Mängel gefunden werden. Daraufhin wurde die Serienfertigung endgültig freigegeben. Sie endete Mitte 1990 mit der Lieferung des letzten Magneten.

Nach der Anlieferung bei DESY musste jeder Magnet eine eingehende Qualitätsprüfung durchlaufen, bei der mit aufwendigen Vorrichtungen mehr als hundert mechanische Abmessungen und ebensoviele elektrische Eigenschaften erfasst wurden. Auf der Grundlage der dabei gewonnenen Ergebnisse wurden Nachbesserungen vorgenommen. Außerdem flossen die Erkenntnisse in die Serienproduktion zurück, um einen höheren Qualitätsstandard zu erreichen.

Daran schlossen sich umfangreiche, mehrtägige Tests eines jeden Magneten bei Flüssig-Helium-Temperatur an. Die Firma BBC war für Kalttests nicht ausgerüstet, man hatte dort lediglich die Felder der fertigen Magnete bei Umgebungstemperatur mit einer von DESY bereitgestellten Messapparatur prüfen können. Auf dem DESY-Gelände war deshalb eine neue große Halle von 1460 m^2 Fläche errichtet worden, die den nötigen Platz für die umfangreichen Abkühl- und Teststrecken bot, so dass immer gleichzeitig eine größere Anzahl von Dipolen und Quadrupolen getestet werden konnte.

Hier wurden Kältelecks gesucht, die maximalen Feldstärken ermittelt und die magnetischen Eigenschaften vermessen. Die Arbeit verlangte nicht nur größte Sorgfalt und Genauigkeit, sondern auch eine eingespielte Logistik, mussten doch innerhalb einer Zeitspanne von zwei Jahren fast 750 bis zu 9 m lange und 10 t schwere Magnete in Tag- und Nachtschichten durchgecheckt, vermessen und gegebenenfalls nachgebessert werden. Dies zu schaffen war nur dank exzellenter Vorbereitung und Organisation durch eine sehr kompetente DESY-Mannschaft unter Rainer Meinke, und unter unermüdlichem Einsatz einer großen Zahl von chinesischen, polnischen und DDR-Physikern, Ingenieuren und Technikern möglich.

Auch von den USA kam ein essentieller Beitrag zur Qualitätssicherung der Magnete. Das Brookhaven-Nationallaboratorium (BNL) hatte es übernommen, an Probestücken des supraleitenden Kabels für jede einzelne Magnetspule den kritischen Strom im flüssigen Helium bei einem Magnetfeld von 5 T zu prüfen. Dies musste laufend während der Produktion des Kabels geschehen, um eine gleichbleibende Qualität zu garantieren. Tatsächlich konnte dadurch ein fataler Fehler, der sich beim Ziehen der supraleitenden Drähte durch allmählich fortschreitende Materialermüdung des Ziehwerkzeugs eingeschlichen hatte, rechtzeitig erkannt und beseitigt werden. Obwohl die damit beauftragten Firmen viel Ehrgeiz entwickelt hatten, mittels neuer metallurgischer Verfahren und Ziehprozeduren die 1/100 mm dünnen Filamente mit der von

Abbildung 9.7 Blick durch ein Weitwinkelobjektiv in die Magnetmesshalle mit Dipol- und Quadrupolmagneten auf den Testständen (DESY-Archiv).

DESY verlangten Gleichförmigkeit herstellen zu können, blieb die Kabelfertigung in der Praxis ein äußerst diffiziler Prozess.

Erfreulicherweise lagen aber die beim Test der Dipole erreichten Ströme regelmäßig weit oberhalb des nominalen Betriebswertes von 5000 A und boten eine Sicherheitsreserve von gut 25%. Die Feldinhomogenitäten blieben deutlich unterhalb der zulässigen Werte.

Ein Problem ergab sich allerdings daraus, dass für die Vorbeschleunigung und den Einschuss der Protonen in HERA aus Kostengründen der PETRA-Beschleuniger verwendet werden sollte. Dadurch war die Einschussenergie der Protonen in HERA auf 40 GeV begrenzt und betrug somit nur 5% der Sollenergie des HERA-Rings. Die HERA-Magnete mussten also während der Füllung des Rings mit einem relativ sehr schwachen Feld betrieben werden. Dabei treten Feldstörungen durch Wirbelströme auf, die beim Ändern des Magnetfeldes in den supraleitenden Filamenten induziert und dort eingefroren werden; sie sind desto stärker, je dicker die Filamente sind. DESY hatte aus Kostengründen supraleitende Drähte mit Filamenten von 14 μm Durchmesser spezifiziert – größer als ursprünglich vorgesehen. Deshalb mussten nun aber alle Magnete auch bei kleinen Strömen sehr sorgfältig vermessen werden. Die Feldstörungen konnten dann mittels Sextupol-, Dekapol- und Dodekapol-Spulen, die um die Strahlrohre in den Kryostaten der Dipole beziehungsweise Quadrupole angeordnet wurden, kompensiert werden.

Etwas Erschrecken gab es aber doch, als man entdeckte, dass sich die eingefrorenen Wirbelströme über 1 bis 2 Stunden langsam und unregelmäßig veränderten. Außerdem hingen die Feldstörungen auch noch von der Vorgeschichte des supraleitenden Materials ab und damit von der Herstellung. Die Effekte waren bedeutend größer als zulässig.

Als dies bekannt wurde, erschien in der angesehenen und auch in allen Forschungsministerien gelesenen Zeitschrift „Nature“ ein Artikel [143], in dem gewarnt wurde, dass HERA mit einem Protonen-Einschuss aus PETRA bei 40 GeV keine brauchbare Luminosität erreichen werde; der dick aufgemachte Titel lautete „HERA magnets may need to be upgraded... Upgrade to cost $300 million“ – wobei die letztere Zahl wohl durch das Beispiel des amerikanischen SSC-Beschleunigers inspiriert war. Dort war man wegen des Effekts sehr verunsichert. Man glaubte, das Problem nur durch eine sehr kostenaufwendige Erhöhung der Energie des Einschussbeschleunigers von 1000 GeV auf 2000 GeV sowie eine Vergrößerung der Apertur der Magnete lösen zu können.[2)]

Beim DESY sah man die Sache mit Gelassenheit, und glücklicherweise taten das auch die Geldgeber. Den Ausweg hatte Peter Schmüser aufgezeigt, der mit seinen Schülern bei dem Studium der eingefrorenen Ströme Pionierarbeit geleistet hatte. Der Ausweg war im Prinzip einfach und kostete wenig. Um im Betrieb während der Protonen-Injektion und Beschleunigung die Korrektur ständig anzupassen, brauchte man nur Referenzdipole neben dem Ring aufzustellen, die identisch mit den Ringmagneten waren und vom gleichen Strom durchflossen wurden. Aus den darin gemessenen Multipolfeld-Werten konnten dann laufend die benötigten Korrekturen errechnet und die Korrekturspulen der HERA-Magnete entsprechend erregt werden. Auch die Herstellerabhängigkeit war kein Problem, solange man in jedem Oktanten nur Dipole der gleichen Herkunft verwendete.

Der Auftrag an BBC hatte den deutschen Anteil, also die Hälfte der Dipolmagnete, umfasst; die andere Hälfte war der Beitrag des italienischen INFN. Mit der Herstellung der Magnete hatte das INFN eine Gruppe italienischer Firmen beauftragt: Europa Metalli LMI in Florenz stellte das supraleitende Kabel und Ansaldo Componenti in Genua die geklammerten Spulen mit dem Eisenjoch her. Der Kryostat und der endgültige Zusammenbau des Magneten lagen in der Verantwortung der Firma Ettore Zanon in Schio. Die italienischen Firmen fertigten nach den identischen Plänen wie BBC. Die Arbeiten begannen 1986 mit der Herstellung der benötigten Werkzeuge nach den DESY-Vorlagen; 1988 trafen die ersten fertigen Dipole aus Italien bei DESY ein. Nach deren erfolgreichen Tests wurde die Serienproduktion freigegeben. Die Kalttests, Messungen und Nachbesserungen bei DESY erfolgten laufend so wie die Magnete kamen. Die Lieferung war ebenso wie die der Dipole aus Deutschland im Sommer 1990 komplett.

Die supraleitenden Quadrupol-Magnete waren im französischen Forschungszentrum CEA Saclay bei Paris in Zusammenarbeit mit DESY entwickelt worden. Erste Prototypen mit warmem Eisenjoch waren 1983 fertiggestellt und hatten in Tests bei DESY problemlos die Spezifikationen erreicht oder übertroffen. Man hatte es hier mit weniger starken Kräften zu tun als bei den Dipolen. Wie bei den Dipolen wechselte man dann zu einer Kalteisen-Konstruktion – auch dies mit so gutem Erfolg, dass schon 1986

[2)]Zitat aus [143]: „US researchers familiar with the problem are sceptical that West German scientists will solve a problem that stumped teams of SCC planners“.

die Aufträge für alle 246 Quadrupole erteilt werden konnten. Die Serienfertigung des französischen 50%-Anteils oblag der Firma Alsthom Belfort.

Für die verbleibenden 50% stellten im Auftrag DESYs Interatom/KWU die geklammerten Spulen und Noell in Würzburg die Kryostate her, unter Mitwirkung kompetenter ehemaliger Mitarbeiter von BBC Mannheim. Das supraleitende Kabel wurde von der Vakuumschmelze Hanau geliefert. Auch die Produktion in Deutschland wurde teilweise von Saclay aus technisch betreut. Schon 1987 erhielt DESY von Noell den ersten Vorserien-Quadrupol. Die Kalttests wurden wie für die Dipole bei DESY durchgeführt. Die Herstellung der gesamten Serie wurde 1989 erfolgreich abgeschlossen. Übrigens konnten sich sowohl Noell wie auch Alsthom und Ansaldo durch die beim Bau der HERA-Magnete erworbenen Erfahrungen später Großaufträge für supraleitende Magnete sichern: Diese drei Firmen teilten sich die Lieferung der über tausend 15 m langen supraleitenden Dipolmagnete für den LHC-Speicherring des CERN.

Für die supraleitenden Korrekturelemente, die für die genaue Justierung der Optik der Maschine und die Korrektur der chromatischen Aberration der Quadrupole erforderlich sind, hatte das holländische Hochenergiezentrum NIKHEF in Amsterdam die Zuständigkeit für die Herstellung nach einem gemeinsam mit DESY und holländischen Firmen angefertigten Entwurf übernommen. Die 462 je 6 m langen Quadrupol- und Sextupolspulen wurden aus supraleitendem Draht gewickelt und direkt auf dem Strahlrohr fixiert. Der Korrektur-Dipol, ein mit supraleitenden Spulen ausgestatteter „superferrischer“ Eisenjochmagnet, wurde im Quadrupol-Kryostaten installiert. Die Herstellung lag in den Händen der Firma HOLEC in der Nähe von Rotterdam. Dazu kamen superferrische Quadrupole in den geraden Stücken, die bei DESY gefertigt wurden.

Im September 1990 wurde schließlich der letzte Magnet in den Ring eingebaut. Die kritische Lötung der Hauptstromleitung zwischen den Magneten war von Jürgen Holz und seiner Mannschaft ohne einen einzigen Fehler durchgeführt worden.

Obwohl mit fortschreitender Produktion die Qualität der ausgelieferten Magnete erheblich zunahm, hatten doch in 80 bis 90% der Fälle kleinere Nachbesserungen bei DESY vorgenommen werden müssen. Aber nur wenige Prozent aller gefertigten Magnete mussten zur Reparatur an die Herstellerfirma zurückgeschickt werden, und nur bei fünf der Magnete hatte es Kurzschlüsse zwischen den Spulenwindungen oder einen Defekt im Supraleiter gegeben.

Es bedeutete einen gewaltigen technologischen Fortschritt, in der industriellen Serienfertigung so komplexer technischer Objekte eine derart geringe Ausfallrate erreicht zu haben. Die Magnete hatten zudem die Erwartungen hinsichtlich Feldqualität und Quenchsicherheit voll erfüllt und teilweise deutlich übertroffen. Die Industriefirmen hatten ihre hervorragende Leistungsfähigkeit bewiesen, aber sie verdankten ihren Erfolg auch in hohem Maß der umsichtigen und sorgfältigen Entwicklungs- und Vorbereitungsarbeit der HERA-Physiker und -Ingenieure.

Ein anderer Alptraum manches verantwortlichen DESY-Physikers war nun auch fast überstanden: Die Bedenken, irgendwelche der vielen, aus den verschiedensten Ländern und Firmen stammenden Komponenten des HERA-Rings könnten am Ende trotz umsichtigster Planung nicht zusammenpassen. Es war eine gewaltige Koordinationsaufgabe für DESY gewesen, sicherzustellen, dass die vielen beteiligten Firmen und Institute, die vorgeblich nach den gleichen Plänen arbeiteten, auch wirklich das gleiche fabri-

Abbildung 9.8 Blick in den HERA-Tunnel. Oben die supraleitenden Magnete des Protonenrings in ihren Kryostaten, darunter der Elektronenring (DESY-Archiv).

zierten. Sie alle hatten ja in ihren Werken unterschiedliche Ausrüstungen und Arbeitsabläufe, und nicht alles konnte DESY im Detail so genau vorschreiben und kontrollieren, wie es wünschenswert gewesen wäre, sonst hätte eine Firma unter Umständen gar nicht fertigen können. Man musste den Firmen einen gewissen Freiraum einräumen, aber das implizierte immer die Gefahr, das irgendetwas auseinanderlief. Auch in dieser Hinsicht war der Bau des HERA-Protonenrings ein sehr wagemutiges Unterfangen.

Nun mussten die Hunderte von Magneten im Ring gekühlt werden – dafür war die riesige Menge von 15 t an flüssigem Helium erforderlich. Eine kleinere Verflüssigungsanlage für die Magnettests sowie für kältetechnische Versuche war schon zuvor bei der Industrie bestellt und am DESY installiert worden. Für den HERA-Ring benötigte man allerdings eine Anlage zur Helium-Verflüssigung, die mehr als zehnmal leistungsfähiger sein musste als irgendeine Anlage dieser Art in Europa. Im Jahr 1983 hatte die Kryogruppe unter Gerhard Horlitz mehreren auf diesem Gebiet ausgewiesenen europäischen Firmen den Auftrag für die Anfertigung einer vergleichenden Studie über zwei unterschiedliche Varianten eines für HERA geeigneten Kühlsystems erteilt. Die Ergebnisse wurden ausführlich auch mit den Experten des Fermilab und des Brookhaven-Nationallaboratoriums (BNL) diskutiert. DESY hatte sich dann für eine große zentrale Anlage auf dem DESY-Gelände entschieden anstelle von mehreren kleineren, entlang des Ringes verteilten Anlagen, wie sie beim Fermilab verwendet wurden. Dafür war eine zweite, 2380 m^2 große Halle neben der Magnetmesshalle errichtet worden.

Nach einer Ausschreibung ging der Auftrag für die komplette Anlage im Dezember 1984 an die Firma Sulzer-Escher-Wyss in Lindau (Bayern). Es war der größte Einzelauftrag, im Wert von etwa 35 Mio DM, den DESY jemals an die Industrie vergeben hatte[3]. Er umfasste drei identische Kältemaschinen, von denen jede 6,5 kW Kühlleistung für überkritisches flüssiges Helium bei einer Temperatur von 4,3 K sowie 20 kW für gasförmiges Helium von 40 K für die Kühlung der Strahlungsschilde liefern sollte. Dazu kamen gewaltige Schraubenkompressoren, eine Tieftemperatur-Helium-Reinigungsanlage und eine große Verteilerbox zur Verbindung der Kälteboxen mit HERA.

Die Entscheidung für Sulzer war DESY sehr wichtig gewesen. Die Firmenzentrale in Winterthur (Schweiz) hatte große Erfahrung in der Kältetechnik. Zwar lagen die Anforderungen der HERA-Kälteanlage auch für Sulzer deutlich jenseits von allem, womit diese Firma bisher zu tun gehabt hatte. Aber mit den Ingenieuren der Firma hatte die DESY-Gruppe um Gerhard Horlitz eine fruchtbare und vertrauensvolle Zusammenarbeit aufbauen können, was für die Detail-Auslegung, den Bau und die Inbetriebnahme der Kälteanlage angesichts der komplizierten Mechanik und Thermodynamik und eines komplexen Kontrollsystems von größtem Wert war. Die gute Zusammenarbeit war ein wirklicher Glücksfall für DESY. Die Anlage ging plangemäß 1987 in Betrieb, zeigte so gut wie keine Kinderkrankheiten und sollte sich als außerordentlich zuverlässig erweisen. Die Firma Sulzer übernahm auch die Verantwortung für den Betrieb während der ersten Jahre.

Das Konzept einer zentralen Kälteanlage erforderte den Bau einer insgesamt 7 km langen Transferleitung für das flüssige Helium. Vom DESY-Gelände musste es zum HERA-Tunnel und dann in jeweils eine Hälfte des Rings zu den dort installierten Kälteboxen geführt werden. Auch dies war eine technische Neuerung, denn noch nie war irgendwo versucht worden, flüssiges Zweiphasen-Helium über so weite Distanzen zu leiten. Als potentielles Problem kam die Neigung des Rings von 1% hinzu.

Die Transferleitung transportiert das flüssige Helium bei einer Temperatur von 4,5 K und einem Druck von 4 bar von der zentralen Anlage durch den HERA-Ring zu Kälte-Verteilerboxen im Ring, aus denen die einzelnen Magnet-Oktanten gespeist werden. Es fließt als kaltes Gas von 4,6 K zu den Kompressoren der Kälteanlage zurück. Außerdem liefert die Kälteanlage Heliumgas mit einer Temperatur von 40 K zur Kühlung der Strahlungsschilde der Magnete; dieses Gas kehrt mit 75 K zurück und kühlt dabei den Strahlungsschild der Transferleitung, der außen von Superisolation umhüllt ist. Dies alles ist in einer gemeinsamen evakuierten Röhre von 50 cm Durchmesser untergebracht. Anders als Fermilab hatte DESY auf die Verwendung flüssigen Stickstoffs für die Kühlung der Strahlungsschilde verzichtet und auch hierfür Helium verwendet; dieses kann bei einem Ausfall der Regelung nicht wie Stickstoff einfrieren. Außerdem wird beim Arbeiten im Tunnel so ein Sicherheitsrisiko vermieden, denn sollte einmal ein Leck entstehen, so steigt das Helium nach oben, so dass im unteren Bereich des Tunnels keine Erstickungsgefahr besteht.

[3] Vor der Auftragsvergabe kam es zu einem Schriftwechsel mit dem bayrischen Ministerpräsidenten Franz Josef Strauss – eine für das DESY neuartige Erfahrung.

Wie die Kälteanlage war auch der Bau der Transferleitung ein Großprojekt im Wert von etwa 25 Mio DM. Nach intensiven Verhandlungen ging 1987 der Auftrag an die Münchner Firma Linde, die einen sehr intelligenten Entwurf geliefert hatte und die Ingenieurleistungen bereitstellte; die Rohrleitungen wurden von der Firma Babcock als Subkontraktor ausgeführt. Ein wesentlicher Grund, das Projekt an Linde zu geben, war deren Kompetenz für die Superisolation; tatsächlich konnte DESY durch Bündelung der eigenen Erfahrungen mit denen von Linde später erhebliche Einsparungen in den Betriebskosten der Heliumanlage erzielen. Die Fertigung und Installation der Transferleitung war 1989 so weit fortgeschritten, dass Teile der Leitung getestet werden konnten, und 1990 wurde die gesamte Leitung erfolgreich in Betrieb genommen.

Der erste fertiggestellte HERA-Oktant wurde im März 1990 kaltgefahren und mehrere Monate lang auf Betriebstemperatur gehalten, ohne dass sich Störungen zeigten. Und noch vor der Weihnachtspause 1990 konnte der gesamte Protonenring heruntergekühlt werden. Sowohl die Abkühlprozedur wie der stationäre Betrieb funktionierte quantitativ wie vorgesehen. Alle Regelungen arbeiteten einwandfrei. Die Kälteleistung entsprach den vorgesehenen Werten. Die überlebenswichtigen, von Hubert Mess entworfenen Sicherheitseinrichtungen für den Quenchfall funktionierten zuverlässig.

Die schwierigste Hürde beim HERA-Bau war genommen.

9.12 Tunnel und Hallen

HERA ist weltweit der einzige Großbeschleuniger, der mitten im bewohnten Gebiet einer Großstadt betrieben wird. Es war deshalb geboten, die Bevölkerung Hamburgs – insbesondere die direkt von dem Bauvorhaben betroffenen Bürger – frühzeitig über die für HERA geplanten Baumaßnahmen und ihre Auswirkungen zu informieren. Nun musste das gutnachbarschaftliche Verhältnis, das DESY stets durch eine sachliche Öffentlichkeitsarbeit, zahlreiche Führungen sowie beinahe alljährliche Besuchstage für jedermann gepflegt hatte, seine Bewährungsprobe bestehen.

Bereits im Herbst 1980 war den direkt vom HERA-Bau betroffenen Bürgern das Bauvorhaben erläutert worden. Eine Anhörung hatte stattgefunden, bei der die Baumaßnahmen und ihre Auswirkungen erörtert wurden. Bedenken wurden nur von wenigen Anwohnern erhoben. DESY konnte sie überzeugen, dass die zusätzliche Strahlendosis durch den HERA-Betrieb nirgendwo an der Erdoberfläche mehr als 3% des natürlichen Strahlungsuntergrunds betragen würde und in dem Bereich, in dem der Tunnel unter Wohngrundstücken verläuft, dank der dort größeren Tiefe des Rings sogar weniger als 1%.

Da in Deutschland privates Grundeigentum bis zum Mittelpunkt der Erde reicht, kann ein Grundstück nur mit Zustimmung des Grundeigentümers untertunnelt werden. Im Bereich der Tunneltrasse lag außer einigen Dutzend Einfamilienhäusern auch ein Grundstück, auf dem sich ein größeres Wohnhaus mit Eigentumswohnungen befand, denen jeweils Anteile am Grundstück zugeordnet waren. So war der HERA-Bau schließlich von dem Einverständnis von mehr als 200 Eigentümern abhängig, mit denen auch die Entschädigung für eine hypothetische Wertminderung ihrer Grundstücke ausgehandelt werden musste. Dies tat im Auftrag DESYs das Bundesvermögensamt

Hamburg. Dabei ergab sich zwar der ein oder andere kuriose Einblick in menschliche Eigentümlichkeiten, aber im ganzen konnte die Aktion erstaunlich rasch, reibungslos und friedlich abgewickelt werden.

Der unterirdische Ringtunnel von insgesamt 6,3 km Länge sah vier 90°-Bögen vor, die durch vier jeweils 360 m lange gerade Stücke miteinander verbunden waren. In diesen waren die Beschleunigungsstrecken, die Fokussierungs- und Ablenkungsmagnete für die Wechselwirkungspunkte und die Spinrotatoren unterzubringen; dies erforderte einen lichten Durchmesser von 5,2 m, während in den Bögen 3,2 m ausgereicht hätten. Die Ausschreibung zeigte aber, dass es preislich und vom Zeitbedarf her günstiger war, dem gesamten Tunnel mit dem gleichen Durchmesser von 5,2 m vorzutreiben.

DESY hatte das Ingenierbüro der Beratenden Ingenieure Dr.-Ing. Rolf Windels und Dr.-Ing. Günter Timm in Hamburg mit der Wahrnehmung und Koordinierung aller Bauaufgaben einschließlich Entwurf, Ausschreibung und Bauaufsicht beauftragt. Die Bauausführung lag formal in der Verantwortung der Hauptabteilung Schnellbahnen des Tiefbauamtes Hamburg. Die ausführenden Firmen bildeten eine „Arbeitsgemeinschaft HERA", in der die erfahrene Firma Wayss & Freytag AG die technische Federführung innehatte; die weiteren Teilnehmer waren die Dyckerhoff & Widmann AG, Hochtief AG, Philipp Holzmann AG und August Prien GmbH. Der Bau war durch eine ausgezeichnete Zusammenarbeit aller Beteiligten untereinander sowie mit DESY geprägt.

Abbildung 9.9 Die Baustelle der HERA-Experimentehalle Süd in unmittelbarer Nähe der Trabrennbahn Hamburg-Bahrenfeld (DESY-Archiv).

Die Arbeiten begannen im Mai 1984 mit dem Bau der Detektorhalle Süd unmittelbar neben der Hamburger Trabrennbahn. Von den vier Experimentehallen liegt nur die Halle West auf dem DESY-Gelände. In Richtung der Strahlen sind die Hallen jeweils 25 m lang, quer dazu 43 m breit – mit Ausnahme der Halle West, die nur 35 m breit ist. Die Hallen bestehen aus Stahlbetonkonstruktionen, die in offener Bauweise erstellt wurden. Nachdem die während des Baus notwendige Absenkung des Grundwassers erreicht war, wurden Baugruben ausgehoben und mit gerammten Trägerbohlwänden befestigt, die von Erdankern gestützt waren. Die Hallen schwimmen gewissermaßen im Grundwasser; die Hallenwände mussten entsprechend abgedichtet werden. Den Hallenboden bildet eine 1 m dicke Stahlbetonsohle; darüber befindet sich in 15 m Höhe die Hallendecke, die aus Strahlenschutzgründen ebenfalls 1 m dick ist, und über dieser noch mehrere, teils über-, teils unterirdische Stockwerke. In den Hallengebäuden sind auch Kontrollräume, Elektronik, Werkstätten, Labors, Versorgungseinrichtungen für die in den Detektoren benötigten Gase sowie weitere Serviceeinrichtungen für Experimente und Beschleuniger untergebracht. Nach der Fertigstellung waren nur die Zugangsgebäude an der Oberfläche zu sehen. Jede Halle wurde mit einem Laufkran von 40 t Tragfähigkeit ausgestattet. Lasten können durch einen lotrechten 9×6 m^2 großen Transportschacht in die Halle und von dort in den Tunnel gebracht werden.

Als einziges anderes Oberflächengebäude außerhalb des DESY-Geländes wurde auf einem Hügel im Volkspark ein 25 m hoher Vermessungsturm errichtet. So wurden direkte Sichtlinien geschaffen, die erforderlich waren, um die Positionen der HERA-Magnete mit einer Genauigkeit von besser als 2 mm über den ganzen Umfang des Ringes einmessen zu können.

Im April 1985 war die Halle Süd soweit fertiggestellt, dass dort die Schildvortriebsmaschine für das Tunnelbohren zusammengebaut werden konnte. Sie war schon im Vorjahr hergestellt, per Schiff nach Hamburg gebracht und im Januar 1985 in einer nächtlichen Schwertransportaktion zu der HERA-Halle transportiert worden.

Der HERA-Tunnel verläuft in 10 bis 20 m Tiefe unter der Erdoberfläche und taucht dabei bis zu 14 m tief ins Grundwasser ein. Der Tunnelbau in losem Sandboden unter dem Grundwasserspiegel ist nicht einfach. Das Problem besteht darin, die Tunnelwände während des Tunnelvortriebs laufend zu stabilisieren. Man hatte in Hamburg bei anderen Tiefbauarbeiten bereits gute Erfahrungen mit dem ‚Hydroschild-System' der Firma Wayss & Freytag gemacht. Hier wird die ‚Ortsbrust', die Abbaufläche, von einer vorderen Schildkammer abgedeckt, die mit einer thixotropischen Bentonit-Suspension – einer Art Tonschlamm – als Stützflüssigkeit unter Überdruck gefüllt ist, so dass Setzungen über der Tunneltrasse verhindert werden. Am Kopf der Kammer rotiert ein Flügelrad und fräst das Erdreich ab. Das abgetragene Material, Sand und Steine werden mit dem Bentonit zusammen laufend abgepumpt und durch ein Rohr bis zum nächsten Tunnelausgang geführt, wo Sand und Steine absepariert werden, während das Bentonit wieder in die Kammer zurückgepumpt wird. Das jeweils neu entstandene Stück Tunnelwand wird durch ein 5,5 m langes Stahlrohr von 6 m Durchmesser solange gehalten, bis 1,2 m breite und 30 cm dicke Ringe aus Stahlbeton, die sogenannten Tübbings, eingesetzt sind, die nun eine stabile und durch strahlenresistente Dichtungsprofile wasserdicht geschlossene Tunnelwand bilden. Eine Absenkung des Grundwassers während des Tunnelbaus war bei diesem Verfahren nicht erforderlich.

Das Bedienungspersonal arbeitete hinter dem Schild unter normalem Luftdruck. Die Schildkammer war durch eine Druckschleuse begehbar. Gelegentlich traf der Bohrkopf auf größere Steine, die dann von Hand aus der Druckkammer geholt oder darin zersprengt werden mussten.

Die Maschine wird mit hydraulischen Pressen, die sich an den Tübbings abstützen, vorangedrückt. Im Mittel kam man etwa 10 m pro Arbeitstag voran, an guten Tagen auch wohl 20 m; es wurde in Tag- und Nachtschichten gearbeitet. Sobald ein Tunnelstück im Rohbau fertiggestellt war, wurde mit dem Innenausbau begonnen.

Das Tunnelbohren war nicht eben leise, die Erde zitterte, und die Bewohner der Häuser, unter denen gerade getunnelt wurde, hatten einige mehr oder weniger schlaflose Nächte zu überstehen. DESY bot Übernachtung im Gästehaus an, außerdem wurde eine Art Telefonseelsorgedienst bei DESY eingerichtet, und die DESY-PR-Abteilung versuchte aufgebrachte Gemüter mit Charme und Blumen zu besänftigen – wobei einmal mehr die List der HERA-Bauer gefordert war, denn natürlich gibt es offiziell im Budget einer staatlich finanzierten Forschungseinrichtung keinen Posten, aus dem man so etwas wie Blumen finanzieren könnte. Eine sehr wichtige Lektion wurde dabei gleich zu Anfang der Tunnelarbeiten gelernt, als der Bohrkopf nachts unter einem Haus unerwartet einen riesigen Findling traf und die Bewohner voller Schrecken über das vermeintliche Erdbeben in Schlafgewändern auf die Straße stürzten: Man muss die Betroffenen *vorher* informieren; dabei ist völlige Transparenz oberstes Gebot. Und tatsächlich blieb die ganz überwiegende Zahl der in Mitleidenschaft gezogenen Hamburger äußerst gelassen und verständnisvoll.[4)]

Mitte August 1987 hatte die Tunnelbohrmaschine die gesamte Ringstrecke ohne Zwischenfälle zurückgelegt und kam – mit einer Abweichung von nur zwei Zentimetern – wieder an ihrem Ausgangspunkt in der Halle Süd an, wo sie demontiert und abtransportiert wurde.

Während dieser Zeit begab es sich, dass Professor Soergel zu einem Essen im Hamburger Rathaus eingeladen wurde, das für einen hohen Funktionär der UdSSR gegeben wurde, einen echten ‚hardliner'. Als ihm Soergel am nächsten Tag auf dem DESY-Gelände die Tunnelbohrmaschine zeigte, war er begeistert und wie umgewandelt. Es stellte sich heraus, dass er von Haus aus Tunnelbauer war. In der Folge konnte die Herstellerfirma mehrere Tunnelbohrmaschinen in die UdSSR verkaufen.

Die zwei für den Einschuss der Protonen und der Elektronen benötigten Verbindungstunnel zwischen PETRA und HERA waren ebenfalls inzwischen fertiggestellt.

[4)] Ärger gab es mit einem einzigen Ehepaar, das eines Nachts wutschnaubend bei DESY anrief und ankündigte, das Tunnelbohren durch eine einstweilige Verfügung augenblicklich stoppen zu lassen. Sehr beunruhigt doch in der Hoffnung, dies vielleicht noch abwenden zu können, fuhr Hermann Kumpfert, der Bereichsreferent des M-Bereichs, sofort selbst dorthin – und war schockiert: Infernalischer Lärm, zitternde Wände. Während er noch auf die entnervten Leute einredete, kam deren halbwüchsiger Sohn nach Haus – vermutlich geradewegs aus einer Diskothek, denn offenbar konnte er nichts hören, wunderte sich über den Aufruhr im Haus und begann mit den Eltern zu streiten, dass sie sich über eine Lappalie aufregten und einem so bedeutenden Vorhaben Schwierigkeiten in den Weg legen wollten. Kumpfert nutzte die familiäre Auseinandersetzung, sich unbemerkt davonzumachen – für diese Nacht war das Tunneln gesichert. Am anderen Tag war die Tunnelmaschine schon unter dem nächsten Haus. Dies war das Erfolgsrezept des Tunnelbauens: Schnellstmöglich voran, bevor sich der Ärger zu hoch aufstaut.

Abbildung 9.10 Die Tunnelbohrmaschine trifft, nach ihrem 6,3 km langen Weg, im August 1987 genau an der vorgesehenen Stelle wieder in der Experimentehalle Süd ein (DESY-Archiv).

Bei Jahresende 1987 waren auch bereits drei der vier Experimentehallen an DESY übergeben, die Fertigstellung der letzten Halle folgte kurz darauf.

Nachdem alle verbleibenden Arbeiten an den Gebäuden erledigt waren, konnte DESY-Direktor Volker Soergel am 27. Januar 1989 vom Hamburger Bürgermeister Prof. Ingo von Münch und Bausenator E. Wagner den „Goldenen Schlüssel" für die HERA-Gebäude in Empfang nehmen. Damit war DESY nun offiziell und zeitplangemäß der Hausherr aller HERA-Bauten. Die Gesamtkosten von 228 Mio DM stimmten, unter Berücksichtigung der Inflationsrate, innerhalb von 1% mit der im HERA-Projektvorschlag angesetzten Summe überein – ein für ein Bauvorhaben der öffentlichen Hand wohl ziemlich einmaliges Ergebnis.

9.13 Der Elektronenring

Der Bau des Elektronenrings wurde von Gustav Adolf Voss geleitet. Eine wichtige Rolle unter seinen Mitarbeitern spielten Ferdinand Willeke, der später den Betrieb des HERA-Speicherrings leiten sollte, und Reinhard Brinkmann, der sich große Verdienste u.a. bei der Konzeption der Optiken beider Speicherringe und der Polarisation des Elektronenrings erwarb.

Wie PETRA stellt auch der fast dreimal größere Elektronenring von HERA wiederum einen Meilenstein in der Entwicklung der Elektronenspeicherringe dar. Voss und seine Mitarbeiter führten dabei wichtige Neuerungen ein, wobei sie sich die beim Bau und Betrieb von PETRA gesammelten Erfahrungen zu Nutze machten. Die bedeutendste Neuerung und ein beschleunigertechnischer Durchbruch sollte die erfolgreiche Erzeugung und Speicherung longitudinal polarisierter Elektronen und Positronen im HERA-Ring werden. Damit wurden ganz neue Möglichkeiten für Experimente zur schwachen Wechselwirkung erschlossen.

Zunächst war aber das wichtigste Ziel die Minimierung der Kosten und der Bauzeit – und tatsächlich blieben die Kosten des Elektronenrings am Ende unterhalb des veranschlagten Betrages. Dies war hilfreich, um Mehrkosten an anderer Stelle aufzufangen.

Zu den Kosteneinsparungen trug wesentlich eine Neuerung bei, die modulare Bauweise des Speicherrings. Jede Halbzelle des Speicherrings umfasste einen Dipolmagneten, einen Quadrupol- und einen Sextupol-Magneten sowie Korrekturmagnete und Strahllagemonitore. Zusammen mit Strahlrohr und integrierten Pumpen konnten sie außerhalb des Tunnels zu einer stabilen modularen Einheit zusammenmontiert und magnetisch und mechanisch genau vermessen werden. In den Ringtunnel gebracht, benötigte jeder dieser Module nur an einer einzigen Stelle, unter dem Quadrupol, eine Stütze; das entferntere Ende des Moduls lag auf dem benachbarten Modul auf. So waren für die genaue Lagebestimmung und Ausrichtung im Ring für jeden Modul nur wenige Justierschrauben einzustellen und damit Aufwand und Zeit für Montage und Einmessung der Magnete im Beschleunigertunnel auf ein Minimum reduziert.

Ein Problem dabei war, für den viele Tonnen schweren und 12 m langen Modul – davon entfielen 9 m auf den Dipolmagneten – die hohen Anforderungen an die Biegungs- und Verwindungssteifigkeit zu erfüllen. Das Dipoljoch aus Stahllamellen wurde dazu mit einem kastenförmigen Stahlträger von $40 \times 40\ \mathrm{cm}^2$ Querschnitt umgeben. Hätte man diesen wie ein Rohr geschlossen bauen können, dann wäre die mechanische Stabilität leicht zu erreichen gewesen. Doch wollte man sich die Möglichkeit offenhalten – was sich als wohlbegründet herausstellen sollte –, die Vakuumkammer in den ansonsten fertigen Modul erst später einsetzen zu können. Deshalb durfte der Stahlkasten nicht geschlossen sein, sondern musste einen breiten Längsschlitz haben; damit war aber jede Steifigkeit dahin. Hier half ein einfacher Trick: An vier Stellen des 9 m langen Magneten wurden sogenannte Zahnschlösser eingesetzt, welche jede Bewegung der oberen relativ zu der unteren Kante des Schlitzes verhinderten und damit den starren Körper wiederherstellten. Zum Ein- oder Ausbau der Vakuumkammer brauchten die Zahnschlösser nur herausgenommen zu werden; nach ihrem Wiedereinsetzen war die präzise Geometrie wiederhergestellt – ein Beispiel unter vielen für die kreative Arbeit der DESY-Ingenieure.

Da in der konventionellen Bauweise von Dipolmagneten fast die Hälfte der Kosten auf die Spulen entfällt, wurde bei HERA eine Anordnung geschaffen, die ganz auf Spulen verzichtet. Ein einziger massiver Aluminium-Leiter führt den Strom von etwa 10000 A und erzeugt das Magnetfeld, das durch ein ihn umgebendes Joch aus Stahllamellen geformt wird. Allerdings musste man den gleichen Strom nochmals in entgegengesetzter Richtung durch den Tunnel schicken, sonst hätte man in der gesamten Umgebung von HERA ein Magnetfeld erzeugt, durch das alle Fernseher- und Monitorbilder gestört worden wären.

Für das Strahlrohr wurde, statt wie bisher Aluminium, ein 4 mm starkes, stranggepresstes Kupfer-Hohlprofil verwendet. Dies absorbiert die Synchrotronstrahlung viel besser und bietet zugleich eine bessere Wärmeleitung. So reichte eine zusätzliche 5 mm dicke Bleiauflage an kritischen Stellen außen an der Vakuumkammer zusammen mit der Abschirmwirkung des Magnetjochs vollkommen aus, um das Austreten von Strahlung zu verhindern. Die in der Vakuumkammer absorbierte Synchrotronstrahlungs-Leistung von insgesamt mehreren Megawatt wird durch Wasserkühlung abgeführt. Verteilte Ionengetterpumpen, die das Magnetfeld der Dipole und Quadrupole nutzen, halten in der Kammer ein Vakuum von etwa 10^{-9} mbar.

Die Reinigung, Endmontage und Hartverlötung der industriell hergestellten bis zu 12 m langen Profile wurde wegen der extremen Anforderungen im DESY-Vakuumlabor durchgeführt. Dazu wurde ein 15 m langer Lötofen installiert, in dem die Pumpen- und Kühlkanäle mit den Hauptkammern verlötet werden konnten.

Durch die Synchrotronstrahlung nimmt die Energie der Elektronen in HERA bei jedem Umlauf um etwa 0,4% ab. Um diesen Verlust auszugleichen wird eine Beschleunigungsspannung von etwa 150 Mio Volt (MV) pro Umlauf benötigt, zu deren Aufrechterhaltung eine Hochfrequenzleistung von vielen Megawatt erforderlich ist; davon geht ein größerer Teil direkt in den Strahl, der Rest wird als Wärme in den Beschleunigungsresonatoren verbraucht. Das dazu benötigte große und teure Hochfrequenzsystem – Beschleunigungsresonatoren und Sender – war glücklicherweise bereits bei DESY vorhanden; es war für die Jagd auf das top-Quark bei PETRA installiert worden. Man konnte es für HERA direkt übernehmen, denn für PETRA genügte nun ein kleines Restsystem, da dort die Elektronen nur bis auf 14 GeV, die Einschussenergie für HERA, beschleunigt werden mussten. Insgesamt 6 Sender mit je zwei 800 kW-Klystrons wurden in den HERA-Hallen Nord, Ost und Süd aufgebaut, die 82 in den jeweils 360 m langen geraden Strecken aufgestellte PETRA-Resonatoren mit einer Hochfrequenzleistung von insgesamt 8 MW versorgen konnten. Die HERA-Halle West war für die Aufnahme von supraleitenden Resonatoren bestimmt.

Nachdem die Vorarbeiten und Tests der Magnete erfolgreich abgeschlossen waren, gingen ab 1985 die Dipole und kurz darauf auch die anderen Magnete in die Serienfabrikation. Sowie 1986 die ersten Magnete angeliefert wurden, begann bei DESY die Montage zu Modulen und die Vermessung, gefolgt von der Installation im Ringtunnel. Nachdem dann im Frühjahr 1987 die 400 m langen Einschusskanäle für die Elektronen und Protonen fertiggestellt und getestet waren, konnte im November 1987 ein erster Elektronenstrahl in dem neuen Injektorsynchrotron DESY II auf 7 GeV beschleunigt, via PETRA zu HERA transportiert und in ein etwa 120 m langes Stück des Elektronenrings eingeschossen werden.

Im Juli 1988 war schließlich die Installation aller 400 Module geschafft; die zusätzlichen Quadrupole in den geraden Stücken des Rings befanden sich ebenfalls bereits an ihrem Platz. Am 9. August 1988 waren die letzten Vakuumkammern eingebaut und der Ring geschlossen; die Evakuierung konnte beginnen.

Die Beschleunigermannschaft hatte sehr hart dafür gearbeitet, trotz geländebedingter Verzögerungen beim Tunnelbau und unvorhersehbarer technischer Probleme bei der Fertigung der Vakuumkammern diesen frühen Termin für die Fertigstellung des Elektronen-Speicherrings zu realisieren. Schon eine Woche später konnte der erste Strahl eingeschossen werden, und am 20. August 1988 registrierte man bereits einen gespeicherten Strahl. Die Elektronen von zunächst 7 GeV Energie konnten im HERA-Ring bis auf 13,5 GeV beschleunigt werden. Das Hochfrequenz-Beschleunigungssystem war noch nicht vollständig betriebsbereit, das Kontrollsystem erst rudimentär. Aber man hatte sich möglichst frühzeitig vergewissern wollen, dass die Auslegung der Maschine prinzipiell in Ordnung war und sie sich bei der Injektion und der Speicherung wie vorausberechnet verhielt.

Ein Jahr später waren die Provisorien beseitigt. Im September 1989 konnten wieder Elektronen im HERA-Ring gespeichert werden, und der anschließende einmonatige Versuchslauf war sehr erfolgreich. Es gelang, Ströme von bis zu 2,9 mA in 20 Teilchenpaketen auf die mit der installierten Hochfrequenzleistung maximal erreichbare Energie von 27,5 GeV zu beschleunigen.

Ein Problem beim Speicherringbetrieb mit vielen Teilchenpaketen besteht darin, dass sich die Bewegungen der einzelnen Pakete durch die von ihnen in den Beschleunigungsresonatoren induzierten Felder miteinander koppeln, was zu Instabilitäten der gespeicherten Strahlen führen kann. Um dem entgegenzuwirken und den vorgesehenen Strom von 60 mA in 200 Teilchenpaketen zu erreichen, wurde ein longitudinal und transversal wirkendes Strahldämpfungssystem in den HERA-Ring eingebaut, das schnelle Kickermagnete für die transversale und 1 GHz-Resonatoren für die longitudinale Bedämpfung verwendet. Diese neue DESY-Entwicklung war nach gründlichen theoretischen Studien durch R. D. Kohaupt zuvor in PETRA praktisch erprobt worden.

Außerdem wurden die normalleitenden Beschleunigungsstrecken durch supraleitende Beschleunigungsstrecken ergänzt. Die Vorteile supraleitender Beschleunigungsstrecken gegenüber normalleitenden sind vielfältig. Die elektrischen Verluste sind kleiner, die Iris größer. Die Erregung von Moden höherer Ordnung, die mit dem Strahl wechselwirken, kann durch breitbandige Auskoppler unterdrückt und dadurch die Gefahr von Strahlinstabilitäten reduziert werden. Beim DESY waren bereits seit Jahren Versuche mit bei der KFA Karlsruhe und im CERN gebauten supraleitenden Beschleunigungsresonatoren unternommen worden. Im Jahr 1982 wurde unter der Leitung von Dieter Proch in Zusammenarbeit mit der Universität Wuppertal eine DESY-eigene Entwicklung dieser Technologie gestartet, bei der man sehr früh eine enge Kooperation mit der Industrie gesucht hatte. Eine erste 9-zellige supraleitende Hochfrequenzstruktur aus dieser Entwicklung war 1985 über mehrere Monate in PETRA getestet und damit der Nachweis erbracht worden, dass supraleitende Resonatoren mit Erfolg in Speicherringen eingesetzt werden können. Und 1987 hatte eine aus 2×4 Resonatorzellen von hochreinem Niob bestehende Struktur in einem Badkryostaten beim Test in PETRA einen Rekord-Gradienten von über 5 MV/m erreicht.

Hierdurch ermutigt wurde eine Pilot-Serie solcher Strukturen in Zusammenarbeit mit der Firma Dornier gefertigt. Sechs Kryostate, je etwa 5 m lang und 1 m im Durchmesser, die jeweils zwei vierzellige Resonatoren enthielten, wurden dann 1990 in das gerade Stück des HERA-Rings bei der Experimentehalle West eingebaut.

Abbildung 9.11 Supraleitende Beschleunigungsstrecken in einem geraden Stück des HERA-Elektronenrings (DESY-Archiv).

Allerdings war ein dritter Probelauf der Elektronenmaschine erst nach einer fast zweijährigen Pause, während der im HERA-Tunnel der Protonenring installiert wurde, im Sommer 1991 möglich. Dieser Probelauf wurde sehr erfolgreich: Die supraleitenden Beschleunigungsstrecken konnten mit HERA-Strahl bei einem Feldgradienten von über 4 MV/m zuverlässig betrieben und damit die Energie der Elektronen auf über 30 GeV gesteigert werden. Und nur wenig später, am 15. Oktober 1991, begann dann schon der erste Probelauf bei gleichzeitiger Speicherung von Elektronen und Protonen, der am 19. Oktober 1991 in der ersten Beobachtung von *ep*-Kollisionen kulminierte.

9.14 Der lange Weg zu Elektron-Proton-Kollisionen

Nicht nur die beiden HERA-Ringe waren zu bauen, es musste für HERA auch eine umfangreiche Kette von Vorbeschleunigern bereitgestellt werden. Hierbei konnte DESY durch sorgfältig geplante Nutzung aller bereits existierenden Beschleuniger beträchtliche Einsparungen erzielen. Allerdings machte dies teilweise umfangreiche Umbauten oder Ergänzungen der Maschinen nötig, und die Verwendung oft schon sehr betagter Komponenten sollte an einigen Stellen zu unangenehmen Überraschungen führen.

Für die Elektronen und Positronen waren im Prinzip alle Vorbeschleuniger bereits vorhanden. Doch das ursprüngliche DESY-Synchrotron entsprach längst nicht mehr dem Stand der Technik und wäre nur schwer in das komplexe HERA-System integrierbar gewesen. Deshalb wurde beschlossen, im gleichen Tunnel ein neues, modernes Elektronen-Synchrotron mit getrennten Magneten für die Ablenkung und die Fokussierung aufzubauen. Der Bau dieser Maschine, genannt DESY II, lag in den Händen von Günter Hemmie.

Dank der bei DESY inzwischen gewonnenen Erfahrung und der in den vergangenen zwanzig Jahren erzielten Fortschritte im Beschleunigerbau – nicht zuletzt durch den Einsatz moderner elektronischer Regelungs- und Kontrollsysteme – kostete dies nur einen Bruchteil der Zeit und einen Bruchteil der Mittel, die für das ursprüngliche Synchrotron hatten aufgewendet werden müssen. Eine interessante Neuerung stellte das Vakuumsystem dar: Die bis dahin in Elektronensynchrotrons verwendeten kostspieligen und empfindlichen Keramikkammern wurden durch sehr dünnwandige Edelstahlrohre von elliptischem Profil ersetzt. Um dies möglich zu machen, wurde die Wiederholfrequenz des Magnetfeldes, die bis dahin 50 Hz gewesen war, auf 12,5 Hz reduziert. Damit traten nur geringe Wirbelstromverluste auf. Aufgelötete Verstärkungsrippen stabilisierten die Kammern gegen den Atmosphärendruck.

Eine wesentliche Randbedingung beim Bau des neuen Synchrotrons DESY II war, dass für den gleichzeitigen, nahezu ständigen Betrieb von DORIS und PETRA vorbeschleunigte Elektronen geliefert werden mussten und das Arbeiten im Synchrotrontunnel deshalb nur in den kurzen Betriebspausen möglich war. Trotzdem konnte DESY II innerhalb nur eines Jahres, zwischen Ende 1984 und Ende 1985, komplett im Ring aufgebaut werden. Für die zugehörigen Strahltransportwege und den endgültigen Ausbau auf die volle Energie musste man sich allerdings wegen des sehr intensiven Betriebs von PETRA in seinem letzten Betriebsjahr 1986 noch bis Anfang 1987 gedulden. Dann aber konnte DESY II innerhalb weniger Wochen endgültig fertiggestellt und in kürzester Zeit erfolgreich in Betrieb genommen werden. Ab sofort übernahm die neue Maschine auch die Füllung von DORIS, wo man sich infolge der gegenüber dem alten Synchrotron verbesserten Strahlqualität über größere und stabilere Akkumulationsraten für die gespeicherten Strahlen freuen durfte (siehe Abb. 9.12).

Die in DESY II auf 7 GeV beschleunigten Elektronen und Positronen sollten in PETRA in 70 Bündeln auf 14 GeV weiter beschleunigt und dann in den HERA-Elektronenring eingeschossen werden. Die neue Betriebsart von PETRA erforderte Umbauten des Hochfrequenzsystems, den Einbau von Ejektionskickern und einen Rückbau der Wechselwirkungszonen. Zusammen mit weiteren, für die Beschleunigung der Protonen in PETRA erforderlichen Arbeiten und den notwendigen Strahltests nahm dies gute zwei Jahre in Anspruch.

Zum Test des HERA-Elektronenrings im September 1989 konnte PETRA dann die benötigten beschleunigten Elektronen liefern. Zur Unterdrückung der im Betrieb mit vielen Teilchenbündeln auftretenden Strahlinstabilitäten musste aber auch noch ein longitudinal und transversal wirkendes Strahldämpfungssystem entwickelt und in PETRA eingebaut werden, ähnlich wie es später auch für den HERA-Ring zur Anwendung kam. Nach der endgültigen Fertigstellung konnte dann mit drei PETRA-Beschleunigungszyklen eine HERA-Füllung von 210 Teilchenpaketen komplettiert werden.

Im Gegensatz zu den Elektronen- und Positronenstrahlen musste man bei den Protonen ganz von vorn anfangen – auch was das Sammeln von Erfahrung betraf. Hier griff man soweit als möglich auf Entwicklungen anderer Institute zurück. Bei der Quelle für die Protonen folgte man dem Vorbild des Fermilab. In einem Plasma wurden negativ geladene Wasserstoffionen (H^--Ionen) erzeugt. In einem Hochfrequenz-Quadrupol nach Entwürfen des Instituts für angewandte Physik der Universität Frankfurt wurden sie fokussiert und auf 750 keV beschleunigt. Als nächstes folgte ein etwa 80 m langer Linearbeschleuniger (‚Linac III') vom Alvarez-Typ, um sie auf 50 MeV zu bringen. Im November 1988 war der Linearbeschleuniger aufgebaut, getestet und betriebsbereit. Dies war ein wesentlicher Beitrag von Uwe Timm, der 30 Jahre vorher schon den ersten Linearbeschleuniger, Linac I, installiert hatte. Auch das Strahlführungssystem für die 50 MeV H^--Ionen, ein Beitrag aus Kanada, war fertiggestellt.

Als nächster Beschleuniger in der Kette war ein 7,5 GeV-Protonen-Synchrotron vorgesehen. Es wurde wie DESY II ebenfalls in dem Tunnel des ursprünglichen DESY-Synchrotrons, direkt auf dessen Ringträger, aufgebaut und erhielt den Namen DESY III. Man konnte dafür sogar die originalen ‚combined function'-Magnete des alten Synchrotrons verwenden; allerdings mussten Quadrupole hinzugefügt werden und mit seinen neuen Vakuumkammern, Stromversorgungsgeräten, Hochfrequenz-, Kontroll- und Monitorsystemen wurde DESY III letztlich doch eine völlig neue Maschine. Die Demontage des alten und der Aufbau des neuen Synchrotrons begann im Winter 1986/87 und wurde, wie schon der Bau von DESY II, im wesentlichen ebenfalls innerhalb eines Jahres bewerkstelligt; Restarbeiten folgten 1988 und gegen Ende dieses Jahres hatte man den ersten umlaufenden Protonenstrahl (siehe Abb. 9.12).

Zur Injektion in DESY III werden die H^--Ionen des Linac III zunächst auf eine Stripping-Folie gelenkt, wo die Protonen von den Elektronen befreit und anschließend in 11 Teilchenbündeln auf 7,5 GeV beschleunigt werden.[5)]

Für die Akkumulation der Protonen im HERA-Ring ist deren Energie von 7,5 GeV allerdings noch zu niedrig. Deshalb sollten die von DESY III gelieferten Protonen zunächst in PETRA in 70 Bündeln akkumuliert, auf 40 GeV beschleunigt und anschließend durch den neu gebauten Transferkanal zu HERA geführt werden.

PETRA war zwar als eine reine Elektronenmaschine für Strahlenergien von nicht viel mehr als 20 GeV entworfen und gebaut worden, doch seine Ablenkmagnete konnten so hoch erregt werden, dass die Speicherung bei 40 GeV möglich sein sollte. Die hohe Impedanz der Beschleunigungsstrecken für die Elektronen stellt jedoch wegen der Multibunch-Instabilitäten ein Problem für den Protonenstrahl dar, weshalb er durch eine 120 m lange Umgehungsstrecke daran vorbeigeführt werden musste. Auch waren für die Protonenbeschleunigung in PETRA die Stromversorgungsgeräte aufzurüsten und eigene Beschleunigungs-, Monitor- und Kontrollsysteme zu schaffen, außerdem

[5)]Durch den dissipativen Stripping-Prozess, den Übergang von negativen Wasserstoffionen zu Protonen, lässt sich die Qualität des Protonenstrahls, seine Emittanz, entscheidend verbessern.

Abbildung 9.12 Die zwei neuen HERA-Injektor-Synchrotrons im Ringtunnel des ursprünglichen Synchrotrons: Rechts DESY II für Elektronen und Positronen, links DESY III für Protonen (DESY-Archiv).

Injektions- und Ejektionssysteme für die Protonen. Das Hochfrequenzsystem wurde vom ‚Institute of Particle Physics' in Kanada beigestellt.

Die umfangreichen Arbeiten zum Ausbau von PETRA zum HERA-Injektor ‚PETRA II' für Elektronen, Positronen und Protonen konzentrierten sich auf die Jahre 1987 und 1988. Als dann 1989 der Ring mit dem für 40 GeV Protonenenergie benötigten, gegen früher fast doppelt so hohen Magnetstrom getestet wurde, erlebte man eine böse Überraschung: Einige der Dipolmagnete zeigten elektrische Überschläge zwischen Spule und Magnetjoch. Untersuchungen deckten ein Problem von erschreckendem Ausmaß auf: Die Isolation der Spulen war durch die starke Strahlung geschädigt, die beim Betrieb von PETRA bei den höchsten Energien, während der Jagd nach dem top-Quark, erzeugt worden war. Umfangreiche Reparaturen waren unumgänglich: 143 der insgesamt 224 Magnete, jeder mehr als 5 m lang und 7 t schwer, mussten ausgebaut, aus dem Tunnel transportiert, zerlegt und repariert werden. Auch die den Dipolen benachbarten Quadrupole und die Vakuumkammer mussten ausgebaut werden, so dass der Aufwand dem Ab- und Wiederaufbau von 2/3 des Ringes gleichkam. Gleichwohl konnte die gesamte Reparatur in wenig mehr als einem Jahr bewältigt werden, so dass PETRA II Ende 1990 wieder zusammengebaut und funktionsfähig war.

Nachdem am 20. September 1990 der letzte der supraleitenden Magnete in den HERA-Ring eingebaut und damit nach dem Elektronenring nun auch der Protonenring technisch komplett war, wurde die Fertigstellung von HERA nach $6\frac{1}{2}$-jähriger Bauzeit

Abbildung 9.13 Feier zur Fertigstellung von HERA am 8. November 1990: Bundesforschungsminister Heinz Riesenhuber leitet durch Knopfdruck die Abkühlung der zweiten Hälfte des Protonenrings ein. Rechts Volker Soergel (DESY-Archiv).

am 8. November 1990 in festlichem Rahmen in Anwesenheit zahlreicher Gäste aus Wissenschaft, Wirtschaft und Politik begangen. Mehr als 320 Firmen und 45 Institute waren am HERA-Bau beteiligt gewesen. Die Zusammenarbeit mit der Industrie konnte man nur als sehr erfolgreich bezeichnen. Viele Firmen hatten technisches Neuland betreten, um die anspruchsvollen Aufgaben für HERA übernehmen zu können. Auch die neue Art der internationalen Zusammenarbeit war allen anfänglichen Zweifeln zum Trotz zu einem großen Erfolg geworden. Italien, Frankreich, Kanada, die Niederlande und Israel hatten mit wichtigen eigenen Entwicklungen und bedeutenden Komponentenbeiträgen, China, Polen, die USA, Großbritannien, die Tschechoslowakei und die DDR mit Fachpersonal geholfen, die USA außerdem durch ihre Pionierarbeit am Fermilab und die Arbeiten mit dem supraleitenden Kabel im Brookhaven National Laboratory.

Die Gesamt-Herstellungskosten[6)] einschließlich aller Nebenanlagen, ohne die Detektoren, lagen mit 1013 Mio DM im Rahmen der inflationskorrigierten Kostenschätzung von 1982, wobei als größte Posten 228 Mio DM für Tunnel und

[6)]Dabei sind die ‚in kind' Beiträge des Auslands mit ihren nominellen Kosten eingesetzt. Die tatsächlich im Ausland entstandenen Kosten können wegen der in den Ländern unterschiedlichen Abrechnungsarten nur schwer beziffert werden.

Gebäude, 193 Mio DM für den Elektronenring und 427 Mio DM für den Protonenring einschließlich der Kälteanlage zu nennen sind [144].

Am 15. Dezember begann die Abkühlung des Protonenrings, und zu Beginn des Jahres 1991 stand er kaltgefahren und evakuiert bereit. Im Februar war man mit PETRA so weit, dass der Protonenstrahl die vorgesehene Energie von 40 GeV erreicht hatte und es gelang, ihn zu ejizieren und in den Transferkanal zu HERA zu lenken. Damit konnten nun Protonen für den Einschuss in HERA geliefert werden. Ende März war auch am HERA-Protonenring alles funktionsbereit, Tests und Justierungen vorgenommen und die notwendige Strahlabschirmung aufgebaut. Und dann ging es Schlag auf Schlag. In den letzten Märztagen konnten versuchsweise zunächst Positronen durch den ganzen HERA-Protonenring geführt werden; diese kommen mit einer viel höheren Wiederholfrequenz als die Protonen und man konnte damit die Strahlmonitore effizient einstellen. Nun musste die Maschine noch auf die Protonen abgestimmt werden. Am 15. April 1991 war auch dieser Meilenstein erreicht: Man hatte einen umlaufenden Protonenstrahl in HERA.

Die Freude darüber war leider von kurzer Dauer. Das Hamburger Stromnetz fiel aus. Danach musste man mühsam alles wieder einschalten und hochfahren. Als dies fast geschafft war, passierte das gleiche noch einmal. Daraufhin stellte man einen Schaden an einem Magneten bei PETRA fest. Und um das Maß voll zu machen, versagte auch noch das Kontrollsystem für die Kälteanlage. So wurde die Zeit vom 10. bis 14. April damit verbracht, sich um ein Malheur nach dem anderen zu kümmern. Am 14. April hatte sich bei Wiik und seinen Leuten, die im Kontrollraum arbeiteten, eine Art Galgenhumor breitgemacht – doch plötzlich, um Mitternacht, gelang wieder ein Umlauf in HERA und kurz darauf hatte man einen Strahl, der 10000 Umläufe und mehr überlebte. Dann wurde die Hochfrequenz eingeschaltet und alles stimmte – und innerhalb von wenigen Stunden hatte man am 15. April 1991 frühmorgens einen gespeicherten Protonen-Strahl. Er hielt sich nur etwa eine halbe Minute lang in der Maschine, aber wichtig war, dass man nun wusste, dass die Maschine prinzipiell in Ordnung war.

Am 26. April waren die Bedingungen soweit verbessert, dass die Protonen, vom Hochfrequenzsystem eingefangen, als gebündelter Strahl bereits einige Minuten lang zirkulierten, und am 1. Mai konnte man Protonen von 40 GeV mit einer Strahllebensdauer von bis zu 30 Minuten im HERA-Ring speichern.

Danach wurde nochmals der Elektronenring getestet, nunmehr mit supraleitenden Beschleunigungsstrecken und einem Strahldämpfungssystem ausgerüstet. Ende Juli konnte die Inbetriebsetzung der Protonenmaschine weitergehen, wobei man sich zunächst auf das Verhalten der Maschine bei der Injektionsenergie von 40 GeV konzentrierte. Dies war wegen der nichtlinearen Feldverzerrungen durch die eingefrorenen Wirbelströme eine besonders kritische Phase des HERA-Betriebs. In den Studien wurde bald ein gutes Verständnis der Maschine erreicht, und die Strahllebensdauer konnte auf bis zu drei Stunden gesteigert werden.

Damit waren die Voraussetzungen geschaffen, nun auch die Beschleunigung der Protonen zu versuchen. Das Hochfrequenzsystem zur Speicherung und Beschleunigung, mit zwei Resonatoren einer Frequenz von 52 MHz zur Beschleunigung und vier Resonatoren für 208 MHz zur Bunchkompression, war teilweise als kanadischer Beitrag in Kanada gebaut und im Vorjahr installiert worden; es war betriebsbereit. Die Versuche begannen im September, und am 8. Oktober hatte HERA seine vorläufige Endenergie von 480 GeV erreicht. Man wollte die supraleitenden Magnete zu diesem Zeitpunkt noch nicht mit dem vollen Strom erregen, weil die für den Fall einer schnellen Stromabschaltung vorgesehenen Sicherheitseinrichtungen zuvor noch besser erprobt werden mussten.

Inzwischen waren auch die anfänglichen Schwachstellen der Protonen-Vorbeschleuniger und des HERA-Rings selbst weitestgehend erkannt und beseitigt, und das gesamte Protonensystem arbeitete nahezu störungsfrei. So konnte man am 10. Oktober den spannendsten Teil der HERA-Inbetriebsetzung angehen: Elektronen und Protonen zur Kollision zu bringen. Da die gegenläufigen Teilchenbündel mit einer Genauigkeit von etwa einer Nanosekunde synchron durch den Wechselwirkungspunkt laufen müssen, war eine sorgfältige zeitliche Synchronisation der Hochfrequenzsysteme erforderlich. Außerdem mussten die Teilchenbahnen transversal mit einer Genauigkeit von etwa 0,1 mm zur Deckung gebracht werden. Um die Elektron-Proton-Kollisionen nachweisen zu können, hatten beide Experimentekollaborationen, H1 und ZEUS, in ihren Wechselwirkungsregionen Luminositätsmonitore aufgebaut. Mit ihnen konnte die bei den Kollisionen in Vorwärtsrichtung emittierte Kleinwinkel-Bremsstrahlung durch Elektron-Photon-Kalorimeter nachgewiesen werden.

Am 19. Oktober 1991 war es geschafft: Der Luminositätsmonitor des H1-Experiments in der Experimentehalle Nord registrierte die ersten Elektron-Proton-Wechselwirkungen (Abb. 9.14).

Hatte man sich bei diesen Versuchen zunächst auf nur jeweils ein Teilchenpaket in jedem Ring beschränkt, so konnten bald auch Kollisionen von zehn gegen zehn gespeicherten Teilchenpaketen in beiden Wechselwirkungspunkten, Nord und Süd, reproduzierbar beobachtet werden. Offensichtlich wurden die umlaufenden Strahlen durch die Wechselwirkungen nicht zerstört. Knapp 20 Jahre nach dem ersten schriftlichen Vorschlag war damit der Existenzbeweis für stabile kollidierende Elektron-Proton-Strahlen erbracht und Björn Wiiks Ziel, kollidierende Strahlen zur Untersuchung der Elektron-Proton-Wechselwirkungen zur Verfügung zu haben, endlich realisiert!

In einem nächsten Schritt war nun das Zusammenspiel von HERA und den Detektoren zu testen. Die HERA-Erprobung wurde beendet, so dass im Dezember 1991 die beiden Wechselwirkungszonen in den Experimentehallen Nord und Süd freigeräumt werden konnten. Hier standen die Detektoren H1 und ZEUS bereit, auf Schienen in die Strahlposition gefahren zu werden. Gegen Ende März 1992 waren sie in Position, das Beschleuniger-Vakuum wieder hergestellt und die Abschirmung aufgebaut. Vor den Detektoren waren innerhalb der Vakuumkammern Kollimatoren für Synchrotronstrahlung und geladene Teilchen eingebaut worden.

Im April konnten die Beschleuniger anlaufen. Das Quenchschutzsystem für die supraleitenden Magnete war inzwischen bei höheren Magnetströmen getestet worden und so durfte man nun wagen, die Protonen auf die Höchstenergie von 820 GeV zu beschleunigen, was ohne größere Probleme gelang.

Am 31. Mai 1992 waren beide HERA-Ringe für den Kollisionsbetrieb mit 26,7 GeV Elektronen- und 820 GeV Protonenenergie bereit. In beiden Detektoren, H1 und ZEUS, konnten Elektron-Proton-Wechselwirkungen registriert werden. Nachdem die wichtigsten Einstellarbeiten an den verschiedenen Detektorkomponenten im laufenden Be-

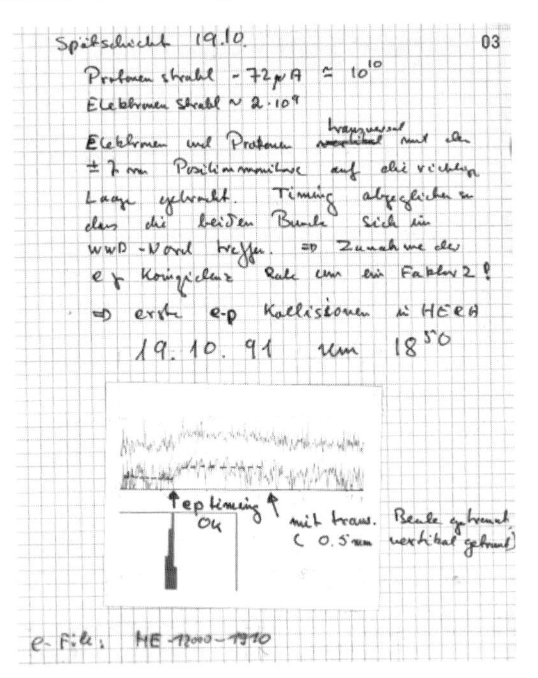

Abbildung 9.14 Björn Wiiks Logbucheintrag der ersten Beobachtung von Elektron-Proton-Kollisionen in HERA am 19. 10. 1991 (DESY-Archiv).

schleunigerbetrieb vorgenommen waren, stand Ende Juni der eigentlichen Datennahme nichts mehr im Wege. Im Lauf weniger Wochen wurden bereits hinreichend Daten aufgezeichnet, so dass am 7. August auf der Internationalen Hochenergiekonferenz in Dallas (Texas, USA) erste Ergebnisse vorgestellt werden konnten. Der Betrieb der HERA-Maschine erwies sich als reproduzierbar und zuverlässig. Bei Jahresende war eine integrierte Luminosität von 50 nb^{-1} und eine maximale Luminosität von 20% des Sollwerts erreicht.

Damit war die erste Phase einer großen Erfolgsgeschichte abgeschlossen. HERA war entgegen aller Skepsis innerhalb des Budgets und im Zeitplan fertiggestellt worden. Mit einer ganzen Reihe technischer Innovationen war die Maschine auch ein Markstein im Beschleunigerbau. Die Tabelle 9.2 zeigt einige von ihnen.

Als sich Volker Soergel mit dem Ablauf seiner über zwölfjährigen Amtszeit als Vorsitzender des Direktoriums Ende Februar 1993 von DESY verabschiedete, um an seine Heimatuniversität Heidelberg zurückzukehren, hatte er DESY in eine neue Epoche geführt, wie sein Nachfolger Björn Wiik in seiner Würdigung von Soergels Tätigkeit bei DESY mit Recht feststellen konnte. Doch nicht nur das: Mit HERA hatte eine ganz neue Ära in der Geschichte der Elektron-Proton-Wechselwirkungen begonnen. Für seine Verdienste um den Ausbau von DESY und vor allem um den Aufbau internationaler

Tabelle 9.2 Wichtige technische Innovationen beim HERA-Bau

Supraleitende Magnete, geeignet zur industriellen Massenfertigung
Hochstromzuführung für supraleitende Magnete
Korrekturverfahren für die Wirbelströme in supraleitenden Magneten
Helium-Verflüssigungsanlage hoher Leistung
Transfer von flüssigem Helium über große Distanzen
Modularer Aufbau des Elektronenrings
Entwicklung von Hochleistungsklystrons gemeinsam mit der Industrie
Spinrotatoren für Elektronenspeicherringe

Wissenschaftskooperationen wurde Volker Soergel 1993 das Bundesverdienstkreuz erster Klasse verliehen.

9.15 Die Planung der Experimente

Noch in der gleichen Woche im Februar 1983, in der die Grundsatzentscheidung für HERA mitgeteilt wurde, fanden sich bei DESY etwa 200 Physiker aus dem In- und Ausland zum ersten Workshop speziell über die Experimente-Technik für HERA zusammen. Man teilte sich in sechs Arbeitsgruppen auf, um jeweils ein bestimmtes Thema zu bearbeiten: Die Auslegung der Wechselwirkungszonen, Detektor-Technologien, die Messung der elektroschwachen Ströme und Strukturfunktionen, Photoproduktionsprozesse, die Suche nach neuen, ‚exotischen' Prozessen und Teilchen, und schließlich die Frage der Verwendung existierender Detektoren, etwa der PETRA-Detektoren, für Experimente an HERA.

Nach zweimonatiger Arbeit traf man sich wiederum bei DESY, um sich gegenseitig über die Fortschritte zu informieren, und im Juni 1983 fand ein abschließendes dreitägiges Treffen in Amsterdam statt, gemeinsam von DESY, ECFA und dem holländischen Hochenergiephysik-Institut NIKHEF organisiert. Die Ergebnisse füllten ein dickes Buch [145].

Die Arbeitsgruppen hatten auf den in der ECFA/DESY-Studie von 1980 [136] geleisteten Vorarbeiten aufgebaut und sie erheblich vertieft. Es wurde klar, dass die HERA-Experimente in mehreren wichtigen Punkten mit neuartigen Herausforderungen konfrontiert sein würden. Wegen der unterschiedlichen Strahlimpulse der Protonen und Elektronen würden viele der zu messenden Sekundärteilchen stark auf die Richtung des Protonenstrahls (‚in Vorwärtsrichtung') konzentriert sein, was eine aufwendige Instrumentierung in der Protonenrichtung erforderlich machte. Die Detektoren mussten aber auch für große Winkel sehr gut instrumentiert sein, denn zu den interessantesten Ereignissen würden gerade solche mit hohen Transversalimpulsen gehören. Man musste bei HERA deshalb alle mit hohem Transversalimpuls gestreuten Elektronen gut identifizieren können, und außerdem kam es auf eine möglichst genaue Energie- und

Impulsmessung an. Absolut wichtig für die Entdeckung jeder ‚neuen Physik‘ war auch die sichere Identifizierung von Myonen.

Nun fingen vor allem in den PETRA-Kollaborationen viele Physiker an, sich ernsthaft mit Plänen für HERA-Detektoren zu befassen.

Wichtige Impulse kamen von zwei Physikern, die DESY 1984 als leitende Wissenschaftler hatte gewinnen können: Franz Eisele und Robert Klanner. Eisele von der Universität Dortmund brachte seine vieljährige Erfahrung mit Experimenten zur tief unelastischen Neutrinostreuung ein, die er in der Steinberger-Gruppe[7] am CERN gesammelt hatte. Er sollte für die gesamte Bauzeit und noch viele Jahre länger der Sprecher einer der Experimentekollaborationen sein. Klanner kam aus dem Max-Planck-Institut für Physik in München und zählte zu den angesehensten Experten für neue Detektortechnologien; er spielte eine führende Rolle in der zweiten HERA-Kollaboration und sollte in den späten neunziger Jahren die Leitung des DESY-Forschungsbereichs übernehmen.

Die definitive Genehmigung von HERA im April 1984 verstärkte den Druck, nun auch das Experimenteprogramm von HERA festzulegen. Zu diesem Zweck lud DESY, diesmal gemeinsam mit dem italienischen INFN, im Oktober 1984 zu einem dreitägigen ‚Diskussionstreffen über HERA-Experimente‘ in Genua ein. Dabei sollte das nunmehr nach einem festen Zeitplan vorangehende HERA-Projekt nochmals allen, die sich an den Experimenten beteiligen wollten, vorgestellt werden.

DESY hatte angekündigt, dass in einer ersten Runde höchstens drei Experimente genehmigt werden würden, keinesfalls vier. Dafür gab es zwei Gründe. Erstens wollte man vermeiden, später mit vier möglicherweise sehr ähnlichen Detektoren dazustehen und keine Wechselwirkungszone mehr zur freien Verfügung zu haben, wenn vielleicht unerwartete Entwicklungen den Einsatz eines neuen, andersartigen Detektors verlangten. Und zweitens schien es richtig, die beschränkten Mittel, welche die Physikergemeinschaft würde aufbringen können, nicht auf zu viele Detektoren zu verteilen, von denen jeder dann vermutlich unterfinanziert sein dürfte. Zur gleichen Zeit waren ja die vier großen LEP-Detektoren am CERN im Bau und nahmen die Budgets vor allem der europäischen Experimentiergruppen in erheblichem Maß in Anspruch.

Auf einer weiteren Randbedingung hatte Soergel bestanden: Nur Physiker, die nicht zugleich an einem LEP-Experiment beteiligt waren, sollten zu den HERA-Experimenten zugelassen werden. Dies war ein Novum, griff es doch in die bisher als heilig angesehene Entscheidungsfreiheit der Universitätsgruppen ein. Kein Wunder, dass sich manches Professorenego verletzt fühlte und Soergels Diktum im Wissenschaftlichen Rat nicht gerade auf Begeisterung stieß. Es war auch in gewisser Weise schmerzlich, weil viele kompetente Gruppen in Europa, und gerade auch in Deutschland, nicht an HERA geglaubt und sich deshalb einem LEP-Experiment angeschlossen hatten, obwohl sie eigentlich gern bei HERA experimentiert hätten. Doch das Prinzip wurde durchgesetzt. So erreichte DESY, dass an den Experimenten bei HERA ausschließlich Physiker mitwirkten, die für ihre wissenschaftliche Zukunft ganz auf

[7] Jack Steinberger, CERN, Nobelpreis für Physik 1988

HERA gesetzt hatten und in den kommenden Jahren daran mit ungeteiltem Engagement arbeiten würden.

Das Treffen in Genua [146] bot eine gute Gelegenheit, Ideen und Entwürfe für Detektoren und Techniken vorzustellen und um Kollaboranten zu werben. Die mehr als 250 Teilnehmer diskutierten in einer von Optimismus und Enthusiasmus geprägten Stimmung. Endlich hatte man eine klare Perspektive für die HERA-Experimente. Die bereits vorhandenen Ansätze zur Bildung von Kollaborationen – als Kristallisationskeime hatten die PETRA-Experimente CELLO, JADE und TASSO gewirkt – begannen sich weiterzuentwickeln. Die Zeit drängte, denn DESY hatte Ende Juni 1985 als Endtermin für die Abgabe von verbindlichen Absichtserklärungen für Experimente festgelegt.

So dauerte es nach dem Treffen in Genua denn auch nicht lange, bis sich im Frühjahr 1985 zwei große internationale Kollaborationen aus je 150 bis 200 Wissenschaftlern für die HERA-Experimente zusammengefunden hatten. An beiden Kollaborationen waren DESY-Wissenschaftler etwa vergleichbar stark beteiligt. Die Idee des Recycling eines PETRA-Detektors war aufgegeben worden. Stattdessen waren zwei ehrgeizige Entwürfe entstanden, die beide um den Status als bester möglicher Detektor für die HERA-Physik wetteiferten.

Die Detektor-Vorschläge und das damit auszuführende Experimentierprogramm wurden in Absichtserklärungen ausführlich beschrieben [147, 148] und termingerecht bei DESY eingereicht. Die Kollaborationen hatten ihren Detektoren die Namen H1 und ZEUS gegeben; als Sprecher hatten sie sich Franz Eisele für H1 und Günter Wolf[8)] für ZEUS gewählt. Auf die beiden Sprecher wartete eine große und schwierige Aufgabe. Sie mussten den Bau eines hochkomplexen Detektors leiten und koordinieren, mit einer Schar von einigen hundert Physikern aus Nationen rund um die nördliche Halbkugel. Auftretende Probleme und Kontroversen mussten sie Kraft ihres wissenschaftlichen Ansehens und ihrer Kompetenz lösen. Dass der Bau der Detektoren gelang, ist nicht zum geringsten auch das Verdienst dieser beiden Persönlichkeiten.

Im Juli 1985 wurden die Detektor-Vorschläge der wissenschaftlichen Öffentlichkeit und dem ‚Physics Research Committee' vorgestellt. Beide Vorschläge sahen zum Nachweis und zur Impulsmessung der geladenen Reaktionsprodukte supraleitende Solenoid-Magnete vor, mit Spurenkammern zum Nachweis und zur Impulsmessung aller die Wechselwirkungszone verlassenden geladenen Teilchen im Inneren. Für die Vorwärtsrichtung waren große Spurenkammer- und Übergangsstrahlungs-Anordnungen vorgesehen. Zur Identifizierung und Messung der Myonen sollten die Eisenjoche der Magnete mit großflächigen Nachweiskammern ausgerüstet werden, ergänzt durch Nachweisanordnungen in Vorwärtsrichtung.

Ein Problem war dabei die Beeinflussung der Elektronen- und Protonenstrahlen des Speicherrings durch das Solenoid-Magnetfeld der Detektoren. Es würde u.a. die Polarisation des Elektronenstrahls vollständig zerstören. Rechnungen zeigten, das diese Störung kompensiert werden kann durch einen zweiten Solenoidmagneten mit entge-

8) Damit wurde Günter Wolf zum dritten Mal Sprecher einer großen Speicherring-Kollaboration.

gengesetzter Feldrichtung. Um die Länge des Kompensations-Magneten klein zu halten, wurde eine hohe Feldstärke gewählt; beim ZEUS-Detektor waren es 5 Tesla.

Die wichtigste Komponente jedes Detektors und zugleich diejenige, in der sich die beiden Vorschläge besonders signifikant unterschieden, war das Kalorimeter. Von vornherein war klar: Je besser das Kalorimeter, desto mehr würde man aus den HERA-Experimenten lernen. In der Teilchenphysik realisiert man Kalorimeter meist als schichtförmige Anordnungen aus ‚passivem' Absorbermaterial und ‚aktivem' Nachweismedium, in denen die von hochenergetischen Quarks und/oder Gluonen erzeugten Teilchenschauer (Jets) von Hadronen möglichst vollständig absorbiert werden. Das dabei im Kalorimeter gemessene Signal liefert die Gesamtenergie der Jets. Die Kalorimeter der HERA-Detektoren sollten außen um die Spurkammern herum angeordnet sein und diese – und damit den Wechselwirkungspunkt – lückenlos umschließen. Sie sollten eine feine Segmentierung senkrecht zur Richtung der einfallenden Teilchen haben, so dass die Anzahl der auftreffenden Jets sowie ihr Einfallsort und Einfallswinkel gemessen werden können. In ihrer Messgenauigkeit müssten die von den HERA-Kollaborationen vorgeschlagenen Kalorimeter alle bisher realisierten Kalorimeter deutlich übertreffen.

Die beiden Kollaborationen hatten dafür unterschiedliche technische Lösungen gewählt. Der H1-Detektor sollte ein Flüssig-Argon-Kalorimeter erhalten, in dem Elektronen, Photonen und Hadronen noch innerhalb des Solenoiden in Absorbern aus Blei und Edelstahl aufschauern und alle dabei entstehenden geladenen Teilchen durch die Ionisation des flüssigen Argons nachgewiesen werden. Ein solches Kalorimeter ist als eine im Prinzip simple Ionisationskammer sehr stabil in der Eichung, unempfindlich gegen Magnetfelder und Strahlenschäden, und es ermöglicht durch eine feine Segmentierung der Elektroden eine sehr gute räumliche Auflösung der Jet-Kaskaden.

Die bisher mit solchen Kalorimetern erzielte, nur mäßige Energieauflösung hoffte die H1-Kollaboration durch einen Trick signifikant verbessern zu können. Er bestand darin, die feine Segmentierung zu nutzen, um hadronische von elektromagnetischen Schauern zu unterscheiden und damit das unterschiedliche Ansprechen des Kalorimeters auf die beiden Schauerarten zu korrigieren.

Die ZEUS-Kollaboration hatte sich von vornherein das Ziel einer bestmöglichen Energieauflösung gesetzt, um insbesondere für die Untersuchung von Reaktionen mit einem auslaufenden Neutrino optimale Voraussetzungen zu schaffen. Da man das Neutrino nicht direkt nachweisen kann, kommt es bei solchen Reaktionen auf eine genaue Messung der Hadronen an. Die ZEUS-Kollaboration hatte deshalb ein Kalorimeter aus Platten von abgereichertem[9)] Uran als Absorber und mit Szintillationszählern und Photovervielfachern für den Teilchennachweis vorgeschlagen. In einem solchen Kalorimeter kann durch den Nachweis von Spallationsneutronen aus dem Uran das für hadronische Kaskaden sonst vorhandene Defizit im Ansprechvermögen automatisch ausgeglichen und dadurch eine auf andere Weise nicht erreichbare Energie-Genauigkeit erzielt werden.

[9)] ‚Abgereichert' bedeutet, dass ein Großteil des stark radioaktiven und spaltbaren Isotops U^{235} entfernt worden war.

Die Absichtserklärungen der Kollaborationen wurden vom Physics Research Committee (PRC) eingehend diskutiert und geprüft. Für jeden Detektor und darüber hinaus sogar für einzelne Komponenten wurden spezielle Berichterstatter bestimmt. Besondere Aufmerksamkeit galt naturgemäß den Möglichkeiten und Problemen der Kalorimetrie. Dass sich die beiden Detektoren durch die vorgeschlagenen Methoden der Jet-Kalorimetrie gerade in einem für die HERA-Experimente besonders wichtigen Punkt unterschieden, wurde als Gewinn für das HERA-Experimentierprogramm vermerkt; dadurch könnten die beiden Experimente sich sinnvoll ergänzen und eine gegenseitige Überprüfung der Ergebnisse erlauben.

Damit stand für HERA ein von kompetenten Kollaborationen getragenes Experimenteprogramm mit breiter Schwerpunktsetzung und diversifizierter Detektortechnologie in Aussicht. Die beiden Kollaborationen wurden aufgefordert, nunmehr detaillierte Pläne für den Bau und für die Finanzierung der beiden Detektoren auf der Grundlage der vorliegenden Konzepte auszuarbeiten. Die de facto-Entscheidung über die HERA-Experimente der ersten Phase war damit getroffen.

Die Kollaborationen gingen zügig zur Sache und hatten im März 1986 ihre umfangreichen ‚Technical Proposal' in Form zweier dicker Bücher fertiggestellt [149, 150]. Die Qualitäten der gewählten Detektortechniken waren bereits durch vielfältige Tests untermauert worden. Inzwischen hatten sich den Kollaborationen noch weitere Interessenten angeschlossen. Bei H1 waren es inzwischen etwa 200 Wissenschaftler von 26 Instituten aus den Ländern Belgien, Deutschland (Bundesrepublik und DDR), England, Frankreich, Italien, Polen, Schweiz, Tschechoslowakei, der UdSSR und den USA. ZEUS hatte etwa 280 Wissenschaftler von 45 Instituten aus den Ländern Deutschland, England, Israel, Italien, Japan, Kanada, Niederlande, Polen, Russland, Spanien und ebenfalls den USA. Zu den russischen Kollaboranten von H1 gehörte auch der berühmte Pavel Tscherenkow, Nobelpreisträger und Entdecker der nach ihm benannten Strahlung, der ungeachtet seines Alters von mehr als 80 Jahren seine Arbeitsgruppe im Lebedev-Institut in Moskau leitete.

Erneut hatten Direktorium und das Physics Research Committee über die beiden Experimentevorschläge zu beraten, wobei nun außer dem Physikprogramm und den Detektortechniken auch noch Kosten, Finanzierung, Infrastruktur, Sicherheit und der Zeitplan zu klären waren.

Die einzige wirklich problematische Komponente war das ZEUS- Kalorimeter, in dem die gewaltige Menge von 500 t abgereichertem Uran verwendet werden sollte. Uran ist radioaktiv und zudem chemisch sehr reaktionsfreudig, so dass es nur unter besonderen Vorsichtsmaßnahmen und in speziell dafür eingerichteten Laboratorien bearbeitet werden kann. Durfte man so etwas im Hamburger Volkspark installieren? Vor allem war nicht klar, welche Gefahren durch das Uran bei einem eventuellen Brand in einer Experimentehalle drohen könnten.

Doch die Weiterarbeit der Kollaborationen bis zur Klärung dieses Problems aufzuhalten wäre kontraproduktiv gewesen. Deshalb deklarierte das Direktorium im November 1986, nachdem alle anderen Fragen – insbesondere die Sicherheitsprobleme – befriedigend geklärt waren, die beiden Experimentevorschläge als genehmigt. Für die Verwendung von Uran im ZEUS-Kalorimeter sowie von PVC als Material für Streamerrohre wurde aber der Vorbehalt einer abschließenden Feststellung der Unbedenklichkeit gemacht. Dem H1-Detektor wurde die Experimentehalle Nord, ZEUS die Halle Süd zugewiesen.

Die DESY-Experimentegruppen hatten im Rahmen der Kollaborationen weite Verantwortungsbereiche übernommen, obwohl sie gleichzeitig noch in die PETRA-Experimente und stark in den Bau der HERA-Protonenmaschine eingebunden waren. Ihre Verantwortung umfasste größere Beiträge zu den Kalorimetern beider Detektoren und zu der zentralen Spurkammer für Hl, die Eisenstruktur für ZEUS sowie einen großen Teil der Elektronik, der Datenerfassungs- und Monitorsysteme sowie der Analyseprogramme für beide Experimente. Darüber hinaus waren sie zuständig für die Gesamtkoordination des Aufbaus der Detektoren, die Bereitstellung der Infrastruktur wie Kontrollräume, Versorgung mit Gasen und flüssigem Helium und schließlich für den Einbau in den HERA-Ring, die Koordination mit den HERA-Beschleunigern und der übrigen DESY-Infrastruktur, für die Abschirmung und die Sicherheit.

Die geschätzten Kosten der Detektoren lagen bei 92 Mio DM für H1 und 135 Mio DM für ZEUS und würden sich bei Beschränkung auf eine erste, reduzierte Ausbaustufe immer noch auf mindestens 79 beziehungsweise 117 Mio DM belaufen. Bei H1 sollten die Hälfte, bei ZEUS sogar 2/3 der benötigten Mittel von den ausländischen Kollaborationspartnern aufgebracht werden. Die Finanzierung des deutschen Anteils sollte etwa zur Hälfte über den DESY-Haushalt und zur anderen Hälfte aus der Verbundforschung für die Universitäten und durch die Max-Planck-Gesellschaft erfolgen. Die bis dahin vorliegenden Mittelzusagen oder Absichtserklärungen waren aber selbst für die ersten Ausbaustufen noch deutlich zu knapp. Trotzdem ging man optimistisch voran in der Überzeugung, dass man mit Flexibilität und Augenmaß – und womöglich mit der Unterstützung noch zu gewinnender zusätzlicher Kollaboranten – schon das Ziel erreichen würde. Und wirklich konnten H1 und ZEUS in den Jahren des Aufbaus neue Gruppen hinzugewinnen.

Die Kollaborationsvereinbarungen, die DESY mit den einzelnen Instituten abschloss, wurden dem schon bei den PETRA-Experimenten mit Erfolg praktizierten Modell entsprechend so gefasst, dass nicht von beizusteuernden Geldsummen die Rede war. Vielmehr wurde der Bau und die Bereitstellung bestimmter Detektor-Komponenten vereinbart. Beim Bau der HERA-Detektoren musste an vielen Stellen technisches Neuland beschritten werden, so dass verlässliche Kostenabschätzungen ohnehin vielfach nicht möglich waren.

Die teilnehmenden Institute teilten die Entwicklungsarbeiten unter sich auf und übernahmen jeweils die Verantwortung für bestimmte Komponenten oder Teile von Komponenten. Diese Verantwortung war nicht auf den Bau beschränkt, sondern würde auch den späteren Betrieb, die Erhaltung und eventuelle Weiterentwicklung der betreffenden Detektorkomponente umfassen. Größere Komponenten sollten von mehreren Instituten gemeinsam entworfen und gebaut werden. Hierzu wurde ein Teil der Mittel als sogenannter ‚Common Fund‘ veranschlagt. Der Entwurf und der Bau der einzelnen Komponenten sollten soweit möglich in den jeweiligen Heimatinstituten geschehen.

Während der Bauzeit der Detektoren kamen die für die Finanzierung der Institute Verantwortlichen einmal jährlich bei DESY zusammen, um den Status zu besprechen. Wie zu erwarten war, blieb es im Verlauf des Detektorbaus nicht aus, dass sich Gruppen in den Kollaborationen mit ernsten Kosten- oder Terminproblemen konfrontiert sahen. In allen Fällen konnten diese Probleme aber zwischen den Kollaborationspartnern aufgefangen werden. Gelegentlich musste einem Partner Geld vorgestreckt werden – hierbei waren Flexibilität, eine Beherrschung gewisser administrativer Techniken und manchmal ein Griff in die Trickkiste gefragt. Am Ende war das Vertrauen unter den Partnern ausschlaggebend, und Ausfälle hat es nicht gegeben.

Natürlich benötigten die Kollaborationen auch eine Organisations- und Entscheidungsstruktur. Diese war sehr einfach gehalten, wie bei DESY üblich nahezu ohne Hierarchiestufen. Bei ZEUS war für jede größere Komponente ein Koordinator zuständig; diese Koordinatoren trafen sich regelmäßig im Abstand weniger Wochen. Bei H1 gab es entsprechend ein ‚Exekutivkommittee'.

Daneben besaß jede Kollaboration ein größeres Gremium, in dem alle beteiligten Gruppen repräsentiert waren und das sich etwa alle zwei Monate traf. Die wichtigen Entscheidungen vorzubereiten, Schwierigkeiten rechtzeitig zu erkennen, den inneren Zusammenhalt der Kollaboration zu pflegen und sie nach außen zu vertreten waren Funktionen der gewählten Sprecher. Die Sprecher waren ständig bei DESY anwesend und standen in engem Kontakt mit allen wichtigen DESY-Stellen. Ihnen stand je ein ‚technischer Koordinator' zur Seite, der eine extrem schwierige und komplexe Aufgabe wahrzunehmen hatte. Er musste sicherstellen, dass am Ende alle Komponenten rechtzeitig fertiggestellt waren, dass sie zusammenpassen und dem Zeitplan gemäß in der Experimentehalle installiert werden konnten. Damit wurden die erfahrenen DESY-Physiker Friedhelm Brasse für H1 und Bernd Löhr für ZEUS betraut.

9.16 Der Aufbau der Detektoren

Inzwischen war die Frage der Brandsicherheit beim Einsatz von abgereichertem Uran im ZEUS-Kalorimeter im positiven Sinn beantwortet worden. Zur zusätzlichen Absicherung gegen eventuelle radioaktive Kontamination wurde jede einzelne Uranplatte des Kalorimeters in eine Edelstahlkassette eingeschweißt. Bei Versuchen, die der Direktor des technischen Bereichs von DESY, Hans Hoffmann, in einem speziellen Brennofen im französischen Reaktor-Forschungszentrum Cadarache hatte durchführen lassen, wurde das Uran einem Höllenfeuer ausgesetzt und davon auch ein Video angefertigt. Das Video wurde am DESY vorgeführt und es überzeugte.

Trotzdem waren nicht überall die Bedenken verstummt. Das Thema hatte Emotionen geweckt. Uran war ein Reizwort; seine Verwendung in so massivem Umfang wie für das ZEUS-Kalorimeter geplant – so wurde argumentiert – könne DESY dem Verdacht aussetzen, entgegen allen der Öffentlichkeit gegenüber abgegebenen Versicherungen doch irgendetwas mit der Kernenergie zu tun zu haben. Die teilweise panischen Reaktionen auf den Reaktorunfall von Tschernobyl im April 1986 waren noch nicht vergessen.

Dazu kamen die Hetze und Anschläge der ‚Roten Armee Fraktion' gegen den ‚militärisch-industriellen Komplex', zu dem insbesondere ‚die Atomwirtschaft' gerechnet wurde. In den Jahren 1985/86 waren der Chef der Firma MTU in München und der bei Siemens in leitender Position tätige Physiker Beckurts, Sprecher des Arbeitskreises Kernenergie, terroristischen Anschlägen zum Opfer gefallen. Auch einer der Autoren, damals Forschungsdirektor beim DESY, wurde telefonisch bedroht. Es gab sogar eine anonyme Ankündigung für einen bevorstehenden Bombenanschlag auf DESY, die immerhin so ernst genommen wurde, dass der gesamte Betrieb angehalten, die Beschleuniger und Experimente heruntergefahren und jedermann, der nicht unabkömmlich war, nach Hause geschickt wurde. Am Ende ging keine Bombe hoch, und es wurde nie klar, ob das Ganze ein schlechter Scherz war oder ein tatsächlich geplanter Anschlag, der durch die Präsenz der Polizei verhindert worden war.

Die Suche nach Alternativen zum Uran führte allerdings zu dem Ergebnis, dass die gleiche hohe Energieauflösung mit anderen Absorbermaterialien in dem verfügbaren Platz nicht zu erreichen war. Dabei spielte auch eine Rolle, dass die natürliche Radioaktivität des Urans ein sehr wertvolles Eichsignal lieferte. Zur abschließenden Frage der Brandsicherheit wurde natürlich auch die Hamburger Feuerwehr hinzugezogen. Im Mai 1987 fasste das Direktorium den Entschluss, der kompromisslosen Qualität des Experimentes den Vorrang vor allen subjektiven Bedenken einzuräumen. Dies fand auch die Unterstützung des Wissenschaftlichen Ausschusses, der sich ebenfalls ausführlich mit dem Problem der Uransicherheit beschäftigt hatte.

Es war nun an Soergel, dem neuen Hamburger Wissenschaftssenator Professor Klaus Meyer-Abich, dem Nachfolger von Sinn und dezidiertem Gegner der Kernenergie, diese Entscheidung zu erklären – was ihm dank seiner bewährten Überzeugungskraft so gut gelang, dass der Senator sich sogar erbot, bei eventuell aufkommenden politischen Problemen im Sinne DESYs helfend einzuwirken. Dies war glücklicherweise nicht nötig, denn es gab am Ende keinerlei Schwierigkeiten.[10)]

Im Frühjahr 1988 wurde als erste der größeren Detektorkomponenten die 2000 t schwere segmentierte Eisenstruktur für den H1-Detektor bei DESY angeliefert. Sie war von Tscherenkows Moskauer Gruppe bei einer Werft in St. Petersburg – damals Leningrad – in Auftrag gegeben und gefertigt und in Teilen nach Hamburg verschifft worden; russische Ingenieure und Techniker bauten sie in der Experimentierhalle Nord auf. Fast gleichzeitig begann in der Südhalle die Errichtung der ebenso großen und schweren Eisenstruktur für ZEUS, die DESY auf einer Werft in Bremen hatte bauen lassen. Diese Struktur wurde mit großen Spulen zur Magnetisierung des Eisens ausgerüstet, ein Beitrag der Universität von Wisconsin. Am Jahresende 1988 standen die beiden Strukturen bereit zum Einbau der Detektorkomponenten.

Der nächste wichtige Meilenstein war für beide Detektoren in der ersten Jahreshälfte 1989 mit der Fertigstellung der supraleitenden Solenoid-Magnete erreicht. Der von DESY bei der Instrumentierungs-Abteilung des Rutherford-Appleton-Laboratoriums in England in Auftrag gegebene und gefertigte supraleitende Magnet für den H1-Detektor traf als erster im Mai 1989 in der Experimentierhalle Nord ein, mit einer Länge von 5,8 m, einen Durchmesser von 6 m und einer Feldstärke von 1,2 Tesla der weltweit größte Magnet dieser Art. Der supraleitende Magnet für ZEUS, als einer der Beiträge der italienischen Kollaborationspartner von der auch beim Bau der HERA-

[10)]Lediglich eine lokale Zeitung hatte versucht, mit einer dicken Schlagzeile „500 Tonnen Uran im Hamburger Volkspark“ Ängste bei der Leserschaft zu wecken. Doch das ging daneben, denn der Setzer hatte gepatzt und mit der Überschrift „500 Tonnen Kran im Hamburger Volkspark“ hatte der Artikel keine schlafenden Hunde wecken können.

Dipole involvierten Firma Ansaldo gebaut, wurde im Juli 1989 in der Süd-Halle bei DESY angeliefert. Er war bei einer Länge von 2,8 m und einem Durchmesser von 1,7 m für die hohe Feldstärke von 1,8 T ausgelegt. Beide Magnete wurden nach dem Einbau an die Flüssig-Helium-Versorgung des HERA-Rings angeschlossen und konnten ohne Probleme in Betrieb genommen werden.

Ein weiterer Meilenstein für H1 war im Oktober 1989 mit dem Einbau des Kryostaten für das Flüssig-Argon-Kalorimeter erreicht. Dieser riesige Kryostat, von den Ingenieuren des CEA Saclay entworfen – eine Meisterleistung französischer Ingenieurskunst – war unter der gemeinsamen Verantwortung von DESY und dem CEA Saclay von der französischen Industrie gebaut worden. Er füllte das Innere des Magneten und sollte seinerseits die gesamte Kalorimeteranordnung aufnehmen; durch sehr intelligent ausgedachte Durchführungen für die über 40000 elektrischen Signalausgänge konnten die Kalorimeter-Signale aus dem kalten Kryostaten nach außen geleitet werden.

Mittlerweile waren auch der Aufbau und die Tests der modular aufgebauten Kalorimeter für beide Detektoren in vollem Gang. Bei H1 war der Bau des Flüssig-Argon-Kalorimeters unter die Gruppen in Saclay, Orsay, Aachen, DESY, Dortmund und München (MPI) aufgeteilt. Die in den verschiedenen Instituten, DESY eingeschlossen, zusammengebauten und teilweise im CERN getesteten sehr komplexen Kalorimetermodule wurden in einer der großen Hallen bei DESY zu ringförmigen Einheiten zusammengesetzt, zur Nordhalle transportiert und dort in den Kryostaten eingebaut.

Im Februar 1991 wurde der Kryostat von H1 mit 80 t flüssigem Argon (bei 87 K) gefüllt. Der anschließende Testbetrieb sowohl der Kryogenik wie des Kalorimeters verlief völlig unspektakulär, kontinuierlich und stabil. Die Ladungssammlung blieb auch über ausgedehnte Perioden konstant. Die problemlos bewältigte Realisierung dieses außerordentlich anspruchsvollen Kalorimeter-Projekts, mit dem die H1-Kollaboration eine neue Qualitätsstufe in der Flüssig-Argon-Kalorimetrie demonstriert hatte, war ein spektakulärer Erfolg. Und nicht nur das. Bis zum Ende der Laufzeit des Experiments (2007) musste der Kryostat kein einziges Mal aufgewärmt werden.

Auch nahezu alle anderen Detektorkomponenten für H1 konnten termingerecht während der Jahre 1990/91 fertiggestellt und eingebaut werden. Ein wichtiger Teil war auf DESY gefallen, wo gemeinsam mit der Universität Hamburg die zentrale, zweifach unterteilte zylindrische Jetkammer von 1,6 m Durchmesser und 2,6 m Länge, mit 64 Schichten von Signaldrähten, gebaut wurde. Mehr als 12000 Drähte mussten präzise eingezogen werden. Zusätzliche Proportional-Drahtkammern sowie Driftkammern zur Messung der longitudinalen Koordinaten wurden in Zeuthen (damals DDR) und in Zürich gefertigt und der gesamte Zentraldetektor sodann bei DESY zusammengesetzt. Auch der Vorwärts-Spur-Detektor aus planaren und radialen Drahtkammern und Übergangsstrahlungsdetektoren, in dessen Entwurf und Bau sich das Rutherford-Appleton-Laboratorium und die Universitäten Liverpool und Manchester geteilt hatten, wurde rechtzeitig fertig. Im Vorwärtsbereich war ein eiserner Toroidmagnet aus Moskau installiert und mit Driftkammern zur Messung von Myonen bei kleinen Winkeln ausgerüstet. Lediglich die Instrumentierung des Eisenjochs mit Streamerrohrkammern war noch zu komplettieren.

Gegen Ende 1991 stand der H1-Detektor auf den Schienen in seiner Parkposition neben dem HERA-Ring, war mit kosmischer Strahlung getestet und bereit, in die Wechselwirkungszone des HERA-Rings bewegt zu werden.

In der ZEUS-Kollaboration stellte das Kalorimeter ebenfalls die schwierigste und kritischste Komponente dar, mit zahlreichen ungewöhnlichen technischen Herausforderungen. Es umfasste etwa 13000 Auslesekanäle mit Türmen aus je etwa 150 bis 180 Szintillatorplatten, Wellenlängenschiebern, Lichtleitern und Photovervielfacher-Röhren. Es waren dafür 500 t Uran und 23 Tonnen Szintillator zu verarbeiten.

Den Zusammenbau der 80 großen, je etwa 10 t schweren Kalorimeter-Module hatten drei Institute übernommen: Das Argonne National Laboratory in Illinois in den USA, das holländische Hochenergieinstitut NIKHEF in Amsterdam und die York University in Toronto, Kanada, wo jeweils besonders ausgestattete Labors dafür eingerichtet worden waren; später kam noch die KfA Jülich dazu.

Die Entwicklung, Fertigung und Tests der für die Module benötigten Szintillator-, Auslese- und Elektronik-Komponenten erforderten aber wegen ihres großen Umfangs die Zusammenarbeit sehr vieler ZEUS-Gruppen; außer DESY waren es die Institute in Bonn, Freiburg, Madrid, die University of Louisiana, die Ohio University, das Virginia Polytechnische Institut, die Wisconsin University, Columbia University, University of Manitoba, das kanadische TRIUMF-Forschungszentrum und die Universität Tokio. Bei DESY wurden in einer großen Halle Werkstätten eingerichtet und Fertigungsverfahren entwickelt, um 160000 Szintillatorplatten zuzuschneiden, zu polieren und in ein mit einem licht-absorbierenden Filtermuster bedrucktes Reflektorpapier einzupacken. Dies war erforderlich, um eine sehr gleichförmige Lichtausbeute über die gesamte Fläche einer jeden Szintillatorplatte zu erreichen. Außerdem mussten umfangreiche Tests der Photovervielfacherröhren und Eichmessungen an den fertigen Modulen durchgeführt werden.

Der erste Modul war 1989 fertiggestellt und sein Test in hochenergetischen Teilchenstrahlen am CERN bestätigte die kühnen Erwartungen; tatsächlich setzte er einen neuen Standard für die Energieauflösung von Hadron-Kalorimetern. Im Laufe des Jahres 1990 wurden alle 48 Einheiten des Uran-Kalorimeters für den Vorwärts- und den Rückwärtsbereich zusammengebaut, im April 1991 waren sie komplett im Detektor installiert.

Der Bau der 32 Einheiten des zentralen zylindrischen Teils des Kalorimeters, eines Beitrags der US-Gruppen in ZEUS, ging ebenfalls gut voran und einigen Leuten bei DESY und in der ZEUS-Kollaboration fiel ein Stein vom Herzen, als nach langer und banger Wartezeit endlich 1989 die Finanzierungs-Zusage seitens des US Department of Energy gegeben wurde. Im September 1991 war dieser Teil des Kalorimeters ebenfalls installiert und das ZEUS-Kalorimeter damit vollständig.

Die zentrale zylindrische Driftkammer für ZEUS wurde als gemeinsamer Beitrag der britischen ZEUS-Gruppen in Oxford gebaut, 1990 fertiggestellt und im Juli 1991 im Detektor installiert, desgleichen der von der Bonner Gruppe unter Mitwirkung von DESY und den Instituten in Glasgow, Madrid und Siegen gebaute Spurendetektor für die Vorwärtsrichtung aus ebenen Driftkammern und Übergangsstrahlungsdetektoren. Auch ein weiteres Kalorimeter im Eisenjoch, Streamerrohrkammern zum Muon-

Nachweis und das Vorwärts-Myon-Spektrometer wurden im Laufe des Jahres 1991 von polnischen und italienischen Gruppen komplett im Detektor installiert.

Anfang Dezember 1991 begannen die Vorbereitungen für das Einfahren der beiden Detektoren in ihre Strahlpositionen, nachdem HERA in beiden Wechselwirkungszonen reproduzierbar Elektron-Proton-Kollisionen lieferte.

Aber nicht nur instrumentell, auch intellektuell war man für die Experimente gut vorbereitet. Unter der Federführung von Roberto Peccei, dem Leiter der DESY-Theoriegruppe, war schon zwischen 1986 und 1988 eine eingehende theoretische Untersuchung und Diskussion der zu erwartenden HERA-Physik durchgeführt worden. Sieben Arbeitsgruppen aus Theoretikern und Experimentalphysikern hatten unter den Themen „Tief unelastische Streuung", „QCD und Jet-Physik", „Schwere Quarks", „Physik bei kleinen Q^2", „Strahlungskorrekturen", „Elektroschwache Wechselwirkungen" und „Exotische Physik" das gesamte Gebiet der für HERA relevanten Physik durchgearbeitet. Die Ergebnisse lagen in zwei dicken Bänden vor [151]. Diese Studien waren 1991 fortgesetzt worden: Im Rahmen von Arbeitsgruppen aus Theoretikern und Experimentatoren, die von Wilfried Buchmüller und Gunnar Ingelman organisiert und über ein Jahr lang tätig waren, wurden viele Aspekte der HERA-Physik nochmals umfassend untersucht, darunter insbesondere auch das Verhalten der Strukturfunktionen des Protons bei kleinen Werten der Bjorken-Variablen x [152].

Und so war bei DESY alles bestens aufgestellt, um im Juni 1992 den Experimentierbetrieb an HERA mit zwei gut ausgerüsteten Detektoren und gut vorbereiteten Kollaborationen zu beginnen – mit dabei die ausländischen Wissenschaftler, denen die hervorragende internationale Zusammenarbeit beim Bau von HERA zu verdanken war.

DESY in Farbe

Die Anlage des ersten, 1964 fertiggestellten DESY-Synchrotrons mit zentralem Kontrollraum, Kondensatorbatterie und zwei Experimentierhallen. Im Hintergrund Werkstatt- und Laborgebäude (DESY-Archiv).

Von schnellen Teilchen und hellem Licht: 50 Jahre Deutsches Elektronen-Synchrotron DESY.
Erich Lohrmann und Paul Söding

ISBN: 978-3-527-40990-7

Die Lage des von 1991 bis 2007 betriebenen unterirdischen Ringbeschleunigers HERA im Hamburger Stadtteil Bahrenfeld. Im Vordergrund das DESY-Gelände mit dem Speicherring PETRA, rechts am Bildrand die Bahrenfelder Trabrennbahn. Die Punkte O, S, W, N entlang des HERA-Rings markieren die Lage der vier unterirdischen Hallen, in denen die Experimente durchgeführt wurden (DESY-Archiv).

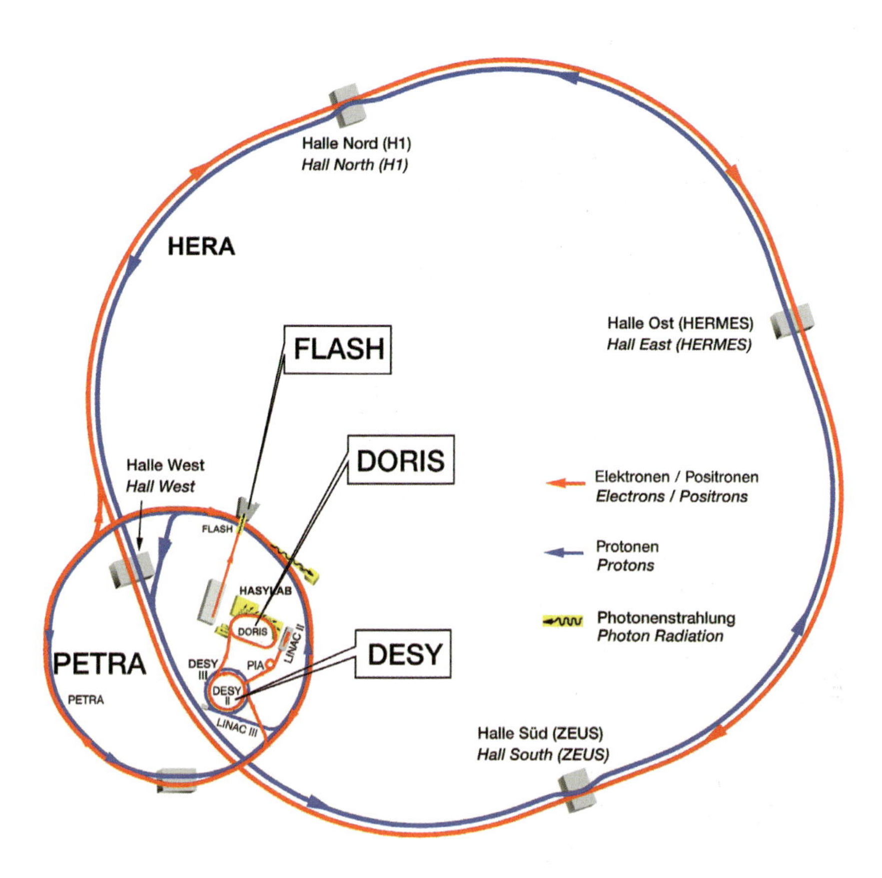

Die Beschleuniger des DESY im Jahr 2005. Die Teilchenforschung nutzte den Elektron-Proton-Collider HERA, dieser benötigte zur Vorbeschleunigung die Anlagen Linac II, PIA, DESY II, DESY III und PETRA. Zur Erzeugung von Synchrotronstrahlung dienten die Speicherringe DORIS und (teilweise) PETRA sowie der Freie-Elektronen-Laser FLASH (DESY-Archiv).

Der 1978 fertiggestellte Elektron-Positron-Speicherring PETRA (DESY-Archiv).

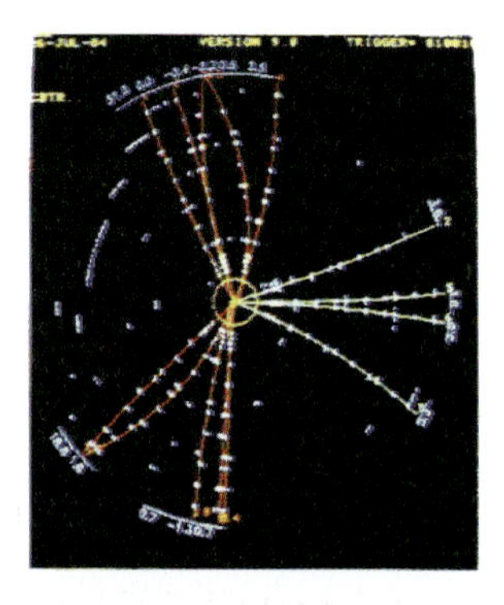

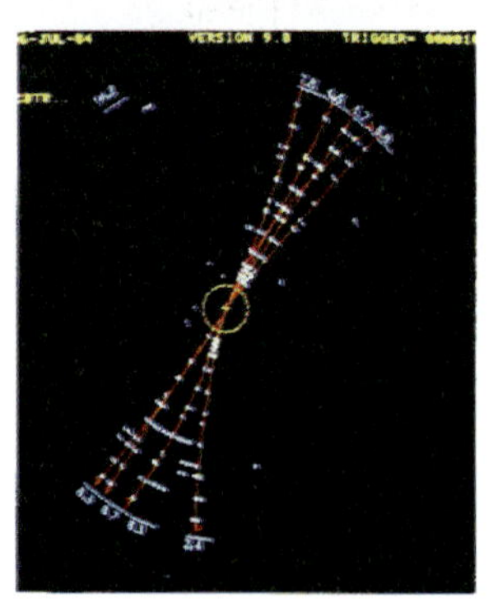

Oben ein im TASSO-Detektor am PETRA-Speicherring registriertes „Drei-Jet-Ereignis"; solche Ereignisse lieferten die direkte Evidenz für die Gluonen. Darunter ein „Zwei-Jet-Ereignis", das die Erzeugung eines Quark-Antiquark-Paares anzeigt (DESY-Archiv).

Die beiden 1984–87 im Ringtunnel des ursprünglichen DESY-Synchrotrons aufgebauten Vorbeschleuniger für HERA: Rechts das Synchrotron DESY II für Elektronen und Positronen, links DESY III für Protonen (DESY-Archiv).

Blick in den unterirdischen Tunnel der HERA-Maschine. Oben die supraleitenden Magnete des Protonenrings in ihren Kryostaten, darunter der Elektronenring (DESY-Archiv).

Mitglieder der ZEUS-Kollaboration vor ihrem fertig aufgebauten Detektor im Jahr 1991, kurz vor dem Beginn der Experimente an der HERA-Anlage. Der Detektor ist noch geöffnet und bereit, in die Strahlposition bewegt zu werden (DESY-Archiv).

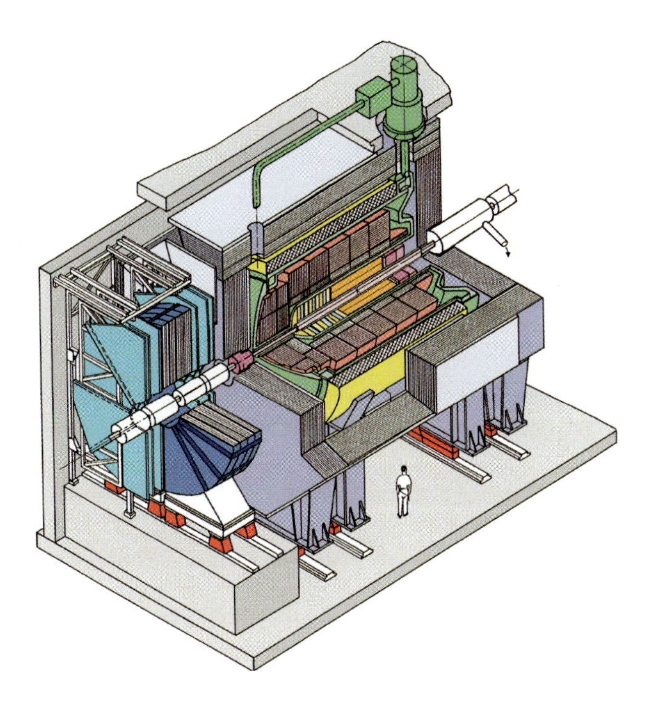

Der Detektor H1, einer der vier Detektoren am Elektron-Proton-Speicherring HERA.

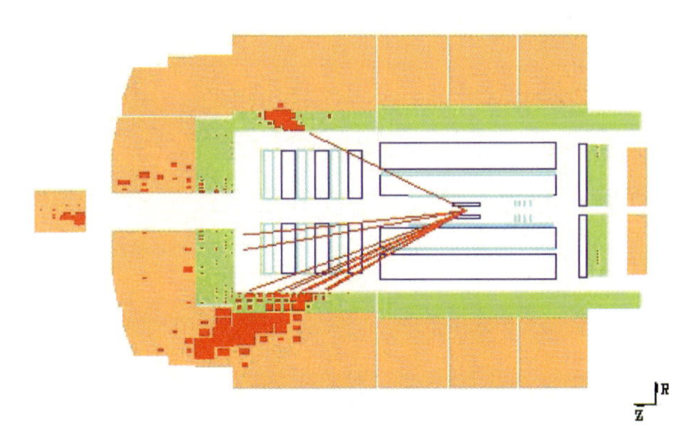

Die Computer-Darstellung einer tief unelastischen Elektron-Proton-Streuung, aufgezeichnet mit dem Detektor H1. Der Protonenstrahl aus dem Speicherring kommt von rechts, der Elektronenstrahl von links. Das nach links oben laufende Teilchen ist das zurückgestreute Elektron; die nach links unten gehenden Spuren signalisieren ein aus dem Proton herausgeschlagenes hochenergetisches Quark (DESY-Archiv).

Eine Teilansicht der Experimentierhalle des HASYLAB mit verschiedenen Experimenten, welche die Synchrotronstrahlung des Speicherrings DORIS nutzen (DESY-Archiv).

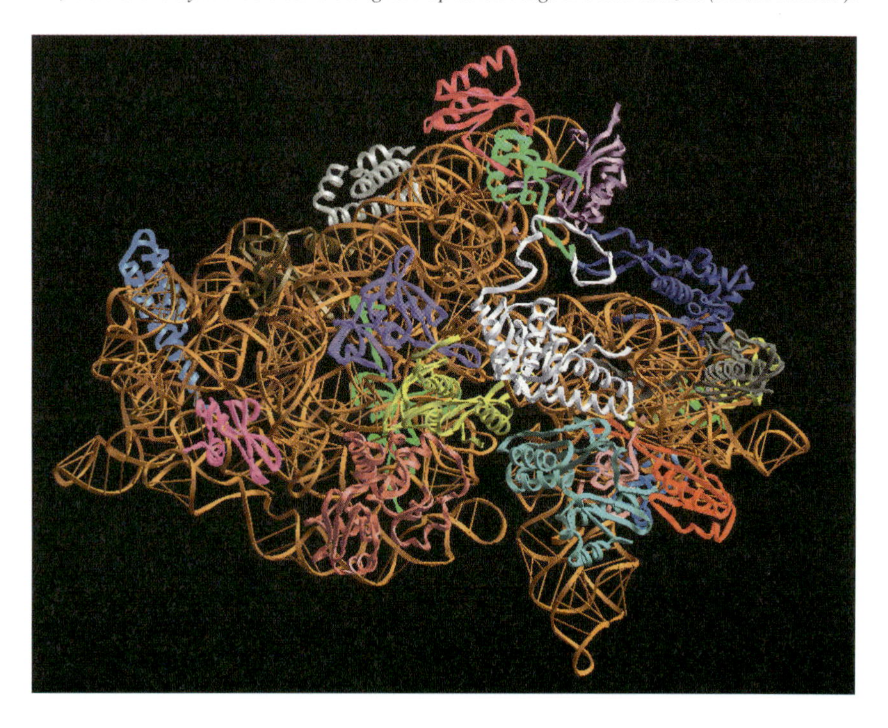

Die Struktur eines Ribosoms, ermittelt von der am DESY arbeitenden Gruppe ‚Struktur der Ribosomen' der Max-Planck-Gesellschaft (DESY-Archiv).

Für die Entwicklung der Synchrotronstrahlung am DESY maßgebliche Persönlichkeiten: Von l. nach r.: R. Haensel, P. Stähelin, J. Schneider, B.H. Wiik, K.C. Holmes, C. Kunz, W. Jentschke, H. Berghaus, G. Materlik (DESY-Archiv).

Teilnehmer des Symposiums ‚40 Jahre Synchrotronstrahlung' im Jahr 2004 (DESY-Archiv).

Die DESY-Anlagen im Jahr 2005 mit der Halle für die Experimente mit dem Freie-Elektronen-Laser FLASH im Vordergrund. Die FEL-Undulatoren und der Beschleuniger stehen im Tunnel und in der sich anschließenden Halle (DESY-Archiv).

Ein Undulator im Tunnel des FLASH (DESY-Archiv).

Blick in die FLASH-Experimentierhalle (DESY-Archiv).

Die Institutsgebäude in Zeuthen im Jahr 1995 (DESY-Archiv).

Arbeiten an dem Neutrinoteleskop AMANDA am Südpol. Der Turm dient als Aufhänge-Vorrichtung für die Trossen mit den Photosensor-Modulen, die in einem Bohrloch bis in 2 km Tiefe in das Eis abgesenkt werden (DESY-Archiv).

Die ehemaligen Vorsitzenden des DESY-Direktoriums, die Professoren (von links) Herwig Schopper (1973–80), Wolfgang Paul (1971–73), Willibald Jentschke (1959–70) und Volker Soergel (1981–93) zusammen mit dem amtierenden Direktor Professor Björn Wiik im Frühjahr 1993 (DESY-Archiv).

Der amtierende Direktor Professor Albrecht Wagner im Jahr 2004 zusammen mit dem ersten Forschungsdirektor von DESY, Professor Peter Stähelin (1959–68), der anlässlich der Tagung ‚40 Jahre Synchrotronstrahlung' geehrt wird (DESY-Archiv).

10
Physik mit dem HERA-Speicherring

10.1 Die erste Phase

Anfang Dezember 1991 begannen die Vorbereitungen, die beiden Detektoren H1 und ZEUS auf ihren Schienen in die Strahlposition zu fahren. Im März 1992 waren sie an das HERA-Vakuum angeschlossen und das Interlock gesetzt. In der Nacht vom 31.Mai zum 1.Juni 1992 wurden die ersten Elektron-Proton-Kollisionen beobachtet. Der Experimentierbetrieb konnte losgehen. Die Abb. 10.1 zeigt die Mitglieder der ZEUS-Kollaboration vor ihrem Detektor.

Allerdings waren die Detektoren noch nicht ganz fertig, teils aus technischen und teils aus finanziellen Gründen. Es war aber sichergestellt worden, dass alle Komponenten vorhanden waren, um die ersten wichtigen Fragen der Physik bearbeiten zu können. Eine wesentliche Hilfe war dabei von DESY gekommen, indem das Direktorium unbürokratisch technische und finanzielle Hilfe in den mannigfachen Krisensituationen leistete.

Am Speicherring begannen die Bemühungen, die Luminosität schrittweise zu erhöhen, zunächst mit einer geringen Zahl von Strahlpaketen im Ring. Eine Justierung der Optik, welche die Strahlquerschnitte von Elektronen und Protonen im Wechselwirkungspunkt gleich machte, brachten einen großen Fortschritt und führte zu Strahllebensdauern von etwa 10 Stunden für die Elektronen und von mehr als 100 Stunden für die Protonen. Nach der Beseitigung einer Engstelle im Elektronenring gelang es, größere Elektronenströme zu speichern. Die Stromversorgung des supraleitenden Protonenrings brach aber in regelloser Folge zusammen. Ein Krisentrupp unter der Führung von Degèle fand die Ursache: Aus Kostengründen waren Stromschienen ohne Isolierung verlegt worden. Im Betrieb dehnten diese sich durch die Erwärmung aus und berührten andere Metallteile, was einen Kurzschluss zur Folge hatte. Bei der Fehlersuche war alles wieder abgekühlt und der Fehler zunächst nicht zu finden.

Insgesamt lieferte HERA in diesem ersten Betriebsjahr eine integrierte Luminosität von 55 nb^{-1}, wovon die Experimente etwa 60% nutzen konnten. Schon im August 1992 konnte Björn Wiik auf der ‚International Conference on High Energy Physics' in Dallas, Texas, Ergebnisse vorstellen: Die erste Beobachtung der tief unelastischen Elektron-Proton-Streuung in einem neuen Energiegebiet, die erste Messung des tota-

Von schnellen Teilchen und hellem Licht: 50 Jahre Deutsches Elektronen-Synchrotron DESY.
Erich Lohrmann und Paul Söding

ISBN: 978-3-527-40990-7

Abbildung 10.1 Mitglieder der ZEUS-Kollaboration vor ihrem Detektor. Der Detektor ist geöffnet und noch nicht in der Strahlposition (DESY-Archiv).

len Photon-Proton-Wirkungsquerschnitts bei einer Schwerpunktsenergie von 200 GeV, und eine Suche nach einer neuen Art von Teilchen, dem Leptoquark.

Im Jahr 1993 erzielte die HERA-Speicherringgruppe große Fortschritte bei der Speicherung höherer Ströme. Für Protonen und Elektronen wurden charakteristische Ströme von 10 bis 20 mA und eine Luminosität von etwa 10% des Entwurfswertes erreicht. Während der zweiten Jahreshälfte konnte dann für die Experimente eine integrierte Luminosität von 1000 nb^{-1} geliefert werden.

Die Experimente H1 und ZEUS waren vervollständigt und nahmen gute Daten. Erste Ergebnisse zu den großen Themen zeichneten sich bereits ab: Die Messungen der tief unelastischen Streuung eines Elektrons am Proton führten zu neuen überraschenden Einsichten. Bei diesen Messungen streut das Elektron um einen großen Winkel an einem der Quarks des Protons. Daraus kann die Zahl und die Energieverteilung der Quarks im Proton bestimmt werden.

Die Abb. 10.2 zeigt ein derartiges Ereignis, aufgezeichnet vom H1-Detektor. Ein Elektron des umlaufenden Strahls von 27.5 GeV Energie kommt (nicht sichtbar) von links. Es streut elastisch an einem Quark eines Protons von 820 GeV Energie, das von rechts kommt. Dabei wird das Elektron um mehr als 90 Grad abgelenkt und erhält eine Energie von 240 GeV (!). Im Bild läuft es nach links oben. Das getroffene Quark wird aus dem Proton hinausgestoßen und verwandelt sich in einen Schauer von größtenteils Pionen mit einer Gesamt-Energie von 194 GeV, der nach links unten läuft. Das Elektron und der Schauer des Quarks erfüllen genau die Bedingungen eines elastischen Stoßes. Dieses Bild allein zeigt schon überzeugend und anschaulich, dass das Proton aus Quarks besteht. Die quantitativen Messungen zeigten Unerwartetes: Neben den drei Quarks im einfachen Modell des Protons enthält das Proton noch Quark-Antiquark Paare, und zwar weit mehr als man vor den HERA-Messungen erwartet hatte. Außerdem zeigte sich ein Reaktionstyp, die sogenannte Diffraktion, bei dem das Proton unbehelligt aus dem Stoß hervorgeht.

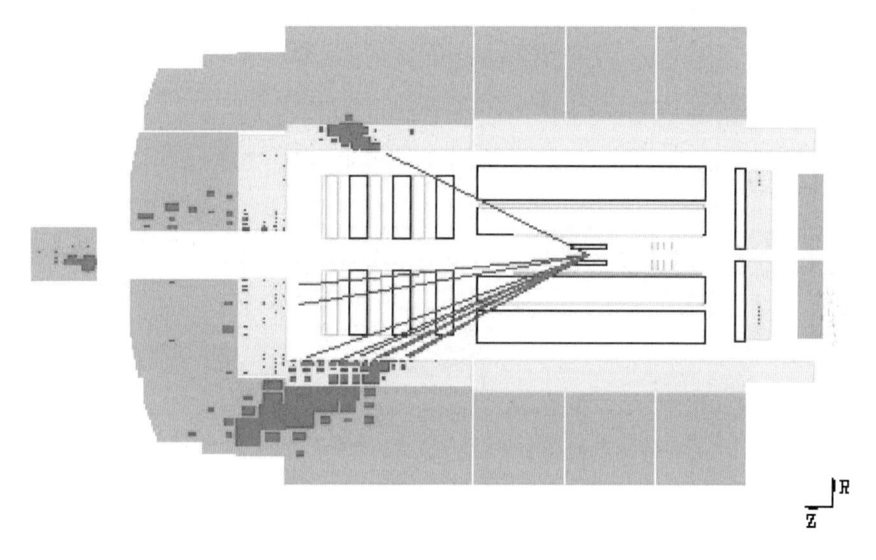

Abbildung 10.2 Tief unelastische Elektron-Proton-Streuung im H1-Detektor, siehe Text (DESY-Archiv).

Bei den hohen Energien von HERA ist eine ziemlich direkte Beobachtung der bei den Elementarreaktionen der QCD entstehenden Quarks und Gluonen anhand der von ihnen erzeugten Schauer (‚Jets') möglich. Dies ermöglichte erste Tests der QCD, die im Laufe der nächsten Jahre immer genauer und umfassender wurden. Die Suche nach neuen exotischen Teilchen war ebenfalls ein Dauerthema. Für etliche der neuen Teilchen war HERA das empfindlichste Instrument für ihre Entdeckung. Die Suche war jedoch erfolglos, genauso wie an den anderen großen Beschleunigerzentren.

Das Jahr 1994 sah eine wichtige Änderung im Speicherringbetrieb, die Umstellung von Elektronen auf Positronen in der Wartungsperiode im Juli. Die kurze Lebensdauer des Elektronenstrahls, verursacht durch eingefangene Stäubchen, hatte sich als ernsthafte Schwierigkeit erwiesen. Diese bestand für den Positronenstrahl nicht. So konnte mit dem Positronenbetrieb die integrierte Luminosität, verglichen mit dem Vorjahr, um den Faktor 6 gesteigert werden. Die maximal erreichte Luminosität von $4{,}7 \cdot 10^{30}\ \mathrm{cm}^{-2}\mathrm{s}^{-1}$ lag bei etwa 30% des Entwurfswertes. Außerdem wurde durch sorgfältiges Justieren des Positronstrahls eine Strahlpolarisation von 65% erreicht – wichtig für das im Aufbau befindliche HERMES-Experiment.

Die große Luminosität gestattete den Kollaborationen H1 und ZEUS, Reaktionen mit sehr geringem Wirkungsquerschnitt zu messen, darunter solche, die noch nie beobachtet worden waren. Die interessanteste war die Reaktion

$$\textit{Elektron} + \textit{Proton} \rightarrow \textit{Neutrino} + \textit{Hadronen},$$

die nur vermöge der schwachen Wechselwirkung stattfindet. Das Standardmodell sagt ihre Eigenschaften genau voraus. Sie wurden durch die H1- und ZEUS-Experimente bestätigt – ein neuer Triumpf des Standardmodells.

Im Jahr 1995 konnte die Luminosität weiter gesteigert werden. Dies wurde durch Verbesserungen an der Maschine und einen langen ungestörten Betriebsmodus erreicht. Die maximalen Strahlströme lagen nun bei 55 mA für Protonen (etwa 40 % des Entwurfswertes) und bei 30 mA für Positronen (etwa 50% des Entwurfswertes), gespeichert in 174 Strahlpaketen. Die Luminosität erreichte Werte von $7 \cdot 10^{30}\ \mathrm{cm}^{-2}\mathrm{s}^{-1}$ (etwa 50% des Entwurfswertes) und die integrierte Luminosität betrug $12\ \mathrm{pb}^{-1}$, eine Steigerung um den Faktor 2 gegenüber dem Vorjahr.

10.2 H1, HERA-B, HERMES, ZEUS

Die Experimente H1 und ZEUS hatten schon nach relativ kurzer Zeit wesentliche neue Einblicke in den Aufbau des Protons aus Quarks und Gluonen geliefert. Aber sie blieben nicht die einzigen Experimente am HERA-Speicherring. Es gab ja im Prinzip noch Platz für zwei weitere Detektoren. Und in der Tat gab es zwei weitere Experiment-Vorschläge, HERMES und HERA-B. Sie zielten jeweils darauf ab, zu einem wichtigen und aktuellen Problem der Hochenergiephysik einen Beitrag zu liefern.

Eines dieser Probleme war das Zustandekommen des Protonspins. Nachdem die Experimente zur tief unelastischen Streuung, zuletzt diejenigen von H1 und ZEUS, keinen Zweifel an dem Aufbau des Protons aus Quarks gelassen hatten, würde man naiverweise annehmen, dass der Spin 1/2 des Protons sich aus den Spins der Quarks zusammensetzt. Messungen am SLAC und am CERN zeigten allerdings schon 1988, dass dem nicht so ist, sondern dass der Spin des Protons sich nur zum kleinen Teil so erklären lässt. Je nach Temperament wurde dies als Spin-Rätsel oder Spin-Krise bezeichnet.

Um dies aufzuklären, hatte sich die HERMES-Kollaboration gebildet und schon 1988 eine erste Studie sowie 1990 einen ausgearbeiteten Experimentvorschlag für den HERA-Speicherring vorgelegt. Der Vorschlag sah vor, den polarisierten Elektronenstrahl in HERA an einem polarisierten internen Target aus Wasserstoff oder Deuterium oder He^3 zu streuen. Außerdem, und das war das Neue an dem Vorschlag, sollten die erzeugten Hadronen identifiziert werden. Damit erhielt man Rückschlüsse auf die Sorte des bei der Streuung involvierten Quarks. So hoffte man zu sehen, wie der Spin des Protons im Detail zustande kommt.

Das DESY-Direktorium tat sich mit der Genehmigung anfangs schwer, da es unklar war, ob der erforderliche hohe Polarisationsgrad des Elektronenstrahls tatsächlich erreicht werden konnte. Energie und Strahllage müssen ganz genau passen, andernfalls sorgen magnetische Störfelder für eine Depolarisation des Strahls. Auch die Magnetfelder der H1- und ZEUS-Detektoren würden die Polarisation sofort zerstören, wenn sie nicht sorgfältig kompensiert werden. Außerdem musste die ursprünglich tranversale (d.h. quer zum Strahl gerichtete) Polarisation in eine longitudinale verwandelt werden. Dazu ist ein Spinrotator erforderlich, eine kunstvolle Anordnung von horizontal und vertikal ablenkenden Magneten, welche den Spin in Richtung des Strahls dreht.

Der Vorschlag der HERMES-Kollaboration war deshalb Anlass, Studien zur Spinpolarisation mit Nachdruck aufzunehmen. Die Maschinengruppe installierte zusammen mit den Kollaborationen HERMES und ZEUS die dazu erforderliche Messeinrichtung. Mit geistreichen Verfahren konnte in geduldiger Arbeit die Spin-Depolarisation weitgehend vermieden und ein Polarisationsgrad von 60% bis 70% erreicht werden. Außerdem wurde erstmals ein longitudinal polarisierter Strahl in einem Elektronen-Speicherring erzeugt [153]. Nach diesem Erfolg begann die HERMES-Kollaboration schon mit den Vorbereitungen. Das Experiment wurde 1993 endgültig genehmigt und 1995 begannen in der Halle Ost die Messungen. Bereits 1996 lieferte HERMES die ersten Beiträge zur Frage des Protonspins, die zunächst die bisher vorliegenden Messungen bestätigten.

Das HERA-B Experiment war ursprünglich dazu gedacht, die CP-Verletzung im System der neutralen B-Mesonen zu untersuchen. Die sogenannte CP-Verletzung war 1964 im System der neutralen K-Mesonen entdeckt worden. Anschaulich bedeutet dies eine kleine Unsymmetrie der Naturgesetze zwischen Materie und Antimaterie. Ohne diese Unsymmetrie wäre beim ‚Big Bang‘ vermutlich alle Materie mit der Antimaterie annihiliert, und es würde das Weltall in seiner jetzigen Form mit Materie nicht geben. Die CP-Verletzung ist also wichtig, aber auch zutiefst rätselhaft, da sie zunächst als isoliertes Phänomen im System der K-Mesonen dastand. Wichtige Erkenntnisse könnten gewonnen werden, wenn es gelänge, die CP-Verletzung noch in einem anderen System, etwa bei den neutralen B-Mesonen, nachzuweisen. Dazu mussten allerdings viele Millionen B-Mesonen erzeugt und ihr Zerfall genau untersucht werden. Dies erforderte den Bau spezieller Elektron-Positron-Speicherringe. Zwei Institute, SLAC in Kalifornien und das KEK in Japan, legten auf der internationalen Beschleunigerkonferenz in Hamburg 1992 konkrete Pläne für solche Speicherringe vor. Da wurde aus den Reihen der ARGUS-Physiker der Plan geboren, die CP-Verletzung im B-System auch am HERA-Speicherring zu untersuchen.

Eine Absichtserklärung für das Experiment HERA-B lag im Oktober 1992 vor. HERA kann in der Tat eine mächtige Quelle von B-Mesonen sein. Dazu wird ein dünner Draht in die Nähe des im Speicherring umlaufenden Protonenstrahls geschoben. Selbst außerhalb des Kernbereichs des Strahls sind noch so viele Protonen vorhanden, dass durch genaue Positionierung des Drahts in diesem Außenbereich die gewünschte hohe Rate von etwa 30 Millionen Kollisionen/s eingestellt werden kann. Doch nur der Bruchteil 1/1000 000 der Reaktionen führt zur Erzeugung eines B-Mesons, und auch von diesen ist weniger als 1/1000 für die Untersuchung brauchbar. Eine einfache Rechnung zeigt aber, dass man selbst unter diesen Umständen in ein paar Jahren genügend Daten erhält, wenn es gelingt, die interessanten Reaktionen aus einem mehr als 10-milliardenfachen Untergrund herauszufiltern, ein sehr schwieriges Unterfangen.

Zunächst herrschte große Begeisterung und Optimismus. Die Experimentatoren hatten 1993 weitere Entwurfsstudien für das HERA-B Projekt gemacht und reichten 1994 einen Vorschlag ein, der unter Auflagen genehmigt wurde. Die Kollaboration hatte sich zu diesem Zeitpunkt stark vergrößert. Im Februar 1995 wurde das Experiment endgültig genehmigt. Ziel der Kollaboration war es nun, in der Betriebsunterbrechung 1995/96 schon einige Teile des Detektors in der Westhalle zu montieren und damit die kritischen Untergrundbedingungen zu studieren. Im Jahr 1996 wurde das interne Drahttarget in Betrieb genommen. Zur allgemeinen Erleichterung störte es den Betrieb der anderen Experimente nicht. Damit konnte die Kollaboration mit dem Test einzelner Detektorkomponenten beginnen.

Das folgende Betriebsjahr 1997 sollte das bis dahin erfolgreichste für HERA werden. Dabei war sicher hilfreich, dass der Speicherring über lange Zeit kontinuierlich und ohne heftige Eingriffe betrieben wurde. Obwohl nun vier Experimente bedient werden mussten, erzielte die Maschine einen neuen Rekord mit einer über das Jahr integrierten Luminosität von 36 pb^{-1}. Die höchste erzielte Luminosität war $1{,}4 \cdot 10^{31}\ \text{cm}^{-2}\text{s}^{-1}$, damit war auch die im HERA-Vorschlag angegebene Luminosität erreicht.

Die Experimente H1 und ZEUS konnten dank der guten Luminosität ein weiteres Kapitel eröffnen: Die Physik der schweren c-Quarks. Eine regelrechte ‚Sensation' war aber die Andeutung eines neuen Effekts, der durch das Standardmodell nicht zu erklären war. Nachdem es Gerüchte gegeben hatte, dass H1 und ZEUS ‚etwas Tolles' entdeckt hätten, mussten sich die Kollaborationen widerstrebend bequemen, die Daten zu präsentieren. Die sahen wirklich sehr suggestiv aus, aber die beteiligten Physiker, alte Hasen in dem Geschäft, waren vorsichtig mit voreiligen Ankündigungen, und nachdem noch mehr Daten vorlagen, stellte sich das Ganze als eine statistische Fluktuation heraus.

Das HERMES-Experiment profitierte von dem hohen Polarisationsgrad des Positronstrahls von 60% und erzielte gute Messungen an polarisierten Nukleontargets.

Die HERA-B-Kollaboration installierte 1997 weitere Detektorkomponenten in der Halle. Bei den Tests stellten sich gravierende Probleme mit den Spurenkammern heraus. Bereits bei H1 und ZEUS war der Strahlungsuntergrund für die Spurenkammern ein (allerdings lösbares) Problem gewesen, bei HERA-B mit seinem Drahttarget war der Strahlungsuntergrund aber mehr als 1000 mal so groß, und das war eine andere Sache. Die Spurenkammern waren dem Strahlungsuntergrund nicht in dem gewünschten Masse gewachsen. Nach einem umfangreichen Test- und Entwicklungsprogramm mussten sie umkonstruiert und neu gebaut werden – das bedeutete eine angesichts der Konkurrenz fatale Verzögerung. Denn die Konkurrenten an den beiden Elektron-Positron-Speicherringen am SLAC und am KEK hatten nicht geschlafen. Schon 1993 hatten sie die Genehmigung zum Bau erhalten und konnten 1999 ihre Messungen erfolgreich aufnehmen.

Die Datennahme-Strategie bei HERA sah vor, dass ungefähr gleich große Datenmengen mit Elektronen und Positronen genommen wurden. Der Grund ist, dass Elektron-Proton- und Positron-Proton-Reaktionen bei den hohen durch HERA erreichbaren Energien charakteristische Unterschiede aufgrund der schwachen Wechselwirkung aufweisen. Damit wird die Strukturfunktion xF_3 einer Messung zugänglich.

Nachdem HERA längere Zeit erfolgreich mit Positronen einer Energie von 27,5 GeV gelaufen war, folgte deshalb von November 1997 bis Mai 1998 eine längere Wartungsperiode, um den Betrieb von Positronen auf Elektronen umzustellen. Hauptpunkt der Arbeiten war die Ersetzung der Ionen-Getterpumpen im Elektronenring durch NEG-Pumpen. Die Ionen-Getterpumpen hatten nämlich die unangenehme Eigenschaft, ab und zu kleine Stäubchen fallen zu lassen. Diese, positiv aufgeladen, konnten unter Umständen im Elektronenstrahl elektrostatisch eingefangen werden. Da sie aus Material mit hoher Ordnungzahl bestanden, erfolgte an ihnen starke Bremsstrahlung, die den Elektronenstrahl schwächte und zu einem starken Einbruch der Lebensdauer des Elektronenstrahls führte. Für den Positronstrahl bestand diese Schwierigkeit nicht. Als der Maschinenbetrieb im Mai 1998 wieder aufgenommen wurde, trat auch tatsächlich eine Verbesserung aufgrund dieser Maßnahme ein; allerdings waren die Betriebsbedingungen immer noch nicht so gut wie für Positronen.

Im Jahr 1998 gelang es, die Energie des Protonstrahls von 820 GeV auf 920 GeV zu erhöhen. Um das dazu benötigte höhere Magnetfeld zu ermöglichen, wurde die Temperatur in den supraleitenden Magneten von 4,4 K auf 4,0 K abgesenkt, was durch Senken des Heliumdrucks durch Abpumpen von Helium geschah.

Nach diesen Neuerungen brauchte die Maschine, wie nach langen Wartungsperioden üblich, geraume Zeit, bis sie zu einem effizienten Betrieb zurückfand. Dies war im August 1998 der Fall. Die Strahlpolarisation, wichtig für das HERMES-Experiment, erreichte erst Ende 1998 wieder nützliche Werte.

Die HERA-Kollaborationen nutzten die lange Wartezeit ebenfalls zu Verbesserungen. H1 führte eine Neuverdrahtung der Jet-Kammer durch und ersetzte das Strahlrohr aus Aluminium durch eines aus Kohlefaser-Aluminium. Die wichtigste Neuerung bei ZEUS war der Einbau eines zusätzlichen Kalorimeters, des ‚Vorwärts Plug Kalorimeters', welches den Messbereich hin zu kleinen Winkeln bezüglich des Protonstrahls erweiterte. Ziel war die verbesserte Messung diffraktiver Reaktionen. HERMES verbesserte seine Teilchen- Identifikation durch Einbau eines Ring-Imageing-Tscherenkowzählers.

Im Jahr 1999 arbeitete der HERA-Speicherring hervorragend, wie es oft der Fall ist, wenn man eine solch komplizierte Maschine in Ruhe lässt. Bis Ende April lief die Maschine mit Elektronen, dann wurde wieder auf Positronen umgestellt. Die Messungen mit Positronen begannen im Juli 1999. Mit beiden Teilchenarten wurden Rekord-Luminositäten erreicht.

Noch besser lief HERA im Jahr 2000. Es wurden Strahlströme von über 50 mA für Positronen und bis zu 109 mA für Protonen und eine Spitzenluminosität von $2 \cdot 10^{31}$ cm^{-2}s^{-1} erzielt. Routinemäßig wurden Luminositätswerte oberhalb der Entwurfsluminosität erreicht.

Inzwischen war der HERA-B Detektor zwar weitgehend fertiggestellt, das Experiment litt aber darunter, dass wichtige Komponenten wie der Trigger für B-Mesonen immer noch nicht funktionierten (das war allerdings auch einer der heikelsten Teile des Experiments). So konnte HERA-B von den guten Bedingungen an HERA nicht richtig profitieren. Von einer Messung der CP-Verletzung beim B-Zerfall konnte unter diesen Umständen noch keine Rede sein. Daten, die ab April 2000 mit dem HERA-B Detektor aufgenommen wurden, zeigten zwar, dass J/ψ- und D-Mesonen nachgewiesen werden konnten, eine Vorbedingung für das eigentliche Physik-Programm. Für einen Angriff auf das CP-Problem fehlten aber mehrere Größenordnungen in der erforderlichen Menge von Daten. Zu allem Überfluss liefen die Konkurrenzexperimente BaBar am SLAC und BELLE am KEK in Japan bereits sehr erfolgreich. Das DESY-Direktorium sah all dies mit Sorge und veranlasste eine umfassende Begutachtung durch das ‚Physics Research Committee' und den Erweiterten Wissenschaftlichen Rat. Grundlage der Begutachtung war ein 300-seitiger Statusbericht der Kollaboration. Darin war u.a. die Rede von einer zweijährigen Verzögerung im Aufbau und einem Zeitplan, der „seriously overoptimistic" genannt wurde. Außerdem funktionierten wichtige Teile des Detektors immer noch nicht wie erforderlich. Der Bericht räumte ein, dass ein im Vergleich mit den Elektron-Positron-Speicherringen konkurenzfähiges Programm zur Messung der CP-Verletzung nicht mehr möglich war und schlug statt dessen die Untersuchung anderer Aspekte der Physik mit B-Mesonen vor.

Der Erweiterte Wissenschaftliche Rat diskutierte diese Lage in seiner Sitzung am 2./3. November 2000. Im Lauf der Diskussion wurde von Seiten der Kollaboration auch ein dringender zusätzlicher Bedarf an weiteren 30-40 Mitarbeitern angemeldet. Angesichts der angespannten Personallage am DESY, welches bereits mehr als 30 Wissenschaftler für das HERA-B Experiment eingesetzt hatte, war dies eine nicht zu realisierende Forderung. Der Erweiterte Wissenschaftliche Rat kam nach Abwägung aller Argumente zu der Empfehlung: „We recommend an orderly termination in the near future".

Das Direktorium beschloss daraufhin, die Fortführung des Experiments noch bis Ende 2002 zu genehmigen; eine Weiterführung müsste neu beantragt und begründet werden. In der Tat nahm der Detektor noch Daten vom Sommer 2002 bis März 2003. Nachdem einige Institute die Kollaboration verlassen hatten, beschlossen die übrigen, die Datennahme im März 2003 abzuschließen und nur noch die bis dahin genommenen Daten auszuwerten. Einige Unentwegte wollten zwar noch weitermachen, aber ihr Antrag wurde vom Physics Research Committee abgelehnt.

Das Physikprogramm der HERA-B Kollaboration reduzierte sich nun auf die umfassende Untersuchung der Erzeugung verschiedener Hadronen in Stößen von Protonen an Atomkernen bei einer Proton-Energie von 920 GeV. Die Publikationen betrafen u.a. die Erzeugung von verschiedenen D-Mesonen und von Quarkonium-Zuständen wie J/ψ und Υ. Erste Messungen der Erzeugung der beiden Charmonium-Zustände χ_{c1} und χ_{c2} an Kohlenstoff lieferten im Vergleich mit bisherigen Messungen durchaus kompetitive Ergebnisse. Ein wichtiges und interessantes Ergebnis war auch die Messung des Wirkungsquerschnitts für die Erzeugung von b-Quarks bei der hohen Protonenenergie von 920 GeV.

10.3 Von der Messung zur Publikation

Wie läuft die wissenschaftliche Arbeit in einer Kollaboration von mehr als 400 Physikern ab? Zunächst müssen in Tag- und Nachtschichten die Messdaten am Speicherring aufgenommen werden, wobei die Funktionen aller Komponenten des Detektors laufend überprüft werden müssen. In diese Arbeit teilen sich alle Institute entsprechend ihrer Stärke, gemessen durch die Zahl der in den Publikationen genannten Autoren.

Die Auswertung der Daten und die Vorbereitung von Publikationen geschieht in mehreren Arbeitsgruppen, die sich zwanglos zusammenfinden. Jede Gruppe konzentriert sich dabei auf ein bestimmtes Thema. Beispiele sind die Messung der Strukturfunktion F_2, die Messung von Reaktionen mit schweren Quarks, die Suche nach neuen Effekten und die Untersuchung diffraktiver Prozesse.

Eine Publikation wird von einer Handvoll Physiker vorbereitet und vorformuliert. Dieser Prozess wird in der Arbeitsgruppe kritisch begleitet und schließlich der Kollaboration in einer ihrer meist wöchentlichen Sitzungen vorgestellt. Danach schließt sich als formaler Schritt die kritische Begutachtung durch ein Gremium aus erfahrenen Physikern an. Bei diesem Schritt erfolgen meist weitere Prüfungen und Korrekturen. Außerdem wird in der ZEUS-Kollaboration verlangt, dass alle Analysen von zwei unabhängigen Gruppen durchgeführt werden.

Danach wird der Entwurf der Publikation in einer für die Kollaboration öffentlichen Lesung vorgestellt, zu der jedes Mitglied Kritik äußern und Änderungen vorschlagen kann. Danach wird das Papier dem DESY-Direktorium zur Genehmigung vorgelegt und wenn diese erfolgt ist, bei einer wissenschaftlichen Zeitschrift eingereicht. In den Jahren 1996–2000 hat jede der beiden Kollaborationen H1 und ZEUS mehr als 70 Arbeiten veröffentlicht.

10.4 HERA II

Erste Überlegungen zu einem Umbau von HERA mit dem Ziel einer deutlichen Erhöhung der Luminosität begannen 1995/96. Sie wurden initiiert von Björn Wiik, der im März 1993 auf Volker Soergel als Vorsitzender des DESY-Direktoriums gefolgt war. Ende 1997 lagen konkrete Pläne vor. Nach dem Ende des Speicherringbetriebs für die Experimente am 24. August 2000 begann der große Umbau. Ziel war eine Erhöhung der Luminosität um etwa den Faktor 5.

Warum?

Nach acht Jahren Laufzeit hatten die HERA-Experimente eine beachtliche Datenmenge angesammelt. Ein weiterer nennenswerter Fortschritt war nur möglich durch eine Vergrößerung der Datenmenge mindestens auf das Doppelte. Ohne Änderungen an der Maschine hätte dies viele weitere Jahre Messzeit erfordert und die Geduld der Physiker zunehmend auf die Probe gestellt.

Anlass zur Sorge gab aber vor allem, dass einige der für die Finanzierung der ausländischen Kollaborationspartner verantwortlichen Behörden drohten, ihre Unterstützung zurückzufahren „wenn nicht etwas geschieht“.

Als konkretes Ziel der Luminositätserhöhung winkte die Aufklärung einer von H1 gefundenen Anomalie bei der Erzeugung isolierter Leptonen und die genaue Erforschung von paritätsverletzenden Effekten in der elektroschwachen Wechselwirkung. Dazu war es notwendig, zusätzliche Spinrotatoren für die Experimente H1 und ZEUS einzubauen.

Nun war die Luminositätserhöhung keine einfache Sache. Der Speicherring war beim Entwurf sorgfältig optimiert worden, und ein nennenswerter Fortschritt erforderte weitreichende Umbaumaßnahmen. Ferdinand Willeke, der Projektleiter, untersuchte sorgfältig die Optionen. Das Ergebnis war, dass die Strahlen im Wechselwirkungspunkt stärker fokussiert werden mussten, also mussten die Fokussierungsmagnete verstärkt und näher an den Wechselwirkungspunkt gebracht werden.

Zusammen mit dem Einbau der Spinrotatoren musste die Maschine auf einer Länge von je 100 m rechts und links vom Wechselwirkungspunkt der Experimente H1 und ZEUS modifiziert werden. Der Elektronenstrahl wurde jetzt durch supraleitende Magnete, die bis 2 m an den Wechselwirkungspunkt heranrückten, abgelenkt und fokussiert. Diese Magnete wurden vom Brookhaven National-Laboratorium gebaut. Sie standen sozusagen mitten im Detektor, und das machte auch dort erhebliche Änderungen erforderlich.

Das Hauptproblem stellte die in diesem starken Magnetfeld erzeugte Synchrotronstrahlung von insgesamt 20 kW dar. Davon durfte höchstens 1 μW auf den Detektor fallen. Um die Sache weiter zu erschweren, waren in beiden Detektoren Spezialkammern zur Präzisionsmessung von Spuren in unmittelbarer Nähe des Wechselwirkungspunktes installiert. Die Fokussierung des Protonenstrahls erfolgte mit speziell entwickelten normalleitenden Magneten. Die Schwierigkeit dabei war, dass der Elektronenstrahl und der Protonenstrahl sehr nahe beisammen liefen, aber die beiden Strahlen magnetisch getrennt werden mussten. Die Magnete dazu wurden von einem Institut in St. Petersburg gebaut, welches große Erfahrungen im Bau solcher Magnete hatte.

Am 27. Juli 2001 war der Umbau abgeschlossen und die Injektion von Protonen konnte beginnen. Ab Oktober wurden erstmals wieder Elektronen und Protonen zur Kollision gebracht. Es stellte sich heraus, dass die Optik der Maschine funktionierte, und dass die Beeinflussung der Strahlen durch die Magnetfelder der Detektoren richtig korrigiert worden war. Allerdings war der störende Untergrund durch Synchrotronstrahlung in beiden Experimenten etwa um den Faktor 100 zu groß und machte einen Experimentierbetrieb unmöglich. Auch der Untergrund durch den Protonenstrahl erwies sich als viel zu groß. Nach Einbau eines zusätzlichen Kollimators und Verbesserung des Vakuums konnte die Datennahme mit reduzierten Strahlströmen beginnen. Das Problem war damit aber noch nicht gelöst.

In gemeinsamen Sitzungen von Experten der Maschinengruppe und der Experimentiergruppen wurden die Ursachen der verbleibenden Störstrahlung in den Detektoren ermittelt und eine verbesserte Abschirmung entworfen. Sie wurde von einem Gremium auswärtiger Experten im Januar 2003 begutachtet und für gut befunden. Der Einbau erfolgte von März bis August 2003. Die neue Abschirmung erfüllte die Erwartungen, und im Oktober 2003 konnte wieder ein normaler Betrieb aufgenommen werden.

In der Folge stieg die Luminosität von HERA weiter an. Es wurden Spitzenluminositäten von mehr als $4 \cdot 10^{31}$ cm^{-2}s^{-1} erreicht. An guten Tagen lieferte die Maschine eine integrierte Luminosität von bis zu 1 pb^{-1}. Summiert über ein Betriebsjahr konnte durch den Umbau mit Werten über 150 pb^{-1} eine Erhöhung der integrierten Luminosität um den Faktor 2–3 erreicht werden. Diese modifizierte Maschine wurde HERA II genannt.

10.5 Ergebnisse

Mit den neu gewonnenen Daten konnten H1 und ZEUS eine Präzisionsmessung der unelastischen Streuung von Elektronen oder Positronen an Protonen und eine genaue Bestimmung der Strukturfunktion F_2 des Protons durchführen. Dies ist die wichtigste, die Struktur des Protons beschreibende Funktion. Sie enthält – bis auf Spineffekte – die Information über den inneren Aufbau des Protons und hängt von zwei Variablen ab, x und Q^2. Die Variable Q^2 misst den vom Elektron auf das Proton übertragenen Impuls. Sie ist anschaulich nach der Heisenbergschen Unbestimmtheitsrelation ein Maß für die räumliche Auflösung, mit der das Proton abgetastet wird. Der größte gemessene Wert von 20 000 GeV^2 entspricht 10^{-16} cm oder etwa 1/1000 des Protonradius, eine der kleinsten Strecken, die je gemessen wurde. Die Variable x beschreibt den Bruchteil des Protonenimpulses, den das streuende Quark im Proton trägt. Die Abhängigkeit der Strukturfunktion von Q^2 wird von der QCD vorhergesagt.

Die Messungen der beiden Experimente H1 und ZEUS sind mit einer Genauigkeit von wenigen Prozent in Übereinstimmung miteinander und mit der Vorhersage der Theorie. Dies ist in Abb. 10.3 gezeigt. Diese Abbildung, welche die Strukturfunktion F_2 als Funktion von Q^2 für eine große Zahl von x-Werten zeigt, umfasst je 4 Zehnerpotenzen in den Variablen Q^2 und x. Die Abhängigkeit von Q^2 wird für alle Werte von x von der QCD richtig wiedergegeben, wie die durchgezogenen Linien zeigen.

Die Abhängigkeit von der Variablen x kann derzeit aus der Theorie nicht berechnet werden; sie muss dem Experiment entnommen werden. Dieses Problem wird aber vielleicht dereinst mit den Methoden der Gittereichtheorie gelöst werden. Die Messungen zeigen, dass F_2 für kleine Werte von x stark zunimmt, siehe Abb. 10.4. Man deutet das so, dass es nicht nur die drei Quarks des klassischen Quarkmodells im Proton gibt, die sogenannten Valenzquarks, sondern zusätzlich eine große Anzahl von Quark-Antiquark-Paaren, die den sogenannten Quark-Antiquark-See bilden. Dieser wird von den Gluonen erzeugt, die zwischen den Quarks ausgetauscht werden und sich kurzzeitig in Quark-Antiquark-Paare umwandeln können. Das Proton ist also kompliziert aufgebaut. Dass es so viele Quark-Antiquark-Paare im Proton gibt, wie der steile Anstieg von F_2 zu kleinen x hin zeigt, war zunächst unerwartet. Zwar sagt die QCD für kleine Werte von x, also im Gebiet des Quark-Antiquark-Sees, einen Anstieg von F_2 voraus, aber (noch) nicht die genaue Größe des Anstiegs. Aus den Messungen von F_2 können die sogenannten Parton-Verteilungsfunktionen bestimmt werden. Diese Funktionen geben für jede Quarksorte und die Gluonen an, mit welcher Wahrscheinlichkeit sie einen bestimmten Impulsbruchteil x des Protons tragen. Die Abb. 10.5 zeigt diese Verteilungen. Man erkennt den steilen Anstieg des Quark-Antiquark-Sees und der Verteilung der Gluonen zu kleinen Werten von x hin.

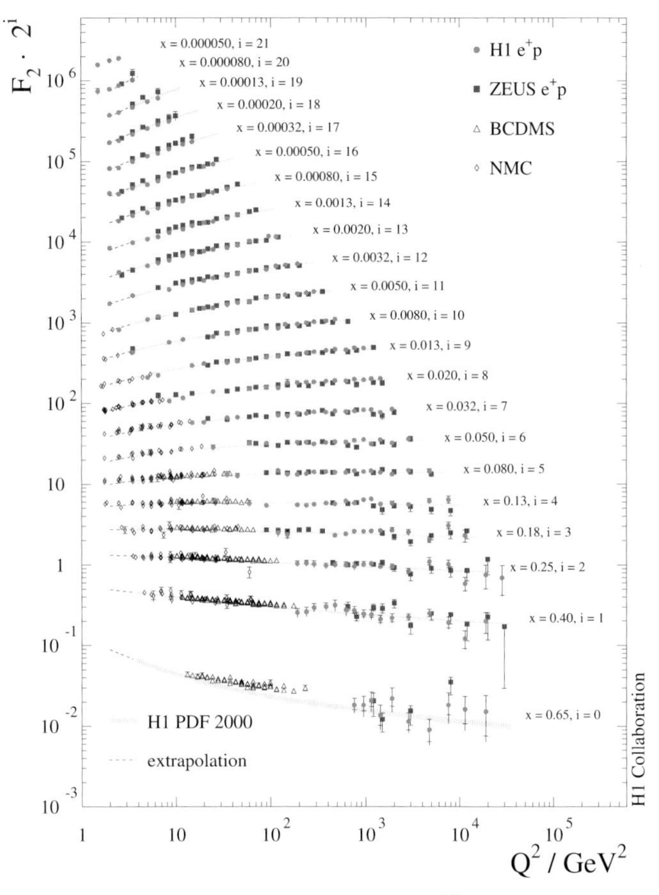

Abbildung 10.3 Die Strukturfunktion F_2 als Funktion von Q^2 für verschiedene Werte von x. Gezeigt sind auch die Ergebnisse der CERN-Experimente BCDMS und NMC bei niedrigerer Energie ([154]).

Eine überraschende Beobachtung bei der unelastischen Elektron-Proton- Streuung wurde schon bald nach dem Beginn der Messungen gemacht: Bei einigen Prozent der Reaktionen bleibt das Proton intakt. Dieses als Diffraktion bezeichnete Phänomen widersprach dem Bild, wonach die Reaktion an einem der Quarks des Protons stattfindet, wobei das Proton seinen Zustand stark ändert. Die Untersuchung der Diffraktionsprozesse wurde ein eigenes großes Thema bei HERA. Nach erheblichen Anstrengungen der Theoretiker fand sich eine modellmäßige Erklärung im Rahmen der QCD.

Das HERMES-Experiment mit seiner Identifizierung der erzeugten Hadronen war ebenfalls sehr erfolgreich. So konnte die Kollaboration zum ersten Mal die Beiträge der u-, d- und auch der s- und See-Quarks zum Spin des Protons separat nachweisen [156].

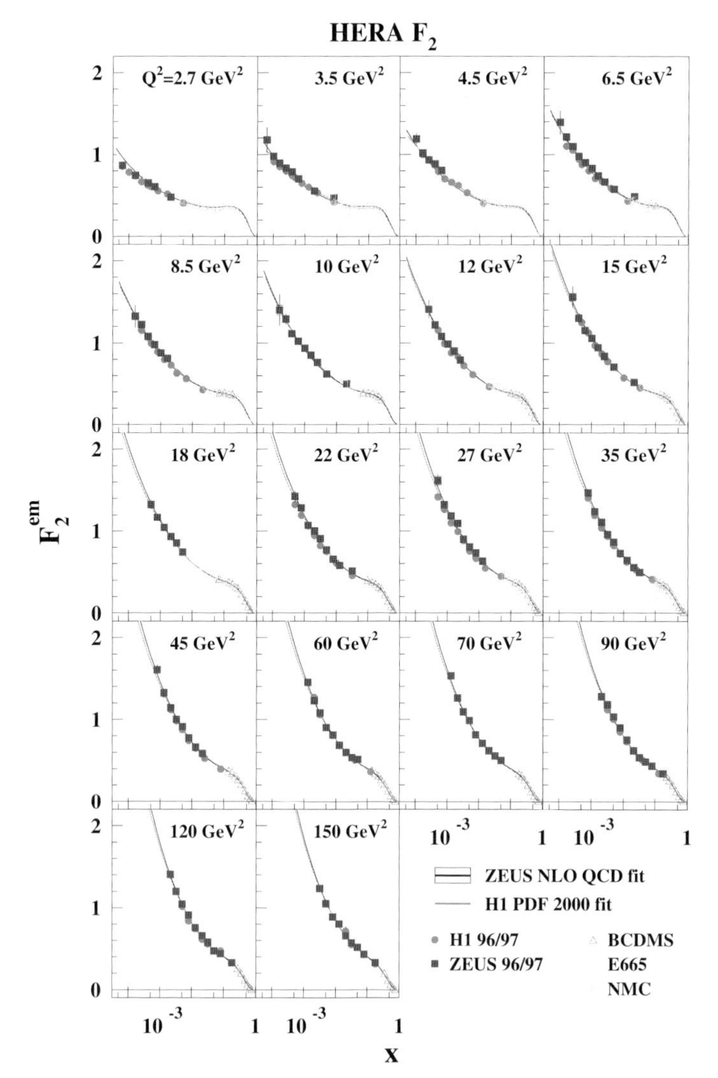

Abbildung 10.4 Die Strukturfunktion F_2 als Funktion von x für verschiedene Werte von Q^2. Ebenfalls zu sehen sind die Ergebnisse der Experimente BCDMS und NMC am CERN sowie von E665 am FNAL bei niedrigerer Energie ([154]).

In der Abb. 10.6 ist die Helizitätsverteilung der u- und d-Quarks sowie der s- und der Antiquarks gezeigt. Demnach wird der Spin des Protons nur zu etwa einem Drittel von den u- und d- Quarks getragen. Die See-Quarks leisten keinen Beitrag zum Spin. Die Gluonen liefern einen (kleinen?) Beitrag.

Messungen, die seit 2002 an einem transversal polarisierten Wasserstofftarget durchgeführt wurden, zeigten erste Hinweise, dass auch der Bahndrehimpuls der Quarks für

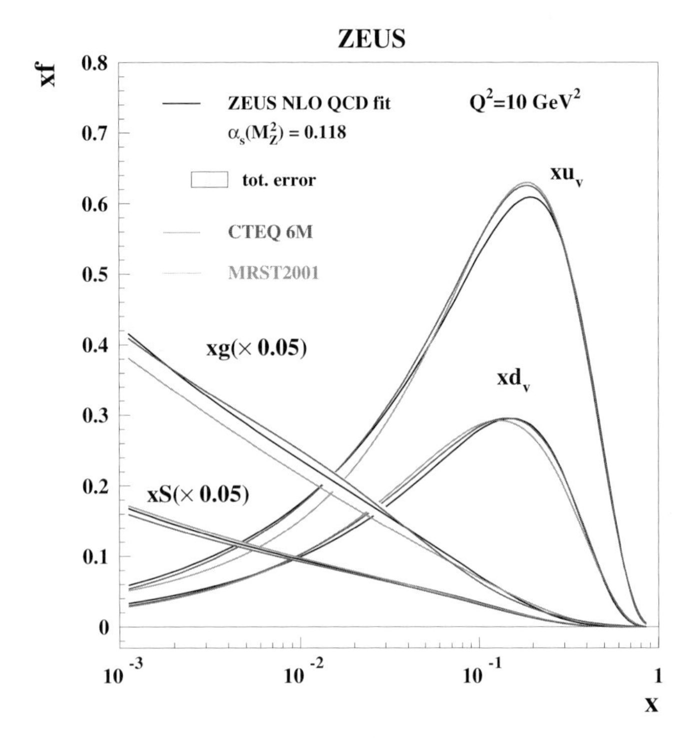

Abbildung 10.5 Die Verteilungsfunktionen von Quarks, Antiquarks und Gluonen im Proton. (u_v, d_v steht für die Valenzquarks u und d, g für die Gluonen und S für den Quark-Antiquark-See.) ([155]).

den Protonspin eine Rolle spielt. Mit diesen Erkenntnissen war man der Lösung des Spinrätsels ein gutes Stück näher gekommen.

Neben der Untersuchung der Struktur des Protons war ein weiteres wichtiges Forschungsgebiet die Prüfung der QCD. Die großen mit dem Speicherring erzielbaren Werte von Q^2 gestatteten eine Anwendung der Störungsrechnung auf die QCD. Damit können viele Reaktionen wie auch die Erzeugung von Partonschauern (Jets) mit vielen ihrer detaillierten Eigenschaften vorausgesagt werden. Die Theorie hat bisher alle der zahlreichen experimentellen Tests bestanden. Besonders wichtig in diesem Zusammenhang war eine genaue Messung der Kopplungskonstante α_s der QCD (Abb. 10.7) und ihre von der Theorie vorhergesagte Abhängigkeit von Q^2 (Abb. 10.8) . Diese beiden Messungen stellen die wohl überzeugendste Prüfung der QCD dar, da sie mit den an anderen Beschleunigern gemessenen Werten, die ähnlich genau sind, übereinstimmen, obwohl die dort untersuchten Reaktionen völlig verschieden von denen bei HERA sind.

Um mit HERA in das Gebiet der schwachen Wechselwirkung einzudringen, sind Werte von Q^2 von 5000 GeV^2 und mehr erforderlich. Diese Größenordnung ist bestimmt durch das Quadrat der Masse der schweren Vektorbosonen W und Z. Es gelang in den HERA-Experimenten zum ersten Mal, die unelastische Streuung eines Elektrons

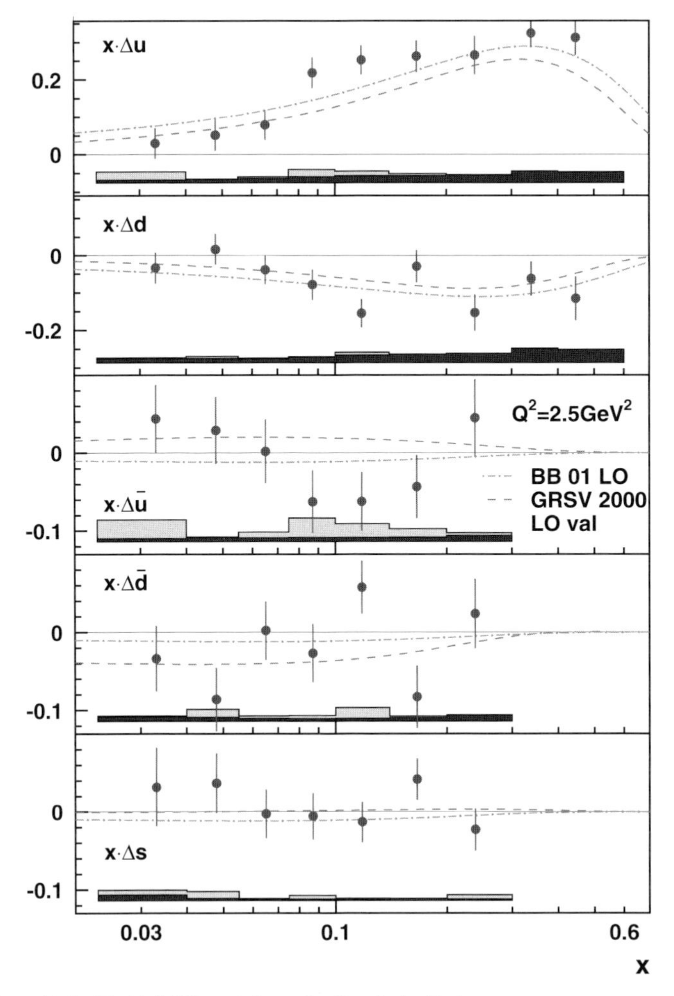

Abbildung 10.6 Die Helizitätsverteilung der Quarks im Proton, Messung der HERMES-Kollaboration ([156]).

am Proton mit Umwandlung des Elektrons in ein Neutrino zu messen, $ep \to \nu X$, wobei e für Elektron oder Positron steht, p für Proton, ν für Neutrino oder Antineutrino und X für die bei der Reaktion erzeugten Hadronen. Für diese Reaktion macht die elektroschwache Theorie exakte Voraussagen, die mit großer Genauigkeit mit den Ergebnissen der Messungen übereinstimmten (Abb. 10.9).

Damit war das Standardmodell auf einem neuen Feld wieder einmal glänzend bestätigt, insbesondere zeigt Abb. 10.9, dass bei hohen Werten von Q^2 die elektromagnetische und die schwache Kraft, wie erwartet, angenähert gleich stark werden, was sich in der gegenseitigen Annäherung der Wirkungsquerschnitte bei großen Werten von Q^2 zeigt.

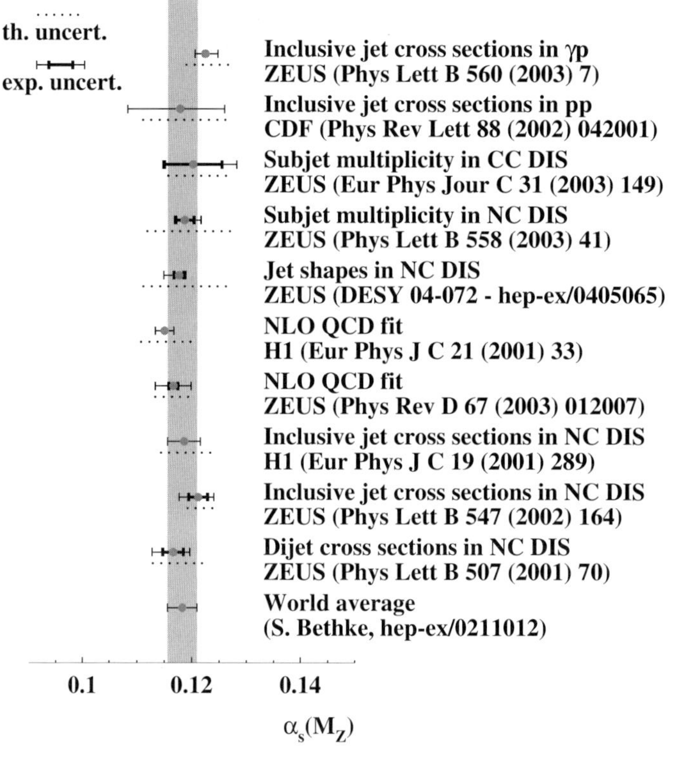

Abbildung 10.7 Die Kopplungskonstante α_s der starken Wechselwirkung – Vergleich von Messungen mit verschiedenen Verfahren ([157, 158]).

Die Polarisation der Strahl-Elektronen und -Positronen in HERA erlaubt eine weitere wichtige und neue Prüfung der elektroschwachen Theorie. Mit Hilfe der Spinrotatoren wurde der transversale Spin der Elektronen wahlweise parallel oder antiparallel zur Flugrichtung gedreht. Der Wirkungsquerschnitt für die Reaktion $ep \to \nu X$ hängt von dieser Spineinstellung des Elektrons oder Positrons ab. Die Messungen bestätigten auch hier das Standardmodell, und zwar in einem zentralen und so noch nie geprüften Teil seiner Aussage. Die Polarisation zusammen mit der großen Luminosität erlaubt die Messung der elektroschwachen Kopplungskonstanten des u-Quarks mit einer bis dahin nicht erreichten Genauigkeit, auch hier in Übereinstimmung mit dem Standardmodell.

Ist denn das Standardmodell durch gar nichts zu erschüttern? Kurze Antwort: $Nein$. Die Suche nach neuen Teilchen – supersymmetrische Partnerteilchen, Leptoquarks, neue noch schwerere Vektorbosonen, neue schwere Leptonen, Gravitinos – alles vergebens. Falls solche Teilchen überhaupt existieren, sollten sie wohl Massen deutlich größer als 100 GeV haben. Auch die Frage nach einer möglichen inneren Struktur der Quarks wurde untersucht. Da das Standardmodell die Q^2-Abhängigkeit der Streuwirkungsquerschnitte an den Quarks voraussagt, wäre eine Abweichung von der Voraus-

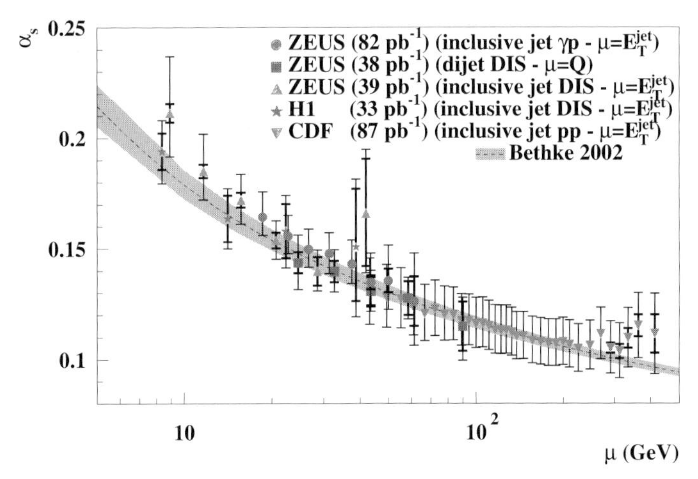

Abbildung 10.8 Die Abhängigkeit von α_s von der Skala $\mu = Q$ im Vergleich mit den Voraussagen der QCD, nach Messungen an HERA und am FNAL (CDF-Kollaboration). Kompilation nach S. Bethke [157], und Weiterführung [158].

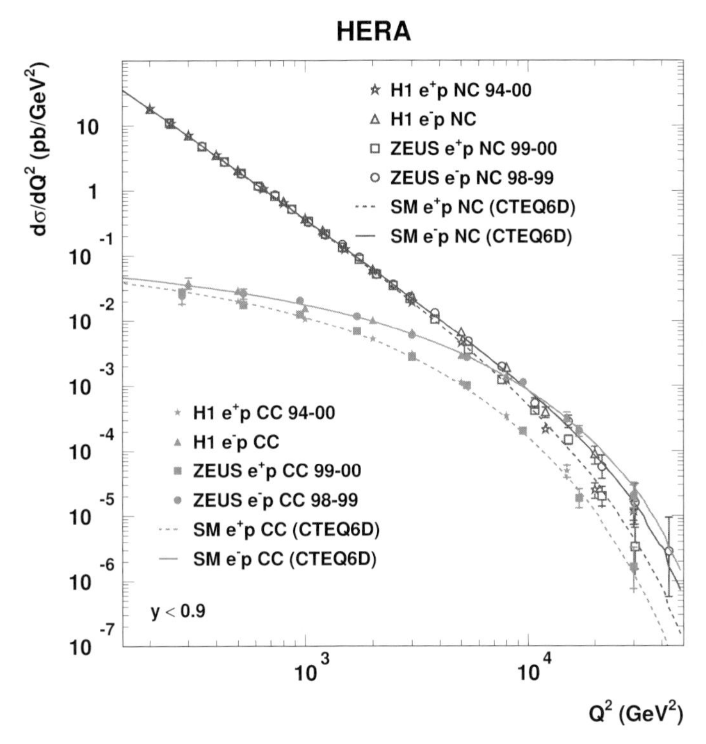

Abbildung 10.9 Vergleich der Reaktionen $e + p \rightarrow e + Hadronen$ (NC) und $e + p \rightarrow \nu + Hadronen$ (CC) mit dem Standardmodell (SM) ([155]).

sage ein Hinweis auf eine solche Struktur der Quarks. So etwas wurde nicht gefunden. Daraus folgt eine obere Schranke für die Größe der Quarks von $0{,}8 \cdot 10^{-16}$ cm, das ist weniger als 1/1000 der Größe des Protons.

Zusammenfassend kann man sagen, dass HERA unsere Kenntnisse über den Bau des Protons entscheidend erweitert hat. Umfangreiche und genaue Tests der Quantenchromodynamik und der elektroschwachen Wechselwirkung in einem bis dahin unerforschten Bereich kleinster Abstände der Teilchen ergaben Übereinstimmung mit der Theorie und stellen damit eine weitere wichtige unabhängige Stütze des Standardmodells der Elementarteilchen dar. Einige der an diesen Erfolgen maßgeblich beteiligten Physiker wurden mit der Verleihung des Max-Born Preises geehrt: John Dainton von der Universität Liverpool, Brian Foster von der Universität Oxford, Robin Marshall von der Universität Manchester und Rolf Felst vom DESY.

Die Tabelle 10.1 zeigt die Betriebsstatistik von HERA. Nach 15 Jahren wurde im Juni 2007 der Betrieb des HERA-Speicherrings eingestellt.

Tabelle 10.1 Betriebsstatistik des HERA-Speicherrings. Die Elektronen- oder Positronenenergie war durchgehend 27,5 GeV.

Jahr	Protonenergie GeV	integrierte Luminosität pb^{-1}	maximale Luminosität $10^{31}\mathrm{cm}^{-2}\mathrm{s}^{-1}$
1992	820	0,06	0,02
1993	820	1,1	0,14
1994	820	6,2	0,47
1995	820	12,3	0,72
1996	820	17,2	1,0
1997	820	36	1,4
1998	920	8	0,8
1999	920	45,5	1,5
2000	920	67	2,0
2001	–	–	–
2002	920	8	–
2003	920	14	2,7
2004	920	92	3,8
2005	920	213	5,1
2006	920	208	4,9

11
Theoretische Physik

11.1 Die Anfänge

Die Geschichte der Theoriegruppe beginnt mit Harry Lehmann, Professor für theoretische Physik an der Universität Hamburg seit 1956. Er begleitete den Weg von DESY von Anfang an und vermittelte den Neulingen erste Kenntnisse auf dem Gebiet der Elementarteilchenphysik. Mit dem Aufbau der experimentellen Forschung ging der Aufbau der Theoriegruppen beim DESY und an der Universität Hamburg Hand in Hand. Von Beginn an bestand eine enge Zusammenarbeit zwischen den beiden Gruppen. Durch den Bau eines weiteren Gebäudes auf dem DESY-Gelände gegenüber dem Laborgebäude konnten 1972 die Theoretiker der Universität und die von DESY unter einem Dach zusammengebracht werden.

Der Schaffung von Stellen für sogenannte ‚Leitende Wissenschaftler' durch Jentschke war es zu verdanken, dass DESY erstklassige Wissenschaftler berufen konnte. Als erste kamen 1963 Hans Joos und 1968 Kurt Symanzik nach Hamburg. Symanzik war einer der drei Autoren von LSZ, eine Abkürzung für Lehmann, Symanzik und Zimmermann, auf die eine Reihe berühmter Arbeiten zu den Grundlagen der Quantenfeldtheorie zurückging. Die Universität stand nicht zurück und berief Wissenschaftler wie Rudolf Haag, Gerhard Mack und Gustav Kramer (1961).

Die Arbeit der Theoretiker hatte zwei Schwerpunkte. Der eine, geknüpft an Namen wie Haag, Lehmann und Symanzik betraf die Arbeit an Grundproblemen der Quantenfeldtheorie. Auf der anderen Seite gab es die mehr phänomenologisch orientierten Theoretiker. Sie waren Gesprächspartner und Tutoren der Experimentalphysiker. Sie arbeiteten vornehmlich an Themen, die in mehr oder weniger direktem Zusammenhang mit den aktuellen Problemen der Teilchenphysik standen: Reggepole, Quarkmodell, Diffraktion, Vektormeson-Dominanz, Strahlungskorrekturen, statistisches Modell; dazu kam später vor allem die QCD-Störungsrechnung und die Phänomenologie der schweren Quarks.

Einige Theoretiker wurden später an Universitäten außerhalb Hamburgs berufen, und sie verbreiterten so die Basis der theoretischen Arbeit über Themen, die für die Forschung am DESY wichtig waren.

Von schnellen Teilchen und hellem Licht: 50 Jahre Deutsches Elektronen-Synchrotron DESY.
Erich Lohrmann und Paul Söding

ISBN: 978-3-527-40990-7

11.2 Die Periode der Forschung am Synchrotron

Unmittelbar zum Beginn der experimentellen Arbeiten am DESY 1964 erschienen auch entsprechende Arbeiten der Hamburger Theoretiker. Die ersten Artikel von H. Joos, G. Kramer und P. Stichel befassten sich mit der Photoproduktion von Mesonen, wobei Arbeiten von Kramer und Stichel Regge-Pole und Pion-Produktion mit polarisierten Photonen behandelten. Dies war eine wichtige Unterstützung für die Gruppe F35, die später mit diesem Thema den Physikpreis der Deutschen Physikalischen Gesellschaft gewinnen sollte. Die theoretischen Arbeiten lieferten wichtige Einsichten für die Deutung der Messungen [159–162].

In den Jahren 1965–68 erschienen Arbeiten zu Strahlungskorrekturen von R. D. Kohaupt [163], später ergänzt durch die Behandlung der höheren Näherungen durch Exponentiation. Dies war ein unverzichtbares Werkzeug für die Auswertung aller Experimente zur elastischen und unelastischen Elektron-Proton-Streuung.

Ein wichtiges Modell zum Verständnis der Photoproduktion war das sogenannte Vektormeson-Dominanz-Modell. Erste Arbeiten dazu von G. Kramer und H. Joos betrafen die Photoproduktion von Vektormesonen [160, 164], ein Gebiet, welches seine Entsprechung in einem sehr aktiven experimentellen Programm hatte. So erschienen in Hamburg viele Arbeiten zu diesem Thema von Autoren wie H. Fraas und D. Schildknecht, Margarete Krammer, Helen Quinn und Tom F. Walsh. Die zwei letzteren waren Amerikaner, die später in den USA Karriere machen sollten. Zu erwähnen ist noch die Erweiterung des Modells zu Vektormesonen höherer Masse durch J. J. Sakurai und D. Schildknecht (generalisierte Vektormeson-Dominanz [165, 166]).

Ein weiteres Thema war das statistische Modell der Teilchenerzeugung, wobei H. Satz mit einer Reihe von Arbeiten hervortrat [167, 168].

Die Hamburger Theoretiker fanden bald internationale Anerkennung. Ein Zeichen dafür waren Einladungen als Sprecher bei internationalen Konferenzen, z. B. bei der ‚Heidelberg International Conference on Elementary Particles' 1967 oder der ‚Conference on Electron-Photon Interactions' in Liverpool 1969.

Das Ansehen der Theoriegruppe zog auch bekannte ausländische Theoretiker als Gäste an, darunter D. R. Yennie, L. Stodolsky, Helen Quinn, S. Gasiorowicz, A. Dar, H. Cheng und T. T. Wu.

11.3 Die Periode von DORIS und PETRA – der Weg zum Standardmodell

Klassische Arbeiten von T. F. Walsh und P. Zerwas waren Pionierleistungen, welche das Gebiet der $\gamma\gamma$- und γ-Elektron-Kollisionen erschlossen [169, 170]. Es ist interessant, den Einbruch des Quarkmodells in die Welt der Physiker und damit verbunden das Interesse an der Physik mit Elektron-Positron-Speicherringen im Denken der Theoretiker zu verfolgen. Noch 1971 beschäftigte sich eine Arbeit von G. Kramer, J. Uretsky und T. F. Walsh [171] mit der Berechnung des Wirkungsquerschnitts für die Annihilation von Elektronen und Positronen in Hadronen ohne die magische Formel $e^+e^- \rightarrow$ Quark-Antiquark. Andererseits nahmen M. Böhm, H. Joos und M. Krammer 1972 bereits die Quarks ernst genug, um ihnen eine Arbeit über das relativistische Quarkmodell zu widmen [172].

Der zweifellos bedeutendste theoretische Beitrag kam von Kurt Symanzik, der leider 1983 viel zu früh verstarb. Dabei ging es um ein wichtiges grundsätzliches Problem der QCD, nämlich das Verständnis von ‚Confinement'. Dies ist die rätselhafte Tatsache, dass Quarks anscheinend nie als freie Teilchen auftreten; sie werden offensichtlich durch sehr starke Kräfte langer Reichweite aneinander gekettet, während sie sich bei kurzen Abständen fast kräftefrei bewegen.

Die theoretische Erklärung dieses Phänomens gelang den amerikanischen Theoretikern Gross, Wilczek und Politzer 1973, die dafür den Nobelpreis erhielten. Sie basierte auf den Callan-Symanzik-Gleichungen [173]. Liest man Bemerkungen von Symanzik über ‚Fortschritte in der Renormierungstheorie' auf einer Konferenz in Marseille 1972 [174, 175], dann kann man spekulieren, dass die ‚asymptotische Freiheit', diese zentral wichtige Eigenschaft der QCD, vielleicht einige Jahre früher entdeckt worden wäre, wenn diese Bemerkungen zusammen mit den Callan-Symanzik-Gleichungen sofort und konsequent weiterverfolgt worden wären.

Mit den spektakulären experimentellen Entdeckungen im November 1974 begann der Siegeszug des Standardmodells und dies führte in der DESY-Theorie, wie auch an anderen Stellen, zu einer radikalen Neuorientierung. Im Zentrum des Interesses stand naturgemäß die Aufklärung des Wesens der an den Speicherringen entdeckten scharfen Resonanzen. Prominent unter den Autoren, die sich nun mit e^+e^--Physik beschäftigten, waren unter anderem T. F. Walsh, G. Kramer, A. Ali, Margarete Krammer, H. Krasemann und P. Zerwas [176–178].

Einen Schwerpunkt bildete das Studium der gebundenen Zustände aus schweren Quarks, der sogenannten Quarkonium-Zustände. Eine Zusammenfassung der Erkenntnisse erschien in Artikeln von M. Krammer und H. Krasemann [179]. Nach der Entdeckung der Υ-Resonanz war die Physik solcher Quarkonium-Zustände ab 1978 ein weiteres Thema. Eine besondere Erwähnung verdient in diesem Zusammenhang eine Arbeit von H. Krasemann und K. Koller [101], welche die Daten des PLUTO-Detektors auf der Υ-Resonanz als Hinweis auf den Spin 1 des Gluons interpretierten. Weitere wichtige Analysen widmeten sich den im DASP-Experiment entdeckten Charm-Zerfällen und den Zerfällen des neu entdeckten τ-Leptons.

Die Entdeckung der Gluon-Bremsstrahlung 1979 an PETRA war begleitet von einer starken Aktivität auf theoretischem Gebiet, welche sich mit den Voraussagen der QCD über die Erzeugung von Teilchenschauern (‚Jets') durch Quarks und Gluonen in dem von PETRA erschlossenen Energiebereich beschäftigte. Diese Arbeiten waren unentbehrlich für die Erschließung des durch PETRA zugänglichen Gebiets der Quark- und Gluonphysik. Sie erlaubten eine quantitative Deutung der Phänomene der Gluonbremsstrahlung und zeigten den Weg für eine neue genaue Messung der starken Kopplungskonstanten.

Eine klassische Arbeit war ‚Hoyer et al.' von Hoyer, Osland, Sander, Walsh und Zerwas [113], welche neben ‚Ali et al.' den Grundstein für die Monte-Carlo Simulation von Elektron-Positron-Kollisionen legte, das zentrale theoretische Werkzeug zur Analyse der experimentellen Daten. Eine oft zitierte Arbeit war ‚Ali et al.' [177]. Diese Arbeit war für die Deutung der Messungen besonders wichtig, weil sie auch die Effekte der neuentdeckten schweren Quarks bereits berücksichtigte. Ab 1980 begannen auch die Arbeiten an den höheren Näherungen der QCD durch A. Ali und durch G. Kramer und seine Schule. Diese sehr aufwändigen Rechnungen waren Vorbedingung für eine Reihe genauer Überprüfungen der QCD.

Weit vorausschauend waren Arbeiten über die Gluon-Gluon-Winkelkorrelationen in Reaktionen mit zwei Gluonjets, welche einen direkten Nachweis der Gluon-Gluon-Wechselwirkung liefern können, eine wichtige Voraussage der QCD [178]. Diese schwierige Messung blieb allerdings den späteren Experimenten bei höherer Energie am LEP-Speicherring am CERN vorbehalten.

Unentbehrlich für alle diese Untersuchungen war die Berücksichtigung der Strahlungskorrekturen. Da das Elektron durch Bremsstrahlung Gammaquanten emittiert, die im allgemeinen nicht gemessen werden können, müssen die Messungen auf diesen Effekt korrigiert werden. Von F. Berends und R. Kleiss erschienen dazu 1980 die ersten Arbeiten. Später war das Arbeitspferd das Monte Carlo Programm HERACLES von Kwiatkowski, Spiesberger und Möhring [180]. Keine Analyse der HERA-Daten kam ohne dieses Programm aus.

Die Fülle wichtiger Arbeiten, die in dieser Periode in enger Zusammenarbeit zwischen den Kollegen der Universität Hamburg und den DESY-Theoretikern entstanden, verschafften ihnen ein zunehmendes Ansehen. Es war ein Zentrum entstanden, welches eine starke Anziehungskraft ausübte. So nennt der Jahresbericht 1979 eine Zahl von 24 auswärtigen Gästen, die Wesentliches zur wissenschaftlichen Atmosphäre und zur Arbeit beitrugen.

Auch in der Folgezeit bildeten Untersuchungen der phänomenologischen Konsequenzen des zunehmend immer besser verifizierten Standardmodells und darüber hinausweisender theoretischer Vorstellungen, die an den gegenwärtigen oder zukünftigen Speicherringen wie DORIS, PETRA, HERA oder LEP getestet werden konnten, einen der Schwerpunkte der theoretischen Arbeiten bei DESY. Hier bestand ein enger Austausch mit den Experimentalphysikern, die bei PETRA und DORIS arbeiteten. Für viele der experimentellen Untersuchungen erwiesen sich begleitende theoretische Arbeiten und Rechnungen als geradezu unerlässlich. Insbesondere die Arbeiten der PETRA-Experimentatoren über QCD und Jets, die Bestimmung der starken Kopplungskonstante α_s sowie die Suche nach Anzeichen für Phänomene qualitativ neuer Art wie etwa die Supersymmetrie wurden in engem Zusammenwirken mit der Theorie unternommen. Das Gleiche galt für Arbeiten über die Eigenschaften und schwachen Zerfälle der Quarks.

11.4 Die Gittereichtheorie

Für die Gleichungen der Quantenchromodynamik (QCD) besitzt man bis zum heutigen Tage keine exakten Lösungen, so dass man zu Näherungsverfahren greifen muss, um echte physikalische Probleme zu bearbeiten. Für große Werte der invarianten Energieskala sind in vielen Fällen Näherungslösungen möglich durch eine Entwicklung nach Potenzen der QCD-Kopplungskonstanten. Diese Methode der Störungstheorie ist aber in Fällen nicht anwendbar, bei denen die Fragestellung nicht durch eine große Energieskala bestimmt ist.

Hierfür kam ab 1974 eine wichtige Methode zu Hilfe, die Gittereichtheorie. Sie wurde durch eine Idee von K. G. Wilson, Professor an der Cornell-Universität, erschlossen [181]. Hier wird das kontinuierliche vierdimensionale Raum-Zeit-Kontinuum durch ein vierdimensionales Gitter von Raum-Zeit-Punkten ersetzt, auf denen die QCD-Gleichungen mit Monte-Carlo-Methoden gelöst werden. Im Rahmen der mit diesem Verfahren verbundenen Näherungen können zahlreiche wichtige Probleme in Bereichen bearbeitet werden, wo die QCD-Kopplungskonstante groß ist. Dazu gehören z. B. die Berechnung von Hadronmassen wie der des Protons, Zerfallsraten von Hadronen, Strukturfunktionen und Kopplungskonstanten. Allerdings glaubte Wilson zunächst, dass die Methode wegen der großen Ansprüche an Rechenzeit nicht praktikabel sein würde. Als es doch jemand versuchte (M. Creutz,1979), war das Ergebnis über alle Erwartungen erfolgversprechend. Das stellte sich später als uncharakteristischer Glücksfall heraus, ermutigte aber Viele, diese Methode weiter zu verfolgen.

Auch in Hamburg wurde dieser Weg erfolgreich beschritten. Der DESY-Theoretiker K. Symanzik hatte grundlegende Beiträge geleistet; ihm folgten unter anderen Martin Lüscher sowie F. Gutbrod, G. Mack, I. Montvay, G. Münster, G. Schierholz und P. Weisz; erste Publikationen erschienen 1980 [182, 183].

Wilson hatte zwar im Prinzip recht gehabt, war doch die benötigte Rechenleistung in der Tat enorm. Die verfügbare Rechenkapazität wuchs aber dank der Fortschritte im Bau neuer Rechner rasch. Um daran teilzuhaben, wurde von DESY-Seite 1985 eine Initiative gemeinsam mit Wissenschaftlern anderer Institute und Fachgebiete angestoßen, welche die Einrichtung eines Höchstleistungs-Rechenzentrums (HLRZ) in der Bundesrepublik zum Ziel hatte. Es sollte sowohl für die Physik der Elementarteilchen als auch der Festkörper neue Chancen eröffnen.

Federführend bei dieser interdisziplinären Initiative war Roberto Peccei, der 1984 vom Max-Planck-Institut in München als Leitender Wissenschaftler zum DESY gekommen war und die Leitung der Theoriegruppe übernommen hatte. Da DESYs Ressourcen durch den HERA-Bau vollständig in Anspruch genommen waren, wurde das HLRZ bei der KFA Jülich angesiedelt. Durch seine hervorragende Rechnerausstattung sollte es schnell zu einer unverzichtbaren Plattform für die Gittereichtheorie werden; bereits 1987 konnte ein Supercomputer CRAY-XMP48 in Betrieb genommen werden.

Eine Gruppe von Elementarteilchen-Theoretikern größtenteils aus dem DESY, deren Sprecher Fritz Gutbrod war, siedelte nach Jülich über und konnte das HLRZ sehr intensiv nutzen. Neben der QCD, etwa für die Berechnung von Hadronmassen, der QCD-Kopplungskonstanten und der Strukturfunktionen, galt dabei auch dem Higgs-Sektor des Standardmodells der elektroschwachen Wechselwirkung ein besonderes Interesse.

11.5 Die HERA-Periode

Die Berufung von Peccei führte auch sonst zu neuen Impulsen und einer bedeutenden Verbreiterung des Interessenspektrums in der DESY-Theorie, das sich jetzt bis hin zu Fragen aus dem Grenzbereich zur Kosmologie erstreckte. Einen besonderen Schwerpunkt bildete selbstverständlich die zukünftige Physik mit HERA; auf diesem Sektor entfaltete neben Peccei insbesondere der ebenfalls aus München zu DESY gekommene Reinhold Rückl eine nachhaltige und fruchtbare Aktivität, durch welche das Interesse an der HERA-Physik stark gefördert wurde und aus der wichtige Anregungen entstanden. Die Arbeiten der ARGUS-Kollaboration über B-Mesonen-Zerfälle und B^0–$\bar{B}^0$-Übergänge profitierten von einer engen Begleitung und Unterstützung durch theoretische Untersuchungen insbesondere durch Ahmed Ali.

Im Jahr 1987 fanden sich im Rahmen eines von Peccei organisierten, speziell auf die HERA-Physik konzentrierten Workshops nahezu 200 Theoretiker und Experimentalphysiker für viele Monate in zahlreichen Arbeitsgruppen zusammen, um einen möglichst weiten Bereich von Aspekten der hochenergetischen Elektron-Proton-Wechselwirkungen theoretisch zu untersuchen und die Möglichkeiten für Experimente abzuklären. Hieraus ergaben sich viele neue Ideen und Gesichtspunkte für die spätere Durchführung der Experimente mit HERA [151].

Das Programm in der theoretischen Elementarteilchenphysik konnte trotz der kleinen Zahl der DESY-Theoretiker vielseitig und lebendig sein, weil DESY ausgezeichnete Postdocs sowie zahlreiche wissenschaftliche Besucher, Gäste und Stipendiaten zur zeitweisen Mitarbeit anzuziehen vermochte. Hinzu kam eine weiterhin enge und fruchtbare Zusammenarbeit mit dem II. Institut für Theoretische Physik der Universität Hamburg – namentlich mit Gustav Kramer, Jochen Bartels und ihren Mitarbeitern – und mit der Gruppe Elementarteilchen-Theorie an der Universität Hannover unter Wilfried Buchmüller.

Eine sehr nutzbringende Gelegenheit für intensive Diskussion und Zusammenarbeit zwischen einheimischen und auswärtigen Theoretikern, sowie zwischen Theoretikern und Experimentalphysikern, bot ein jährlich bei DESY durchgeführter internationaler Theorie-Workshop, dessen wechselndes Thema jeweils an die aktuelle Situation der Teilchenphysik angepasst war und der jedesmal von einem anderen Theoretiker einer deutschen Hochschule gemeinsam mit der DESY-Theoriegruppe organisiert wurde.

Nachdem Peccei einen Ruf an die University of California angenommen hatte, konnte 1990 Wilfried Buchmüller von der Universität Hannover als Leitender Wissenschaftler und neuer Leiter der DESY-Theoriegruppe gewonnen werden.

Im Jahr 1991 rückten mit der Inbetriebnahme von HERA naturgemäß Fragen der HERA-Physik noch stärker in den Fokus des Interesses. Sie wurden erneut im Rahmen von Arbeitsgruppen gemeinsam mit den Experimentatoren eingehend diskutiert [152] und blieben über die ganze Laufzeit von HERA einer der Schwerpunkte der phänomenologischen Arbeiten der Theoriegruppe[1)]. Wichtige Untersuchungsgegenstände waren die Strukturfunktionen des Protons und des Photons, die Eigenschaften und Struktur des ‚Pomerons', das die diffraktiven Prozesse beschreibt, und die Erzeugung von Jets in tief unelastischen Elektron-Proton-Streuprozessen.

Einen Schwerpunkt bildete die Überprüfung der Aussagen der perturbativen QCD, wofür der HERA-Speicherring wegen der großen Energieskala bei der unelastischen Elektron-Proton-Streuung ein ideales Labor bot. Viele verschiedene Prozesse wur-

[1)] Ab 1992 kam auch die Theoriegruppe von DESY-Zeuthen hinzu, siehe Kapitel 14.

den in großem Detail untersucht, wohl eine der umfassendsten Überprüfungen der QCD überhaupt. Hierbei kam der Theoriegruppe eine Schlüsselrolle zu. Wegen der großen Genauigkeit der Messungen waren in der Regel Rechnungen in der perturbativen QCD in höheren Ordnungen (NLO und NNLO, next to next to leading order in ln Q^2) notwendig. Dies sind extrem aufwändige Rechnungen, welche Zehntausende von Feynman-Diagrammen beinhalten. Auch als Gesprächspartner für die Experimentatoren waren die Theoretiker gefragt, da die Details der Theorie recht verzwickt sein können.

Einen unverzichtbaren Beitrag zu diesen Untersuchungen stellen Monte Carlo-Programme dar, durch welche die verschiedenen Prozesse simuliert werden, was überhaupt erst den Vergleich der Daten mit den Voraussagen der Theorie ermöglicht. Einige dieser Programme, von Besuchern und Mitgliedern der Theoriegruppe erstellt, haben Berühmtheit erlangt.

Einige besonders interessante Aspekte der Physik sollen hier genannt werden. Da sind z. B. die bei HERA erstmals beobachteten diffraktiven tief unelastischen Streuprozesse. Sie werfen wichtige Fragen auf und gaben Anregungen zu zahlreichen Arbeiten der Hamburger Theoretiker und ihrer wissenschaftlichen Gäste. Von besonderem Interesse war auch das Verhalten der Dichte der Quarks und Gluonen im Proton bei sehr kleinen x-Werten, das möglicherweise einer Sättigung zustrebt, wenn die Quarks und Gluonen bei hohen Teilchendichten rekombinieren. In beiden Fällen handelt es sich um physikalisches Neuland, in dem die QCD noch weitgehend unerforscht ist.

Große Beachtung fand auch die Vorhersage des Standardmodells, dass nichtstörungstheoretische Effekte zu großen Wirkungsquerschnitten und hohen Multiplizitäten für bestimmte elektroschwache Prozesse bei sehr hohen Energien führen könnten; ein entsprechender Effekt in der QCD (Instantonen, die aus dem unendlichfach entarteten QCD-Vakuum in unsere Welt herüberlecken) wurde für kleinere, mit HERA zugängliche Energien vorausgesagt [184]. Allerdings war der Effekt zu schwach für einen einwandfreien experimentellen Nachweis.

Einen wichtigen Beitrag leistete die Theoriegruppe nicht nur für die Planung, sondern auch bei der Weiterentwicklung der Arbeit mit dem HERA-Speicherring. Dazu fand 1995/96 ein Workshop statt, an dem sich viele Theoretiker aktiv beteiligten [185].

Auf dem Gebiet der Gittereichrechnungen hatte sich inzwischen durch die Aufnahme der Zusammenarbeit mit der Universität Rom an dem APE-Projekt eine neue Situation ergeben. Dies war durch die Vermittlung von M. Lüscher zustande gekommen und ist im Kapitel über Zeuthen eingehender ausgeführt. Hier sei nur erwähnt, dass 1994 mit der Installation der ersten zwei Alenia QH2-Rechner, einer industriellen Umsetzung des APE-Konzepts, in Zeuthen eine beträchtliche Erweiterung der DESY zur Verfügung stehenden Rechnerleistung erfolgte. Gleichzeitig wurde gemeinsam mit dem INFN die nächste APE-Generation, der Parallelrechner APE1000 entwickelt; er konnte im Jahr 2000 in Betrieb genommen werden. Daran schloss sich später noch eine weitere Generation, apeNEXT an – eine gemeinsame Entwicklung mit dem INFN und der Universität Paris-Súd, um Rechenleistungen im Teraflops-Bereich zu realisieren.

Das HLRZ in Jülich wurde 1998 neu strukturiert und erhielt nun den Namen „John von Neumann-Institut für Computing“ (NIC). Zu den zahlreichen Themen, die im Rahmen der Gittereichtheorien behandelt wurden, gehörten die Skalenabhängigkeit der starken Kopplungskonstante α_s der QCD, die Masse des Higgsbosons und die Spinabhängigkeit der Proton-Strukturfunktion. Auch methodische Untersuchungen und die Entwicklung effizienter Algorithmen wurden weiter verfolgt.

Im Laufe der 90er Jahre rückten Untersuchungen zur Physik mit einem zukünftigen e^+e^--Linearcollider zunehmend in das Zentrum des Interesses. Hierbei spielte Peter Zerwas, der von der RWTH Aachen kommend nun bei DESY als leitender Wissenschaftler tätig war, eine führende Rolle. Die Paarerzeugung des top-Quarks und die präzise Bestimmung seiner Masse, die Suche nach Higgsteilchen und nach Evidenz für die Supersymmetrie gehören zu den zentralen Themen des Physikprogramms für einen zukünftigen Linearcollider im TeV-Bereich.

In der Physik der schweren Quarks, einem wichtigen Arbeitsgebiet der experimentellen Gruppen am DESY, hatte die Theoriegruppe eine gute Reputation erworben. Der Schwerpunkt der Arbeiten konzentrierte sich nun auf Aspekte der Physik der B-Mesonen, welche durch die B-Fabriken am SLAC und am KEK einen großen Auftrieb erhielten. Diese Speicherringe hoher Luminosität, welche 2001 in Gang kamen, erzeugten viele Millionen von B-Mesonen. Damit wurde eine ganz neue Kategorie von Tests des Standardmodells eröffnet. Die theoretischen Arbeiten am DESY befassten sich deshalb mit der Frage, wie man anhand dieser neuen Möglichkeiten mit Hilfe von Zerfällen von B-Mesonen zu aussagekräftigen Tests kommen könnte. Allerdings widerstand das Standardmodell in der Folge allen Versuchen, es zu widerlegen.

Auch die Zukunft ist wichtig. Für die Erarbeitung des ‚Technical Design Report', der ein Paar kollidierender Linearbeschleuniger (‚TESLA linear collider') als das zukünftige Projekt des DESY beschreiben sollte, trugen die Theoriegruppen zur physikalischen Begründung und der Ausarbeitung der Forschungsmöglichkeiten bei. Das Potential des TESLA-Linearcolliders und des LHC am CERN für die Erforschung der erwarteten neuen Welt der Higgs- und supersymmetrischen Teilchen war Gegenstand vieler detaillierter und vergleichender Untersuchungen.

Weitere Arbeiten der Gruppe Theorie befassten sich mit Aspekten der elektroschwachen Wechselwirkung, ihren Strahlungskorrekturen und dem Verhalten bei hohen Temperaturen; ferner mit dem Higgs-Mechanismus, mit den Neutrinomassen und ihrer Rolle in der Kosmologie sowie mit supersymmetrischen Theorien.

Vor allem die großen Fortschritte in der Kosmologie machten es immer deutlicher, dass Hochenergiephysik und Kosmologie viele Berührungspunkte haben. So war es folgerichtig, dass sich die Theoriegruppe unter dem Einfluss von Peccei in starkem Masse kosmologischen Fragen zuwandte. Damit spielte sie in Deutschland eine Art von Vorreiterrolle, und in der Folgezeit wurden viele der jungen Pioniere auf Lehrstühle außerhalb Hamburgs berufen, so D. Bödeker, Z. Fodor, A. Hebecker, O. Philipsen und C. Wetterich.

Ein großes Thema war die Entstehung der Baryonasymmetrie im Weltall: Nach unserem heutigen Verständnis vom Ursprung des Weltalls, dem kosmologischen Standardmodell, war die Welt anfänglich symmetrisch bezüglich Materie und Antimaterie. Im weiteren Verlauf der Geschichte annihilierten sich Materie und Antimaterie gegenseitig, und nur ein kleiner Rest von Materie blieb übrig, aus dem die Erde und die anderen Himmelskörper bestehen.

Wie kann man das erklären? Die allgemeinen Bedingungen dafür, dass überhaupt Materie überlebt, hatte schon A. D. Sakharov 1967 formuliert. Die quantitativen Details zu klären stellte sich aber als sehr schwierig heraus. Ein wichtiger Besucher bei DESY war 1986 T. Yamagida, der kurz zuvor mit M. Fukugita eine bahnbrechende Arbeit zu diesem Thema publiziert hatte – mehr als 1000 Zitate [186]! In dieser Arbeit zur Leptogenese verknüpften die Autoren Baryon- und Leptonerhaltung. Bei DESY traten vor allem W. Buchmüller und seine Gruppe mit Arbeiten hervor, welche dieses Thema aufgriffen und in bedeutenden Beiträgen mit der Neutrinophysik verknüpften. Unter anderem leiteten sie Massengrenzen für die Neutrinos her, bereits vor der Entdeckung der Neutrino-Oszillationen [187, 188]. Andere Arbeiten befassten sich mit der rätselhaften kosmologischen Konstanten und brachten eine Quintessenz genannte Alternative ins Spiel [189].

Auch so grundsätzliche Fragen wie die Vereinigung von Gravitations- und Quantentheorie und das große moderne Gebiet der Stringtheorien gehören zu den aktuellen Themen der theoretischen Physik. Hier lieferten die Hamburger Theoretiker ebenfalls Beiträge, aber der Durchbruch blieb ihnen, wie auch der übrigen Theoretikergemeinde, bis jetzt versagt.[2)]

Für besondere Leistungen auf dem Gebiet der theoretischen Physik verleiht die Deutsche Physikalische Gesellschaft jährlich ihre Max-Planck-Medaille. Dreimal wurden mit DESY verbundene Theoretiker mit dieser bedeutenden Auszeichnung geehrt: Harry Lehmann (1967), Kurt Symanzik (1981), und Martin Lüscher (2000).

[2)]Und dann gab es noch andere Arbeiten, wie etwa: ‚On the Compatibility Between Physics and Intelligent Organisms' von J. C. Collins [190]. Ausgangspunkt ist ein Theorem von Penrose [191], wonach es unmöglich ist, ein Rechnerprogramm zu schreiben, welches das Halte-Theorem der Informatik beweist. Der Mensch kann das aber sehr wohl beweisen. Daraus zieht Penrose den Schluss, dass der Mensch intellektuelle Fähigkeiten hat, die denen eines Rechners grundsätzlich überlegen sind, und er sollte dieselben stärker einsetzen, um die Physik zu verstehen. Aber J.C. Collins brach eine Lanze für die Maschine. Das bringt einen direkt ins Grübeln.

12
Datenverarbeitung 1975–2003

12.1 Das Ende der Großrechner-Ära

Während der Jahre, die der Inbetriebnahme des DORIS-Speicherrings 1974 folgten, waren die Zentralrechner am DESY stets völlig ausgelastet. Dieser Zustand, von manchen Managern zum Naturgesetz hochstilisiert, war nicht so tragisch wie es klingt. Tatsächlich wurde der Wissenschaftsbetrieb dadurch nie wesentlich behindert. Das war zum Teil auch das Verdienst der Mannschaft des Rechenzentrums, die sich aufs äußerste bemühte, einen effizienten Betrieb aufrechtzuerhalten. Dies geschah durch geschickte Optimierung der Resourcen zentrale Rechenkapazität, Speicherplatz, Plattenperipherie und durch eine geeignete Strategie bei der Zuteilung von Rechenzeit.

So konnte das DESY zunächst mit einer vergleichsweise maßvollen Steigerung der zentralen Rechnerkapazität überleben. Im Jahr 1975 standen zwei Rechner IBM 370-168 mit je 3 MB(!) Hauptspeicher zur Verfügung. Dieses Jahr sah außerdem die Einführung der ersten Eingabegeräte (Terminals) unter dem time-sharing System TSO, die schnell populär wurden. Bis 1979 war deren Zahl auf 86 angestiegen, und die Eingabe von Jobs über Lochkarten, vor 1974 die einzige Methode, war auf 6% zurückgegangen.

Seine Popularität verdankte das System auch der DESY-eigenen Entwicklung und der Installation des ‚full screen editors' NEWLIB, der die Editierarbeit wesentlich bequemer machte. Ein entsprechendes IBM-Produkt folgte erst später. Im Jahr 1979 wurde ein dritter Großrechner IBM 370/3033 installiert, der ein Jahr später bereits ausgelastet war. Etwas Luft verschaffte 1981 der Übergang von IBM- zu MEMOREX-Plattenlaufwerken.

Zunächst blieb die Firma IBM der Liebling der Wissenschaftler, machte sie doch 1984 mit dem EARN-Netzwerk den Physikern ein Geschenk, das erstmals die Benutzung von e-mail ermöglichte. Dies wurde im Zeichen der stetig wachsenden Größe der Kollaborationen sehr schnell ein unentbehrliches Kommunikationsmittel.

Das DESY-Rechenzentrum versuchte dem wachsenden Bedarf an Rechenzeit durch Anmietung immer größerer IBM-Rechner zu begegnen. So wurde 1982 die IBM 3081D durch eine IBM 3084Q ersetzt, eine bessere Ausstattung mit Plattenperipherie sorgte für eine bessere CPU-Ausnutzung, und so stieg die genutzte Rechenzeit von

Von schnellen Teilchen und hellem Licht: 50 Jahre Deutsches Elektronen-Synchrotron DESY.
Erich Lohrmann und Paul Söding

ISBN: 978-3-527-40990-7

1980 bis 1987 um den Faktor 3,7 an, eine jährliche Steigerung um 20%. Stets arbeitete das Rechenzentrum an der Kapazitätsgrenze.

Diese Entwicklung konnte so nicht weitergehen. In den 80er Jahren bereitete sich eine Revolution in der Art der wissenschaftlichen Datenverarbeitung vor. Ab 1982 wurden die Maschinen der Firma DEC (Digital Equipment Corporation) beim DESY zunehmend verwendet. Ihre Architektur und ihr Betriebssystem VMS waren sehr benutzerfreundlich; im Vergleich mit der JCL (job control language) von IBM war dies ein Fortschritt. So kam es 1990, auch auf Druck der wachsenden internationalen Nutzer-Gemeinde, zu der Installation einer Gruppe von VAX 6410-Rechnern im Rechenzentrum, die sich sofort großer Beliebtheit erfreuten.

Nach der Genehmigung des HERA-Speicherrings 1984 war eine enorme Steigerung des Bedarfs an Rechenzeit vorhersehbar. Dies erklärte sich aus zwei Tatsachen: Der HERA-Speicherring würde eine wesentlich größere Zahl von interessanten Ereignissen als die bisherigen Beschleuniger-Anlagen liefern, und diese Reaktionen waren wegen ihrer höheren Energie auch komplizierter und benötigten für die Auswertung sehr viel mehr Rechenzeit. Damit war es erforderlich, eine kostengünstigere Lösung zu finden, als die IBM-Großrechner sie bieten konnten.

Eine erste Idee hierfür war der Einsatz von Vektorrechnern. Ein Versuch mit dem Vektorrechner IBM 3090/150E wurde 1988 unternommen, doch er war nicht sehr erfolgreich – übrigens auch am CERN nicht. Der Grund war, dass sich die in der Hochenergiephysik benutzten Rechnerprogramme nicht gut zur Vektorisierung eigneten.

Dieser Versuch einer Lösung ging damit am Kern des Problems vorbei: Die Großrechner vom Typ IBM 3090 waren Alleskönner, während die Anforderungen in der Teilchenphysik eher spezieller Natur waren: Hohe Rechenleistung für viele wiederkehrende gleichartige Aufgaben und die Möglichkeit der schnellen Speicherung vieler Daten.

Eine bessere Lösung bot sich durch den Einsatz vieler parallel arbeitender Prozessoren an, die durch Netzwerke mit Daten gefüttert würden. Dies wurde möglich durch wichtige technische Entwicklungen in der Mitte der 80er Jahre: Die Technologie der VLSI (very large scale integration) und die Entwicklung von RISC-Prozessoren, die über einen im Vergleich mit den Großrechnern eingeschränkten Instruktionssatz verfügten. Diese Rechner waren billig und zuverlässig und bildeten die Basis für eine kostengünstige Lösung des Rechnerproblems. Dazu kam die Entwicklung von effizienten Netzwerken zur Datenübertragung. Damit wurde für die HERA-Zeit eine völlig neue Konzeption des Rechenzentrums geplant: An Stelle einiger weniger Großrechner würde die Rechenleistung durch viele kostengünstige kleine Arbeitsstationen erbracht werden, die mit Kassetten-Robotern zur Datenspeicherung verbunden waren. Im Jahr 1991 waren die ersten 30 Prozessoren der Firma Silicon Graphics im Betrieb und damit hielt auch das Betriebssystem UNIX Einzug.

Dies läutete den endgültigen Abschied von IBM auf dem DESY-Gelände ein. Wie konnte es dazu kommen? An mangelnder Sympathie für IBM beim DESY konnte es nach den jahrzehntelangen guten Erfahrungen nicht liegen. Doch die Zeichen an der Wand waren deutlich. Schon 1985 war im TASSO-Experiment der im Weizmann-Institut entwickelte IBM-Emulator 370/E in Betrieb, der aus preiswerten Einzelteilen zusammengebastelt war und einen erheblichen Bruchteil der Rechenkapazität einer großen IBM-Maschine hatte, bei vergleichsweise sehr geringen Kosten. Allerdings benötigte er für die Ein- und Ausgabe von Daten noch das Rechenzentrum. Am FNAL wurde um dieselbe Zeit die Rechnerfarm ACP-II entwickelt (‚Advanced Computer Project'), die als Vorbild für eine Rechnerfarm am ZEUS-Experiment bei HERA diente, welche eine (eingeschränkte) Rekonstruktion der gemessenen Reaktionen in Echtzeit ermöglichte [192]. Im Übersichtsvortrag von Rudi Böck [193] vom CERN auf der internationalen Konferenz ‚Computing in High Energy Physics' in Oxford 1989 wurden diese Entwicklungen gut dargestellt. Derartigen Entwicklungen gegenüber übte sich IBM in vornehmer Zurückhaltung.

12.2 Datenverarbeitung in der HERA-Zeit

Die Technik der Datenverarbeitung, Kommunikation und Datenanalyse entwickelte sich unaufhaltsam mit großer Geschwindigkeit. Damit musste die DESY-Rechnerabteilung (nun Informationstechnik IT genannt) Schritt halten. Die Forschung am DESY, allen voran die HERA-Experimente, erzeugten größere Datenmengen als je zuvor. Sie mussten ausgewertet, gespeichert und gesichert werden. Zu allem Überfluss wollten die Physiker die Daten hinterher auch noch auswerten, was nichttriviale Anforderungen an die Datentechnik stellte.

Die Analyse der Daten inklusive der Simulationsrechnungen erforderte riesige Mengen Rechenzeit. Zur Bewältigung der Datenflut, die 1992 einsetzte, verfolgten das Rechenzentrum und die Benutzer die Strategie, die teure Rechenzeit von den IBM-Mainframes auf preisgünstige Cluster von Prozessoren der Firmen HP und Silicon Graphics zu verlagern. Begünstigt wurde dies dadurch, dass diese Firmen immer schnellere und preiswertere Prozessoren anboten, sowie durch den Einsatz von Speicherrobotern zur Aufnahme der enormen Datenmengen und durch den Einsatz schneller Netzwerke zur Verbindung all dieser Geräte.

Allerdings musste das Rechenzentrum (IT) jetzt Dienste bereitstellen, die bisher das IBM-Betriebssystem übernommen hatte, wie die Organisation der Eingabe und Ausgabe von Daten, das Zusammenspiel der Prozessoren, die Speicherung und die Datensicherung. Dafür hatte IT einige Jahre Zeit, solange der IBM-Großrechner und die neue Architektur nebeneinander bestanden. Für die Lösung dieser Aufgaben war die ‚Client-Server-Architektur' sehr hilfreich, die von verschiedenen Universitäten und Firmen entwickelt worden war. Auch auf dem organisatorischen Gebiet hatte dies Änderungen zur Folge. Sie reichten von der Neuverteilung der Arbeit über die Erstellung neuer Dienste mit zentralen Servern bis zu einer Umgestaltung des Rechnerraums.

Im Jahr 1996 war es soweit: Der Betrieb der IBM-Rechner wurde – bis auf Anwendungen in der Verwaltung – eingestellt. Damit verbunden war der Wechsel zum Betriebssystem UNIX, mit Änderungen wie z. B. von dem guten alten, am DESY entwickelten NEWLIB-Editor zu dem unter UNIX arbeitenden Editor emacs.

Im folgenden werden einige Einzelheiten dieser Entwicklung geschildert.

Arbeitsstationen und PCs

Bei DESY bildeten sich als Schwerpunkte zwei große Gruppen von Systemen. Für die wissenschaftliche Arbeit entwickelten sich Arbeitsstationen unter LINUX zum de facto-Standard. Da das System kommerziell nicht unterstützt wird, musste DESY eine entsprechende Struktur für die Wartung entwickeln. Ende 2001 waren etwa 500 LINUX-Systeme im Gebrauch, 2003 war ihre Zahl bereits auf etwa 900 Systeme gestiegen.

Den anderen Schwerpunkt bildeten PCs unter Windows. Ihre Zahl nahm schnell zu, von anfänglich etwa 1000 auf fast 2000 im Jahr 2003, so dass sich DESY zur Einführung von Standards veranlasst sah. Zunächst war das Windows NT, später erfolgte die Migration zu Windows 2000 und dann zu Windows 2003. Diese PCs deckten die nicht wissenschaftlichen Aufgaben ab: Beschleunigerkontrollen, Verwaltung, Sekretariatsdienste, Kommunikationsdienste und die Unterstützung von technischen Aufgaben wie z. B. CAD.

Im Rechenzentrum selbst waren alles in allem etwa 1000 Systeme installiert. Diese Rechner mussten gewartet werden, und zusätzlich verbrauchten sie Strom, und das nicht zu knapp. Dies erforderte zusätzliche Investitionen in die Stromversorgung und die Klimatisierung.

Datenspeicherung

Die Rate der von den Experimenten an das Rechenzentrum übertragenen Daten nahm immer mehr zu. Dementsprechend erhöhte sich auch das Volumen des Zugriffs auf die gespeicherten Daten für die Auswertung. In den Jahren 1986/87 war die Grenze des Erträglichen erreicht, indem im Mittel jede Minute ein Magnetband auf- oder abgehängt werden musste. So installierte das DESY im März 1987 einen der ersten Band-Roboter in Europa, eine STK (Storage Technologies) 4400 Nearline aus den USA. Das war der Beginn einer neuen Technologie der Registrierung und Speicherung von Daten.

Physiker sträuben sich, Daten zu löschen, die unter großen Mühen und mit großen Kosten gewonnen wurden. Damit nimmt der Umfang der Daten, die gespeichert werden müssen, unaufhörlich zu. Das Rechenzentrum musste deshalb eine immer größere Speicherkapazität bereitstellen. Das waren zu Beginn der HERA-Messungen 100 TB (10^{14} Byte) und erreichte 2003 die phantastische Größe von 1,5 PB (Petabyte, 1 PB=10^{15} Byte). Hierzu wurden kostengünstige Lösungen gefunden in der Form von Kasettensilos der Firma Storage Technologies. Eine kostengünstige Lösung erlaubt aber nicht immer einen schnellen Zugriff auf die gespeicherten Daten. Deshalb wurde zusammen mit dem FNAL ein DiskCache-(dCache) System entwickelt. Es stellt ein Interface mit einem Zwischenspeicher zwischen dem Massenspeicher und den Benutzern dar und kann entsprechend dem Benutzerprofil optimiert werden. Es ging 2001 für die HERA-Experimente in Betrieb.

12.3 Entwicklungen der Informationstechnologie in der HERA-Zeit

Der rapide Fortschritt der Informationstechnologie eröffnete neue Möglichkeiten der Kommunikation unter dem Stichwort Netze und natürlich durch das Internet. So erschien 1993 die erste DESY Web-Seite.

Der Ausbau und die Pflege von Datennetzen wurde zu einer wichtigen Aufgabe der IT. Ab 2002 wurde der drahtlose Netzanschluss (WLAN) von PCs und Laptops eingeführt.

Ein weiteres wichtiges Projekt, GRID, war am CERN gestartet worden. Es ist ein globales Netzwerk von Rechnern. Es ermöglicht seinen Benutzern Zugriff zu der Rechnerleistung der einzelnen Knoten und auch eine dezentrale Speicherung von Daten. Auf diese Weise plant CERN, die von den LHC-Experimenten erwartete Datenflut und den damit verbundenen ungeheuren Bedarf an Rechenzeit für die Analyse auf ein weltweites Netz von Rechnern zu verteilen.

Diese Idee ist nicht neu. Schon 1994 hatte Burkhard D. Burow von der ZEUS-Kollaboration das sogenannte Funnelsystem eingerichtet [194]. Mit diesem System wurden die sehr Rechenzeit-intensiven Simulationsrechnungen auf viele Rechner der Kollaboration verteilt. GRID ist allerdings viel allgemeiner und umfassender und entsprechend aufwändiger. Das DESY beteiligte sich nach einigem Zögern an diesem Projekt. Ab 2003 dienten die HERA-Experimente als ‚Testbed', indem sie Rechnerkapazität für das GRID zur Verfügung stellten und auch nutzten.

Daneben soll eine wichtige Leistung für die internationale Wissenschaftsgemeinde nicht vergessen werden. Mit Hilfe des am DESY versammelten Expertenwissens wurde im Jahr 1993 eine Satellitenverbindung nach Moskau erstellt – die Antenne stand und steht auf dem DESY-Gelände. Ein Jahr später erfuhr dies eine Erweiterung, indem Stationen in der Ukraine, in Kasachstan und Georgien in dieses Netz eingebunden wurden. Dieses von der NATO finanzierte Netz erlaubte zahlreichen Universitäten und anderen wissenschaftlichen Instituten in diesen östlichen Ländern, am globalen wissenschaftlichen Datenaustausch teilzunehmen.

13 Synchrotronstrahlung

13.1 Die ersten Jahre am Synchrotron

Die Vorgeschichte der Einrichtung der Forschungsmöglichkeiten durch Peter Stähelin wurden bereits in Kapitel 3 geschildert. Die Synchrotronstrahlung war zwar schon vorher gemessen [195] [196] und erstmals bereits 1947 an einem Elektronensynchrotron der General Electric Co. beobachtet worden. Das Neue an der Initiative von Stähelin war, dass das DESY neben der Hochenergiephysik auch bei der Nutzung der Synchrotronstrahlung für Wissenschaftler auswärtiger Forschungsinstitute offen sein sollte. Dank der Vorbereitungen war das Labor rechtzeitig fertig und die Forschung konnte sofort nach der Inbetriebnahme des Synchrotrons 1964 beginnen.

Eine naheliegende erste Messung [197], die 1965 fortgesetzt wurde, betraf das Spektrum der Synchrotronstrahlung, das nun erstmals bis ins Röntgengebiet verfolgt werden konnte, sowie die Polarisation. Im Jahr 1965 erfolgte auch die Inbetriebnahme eines Rowland-Spektrometers, das den Spektralbereich von 30 eV bis 300 eV abdeckte.

Das Jahr 1966 sah die ersten Besuchergruppen im Einsatz: Von der Universität München kamen M. Skibowski, W. Steinmann und B. Feuerbacher vom Lehrstuhl Professor Rollwagen. Mit einem Wadsworth-Monochromator (Spektralbereich 5 eV–40 eV) bestimmten sie die Photoelektronen-Emission von dünnen Aluminiumschichten im Bereich der Plasmafrequenz, wobei erstmals die Übertragung der Energie eines Plasmons auf ein einzelnes Photoelektron beobachtet werden konnte [198].

Eine Gastgruppe von der Landessternwarte Heidelberg benutzte die Eigenschaften der Synchrotronstrahlung für eine Absoluteichung von Lichtquellen in Vorbereitung für astro-photometrische Untersuchungen mit Satelliten und Raketen (D. Lemke und D. Labs [199]). Die Universität Hamburg und das DESY waren mit R. Haensel, Ch. Kunz und B. Sonntag vertreten mit Messungen der Photoabsorption von Metallen [200] und Edelgasen im kurzwelligen Ultraviolett-Spektralbereich (‚Vakuum-Ultraviolett' VUV) [201].

Bald wurde klar, welch einzigartige Lichtquelle die Forscher hier in der Hand hatten. Die Synchrotronstrahlung im Photon-Energiebereich von 5 bis 10 000 eV konnte für Untersuchungen auf den Gebieten der Atomphysik, Molekülphysik, Festkörperphysik und Molekularbiologie benutzt werden. Die Synchrotronstrahlung ist anderen Quellen wegen der höheren Intensität, der Polarisation und des kontinuierlichen Spektrums

Von schnellen Teilchen und hellem Licht: 50 Jahre Deutsches Elektronen-Synchrotron DESY.
Erich Lohrmann und Paul Söding

ISBN: 978-3-527-40990-7

überlegen. Viele Experimente wurden deshalb durch die Synchrotronstrahlung erst möglich gemacht.

In den folgenden Jahren wurde der Gerätepark stark erweitert. Durch die speziellen Eigenschaften der Synchrotronstrahlung waren damit einmalige Bedingungen für Untersuchungen im VUV geschaffen. So wurden neben den Absorptionsspektren auch die Reflexions- und Photoelektronspektren von Edelgasen in der gasförmigen und festen Phase, von Alkali-Halogeniden und von Halbleitern untersucht. Es gelang, zum ersten Mal die Anregung von K-Emissionsbanden von Kohlenstoff in Fluoreszenz nachzuweisen [202,203]. Absorptionsmessungen zeigten eine überraschend ausgeprägte Anomalie an der K-Kante von Li bei 55 eV und der L-Kante von Natrium bei 31 eV[1)], die Rückschlüsse auf die Mehrelektronen-Dynamik dieser Metalle zuließ [204, 205]. Es folgte der Nachweis von Rumpfexcitonen in den Spektren von festen Edelgasen und von Alkali-Halogeniden. Die Abb. 13.1 zeigt die Feinstruktur der Absorption in den Lithium-Halogeniden in der Nähe der K-Kante von Li bei 55 eV [206]. Die scharfen Maxima bei und etwas oberhalb 60 eV werden als Excitonen gedeutet.

Messungen an Edelgasen nahmen einen breiten Raum ein. Interessant war der Vergleich der Absorptionsspektren von freien und gebundenen Atomen von Edelgasen [201]. Die Abb. 13.2 zeigt diesen Vergleich für Xenon. Die Maxima bei M und N werden als Festkörpereffekte gedeutet.

Diese Messungen im Vakuumultraviolett-Spektralbereich, wie auch Untersuchungen an dünnen Schichten, erschlossen Neuland. Dies ist an der schnell steigenden Zahl von Publikationen und Konferenzberichten zu sehen. Im Jahre 1968 waren es 21 und 1970 bereits 67. Es war auch Zeit für einen ersten Übersichtsartikel [209].

Unter den auswärtigen Nutzern in diesen Jahren sind vor allem die Institute von Professor Rollwagen und Professor Faessler von der Universität München zu erwähnen. K. Feser, ein Doktorand von Prof. Faessler, begann mit der Untersuchung des mit der Synchrotronstrahlung angeregten K-Emissionsspektrums leichter Elemente [202,203]. Weiterhin kamen bis 1970 das Institut für physikalische Chemie der Universität Freiburg dazu sowie amerikanische, japanische und russische Besucher. Prominent und auf Grund ihrer Erfahrungen eine große Hilfe in dieser Anfangsphase waren unter anderen Professor T. Sasaki von der Universität Tokio und Professor M. Cardona von der Brown University in den USA, später Direktor am Max-Planck-Institut für Festkörperforschung in Stuttgart.

Parallel zu dieser starken Ausweitung der experimentellen Tätigkeit ging der Bau neuer Spektrometer. Hier ist vor allem die Entwicklung eines Gleitspiegel-Monochromators zu erwähnen [210]. Er arbeitete mit streifendem Einfall und einem festen Austrittsspalt optimal im Wellenlängengebiet 40 bis 350 Angström, war aber benutzbar bis 1000 Angström. Er war der Vorläufer der späteren sehr erfolgreichen Spektrometer FLIPPER und SX700 von Zeiss. Auch die Experimentierfläche wurde erweitert: Ein zweites Strahlrohr wurde im oberen Stockwerk des Haenselbunkers installiert (Abb. 13.3). Dem folgte 1971 ein weiteres Strahlrohr im unteren Stockwerk.

[1)] Umrechnung: Wellenlänge in Angström = 12 396 /Quantenenergie in eV, 1 Angström = 10^{-8} cm.

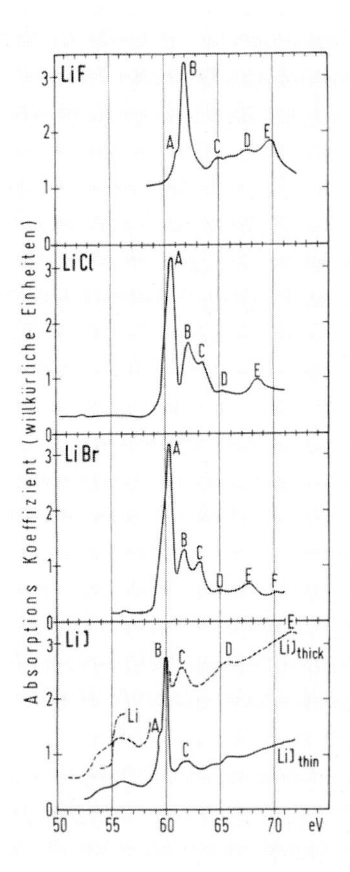

Abbildung 13.1 Der Photoabsorptionskoeffizient für die Li-Halogenide ([207]).

Der August 1970 sah eine neue, für die Zukunft sehr wichtige Benutzergruppe: G. Rosenbaum und K. C. Holmes vom Max-Planck-Institut für medizinische Forschung in Heidelberg kamen, um die Eignung der Synchrotronstrahlung für die Strukturuntersuchung biologischer Objekte zu erkunden; den ursprünglichen Anstoß hatte G. Rosenbaum gegeben [212]. Eine Beugungsaufnahme der Flugmuskeln des Riesenwasserkäfers Lethoceros Maximus überzeugte sie von der großen Überlegenheit der Synchrotronstrahlung über konventionelle Röntgenquellen bei der Aufklärung des molekularen Mechanismus der Muskelbewegung. Dies war der Türöffner für das spätere Engagement des EMBL, des Europäischen Laboratoriums für Molekularbiologie. K. C. Holmes machte den designierten Leiter des EMBL, Sir John Kendrew, auf diese Möglichkeiten aufmerksam, und schon 1971 nahm das EMBL die Verbindung mit DESY auf. Dies war drei Jahre vor der offiziellen Etablierung des EMBL. Ermutigt durch M. Teucher, der am DESY u.a. für die Bauten zuständig war, entstanden zwei Laboratorien. Eines davon, Bunker 2 genannt, war ab 1972 im Betrieb und nutz-

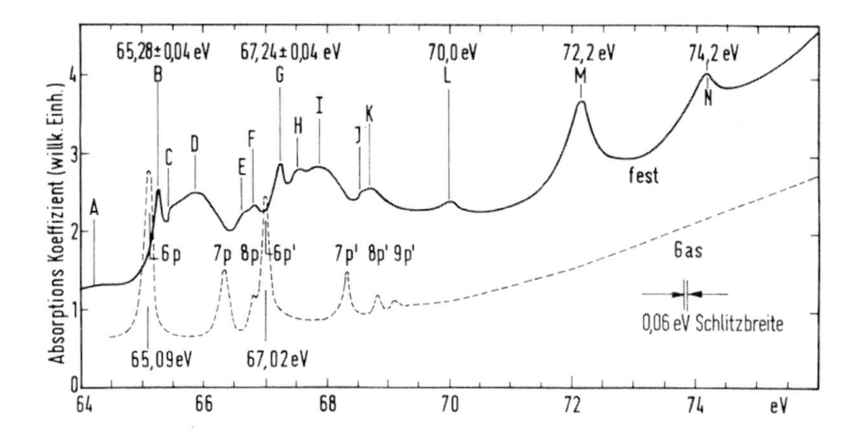

Abbildung 13.2 Absorption durch festes Xenon im Spektralbereich von 64 eV bis 76 eV verglichen mit gasförmigem Xenon ([208]).

te die Strahlung vom Synchrotron. Bunker 2 kann als Keimzelle des EMBL auf dem DESY-Gelände gelten. Da das EMBL noch nicht offiziell existierte, wurde diese Einrichtung durch eine gemeinsame Anstrengung der Deutschen Forschungsgemeinschaft DFG, des DESY (wofür M. Teucher Mittel einwarb) und des Max-Planck-Instituts für medizinische Forschung in Heidelberg ermöglicht. In Zusammenarbeit mit dem MPI für medizinische Forschung begannen Strukturuntersuchungen an Flugmuskeln von Insekten im Wellenlängengebiet von 1 bis 2 Angström. Diese Untersuchungen sollten später, am DORIS-Speicherring fortgeführt, zu grundlegenden Einsichten in den molekularen Mechanismus der Muskeltätigkeit führen. Die erfolgreichen Arbeiten beförderten stark den Bau des zweiten Laboratoriums, genannt Bunker 4, am DORIS-Speicherring. Bunker 4 war mehr als ein Bunker, er war gut ausgestattet und bot gute Forschungsmöglichkeiten.

Im Jahr 1972 kamen weitere Gastgruppen am Synchrotron hinzu, Gruppen aus Tel Aviv und vom MPI für Festkörperforschung in Stuttgart, letztere geleitet von M. Cardona. Mit der Messung der Spektren der Valenz- und Rumpfanregung von Halbleitern förderten sie das Verständnis von deren Elektronenstruktur [213].

Es begannen auch Untersuchungen zur Spektroskopie organischer Moleküle und Molekülkristalle im fernen Ultraviolett-Spektralgebiet (VUV) [214].

Die Forschung mit der Synchrotronstrahlung, getragen durch eine stetig wachsende Nutzergemeinde, wurde nunmehr zu einem wichtigen Faktor des gesamten Wissenschaftsbetriebs beim DESY. Um der Gemeinde ein entsprechendes Forum zu geben, setzte das Direktorium 1973 ein Forschungskollegium für Synchrotronstrahlung ein. Besetzt mit internen und auswärtigen Wissenschaftlern sollte es das Direktorium in Fragen des Betriebs und des Ausbaus der Einrichtungen für die Synchrotronstrahlung beraten.

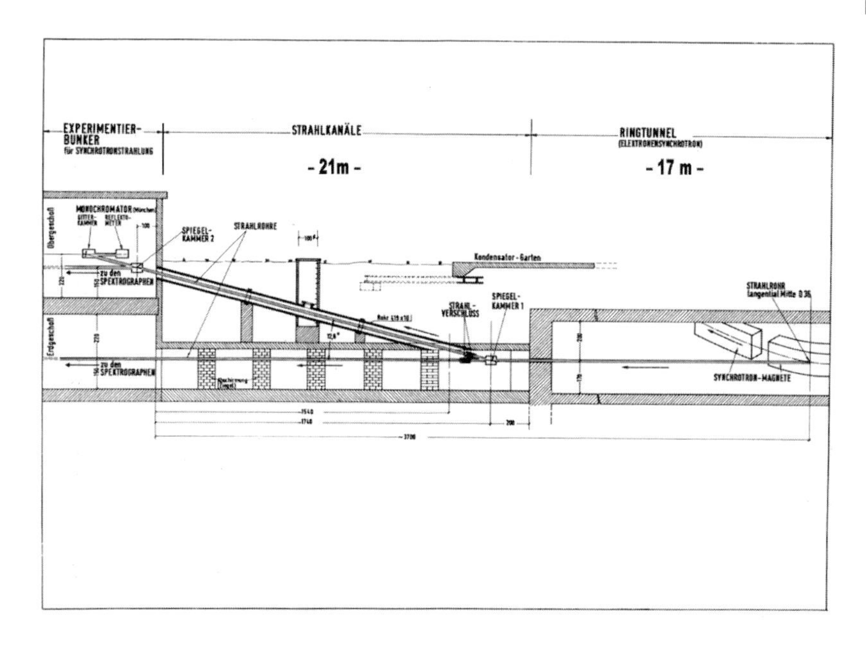

Abbildung 13.3 Strahlführung für den Haenselbunker am Synchrotron ([211]).

Noch am Synchrotron wurden 1974 von einer Gastgruppe aus Helsinki röntgentopographische Aufnahmen von Versetzungen in Einkristallen gemacht [215], eine Pionierleistung, die später zu zahlreichen interessanten Anwendungen führen sollte, z. B. zur Bestimmung von Gitterbaufehlern.

Ebenfalls noch am Synchrotron gelang es einer Gruppe von IBM aus Yorktown Heights (NY), bei ca. 40 Angström feinste Strukturen unterhalb 0.1 μm in eine Photoresistschicht zu kopieren [216]. Dieser erste Test der Röntgenlithographie mit Synchrotronstrahlung erlangte Bedeutung für die Miniaturisierung elektronischer Bauteile. Eine Weiterentwicklung ist die Röntgen-Tiefenlithographie, die später zur Herstellung dreidimensionaler Mikrostrukturen genutzt wurde.

Die ersten spektroskopischen Untersuchungen im Röntgengebiet wurden 1973–75 von der Gruppe von Ulrich Bonse aus Dortmund durchgeführt. Ihr Gegenstand war die Messung der Vorwärts-Streuamplidude an der K-Kante von Ni [217].

13.2 Der DORIS-Speicherring

Bereits 1969 war ein weiteres, für die Zukunft der Synchrotronstrahlung am DESY außerordentlich bedeutungsvolles Ereignis eingetreten: Der Baubeginn des DORIS-Speicherrings. Ein Speicherring bot im Vergleich zu einem Synchrotron unvergleichlich bessere Bedingungen: Der Strahl war kontinuierlich vorhanden und pulsierte nicht wie im Synchrotron 50mal je Sekunde. Er war außerdem rund 100mal intensiver. Der

Strahl ist im Speicherring in einzelne kurze Pakete aufgeteilt, und diese Feinstruktur ermöglicht darüber hinaus Untersuchungen mit sehr guter Zeitauflösung. Deshalb wurde am DORIS ein neues großes Labor für Synchrotronstrahlung geplant. Im Jahre 1972 war das Gebäude weitgehend fertiggestellt. Die Vorbereitung des Umzugs in das neue Domizil lag hauptsächlich in den Händen von Christof Kunz, Ernst Eckard Koch und Volker Saile. Die Jahre 1974/75 sahen dann die ersten Experimente am DORIS-Speicherring.

Das EMBL, das 1974 offiziell gegründet worden war, konnte nun die Einrichtung einer Außenstelle in Hamburg planen. Ende 1974 stimmte der Verwaltungsrat einer Vereinbarung mit dem EMBL zu, welche die Durchführung von Bauvorhaben des EMBL sowie die Modalitäten einer Zusammenarbeit regelten. Der formale Vertrag mit dem EMBL wurde am 21. 4. 1975 in Hamburg unterzeichnet.

Abbildung 13.4 Vertragsunterzeichnung am 21. 4. 1975 zur Errichtung einer Außenstelle des EMBL in Hamburg, von l. nach r. Professor H. Schopper, Sir John Kendrew, Generaldirektor des EMBL, Ltd.Reg.Dir.H. Berghaus, Professor W. Paul (Vorsitzender des Wissenschaftlichen Rats). (DESY-Archiv).

Die Möglichkeiten, welche die Synchrotronstrahlung von DORIS im Bunker 4 dem EMBL bot, übertrafen diejenigen am Synchrotron bedeutend. So wurde in den kommenden 10 Jahren u.a. der molekulare Mechanismus der Muskelbewegung aufgeklärt. All dies ist sehr gut in einem Übersichtsartikel von K.C. Holmes und G. Rosenbaum beschrieben [218]. Es heißt da am Ende:

> „Thus we see that one of the most important puzzles of biology, the basis of animal movement, which originated as a research project with

> the Alexandrian school in the third century BC, has yielded many of its secrets to a structural and physico-chemical analysis. It is noteworthy that this could not have happened without synchrotron radiation sources. Moreover, this project opened up one of the most important uses of synchrotron radiation yet discovered, namely its use as a source for X-ray diffraction.“

Ein äußeres Zeichen für die wachsende Bedeutung der Synchrotronstrahlung war auch, dass die ‚4th International Conference on Vacuum Ultraviolet Radiation Physics‘ im Juli 1974 in Hamburg stattfand. Die Forschungstätigkeit stieg weiterhin steil an; im Jahre 1974 fand sie ihren Niederschlag in über 100 Publikationen und Tagungsberichten.

Der Ausbau des Labors am DORIS-Speicherring machte 1975 weitere Fortschritte. Zwei neue Monochromatoren (HIGITI und HONORMI) für den Energiebereich 5–40 eV und ein Momochromator (FLIPPER) für den Energiebereich 10–500 eV konnten in Betrieb genommen werden. Sie standen auch Besuchern für ihre Arbeiten zur Verfügung. Weitere Spektralapparate waren im Aufbau. Der Jahresbericht nennt 19 Benutzergruppen. Schwerpunkte waren z. B. der Nachweis hochangeregter Rydberg-Zustände an Edelgasen und die Untersuchung der Photoemission an Einkristall-Oberflächen von NaCl und KCl [219]. Ein weiteres Thema waren die Lumineszenzspektren von Alkalihalogeniden und Edelgasen [220]. Bei Absorptions- und Reflexionsmessungen an dünnen Edelgasfilmen wurden erstmals Oberflächenexzitonen gefunden [221].

Eine Messung von Absorptionskanten mit feiner Auflösung gab wichtige Daten für die Elektronentheorie und die Elektron-Phonon Wechselwirkung in Li, Cs und Na [222, 223]. Von der Methode her wichtig war 1974 die präzise Messung des Brechungsindex von Materialien im Röntgengebiet mit Hilfe eines Interferometers durch eine Gruppe der Universität Dortmund [224].

Der Jahresbericht 1976 führt 33 Experimente mit der Synchrotronstrahlung auf. Neben Gruppen der Universität Hamburg und des DESY waren die Universitäten Kaiserslautern, Freiburg, München, Kiel, Dortmund, Göttingen, Helsinki, Aarhus, Kopenhagen, die KFA Jülich, die IBM in Yorktown Heights, das MPI für Festkörperforschung in Stuttgart und das Fritz-Haber Institut in Berlin beteiligt, und daneben nun auch die Außenstelle des EMBL. Von vielen Untersuchungen sollen zwei etwas willkürlich herausgegriffen werden:

Eine Arbeitsgruppe der Universität München führte 1975 erste winkelaufgelöste Messungen des Spektrums von Photoelektronen an Alkalihalogenid-Einkristallen durch [219]. Die Abb. 13.5 zeigt, dass Photoelektronen, die aus einer sauberen KCl-Kristalloberfläche herausgeschlagen werden, eine ausgeprägte Azimutwinkel-Abhängigkeit zeigen, die außerdem von ihrer Energie abhängt. Hieraus kann man Rückschlüsse auf die Struktur des Leitungsbandes ziehen. Da man bei der Synchrotronstrahlung die Wellenlänge und Polarisation frei wählen kann, hat sich diese Methode zur Standardmethode bei der Bestimmung von Volumen- und Oberflächenbändern in Festkörpern entwickelt. Als zweites Beispiel sei ein Röntgenmikroskop der Univer-

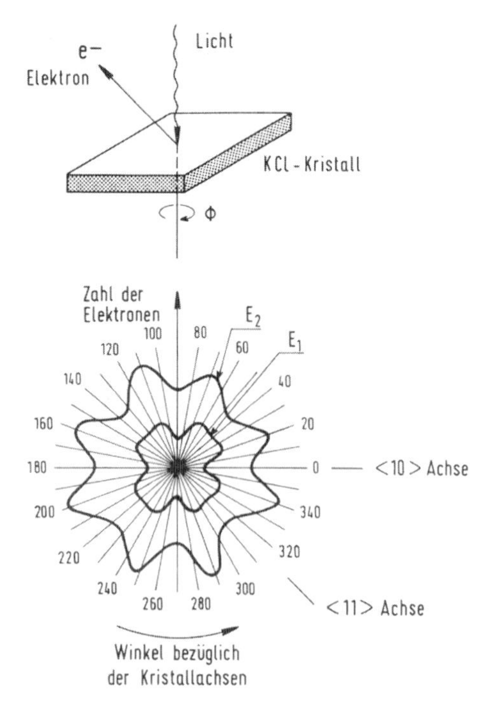

Abbildung 13.5 Winkelverteilung von Photoelektronen, die von Synchrotronstrahlung von 10 bis 35 eV aus einem KCl-Kristall ausgelöst wurden. Die Photoelektron-Energien liegen 18 eV (E_1) bzw. 16 eV (E_2) über der Oberkante des Valenzbandes ([225]).

sität Göttingen erwähnt, das lebende Zellen mit bisher unerreichter Auflösung zeigte. Anstelle von Linsen kamen dabei Zonenplatten zum Einsatz [226].

13.3 HASYLAB

Mit dem DORIS-Speicherring hatten sich die experimentellen Möglichkeiten für die Experimente mit der Synchrotronstrahlung enorm verbessert. Die infolgedessen stark angewachsene wissenschaftliche Tätigkeit zwang zu einer vorausschauenden Planung der weiteren Entwicklung und Expansion. Trotz der im Vergleich zum Synchrotron viel besseren Bedingungen am Speicherring waren die Nutzer Ende 1975 sehr unzufrieden. Man hatte ihnen mit dem Versprechen hoher Strahlströme und einer Strahlenergie von 3 GeV den Mund wässrig gemacht. Die Realität sah 1975 aber anders aus. Wegen der Instabilitäten waren die Strahlströme viel kleiner als versprochen. Auch hatte der Speicherring mit Anlaufschwierigkeiten zu kämpfen, für die Hochenergiephysiker ein vertrautes Phänomen, nicht aber für die Nutzer der Synchrotronstrahlung. Wegen des großen Interesses an den neuentdeckten c-Quarks lief der Speicherring bei niedrigen Energien – was die Untersuchungen im Röntgengebiet behinderte.

Nicht genug damit, begannen sich die immer zahlreicheren Nutzer gegenseitig auf die Füße zu treten. Hinzu kam, dass die Konkurrenten aus dem Ausland anfingen, über Speicherringe speziell für die Synchrotronstrahlung zu verfügen. Lautstark begannen die Nutzer deshalb ihren eigenen Speicherring zu fordern. Dies kam für den DESY-Direktor zu einem ungünstigen Zeitpunkt, da er die Verhandlungen über die Genehmigung von PETRA nicht durch ein weiteres Projekt gefährden wollte.

Aber nachdem PETRA genehmigt war, fand am 21. 10. 1976 am DESY ein Treffen der Nutzer der Synchrotronstrahlung statt, auf dem E. E. Koch, C. Kunz und G. Mülhaupt das Projekt eines dedizierten Speicherrings von 500 MeV Energie für Synchrotronstrahlung vortrugen. Die Versammlung stellte daraufhin an den Gutachterausschuss des BMFT für Experimente mit der Synchrotronstrahlung (GfSS) den Antrag, Schritte zur Planung und zum Bau einer dedizierten Quelle in die Wege zu leiten. In seiner Sitzung am 22. 10. 1976 beauftragte der GfSS dann eine Kommission unter dem Vorsitz von M. Cardona, die Notwendigkeit eines solchen Geräts in der Bundesrepublik und die zu stellenden Anforderungen zu untersuchen und Vorschläge zu machen.

Inzwischen hatte aber auch der Wissenschaftliche Rat von DESY die Initiative ergriffen und eine Unterkommission (K. H. Althoff, H. Lehmann, V. Soergel, H. E. Stier und K. Winter) mit der Frage der wissenschaftlichen Zukunft des DORIS-Speicherrings betraut. Diese berichtete in einer Sitzung des Wissenschaftlichen Rats am 1. 3. 1977. Einen Vorschlag von G. Mülhaupt von der DESY-Beschleunigergruppe aufgreifend, schlug sie den Bau eines kleinen Zwischenspeicherrings (das spätere PIA) vor, der den DORIS-Speicherring von der Injektion in PETRA entlasten und damit eine praktisch 100%ige Nutzung von DORIS für die Hochenergie-Experimente und die Synchrotronstrahlung bieten würde. Mit dieser Aussicht beauftragte der Wissenschaftliche Rat eine weitere Unterkommission unter dem Vorsitz von P. Brix, einen Plan für die zukünftige Nutzung der Synchrotronstrahlung am DORIS auszuarbeiten, der am 1. 6. 1977 vorgestellt wurde und neben anderem Hauptbenutzerzeit für die Synchrotronstrahlung vorsah. Mit den durch PIA eröffneten Verbesserungen würde dies auf einen Ausbau der Experimentiermöglichkeiten für die Synchrotronstrahlung an DORIS hinauslaufen. Das DESY, das sich bis dato ein bisschen zurückhaltend gegeben hatte, griff den Ball auf. Eine Studie von H.-J. Behrend, E. E. Koch, C. Kunz und G. Mülhaupt zeigte, wie durch den Bau einer neuen Experimentierhalle am DORIS-Speicherring die Wünsche und Vorstellungen der Nutzer, insbesondere der Bedarf für eine Lichtquelle im Röntgenbereich, befriedigt werden könnten.

Diese veränderte Situation fand der GfSS in seiner Sitzung am 19. 4. 1977 vor. Zunächst erklärte Dr. G. Lehr vom BMFT, dass dem BMFT insgesamt vier Vorschläge zum Bau dedizierter Speicherringe vorlägen. Aber nur einer könne gebaut werden, und zwar in Berlin[2] (das spätere BESSY). „Mehr ist nicht drin." Zum anderen schuf der Beschluss, den PIA-Speicherring zu bauen, eine wichtige neue Lage. Der DESY-Direktor H. Schopper stellte den Nutzern der Synchrotronstrahlung einen zunehmenden Anteil

[2] Dafür waren politische Gründe maßgebend.

von dedizierter Zeit an DORIS in Aussicht, zusammen mit einem Ausbau der experimentellen Möglichkeiten. Damit standen die Umrisse einer Lösung fest.

Der Betrieb eines neuen Labors und die Betreuung der vielen Nutzer stellte allerdings noch ein großes Problem dar. Das DESY-Direktorium schlug deshalb eine eher eigenständige Organisationsform vor, unter der die zukünftigen ausgedehnten Forschungen mit der Synchrotronstrahlung laufen sollten. Es befürchtete – zu Recht – dass die benötigten Mittel nicht zusätzlich zur Verfügung stehen, sondern wenigstens zum Teil auf Kosten des übrigen Programms gehen würden. In einer Sitzung mit den Vertretern der Hansestadt Hamburg und des BMFT am 18. 10. 1977 wurde dem DESY aber bedeutet, dass das Synchrotronstrahlungslabor unter dem Dach des DESY bleiben müsse – eine auf lange Sicht weise Entscheidung. Auf kurze Sicht erzeugte sie die vom Direktorium befürchteten Schwierigkeiten. Das Finanzvolumen betrug 14,4 Mio DM und erlaubte, mit der tatkräftigen Hilfe auswärtiger Institute und dem guten Willen aller Beteiligten, einen signifikanten Ausbau der Einrichtungen zur Nutzung der Synchrotronstrahlung. So entstand innerhalb DESYs ein ‚Hamburger Synchrotronstrahlungslabor' genannt ‚HASYLAB' (nach einem Vorschlag von E. E. Koch), welches im DESY-Budget gesondert aufgeführt wurde.

Dazu gab es Beschlüsse des Verwaltungsrats in der Sitzung vom 25. 11. 1977 und des Wissenschaftlichen Rats vom 12. 12. 1977. Vorgesehen waren der Aufbau und die Instrumentierung eines neuen stark erweiterten Labors am DORIS-Speicherring mit einer $40 \times 30\ \text{m}^2$ großen Experimentierhalle zusammen mit Büro- und Laborräumen für die Vorbereitung von Experimenten. Für diesen Aufbau und den späteren Betrieb von HASYLAB wurden mindestens 55 neue Personalstellen benötigt; diese waren DESY zugesagt worden. Tatsächlich wurden aber nur 15 Stellen zur Verfügung gestellt, die zur Hälfte auch noch befristet waren. So mussten in den folgenden Jahren in erheblichem Umfang Mitarbeiter und Personalstellen aus dem Teilchenphysik- und dem Infrastrukturbereich von DESY herausgelöst werden, um HASYLAB aufbauen und betreiben zu können. Dies verstärkte insbesondere in der Bauphase von HERA die schmerzhaften Engpässe auf dem Personalsektor, unter denen DESY litt. Es sollten volle zehn Jahre vergehen, bis die ursprünglich für HASYLAB vorgesehenen Personalstellen endlich nach und nach von den Zuwendungsgebern gewährt wurden – nachdem allerdings inzwischen der Bedarf durch den weiteren Ausbau von HASYLAB noch wesentlich weiter angewachsen war.

Kennzeichnend für die wachsenden Anforderungen der Anwender der Synchrotronstrahlung war auch die Tatsache, dass sie sich ab 1978 aus dem Status einer rein parasitären Nutzung des Speicherrings emanzipierten und erstmals Hauptbenutzerzeit zugewiesen erhielten. Ab 1980 betrug ihr Anteil der Strahlzeit am DORIS-Speicherring 33% und ab 1993 schließlich 100%.

Zu den Nutzern der Synchrotronstrahlung gehörte seit 1979 auch die Fraunhofer-Gesellschaft. Ein Kooperationsvertrag zwischen dem Institut für Festkörpertechnologie der Fraunhofer-Gesellschaft und DESY regelte 1978 den Bau eines kleinen Labors mit einem eigenen Strahlrohr. Gemeinsam mit der Industrie war die Entwicklung von Kopierverfahren für Mikrostrukturen vorgesehen.

In diese Zeit fällt auch die Gründung von BESSY, der „Berliner Elektronen-Speicherring-Gesellschaft für Synchrotronstrahlung m.b.H", die 1979 erfolgte (BESSY I).

Hierbei war das DESY einer der Gesellschafter und leistete kräftige Starthilfe. G. Mülhaupt und E. E. Koch vom DESY sowie Ch. Kunz von der Universität Hamburg engagierten sich in der Planungs- und Aufbauphase, und der DESY-Verwaltungsdirektor H. Berghaus war nach seiner Pensionierung 1978 als Berater in administrativen Dingen tätig.[3)]

Der Aufbau von HASYLAB erfolgte hauptsächlich in den Jahren 1979 und 1980 und lag vornehmlich in den Händen von E.E. Koch vom DESY sowie von Ch. Kunz und B. Sonntag von der Universität Hamburg. Während des Umbaus fanden die Messungen im Röntgenbereich im EMBL-Bunker 4 statt. Erst 1982 war der Umbau ganz abgeschlossen. Am 29. Januar 1981 erfolgte die feierliche Einweihung, aber bereits Ende 1980 waren schon die meisten Messplätze in Betrieb. Sie deckten das Photon-Energiespektrum von 5 eV bis ins Röntgengebiet ab. Damit war ein der Wichtigkeit des Gebiets angemessenes Laboratorium entstanden [227, 228]. Seine 24 Messplätze standen allen Nutzern zur Verfügung. Zu ihrer Unterstützung gab es außerdem ein zentrales Daten- Auswertungs- und Sammelsystem.

Einen Blick in die Halle gibt die Abb. 13.6. Die Abb. 13.7 zeigt eine Reihe der für die Entwicklung der Synchrotronstrahlung am DESY maßgebenden Persönlichkeiten: Die Pioniere Professor Stähelin und Professor Haensel, Professor J. Schneider, Forschungsdirektor Synchrotronstrahlung, Professor B.H. Wiik, Vorsitzender des DESY-Direktoriums 1993–99, Professor K. C. Holmes vom MPI für medizinische Forschung in Heidelberg (vermittelte den Kontakt mit dem EMBL), Professor Ch. Kunz (erster Leiter von HASYLAB), Professor W. Jentschke, Ltd. Reg. Dir. H. Berghaus (engagiert beim Aufbau von BESSY) und Professor G. Materlik, späterer Leiter von HASYLAB und danach Direktor der ‚DIAMOND Lightsource‘ in England.

An dem Aufbau von HASYLAB beteiligten sich auch viele auswärtige Institute. Der DESY-Jahresbericht zählt 39 Institute aus Deutschland, Dänemark, Finnland, Israel und Schweden auf.

Die DESY-Wissenschaftler am HASYLAB kümmerten sich um den Auf- und Ausbau der wissenschaftlichen Geräte und der Infrastruktur, die Koordination des Experimentierbetriebs und die wissenschaftliche, technische und logistische Unterstützung der auswärtigen Nutzer. Sie entwickelten die Strahlführungen und einen großen Teil der benötigten Instrumente. Darüber hinaus trugen sie in erheblichem Umfang zum eigentlichen Forschungsprogramm mit der Synchrotronstrahlung bei, so mit Arbeiten über Röntgenspektroskopie [229], wo eine Energieauflösung von Milli-eV bei der Bragg-Streuung erreicht wurde. Weitere bekannte Arbeiten betrafen stehende Wellenfelder [230], zeitaufgelöste Röntgentopographie [231], Zwei-Photonen-Photoemission

[3)]Mit E. E. Koch, G. Mühlhaupt, H. Krech und B. Raiser kamen ein wissenschaftlicher, ein technischer und gleich zwei administrative BESSY-Geschäftsführer der achtziger Jahre vom DESY. Nach der Wiedervereinigung Deutschlands im Jahr 1990 erfolgte ein Umzug von BESSY nach Berlin-Adlershof, wo 1998 der Nachfolge-Speicherring BESSY II in Betrieb ging. BESSY I wurde nach einem Vorschlag von Herman Winick (SLAC) und G. A. Voss (DESY) abgebaut und die Bundesrepublik stellte es einer Nutzergemeinde im Nahen Osten zur Verfügung, wo es gegenwärtig in Jordanien wieder aufgebaut wird (SESAME, ‚Synchrotron Light for Experimental Science and Applications in the Middle East‘, www.sesame.org.jo).

Abbildung 13.6 Blick auf einen Teil der HASYLAB-Experimentierhalle. (DESY-Archiv)

[232] sowie die elektronische Struktur von metallorganischen Verbindungen und Adsorbatsystemen [233].

Ein wichtiges Ereignis, welches das Ansehen der Synchrotronstrahlungsphysik in Hamburg unterstrich, war die ‚International Conference on X Ray and VUV Synchrotron Radiation Instrumentation' am DESY vom 9.–13. 8. 1982.

13.4 DORIS II

Zwischen November 1981 und Mai 1982 fand der bereits beschriebene Umbau von DORIS – eher wohl als Neubau zu bezeichnen – zu DORIS II statt; er wurde in der bemerkenswert kurzen Zeit von nur 6 Monaten bewältigt. An dieser nun wieder auf den neuesten Stand der Beschleunigertechnik gebrachten Maschine begann im Sommer 1982 eine zehn Jahre währende Phase der gemeinsamen Nutzung durch die Teilchenphysik und die Synchrotronstrahlungs-Anwender.

Den Hochenergieexperimenten wurden regelmäßig Blöcke von im Mittel etwa 2/3 der Strahlzeit zugeteilt. Diese Zeiten wurden zugleich von vielen der Synchrotronstrahlungs-Experimente genutzt. Denn wegen der relativ hohen Strahlenergie von etwa 5 GeV bot diese Betriebsart von DORIS beste Bedingungen für Experimente mit Röntgenstrahlung. Dank der gleichzeitig hohen Intensität kam DORIS II als Röntgenquelle eine einzigartige Stellung in Europa zu. Auch entdeckten manche der Anwender, dass sich die besondere Zeitstruktur der Strahlung im Hochenergiebetrieb von DORIS II, die durch extrem kurze Impulse charakterisiert war, für zeitaufgelöste Messungen sehr gut nutzen ließ. So konnten etwa die EMBL-Wissenschaftler

Abbildung 13.7 Für die Entwicklung der Synchrotronstrahlung am DESY maßgebliche Persönlichkeiten: Von l. nach r.: R. Haensel, P. Stähelin, J. Schneider, B.H. Wiik, K.C. Holmes, C. Kunz, W. Jentschke, H. Berghaus, G. Materlik (siehe Text) (DESY-Archiv)

die Änderungen in der 3-dimensionalen Struktur eines Proteins (Myoglobin) während der Bindung von CO messen.

Das verbleibende Drittel der Strahlzeit wurde dediziert für Experimente mit der Synchrotronstrahlung vergeben, so dass die Betriebsweise von DORIS für deren besondere Anforderungen optimiert werden konnten. Der Ring wurde dann nur mit Elektronen gefüllt und die Energie auf etwa 3,5 GeV beschränkt, wie sie von den Nutzern eher langwelliger Synchrotronstrahlung bevorzugt wurde.

Anders als beim Betrieb mit kollidierenden Elektronen und Positronen konnte man hier einen aus vielen einzelnen Teilchenpaketen bestehenden Elektronenstrahl verwenden, was hohe Stromstärken von mehr als 100 mA zu speichern erlaubte. In dieser Betriebsart ließen sich auch besonders lange ununterbrochene Fülldauern des Speicherrings und besonders kleine Strahldimensionen und Emittanzparameter des Strahls realisieren. Ein zusätzlich eingebautes System zur Stabilisierung von Strahllage und -winkel – wobei Monitore an den Messplätzen automatisch Korrekturen am Strahl veranlassten – half, die Strahlqualität und damit das Auflösungsvermögen der Experimente noch weiter zu verbessern.

Auf diese Weise lebten die Nutzer der Synchrotronstrahlung und die Teilchenphysiker bei DORIS in einer ‚Cohabitation', die zwar für jede der Seiten gewisse Einschränkungen mit sich brachte, ihnen aber doch sehr gute Forschungsbedingungen bieten konnte. Das Spektrum der Synchrotronstrahlung, das DORIS abdeckte, reichte vom sichtbaren Licht über den Ultraviolettbereich bis hin zur harten Röntgenstrahlung, wobei DORIS für letztere eine der intensivsten Quellen überhaupt darstellte.

Dies ließ das DESY für eine zunehmende Nutzergemeinde attraktiv werden. Mehr und mehr Gruppen, zumeist von Universitäten sowohl des Inlands wie des Auslands, entdeckten die Möglichkeiten, welche die Synchrotronstrahlung für ihre Forschungen bot. Um den Bedarf abzudecken wurden die Einrichtungen des HASYLAB schrittweise erweitert, die Zahl der Messplätze stieg auf über 30, und auf den Experimentierflächen herrschte bald drangvolle Enge.

Zu dem quantitativen Aufwuchs kam ein qualitativer Sprung durch die Entwicklung der sogenannten ‚Wiggler'. Darunter versteht man Magnete mit alternierend gerichteten Feldern, die in den Beschleuniger eingesetzt der Bahn der Elektronen eine Oszillation (eine Art ‚Wedeln', engl. ‚wiggle') aufzwingen. Dadurch werden die Elektronen zu verstärkter Emission von Synchrotronstrahlung anregt. Im Jahr 1984 wurde der erste Wiggler-Magnet bei DESY fertiggestellt und in DORIS eingebaut. Er lieferte an zwei mit Monochromatoren ausgerüsteten Messplätzen ein Spektrum, das dank der hohen Energie von DORIS bis weit in den Röntgenbereich hineinreichte. Der Intensitätsgewinn durch den Wiggler-Effekt wurde durch starke Kohärenzeffekte der erzeugten Synchrotronstrahlung, die sogenannten Undulator-Effekte, nochmals verstärkt. So beobachtete man bei gewissen Energien etwa 100-fache Überhöhungen im Vergleich zu den bisher verwendeten Strahlen aus Ablenkmagneten [4)].

Das Experimentierprogramm bei DESY profitierte enorm von den diversen Verbesserungen und wurde zunehmend breiter und umfangreicher. Es reichte von Untersuchungen der räumlichen und elektronischen Strukturen von Atomen, Molekülen, Clustern, Festkörpern, Oberflächen und Flüssigkeiten, von Polymeren, biologischen Proben und komplexen organischen Strukturen wie Proteinen und Enzymen, über Anwendungen in der Chemie und den Geowissenschaften bis hin zur Entwicklung diagnostischer Verfahren für die Medizin und zu technologischen Untersuchungen, darunter die Elementanalyse verschiedenster Objekte beispielsweise für die Kriminologie oder etwa die Forschung über historisch wertvolle Dokumente.

Das große und ständig wachsende Interesse an der Nutzung der Synchrotronstrahlung veranlasste das DESY, 1985 ein mittelfristiges Ausbauprogramm für HASYLAB aufzulegen. Besondere Priorität wurde der Installation weiterer Wiggler gegeben, um vor allem diejenigen Forschungsrichtungen zu stärken, welche die Röntgenstrahlung – DESYs Spezialität – nutzen wollten. Einer der neuen Wiggler wurde so installiert, dass er direkt in die HASYLAB-Experimentierhalle strahlte. Einen besonders intensiven harten Röntgenstrahl konnte man erzeugen, indem man einen verlängerten Wiggler in ein gerades Stück von DORIS einsetzte; dazu musste eine neue Experimentierhalle am Südwestbogen von DORIS errichtet werden. Schon 1986 konnte der erste der neuen

[4)] Die ersten Wiggler für die Erzeugung von Synchrotronstrahlung wurden etwa 1976/77 am Lebedev Institut in Moskau und am SLAC eingesetzt (D.F.Alferov et al.,Rad.Effects 56 (1981)47).

Wiggler und ein Jahr darauf auch der zweite, der ‚harte Röntgenwiggler', erfolgreich in Betrieb genommen werden.

Zusätzlich wurden die Gebäude durch einen Anbau an die HASYLAB-Experimentierhalle sowie eine beträchtliche Erweiterung des Labor- und Bürogebäudes von HASYLAB dem gestiegenen Bedarf angepasst. So konnten neben den DESY-Mitarbeitern auch der zunehmenden Zahl von sich zeitweilig bei DESY aufhaltenden Mitarbeitern und Studenten der Nutzergruppen Räume, Präparationslabors und Werkstätten zur Verfügung gestellt werden. Die Gebäude waren 1988 fertiggestellt.

Als besonders attraktiv hatte sich die Röntgenquelle DORIS mittlerweise für die Erforschung biologischer Strukturen erwiesen. Dies veranlasste das Europäische Laboratorium für Molekularbiologie (EMBL), sich mit seinen Arbeiten zur Protein-Kristallographie, zur Biochemie und Molekularbiologie in zunehmenden Maß in seiner Außenstelle bei DESY zu engagieren. Hier wurden auch wichtige instrumentelle Entwicklungen durchgeführt. Die EMBL-Außenstelle wurde zudem ein immer stärker frequentierter Anlaufpunkt für zahlreiche auswärtige Gastforscher. Das DESY hatte sich zu einem der Hauptzentren für die Strukturbestimmung von Proteinen mittels Synchrotronstrahlung entwickelt.

Wie sollten diese Möglichkeiten genutzt werden? Darüber gab es zwischen 1982 und 1985 Verhandlungen zwischen dem BMFT, dem EMBL und der Max-Planck-Gesellschaft. In der Folge gründete die MPG 1986 drei „Projektgruppen für strukturelle Molekularbiologie", zu deren Leitung H. Bartunik, E. Mandelkow und A. Yonath bestellt wurden. Sie sollten – als ständige Gastforschergruppen bei DESY angesiedelt – die Möglichkeit zu einer besonders effizienten Nutzung der Synchrotronstrahlung erhalten. Ihr Ziel war die Untersuchung der Struktur und Funktion von biologischen Makromolekülen, ihr wesentliches Werkzeug die Röntgenbeugung. Thematische Schwerpunkte bildeten die Enzyme und ihre katalytischen Mechanismen, das Zytoskelett und insbesondere die Mikrotubuli, sowie das Ribosom und seine Funktion in der Protein-Biosynthese.

Im Januar 1987 war das DESY Treffpunkt für die mehr als 300 Teilnehmer an dem ersten großen ‚Statusseminar Synchrotronstrahlung', auf dem der Stand und die Zukunft der Synchrotronstrahlungsquellen und der Instrumente in Deutschland diskutiert und repräsentative Ergebnisse der Forschungsarbeiten mit Synchrotronstrahlung aus verschiedenen Gebieten vorgestellt wurden. In vielen der Fachgebiete nahmen die mit der Synchrotronstrahlung am HASYLAB durchgeführten Arbeiten eine Spitzenstellung ein. Von den zahlreichen Highlights können hier nur einige wenige erwähnt werden.

Dazu gehörten die Arbeiten zur Struktur der Oberfläche von Flüssigkeiten, in denen die Röntgenreflexion zur Untersuchung der Ordnungsphänomene an Oberflächen und im Volumen von Flüssigkristallen genutzt wurde. Für seine Beiträge dazu war Jens Als-Nielsen vom dänischen Nationallaboratorium in Risø mit dem Hewlett-Packard-Europhysics-Preis 1985 ausgezeichnet worden. Die meistzitierten Arbeiten befassen sich mit der Ordnung von Lipid-Monolagen auf Wasser [234] und mit der Oberflächenrauhigkeit von Wasser – gedeutet als thermische Kapillarwellen von 0.3 nm Höhe [235] (siehe Abb. 13.8).

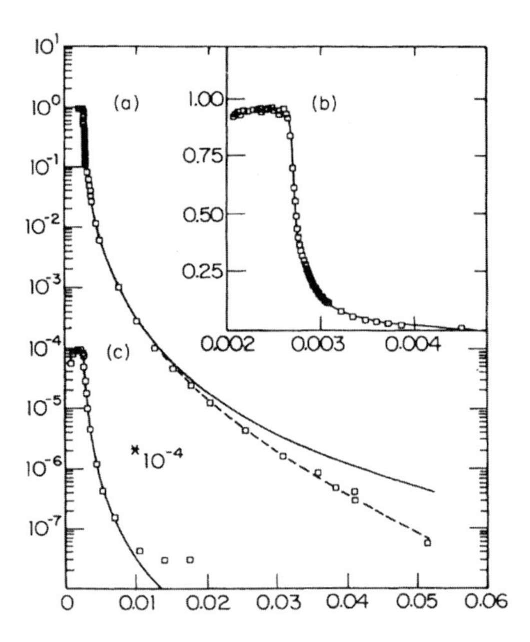

Abbildung 13.8 Reflektivität von Wasser im Röntgenbereich. Aufgetragen ist die Reflektivität gegen den Einfallswinkel in Radian. Die durchgezogene Kurve bei a) ist die theoretische Erwartung für eine glatte Oberfläche, die gestrichelte Kurve beschreibt die Modifikation durch die angenommene Oberflächenrauhigkeit ([236])

In einer Zusammenarbeit zwischen der Gruppe von Professor H. G. Zachmann am Institut für angewandte Chemie der Universität Hamburg und dem EMBL wurde die Struktur von Kunststoffen während des Herstellungsprozesses mit Röntgen-Kleinwinkelstreuung untersucht. Damit war eine Möglichkeit gefunden, um einzelne Schritte bei der Herstellung von Kunststoffen besser zu verstehen und zu optimieren.

Weiterhin wurden an festen Edelgasproben erstmals Abklingzeiten von Anregungen im Nanosekunden-Zeitbereich gemessen. Sie wurde ermöglicht durch die Feinstruktur des umlaufenden Synchrotronstrahls [237].

Die Synchrotronstrahlung eignet sich auch gut zu Untersuchungen auf dem Gebiet hoher Drucke. Dabei wird eine Probe in einer Druckzange aus Diamant sehr hohen Drucken ausgesetzt. Die Probengröße ist naturgemäß sehr klein, und man benötigt die hohe Intensität der Synchrotronstrahlung, um gute Beugungsbilder zu erhalten. So konnten u.a. Hochdruckmodifikationen von Metallen erzeugt und untersucht werden, mit Drucken von bis zu 200 kbar.

Weitere wichtige Errungenschaften waren die zeitaufgelöste Lumineszenzspektroskopie, welche die Relaxationsdynamik in Molekülen und Festkörpern beleuchtete, und der Nachweis von Oberflächenexzitonen in festen Edelgasen, die Beobachtung der Verschiebung magnetischer Domänenwände und von Kristallisations-Kinetik.

Das EMBL begann seine weit beachteten Strukturuntersuchungen an Proteinen, ein Beispiel war der Tabaknekrose-Satellitvirus mit einem Molekulargewicht von etwa 1 Mio. Die gute Zeitauflösung der Synchrotronstrahlung erlaubte weiterhin auch die Fortsetzung der Erforschung der Bewegung von Froschmuskeln.

Eine vielbeachtete Arbeit [238] (mehr als 500 Zitate) hatte den Dichroismus von magnetisiertem Eisen nahe der K-Kante mit zirkular polarisierter Röntgenstrahlung (Abb. 13.9) zum Gegenstand. Sie war von G. Materlik angeregt und unterstützt worden. Für diese Arbeit wurde Gisela Schütz von der Technischen Universität München mit dem Otto-Klung-Preis ausgezeichnet.

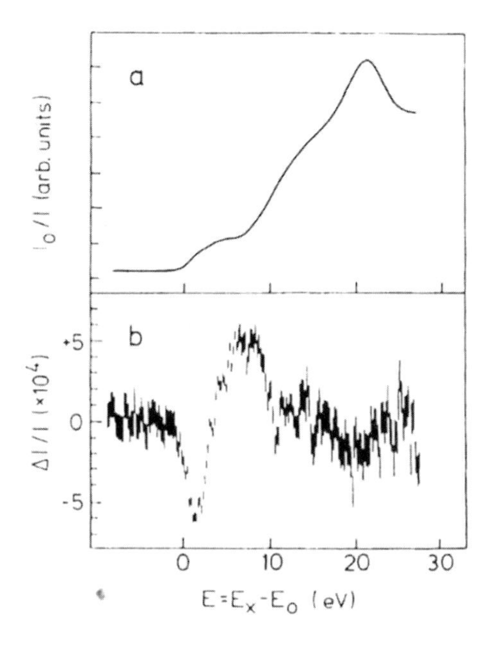

Abbildung 13.9 a): Absorption von Röntgenstrahlen oberhalb der K-Kante von Eisen; b) zeigt die Differenz der Transmission zirkular polarisierter Röntgenstrahlen parallel/antiparallel zur Magnetisierung des Eisens ([239])

Erich Gerdau von der Universität Hamburg und seine Mitarbeiter entwickelten in jahrelangen unermüdlichen Anstrengungen und am Ende erfolgreich die Mössbauer-Spektroskopie mit Synchrotronstrahlung [240, 241] an einem Yttrium-Eisen-Granat-Kristall, für die Gerdau 1988 mit dem Stern-Gerlach-Preis der Deutschen Physikalischen Gesellschaft geehrt wurde (Abb. 13.10).

Ein weiteres ‚Highlight' war die erstmalige Beobachtung der Fluoreszenzstrahlung des exotischen Moleküls HeH, das einen angeregten gebundenen Zustand mit der ‚langen' Lebensdauer von etwa 10 ns hat [243].

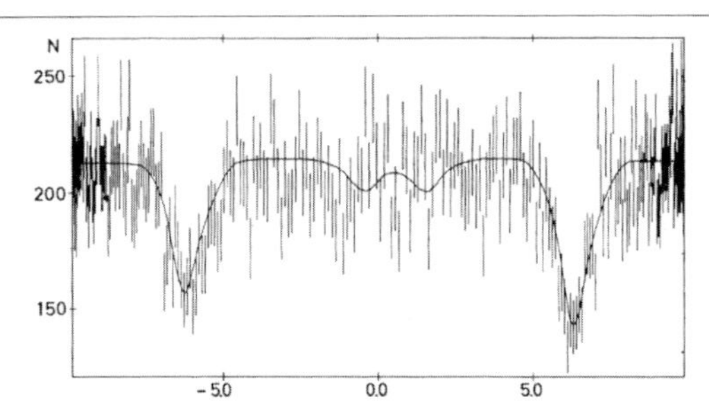

Abbildung 13.10 Mössbauerspektrum hinter zwei YIG-Kristallen, analysiert mit einem Absorber aus Stahl. Die durchgezogene Linie zeigt das berechnete Spektrum ([242])

Die hohe Strahlqualität von DORIS gestattete weiterhin Messungen mit stehenden Wellenfeldern im Röntgengebiet. So kann man z. B. detaillierte Strukturuntersuchungen an einer $NiSi_2$-Si Grenzschicht [244] durchführen. Genaue Röntgen-Strukturuntersuchungen mit interferierenden Wellenfeldern zeigten neue Details in Festkörpern, wie einen Ordnung-Unordnung-Übergang an der Oberfläche eines Cu_3Au-Kristalls bei 663 K [245].

Auf dem Gebiet der Spektroskopie führten genaue Messungen mit monochromatischer Röntgenstrahlung zu neuen Erkenntnissen zur K- und L-Emission einer Reihe von Elementen wie Mn, Cu, Ti und O [246]. Eine andere viel beachtete Untersuchung widmete sich den Lanthaniden [247].

Um ein weiteres wichtiges Arbeitsgebiet und auch die instrumentelle Seite des HASYLAB zu beleuchten, zeigt Abb. 13.11 als Beispiel das SUPERLUMI-Spektrometer, das unter der Federführung von G. Zimmerer von der Universität Hamburg stand. Das Spektrometer gestattet, spektroskopische und zeitaufgelöste Untersuchungen im kurzwelligen Ultraviolett (VUV) (30-1000 nm) durchzuführen. In die Messstation integriert sind Kammern mit Tiefkühlung bis 4 K zur Aufnahme von Proben sowie verschiedene Spektrometer. Es ist seit mehr als 20 Jahren erfolgreich in Betrieb und wird in mehr als 400 Publikationen erwähnt. Diese Möglichkeiten der Spektroskopie mit monochromatischer Strahlung haben auch im VUV-Bereich zu einem Durchbruch geführt [237].

Auf dem Gebiet der Biologie war ein weiteres herausragendes Resultat 1989 die Untersuchung eines biologischen Makromoleküls durch eine Kollaboration des Max-Planck-Instituts für medizinische Forschung in Heidelberg, der EMBL-Außenstelle Hamburg und des MIT in Cambridge (USA). Mit Hilfe der zeitaufgelösten Laue-Beugung gelang es hier zum ersten Mal, die Kinetik der Hydrolyse von GTP in GDP zu verfolgen[5].

[5] Die Moleküle GTP bzw. GDP (Guanosintriphosphat bzw. -diphosphat) spielen als Bausteine molekularer Schalter eine zentrale Rolle für die Regulations- und Stoffwechselprozesse in lebenden Zellen.

The SUPERLUMI setup

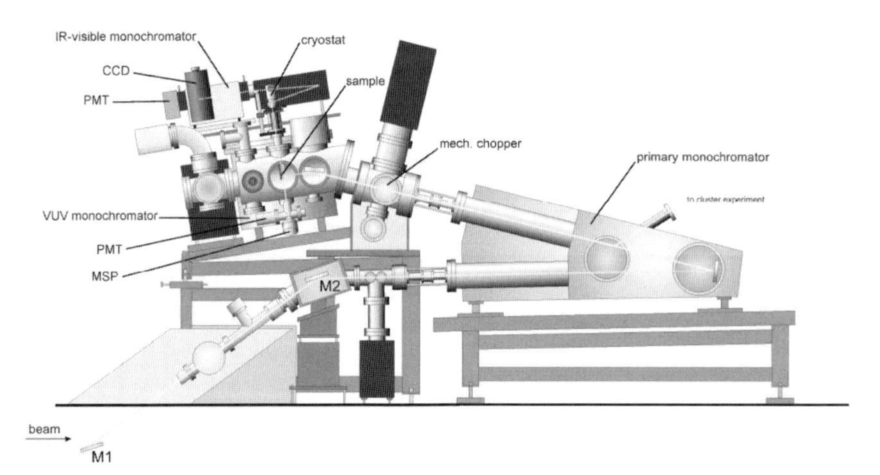

Abbildung 13.11 Das SUPERLUMI-Spektrometer im HASYLAB zur zeitaufgelösten Luminiszenzspektroskopie im ultravioletten Spektralbereich ([248]).

Als 1990 die innerdeutsche Grenze durchlässig wurde, war es DESY ein besonderes Anliegen, nunmehr auch die Zusammenarbeit in der Synchrotronstrahlung mit den Wissenschaftlern und Instituten in Ostdeutschland aktiv zu suchen. Schon vorher hatte es einige wenige Kontakte zu Nutzern aus der DDR gegeben, aber die Zusammenarbeit war durch die DDR-Administration sehr stark reguliert gewesen. Zur Information über die Forschungsmöglichkeiten, die die Synchrotronstrahlung bot, veranstaltete DESY gemeinsam mit BESSY im Mai 1990 ein zweitägiges Seminar an der Universität Halle, zu dem Wissenschaftler aus der ganzen DDR eingeladen waren. Diese Veranstaltung stieß auf breite Resonanz und fand schon bald ihren Niederschlag in Experimentiervorschlägen ostdeutscher Forschergruppen bei HASYLAB.

Auch die Entwicklung neuer experimenteller Methoden für Forschungsarbeiten mit der Synchrotronstrahlung kam voran. Koinzidenzmessungen von Compton-Rückstreuelektronen und Compton-Photonen, die Messung der inelastischen Röntgenstreuung aus einem stehenden Wellenfeld, die Erzeugung eines Röntgen-Mikrostrahls von 0,1 μm Durchmesser für ortsaufgelöste Röntgenfluoreszenzanalyse und erste spinabhängige Photoemissions-Messungen im weichen Röntgengebiet mit einem innovativen Spinanalysator sind nur einige der Beispiele für Schritte in neue experimentelle Richtungen, die in jenen Jahren bei DESY unternommen wurden.

Der stark gewachsenen Bedeutung der Arbeiten mit der Synchrotronstrahlung wurde durch eine Änderung der DESY-Satzung Rechnung getragen, wonach die Forschung mit Hilfe der Synchrotronstrahlung nun ebenfalls neben der Teilchenphysik als Stiftungszweck genannt wurde. Dies erfolgte auf die Initiative von Dr. H. Schunck, dem stellvertretenden Vorsitzenden des Verwaltungsrats, und wurde vom Verwaltungsrat 1991 beschlossen [249].

13.5 DORIS III

Schon seit 1986 waren Ideen für ein neues Projekt ‚DORIS-Bypass' in der Diskussion. Es sollte die Möglichkeiten für die Forschung mit der Synchrotronstrahlung bei DESY noch einmal substantiell erweitern. Die Pläne wurden vor allem durch Gerhard Materlik[6] – der inzwischen die Nachfolge von Christof Kunz als Leiter des HASYLAB angetreten hatte – sowie seinen Stellvertreter Volker Saile[7] energisch vorangetrieben.

Das Ziel war, eine größere Zahl von Strahlen aus neuartigen, bis zu 5 m langen Wigglern oder Undulatoren zu schaffen. Dazu konnte man das eine der beiden langen geraden Teilstücke von DORIS, in dem sich die Wechselwirkungszone des inzwischen beendeten Hochenergieexperimentes Crystal Ball befunden hatte, durch einen 74 m langen schwach gekrümmten Bogen, den ‚Bypass' oder ‚Seitenzweig', ersetzen; dieser würde Platz für 7 gerade Strecken von je 5 m Länge zum Einbau von Wiggler- oder Undulatormagneten bieten. Damit hätte man eine beträchtliche Verbesserung der bestehenden Anlage mit ihren bisher drei Wigglern erreicht. Das Potential von DORIS für Synchrotronstrahlungs-Experimente könnte so durch Strahlen von besonders hoher Intensität und Qualität noch einmal entscheidend verbessert und dadurch die Funktion als nationale Synchrotronquelle im Röntgenbereich für DORIS langfristig gesichert werden.

Diese Idee war bestechend, und obwohl es einen gravierenden Eingriff in den gut funktionierenden und von beiden Nutzergemeinden überaus stark nachgefragten DORIS-Speicherring implizierte, wurde das Projekt mit Enthusiasmus verfolgt. Im Jahr 1988 war es konkret ausgearbeitet und erhielt den Namen „DORIS III" – letztlich sollte es sich ja dabei um eine in wesentlichen Teilen neuartige Maschine handeln.

Die Umbauarbeiten begannen im August 1990 noch vor der Fertigstellung von HERA und konnten schon innerhalb eines Jahres zum Abschluss gebracht werden. Neben der beträchtlichen Erweiterung des DORIS-Rings waren auch größere Um- und Neubauten von Laborraum für die Synchrotronstrahlungs-Experimente vorzunehmen und die für die Experimente mit den neuen Wigglern benötigten Experimentierflächen und Instrumente zu schaffen.

Noch vor Ende 1991 konnten die ersten der neuen Messplätze in Betrieb genommen werden, und ein Jahr später waren alle Wiggler- und Undulatorstrahlführungen fertiggestellt, so dass daran mit einer Reihe von Messungen bereits sehr schöne Ergebnisse erzielt wurden. Das Projekt DORIS III war damit erfolgreich abgeschlossen. Seine vol-

[6] Materlik erhielt 2002 für seine Arbeiten am HASYLAB den Röntgenpreis der Universität Würzburg und wurde 2001 zum Direktor der ‚Diamond Light Source' in England berufen, ein Speicherring der dritten Generation für die Forschung mit Synchrotronstrahlung.

[7] Saile baute später (1989) ein Synchrotronstrahlungs-Laboratorium an der State University of Louisiana (USA) auf und wurde 1998 Projektleiter der Synchrotron-Strahlungsquelle ANKA am Forschungszentrum Karlsruhe.

len Konsequenzen waren damals allerdings noch nicht absehbar. Die Abb. 13.12 zeigt den modifizierten DORIS-Speicherring mit den Strahlführungen.

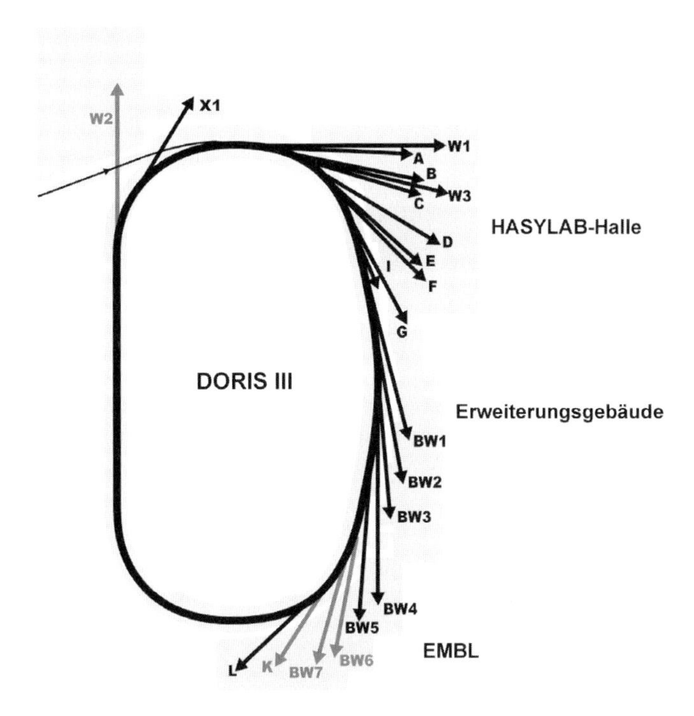

Abbildung 13.12 Der Speicherring DORIS III mit den Strahlführungen. Die Halle ist etwas über 100 m lang ([250]).

Mit DORIS III hatten die Experimentiereinrichtungen für die Synchrotronstrahlung eine neue Qualität und die Experimente beste Zukunftsperspektiven erhalten. Trotz eingehender Studien war aber nicht vorhergesehen worden, dass dies gleichzeitig ein vorzeitiges ‚Aus' für das Messprogramm des ARGUS-Detektors bedeuten sollte. Denn trotz erheblicher Anstrengungen gelang es nicht, mit DORIS III im Hochenergiebetrieb mit kollidierenden Strahlen wieder zu einer Luminosität zu kommen, wie man sie vorher bei DORIS II routinemäßig erreicht hatte. DORIS III war damit als Speicherring für die Teilchenphysik nicht mehr konkurrenzfähig. Im Jahr 1993 entschied DESY, die DORIS-Maschine von nun an als reine Synchrotronstrahlungsquelle zu betreiben.

Im Rückblick war dies eine unausweichliche Folge der zunehmenden Spezialisierung. Mit den Teilchenphysikern „unter einem Dach" hatte die Synchrotronstrahlung lange Zeit sehr gut gelebt. Die extremen technischen Anforderungen an die Beschleuniger und Speicherringe, welche die Teilchenphysik stellte, hatten bei den Wissenschaftlern, Ingenieuren und Technikern im Beschleunigerbereich zu einem sehr hohen Niveau und zu einer ‚Kultur' geführt, die durch Ehrgeiz und den Anspruch auf höchste

Exzellenz angetrieben wurde, was natürlich auch der Synchrotronstrahlung zugute kam. Das DESY hatte stets den Standpunkt eingenommen, dass die enge Verzahnung zwischen Teilchenforschung und Forschung mit der Synchrotronstrahlung Chancen für Synergien bot, von denen beide Seiten profitieren konnten – etwa in der Vakuumtechnik, der Detektortechnologie oder der Datenanalyse.

Mit der Zeit entwickelten sich die Gebiete jedoch mehr und mehr auseinander. Auch wurden die Synchrotronstrahlungs-Experimente technisch anspruchsvoller und stellten in zunehmendem Maß ihre eigenen speziellen Anforderungen an die Strahlen. Und so ließen sich schließlich die Bedingungen für die beiden so verschiedenen Arbeitsgebiete nicht mehr unter einen Hut – sprich an einen gemeinsamen Beschleuniger – sinnvoll zusammenbringen.

Es gab ja inzwischen auch dedizierte Synchrotronstrahlungsquellen – Speicherringe, die übrigens alle von Leuten entworfen und erbaut worden waren, die ihr Handwerk an den Beschleunigern der Teilchenphysik gelernt hatten – und so musste sich DORIS jetzt zum Beispiel an der ESRF messen lassen, der Europäischen Synchrotronstrahlungsquelle in Grenoble, die ganz auf die Belange der Synchrotronstrahlung hin ausgerichtet und für diese Aufgabe entsprechend viel besser ausgestattet war.

Ein anderer, mehr menschlicher Aspekt sollte ebenfalls erwähnt werden. Den neuen Synchrotronstrahlungs-Nutzern war die Welt der Teilchenbeschleuniger zumeist völlig fremd. Jeder Teilchenphysik-Experimentator wusste, wie ein Beschleuniger oder Speicherring aufgebaut ist und wie er funktioniert; er oder sie betrachteten ihn letztlich als einen Teil des eigenen Experiments. Auch wenn die Experimentatoren auswärtigen Gruppen angehörten, so hielten sie sich doch meist für längere Zeit bei DESY auf, da ihre Experimente monate- oder jahrelang dauerten. Sie kannten ihr Gastgeberinstitut gut und nahmen Anteil an all den Problemen, die ein so komplexer Betrieb wie der von Hochenergie-Speicherringen mit sich bringt. Dies war auch vielen der Synchrotronstrahlungs-Physiker bewusst, insbesondere natürlich den Pionieren der Anfangszeit und vielen derjenigen, die ständig vor Ort waren.

Doch mit der zunehmenden Popularität und Anwendungsbreite der Synchrotronstrahlung erschien auch ein neuer Nutzertyp. Er kam typischerweise von einer Universität, wo er in einem kleinen Labor Herr über seine eigene Strahlungsquelle, etwa eine Röntgenröhre, gewesen war und gedachte an deren Stelle nun einen Speicherring zu verwenden. Von seinem Standpunkt aus zurecht sah er den Speicherring und das ganze DESY dahinter als eine Art Röntgenröhre an, die auf Kommando klaglos zu funktionieren hatte. Die Diskrepanz mit der Wirklichkeit führte zu Problemen, die erst langsam geringer wurden, als sich die Verfügbarkeit der Maschine dank der Leistungen der DORIS-Betriebsmannschaft allmählich der 100 %-Marke annäherte.

Als dedizierte Synchrotronstrahlungsquelle, zu der sie Mitte 1993 umgewidmet worden war, sollte die DORIS III-Maschine sehr erfolgreich werden. Nun war eine gezielte Optimierung für die Synchrotronstrahlung möglich. Dadurch konnten hohe Strahlströme von 100 mA und mehr, Strahllebensdauern von über 15 Stunden und gut 90% Verfügbarkeit der Strahlen für die Nutzer erreicht werden – Werte, die im Lauf der folgenden Jahre noch weiter verbessert wurden. Der Wechsel von gespeicherten Elektronen zu Positronen brachte eine bedeutende Erhöhung der Strahllebensdauer. Multibunch-Rückkoppungssysteme zur Dämpfung von Strahlschwingungen sowie

Strahllage-Stabilisierungssysteme sorgten für eine gute Strahlqualität und -stabilität an den mehr als 40 Strahlführungen, die nun im HASYLAB zur Verfügung standen und an deren Messplätzen mehr als 80 verschiedene Instrumente im Wechsel betrieben werden konnten.

Zusätzlich zu der Strahlung aus den Dipolmagneten gab es jetzt Strahlung aus 10 Wigglern und Undulatoren. Der Andrang der Nutzer wuchs ständig; waren es an DORIS II zuletzt etwa 1000 gewesen, so sollte ihre Zahl nun bald 1500 übersteigen. Förderprogramme der Europäischen Union ermöglichten die weitere Öffnung für eine internationale Nutzerschaft, so dass der Anteil der Ausländer an den auswärtigen Nutzern auf etwa ein Drittel anwuchs. Auch der Anteil biologisch ausgerichteter Forschung stieg ständig, insbesondere bestand eine große Nachfrage nach Messzeit aus dem Bereich der Proteinkristallographie. Um dem wachsenden Raumbedarf Rechnung zu tragen, musste auch nochmals ein weiteres Büro- und Laborgebäude errichtet werden, das 1995 bezogen werden konnte.

Stammten die Nutzer bisher fast ausschließlich von Universitäten und staatlichen Forschungsinstituten und betrieben mehr oder weniger reine Grundlagenforschung, so konnte das DESY nun dank der verbesserten Bedingungen und Planbarkeit der Experimente auch die Einbindung von Industriefirmen aktiv einwerben und das Programm damit auf Fragen hoher Anwendungsrelevanz erweitern. Dafür wurde ein Kooperationsmodell entwickelt, das auf einer ‚Industrietagung Synchrotronstrahlung' im September 1994 bei DESY vorgestellt wurde. In der Folgezeit konnten mehrere längerfristige Kooperationsverträge abgeschlossen werden. Für das DESY brachten sie eine dringend benötigte Entlastung des Personals mit sich, da die Firmen im Rahmen der Verträge personelle Unterstützung leisteten.

Einen Meilenstein erreichte 1995 das vom DESY seit 1981 zusammen mit Kardiologen aus Hamburg und Bad Bevensen verfolgte Projekt „NIKOS" zur Entwicklung einer nichtinvasiven (dh. ohne Herzkatheter durchgeführten) Coronar-Angiographie. Hierbei wird entscheidend von den Eigenschaften der Synchrotronstrahlung und von den am HASYLAB entwickelten Bilddarstellungsverfahren Gebrauch gemacht. Erstmals gelangen Aufnahmen der Herzkranzgefäße von Patienten nach Injektion des Kontrastmittels in die Armvene. In einer anschließenden medizinischen Validierungsstudie wurden 379 Patienten untersucht. Damit war das Verfahren in der medizinischen Welt anerkannt und die Erprobungsphase wurde im Jahr 2000 abgeschlossen [251,252]. Eine für die Aufgabe optimierte Strahlungsquelle wurde entworfen [253]. Die für den Einsatz in der medizinischen Praxis aufzuwendenden Mittel stellten aber eine Schwelle dar, die die zuständigen Entscheidungsträger zögern ließ. Gleichzeitig begannen die konventionellen bildgebenden Verfahren gewaltig aufzuholen und damit schrumpfte der Vorteil von NIKOS, so dass schließlich der Aufwand für das Verfahren nicht mehr als lohnend erschien.

13.6 Forschung mit DORIS III

Einige Jahre nach Betriebsbeginn von DORIS III waren typische Werte des Speicherring-Betriebs: Positronenströme von 150 mA bei 4,5 GeV Energie bei einer Lebensdauer

Abbildung 13.13 Teilnehmer des Symposiums ‚40 Jahre Synchrotronstrahlung' im Jahr 2004 (DESY-Archiv).

des gespeicherten Strahls von 10–20 h. Die Verfügbarkeit war im Jahr 1998 auf 94% gestiegen.

Am HASYLAB führten inzwischen 229 Institute ihre Forschungen durch; die etwa 1500 Nutzer kamen aber im Gegensatz zu den Hochenergiephysikern immer nur kurze Zeit für Bestrahlungen zum HASYLAB. Die wissenschaftlichen Ergebnisse schlugen sich im Jahr 1998 in 780 Berichten nieder. In den folgenden Jahren setzte sich der unaufhaltsame Aufschwung fort. So waren es im Jahr 2003 etwa 2000 Nutzer, von denen 35% von der Biologie kamen und 20% von den Materialwissenschaften.

Unter den auswärtigen Institutionen war die Außenstelle des EMBL, EMBL-Hamburg, prominent. Sie betrieb in dieser Zeit sieben Versuchsstationen am DORIS-Speicherring. Weiterhin verdienen die Arbeitsgruppen für strukturelle Molekularbiologie der Max-Planck-Gesellschaft und später auch das Forschungszentrum GKSS aus Geesthacht Erwähnung.

Gelegenheit zu einem großen Symposium bot das Jubiläum „40 Jahre Synchrotronstrahlung" im Jahr 2004. Zu diesem Anlass kamen viele, die an dem eindrucksvollen Aufstieg der Synchrotronstrahlung beteiligt waren. Die Abb. 13.13 zeigt ein Gruppenbild vor dem DESY-Auditorium.

Aus der großen Zahl von Ergebnissen sollen im Folgenden einige herausgegriffen werden.

HASYLAB

Die Qualität der Strahlung ermöglichte nun Untersuchungen mit interferierenden Röntgen-Wellenfeldern analog zu Hologrammen im sichtbaren Wellenlängenbereich. So war es z. B. möglich, die Lage einzelner Atome in einem Hämatit(Fe_2O_3)-Kristall zu sehen [254]. Eine andere vielbeachtete Arbeit war die Messung von Gitterverzerrungen winziger Ge-Cluster auf einer Si-Oberfläche [255].

Auch die Untersuchung von Edelgas-‚Clustern' erreichten eine neue Qualität. Cluster, die aus 5 bis 4000 Argon-Atomen bestanden, wurden erzeugt und ihre Spektren untersucht. Dabei konnte verfolgt werden, wie sich die Spektren beim Übergang vom Atom zum Cluster-Verband ändern, und wie der Übergang zum Festkörper erfolgt [256].

Zu den großen Leistungen in der Spektroskopie gehörten die Untersuchung von ‚hohlen' Li-Atomen (ohne Elektronen in der K-Schale) [257], was von theoretischem Interesse ist. Bei diesem Experiment kreuzte ein Strahl von Li-Atomen aus einem Ofen einen monochromatischen Strahl von UV-Licht aus einem Undulator. Weiterhin ist die Messung des ersten hochaufgelösten Spektrums der Auger-Elektronen von Silber [258] zu erwähnen. Dies markiert den Einstieg in die Photoelektronen-Spektroskopie im keV-Energiebereich und gestattet Materialuntersuchungen im Innern (im Gegensatz zur Oberfläche) von Festkörpern.

Auch um Anwendungen in der Medizin bemühten sich die Physiker. In der Röntgen-Mikrotomographie entwickelten sie bildgebende Verfahren, die z. B. eine dreidimensionale Abbildung von Knochen mit einer hohen Auflösung (8 μm) gestatteten [259].

Aus den Jahren 2001–03 ist die Untersuchung der Ladungsanordnung von $Sr_{14}Cu_{24}O_{41}$ mit hochenergetischer Röntgenstrahlung (100 keV) bei 10 K und 270 K erwähnenswert. Dies ist ein Material, das Ähnlichkeit mit Hochtemperatur- Supraleitern hat.

Für potentielle Anwendungen interessant waren Texturuntersuchungen der Anordnung von Kristalliten in technisch genutzten Werkstoffen. Diese konnten nun dank der hochenergetischen Synchrotronstrahlung auch zu tieferen Schichten hin ausgedehnt werden. In Zusammenarbeit mit dem GKSS-Forschungszentrum in Geesthacht und dem Geoforschungszentrum Potsdam (GFZ) wurde diese Technik durch Einrichtung einer Messstation für den Energiebereich 30–200 keV weiterverfolgt. Damit im Zusammenhang wurde auch verstärkt versucht, die Industrie für Arbeiten mit der Synchrotronstrahlung zu interessieren.

Nachdem das BMBF 2003 seine Drittmittelfinanzierung für die Messplätze am HASYLAB reduziert hatte, sah sich das DESY genötigt, hier verstärkt Unterstützung zu bieten.

Für die erfolgreiche Durchführung aller diese Arbeiten war das zuverlässige Funktionieren des DORIS-Speicherrings wesentlich; 2003 erreichte er eine Effizienz von 96%.

EMBL

Die Außenstelle auf dem DESY-Gelände ist die älteste der Außenstellen des EMBL, dessen Hauptsitz in Heidelberg ist. Im Zuge der Bestrebungen der EMBL-Organisation, ihren vier Außenstellen mehr Gewicht zu verleihen, fand 1998 zum ersten Mal eine Sitzung des EMBL-Rats in Hamburg statt.

Die wissenschaftliche Arbeit konzentrierte sich auf die Strukturbestimmung von Proteinen. Dabei ist es ein Vorteil, dass die dazu benötigten Kristalle sehr klein sein können, da die Synchrotronstrahlung eine hohe Brillanz besitzt und somit genügend viel Strahlung auf eine kleine Probe konzentriert werden kann. Es wurden verschiedene Proteine, sowohl bakterielle als auch solche von höheren Lebewesen, z. B. Menschen, untersucht. Durch Vergleich der Strukturen von funktionell ähnlichen Proteinen kann man interessante Einblicke in die erdgeschichtliche Evolution gewinnen.

In der Außenstelle des EMBL-Hamburg sind einige innovative Entwicklungen für die Strukturanalyse von Proteinen entstanden. Diese Entwicklungen betreffen sowohl den instrumentellen Bereich als auch die Interpretation experimenteller Daten. So wurde z. B. ein zweidimensionaler Detektor für Röntgen-Diffraktionsaufnahmen entwickelt. Diese Technik wurde Grundlage für den Aufbau einer Firma (Marresearch GmbH), die heute erfolgreich auf diesem Gebiet tätig ist. Die Detektoren revolutionierten die Datenaufnahme für die Diffraktion.

Die Strukturbestimmung von Proteinen aus den Röntgen-Diffraktionsaufnahmen ist ein sehr schwieriges Problem. Eine wesentliche Hilfe leistete dabei das von Victor Lamzin vom EMBL-Hamburg und von Anastassis Perrakis vom niederländischen Krebsinstitut (NKI) entwickelte Programm ARP/wARP, das weltweit eingesetzt wird. Es dient zur Interpretation der aus Aufnahmen ermittelten Elektronendichte dreidimensionaler Strukturen.

Die Arbeiten am EMBL fanden die Unterstützung der EU und ab 1999 wurde auch die Instrumentierung weiter ausgebaut.

Die Aussicht auf PETRA III veranlasste das EMBL, sein Engagement in der Hamburger Nebenstelle ab 2001 bedeutend zu verstärken. Der Mitarbeiterstab wurde vergrößert, die Labor- und Büroflächen erweitert und mit Hilfe des BMBF wurde in neue Instrumentierung investiert. Im Jahr 2002 waren der Umbau und die Erweiterung des EMBL-Gebäudes abgeschlossen und der Umbau und Ausbau der Messstationen an DORIS in vollem Gange. Hintergrund dieser Entwicklung war auch die wachsende Bedeutung der strukturellen Genomforschung.

In einer gemeinsamen Anstrengung mit einer Arbeitsgruppe der MPG wurden viele Strukturen von Proteinen des Tuberkelbazillus ermittelt, darunter die von LipB, welches offenbar eine Schlüsselfunktion bei dem Angriff auf menschliche Zellen innehat. Die resistenten Stämme des Tuberkelbazillus drohen zu einer neuen Geissel der Menschheit zu werden. Die Kenntnis der Struktur von LipB könnte einen neuen Zugang zur Bekämpfung der Tuberkulose eröffnen. Auch die Enzyme, welche die Resistenz von Bakterien gegen Antibiotika verursachen, waren Gegenstand der Untersuchungen.

Ein weiteres wichtiges Ergebnis hatte mit der Wirkungsweise von Muskeln zu tun, ein Arbeitsgebiet, auf dem das EMBL schon seit Jahrzehnten arbeitete. Dazu gehört u.a. die Untersuchung von Titin, dem größten Genprodukt der Wirbeltiere. Es gelang, einen kleinen Teil des Riesenmoleküls zu kristallisieren und anhand seiner Struktur einen Einblick zu gewinnen, wie es am Aufbau und der Wirkungsweise von Muskeln beteiligt ist. Diese Arbeit fand in Fachkreisen große Beachtung.

Insgesamt betreibt das EMBL Hamburg fünf Protein-Kristallographie-Messstationen sowie je eine Kleinwinkel- und Röntgen-Absorptions-Messstation am DORIS-Ring. Diese Messstationen sind auch für auswärtige Forscher offen. Sie wurden jährlich von mehr als 500 Forschergruppen genutzt. Etwa 15% der bis heute untersuchten

Strukturen von biologischen Makromolekülen wurden mit Hilfe dieser Messstationen ermittelt.

MPG-Arbeitsgruppen

Die Max-Plank-Gesellschaft hatte drei Arbeitsgruppen am DESY installiert. Ihre Themen sind:

1. Proteindynamik: Schwerpunkt ist die Untersuchung der Struktur von Proteinen (z. B. Myoglobin) mit zeitaufgelöster Röntgenbeugung und des katalytischen Mechanismus von Enzymen. Zur Unterdrückung von Strahlenschäden wurden Untersuchungen auch bei tiefer Temperatur (90–100 K) durchgeführt.

2. Zytoskelett: Schwerpunkt ist die Strukturbestimmung von Proteinen des Zytoskeletts. Dabei geht es um seine Rolle beim intrazellulären Transport und bei Zellteilungen sowie um die Untersuchung von Proteinen, die Mikrotubuli (Teil des Zytoskeletts) bilden, und der Dynamik der Mikrotubuli. Mikrotubuli sind Proteinfasern, die zusammen mit anderen Komponenten für die Gestalt der Zellen und ihre innere Ausgestaltung verantwortlich sind. Dies ist von möglicher Relevanz für Krankheiten wie Alzheimer und Parkinson.

3. Struktur der Ribosomen: Ribosomen sind für die Umsetzung des genetischen Codes in Proteine verantwortlich. Dies ist ein komplexer Vorgang, und demgemäß sind Ribosomen komplexe riesengroße Gebilde. Ein typisches Ribosom hat etwa 250000 Atome und ein Molekulargewicht von etwa 3 Mio. Prokaryotische Ribosomen bestehen aus zwei Untereinheiten. Die kleine Untereinheit, 30S, besteht aus 16S rRNA und 20 ribosomalen Proteinen und ist für die Übersetzung des auf die mRNA kopierten genetischen Codes verantwortlich. Die große Untereinheit, 50S, besteht aus 5S rRNA, 23S rRNA und 33 ribosomalen Proteinen und fügt die einzelnen Aminosäuren zu langen Peptidketten entsprechend dem Bauplan zusammen.

Unter der Leitung von Professor Ada Yonath vom Weizmann-Institut in Israel hat diese Arbeitsgruppe in zwei Jahrzehnten Pionierarbeit bei der Aufklärung der Struktur und des Mechanismus der Ribosomen geleistet. Dazu musste sie diese Riesenmolekül-Komplexe kristallisieren, ein Unterfangen, das zunächst als unmöglich angesehen wurde. Es gelang, Kristalle mit einer Größe von $300 \times 300 \times 8\ \mu m^3$ zu züchten. Entscheidend war außerdem ein von der Gruppe entwickeltes Verfahren, welches durch Abkühlung der Probe auf tiefe Temperaturen Strahlenschäden verminderte [Hop89].

Die Ribosomen sind auch ein primäres Target für viele Antibiotika. Die Aufklärung der Struktur der Ribosomen lieferte damit auch eine Hilfe bei der Entwicklung neuer Antibiotika. Für diese Leistungen, die Aufklärung eines für das Leben zentral wichtigen Mechanismus und die Arbeiten zur Wirkungsweise von Antibiotika, erhielt Ada Yonath mehr als ein Dutzend Preise wissenschaftlicher Organisationen aus der ganzen Welt, darunter den ‚Wolf Foundation Prize‘ für Chemie. Die Abb. 13.14 zeigt ein von der Arbeitsgruppe ermitteltes Bild eines Ribosoms.

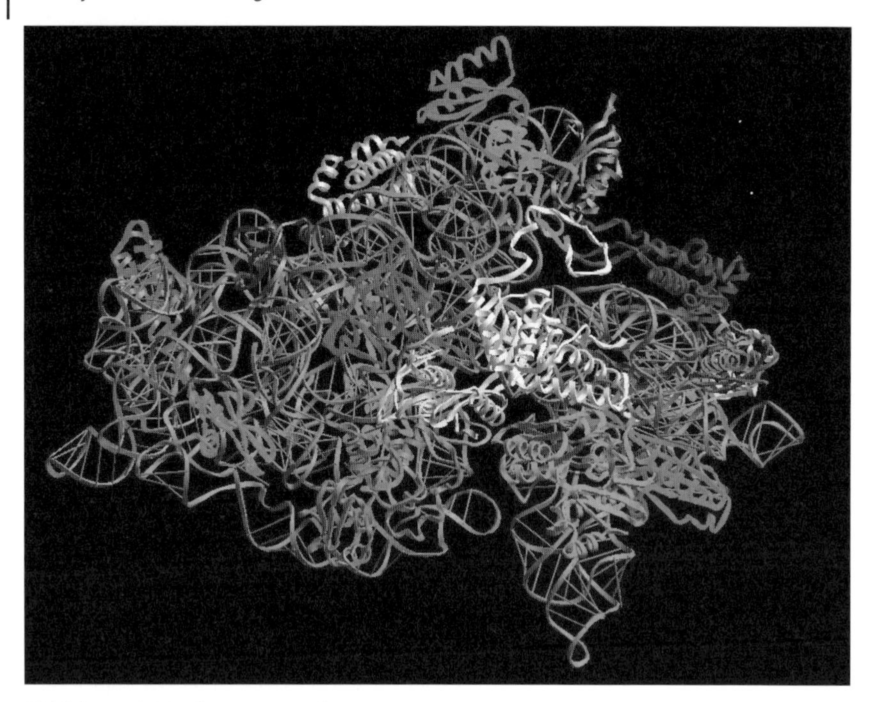

Abbildung 13.14 Struktur eines Ribosoms, ermittelt von der Arbeitsgruppe ‚Struktur der Ribosomen' der MPG (DESY-Archiv).

13.7 PETRA

Im Jahr 1990 war Jochen Schneider, ein Festkörperphysiker vom Hahn-Meitner-Institut in Berlin, zum Leitenden Wissenschaftler bei DESY berufen worden. Er folgte 1993 Gerhard Materlik als Leiter des HASYLAB. Sein Interesse galt der harten Röntgenstrahlung, und in diesem Zusammenhang kam die Idee auf, dass PETRA hervorragende Möglichkeiten für Synchrotronstrahlungs-Experimente mit Wigglern oder Undulatoren bieten könnte. Hierbei würde man die erfolgreiche Entwicklung für die Speicherung hoher Ströme, die für die Injektion von HERA durchgeführt worden war, mit Vorteil nutzen können.

Da PETRA ein Teil des HERA-Injektionssystems war, konnte ein solches Projekt allerdings erst ernsthaft ins Auge gefasst werden, nachdem Erfahrungen mit der Injektion bei HERA vorlagen und sichergestellt war, dass die Lebensdauer der Strahlen in HERA groß genug war, um einen Experimentierbetrieb für Synchrotronstrahlung zwischen den Füllzeiten sinnvoll erscheinen zu lassen.

Im Jahr 1993 war es so weit, dass der Aufbau einer Undulator-Strahlführung in PETRA beschlossen werden konnte. Der damit erzeugte Strahl würde im Spektralbereich oberhalb von 20 keV Photonenenergie weltweit einzigartig sein und immer dann für Synchrotronstrahlungs-Experimente genutzt werden können, wenn PETRA nicht für die Injektion von Elektronen oder Protonen in den HERA-Ring oder für Maschinenentwicklungs-Studien benötigt würde.

Bereits 1995 waren der Undulator und die Strahlführung aufgebaut. Mit einem gespeicherten Positronenstrahl von 12 GeV erhielt man den erwarteten ‚harten' Röntgenstrahl von einer Brillianz und Kohärenz, wie sie bis dahin nirgends sonst auf der Welt erreicht worden waren. Erste Experimente konnten erfolgreich durchgeführt werden, und 1996 wurde in Zusammenarbeit mit einer dänischen Gruppe eine zweite Strahlführung gebaut. Der HERA-Betrieb lief inzwischen derart reibungslos, dass etwa 1/3 der Zeit für den Synchrotronstrahlungsbetrieb mit PETRA genutzt werden konnte. Dazu wurde in der Zeit zwischen den HERA-Füllungen eine spezielle Optik mit stärkerer Strahlfokussierung verwendet. Im Jahr 2000 war die Gesamtzeit für die Nutzung von PETRA durch die Synchrotronstrahlungsexperimente schließlich auf 2200 Stunden angestiegen.

13.8 FLASH

Die Diskussionen über die Möglichkeiten und Chancen eines neuen Beschleunigers für die Synchrotronstrahlung wurden 1994 von Björn Wiik bei seiner Rede im Rahmen eines Festkolloquiums angestoßen, das aus Anlass von 30 Jahren Nutzung der Synchrotronstrahlung am 1. Juli 1994 beim DESY stattfand. G. Materlik hatte Wiik auf die Möglichkeiten dieser Entwicklung hingewiesen und zusammen mit H. Winick im Februar 1994 am SLAC einen „Workshop on Scientific Applications of Coherent X-Rays" [260] organisiert. Wiiks Vision für diese Zukunft sah die Entwicklung und den Bau eines e^+e^--Linearcolliders für die Teilchenphysik vor, gekoppelt mit einem Röntgenlaser für Wellenlängen im Röntgen-Bereich. Die technischen Voraussetzungen für den Laser würden weitgehend im Lauf der Enwicklungsarbeiten für den Linearcollider geschaffen werden.

Die Eigenschaften der neuartigen Strahlungsquelle waren atemraubend: Eine hochintensive, durchstimmbare, kohärente Röntgenstrahlenquelle mit Wellenlängen bis herunter zu 0,1 nm, also atomaren Dimensionen, und mit extrem kurzen Pulslängen. Verglichen mit den Synchrotronstrahlungsquellen der dritten Generation, die den gerade eben erreichten Stand der Technik repräsentierten, würde die zeitlich gemittelte Intensität des Lasers um 3 bis 4 Größenordnungen, die Brillianz in einem einzelnen Lichtblitz sogar um 8 bis 10 Größenordnungen höher sein. Außerdem wären die Lichtblitze um 2 bis 3 Größenordnungen kürzer und würden der Forschung mit Röntgenstrahlung Zeitauflösungen im Bereich von Femtosekunden erschließen. Damit dürften sich erstmals die zeitlichen Abläufe atomarer und molekularbiologischer Vorgänge studieren lassen.

Wiik schlug vor, zur Demonstration des neuartigen SASE-Prinzips (self amplified spontaneous emission) für den Freie-Elektronen-Laser (FEL), das hier zur Anwendung kommen solle, beim DESY vorab einen SASE-FEL für den Vakuum-Ultraviolettbereich (VUV) zu bauen. Für diesen VUV-FEL sollten die im TESLA-Testbeschleuniger auf 500 MeV beschleunigten Elektronen in einen neu zu entwickelnden Undulator-Magneten geführt werden. In einem zweiten Schritt sollte der Beschleuniger danach bis auf 1 GeV Elektronenenergie ausgebaut werden. Das erzeugte VUV-Licht würde im Wellenlängenbereich von 2 bis 10 nm liegen.

Ein Vorschlag für den Bau dieser Anlage wurde ausgearbeitet, begutachtet, vom Wissenschaftlichen Rat empfohlen und vom Verwaltungsrat 1995 genehmigt; mit seiner Realisierung wurde unverzüglich begonnen.

In einer Phase I wurde die ‚TESLA Test Facility' TTF mit einem Undulator versehen. Ein wichtiges Ereignis war im Jahr 2001 der erfolgreiche Test des Anlage. Im September 2001 wurde eine Verstärkung von 10^7 erreicht bei einer Wellenlänge von 98 nm. Dies war die kürzeste Wellenlänge, die bis dahin von einem Freie-Elektronen-Laser erreicht worden war. Die Brillanz von 10^{28} Photonen/s· mrad^2· mm^2 · 0,1 % Bandbreite lag etwa um den Faktor 10^9 (!) über dem Wert, der zu dieser Zeit mit Synchrotronstrahlungsquellen erreicht wurde. Im Jahr 2002 war die Phase I der Entwicklung des VUV-FEL damit erfolgreich abgeschlossen.

An die Leistungsdichte von 10^{14} W/cm^2 musste man sich erst einmal gewöhnen. Beispielsweise werden Xenon-Cluster von 1000 Atomen durch eine sogenannte Coulomb-Explosion total in atomare Xenon-Ionen zerlegt [261]. Dabei absorbiert der Cluster eine große Zahl von Photonen. Der genaue Mechanismus ist noch Gegenstand von Studien. Die Abb. 13.15 zeigt ein Schema, wie man sich dies vorstellt. Dieses erste Ergebnis fand naturgemäß starke Beachtung.

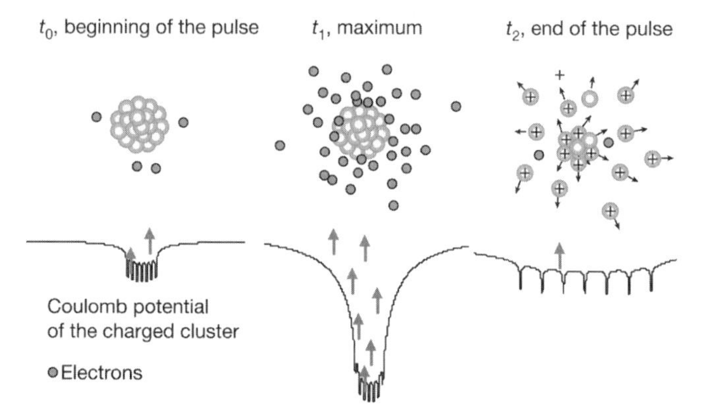

Abbildung 13.15 Coulomb-Explosion eines Xe-Clusters: Die UV-Photonen (Pfeile) ionisieren in einem ersten Schritt einige Atome des Clusters und einige Elektronen treten aus. In einem zweiten Schritt bildet sich ein Plasma, und mehr Elektronen werden durch Absorption von UV-Quanten ejiziert. Dadurch lädt sich der Cluster stark positiv auf und die Abstoßung zwischen den Xe-Ionen reißt den Cluster auseinander (DESY-Archiv).

Danach wurde die Phase II in Angriff genommen, die Erweiterung des Beschleunigers auf eine Energie von 1 GeV und die Einrichtung einer großen Experimentierhalle für die Nutzer (siehe Abb. 13.16). Sie stand ab Anfang 2005 für Experimente zur Verfügung.

Abbildung 13.16 Die DESY-Anlagen mit der neuen Experimentierhalle des VUV-FEL (heute FLASH) im Vordergrund. Die FEL-Undulatoren und der Beschleuniger stehen im Tunnel und in der sich anschließenden Halle (DESY-Archiv).

Im August 2005 wurde die Anlage, die den Namen „FLASH“[8] erhielt, offiziell unter Anwesenheit von Bundeskanzler Gerhard Schröder den Benutzern übergeben. Die Abb. 13.17 zeigt einen Blick in die neue FLASH-Experimentierhalle.

Das Interesse an den neuen Möglichkeiten, die sich mit FLASH boten, war sehr groß. Im Jahr 2006 arbeiteten 200 Wissenschaftler aus 11 Ländern an dieser neuen Strahlungsquelle. Sie lieferte Pulse von 10 bis 50 fs Dauer, bei einer instantanen Pulsleistung von 5 GW und der ungeheueren Brillanz von 10^{30} Photonen/ s mrad^2 mm^2 0.1%BW. Im September 2007 erreichte FLASH die Entwurfsenergie von 1 GeV mit 6 supraleitenden Beschleunigerstrecken. Die emittierte Strahlung hatte eine Wellenlänge von

[8] FLASH steht für ‚Freie-Elektronen-Laser in Hamburg‘.

Abbildung 13.17 Blick in die FLASH-Experimentierhalle (DESY-Archiv).

6,5 nm – wiederum die kürzeste Wellenlänge, die in einem SASE-FEL bisher erreicht worden war.

Tabelle 13.1 zeigt abschließend die Entwicklung der Zahl der Nutzer der Synchrotronstrahlung während der letzten 20 Jahre. Neben Physikern sind es Chemiker und in immer größerem Maß auch Biologen.

Tabelle 13.1 Nutzerzahlen der Synchrotronstrahlung, ab 2005 einschließlich der Zahlen der Nutzer von FLASH.

Jahr	Zahl der Nutzer	Jahr	Zahl der Nutzer	Jahr	Zahl der Nutzer
		1990	774	2000	1916
		1991	611	2001	2081
		1992	877	2002	1968
		1993	1066	2003	1919
		1994	1372	2004	1809
		1995	1709	2005	1998
		1996	1726	2006	2301
		1997	1919	2007	2280
1988	750	1998	2142		
1989	950	1999	2133		

14 DESY Zeuthen

14.1 Die Vorgeschichte

Abbildung 14.1 Der Zeuthener See 1992 mit dem Gelände des Instituts für Hochenergiephysik im Vordergrund (DESY-Archiv).

Zeuthen ist eine Gemeinde von einigen tausend Einwohnern, am südöstlichen Rand von Berlin auf dem Gebiet der ehemaligen DDR gelegen. Hier wurde 1939 durch den damaligen Reichspostminister Dr. Wilhelm Ohnesorge ein kernphysikalisches Laboratorium unter dem Namen „Amt für physikalische Sonderfragen" der Reichspost-Forschungsanstalt gegründet [262].

Von der Bedeutung der Kernforschung – die Entdeckung der Kernspaltung durch Hahn und Strassmann lag gerade ein Jahr zurück – war Ohnesorge durch Manfred von Ardenne überzeugt worden, einen vielseitigen und umtriebigen Erfinder, Inge-

Von schnellen Teilchen und hellem Licht: 50 Jahre Deutsches Elektronen-Synchrotron DESY.
Erich Lohrmann und Paul Söding

ISBN: 978-3-527-40990-7

nieur und Organisator. Ardenne war offenbar der Ansicht, dass die maßgeblichen deutschen Kernphysik-Professoren, allen voran Otto Hahn in seinem Berliner Kaiser-Wilhelm-Institut, die experimentellen Möglichkeiten, die sich mit Beschleunigern wie Zyklotrons und elektrostatischen Kaskadengeneratoren boten, nicht energisch genug vorantrieben oder es nicht verstanden, sich die dazu nötigen Mittel zu verschaffen. Tatsächlich gab es bis 1943 in Deutschland, im Gegensatz zu vielen anderen Ländern, kein funktionierendes Zyklotron, so dass man beispielsweise Plutonium nicht herstellen und untersuchen konnte. Ardenne selbst betrieb – als Privatgelehrter und Unternehmer – ein eigenes Institut in Berlin-Lichterfelde, wo er einen Kaskadenbeschleuniger aufbaute. Von Ohnesorge, der einen direkten Draht zu Hitler hatte, dürfte er sich eine besondere Förderung erhofft haben.

Ohnesorge indessen entwickelte selbst Ehrgeiz und gründete ein eigenes Institut – und zwar außerhalb des bombengefährdeten Berlin auf einem etwa 20000 m^2 großen Grundstück, praktischerweise in unmittelbarer Nachbarschaft zur Wohnung einer seiner Freundinnen direkt am Zeuthener See in Miersdorf, einem Ortsteil von Zeuthen [263]. Leiter wurde Georg Otterbein, ein bei Peter Debye promovierter Mitarbeiter der Forschungsanstalt der Reichspost. Das Personal dürfte insgesamt an die 60 Personen umfasst haben, darunter etwa 10 Wissenschaftler. Ungeachtet vieler kriegsbedingter Probleme gingen die Arbeiten energisch voran. Im Jahr 1943 konnte eine von der Firma C. H. F. Müller in Hamburg gebaute 1,2 MV Kaskadenbeschleuniger-Anlage in Betrieb genommen werden; eine zweite sollte von Siemens geliefert werden. Dafür war eine Halle von 18×28 m^2 Grundfläche und 17 m Höhe errichtet worden. Der Kaskadenbeschleuniger wurde zur Erzeugung von Neutronen, zur Bestrahlung von Proben für eigene und die Forschungsarbeiten anderer Institute im Berliner Raum sowie zur Herstellung von Isotopen genutzt. Auch Kernreaktionen wurden mittels Nebelkammern und Zählrohren untersucht.[1)]

Schon seit 1940 liefen außerdem Planungen und Vorarbeiten für ein Zyklotron, das als starke Quelle von Neutronen und von Ionenstrahlen bis über 10 MeV Energie dienen sollte [265]. Der 50 t schwere Magnet wurde 1944 von einer Wiener Firma fertiggestellt und in Zeuthen in einer teilweise unterirdisch gelegenen, 9×14 m^2 großen Halle aufgebaut, ebenso ein von der Lorenz AG in Berlin gebauter Hochfrequenzsender. Das Zyklotron war von den Generator- und Kontrollräumen und den benachbarten Radiochemie-Laboratorien durch eine 1,2 m dicke Wasserwand zur Abschirmung der Neutronen und eine zusätzliche Betonwand getrennt, die in voller Höhe und Breite quer durch das Gebäude gezogen waren; zwischen Bestrahlungskammer und Messlabor verlief eine Rohrpostanlage. Im Institut selbst wurden die Ionenquelle, die Vakuumkammer und die Hochfrequenzresonatoren gebaut. Bei Kriegsende im Frühjahr 1945 waren alle Einzelteile für das Zyklotron fertiggestellt, nur der endgültige Zusammenbau stand aus.

[1)] Es wurde kolportiert, dass Ohnesorge – vermutlich 1942 – Hitler persönlich über seine kernphysikalischen Ambitionen berichtet habe („Mein Führer, wir bauen die Atombombe!“), bei Hitler damit aber nur auf spöttisches Desinteresse gestoßen sei; er habe davon bereits in den „phantastischen Erzählungen von Hoffmann“ gehört. Hoffmann, Hitlers Leibfotograf, hatte es seinerseits von Ohnesorge [264]. Tatsächlich besaßen die Arbeiten in Zeuthen-Miersdorf keinerlei militärische Relevanz.

Als Zeuthen im Mai 1945 von sowjetischen Truppen besetzt wurde, machten sich diese sofort an die Demontage des Zyklotrons und aller sonstigen Einrichtungen des Instituts. Bereits im Juni war das komplette Inventar, inklusive aller Dokumente und der wertvollen wissenschaftlichen Bibliothek von Max Planck, die wegen der Bombardierungen in Berlin nach Zeuthen ausgelagert worden war, in Richtung Osten entschwunden; über den Verbleib ist nichts bekannt. Die meisten der in Zeuthen tätig gewesenen Wissenschaftler hatten sich nach Westdeutschland abgesetzt, um nicht in die Sowjetunion ‚eingeladen' zu werden; mindestens einer von ihnen verbrachte allerdings die folgenden Jahre in Russland und kam erst in den fünfziger Jahren zurück. Die Institutsgebäude wurden in der Zwischenzeit als Lagerhallen oder provisorischer Wohnraum und später von einer Schokoladenfabrik genutzt.

14.2 Das Institut zur Zeit der DDR

Etwa gegen 1950 – die DDR war inzwischen gegründet – begann man sich staatlicherseits wieder für die Kernphysik zu interessieren. Dabei dachte man nicht nur an eine eventuelle spätere Nutzung der Kernenergie, die eine Beherrschung des Umgangs mit radioaktivem Material und der dazu benötigten Mess- und Verfahrenstechnik voraussetzen würde, sondern auch an die Herstellung und Anwendung radioaktiver Isotope etwa für medizinische Zwecke sowie an die kernphysikalische Forschung selbst, damals einer der interessantesten und dynamischsten Sektoren der physikalischen Grundlagenforschung. Diese Arbeitsrichtung an den Universitäten einzuführen war aber nicht im Sinne der DDR; ohnehin war auf Grund alliierter Übereinkünfte die Forschung auf diesem Gebiet in Deutschland offiziell noch verboten. Die Aufgabe wurde deshalb der nach sowjetischem Vorbild in der DDR gegründeten „Deutschen Akademie der Wissenschaften" (DAdW) anvertraut. Der dort zuständige Referent war der inzwischen aus dem Westen Deutschlands zurückgekehrte Georg Otterbein, der ehemalige Leiter des Zeuthen-Miersdorfer Instituts.

Von diesem Institut existierten allerdings nur noch das Gelände und die Gebäude. In ihrer Abgelegenheit schienen sie für die beabsichtigten Arbeiten gut geeignet, und so gründete man ein Institut unter dem unverfänglichen Namen „Institut Miersdorf" – in internen Dokumenten auch als „Institut X (für Atom- und Kernphysik)" bezeichnet. Unter der kommissarischen Verwaltung zunächst durch Otterbein, auf den ab 1952 Michael von der Schulenburg folgte, ein aus München in die DDR übergesiedelter Physiker, wurden die Gebäude instandgesetzt, erste Labors eingerichtet und der Bau eines Kaskadenbeschleunigers in Auftrag gegeben.

Ein Problem war allerdings, dass es in der DDR so gut wie keine erfahrenen Kernphysiker gab. So konnte sich eine Gruppe junger, frisch diplomierter Physiker, die als wissenschaftliche Hilfskräfte eingestellt waren – unter ihnen Karl Lanius, der spätere Institutsleiter – sogleich großen Einfluss im Institut sichern und eine nicht eigentlich kernphysikalische Aufgabe, die Untersuchung der kosmischen Strahlung, fest im Forschungsprogramm etablieren. Dies bot die Möglichkeit, an der Front der Hochenergiephysik zu forschen, auch wenn man nicht zu den wenigen gehörte, die damals schon Zugang zu hochenergetischen Beschleunigeranlagen hatten.

Die ersten Veröffentlichungen aus dem Institut betrafen Untersuchungen von Lanius mit Kernemulsionen. Hierbei entwickelten sich bald Kontakte zu Wissenschaftlern in Europa einschließlich der Bundesrepublik und, vor allem, in den osteuropäischen ‚sozialistischen' Ländern.

Abbildung 14.2 Der 8 m hohe 2 MV-Kaskadenbeschleuniger prägte für viele Jahre das Gesicht des Zeuthener Instituts. Tief unter der Halle lag durch Schwerbeton abgeschirmt der Targetraum, in dem die Bestrahlungen durchgeführt wurden (DESY-Archiv).

Erst 1955 durften die zahlreichen deutschen Physiker und Ingenieure, die im sowjetischen Kernwaffenprogramm mitgearbeitet hatten, nach Deutschland zurückkehren. Einer von ihnen, Gustav Richter, ein früherer Mitarbeiter von Gustav Hertz, übernahm 1956 die Leitung des Instituts, das nun den Namen „Kernphysikalisches Institut der DAdW zu Berlin" erhielt. Inzwischen war die Mitarbeiterzahl auf über 100 gestiegen, der Arbeitsschwerpunkt sollte nunmehr verstärkt die Niederenergie-Kernphysik und die Entwicklung kernphysikalischer Instrumente sein. Trotz einzelner guter Arbeiten auf dem letztgenannten Gebiet blieben die Erfolge jedoch weitgehend aus, nicht zuletzt weil viele der fähigsten Köpfe die DDR verließen. So sollten nochmals mehrere Jahre vergehen, bis der in der DDR-Industrie bestellte Kaskadenbeschleuniger nach einem achtjährigen Debakel 1960 endlich in Betrieb ging. Ein ebenfalls vorgesehener Van de Graaf-Beschleuniger wurde nie fertig. Richter galt als kompetenter Theoretiker, doch den Aufbau eines Experimentalinstituts zu leiten war nicht seine Stärke und überdies war er, der den wachsenden Einfluss der Partei im Institut nicht hinnehmen wollte, wegen seiner ‚bürgerlichen Ideologie' der Kritik der SED-Genossen ausgesetzt.

Inzwischen war in Rossendorf bei Dresden ein eigenes Zentralinstitut für Kernphysik in der DDR geschaffen worden. Nach anfangs hochfliegenden Ideen setzte aber allmählich Ernüchterung ein hinsichtlich der Rolle, die die Nutzung der Kernenergie in der DDR spielen könne, und damit sank auch die Bereitschaft, in die Kernforschung zu investieren.

Alles dies führte dazu, dass nach einigem Hin und Her schließlich 1962 die Kernphysik aus dem Zeuthener Institut ausgegliedert wurde; einzig der Kaskadenbeschleuniger blieb und wurde noch bis 1976 zu Bestrahlungen für externe Auftraggeber genutzt, wobei es um Änderungen von Materialeigenschaften durch Strahlung ging. Die Forschungsaktivität des Instituts war von nun an auf die Hochenergiephysik ausgerichtet, Institutsleiter wurde Lanius, und aus dem Kernphysikalischen Institut wurde die „Forschungsstelle für Physik hoher Energien" mit etwa 150 Mitarbeitern. Die Arbeitsgruppe für Quantenfeldtheorie an der Berliner Universität unter Frank Kaschluhn wurde dem Institut angegliedert. Einen Hochenergiebeschleuniger gab es in der DDR nicht, aber das CERN war für die Mitarbeit der DDR-Physiker aufgeschlossen[2)] und 1956 war mit dem „Vereinigten Institut für Kernforschung" (VIK) in Dubna (Russland) ein Pendant zum CERN für die ‚sozialistischen' Länder gegründet worden. Durch den Bau einer leistungsfähigen Entwicklungsanlage für Kernemulsionen hatte sich das Zeuthener Institut eine bedeutende Rolle in der Zusammenarbeit auf dem Gebiet der Teilchenforschung mittels Kernemulsionen gesichert.

Inzwischen war aber die Blasenkammer zum wichtigsten Instrument der Teilchenphysik geworden. Für Zeuthen war die Mitarbeit an Experimenten mit Blasenkammern geradezu ideal, da der größte Teil der Arbeit in der Analyse der aufgezeichneten Bilder bestand, was im jeweiligen Heimatinstitut geschehen konnte. Es begann mit Blasenkammer-Expositionen am Synchrozyklotron in Dubna, doch sollte sich das Institut schon bald zunehmend auf die Mitarbeit in internationalen Kollaborationen für Blasenkammer-Experimente am CERN konzentrieren, die sich mit hochenergetischen hadronischen Wechselwirkungen befassten. Ab 1965 nahm das Institut auch an dem neuen Experiment zur Untersuchung der Photoerzeugung von Mesonen und Hyperonen mit der Wasserstoffblasenkammer am 6 GeV-Elektronensynchrotron des DESY teil. Trotz der rigiden Beschränkungen der DDR für Reisen ins ‚nichtsozialistische Ausland' gelang es Lanius, für wenige ausgesuchte Zeuthener Physiker die Genehmigung der zuständigen Stellen in Regierung, Partei und Staatssicherheit für Aufenthalte am CERN und bei DESY zu erreichen. So konnte man Verbindung mit westeuropäischen Gruppen halten. Allerdings musste das Institut wegen der zunehmenden Abgrenzungspolitik der DDR gegen die Bundesrepublik die Zusammenarbeit mit DESY schon nach wenigen Jahren wieder aufgeben, doch war damit ein Grundstein für die viel intensivere Zusammenarbeit bei HERA fast zwanzig Jahre später gelegt. Über die CERN-Experimente blieben auch Kontakte mit Gruppen in Aachen, Bonn, Heidelberg und München bestehen.

[2)]Dass das CERN für die Mitarbeit von DDR-Physikern offen war, bedeutete natürlich keineswegs, dass eine Kollaboration nach normalen Maßstäben möglich gewesen wäre. Die DDR ließ Ausreisen in das ‚nichtsozialistische' Ausland nur für wenige ausgesuchte, als politisch absolut zuverlässig eingestufte Personen zu und längere Aufenthalte waren nur möglich, wenn enge Familienangehörige als Geisel in der DDR zurückblieben.

Die erfolgreiche wissenschaftliche Arbeit führte 1968 zu einer Aufwertung im Namen des Instituts: Aus der „Forschungsstelle" wurde das „Institut für Hochenergiephysik" (IfH). Es war und blieb die einzige Einrichtung für experimentelle Teilchenphysik auf dem Gebiet der DDR.

Ein kritischer Punkt war die Rechnerausstattung. Anfangs besaß das Institut nur eine völlig unzureichende Anlage aus DDR-Produktion, so dass man auf die intensive Mitnutzung von Rechnern der kollaborierenden Institute in der Bundesrepublik und des CERN angewiesen war. Erst 1969 konnte ein russischer Großrechner BESM-6 beschafft werden, für den in Zeuthen nicht nur wegen seiner gigantischen Ausmaße ein eigenes großes Gebäude errichtet, sondern auch das Betriebssystem weitgehend selbst erst entwickelt werden musste, und der nur mangelhaft mit Peripherie ausgestattet war. Dazu kam noch, dass die Akademie der Wissenschaften 1971 die Rechner-Experten aus dem Institut abzog, um sie im neu gegründeten Akademie-Rechenzentrum in Berlin-Adlershof einzusetzen, und die BESM-6 dem Institut nur noch eingeschränkt zur Verfügung stand. Wieder mussten die Wissenschaftler des IfH auf auswärtige Rechner zurückgreifen. Die inzwischen völlig veraltete BESM-6 konnte schließlich erst 1989 durch einen neuen vom Kombinat Robotron hergestellten Rechner ersetzt werden.[3)]

Als im Lauf der siebziger Jahre die Blasenkammer mehr und mehr von elektronischen Nachweisinstrumenten abgelöst wurde, stellte sich auch das IfH auf die neuen Detektortechnologien ein. Das russische Institut für Hochenergiephysik (IHEP) in Protvino südlich von Moskau besaß ein 76 GeV-Protonen-Synchrotron; hier hatte man zunächst an Experimenten mit der in Frankreich gebauten großen Blasenkammer „Mirabelle" teilgenommen. Vor allem aber wollte man zusammen mit russischen Kollaboranten ein großes und ehrgeiziges Spektrometer mit einer Streamerkammer („RISK") aufbauen, mit der man exotische Quarkzustände zu entdecken und zu untersuchen hoffte. Wegen technischer, organisatorischer und personeller Probleme, wie sie für die wissenschaftliche Arbeit in der Sowjetunion typisch waren, zog sich der Aufbau der Anlage allerdings so in die Länge, dass, als sie gegen 1980 endlich in Betrieb genommen werden konnte, die Entwicklung der Teilchenphysik längst eine ganz andere Richtung genommen hatte. Doch hatten etliche der jüngeren Physiker des IfH nun Erfahrungen mit neuen Techniken gesammelt, was dem Institut für seine späteren Arbeiten sehr zustatten kommen sollte.

Das IfH engagierte sich von jetzt ab verstärkt in Kollaborationen, welche die CERN-Beschleuniger nutzten, insbesondere das 1976 in Betrieb genommene 400 GeV-Protonen-Synchrotron SPS. Man beteiligte sich noch an den letzten Untersuchungen von Hadron-Hadron-Wechselwirkungen mittels Blasenkammern und wandte sich dann dem neuen Gebiet der Zähler-Experimente mit Leptonen zu. Auf dem Umweg über die Mitgliedschaft im VIK Dubna konnte das IfH bei der Untersuchung der tief unelastischen Myonstreuung mit dem Spektrometer der BCDMS-Kollaboration (Bologna, CERN, Dubna, München, Saclay), sowie später an einem Zähler-Experiment

[3)]Tatsächlich sollte der Wunsch der Zeuthener Wissenschaftler nach einer dem Stand der Technik entsprechenden Rechnerausstattung erst 1991 mit der Installation eines Clusters von Arbeitsstationen zusammen mit einem zentralen Rechner der Firma Convex in Erfüllung gehen.

(„CHARM") zur Suche nach Neutrino-Oszillationen und Tau-Neutrinos beim CERN mitarbeiten. In Protvino nutzte man die Blasenkammer „SKAT" zur Untersuchung von Neutrinoreaktionen. Die politischen Gegebenheiten machten es unabdinglich, die Zusammenarbeit mit Dubna und dem IHEP in Protvino nicht zu vernachlässigen; außerdem galt ein großer Teil der Zeuthener Mitarbeiter als politisch nicht hinreichend zuverlässig, so dass für sie selbst eine kurze Reise in das ‚nichtsozialistische Ausland' nicht in Frage kam.

Anfang der achtziger Jahre war der Siegeszug der Speicherringe in vollem Gang. Für eine substantielle Mitarbeit des IfH an einem PETRA-Experiment war die Zeit allerdings politisch noch nicht reif. Immerhin hatte man sich in Zeuthen bereits mit den aktuellen Problemen der Jet-Analyse beschäftigt und es war zu einem informellen Austausch mit DESY-Physikern gekommen, die am TASSO-Experiment beteiligt waren; außerdem hatte das Institut Driftröhren für den Mark J-Detektor gefertigt.

Als sich 1982 die LEP-Kollaborationen am CERN bildeten, konnte das IfH sich aber in aller Form dem L3-Experiment anschließen. Wesentliche Teile des Spurendetektors für das Experiment wurden in Zeuthen gebaut. Auch die Zeuthener Theoriegruppe beteiligte sich mit wichtigen Arbeiten zur Interpretation der LEP-Messdaten. In Ermangelung des für die CERN-Beteiligung einzubringenden finanziellen Beitrags in harter Währung – ein Problem für die devisenarme DDR – war ein in der DDR hergestellter großer Portalkran für die Installation des L3-Detektors nach Genf geliefert worden.

Die Zusammenarbeit mit DESY war politisch heikler. Offiziell wurde als Vorwand zum Bremsen seitens der DDR-Administration das Fehlen eines formellen Wissenschaftsabkommens[4)] mit der Bundesrepublik vorgeschoben – ein solches Abkommen wurde tatsächlich erst 1987 geschlossen. Der wahre Grund war natürlich die – berechtigte – Furcht, so mancher in der DDR eingesperrte Leistungsträger könne auf die Idee kommen, ein Leben im freien Teil Deutschlands vorzuziehen. Die Wiederaufnahme einer aktiven und stetigen Zusammenarbeit des IfH mit DESY kam trotzdem 1985 zustande, und zwar auf Initiative von Volker Soergel, dem Vorsitzenden des DESY-Direktoriums. Er hatte dazu ein Essen mit Lanius anlässlich einer Tagung in den USA genutzt. Die Motivation auf DESY-Seite war zweifach. Mit dem Institut in Zeuthen existierte unweit von Hamburg ein Reservoir an tüchtigen Wissenschaftlern, deren Mitarbeit für DESY nur ein Gewinn sein konnte. Ein weiterer Punkt war ein menschlicher und darüber hinaus auch ein politischer. Es war die Absicht und die Hoffnung, möglichst vielen der deutschen Kollegen aus der DDR zu besseren wissenschaftlichen Arbeitsmöglichkeiten zu verhelfen und auch solche, die normalerweise nicht zu den ‚Reisekadern' gehörten, in die Bundesrepublik einzuladen, damit sie das Leben im anderen Teil Deutschlands kennenlernen konnten. Die internationale Konferenz über Hochenergiephysik hatte 1984 in Leipzig stattgefunden und Gelegenheit zum Kennenlernen vieler junger Physiker aus Zeuthen geboten, und es war offensichtlich, dass sie und ihre Forschungsarbeit unter der Isolierung litten.

Lanius ergriff die einzigartige Chance, welche HERA für Zeuthen bot. Man konnte sich im Rahmen einer internationalen Kollaboration, in der im übrigen auch Institu-

[4)] Das Problem war, dass die Bundesrepublik auf der Einbeziehung von West-Berlin in das Abkommen bestand, was die DDR nicht akzeptierte.

te der Sowjetunion mitarbeiteten, an einem erstklassigen, gewissermaßen nur zufällig in der Bundesrepublik angesiedelten Forschungsprojekt beteiligen und brauchte sich dabei nicht einmal um die Finanzierung in harter Währung zu sorgen. Die Beiträge zu den Detektoren sollten im eigenen Institut oder in der Heimatindustrie gebaute Komponenten sein, und was die Aufenthaltskosten der IfH-Mitarbeiter in Hamburg betraf war DESY bereit, diese ebenso wie für die Mitarbeiter bundesdeutscher Institute zu tragen, die Zeuthener also schlicht als Deutsche zu betrachten – was man als SED-Genosse eigentlich als Affront gegen die Souveränität der DDR anzusehen gehabt hätte, aber dies war für Lanius kein Problem. Der DDR-Staatsführung unter Honecker war zu jener Zeit daran gelegen, die Beziehungen zur Bundesrepublik wieder etwas aufzutauen, so dass der Wiederaufnahme der Zusammenarbeit des IfH mit DESY offenbar nun keine unüberwindlichen politischen Hürden mehr in den Weg gelegt wurden.

So kam es 1986 zum Beitritt des IfH zur H1-Kollaboration, in deren Rahmen Zeuthen die Verantwortung für verschiedene wichtige Komponenten des Spurendetektors übernahm. Sie wurden teils im Zeuthener Institut selbst und teils im Zentralinstitut für wissenschaftlichen Gerätebau (ZWG), ebenfalls ein Institut der Akademie der Wissenschaften der DDR (AdW), gebaut. Es wurde außerdem vereinbart, Ingenieure und Wissenschaftler aus verschiedenen AdW-Instituten zur Mitarbeit beim Bau des HERA-Speicherrings zu entsenden. Auch die Zeuthener Theorie lieferte wertvolle Beiträge zur Physik bei HERA.

14.3 Das Institut im Umbruch

Lanius, Institutsleiter seit 1962, hatte 1988 die Leitung an Rudolf Leiste, einen im L3-Experiment tätigen Physiker des IfH, abgegeben und war in den Ruhestand getreten. Im November 1989 fiel die Berliner Mauer, der freie Austausch zwischen der DDR und der Bundesrepublik wurde möglich.[5] Mit dem Niedergang der SED-Herrschaft verfiel auch die Autorität der SED-Parteiorganisation und der mit ihr verbandelten Leiter in den Akademie-Instituten. Im IfH stellte sich Leiste dem geheimen Votum der Mitarbeiter und wurde gebeten, sein Amt vorerst weiterzuführen. Dabei sollte er sich mit einem ‚Wissenschaftlichen Rat' abstimmen, den die wissenschaftlichen Mitarbeiter des IfH im Februar 1990 als ihr Sprachrohr in ‚demokratischer' Abstimmung gewählt hatten. Dieser interne Zeuthener Rat mit seinem Vorsitzenden, dem theoretischen Physiker Eberhard Wieczorek, sollte in der Folgezeit eine sehr konstruktive Rolle bei der Zukunftssicherung des Instituts spielen.

Im weiteren Verlauf des Jahres wurde die bisherige Abteilungsstruktur aufgelöst und dem Direktor ein „Forschungsdirektor" an die Seite gestellt; in dieses neu erfundene Amt wurde Christian Spiering gewählt – ein Zeuthener Physiker der jüngeren Ge-

[5] Ein interessantes Detail: Wenige Monate zuvor war es DESY und dem IfH gelungen, für die Kommunikation innerhalb der H1-Kollaboration eine Datenverbindung zwischen Hamburg und Zeuthen einzurichten – eine der ganz wenigen Verbindungen zwischen der Bundesrepublik und der DDR, die während der turbulenten Tage vor und nach dem Mauerfall intakt blieb und über die Nachrichten ausgetauscht werden konnten.

neration, der niemals den Kreisen der früher so genannten ‚Kaderreserve' oder der ‚Nachwuchskader' angehört hatte und mit dem nun zum ersten Mal seit Richters Ausscheiden 1962 ein Nicht-Parteimitglied eine führende Funktion im Institut übernehmen konnte. Spiering war als einer der jüngeren Zeuthener Physiker an dem erwähnten RISK-Projekt in Protvino beteiligt gewesen und hatte sich danach zusammen mit einigen Zeuthener Kollegen mit russischen Partnern in Moskau und Irkutsk zusammengetan, um im Baikalsee einen großen Unterwasser-Detektor als ein neuartiges Teleskop für Neutrinos aus kosmischen Quellen aufzubauen.

Abbildung 14.3 Russische und Zeuthener Wissenschaftler auf dem zugefrorenen Baikalsee. Sie präparieren eine der ein Photosensor-Modul umschließenden druckfesten Glaskugeln, bevor sie in den See hinuntergelassen wird (DESY-Archiv).

In Zeuthen herrschte damals, wie in allen Instituten der Akademie der Wissenschaften der DDR, große Unsicherheit über die Zukunft. Die DDR war bankrott, das Überleben der Institute vollkommen ungewiss. Die Teilchenphysik hatte ohnehin in der DDR-Forschungslandschaft keinen hohen Stellenwert gehabt; außer dem IfH arbeiteten auf diesem Gebiet lediglich einige theoretische Physiker an den Universitäten von Berlin und Leipzig.

Die Zeuthener Wissenschaftler mussten sich um Finanzierungsquellen bemühen, und es begann eine Phase intensiven Suchens nach einer Lösung für das Weiterbestehen des Instituts. Pläne und Ideen gab es genügend, verschiedene Optionen wurden in Zeuthen diskutiert, auch gab es Übernahme-Begehrlichkeiten von mancher Seite. Doch weder für die Anbindung einzelner Gruppen des IfH an west- oder ostdeutsche Universitäten oder an das CERN, noch für die Übernahme des Instituts oder Teilen von ihm durch die Max-Planck-Gesellschaft ließen sich auch nur annähernd realistische Aussichten erkennen, von einer selbständigen Weiterexistenz des Instituts ganz zu schweigen.

In dieser Situation tat das IfH das Richtige: Man bemühte sich selbst um eine Begutachtung der wissenschaftlichen Qualität des Instituts durch unabhängige auswärtige Experten. Auf Einladung des IfH besuchte im September 1990 eine Gruppe von renommierten deutschen und ausländischen Teilchenphysikern Zeuthen, unter ihnen Herwig Schopper und Volker Soergel. Sie zeigten sich von der Präsentation des Instituts und seines Programms angetan, gaben eine insgesamt positive Beurteilung ab und empfahlen, es als die einzige Einrichtung in der ehemaligen DDR, in der experimentelle Teilchenphysik betrieben wurde, zu erhalten [266]. DESY hatte frühzeitig signalisiert, dass man für ein Zusammengehen offen sei.

Mittlerweile war der Beitritt der DDR zur Bundesrepublik Deutschland beschlossene Sache. Im Einigungsvertrag vom 31. August 1990 hatten die beiden Regierungen festgelegt, dass der Wissenschaftsrat der Bundesrepublik gutachtliche Stellungnahmen zu den einzelnen außeruniversitären Forschungseinrichtungen der DDR abgeben solle, um gegebenenfalls ihre Einpassung in die Forschungsstruktur der Bundesrepublik gewährleisten zu können. Zur Vorbereitung hatte das Institut einen umfangreichen schriftlichen Bericht zu erstellen [267].

Die vom Wissenschaftsrat eingesetzte Evaluierungskommission unter Leitung des theoretischen Physikers Helmut Gabriel von der Freien Universität Berlin besuchte das IfH als eine der ersten Forschungseinrichtungen Ende September 1990. Sie konnte sich auf das Gutachten der Expertengruppe um Schopper und Soergel stützen und gelangte zu dem Schluss, dass „die vom IfH entwickelten Detektoren, Transputermodule und die für den Betrieb der Geräte erstellte Software ... von den Kollegen in den gemeinsamen Vorhaben ebenso geschätzt und anerkannt [werden] wie die wissenschaftlichen Beiträge bei der Datenanalyse ... Trotz zum Teil schwieriger Bedingungen ist es gelungen, den Kontakt zu den führenden Zentren der Hochenergiephysik aufrechtzuerhalten und einen wichtigen Platz innerhalb der internationalen Arbeitsteilung zu behaupten ... Es liegt im Interesse des Erhalts und des erforderlichen Ausbaus der physikalischen Grundlagenforschung in den neuen Ländern, dass das hohe Maß an wissenschaftlicher Expertise im IfH erhalten bleibt. Dies ist nur möglich, wenn es nicht auseinander gerissen wird ... Aus inhaltlichen und organisatorisch-strukturellen Gründen wird seine Weiterführung als Teil des DESY empfohlen, wobei die mit anderen Partnern vereinbarten Großexperimente fortgesetzt werden sollten." Allerdings sei eine Reduktion des Personalbestands (von seinerzeit etwa 220) auf 60 bis 70 Wissenschaftler und eine etwa gleiche Anzahl von technischem und administrativem Personal angemessen; die Hälfte der Wissenschaftlerstellen solle befristet besetzt werden [268].[6)]

Sogleich nach dem Bekanntwerden dieser Empfehlung der Kommission, deren Umsetzung natürlich noch der Bestätigung des Wissenschaftsrats bedurfte, trafen sich Mitglieder des DESY-Direktoriums mit Leiste und Spiering in Zeuthen zu einer ersten Besprechung über die Ausgestaltung einer möglichen zukünftigen Beziehung. Die DESY-Vertreter erklärten sich grundsätzlich zu einer Eingliederung des IfH in das DESY bereit, wobei konkrete Schritte selbstverständlich erst nach Beratung mit dem Wissenschaftlichen Rat von DESY und der Zustimmung des Verwaltungsrats unternommen werden konnten. Man war sich einig, dass der Empfehlung der Kommission folgend die in den großen Experimente-Kollaborationen eingegangenen Verpflichtungen eingehalten und die laufenden technisch-instrumentellen Arbeiten am IfH fortgesetzt wer-

[6)] Dieser letzte Teil der Empfehlung wurde von DESY nicht umgesetzt.

den sollten. Außerdem würden den Zeuthener Wissenschaftlern alle DESY-Projekte zur Mitarbeit offenstehen. Das Institut solle ein eigenes wissenschaftliches Profil bewahren und weiterentwickeln. Das Physics Research Committee vom DESY werde zur Beratung des Programms zugezogen. Konzepte für die Integration der Verwaltung und für die überfällige Sanierung der Gebäude und die Modernisierung der Infrastruktur sollten ausgearbeitet werden.

Die Pläne wurden in den folgenden Monaten in zahlreichen Beratungen weiter konkretisiert. Sie wurden auch den Zeuthener Mitarbeitern dargelegt und mit ihnen diskutiert. Viele hätten eine selbständigere Weiterexistenz des Instituts vorgezogen. Doch war man realistisch genug einzusehen, dass man froh sein konnte, dass sich mit dem Engagement von DESY überhaupt eine realistische Überlebenschance für das Institut abzeichnete.

In Hamburg stießen die Pläne allerdings zunächst bei Vielen auf Skepsis. Zwar hatte Christian Spiering mit einer Präsentation des Zeuthener Instituts und seines Programms eindrucksvoll für das IfH geworben. Und natürlich erschien die Eingliederung in das DESY die einzige realistische Möglichkeit für ein Weiterbestehen des Instituts. Zudem würde Zeuthen die Hochschulen in Berlin und in den neuen Bundesländern darin unterstützen können, die Teilchenphysik in ihr Lehr- und Forschungsprogramm aufzunehmen und neue Arbeitsgruppen für die Beteiligung an Hochenergie-Experimenten aufzubauen.

Doch gab es Zweifel, ob das DESY in der Erfüllung seiner Aufgaben als ein Beschleuniger-Zentrum für die Teilchenphysik und die Synchrotronstrahlung durch die Eingliederung einer räumlich entfernten Außenstelle, mit ganz anderer Tradition und teilweise anderen Aufgaben und Forschungszielen, nicht das einbüßen würde, was immer seine Stärke ausgemacht hatte: Die kohärente einheitliche Struktur und die Ausrichtung auf ein einheitliches Ziel. Dazu kamen Bedenken, die Einbindung des IfH könne letztendlich zu Lasten DESYs gehen, indem sie längerfristig als Argument für eine Reduzierung des Stellenplans des Hamburger Teils von DESY benutzt würde.

Auch der Wissenschaftliche Rat und der Erweiterte Wissenschaftliche Rat zeigten sich in ihren Sitzungen im November 1990 nicht eben begeistert. Viele Mitglieder empfanden die Eingliederung von Zeuthen in das DESY als unnatürlich; sie hätten sich eher die Anbindung an eine Universität vorstellen können. Es könne sich höchstens um eine vorübergehende Notlösung handeln. Eventuell könne derjenige Teil Zeuthens, der ohnehin bei DESY engagiert sei, dem DESY zugeschlagen werden. In gewisser Weise spiegelte dies die Diskussion wieder, wie sie auch unter den Wissenschaftlern in Zeuthen geführt worden war.[7)]

Im Direktorium indessen setzte sich – nicht zuletzt unter dem Eindruck der überzeugenden Arbeit der Zeuthener Gruppe in der H1-Kollaboration – die Meinung durch, DESY dürfe sich der mit der Integration Zeuthens gestellten Aufgabe nicht versagen und die Kollegen dort nicht im Stich lassen. Allerdings musste DESY

[7)] Hier und da konnte man ein Murren vernehmen, DESY wolle sich das IfH „unter den Nagel reißen". Doch blieben alle anderen Pläne für das Überleben des Instituts Luftschlösser. Dies musste auch der Wissenschaftliche Rat einsehen, so dass er nur wenig später im März 1991 der Eingliederung von Zeuthen in das DESY zustimmte.

darauf bestehen, dass die Eingliederung des IfH als eine echte zusätzliche Aufgabe anerkannt und entsprechend finanziert werden würde. Sie sollte zwar längerfristig angelegt sein, ohne damit aber eine mögliche Überführung des IfH in eine andere Trägerschaft auszuschließen; dies würde nach einigen Jahren zu überprüfen sein.

Am 25. Januar 1991 verabschiedete der Wissenschaftsrat der Bundesrepublik als eine seiner ersten Empfehlungen für AdW-Institute seine Stellungnahme zum IfH Zeuthen; er schloss sich darin den Vorschlägen der Evaluierungskommission an [268]. Das BMFT erklärte seine Bereitschaft, die Empfehlung umzusetzen und mit dem DESY und der Leitung des IfH die wissenschaftlichen, organisatorischen, finanziellen und rechtlichen Fragen sowie das weitere Vorgehen zu erörtern. Das DESY wurde gebeten, ein Konzept für die Eingliederung des IfH vorzulegen. Auch die zuständigen Hamburger und Brandenburger Stellen – mit der deutschen Wiedervereinigung war das Institut in die Verantwortung des Bundeslandes Brandenburg übergegangen – signalisierten ihre Bereitschaft zur Zusammenarbeit. Im Brandenburger Ministerium für Wissenschaft, Forschung und Kultur war der Abteilungsleiter Klaus Faber bereits mit dem IfH und seiner Leitung vertraut und hatte mancherlei Hilfen gegeben. In gemeinsamen konstruktiven Verhandlungen unter dem Vorsitz von Josef Rembser vom BMFT zeigten alle Seiten ihren Willen, zu einer guten, beispielgebenden Lösung zu kommen.

Die Grundzüge für das zukünftige Zeuthener Forschungsprogramm waren inzwischen weitgehend zwischen DESY-Direktorium, der Leitung und dem gewählten internen Wissenschaftlichen Rat des Zeuthener Instituts sowie dem Wissenschaftlichen Ausschuss von DESY abgestimmt. Sie wurden dem Wissenschaftlichen Rat des DESY in seiner Sitzung am 5. März 1991, die unter dem Vorsitz von Siegmund Brandt nun zum ersten Mal in Zeuthen stattfand, vorgestellt und von ihm als Grundlage für die zukünftige Arbeit gutgeheißen [269]. Sie sollten darauf gerichtet sein, dem Institut ein attraktives, eigenständiges wissenschaftliches Leben in Zeuthen in enger Zusammenarbeit mit dem DESY Hamburg und den umliegenden Hochschulen zu ermöglichen. In diesem Sinne orientierten sie sich an vier Zielen:

1. Die Weiterführung der langfristig angelegten Großexperimente, an denen das Institut mit Erfolg beteiligt war: Das H1-Experiment bei HERA, das L3-Experiment beim LEP und das Baikalsee-Neutrino-Projekt.

2. Die Verstärkung und Erweiterung der Forschungsarbeiten an den DESY-Beschleunigern durch eigenständige Zeuthener Beiträge, in Ergänzung und Erweiterung der Forschungsprogramme an HERA und DORIS. So würden Berührungsprobleme, Vorbehalte und Vorurteile abgebaut und die Eingliederung Zeuthens in die deutsche Forschungslandschaft am raschesten erreicht werden. Ohnehin hatten zahlreiche Zeuthener Wissenschaftler schon 1990/91, sowie der Wegfall der DDR-Reisebeschränkungen es erlaubte, ihre Wahl getroffen und sich den Kollaborationen ZEUS und HERMES bei HERA sowie dem ARGUS-Experiment am DORIS angeschlossen. Hieraus hatten sich gemeinsame Arbeiten entwickelt, in deren Rahmen das Zeuthener Institut mit Entwurf und Planung von Detektorkomponenten, bei der Entwicklung und Realisierung von Experimente-Software und zur Physikanalyse beitrug und die auch für die Entwicklung der persönlichen Beziehungen zwischen den Wissenschaftlern

und Technikern von Zeuthen und DESY Hamburg eine wichtige Rolle spielten. Nicht zuletzt deshalb hatte DESY diese Aktivitäten nachdrücklich gestützt und gefördert. Das dritte Ziel war damit bereits teilweise vorweggenommen:

3. Die Einrichtung eines Programms zur Entwicklung moderner Detektor-Technologie. Hierfür war Zeuthen gut positioniert, da es hier viele tüchtige und vielseitige Ingenieure und technisch orientierte Physiker gab, die – im Gegensatz zu denen in Hamburg – frei von laufenden Verpflichtungen bei Betrieb und Instandhaltung der Beschleuniger waren.

4. Die Weiterführung der Arbeit der Theorie-Gruppe. Dabei sollten die theoretisch-phänomenologischen Arbeiten in Zeuthen wie bisher in engem Zusammenhang mit den Arbeiten der experimentellen Gruppen stehen. Aber auch die eigenständigen Forschungsthemen des Instituts in der Quantenfeldtheorie und Stringtheorie sollten erhalten bleiben.

Als ein besonderes Anliegen wurde die Öffnung des Instituts für die Zusammenarbeit mit Hochschulen vor allem in Berlin und in den neuen Bundesländern definiert, die durch die Beteiligung Zeuthener Physiker an der akademischen Lehre, die Aufnahme von Diplomanden und Doktoranden in das Institut, ein lebendiges Gästeprogramm, die Einrichtung von DESY-Professuren und die Gewährung von Starthilfen für Universitätsgruppen besonders gefördert werden sollte.

Um eine reibungslose Zusammenarbeit zwischen Hamburg und Zeuthen auch auf dem technischen, organisatorischen und administrativen Sektor zu erreichen, sollten in Zeuthen die Bereiche Forschung, Zentrale Dienste und Verwaltung eingerichtet und mit den entsprechenden Bereichen von DESY Hamburg zusammengefasst werden. Für die Durchführung der Experimente sollten im Rahmen des Forschungsbereichs flexible Projektgruppen gebildet werden. Die Finanzierung des Instituts sollte über ein eigenes Kapitel im DESY-Wirtschaftsplan mit einem 10 %-Beitrag des Landes Brandenburg erfolgen.

Noch nicht bewältigt war ein aus der Zeit unter dem DDR-Regime überkommenes Problem: Die Aufarbeitung der Vergangenheit. Bereits im November 1990, kurz nach der Wiedervereinigung Deutschlands, hatte die Versammlung der Wissenschaftler des Instituts im Zuge der Schritte zur Reformierung und Normalisierung des IfH zu einer öffentlichen Diskussion über Probleme der DDR-Vergangenheit aufgerufen: Über das politische Verhalten der ‚Leitungskader', die Personalpolitik, die Auswahl der ‚Reisekader' in der Vergangenheit, über Kontakte leitender Mitarbeiter zu Dienststellen des Staatssicherheitsdienstes (Stasi) und das Bekenntnis zu ihrer persönlichen Verantwortung. Dieses sehr offen geführte Gespräch hatte viel zur Versachlichung und Entspannung des Umgangs untereinander beigetragen, konnte aber natürlich nicht alle – teilweise vielleicht auch eher subjektiv empfundenen – Ungerechtigkeiten und Wunden der Vergangenheit heilen und Misstrauen überwinden. Und noch war das IfH eine enge, in sich geschlossene Gesellschaft geblieben.

Dass die Integration in das DESY am ehesten unter einer neuen Leitung gelingen konnte, darüber war man sich auch in Zeuthen klar. Am 13. Juni 1991 stimmte nach dem Abschluss der Verhandlungen zwischen DESY, dem BMFT sowie den Vertretern von Hamburg und Brandenburg der Verwaltungsrat unter dem Vorsitz von Ludwig Baumgarten den von DESY gemeinsam mit Zeuthen ausgearbeiteten Plänen zur Vereinigung zu [249, 269]. Die IfH-Direktion unter Leiste hatte konstruktiv und engagiert an der Richtungsfindung für das Institut mitgewirkt und trat nun zurück, da sie einem Neuanfang nicht im Wege stehen wollte. Zum neuen Leiter ernannte das dafür zuständige Brandenburger Wissenschaftsministerium Paul Söding, dessen Amtszeit als Forschungsdirektor des DESY gerade zu Ende gegangen war. Er war in Zeuthen kein Unbekannter, und er hatte sich während der Zusammenarbeit beim Aufbau des H1-Detektors sowie vor allem in den zahlreichen Treffen und Verhandlungen der vergangenen Monate ein gutes Bild des Instituts und seiner Menschen machen können. Er konnte sich in Zeuthen auf zwei kompetente Physiker stützen, die auch das volle Vertrauen ihrer Kollegen genossen, das sich in Voten des internen Wissenschaftlichen Rates ausgedrückt hatte: Christian Spiering als seinen Stellvertreter und Ulrich Gensch – ein Mitglied der H1-Kollaboration – als Koordinator für den technischen Bereich.

Während die Zuwendungsgeber den Anforderungen für die Sanierung und die finanzielle Ausstattung des Instituts recht großzügig entgegengekommen waren, wurde über den für die Durchführung des vorgesehenen Programms benötigten Zeuthener Stellenplan mit dem BMFT und dem Bundesfinanzministerium längere Zeit gerungen. Damals stand für viele der Akademieinstitute das Gutachten des Wissenschaftsrates noch aus, und die Zuwendungsgeber wollten verständlicherweise vermeiden, mit dem IfH einen allzu großzügig gestalteten Präzedenzfall zu schaffen, auf den sich Andere später berufen würden. Das DESY konnte seine Forderungen deshalb nicht im vollen Maß durchsetzen. Immerhin waren für Zeuthen für das Jahr 1992 insgesamt 136 Planstellen bewilligt worden; im Vergleich zu anderen Instituten der ehemaligen DDR, über die später entschieden wurde, war dies eine sehr großzügige Ausstattung.

Nach den im Einigungsvertrag festgeschriebenen Regeln konnten IfH-Mitarbeiter nicht einfach in den DESY-Stellenplan übernommen, sondern mussten als Mitarbeiter von DESY Zeuthen neu eingestellt werden. Das DESY hatte sich entgegen den Empfehlungen des Wissenschaftsrates und dem Drängen des BMFT entschieden, die neuen Stellen – mit Ausnahme der wissenschaftlichen Leitungsstellen – nur Zeuthen-intern auszuschreiben; schließlich sollte nicht ein neues Institut geschaffen, sondern ein existierendes weitergeführt und den dortigen Mitarbeitern Perspektiven gegeben werden. Trotzdem bedeutete dies natürlich, dass etwa ein Drittel der angestammten Mitarbeiterschaft das Institut spätestens mit Ablauf des Jahres 1991 verlassen musste, was zu mancher herben Enttäuschung führte.

Über die Einstellung oder Ablehnung einer so großen Zahl von Mitarbeitern in kurzer Zeit entscheiden zu müssen war nicht einfach. Für die fachliche Bewertung der wissenschaftlichen Mitarbeiter wurde der Rat von externen Wissenschaftlern hinzugezogen, für das technische und das Verwaltungspersonal der von Fachvertretern aus dem DESY; außerdem wurden Zeuthener Mitarbeiter, die vom Zeuthener internen Wissenschaftlichen Rat vorgeschlagen waren, sowie ein Vertreter des zuständigen Brandenburger Ministeriums an den Beratungen beteiligt. Auch der in Zeuthen aus den Reihen der Mitarbeiter ‚demokratisch' gewählte Personalrat wurde zu den Entscheidungen gehört. Die Bewertung durch externe Wissenschaftler sollte auch dazu beitragen, Bedenken in Zeuthen zu zerstreuen, bei der Auswahl könnten bereits in DESY-Projekten tätige Wissenschaftler und Ingenieure bevorzugt werden. Allein die fachliche Qualifikation sollte ausschlaggebend sein.

Um aus der ‚sozialistischen Kaderpolitik' der DDR überkommene Ungerechtigkeiten korrigieren zu helfen wurde eine ‚Integritätskommission' eingesetzt, der zwei nach Beratung mit Zeuthener Vertretern ausgewählte, allgemein geachtete und als integer bekannte Persönlichkeiten aus anderen Akademieinstituten der ehemaligen DDR sowie ein Vertreter des Brandenburger Wissenschaftsministeriums angehörten, dazu in beratender Funktion drei vom Personal in geheimer Abstimmung gewählte Zeuthener Mitarbeiter; ein Vertreter des DESY-Direktoriums nahm ebenfalls an den Sitzungen teil. Dass DESY bei der Einstellung der künftigen Mitarbeiter neben ihrer fachlichen Eignung die politische Vergangenheit berücksichtige war auch eine Forderung der Zuwendungsgeber BMFT und Land Brandenburg. Die Kommission sah die Fragebögen ein, die alle Anwärter auf DESY-Stellen nach vom Land Brandenburg erlassenen Vorschriften auszufüllen hatten, und führte in einigen Fällen klärende Gespräche mit den Bewerbern; es ging dabei um die persönliche Integrität des Verhaltens im Institut während des DDR-Regimes, etwa um die Ausnutzung von auf Grund besonderer Parteiergebenheit erlangten Begünstigungen und Privilegien oder um Kontakte zur Stasi. Für keinen der Stellenanwärter ergaben sich so gravierende Bedenken, dass von einer Einstellung abgesehen werden musste.[8)] Offensichtlich war am IfH die Leistung der Mitarbeiter im allgemeinen doch höher bewertet gewesen als ihre Konformität mit dem DDR-System.

Am 11. November 1991 wurde in einem feierlichen Akt in Zeuthen der Staatsvertrag zwischen der Bundesrepublik Deutschland und den Bundesländern Brandenburg und Hamburg unterzeichnet, mit dem das IfH Zeuthen ab dem 1. Januar 1992 Teil des DESY wurde. Brandenburg trat damit der Stiftung DESY bei und verpflichtete sich zur Finanzierung von 10% des Zeuthener Budgets [270].

In seiner bei diesem Anlass vor der Belegschaft des IfH gehaltenen Rede betonte Minister Riesenhuber, dass „in einer Zeit, wo jeder seiner eigenen Zukunft nicht gewiss

[8)]Nachdem mehr und mehr Zeuthener Mitarbeiter feststellen mussten, dass der DDR-Staatssicherheitsdienst (‚Stasi') Akten über ihr Verhalten geführt hatte, wollte die Diskussion über die Vergangenheit im IfH nicht zur Ruhe kommen. Deshalb wurde 1992 der Wunsch einer Mehrheit der Mitarbeiter an DESY herangetragen, im Interesse des Betriebsfriedens alle von DESY übernommenen ehemaligen IfH-Mitarbeiter hinsichtlich einer eventuellen Tätigkeit als Informanten der Stasi überprüfen zu lassen. Die DESY von der Behörde zur Aufarbeitung der Stasi-Akten (Gauck-Behörde) übergebenen Dokumente zeigten, dass einige Mitarbeiter zwar Verpflichtungserklärungen der Stasi unterschrieben, aber offenbar keine gegen Kollegen gerichtete Spitzeltätigkeit entfaltet hatten. Es gab allerdings auch ernstere Fälle. Trotz teilweise erheblicher Bedenken wurde jedoch nach kritischer Würdigung aller Umstände und nochmaliger Anhörung der betreffenden Mitarbeiter schließlich von Kündigungen abgesehen. Dass dies im Institut akzeptiert wurde und IfH-Mitarbeiter trotz erlittenen Unrechts bereit waren, wenn auch nicht die Vergangenheit zu vergessen so doch einen Schlussstrich zu ziehen, spricht für ihre menschliche Größe. So konnte der Zeuthener Betriebsrat am Ende feststellen: „Die Erwartung vieler Kollegen aus dem Jahr der Einstellung, mit dem Abschluss dieser Anfrage ließe sich die Stasi-Verstrickung des IfH und seiner Mitarbeiter bündig aufklären, erweist sich heute als enttäuscht. ... Wenn auch eine umfassende Versöhnung nicht erwartet werden kann – die Enttabuisierung dieses Themas wird möglicherweise nachhaltiger zum Arbeitsfrieden im Institut beitragen, als es ein scharfer Schnitt in die Belegschaftsliste vermocht hätte."

Abbildung 14.4 Unterzeichnung des Staatsvertrages zur Integration des IfH Zeuthen in das DESY durch (v. l. n. r.) den Hamburger Senator für Wissenschaft und Forschung, Professor Leonhard Hajen, den Bundesminister für Forschung und Technologie, Dr. Heinz Riesenhuber und den Minister für Wissenschaft, Forschung und Kultur des Landes Brandenburg, Hinrich Enderlein. Daneben Paul Söding, Institutsleiter Zeuthen (DESY-Archiv).

sein kann, es schwer [sei], die gesamte Kraft auf die Wissenschaft zu konzentrieren. Dass sie diese Zeit in einer guten Weise gestaltet haben, ohne dass wissenschaftlicher Impetus verloren gegangen ist, [sei] eine beachtliche Leistung der Mitarbeiter insgesamt und der Führung.“ In seiner Erwiderung dankte Eberhard Wieczorek, der Sprecher des gewählten Zeuthener Wissenschaftlichen Rates, den Ministerien und besonders DESY für ihr großes Engagement und fügte hinzu, „allen Beteiligten [sei] klar, dass die heutige Vertragsunterzeichnung ohne das umsichtige Wirken Professor Soergels nicht zustande gekommen wäre.“

Das IfH Zeuthen war damit das erste der Akademieinstitute der ehemaligen DDR, für das eine neue Trägerschaft vereinbart werden konnte, und wurde in gewisser Weise ein Vorzeigeprojekt für die Wiedervereinigung der deutschen Wissenschaftslandschaft. Worin lag der Grund, dass es so gut gelaufen war? Es war sicher in erster Linie dem internationalen Charakter der Hochenergiephysik geschuldet und damit einhergehend der Orientierung des Instituts an internationalen Standards, vor allem durch die ab Mitte der siebziger Jahre wieder zunehmenden Verbindungen zum CERN und später zum DESY. Aber auch von der engen Zusammenarbeit mit den häufig besonders originellen, kreativen und theoretisch hervorragend ausgebildeten russischen Wissenschaftlern dürften die Zeuthener profitiert haben. Auch war das IfH als allein auf erkenntnisorientierte Grundlagenforschung ausgerichtetes Institut weniger als andere Akademieinstitute den wissenschaftspolitischen Bedürfnissen der DDR unterworfen gewesen; vielmehr wurde es zu einem „respektierten und erfolgreichen Mitglied des internationalen Netzes der Teichenphysiker... [und] war trotz aller politischen Beschränkungen zu weltoffen, um als DDR-exemplarisch gelten zu dürfen. Trotzdem war es natürlich aufs Engste in die Wissenschaftspolitik der DDR eingebunden, litt unter der chronischen Mangelwirtschaft, musste politische Kampagnen gegen die ‚reine Grundlagenforschung' parieren und den Spagat zwischen Parteilinie und effektivem Forschungsmanagement fertigbringen" (Christian Spiering). Offensichtlich war ihm dies nicht schlecht gelungen. Am IfH waren auch gewisse Freiräume erhalten geblieben, so dass mancher tüchtige Wissenschaftler und Ingenieur, dem im DDR-System wegen Verweigerung der politischen Anpassung die Tätigkeit an Hochschulen versperrt war, hier relativ unbehelligt hatte arbeiten können.

Die gute Zusammenarbeit mit DESY, die persönlichen Kontakte, das kluge Agieren des Instituts während der Zeit des Umbruchs und vor allem der deutlich zu spürende Enthusiasmus und die Aufbruchstimmung nach dem Verschwinden der DDR hatten eine wichtige Rolle dabei gespielt, Gutachter, DESY-Gremien und Ministerien zu überzeugen. Und endlich erwuchs aus der DDR-Mangelwirtschaft und der partiellen Isolation auch etwas Positives: Sie hatten – neben mancherlei Skurrilitäten – eine Mischung aus Ideenreichtum, Improvisationsfähigkeit und Flexibilität entstehen lassen, wie sie in besser ausgestatteten Umfeldern nicht immer erreicht wurde.

Zehn Jahre später konnte die Wissenschaftsministerin von Brandenburg bei einem Besuch in Zeuthen rückblickend feststellen: „Dass eine solche Integration funktioniert, ist nicht der Normalfall – hier ist die Zusammenführung ideal gelungen" [271]. Als Paul Söding 2001 das Bundesverdienstkreuz „für seine Forschungsarbeit ... und seinen Einsatz bei der Zusammenführung von Wissenschaft und Wissenschaftlern in den alten und neuen Bundesländern" verliehen wurde, war dies in erster Linie eine Auszeichnung für das Institut und für DESY.

14.4 Der Neuanfang mit DESY

Wie nahezu überall in den neuen Bundesländern waren auch beim „DESY-Institut für Hochenergiephysik Zeuthen", wie es nun offiziell hiess, Infrastruktur und Gebäude weitgehend veraltet und/oder sanierungsbedürftig. Maßnahmen zur Bewahrung oder Erneuerung der Bausubstanz und zur Schaffung einer zeitgemäßen Infrastruktur waren vordringlich. Sie waren bereits 1991, als sich die Eingliederung des Instituts in das DESY abzeichnete, gemeinsam zwischen Leitung und Mitarbeitern des IfH einerseits und DESY-Stellen andererseits geplant und in Angriff genommen worden. Es ging dabei vor allem um die Rechnerausstattung, die mechanische und die Elektronik-Werkstatt, die Laboreinrichtungen, die gesamten Wasser-, Sanitär-, Elektro- und Kommunikationsinstallationen bis hin zur Bibliothek und zur Ausstattung der Büros. Viele der Gebäude mussten saniert und erweitert werden – so die beiden Beschleunigerhallen, das Gästewohnhaus, die Kantinenküche, die mechanische Werkstatt und Laborraumtrakte. Wie sich im Lauf der Zeit zeigen sollte, war der Sanierungsbedarf wesentlich größer als ursprünglich vorausgesehen. Werkstattgebäude, Ausbildungswerkstätten, Speisesaal, Gästewohntrakt und ein Seminar- und Hörsaalkomplex mussten völlig neu geschaffen werden. Hier eine Liste der wichtigsten Arbeiten:

– Die totale Neuausstattung und Neustrukturierung des Rechnens mit verteilten Ressourcen sowie die Vernetzung des Instituts

– Die Einführung rechnergestützter Arbeitsplätze für mechanische Konstruktion und Elektronikentwurf

– Die Erneuerung aller elektrischen, Wasser- und Sanitärinstallationen, der Telefonanlage und der Heizungsanlage

– Die Einrichtung und Ausstattung verschiedener Laboratorien, darunter eines Reinlabors für Arbeiten mit Siliziumchips

– Der Bau und die komplette Neueinrichtung der mechanischen Werkstatt, deren Maschinen und Werkzeuge zum großen Teil mehr als 30 Jahre alt waren

– Die Ausrüstung der Elektronikwerkstatt für moderne SMD-Technologie

– Die Einrichtung zweier Lehrwerkstätten für mehr als 20 Lehrlinge

– Der Umbau der alten Beschleunigerhalle zur Schaffung einer Montagefläche mit Kran für den Detektorbau, zahlreicher Labor- und Werkstatträume sowie eines auch für größere Tagungen geeigneten Seminarraum- und Hörsaalkomplexes

– Die Einrichtung von Gästewohnungen und Gästezimmern

– Der Neubau der Cafeteria und der Küche

Dass das umfangreiche Erneuerungsprogramm rasch und erfolgreich durchgezogen werden konnte, ist in erster Linie der Aufgeschlossenheit und Initiative der Zeuthener Mitarbeiter zu verdanken. Sie sahen die Neuerungen – die Umstellung auf neue Arbeitsweisen, Gruppen- und Entscheidungsstrukturen, Technologien, Computersysteme und vieles andere – nicht als Zumutung oder Gefahr, wie es andernorts vielleicht geschehen wäre, sondern als Chance, für die man offen war. Sie erhielten dabei spontane, kollegiale und kompetente Beratung und Hilfe durch zahlreiche Hamburger DESYaner aus vielen Bereichen, darunter die Konstruktionsabteilung, die Werkstätten, die Bauabteilung, die IT-Gruppen, die Bibliothek und nicht zuletzt die Verwaltung. Hervorzuheben ist auch die Tatkraft von Ulrich Gensch in seiner Funktion als technischer Koordinator, die er in enger Zusammenarbeit mit Jürgen May, dem Direktor des Z-Bereichs ausübte, sowie das stete Engagement des DESY-Verwaltungsdirektors Helmut Krech, dem ebenso wie Volker Soergel die Zukunft des Zeuthener Instituts ein besonderes Herzensanliegen war. Im Jahr 1995 konnte die Erneuerung in ihren wichtigsten Teilen als bewältigt gelten, so dass Zeuthen nun über die für einen effizienten Forschungsbetrieb erforderliche Infrastruktur und eine den Anforderungen angepasste Verwaltung verfügte.

Dank der Verbesserungen in der Leistungsfähigkeit der Infrastruktur, der Freizügigkeit der Wissenschaftler und Ingenieure und der personellen Verstärkung durch Diplomanden, Doktoranden und Gastwissenschaftler war es kein Problem, den Umfang des Zeuthener Forschungsprogramms trotz der von 1991 auf 1992 erfolgten Reduktion der Stellenzahl signifikant zu erweitern.

Neben die vom Wissenschaftsrat empfohlene Fortführung der Engagements beim L3-Experiment am LEP-Speicherring im CERN und beim H1-Experiment bei HERA traten größere Zeuthener Beiträge auch zu den drei anderen HERA-Experimenten. Diese Beiträge erstreckten sich auf Entwurf, Test und Bau von Instrumenten und Teilen der Detektoren und auf die Analyse der Messdaten und ihre physikalische und phänomenologische Interpretation. Dazu gehörte auch die Weiterentwicklung elektronischer Messtechniken und von Verfahren für die Erfassung und Verarbeitung großer Datenmengen. So wurden etwa in Zeuthen in Zusammenarbeit mit der Universität Erlangen und dem Max-Planck-Institut für Kernphysik in Heidelberg die großen Driftkammern für das HERMES-Spektrometer entworfen und gebaut. Für HERMES wurden auch Programme für die Spurrekonstruktion, die Simulation des Detektors und die Datenauswertung entwickelt. Später kam die Mitarbeit an Entwicklung und Bau eines RICH-Detektors sowie eines Silizium-Vertexdetektors hinzu. Durch die Teilnahme Zeuthener Wissenschaftler war DESY nunmehr auch ein Mitglied der HERMES-Kollaboration geworden.

Für das Kalorimeter von ZEUS wurde der Bau eines Presamplers durch Zeuthen koordiniert und die Fertigung großenteils in Zeuthen durchgeführt. Später kamen Arbeiten für einen Mikrovertexdetektor hinzu. Für H1 wurde zusammen mit DESY Hamburg und der ETH Zürich ein hochpräziser Teilchenspur-Detektor aus Silizium-Halbleiterchips entworfen und gebaut. Für ein Kleinwinkel-Vorwärts-Protonspektrometer für H1 wurden Detektoren aus szintillierenden Fasern in Zeuthen entwickelt und gefertigt. Aus dem Engagement bei ARGUS entwickelte sich eine Beteiligung am HERA-B-Experiment; hierfür entwarfen Zeuthener Physiker die Rechnerfarm, leisteten Beiträge zum Trigger, zur Software-Entwicklung und Detektorsimulation und übernahmen vor allem eine maßgebliche Rolle im Entwurf und Bau der Spurkammern. Hieran beteiligten sich auch Hermann Kolanoski mit seiner Gruppe, der aus Dortmund kommend die Berufung auf eine neu geschaffene DESY-Professur an der Humboldt-Universität angenommen hatte, sowie Thomas Lohse und seine Mitarbeiter; dieser war aus Heidelberg auf den neu geschaffenen Lehrstuhl für experimentelle Teilchenphysik an der Humboldt-Universität berufen worden.

Im L3-Experiment beteiligte sich die Zeuthener Gruppe am Bau und der Implementierung eines neuen Silizium-Mikrovertex-Detektors und außerdem an der Ausrüstung des Myonspektrometers mit großflächigen Szintillationszählern, mit deren Hilfe das Spektrum kosmischer Myonen präzise gemessen werden konnte. Arbeitsthemen in der Analyse der L3-Daten waren die τ-Leptonen, die Linienform der Z^0-Resonanz und die Suche nach neuen Teilchen wie dem Higgs-Boson. Ein Schwerpunkt in der Analyse der HERA-Daten von H1 und ZEUS lag bei der Bestimmung der Strukturfunktion des Protons und bei der Berechnung von Strahlungskorrekturen.

Die Zeuthener Theoretiker lieferten substantielle Beiträge zum Verständnis und zur Analyse der Erzeugung des schwachen Z^0-Bosons am LEP und der bei HERA beobachteten QCD-Prozesse. Auch allgemeinere Fragen der Quantenfeldtheorie und der Stringtheorie wurden bearbeitet. Die Zeuthener Theoriegruppe begann in zweijährigem Turnus internationale Tagungen zu phänomenologischen Fragen auszurichten, führte aber auch das schon zur DDR-Zeit traditionelle „International Symposium Ahrenshoop on the Theory of Elementary Particles" regelmäßig fort, nunmehr gemeinsam mit der Humboldt-Universität zu Berlin und den Universitäten Hannover und München.

Ganz neu gestaltet wurden die Beziehungen Zeuthens zu Universitäten. Eine intensive Zusammenarbeit war vor allem mit der nahegelegenen Humboldt-Universität zu Berlin entstanden. Auch hier hatten neue Strukturen geschaffen werden müssen. In Fortführung ihrer berühmten wissenschaftlichen Tradition als Berliner Universität sollte die physikalische Grundlagenforschung hier wieder ein Schwerpunkt der Forschung und Lehre werden. Dabei war das Angebot von Seiten DESYs für eine enge Kooperation inklusive der Nutzung der Zeuthener Infrastruktur und der Einrichtung von DESY-Professuren für die Universität sehr attraktiv. Um die neu berufenen Professoren bildeten sich schnell Gruppen junger Wissenschaftler. In der experimentellen Teilchenphysik entstanden Beteiligungen an den Experimenten HERA-B und L3 sowie an Neutrinoexperimenten am CERN, die Theoriegruppe setzte einerseits auf die Stringtheorie und andererseits auf die rechnergestützte theoretische Physik; hier bestand besonderes Interesse an der Bearbeitung von Problemen der Teilchenphysik mit Höchstleistungsrechnern, in enger Kooperation mit DESY Hamburg und DESY Zeuthen. Die Beziehungen wurden durch ein wöchentliches gemeinsames Seminar lebendig gehalten. Die vielfältigen Verflechtungen zwischen den Forschungsprogrammen von DESY und der Humboldt-Universität wurden für beide Partner ein großer Gewinn. Sie sollten sich später auch auf die Astroteilchenphysik erstrecken.

Weitere Kooperationen entstanden mit der Technischen Universität Berlin bei Entwicklungen für die Strahldiagnostik an Beschleunigern, mit der Freien Universität Berlin in der ‚rechnergestützten Elementarteilchen-Theorie' und mit der Universität Leipzig in der Quantenfeldtheorie und der Gitter-Eichtheorie. Mit allen drei Berliner Universitäten sowie mit der Universität Leipzig und dem Konrad-Zuse-Zentrum in Berlin wurden Vereinbarungen zur Zusammenarbeit abgeschlossen. Gemeinsam mit der Humboldt-Universität und der Freien Universität Berlin wurde ein Graduiertenkolleg unter dem Thema „Strukturuntersuchungen, Präzisionstests und Erweiterungen des Standardmodells der Elementarteilchenphysik" eingerichtet, an dem sich später auch die Technische Universität Dresden beteiligte. Auch mit der Universität Potsdam wurden Verbindungen geknüpft, die schließlich zu einer gemeinsamen Professur für Astroteilchenphysik führten. Diplomanden und Ingenieur-Praktikanten aus verschiedenen Hochschulen kamen zur Durchführung ihrer Arbeiten nach Zeuthen. Zeuthener Physiker führten Lehrveranstaltungen an der Humboldt-Universität, den Universitäten Leipzig und Jena, den Technischen Universitäten in Dresden und Cottbus sowie der benachbarten Technischen Fachhochschule Wildau durch. Für technische Berufe wurden in Zeuthen etwa 20 Ausbildungsplätze auf den Gebieten Industriemechanik und -Elektronik geschaffen, woran im Land Brandenburg ein eklatanter Mangel herrschte. In landesweiten Wettbewerben konnten Zeuthener Lehrlinge regelmäßig mit Bestleistungen glänzen.

Innerhalb von wenig mehr als drei Jahren hatte Zeuthen so die 1991 vereinbarte Zielsetzung für das Zusammengehen mit dem DESY, also die Fortsetzung der erfolgreichen Forschungslinien in Experiment und Theorie, die verstärkte Orientierung auf Experimente an HERA und die Zusammenarbeit mit Hochschulen, realisiert. Die auf der Empfehlung des Wissenschaftsrates aufbauenden Leitlinien für das wissenschaftliche Programm hatten sich bewährt. Die gewählte Organisationsstruktur wie auch die von den Zeuthener Wissenschaftlern selbst vollzogene vermehrte Hinwendung zu den HERA-Experimenten hatten bewirkt, dass anfänglich noch bestehende Kommunikations- und Verständnisprobleme zwischen Zeuthen und Hamburg weitgehend abgebaut und die Grenzen zwischen den beiden Teilen von DESY bald kaum noch empfunden wurden.

Für das DESY-Direktorium blieb das Zusammenwachsen der beiden Teile DESYs ein wichtiges, dauerhaftes Anliegen. Es hielt seine Sitzungen in regelmäßigen Abständen in Zeuthen ab, ein Usus, dem sich auch der Wissenschaftliche Rat und der Verwaltungsrat anschlossen. Für die Mitsprache der Zeuthener Wissenschaftler brauchte es keinen eigenen Zeuthener Wissenschaftlichen Rat mehr, sondern man entsandte gewählte Vertreter in den Wissenschaftlichen Ausschuss von DESY. Die gegenseitige Abstimmung und Hilfe in allen beide Teile von DESY betreffenden Fragen wurde zur Selbstverständlichkeit.

Die Eingliederung des IfH in das DESY war 1991 zunächst auf einige Jahre angelegt gewesen; danach wollte man prüfen, ob das Zusammengehen sinnvoll und erfolgreich war oder ob eine andere Lösung vorzuziehen sei. Das gute Zusammenwachsen mit DESY hatte aber schon bald dazu geführt, dass die entstandene Gemeinsamkeit nicht mehr in Frage gestellt wurde, weder von Seiten Hamburgs noch von Zeuthen. Das längerfristige Überleben eines selbständigen, unabhängigen Instituts für Hochenergiephysik im Bundesland Brandenburg wäre auch eine recht unsichere Sache gewesen, wie das Beispiel des Landes Berlin zeigte, das 1996 das Institut für Angewandte Chemie in Adlershof zu schließen beschloss, was erst im letzten Moment abgewendet werden konnte. Als Teil einer Großforschungseinrichtung mit nur einem 10 %-Anteil der Mittel aus dem Landeshaushalt war Zeuthen für das Land Brandenburg eine leichter zu (er)tragende Last. Um sich aber auf Dauer die Anerkennung von Zeuthen als unverzichtbaren Teil der Großforschungseinrichtung DESY durch den Bund zu sichern, musste eine noch engere Verzahnung mit DESY Hamburg durch gemeinsame Arbeiten angestrebt werden. Dies sprach für die verstärkte Übernahme von Verpflichtungen beim Betrieb und der Weiterentwicklung der HERA-Detektoren und eine intensive Mitarbeit an den Zukunftsaufgaben von DESY. In diesem Sinn wurde 1998 auch der Institutsname offiziell in „DESY Zeuthen" geändert, was ohnehin dem inzwischen allgemein üblichen Gebrauch entsprach.

14.5 Theoretische Teilchenphysik und ein Zentrum für paralleles Rechnen

Seit 1980 war die Gittereichtheorie eines der Forschungsthemen der DESY-Theorie. Im Jahr 1987 hatte die Gründung des Höchstleistungs-Rechenzentrums (HLRZ) in Jülich den Zugang zu einem modernen Supercomputer geöffnet und der Arbeitsrichtung da-

Abbildung 14.5 Die Zeuthener Institutsgebäude nach Abschluss der wichtigsten Sanierungs- und Erweiterungsarbeiten (DESY-Archiv).

mit zu einem bedeutenden Aufschwung verholfen. Doch die Nachfrage nach Rechenkapazität war, auch wegen der starken internationalen Konkurrenz, unersättlich; ihrer Befriedigung standen aber die hohen Preise für Supercomputer entgegen.

Deshalb hatten Teilchenphysiker an verschiedenen Stellen in der Welt begonnen, Rechner aus preiswerten Elektronikkomponenten zu entwerfen, die ganz speziell dafür ausgelegt und optimiert waren, die bei Simulationen auf dem Gitter (siehe Kap. 11.4) sich stets wiederholenden Rechenschritte möglichst effizient auszuführen. Ein solches Projekt hatten auch Elementarteilchen-Theoretiker und Ingenieure des INFN (Instituto Nazionale di Fisica Nucleare) in Rom und Pisa um Nicola Cabbibo unter dem Namen APE („Array Processor Experiment") begonnen. Sie hatten massiv-parallele Rechner mit SIMD-Architektur (Single Instruction Multiple Data Stream) und einem schnellen Kommunikationsnetzwerk entwickelt, die von der Firma Alenia Spazio in Rom industriell gefertigt wurden und mit denen bei maximalem Ausbau 100 Gigaflops (d.h. 100 Milliarden Gleitkomma-Operationen pro Sekunde) an Rechenleistung erreicht werden konnten. Mit den APE-100-Rechnern ließen sich die Simulationsrechnungen der theoretischen Teilchenphysik effizienter und preiswerter bewältigen als mit kommerziellen Höchstleistungsrechnern.

Um diese vielversprechende Entwicklung zu nutzen, wurde 1994 in Zeuthen ein „Zentrum für paralleles Rechnen" für die theoretische Physik eingerichtet. Neben einem bereits früher beschafften Parallelrechner IBM 9076-SP2 mit 10 Prozessoren wurden zwei APE-100-Spezialrechner (Alenia QH2) mit je 12,5 Gigaflops Spitzenleistung installiert. Nach Beseitigung einiger Anfangsprobleme arbeiteten sie sehr zuverlässig. In Zeuthen war damit zu vergleichsweise moderaten Kosten eine der leistungsfähigsten Rechenanlagen Deutschlands entstanden. Dies machte das Institut auch für ausgezeichnete jüngere Theoretiker attraktiv, von denen mehrere gewonnen werden konnten. Damit wurde eine wichtige Arbeitsrichtung nun auch in der Zeuthener Theoriegruppe verankert.

Eine Stelle als Leitender Wissenschaftler konnte durch Berufung des angesehenen schweizer Theoretikers Fred Jegerlehner besetzt werden, der als Leiter der Zeuthener Theoriegruppe den Aufbau der neuen Arbeitsrichtung nachhaltig förderte. Es kam zur Mitarbeit mit wichtigen Beiträgen in bedeutenden internationalen Arbeitsgemeinschaften wie der ALPHA-Kollaboration, die in der Berechnung der starken Kopplungskonstanten und von Quarkmassen sowie der Entwicklung von Algorithmen für die Gittereichtheorie Pionierarbeit leistete [272], und führte zur Gründung eines Sonderforschungsbereichs der Deutschen Forschungsgemeinschaft für die computergestützte theoretische Teilchenphysik.

Zeuthener Theoretiker arbeiteten auch im Rahmen verschiedener anderer internationaler Programme mit, so etwa in mehreren Netzwerken der Europäischen Union, welche sich die Weiterentwicklung der Eichtheorien sowie deren Anwendung in der Phänomenologie der Elementarteilchen zur Aufgabe gesetzt hatten.

Das „Zentrum für paralleles Rechnen" wurde auch für Hochschulgruppen geöffnet und hatte bald mehrere Hundert Nutzer. Dabei standen DESY-übergreifende Großprojekte im Vordergrund, die numerische Simulationen von Feldtheorien auf dem Gitter durchführten. Es entwickelte sich eine gute Zusammenarbeit mit DESY Hamburg, dem Höchstleistungsrechenzentrum HLRZ in Jülich und vielen Hochschulen. Dabei war die mittlerweile hervorragende Zeuthener Infrastruktur für Gastaufenthalte, Workshops und Seminare sehr förderlich. Teilchenphysiker, die bisher am HLRZ in Jülich gearbeitet hatten, begannen sich nach Zeuthen zu orientieren. Es war nur konsequent, das Zentrum weiterzuentwickeln und die Anlage mit zusätzlichen Prozessoren sukzessive aufzurüsten.

Um die rechnergestützte Forschung in Deutschland noch besser zu fördern, gründeten das Forschungszentrum Jülich und DESY 1998 das „John von Neumann-Institut für Computing" (NIC) als gemeinsame Einrichtung. Das Zeuthener „Zentrum für paralleles Rechnen" mit den APE-Rechnern wurde Teil des NIC, und zusammen mit dem von Jülich eingebrachten ‚general purpose'-Supercomputer war nun ein flexibles und leistungsfähiges Gespann entstanden. Das NIC unterhielt eigene Forschergruppen, die in den Bereichen „Elementarteilchenphysik" und „Komplexe Systeme" arbeiteten; die Teilchenphysiker siedelten sich schließlich in Zeuthen an, was zu einer großen Bereicherung des wissenschaftlichen Lebens am Institut führte.

Abbildung 14.6 Der APEmille-Parallelrechner in Zeuthen. Auf engem Raum sind hier 1024 Prozessoren mit einer Rechenleistung von insgesamt über 500 Gigaflops vernetzt (DESY-Archiv).

Durch die guten Erfahrungen mit den APE-Rechnern in Italien und bei DESY ermutigt, hatte man am INFN schon 1995 begonnen, unter der Bezeichnung „APEmille" eine neue Generation von SIMD-Parallelrechnern mit bis zu zehnfach höherer Leistung zu entwickeln. Sie verwendeten für Gleitkomma-Arithmetik mit komplexen Zahlen optimierte und durch ein sehr leistungsfähiges dreidimensionales, synchrones Kommunikationsnetzwerk verbundene Prozessoren. Hier waren Zeuthener Elektronikingenieure und Physiker eingestiegen, sowohl in der Entwicklung von Hardware-Komponenten als auch von Software. Es begann eine fruchtbare Zusammenarbeit, an der sich auch die Universitäten Bielefeld und Wuppertal mit ihren interdisziplinären Instituten für Komplexe Systeme und Angewandte Informatik beteiligten. So konnte man sich frühzeitig auf den Test von Prototypen und den Einsatz der neuen Rechner in Projekten der Elementarteilchenphysik vorbereiten.

Im Jahr 2001 schließlich waren in Zeuthen vier APEmille-Rechner mit einer Leistung von zusammen mehr als 500 Gigaflops installiert. Wie die APE-100-Rechner erwiesen auch sie sich als sehr zuverlässig. Im Rahmen des NIC der Nutzergemeinde zur Verfügung gestellt, erhielt damit die computergestützte Teilchenphysik wieder einen beträchtlichen Schub.

Inzwischen hatten die Zeuthener Entwickler zusammen mit dem INFN und der Université Paris-Sud bereits eine nächste APE-Generation apeNEXT im Visier, die eine wiederum zehnfache Vergrößerung der Leistung auf bis zu 10 Teraflops bringen sollte. Alle Funktionen eines Rechnerknotens wie 64-bit-Arithmetik und Programmkontrolle einschließlich der Schnittstellen zum externen Speicher und zum Kommunikationsnetzwerk sollten nun auf einem einzigen Chip integriert werden, was eine sehr kompakte Bauweise möglich macht. Auch sollten die einzelnen Prozessoren nicht mehr strikt synchron arbeiten, sondern unabhängig voneinander; die Synchronisation erfolgt dann beim Austausch von Daten zwischen den Knoten. Das macht Systeme mit mehr Knoten und höherer Effizienz möglich.

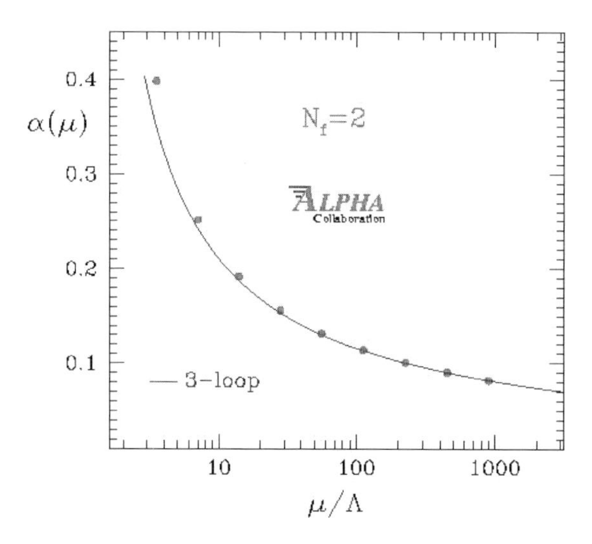

Abbildung 14.7 Die Energieabhängigkeit der Kopplungskonstanten $\alpha_s(\mu)$ der starken Wechselwirkung, hier statt in der bisher meist verwendeten Valenzquark-Approximation in einer vollständigeren Theorie behandelt [272] – möglich gemacht durch die APE-Rechner. Die störungstheoretisch hergeleitete Energieabhängigkeit (Kurve) wird für große Energien bestätigt, bei kleinen Energien zeigen sich die Grenzen der Störungstheorie. (Die Größe $\mu(\Lambda)$ ist ein Maß für die Energie.)

Im Jahr 2005 ging in Zeuthen der erste Rechner des neuen Typs in Betrieb. Inzwischen zeigte allerdings der Bau kommerzieller Supercomputer, wie des „BlueGene“ der Firma IBM, so große Fortschritte, dass zweifelhaft ist, ob es auch längerfristig sinnvoll bleibt, auf Eigenentwicklungen zu setzen. In jedem Falle dürfte aber die Theoriegruppe in Zeuthen ihre erfolgreiche Arbeit in der Gittereichtheorie weiter fortführen.

14.6 HERA-Experimente

Auf diesem Sektor forderten vor allem der Bau des Präzisions-Siliziumdetektors für H1 sowie von Detektoren aus szintillierenden Fasern für das Vorwärts-Protonenspektrometer von H1 erhebliche Anstrengungen in Zeuthen über längere Zeit. Das vom Aufwand her dominierende Detektorprojekt ab Mitte der neunziger Jahre war aber durch das HERA-B-Experiment gegeben. Hier engagierte sich Zeuthen vor allem in Entwicklung, Bau und Test der äußeren Spurkammern sowie der Rechnerfarm. Für die Spurkammern stellten sich wegen der extremen Raten- und Untergrundbedingungen ganz neuartige Anforderungen an die instrumentelle Technologie. Hinzu kam, dass die Größe des Projekts die Infrastrukur und Logistik in Zeuthen vor erhebliche Probleme stellte. Fünf Montagelinien wurden eingerichtet. In Zusammenarbeit mit DESY Hamburg, mit der Humboldt-Universität, dem NIKHEF-Institut in Amsterdam, dem VIK Dubna und dem IHEP Beijing, die Mitarbeiter nach Zeuthen schickten, konnten die Probleme in einer gemeinsamen großen Anstrengung schließlich bewältigt werden.

Die Zeuthener HERA-B-Gruppe leistete auch Pionierarbeit im Einsatz von Prozessorfarmen für die Trigger- und Datenerfassungssysteme von Experimenten in der Hochenergiephysik. Diese Neuerungen waren erforderlich, um den erwarteten riesigen Datenstrom aus dem HERA-B-Detektor zu bewältigen. Die dazu nötige Rechenleistung durch kommerzielle Rechner aufzubringen wäre unbezahlbar gewesen. Glücklicherweise gab es in Zeuthen Erfahrung mit selbstentwickelten online-Rechnersystemen, die zum Aufbau eines auf die spezielle Aufgabe zugeschnittenen Parallel-Rechnersystems genutzt wurde.

Auch für wichtige Teile der Experimente-Software von HERA-B übernahm Zeuthen die Verantwortung, wiederum in einer engen Zusammenarbeit mit der Elementarteilchen-Gruppe der Humboldt-Universität. Diese umfangreichen Arbeiten für HERA-B beanspruchten einen großen Teil der finanziellen und personellen Mittel sowie des Laborplatzes in Zeuthen über eine ganze Reihe von Jahren.

14.7 Physik mit Neutrinoteleskopen

Für das eigenständige wissenschaftliche Profil des Zeuthener Instituts hatte das Engagement in der Neutrino-Astrophysik von Anfang an einen hohen Stellenwert. Dies galt um so mehr, als die Astroteilchenphysik ein in Deutschland bisher eher etwas vernachlässigtes Gebiet war. In der 1988 zusammen mit russischen Partnern begonnenen Arbeit an der Entwicklung eines Unterwasser-Neutrinoteleskops zum Nachweis von Neutrinos aus kosmischen Quellen, die vom Wissenschaftsrat besonders zur Weiterführung empfohlen worden war, hatte die Zeuthener Gruppe um Christian Spiering nach und nach eine zunehmend tragende Rolle angenommen. Mit der Entwicklung eines Instruments zur Beobachtung von extraterrestrischen Neutrinos hoffte man ein neues Fenster zum Universum zu öffnen. Neutrinos können Materie nahezu ungehindert durchdringen. Sie gelangen aus der Sonne zu uns, aber auch aus den Weiten des Kosmos. Neutrinos von fernen kosmischen Quellen würden uns den Himmel gewissermaßen in einem neuen ‚Licht' erscheinen lassen – in einem Licht, das auf seinem Weg weder absorbiert noch abgelenkt wird. Man könnte damit diejenigen Stellen am Himmel orten, an denen sich die noch unentdeckten Prozesse abspielen, in denen die hochenergetische kosmische Strahlung und mit ihr die Neutrinos erzeugt werden. Als solche Quellen werden etwa aktive galaktische Kerne vermutet. Durch die Beobachtung von Neutrinos aus Supernova-Explosionen, von mit γ-Strahl-Ausbrüchen korrelierten Neutrinos, von Neutrinos aus der Annihilation massiver SUSY-Teilchen im Zentrum der Erde und der Sonne oder von exotischen Teilchen wie magnetischen Monopolen könnte ein Neutrinoteleskop zur Beantwortung vielfältiger weiterer Fragen der Astrophysik und der Teilchenphysik beitragen.

Der Bau eines Neutrinoteleskops ist ein ehrgeiziges und schwieriges Unterfangen. Das Instrument muss außerordentlich gut gegen alle störenden Einflüsse abgeschirmt sein. Deshalb hatten die russischen und Zeuthener Physiker den Grund des Baikalsees als einen geeigneten Ort zur Aufstellung des Teleskops gewählt. Die 1 km dicke Wasserschicht darüber dient als wirksame Abschirmung von Tageslicht und kosmischer Strahlung. Hochenergetische Neutrinos erzeugen bei ihren sehr seltenen Wechselwirkungen mit Materie schnelle Myonen und Elektronen, deren Fluggeschwindigkeit die Lichtgeschwindigkeit im Wasser übertrifft und die infolgedessen Tscherenkow-Licht abstrahlen. Dieses kann mit Photovervielfachern nachgewiesen werden, die in druckfeste Glaskugeln eingebaut im Wasser zu einer sich über Hunderte von Metern erstreckenden gitterförmigen Anordnung montiert werden. Über Kabel und Lichtleiter werden die empfangenen Signale an einen Rechner geleitet, der aus der räumlichen und zeitlichen Verteilung der Signale die Richtung und ungefähre Energie des Teilchens, das sie ausgelöst hat, bestimmt. Zur Identifikation der Neutrinos benutzt man die Erde als Filter: Ein von unten nach oben durch die Anordnung aufwärts laufendes Teilchen weist auf ein Neutrino hin, welches den Erdball durchquert hat – das einzige Teilchen, das dies vermag.

Noch in der DDR-Zeit hatte der Aufbau des Detektors begonnen. Im Jahr 1995 waren 50 und 1996 nahezu 100 Module mit Photovervielfachern in der Tiefe des Baikalsees installiert. Hiermit konnten Neutrinos, die durch Wechselwirkungen der kosmischen Strahlung in der Erdatmosphäre erzeugt worden waren, nachgewiesen werden; man besaß damit den ersten funktionierenden Unterwasser-Neutrinodetektor. Auch für Messungen der Myonen der kosmischen Strahlung erwies er sich als nützlich. Doch war mittlerweile klar geworden, dass die Anlage für das eigentliche Ziel, Neutrinos extraterrestrischen Ursprungs aufzuspüren und damit den Einstieg in die Neutrino-Astronomie zu schaffen, nicht groß genug war. Angesichts zahlreicher Engpässe, logistischer Probleme und Verzögerungen beim Aufbau eines so anspruchsvollen Projekts in Russland wuchsen Zweifel, ob man sich hier nicht auf dem Weg in eine Sackgasse befände.

Trotzdem wurde das Baikalsee-Projekt von Zeuthen aus weiter mitgetragen; das Ziel, etwa 200 Photodetektoren am Seegrund („Neutrino-Teleskop NT 200“) zu installieren, konnte allerdings erst 1998 erreicht werden. Damit war zwar eine Pioniertat vollbracht, das Experiment aber auch, unter den gegebenen Randbedingungen, an eine schwer zu überwindende Grenze gestoßen. Die optischen Eigenschaften des Baikalwassers waren nicht ideal, Organisation und langfristige Planung in Russland zur damaligen Zeit problematisch. Für die Beobachtung von Neutrino-Punktquellen würde man ein Neutrinoteleskop aus einigen Tausend Photodetektoren und damit eine breitere und potentere Basis benötigen.

Eine aussichtsreiche Möglichkeit hatte sich mit dem von Francis Halzen von der University of Wisconsin (USA) initiierten AMANDA-Projekt („Antarctic Muon And Neutrino Detection Array“) am Südpol abgezeichnet. Die Idee war, den fast 3 km dicken Eisschild der Antarktis als Absorber zu verwenden und die Photosensoren darin zu versenken. Dazu musste man nur mit heißem Wasser Löcher in das Eis schmelzen. Einmal eingefroren behielten die Photosensoren ihre Position bei – ein klarer Vorteil im Vergleich mit der Installation im Wasser –, allerdings würden sie dann auch nie mehr zugänglich sein. Das Eis ist in großer Tiefe sehr klar und lichtdurchlässig. Für den Aufbau konnte man die Infrastruktur der amerikanischen Südpol-Forschungsstation

Abbildung 14.8 AMANDA-Arbeiten am Südpol. Der Turm dient als Aufhänge-Vorrichtung für die Trossen mit den Photosensor-Modulen, von wo aus sie in das Bohrloch im Eis abgesenkt werden (DESY-Archiv).

nutzen. Amerikanische und schwedische Gruppen hatten bereits Untersuchungen begonnen. Der Einstieg der Zeuthener war hochwillkommen, denn ihre Erfahrungen mit der Baikalsee-Anlage und die dort gewonnenen Messdaten waren bei der Konzeption des Südpol-Detektors überaus wertvoll.

Im Jahr 1994 begann die Kollaboration, und nach einem dreiviertel Jahr intensiver Vorbereitung arbeiteten bereits im Januar 1995 Zeuthener Physiker am Südpol. Nachdem das Absorptions- und Streuverhalten für Licht in verschiedenen Tiefen des Eisschildes gemessen war, konnten im darauffolgenden antarktischen Sommer, zwischen November 1995 und Februar 1996, Trossen mit mehr als 80 Photosensoren, zur Hälfte in Zeuthen gebaut, in Tiefen zwischen 1500 und 2000 m eingefroren werden.

Schon ein Jahr später war mit 300 Photosensoren der Vorsprung des „NT-200“ am Baikalsee nicht nur eingeholt, sondern übertroffen. Die AMANDA-Anlage lieferte zuverlässig Daten und hatte damit den Übergang von einer Machbarkeitsstudie zu einem großen Neutrinoteleskop-Projekt vollzogen. Fortan konzentrierte sich die Arbeit der Zeuthener Neutrinogruppe auf dieses Projekt. Auch Universitätsgruppen in Mainz und Wuppertal schlossen sich an. Im Jahr 2000 war mit der zweiten Ausbaustufe von AMANDA ein Volumen von einem zehntel Kubikkilometer Südpoleis mit mehr als 600 Photosensoren ausgerüstet. Die Daten wurden am Pol gefiltert und danach rekon-

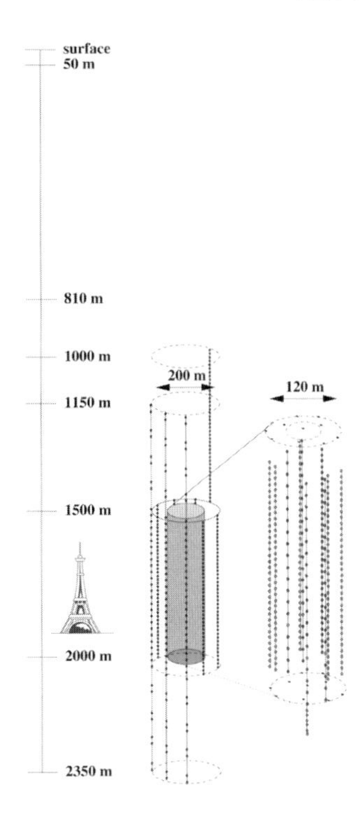

Abbildung 14.9 Die Anordnung der Photosensor-Module der AMANDA-Anlage im Eis der Antarktis (DESY-Archiv).

struiert, so dass die Neutrino-Kandidaten wenige Tage nach ihrer Aufzeichnung zur Analyse zur Verfügung standen.

Nun konnte die erste ‚Neutrino-Himmelskarte' erstellt werden. Sie zeigt die Herkunftsorte der registrierten hochenergetischen Neutrinos am Himmel der nördlichen Hemisphäre. Diese Neutrinos sind überwiegend beim Auftreffen geladener kosmischer Teilchen auf die Atmosphäre der Nordhalbkugel entstanden und bilden einen gleichmäßigen Untergrund. Ob sich dazwischen extraterrestrische Neutrinos verstecken, wird sich erst mittels noch wesentlich verbesserter Daten herausfinden lassen. Immerhin konnten aber obere Grenzen für die Rate diffus einfallender extraterrestrischer Neutrinos festgelegt werden, die Rückschlüsse auf die Vorgänge in Aktiven Galaxien erlaubten – ein erstes astrophysikalisch relevantes Resultat [273]. Das Neutrinoteleskop NT-200 im Baikalsee lieferte ergänzende Daten für die südliche Hemisphäre.

Nachdem die Eignung des Südpoleises als Medium erwiesen und Technologie und Logistik grundsätzlich beherrscht waren, konnte sich die AMANDA-Kollaboration noch ehrgeizigere Ziele vornehmen: Die Bestückung von einem vollen Kubikkilometer des Südpoleises mit insgesamt etwa 5000 Photosensor-Modulen. Der Bau eines solchen „IceCube" wurde 2001 beschlossen; er wird die AMANDA-Anordnung einbe-

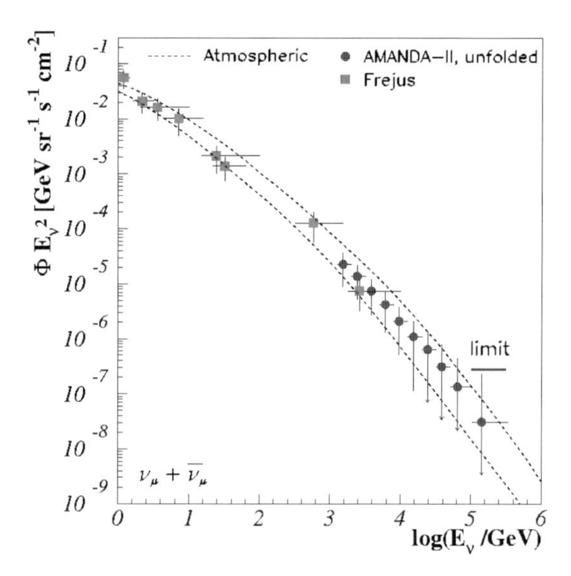

Abbildung 14.10 Das Spektrum der durch die kosmische Strahlung erzeugten Neutrinos, gemessen mit dem AMANDA-Teleskop (runde Messpunkte) [274].

ziehen und soll 2011 fertiggestellt sein. Eine fortschrittliche Technologie mit digitaler Datenübertragung von den Photovervielfachern zur Station wurde entwickelt und die Photosensoren können möglicherweise noch durch akustische Detektoren ergänzt werden, die hochenergetische elektromagnetische Kaskaden über Distanzen von mehreren Kilometern erhorchen können; so hofft man, das aktive Volumen im Eis, in dem Neutrinoreaktionen nachgewiesen werden können, über den Kubikkilometer hinaus noch weiter auszudehnen.

Die Zeuthener Gruppe um Christian Spiering baut einen großen Teil der optischen und akustischen Detektormodule für IceCube, entwickelt das Datenerfassungssystem und richtet in Zeuthen ein Zentrum für die Datenanalyse ein. Im Jahr 2003 wurde die für die Montage und die Tests der Module in Zeuthen benötigte umfangreiche Infrastruktur erstellt. Mit dem IceCube-Projekt dürfte DESY Zeuthen längerfristig ein faszinierendes Forschungsvorhaben besitzen, das einzigartige Beiträge zur Astrophysik und zur Teilchenphysik verspricht. Die Astroteilchenphysik ist damit zu einem der wichtigsten Arbeitsgebiete des DESY geworden.

14.8 DESY-Zukunftsprojekte

Die großen Zukunftsprojekte des DESY, die kollidierenden Linearbeschleuniger TESLA und der Röntgenlaser XFEL, wurden zentrale Themen auch für Zeuthen.

Sowohl Theoretiker wie Experimentatoren waren aktiv an den Untersuchungen und Berechnungen zur Physik mit kollidierenden 500 GeV-Linearbeschleunigern und den Simulationen der Prozesse in Detektor-Entwürfen beteiligt. Verschiedene für einen TESLA-Detektor interessante Nachweis-Technologien wurden untersucht und erprobt. Dazu kamen Berechnungen des äußerst kritischen Strahluntergrunds. Zum 2001 vorgelegten Technical Design Report für TESLA trug Zeuthen mit Studien zur Physik und zu einem Detektor bei. Auch auf dem Instrumentierungssektor entfaltete Zeuthen Aktivitäten. In Zusammenarbeit mit der Technischen Universität Berlin und dem Münchener Max-Planck-Institut für Physik entwickelte und baute man Monitore und Draht-Scanner für Strahllage und Strahldiagnostik in Linac- und FEL-Strukturen sowie rechnergesteuerte Vorrichtungen für die präzise Justierung von Beschleunigerkomponenten.

Unter der Leitung von Ulrich Gensch, der 1998 die Verantwortung für den Forschungsbereich DESY Zeuthen übernommen hatte, wurde mit einem Projekt für den Test und die Optimierung lasergetriebener Elektronenquellen für künftige große Linearbeschleuniger und Freie-Elektronen-Laser ein weiterer Akzent im Tätigkeitsspektrum von Zeuthen gesetzt. Ziel ist die Entwicklung von Elektronenquellen höchster Qualität, die intensive Elektronenstrahlen mit sehr geringer räumlicher Ausdehnung und sehr guter Bündelung (‚Emittanz') liefern – essentielle Voraussetzungen für kollidierende Linearbeschleuniger oder SASE-FELs. Dazu sind umfangreiche Mess- und Diagnosesysteme für die Erzeugung der Elektronen mittels Laserstrahl und Photokathode sowie die nachfolgende Beschleunigung und Formung der Elektronenpakete erforderlich.

Ein hierzu speziell eingerichteter kleiner Linearbeschleuniger war im Januar 2002 pünktlich zur Feier „10 Jahre DESY Zeuthen" unter dem Namen „PITZ" (Photoinjektor-Teststand Zeuthen) fertig aufgebaut und in Betrieb genommen worden. Zeuthen hatte dabei mit dem Max-Born-Institut (MBI) in Berlin und der Berliner Elektronenspeicherring-Gesellschaft für Synchrotronstrahlung (BESSY) sowie der Technischen Universität Darmstadt zusammengearbeitet, außerdem waren Wissenschaftler aus Sofia und Orsay beteiligt.

Am PITZ begann nun ein intensives Forschungs- und Entwicklungsprogramm, als dessen erstes Ergebnis im Herbst 2003 eine optimierte Elektronenquelle für den VUV-FEL in Hamburg bereitgestellt werden konnte. Für das nächste Ziel, die Optimierung von Quellen für die höheren Anforderungen eines XFEL, wurde ein entsprechender Ausbau des PITZ begonnen. Die damit umfangreicher gewordenen und immer enger mit Hamburg verflochtenen Zeuthener Beschleuniger-Aktivitäten wurden folgerichtig dem M-Bereich von DESY zugeordnet. Die Bereichsstruktur von Zeuthen war nun identisch mit der von DESY in Hamburg. Statt von „DESY Hamburg" und „DESY Zeuthen" spricht man seitdem von „DESY mit den Standorten Hamburg und Zeuthen".

14.9 Ausstrahlung

Die Ausstrahlung, die Zeuthen nunmehr auf ganz DESY hatte, zeigte sich nicht zuletzt in der Übernahme wichtiger Leitungsfunktionen durch Zeuthener. Verantwor-

Abbildung 14.11 Der Photoinjektor-Teststand PITZ. Im Innern der beiden Magnete im Vordergrund werden Elektronen durch Laserbeschuss einer Photokathode freigesetzt und beschleunigt. In der anschließenden Diagnosesektion können die Eigenschaften der erzeugten Strahlpakete genau vermessen werden (DESY-Archiv).

tung als Direktoriumsmitglied und Bereichsleiter bei DESY, sowie als Sprecher oder Physik-Koordinator in jeder der vier großen HERA-Kollaborationen und des IceCube-Projekts, lag zeiweilig in den Händen von Physikern aus Zeuthen.

Die Berlin-Nähe Zeuthens bot auch besondere Chancen für die Außenwirkung DESYs. In der Urania, dem Berliner Vortragszentrum für wissenschaftliche Themen, wo schon Einstein Vorträge gehalten hatte, konnten Zeuthener Physiker regelmäßig vor einem interessierten Publikum für die Teilchenphysik werben. Dazu trug auch besonders eindrucksvoll eine große Ausstellung in der Urania bei, die anlässlich des „Jahres der Physik 2000" gemeinsam mit Universitäten ausgerichtet wurde.

Die Stadt Berlin veranstaltete zur Jahrtausendwende im Martin Gropius-Bau unter dem Titel „Sieben Hügel" eine der größten und aufwändigsten Ausstellungen, die es in Deutschland je gegeben hatte; Vergangenes und Zukunftweisendes aus sieben Themenbereichen wurden vorgestellt und DESY konnte Tausenden von Besuchern die Teilchenphysik durch mehrere Exponate, darunter ein begehbares Modell des TESLA-Tunnels, näherbringen.

Auch auf der Internationalen Luftfahrtausstellung in Berlin-Schönefeld und dem bundesweiten Forschungsforum auf dem neuen Messegelände in Leipzig wurde wiederholt erfolgreich für Teilchenphysik und DESY-Projekte geworben und das Interesse von Politikern geweckt. Eine besondere Attraktion war 2002 die Ausstellung „TESLA – Licht der Zukunft" im Automobil-Forum der Volkswagen AG in zentraler Lage Unter den Linden in Berlin. Hier zeigten und erklärten einen Monat lang DESY-Mitarbeiter und Studenten die Teilchenphysik, das TESLA-Projekt, den Röntgenlaser und seine vielfältigen Anwendungen den zahlreichen Besuchern, darunter vielen Schulklassen.

In der Region war das Zeuthener DESY eingebunden durch Zusammenarbeit und Lehrtätigkeit an den Universitäten in Berlin, Potsdam und Cottbus und der Fachhochschule Wildau. Dazu kamen „Tage der offenen Tür", Vorträge und Führungen für Schüler, Schülerpraktika sowie ein Programm „Physik begreifen" ähnlich wie bei DESY in Hamburg zum Experimentieren für Schulklassen, und nicht zuletzt die Lehrlingsausbildung. Auch wurden regelmäßige Weiterbildungskurse für Physiklehrer durchgeführt.

Was die wissenschaftliche Nutzung betrifft konnte Zeuthen sich dank seiner einerseits Berlin-nahen, andererseits aber auch etwas abgeschiedenen, idyllischen Lage einen Ruf als Veranstaltungsort für Arbeitstagungen und Konferenzen erwerben. Die gut ausgebaute Infrastruktur, Unterkunfts- und Verpflegungseinrichtungen machten es möglich, Jahr für Jahr eine Vielzahl von wissenschaftlichen Tagungen in Zeuthen durchzuführen.

In seiner Ansprache anlässlich des 10-jährigen Zusammengehens von Zeuthen mit dem DESY konnte Dr. Hermann Schunck vom Bundesministerium (BMBF), der langjährige Vorsitzende des DESY-Verwaltungsrats, feststellen: „Zeuthen ist heute mehr als nur ein erfolgreiches Institut, es ist ein Anziehungspunkt ... Es ist damit zu einem kleinen Juwel geworden im Rahmen der neuen Helmholtz-Gemeinschaft" [275].

15
Aktivitäten außerhalb DESYs

Nach der ursprünglichen DESY-Satzung war das Tätigkeitsgebiet des DESY auf die eigenen Beschleuniger und die damit auszuführende Forschung beschränkt. Regeln für Ausnahmen wurden erstmals 1972 im Zusammenhang mit Arbeiten auf dem Gebiet der medizinischen Datenverarbeitung in Zusammenarbeit mit dem Universitätskrankenhaus Eppendorf im Wissenschaftlichen Rat und im Verwaltungsrat diskutiert: Der Umfang der Aktivität sollte im Prozent-Bereich bleiben, und der Beitrag von DESY sollte eine der speziellen Stärken des Instituts involvieren und in diesem Sinn einmalig sein. Beispiele für solche Aktivitäten folgen[1)].

15.1 Visuelle Methoden

Die Technik der Kernemulsionen zum Teilchennachweis spielte bei der Planung von Experimenten am DESY-Synchrotron bereits keine Rolle mehr; die Emulsionstechnik war von der Blasenkammertechnik abgelöst worden. Gleichwohl brachten DESY-Physiker aus den USA Erfahrung in der Emulsionstechnik mit, und am CERN gelang ein interessantes Experiment mit Hilfe dieser Technik, die Messung des Realteils der elastischen Proton-Proton Vorwärtsstreuamplitude. Die direkten Kosten dieses Experiments waren, kaum unterbietbar, nur einige 1000 DM. Das Resultat [276] war interessant, weil es einen strengen Vergleich mit den Vorwärtsdispersionsrelationen gestattet [277].

Als Vorbereitung auf die Experimente mit der DESY-Blasenkammer hatte Martin Teucher eine Gruppe zur Auswertung von Blasenkammerbildern gegründet. Sie stand in enger Personalunion mit dem II. Institut für Experimentalphysik der Universität Hamburg und beschäftigte sich zunächst, wie schon erwähnt, mit der Auswertung von Bildern der 80 cm Wasserstoff-Blasenkammer am CERN.

Als Bilder der DESY-Blasenkammer zur Verfügung standen, war die Auswertung dieser Bilder natürlich die Hauptaktivität. Daneben liefen weiterhin Auswertungen der

[1)] Für das ehemalige Akademie-Institut in Zeuthen galten andere Regeln, und mit dem Anschluss an das DESY brachte das Institut Aktivitäten am Baikalsee und am CERN mit. Darüber ist in dem Kapitel über Zeuthen berichtet worden.

Von schnellen Teilchen und hellem Licht: 50 Jahre Deutsches Elektronen-Synchrotron DESY.
Erich Lohrmann und Paul Söding

ISBN: 978-3-527-40990-7

CERN-Blasenkammern. Hervorzuheben ist dabei eine umfassende Untersuchung von Proton-Proton Wechselwirkungen bei Strahlenergien von 12 GeV und 24 GeV in der 1,5m-Blasenkammer des CERN mit sehr hoher Statistik, ermöglicht durch den Film-Messapparat HPD, so genannt nach seinen Erfindern Hough und Powell. Ein solches Gerät stand ab Ende 1967 in Hamburg zur Verfügung. In Verbindung mit einem Rechner konnte das Gerät Blasenkammerfilme automatisch messen und auf diese Weise entstanden Daten, deren statistische Genauigkeit an diejenige von Zählerexperimenten heranreichte [278].

15.2 Experimente mit einer Streamerkammer an der Cornell-Universität

Mit der Streamerkammer besaß DESY eine sehr interessante Technologie, die getriggerte Bilder von fast der gleichen Qualität wie die Blasenkammer liefern konnte. Nachdem eine große Zahl von Bildern am DESY-Synchrotron aufgenommen war, wurde die Kammer 1975 an die Cornell-Universität im Staat New York gebracht. Dort stand ein Elektronen-Synchrotron mit einer Energie von 12 GeV zur Verfügung. Damit konnte die Untersuchung der Elektroproduktion von Hadronen bei deutlich höherer Energie als am DESY weitergeführt werden. Die Datennahme zu diesem Experiment wurde im Mai 1977 abgeschlossen, nachdem 600 000 Streamerkammer-Bilder aufgenommen worden waren. Die Auswertung der Bilder erfolgte auf dem Hamburger HPD.

Das Experiment zeigte, dass sich die Elektroproduktion sehr gut im Quark-Parton-Bild interpretieren ließ. Aus dem Vergleich mit anderen Experimenten, etwa mit dem PLUTO-Detektor am DORIS-Speicherring, ergab sich, dass hochenergetische Quarks sich stets in der gleichen Weise in Bündel (‚Jets‘) von hadronischen Teilchen umwandelten, unabhängig davon, wie sie erzeugt worden waren. Dies bestätigte eine wichtige Voraussage der Quantenchromodynamik.

15.3 Experiment zur Myonstreuung am CERN

Am 400 GeV Protonen-Beschleuniger SPS des CERN war ein Myonstrahl hoher Intensität und Qualität aufgebaut worden. Zwei internationale Kollaborationen erstellten und betrieben Detektoren an diesem Strahl. Das Ziel war die Untersuchung der Struktur des Protons durch unelastische Myon-Proton-Streuung. Die hohe Energie des Myonstrahls von bis zu 280 GeV gestattete eine wesentliche Verbesserung in der Auflösung und der Genauigkeit über die bisher vorliegenden Messungen hinaus. An einer der Kollaborationen, der Europäischen Myon-Kollaboration (EMC), beteiligte sich eine DESY-Gruppe unter Leitung von Friedhelm Brasse. Ihr besonderer Beitrag waren 16 große Driftkammern mit einer Fläche von $2{,}5 \times 5{,}1\ \mathrm{m}^2$, welche der großen Intensität des Myonstrahls standhalten mussten, und ein Kalorimeter ‚STAC‘ (für ‚Sandwich Total Absorption Counters‘), das als aktives Target dienen konnte. Auch Brasse selbst war ein besonderer Beitrag – er wurde später zum Sprecher der Kollaboration gewählt.

Die DESY-Gruppe begann mit ihren Vorbereitungen 1976. Der Aufbau in Genf war 1978 abgeschlossen und Ende dieses Jahres begannen die ersten Messungen am Myonstrahl. Eine Spezialität des Experiments war die Messung der in dem unelastischen Myon-Proton-Stoß erzeugten Hadronen; diese Fähigkeit wurde in einem Umbau 1980/81 nochmals erweitert und gewährte interessante Tests der perturbativen Quantenchromodynamik. Es wurden Jets beobachtet mit Eigenschaften, wie sie ebenso bei PETRA gefunden worden waren, einschließlich klarer Anzeichen für die Abstrahlung von Gluonen.

15.4 Datenverarbeitung in der Medizin

Die Experimente am DESY waren Quellen großer Mengen von Daten und dementsprechend sammelte man viel Erfahrung im Umgang mit großen Datenmengen, ihrer Verarbeitung und graphischen Darstellung. Diese Erfahrung konnte man in der Medizin einsetzen, um z. B. Röntgenbilder darzustellen und zu bearbeiten. Das Universitätskrankenhaus in Eppendorf zeigte sich diesem Pioniervorhaben zugänglich. Die Zusammenarbeit, die 1971 begann, umfasste zwei Projekte:

1. Automatische Datenerfassung klinisch-chemischer Daten: Erfassung von Patientendaten, Erfassung von Messvorgängen, Darstellung und Speicherung der Ergebnisse. Dies war damals Neuland!

2. Darstellung von Bildern, die mit einer Szintillationskamera gewonnen worden waren, mit automatischer Korrektur von Gerätefehlern und Bildverbesserung mithilfe digitaler Filter. Dies war ein wertvolles Diagnosewerkzeug, zumal auch der Zeitablauf der Speicherung von Radioisotopen in dem entsprechenden Organ verfolgt werden konnte.

Der Hauptakteur auf der Seite von DESY war K. H. Höhne. Später wurde er auf einen Lehrstuhl für Datenverarbeitung in der Medizin berufen. Seine dreidimensionalen Darstellungen von Organen erlangten Berühmtheit.

16
Dienste rund um die Forschung

16.1 Technische Dienste

In dieser Darstellung der Geschichte DESYs ging es vor allem darum, die wesentlichen Beiträge zu beschreiben, die von DESY und den hier arbeitenden Wissenschaftlern auf den Gebieten der Beschleunigerentwicklung, der Teilchenphysik und der Synchrotronstrahlung geleistet worden sind. Dabei standen naturgemäß die führenden Persönlichkeiten, die richtungsweisenden Entscheidungen und die erzielten Forschungsergebnisse im Vordergrund.

Eine solche Darstellung kann aber die Bedingungen, die für das Funktionieren einer Anlage wie DESY notwendig sind, nur sehr unzulänglich wiedergeben. Die Qualität der wissenschaftlichen Arbeit ist nicht allein eine Funktion der Qualität der Entscheidungsträger und der führenden Köpfe. Wenn DESY-Forschung ein hohes Niveau erreichen konnte, dann nur weil das gesamte Unternehmen dieses Niveau trug. Dies war einer der Punkte, auf die Willibald Jentschke von Anfang an bei DESY größten Nachdruck gelegt hatte. Er war nicht müde geworden, den Mitarbeitern immer wieder einzuschärfen, dass harte Arbeit, Selbständigkeit und Verantwortung von Allen gefordert waren. Darüber hinaus, und das war wesentlich, war bei allem Leistungsdenken ein Geist der Fairness gegenwärtig und das Bewusstsein, gemeinsam an einer großen Aufgabe zu arbeiten.

Welches sind – jenseits der eigentlichen Entwicklungs- und Forschungsgruppen – die Bereiche, deren kompetente und unermüdliche Arbeit die Erfolge von DESY möglich gemacht haben? Einige davon sind bereits vorgekommen und gewürdigt worden: Der Hallendienst, auf neudeutsch als Experimente-Support bezeichnet, und die IT-Gruppen. Aber DESY musste sich auf eine viel breitere Basis stützen; eine große Zahl von Betriebsteilen war für das Funktionieren von DESY unerlässlich. Nicht alle können hier erwähnt werden. Da die Beschleuniger rund um die Uhr, werktags wie feiertags, betrieben wurden, waren viele der Mitarbeiter durch ständigen Bereitschaftsdienst oder entsprechenden Schichtbetrieb besonders belastet.

Im Zusammenhang mit den Entwicklungen für die supraleitenden Magnete war bereits die Rolle der Konstruktionsabteilung betont worden. Von den Ingenieuren wurde erwartet, dass sie neuartige Lösungen für komplexe Maschinen- oder Detektorkomponenten fanden, wie sie noch nirgendwo anders realisiert worden waren. Jeder neue Be-

Von schnellen Teilchen und hellem Licht: 50 Jahre Deutsches Elektronen-Synchrotron DESY.
Erich Lohrmann und Paul Söding

ISBN: 978-3-527-40990-7

schleuniger und jedes neue Experiment war einzigartig, kein Serienerzeugnis. Hier galt es nicht ausgetretenen Pfaden zu folgen, es gab keine Routinearbeit und meist keine Vorbilder, man arbeitete stets an der Grenze des Erforschten und technisch Möglichen. Oft sahen sich die Ingenieure mit ‚ingenieursmäßig unmöglichen' Anforderungen konfrontiert, in denen kein Lehrbuchwissen weiterhalf. Hinzu kam, dass die Mittel immer knapp waren. Damit waren Ehrgeiz und Kreativität herausgefordert. Innovative Köpfe fühlten sich angezogen. Die enge Zusammenarbeit der Ingenieure mit Physikern führte häufig zu wegweisenden technischen Lösungen. So entwickelte sich ein Pioniergeist, der die meisten in ihrer gesamten Berufslaufbahn nicht wieder loslassen sollte, getragen von der Begeisterung, etwas Neues zu schaffen. Ähnliches wie von den Konstrukteuren ist von den Elektronik-Entwicklern zu sagen.

Auch die Arbeitsvorbereitung und die Werkstätten hatten einen großen Anteil am Erfolg von DESY. Viele Modelle und Einzelstücke erforderten bei der Fertigung so große Umsicht, Sorgfalt und Präzision oder eine so enge Begleitung durch den Konstrukteur oder Physiker, dass man ihre Herstellung nur den eigenen Mitarbeitern anvertrauen mochte oder konnte.

Speziell im Bereich der Beschleuniger und Speicherringe gab es mannigfache Aufgaben für technische Gruppen. Dazu gehörten etwa die Betreuung der Injektionsbeschleuniger und Strahltransportwege, die Vakuum- und Hochfrequenztechnik, die Kontrollen und Instrumentierung, die Energie- und Kühlwasserversorgung und die Kryogenik. Für alle diese Gebiete haben sich bei DESY hochmotivierte, kompetente und zuverlässige Teams herausgebildet. Stellvertretend für viele der Schlüsselpersonen sei Hannelore Grabe-Çelik genannt – sie war geradezu eine Institution beim Aufbau der Beschleuniger, wofür sie die komplizierten Organisations- und Zeitpläne erstellte und deren strikte Einhaltung sie durchsetzte, wobei es die Arbeit nicht nur der verschiedenen DESY-Gewerke, sondern auch zahlreicher auswärtiger Firmen zu koordinieren galt. Und bei der höchste Präzision erfordernden Montage der Beschleunigerkomponenten wie auch der Experimente konnte man sich auf die hervorragende Arbeit der DESY-Vermessungsingenieure verlassen.

Eine sehr wichtige Gruppe, die ein K in ihrem Namen trug, war für die Wasser- und Stromversorgung zuständig. Die beim DESY installierte elektrische Leistung betrug mehr als 30 MW. Sie kam über eine 110 kV-Leitung und wurde im einem DESY-internen 10 kV-Netz verteilt. Nach dem 1. und 2. Hauptsatz der Wärmelehre wird die elektrische Energie vollständig in Wärme umgewandelt. Entsprechend groß waren die Aufwendungen für die Kühlung. Die verantwortungvolle Arbeit der K-Gruppen wurde oft erst bemerkt, wenn etwas nicht funktionierte, und bei Tausenden von Stromversorgungsgeräten gab es eine riesige Zahl von Möglichkeiten für Pannen. Ohne den Einsatz und das Können der Ingenieure und Techniker der K-Gruppen, welche den gewaltigen Gerätepark am Laufen hielten, wäre die hohe Effizienz des Beschleunigerbetriebs nicht möglich gewesen.

Von großer Bedeutung für den störungsfreien und sicheren Betrieb der Anlagen war die Kompetenz und Gewissenhaftigkeit der Mitarbeiter im Strahlenschutz, im Arbeitsschutz und im technischen Sicherheits- und Notdienst. Eine besonders schwierige und verantwortliche Aufgabe ist dabei der Strahlenschutz rund um die Beschleuniger, die ja extrem starke Strahlungsquellen darstellen. Deshalb sind lückenlose Überwachung und rigide Zugangskontrollen für den Beschleunigerbereich erforderlich. Die Verantwortung hierfür lag in den Händen des Leiters der Beschleuniger-Betriebsgruppe Hermann Kumpfert. Ein ähnliches Problem boten die Experimentierhallen. Hier lag die Verantwortung in den Händen der Strahlenschutzgruppe. Der Erfolg des Strahlenschutzes wird daran gemessen, dass nichts passiert. Tatsächlich hat es während des jahrzehntelangen intensiven, meist rund um die Uhr 7 Tage die Woche laufenden Betriebs der Beschleuniger und Experimente niemals einen Personenschaden durch Strahlung gegeben.

Die zahlreichen bei DESY tätigen auswärtigen Nutzer und DESY-Partner, namentlich die aus dem Ausland, benötigten vielfache Hilfestellung, vor allem für die Unterbringung. Ihr Ansprechpartner, der DESY-Gästeservice, war deshalb die für die Außendarstellung DESYs vielleicht wichtigste Einrichtung. Unter ihrer langjährigen Leiterin Josephine Zilberkweit hat der Service entscheidend zum Ansehen von DESY beigetragen. Hier konnten die Gäste auf Verständnis und Hilfe bei allen ihren Problemen rechnen, angefangen von den zahlreichen Tücken im Umgang mit der deutschen Bürokratie bis zur Vermittlung von Sprachkursen, Kindergärten und Schulen für Ehepartner und Kinder. Ohne einen solchen Dienst hätte DESY niemals die enorme Unterstützung der ausländischen Partner erhalten, die nicht zuletzt für den Bau von HERA, unerlässlich war.

Einen wichtigen Dienst für die Wissenschaftler nicht nur bei DESY stellte die DESY-Bibliothek zur Verfügung. In Zusammenarbeit mit dem SLAC in Stanford wurde eine Datenbank erstellt, in die regelmäßig alle Publikationen der Teilchenphysik aufgenommen wurden und die man mittels Schlüsselworten nach den gewünschten Themen durchsuchen konnte. Die Anfänge des Systems gehen bis auf den Beginn der Forschungstätigkeit am DESY zurück; die Schaffung eines rechnerlesbaren- und durchsuchbaren Systems war damals eine Pionierleistung.

Sehr wichtig für eine Institution wie DESY ist nicht zuletzt eine effiziente und zugleich schlanke Verwaltung. Diese Attribute kamen der DESY-Verwaltung zu. Es ist ihr gelungen, die in den Augen eines Verwaltungsmenschen häufig chaotisch agierenden Wissenschaftler in ihrer Arbeit wirkungsvoll zu unterstützen und die Bürokratie dabei auf ein Minimum zu beschränken. Dies bezieht sich sowohl auf die allgemeinen Verwaltungsaufgaben als auch auf die Buchhaltung und das Personal- und Beschaffungswesen. Überall herrschte, bei allem Bestehen auf Korrektheit, stets Verständnis für die besonderen Bedingungen eines wissenschaftlichen Unternehmens und großes Engagement für DESYs Wohlergehen. Man war Teil einer Familie.

Bei der Wahrnehmung ihrer Aufgaben haben sich viele DESY-Mitarbeiter in ihren Fähigkeiten, Erfahrungen und Verantwortlichkeiten im Laufe der Jahre beträchtlich weiterentwickeln und qualifizieren können. Die vorher erwähnte Hannelore Grabe-Çelik ist ein Beispiel, sie hatte als technische Zeichnerin bei DESY angefangen und wuchs in die Verantwortung für eine wichtige Führungsaufgabe hinein. Auch in anderen Fällen konnte DESY beim Freiwerden von Führungspositionen im technischen oder Verwaltungsbereich an Stelle einer Neueinstellung auf einen bewährten DESYaner zurückgreifen und diesen in die neue Funktion aufrücken lassen. Dies hat wesentlich dazu beigetragen, dass die wichtigen Leitungsfunktionen in den Händen kompetenter und engagierter Mitarbeiter lagen, die mit DESY und mit den Stärken und

Schwächen iher Kollegen wohlvertraut waren und so optimale Effizienz und Motivation gewährleisten konnten. Nicht zuletzt dank dieser Strategie konnte DESY es schaffen, mit einer Personalstärke auszukommen, die weit unterhalb derjenigen in den meisten vergleichbaren Institutionen lag.

Rolf Pamperin, einer der seit DESYs Anfangszeit in einer Vielzahl von verantwortungsvollen Funktionen bewährten Ingenieure, hat es anlässlich der 40-Jahr-Feier von DESY so auf den Punkt gebracht – und damit sicherlich im Sinne vieler Kollegen gesprochen: „Die immer neue Herausforderung, das Nicht-Alltägliche, das offene Wort und das gemeinsame Ziel der DESYaner – sie haben mich 40 Jahre lang begleitet und begeistert."

16.2 Öffentlichkeitsarbeit

Willibald Jentschke hatte sehr früh den Wert der Öffentlichkeitsarbeit für das DESY erkannt, lange bevor dies unter dem denglishen Schlagwort ‚PR' zum Modebegriff wurde. Der PR-Beauftragte der ersten Stunde war Gerhard Söhngen, ihm folgte später Pedro Waloschek. Beiden gelang es, Kontakte zu wichtigen Wissenschaftjournalisten großer deutscher Zeitungen zu knüpfen. Thomas v. Randow z. B., der Wissenschaftsredakteur der Wochenzeitschrift ‚Die Zeit', berichtete öfters über Geschehnisse am DESY.

Sehr wichtige Veranstaltungen waren die Tage der offenen Tür, die regelmäßig im Herbst stattfanden. Dabei wurde das DESY-Gelände für Besucher geöffnet, und Alle konnten Alles sehen, die Beschleunigeranlagen eingeschlossen. Dies war sehr wichtig, um die Nachbarn zu überzeugen, dass es am DESY keine gefährlichen ‚Atome' gab. Außerdem wurden unterhaltsame Physik-Vorführungen geboten, und so kamen alljährlich viele Tausend Besucher.

Mehrmals pro Woche wurden Besucher, besonders auch Schulklassen, durch das DESY geführt. Am ersten Samstag jeden Monats gab es außerdem Führungen und einen Film über DESY. Das Gefühl, dass DESY in diesem Sinn offen war, begründete ein Vertrauensverhältnis zu den Nachbarn, welches sich als sehr wichtig erwies, als für den Bau von HERA Gelände außerhalb DESYs untertunnelt werden musste.

Als das DESY größer wurde, änderte sich auch das Profil der PR-Abteilung, und das Management wurde noch professioneller. In dieser Phase leitete Petra Folkerts einige Jahrzehnte lang die Geschicke von PR. Neben dem Besucher- und Besichtigungsdienst waren wichtige Aufgaben die Information nach außen in Form von Broschüren, Faltblättern (auf Deutsch und Englisch) und Presseinformationen.

Ebenso wichtig für den Zusammenhalt des Instituts waren Informationen für die Mitarbeiter. Regelmäßig erscheinende Berichte, Journale, Bulletins und Aushänge an den schwarzen Brettern informierten über wichtige Neuigkeiten und Fortschritte.

Zur PR-Aktivität gehörten auch Veranstaltungen zur Lehrerfortbildung, die mehrmals im Jahr in den dafür zuständigen Institutionen von der PR-Abteilung unterstützt wurden.

Die schon erwähnten regelmäßigen Besichtigungen erfreuten sich einer stetig wachsenden Beliebtheit. So kamen beispielsweise 1999 über 11000 Besucher in 418 Einzelgruppen, davon 219 Schülergruppen und 69 Studentengruppen.

Besonders hervorgehoben zu werden verdient die Ausstellung DESY-EXPO „Licht der Zukunft" vom 1. Juni bis 31. Oktober 2000. Sie bildete als Außenstelle der EXPO 2000 einen offiziellen Teil der Weltausstellung. Auf 1200 m^2 wurden die aktuelle Forschung und die geplanten Zukunftsprojekte von DESY vorgestellt: Der supraleitende Röntgenlaser XFEL und eine 33 km lange Elektron-Positron-Kollisionsanlage. In einem Tunnel waren die ersten 100 m des geplanten supraleitenden Linearbeschleunigers zu sehen. Daneben gab es viele Exponate zur allgemeinen Physik zum Bestaunen und selbst Ausprobieren. Besonderes Interesse fanden die Experimente zum Anfassen. Der Erfolg der Ausstellung mit mehr als 100 000 Besuchern war entsprechend groß.

16.3 Ausbildung

Um einen Beitrag zur gewerblich-technischen Ausbildung zu leisten, hat das DESY eine große Lehrwerkstatt eingerichtet. Im Jahr 2000 erhielten 61 Lehrlinge ihre Ausbildung in den Berufen Elektroniker, Mechatroniker, Mechaniker, Feinwerktechniker, Betriebstechniker, Tischler und technischer Zeichner. Für seinen hohen Standard in der Berufsausbildung hat das DESY das Zertifikat ‚Qualität durch Ausbildung' von der Handelskammer Hamburg erhalten.

Um das Interesse für Physik schon bei Schülern zu wecken, wird das Projekt ‚physik. begreifen@desy.de' mit pädagogischer Unterstützung der Hamburger Schulbehörde beim DESY durchgeführt und bietet zweimal in der Woche Schülerinnen und Schülern der 9./10. Jahrgangsstufe die Möglichkeit, einen Tag lang selbst zu experimentieren. Dabei stehen verschiedene Themen zur Auswahl, wie ‚Vakuum' und ‚Radioaktivität'.

An besonders interessierte Schülerinnen und Schüler wendet sich die 1998 gegründete Seminarreihe ‚Faszination Physik', ein Treffpunkt und Diskussionsforum für junge Leute zu Themen der modernen Physik. Geleitet von einem engagierten ehemaligen Gynasiallehrer werden Themen bearbeitet, die von den Teilnehmern selbst vorgeschlagen werden.

Ein Bezug zur aktuellen Forschung am DESY wird Studenten der Physik geboten. In den Semesterferien erhalten sie Gelegenheit, in den Experimentiergruppen in Hamburg oder Zeuthen zu hospitieren. Studenten aller deutschen Universitäten sowie von DESYs Partnerinstituten im Ausland können sich dafür bewerben. Regelmäßig nehmen jeden Sommer rund 80 Physik-Studenten teil. Sie hören Vorträge zur Einführung in die beim DESY vertretenen Forschungsgebiete und bearbeiten unter der Anleitung eines erfahrenen Wissenschaftlers erste kleinere Forschungsaufgaben.

17
Linearbeschleuniger – der nächste Schritt

17.1 Vorbereitungen

Mit dem 100 GeV Elektron-Positron-Speicherring LEP am CERN hatte diese Art von Maschinen ihre Grenze erreicht. Die in die Synchrotronstrahlung gehende Leistung wächst für eine kreisförmige Maschine sehr schnell mit wachsender Energie E an (proportional zu E^4). Damit kommt man etwa bei der Größe des LEP-Speicherrings an technische und finanzielle Grenzen.

Wollte man noch höhere Energien für Elektron-Positron-Kollisionen erreichen, so musste man die Strahlen von zwei Linearbeschleunigern kollidieren lassen. Das hört sich genauso schwierig an wie es tatsächlich ist. Trotzdem kamen die Experten bei einem internationalen „Workshop on Physics and Experiments with Linear Colliders" in Finnland 1991 zu dem Ergebnis, dass dies der nächste Schritt sein sollte.

Schon vorher war am DESY ein Verfahren zur Erzeugung sehr hoher Beschleunigungsspannungen in Linearbeschleunigern erprobt worden. Die Idee war, die Streufelder eines starken Elektronenstrahls zu komprimieren und mit den so entstehenden sehr hohen elektrischen Feldstärken einen zweiten Elektronenstrahl zu beschleunigen. Ein solcher sogenannter ‚Wake Field Transformer' war ab 1982 geplant worden [279,280], und 1984 wurde mit dem Aufbau einer 7 m langen Versuchsstrecke begonnen. Im Jahr 1987 konnte das Prinzip erfolgreich demonstriert werden, doch war die Technologie noch nicht reif für die praktische Anwendung in einem Hochenergie-Beschleuniger. Zwei Jahre später wurde die Entwicklung eingestellt.

Ab 1992 verfolgte das DESY für das Zukunftsprojekt kollidierender Elektron-Positron-Linearbeschleuniger zwei große Entwicklungslinien: Bei der ersten handelte es sich um einen Linearbeschleuniger mit supraleitenden Resonatoren bei einer Frequenz von 1,3 GHz (TESLA). Die zweite Entwicklungslinie sah einen normalleitenden Linearbeschleuniger in der am SLAC bewährten S-Band-Technologie (3 GHz) vor.

Die Entwicklung des normalleitenden S-Band-Linearbeschleunigers umfasste den Bau einer Teststrecke mit einer Beschleunigung auf 400 MeV. Sie erfolgte im Rahmen einer internationalen Kollaboration, der ‚SBLC Kollaboration'. Der DESY-

Von schnellen Teilchen und hellem Licht: 50 Jahre Deutsches Elektronen-Synchrotron DESY.
Erich Lohrmann und Paul Söding

ISBN: 978-3-527-40990-7

Projektleiter war Norbert Holtkamp.[1)] Der Aufbau des Tests begann 1994. Zusammen mit der Firma Philips und mit SLAC wurde ein neues S-Band-Klystron hoher Leistung entwickelt. Im Jahr 1997 ging der Beschleuniger in Betrieb und wurde 1998 noch mit einer dritten Beschleunigerstruktur vervollständigt. Der Test verlief erfolgreich, und die Entwicklung war damit zu einem gewissen Abschluss gebracht worden. Da die Fortschritte bei der Entwicklung supraleitender Beschleunigungsstrukturen vielversprechend aussahen, empfahl der Wissenschaftliche Rat, die Arbeiten am S-Band zum Ende 1998 abzuschließen und die weitere Arbeit auf das TESLA-Projekt zu konzentrieren.

Das TESLA-Projekt war vor allem durch Björn Wiik vorangetrieben worden. Es stand mit der Verwendung supraleitender Beschleunigungsstrukturen weltweit allein. Die beiden anderen Institute, die sich mit der Entwicklung kollidierender Linearbeschleuniger befassten, das SLAC und das japanische KEK, setzten ebenso wie das S-Band-Projekt bei DESY auf normalleitende Beschleunigungsstrukturen (die allerdings nicht im S-Band, sondern bei einer höheren Frequenz im sogenannten X-Band betrieben werden sollten). Die Verwendung normalleitender Strukturen schien eine größere Sicherheit zu bieten. Wiiks Vision, die erforderliche hohe Energie mit supraleitenden Strukturen erreichen zu können, erschien außerordentlich ehrgeizig und gewagt. Ihre Realisierung würde eine riesige Extrapolation über den Stand der Technik hinaus erfordern. Der nutzbare Feldgradient der supraleitenden Beschleunigungsstrukturen müsste um einen Faktor von mindestens 4 über die damals erreichten Werte hinaus gesteigert und gleichzeitig die industrielle Massenfertigung um einen ähnlichen Faktor verbilligt werden.

Falls diese Ziele erreicht würden, nämlich mit den Kosten und der Beschleunigungsspannung in die Nähe der mit der S-Band-Technologie erreichbaren Werte zu kommen, dann bot das TESLA-Projekt auf lange Sicht Vorteile. Neben anderen war ein wichtiger Vorteil in der Technik der Supraleitung begründet, die ein günstigeres Verhältnis der benötigten elektrischen Leistung zur Luminosität, der ‚Lichtstärke' des Beschleunigers, versprach. Für die zukünftigen Betriebskosten war das ein ausschlaggebendes Argument. Die Verfolgung dieser Pläne war Wiik so wichtig gewesen, dass er die ihm angetragene Berufung zum Generaldirektor des CERN abgelehnt hatte.

Die Arbeiten wurden von Beginn an auf eine internationale Grundlage gestellt. Die TESLA-Kollaboration wurde mit 19 Instituten aus 8 Ländern gegründet. Für das große Linearbeschleunigerprojekt nahm die TESLA-Kollaboration eine umfangreiche Studie zur Physik einer solchen Maschine und seiner Detektoren in Angriff, die im Rahmen von ECFA durchgeführt wurde. Dies war wichtig, um eine globale Zustimmung zu den wissenschaftlichen Zielen des Projekts zu erhalten und um sie mit den Plänen anderer Zentren abzustimmen.

Nachdem die Entwicklungsarbeiten große Fortschritte gemacht hatten, konnte das DESY den Abschluss eines Staatsvertrags zwischen Hamburg und Schleswig-Holstein erreichen. Sein Gegenstand war ein gemeinsames Planfeststellungsverfahren mit inte-

[1)] Holtkamp machte später eine internationale Karriere, wurde Leiter des Spallationsneutronen-Projekts in Oak Ridge (USA) und anschließend technischer Direktor von ITER, dem internationalen Fusions-Reaktor.

grierter Umweltverträglichkeitsprüfung: Das geplante Paar Linearbeschleuniger sollte sich mit einer Länge von insgesamt 33 km bis weit in das Gebiet von Schleswig-Holstein in die Nähe von Westerhorn erstrecken. Dabei war hilfreich, dass sich Björn Wiik und Heide Simonis, Ministerpräsidentin von Schleswig-Holstein, gut verstanden.

Alle diese Vorbereitungen erlitten Anfang 1999 einen sehr schweren Schlag: Am 26. Februar 1999 kam Björn Wiik durch einen Unfall beim Bäumefällen in seinem Garten ums Leben. Die Bestürzung bei DESY und in der ganzen Wissenschaftlergemeinde war groß. Über 800 Wissenschaftler, Freunde, Kollegen und Nachbarn von DESY trafen sich am 7. Juli zu einem Gedenkkolloquium. Der derzeitige Forschungsdirektor des DESY, Albrecht Wagner, wurde vom Verwaltungsrat zum neuen Vorsitzenden des Direktoriums bestellt (Abb. 17.1). Bei aller Trauer gingen unter seiner Leitung die Arbeiten am TESLA-Projekt zügig weiter.

Abbildung 17.1 Professor Albrecht Wagner (DESY-Archiv).

Das Projekt der kollidierenden Linearbeschleuniger musste im Detail vorbereitet werden. Dabei bewährte sich die gute Zusammenarbeit innerhalb der TESLA-Kollaboration. Die verschiedenen Institute beteiligten sich mit der Übernahme von Aufgaben, z. B. am Bau und Test eines Elektronen-Injektors und mit der Lieferung von Komponenten. Hauptziel war die Entwicklung einer Beschleunigerstruktur mit der nötigen Strahlqualität, also eines Prototyp-Linearbeschleunigers, der beim DESY gebaut werden sollte und den Namen TTF (TESLA Test Facility) erhielt. Eines der Ziele, das in Zusammenarbeit mit der Industrie verfolgt wurde, war die Senkung der Produktionskosten für die supraleitenden Beschleunigerstrukturen. Dazu bedurfte es konstruktiver Verbesserungen wie der Einführung einer Superstruktur, d.h. einer Kopplung einiger mehrzelliger Resonatoren über ein kurzes Strahlrohr. Ferner waren Verfahren zur kostengünstigen Herstellung von mehrzelligen Resonatoren zu entwickeln. Hier hatte das DESY einschlägige Erfahrungen, da bereits 1982 supraleitende Resonatoren im PETRA-Speicherring getestet worden waren.

Ganz oben auf der Liste stand die Erhöhung der maximal möglichen Beschleunigungsspannung in den Resonatoren. Zunächst lag sie weit unterhalb der theoretisch aufgrund der physikalischen Gesetze möglichen Grenze. Die Ursache sind kleine Unregelmäßigkeiten wie z. B. Schmutz oder mechanische Defekte auf der Oberfläche, an denen sich bei hohen elektrischen Feldstärken durch Feldemission ein elektrischer Durchschlag entwickeln kann.

Durch sorgfältige Inspektion und Reinigung der Resonatoren konnten Beschleunigungs-Feldstärken von 25 Mio V/m erreicht werden, ein Durchbruch verglichen mit den Werten zu Beginn des Programms und ausreichend, um in dem großen TESLA-Collider eine Schwerpunktenergie von 500 GeV zu erreichen. Das war den Entwicklern aber noch nicht genug. Erste Versuche mit der Elektropolitur der Resonatoren in Zusammenarbeit mit CERN verliefen vielversprechend. Schließlich wurden in einzelnen Resonatoren Beschleunigungs-Feldstärken von bis zu 40 Mio V/m erreicht, nahe dem theoretisch möglichen Wert von etwa 45 Mio V/m. Die Abb. 17.2 zeigt einen solchen mehrzelligen, aus Niobium gefertigten Resonator.

17.2 Der VUV-FEL

Ein Linearbeschleuniger wie TESLA kann nicht nur für die Hochenergiephysik eine neue Dimension der Forschung bieten. Auf einem Festkolloquium, das 1994 aus Anlass von 30 Jahren Nutzung der Synchrotronstrahlung bei DESY stattfand, hatte Björn Wiik, wie im Kapitel über Synchrotronstrahlung berichtet, die hervorragenden neuen Möglichkeiten angesprochen, die ein derartiger Beschleuniger für die Forschung mit der Synchrotronstrahlung bieten würde. Die gute Strahlqualität des Linearbeschleunigers würde den Bau eines Freie-Elektronen-Lasers (FEL) für den Spektralbereich vom Vakuum-UV bis zum Röntgenbereich ermöglichen, und seine Helligkeit würde alle bisherige Quellen ungeheuer übertreffen.

Um das dabei zur Anwendung kommende neuartige SASE-FEL-Prinzip zu demonstrieren, sollte ein Linearbeschleuniger mit einem Undulatormagneten ausgestattet werden und bei einer Elektronenenergie von 500 MeV Strahlung im VUV-Wellenlängenbereich erzeugen. Ein Vorschlag wurde ausgearbeitet, vom Wissenschaftlichen Rat empfohlen und 1995 vom Verwaltungsrat genehmigt. Mit dem Aufbau von Phase I eines solchen SASE-FEL an der TTF wurde umgehend begonnen. Ein Kernstück war der Undulator aus 652 Permanentmagneten. Gebaut wurde er unter der Leitung von Joachim Pflüger. Die gesamte Anlage, etwa 250 m lang, würde nach ihrer Fertigstellung monoenergetische Synchrotronstrahlung von unerreichter

Abbildung 17.2 Ein aus Niobium gefertigter mehrzelliger supraleitender Resonator (DESY-Archiv).

Intensität bis herab zu Wellenlängen von etwa 10 nm liefern. Damit würde sie neue Forschungsmöglichkeiten im Vakuum-Ultraviolett Spektralbereich eröffnen. Sie lief zunächst unter der Bezeichnung VUV-FEL, ihr späterer Name war „FLASH".

Im Jahr 1999 wurde zum ersten Mal ein in der supraleitenden Struktur beschleunigter Elektronenstrahl durch den Undulator geschickt. Dabei muss eine sehr hohe Strahlqualität erreicht werden, damit der Elektronenstrahl zur Laser-Aktion angeregt werden kann. Die war zunächst noch nicht gelungen.

Das herausragende Ereignis des Jahres 2000 war dann die erste Beobachtung der Laserstrahlung aufgrund des SASE-Prinzips in der TESLA Test Facility TTF [281]. Damit es zu einer kohärenten Emission und Verstärkung von Laserlicht aufgrund der Rückwirkung der Laserstrahlung auf den erzeugenden Elektronenstrahl kommt, müssen restriktive Bedingungen für den Elektronenstrahl erfüllt sein: Die Strahlqualität, gemessen durch die Emittanz, muss sehr gut sein (in diesem Fall 6 π mrad mm), die Zahl der Elektronen in jedem Paket muss sehr groß sein (in diesem Fall 10^{10}) und der 14 m lange Undulator, die eigentliche Quelle der Strahlung, muss mit einer Genauigkeit von 1/10 mm justiert sein.

Am 22. Februar 2000 war es soweit: Bei einer Energie des Elektronenstrahls von 233 MeV wurde ein exponentielles Anwachsen der Laserstrahl-Intensität bei einer Wellenlänge von 109 nm beobachtet. Damit war ein erster wichtiger Schritt auf dem Weg zu einer neuen mächtigen Lichtquelle im UV mit bisher unerreichter Brillanz gelungen. Die Abb. 17.3 zeigt die erste Seite der Publikation.

VOLUME 85, NUMBER 18 PHYSICAL REVIEW LETTERS 30 OCTOBER 2000

First Observation of Self-Amplified Spontaneous Emission in a Free-Electron Laser at 109 nm Wavelength

J. Andruszkow,[16] B. Aune,[4] V. Ayvazyan,[27] N. Baboi,[10] R. Bakker,[2] V. Balakin,[3] D. Barni,[14] A. Bazhan,[3] M. Bernard,[21] A. Bosotti,[14] J. C. Bourdon,[21] W. Brefeld,[6] R. Brinkmann,[6] S. Buhler,[19] J.-P. Carneiro,[9] M. Castellano,[13] P. Castro,[6] L. Catani,[15] S. Chel,[4] Y. Cho,[1] S. Choroba,[6] E. R. Colby,[9,*] W. Decking,[6] P. Den Hartog,[1] M. Desmons,[4] M. Dohlus,[6] D. Edwards,[9] H. T. Edwards,[9] B. Faatz,[6] J. Feldhaus,[6] M. Ferrario,[13] M. J. Fitch,[26] K. Flöttmann,[6] M. Fouaidy,[19] A. Gamp,[6] T. Garvey,[21] C. Gerth,[6] M. Geitz,[10,†] E. Gluskin,[1] V. Gretchko,[17] U. Hahn,[6] W. H. Hartung,[9] D. Hubert,[6] M. Hüning,[24] R. Ischebek,[24] M. Jablonka,[4] J. M. Joly,[4] M. Juillard,[4] T. Junquera,[19] P. Jurkiewicz,[16] A. Kabel,[6,*] J. Kahl,[6] H. Kaiser,[6] T. Kamps,[7] V. V. Katelev,[12] J. L. Kirchgessner,[23] M. Körfer,[6] L. Kravchuk,[17] G. Kreps,[6] J. Krzywinski,[18] T. Lokajczyk,[6] R. Lange,[6] B. Leblond,[21] M. Leenen,[6] J. Lesrel,[19] M. Liepe,[10] A. Liero,[22] T. Limberg,[6] R. Lorenz,[7,‡] Lu Hui Hua,[11] Lu Fu Hai,[6] C. Magne,[4] M. Maslov,[12] G. Materlik,[6] A. Matheisen,[6] J. Menzel,[24] P. Michelato,[14] W.-D. Möller,[6] A. Mosnier,[4] U.-C. Müller,[6] O. Napoly,[4] A. Novokhatski,[5] M. Omeich,[21] H. S. Padamsee,[23] C. Pagani,[14] F. Peters,[6] B. Petersen,[6] P. Pierini,[14] J. Pflüger,[6] P. Piot,[6] B. Phung Ngoc,[4] L. Plucinski,[10] D. Proch,[6] K. Rehlich,[6] S. Reiche,[10,§] D. Reschke,[6] I. Reyzl,[6] J. Rosenzweig,[25] J. Rossbach,[6,**] S. Roth,[6] E. L. Saldin,[6] W. Sandner,[22] Z. Sanok,[8] H. Schlarb,[10] G. Schmidt,[6] P. Schmüser,[10] J. R. Schneider,[6] E. A. Schneidmiller,[6] H.-J. Schreiber,[7] S. Schreiber,[6] P. Schütt,[5] J. Sekutowicz,[6] L. Serafini,[14] D. Sertore,[6] S. Setzer,[5] S. Simrock,[6] B. Sonntag,[10] B. Sparr,[6] F. Stephan,[7] V. A. Sytchev,[12] S. Tazzari,[15] F. Tazzioli,[13] M. Tigner,[23] M. Timm,[5] M. Tonutti,[24] E. Trakhtenberg,[1] R. Treusch,[6] D. Trines,[6] V. Verzilov,[13] T. Vielitz,[6] V. Vogel,[3] G. v. Walter,[24] R. Wanzenberg,[6] T. Weiland,[5] H. Weise,[6] J. Weisend,[6,*] M. Wendt,[6] M. Werner,[6] M. M. White,[1] I. Will,[22] S. Wolff,[6] M. V. Yurkov,[20] K. Zapfe,[6] P. Zhogolev,[3] and F. Zhou[6,††]

[1]*Advanced Photon Source, Argonne National Laboratory, 9700 S. Cass Avenue, Argonne, Illinois 60439*
[2]*BESSY, Albert-Einstein-Strasse 15, 12489 Berlin, Germany*
[3]*Branch of the Institute of Nuclear Physics, 142284 Protvino, Moscow Region, Russia*
[4]*CEA Saclay, 91191 Gif-sur-Yvette, France*
[5]*Darmstadt University of Technology, FB18-Fachgebiet TEMF, Schlossgartenstrasse 8, 64289 Darmstadt, Germany*
[6]*Deutsches Elektronen-Synchrotron DESY, Notkestrasse 85, 22603 Hamburg, Germany*
[7]*Deutsches Elektronen-Synchrotron DESY, Platanenallee 6, 15738 Zeuthen, Germany*
[8]*Faculty of Physics and Nuclear Techniques, University of Mining and Metallurgy, al. Mickiewicza 30, PL-30-059 Cracow, Poland*
[9]*Fermi National Accelerator Laboratory, MS 306, P.O. Box 500, Batavia, Illinois 60510*
[10]*Hamburg University, Institut für Experimentalphysik, Notkestrasse 85, 20603 Hamburg, Germany*
[11]*Institute of High Energy Physics IHEP, FEL Laboratory, P.O. Box 2732, Beijing 100080, People's Republic of China*
[12]*Institute of High Energy Physics, 142284 Protvino, Moscow Region, Russia*
[13]*INFN-LNF, via E. Fermi 40, 00044 Frascati, Italy*
[14]*INFN Milano-LASA, via Fratelli Cervi 201, 20090 Segrate (MI), Italy*
[15]*INFN-Roma2, via della Ricerca Scientifica 1, 00100 Roma, Italy*
[16]*Institute of Nuclear Physics, Ul. Kawiory 26 a, 30-55 Krakow, Poland*
[17]*Institute for Nuclear Research of RAS, 117312 Moscow, 60th October Anniversary Prospect 7A, Russia*
[18]*Institute of Physics, Polish Academy of Sciences, al. Lotnikow, 32/46, 02-668 Warsaw, Poland*
[19]*Institut de Physique Nucléaire (CNRS-IN2P3), 91406 Orsay Cedex, France*
[20]*Joint Institute for Nuclear Research, 141980 Dubna, Moscow Region, Russia*
[21]*Laboratoire de l'Accélérateur Linéaire, IN2P3-CNRS, Université de Paris-Sud, B.P. 34, F-91898 Orsay, France*
[22]*Max-Born-Institute, Max-Born-Strasse 2a, 12489 Berlin, Germany*
[23]*Newman Lab, Cornell University, Ithaca, New York 14850*
[24]*RWTH Aachen-Physikzentrum, Physikalisches Institut IIIa, Sommerfeldstrasse 26-28, 52056 Aachen, Germany*
[25]*UCLA Department of Physics and Astronomy, 405 Hilgard Ave., Los Angeles, California 90095*
[26]*University of Rochester, Department of Physics and Astronomy, 206 Bausch & Lomb, Rochester, New York 14627*
[27]*Yerevan Physics Institute, 2 Alikhanyan Brothers Street, 375036 Yerevan, Armenia*
(Received 17 April 2000)

We present the first observation of self-amplified spontaneous emission (SASE) in a free-electron laser (FEL) in the vacuum ultraviolet regime at 109 nm wavelength (11 eV). The observed free-electron laser gain (approximately 3000) and the radiation characteristics, such as dependency on bunch charge, angular distribution, spectral width, and intensity fluctuations, are all consistent with the present models for SASE FELs.

0031-9007/00/85(18)/3825(5)$15.00 3825

Abbildung 17.3 Ein Meilenstein für den SASE-FEL ist erreicht.

Später im Jahr wurde mit Elektronenstrahl-Energien zwischen 180 MeV und 280 MeV Laser-Verstärkung nach dem SASE-Prinzip im Wellenlängenbereich zwischen 80 nm und 180 nm demonstriert, die bis dahin kürzeste Wellenlänge, die mit diesem Prinzip erzeugt worden war. In einem Fokus von 20 μm Durchmesser wurden 10^{13} Photonen mit einer Pulslänge von 0.05 ps gemessen, dies entspricht einer instantanen Strahlleistung von fast 1 GW und einer extrem hohen Leistungsdichte.

Im September 2001 wurde eine Verstärkung von 10^7 erreicht bei einer Wellenlänge von 98 nm. Die instantane Brillanz von 10^{28} Photonen/s · mrad^2· mm^2· 0.1 % Bandbreite lag um den Faktor 10^8 bis 10^9 (!) über dem Wert, der zu dieser Zeit mit konventionellen Quellen der Synchrotronstrahlung erreicht wurde. Im Jahr 2002 war die Phase I des VUV-FEL erfolgreich abgeschlossen. Die Abb. 17.4 zeigt eine Prinzipskizze der Anlage.

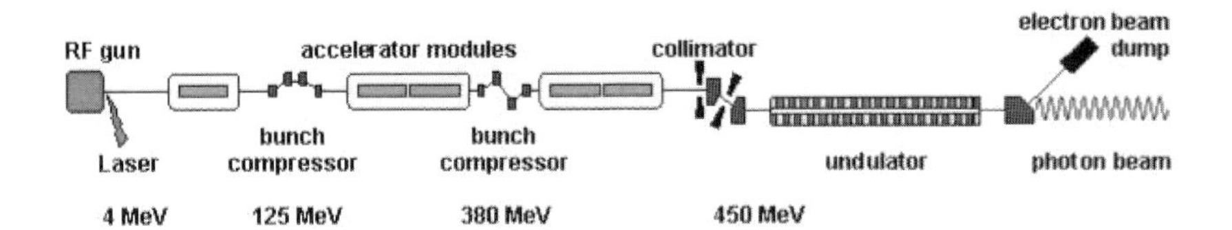

Abbildung 17.4 Prinzipskizze des VUV-FEL (von links nach rechts): Ein Hochleistungslaser erzeugt ein Paket von Elektronen hoher Dichte, dieses wird für die folgende Laseraktion passend geformt und in drei supraleitenden Resonatoren beschleunigt (in der Endversion auf 1000 MeV). Im nachfolgenden Undulator wird durch kohärente Laser-Verstärkung ein hochintensiver Photonenpuls im Wellenlängenbereich 10–100 nm erzeugt. Der Elektronenstrahl wird nach seiner Benutzung seitlich abgelenkt. Die ganze Anlage ist etwa 250 m lang (DESY-Archiv).

17.3 Der TESLA-Vorschlag

Nach jahrelangen technischen Entwicklungsarbeiten wurde im Jahr 2001 der „TESLA Technical Design Report" vorgestellt. In fünf Bänden wurde darin das Projekt in großem Detail beschrieben: Ein Paar supraleitender Elektron-Positron Linearbeschleuniger (im folgenden TESLA-Linearcollider genannt) mit einem integrierten Röntgen-Laser Laboratorium (im folgenden XFEL genannt). Dieser Bericht sollte auch als Unterlage für eine Begutachtung durch den Wissenschaftsrat dienen. Als Autor des Berichts firmierte die TESLA-Kollaboration mit 1134 Autoren von 304 Instituten aus 36 Ländern.

Das Projekt besteht in seinem Kernstück, dem TESLA-Linearcollider, aus zwei entgegengesetzt gerichteten Linearbeschleunigern, deren Strahlen in einem extrem kleinen Fokuspunkt kollidieren. Jeder der beiden Beschleuniger hat eine Strahlenergie von 250 GeV, was eine Gesamtenergie für Kollisionen von 500 GeV bedeutet. Die gesamte Länge der zwei Beschleuniger beträgt 33 km, eine mögliche Trasse reicht vom DESY bis über die Grenze von Hamburg nach Schleswig-Holstein in die Nähe von Westerhorn (siehe Abb. 17.5).

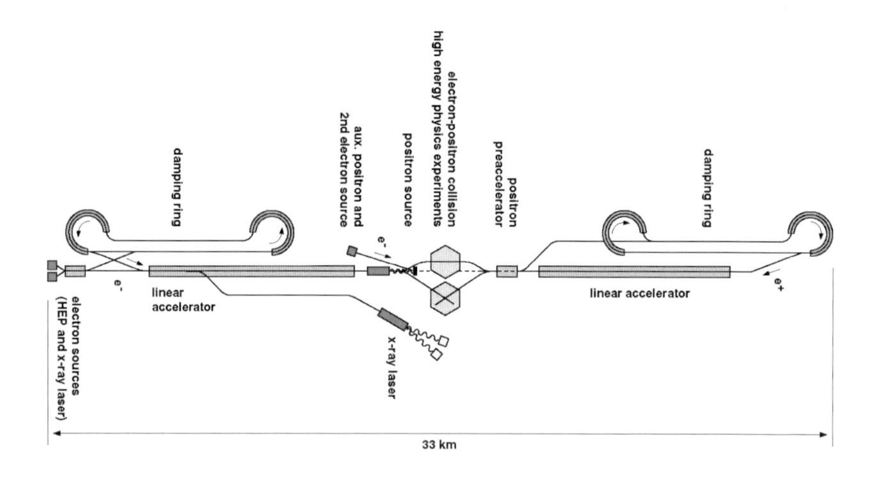

Abbildung 17.5 Der TESLA-Linearcollider.

Die Tabelle 17.1 gibt eine Übersicht über die geplanten Eigenschaften.

Tabelle 17.1 Die Parameter des vorgeschlagenen TESLA-Linearcolliders

Beschleunigungsgradient	23,4	MV/m
Gesamtlänge	33	km
Zahl der Resonatoren	21024	
Zahl der Klystrons	584	
Klystron-Frequenz	1,3	GHz
Spitzenleistung der Klystrons	9,5	MW
Wiederholungsrate	5	Hz
Strahlpulslänge	0,95	ms
Pakete/Puls	2820	
Paketabstand	337	ns
Teilchen/Paket	$2 \cdot 10^{10}$	
Strahlgröße im WW-Punkt	550×5	nm
Paketlänge im WW-Punkt	0,3	mm
Luminosität	$3{,}4 \cdot 10^{34}$	$cm^{-2}s^{-1}$
Strahlleistung	11,3	MW
Elektrische Anschlussleistung	97	MW

Diese Eigenschaften waren soweit wie möglich durch Studien der TESLA- Kollaboration verifiziert worden. Ein Beschleunigungsgradient von über 25 MV/m wurde in

Tests routinemäßig erreicht. Mit einem neuartigen Elektropoliturverfahren der Niob-Oberfläche waren sogar Gradienten von über 35 MV/m erreicht worden. Dies eröffnete die Aussicht auf eine spätere Erhöhung der Gesamtenergie von 500 GeV auf 800 GeV, ein für das Physikpotential der Anlage sehr erstrebenswertes Ziel.

Die sehr hohe Luminosität ist eine Voraussetzung, um bei so hohen Energien noch zu vernünftigen Raten interessanter Reaktionen zu kommen, und dies wiederum erfordert hohe Strahlströme und eine extrem enge Fokussierung der Strahlen im Wechselwirkungspunkt. Diese schwierige Anforderung war in einer eigenen Testanlage am SLAC studiert worden. Die hohen Strahlströme bedingen eine hohe elektrische Anschlussleistung, im Zeitalter steigender Energiekosten ein gewichtiges Problem. Hier bietet die supraleitende Technologie einen Vorteil. Er kann jedoch nur deshalb zum Tragen kommen, weil durch einige technische Durchbrüche, vor allem bei der Herstellung der Resonatoren und bei dem erzielbaren Beschleunigungsgradienten, die Fertigungskosten drastisch gesenkt werden konnten. Somit waren die Kosten des Beschleunigers zusammen mit den Kosten der Experimentierhallen und der Infrastruktur auf 3136 Mio EUR veranschlagt. Auch diese Kosten waren gut dokumentiert, denn DESY hatte das erste 1/1000 der Maschine bereits gebaut und in Betrieb genommen. Zu den genannten Kosten kamen noch 200 bis 300 Mio EUR für einen Detektor.

Wozu der ganze Aufwand? Der große Erfolg und die Einsichten des Standardmodells weisen deutlich auf offene fundamentale Fragen über die Basis der materiellen Welt hin. Eine solche Frage ist das Wesen der Masse, eng verknüpft mit der Existenz des Higgs-Teilchens. Daneben gibt es Hinweise auf die mögliche Existenz einer neuen Art von Elementarteilchen, die sogenannten supersymmetrischen Teilchen. Sie wären eine bisher völlig unbekannte Schicht der Realität mit sehr weitreichenden Folgen für unser Verständnis des Weltalls. Die Suche nach den Higgs- und supersymmetrischen Teilchen mit den größten bisherigen Maschinen LEP, HERA und dem Collider am FNAL waren ergebnislos verlaufen – vermutlich sind die Massen so groß, dass sie mit den gegenwärtigen Beschleunigern nicht erzeugt werden können. Doch von Seiten der Theorie gibt es Hinweise, dass sie mit Maschinen wie dem ‚Large Hadron Collider' LHC am CERN und dem TESLA-Linearcollider mit ihrer weit größeren Energie erzeugt werden könnten.

Braucht man beide Maschinen? In Workshops zu diesem Thema herrschte Einigkeit darüber, dass dem LHC die beherrschende Rolle bei der Entdeckung dieser Teilchen zukommenden würde, während die Stärke des TESLA-Linearcolliders in der genauen Erforschung der neu erschlossenen Welt besteht. In diesem Sinn ergänzen sich die beiden Maschinen. Und wenn es alle diese Teilchen nicht gibt? Auch dann bleibt es spannend, denn dann müsste man vieles an der theoretischen Basis der Physik neu überdenken, wobei man sich wieder von Experimenten leiten lassen muss.

Der TESLA-Entwurf enthält als zweite Säule eine integrierte Röntgenlaser-Anlage, den ‚XFEL'. Der hierfür benötigte Elektronenstrahl des Linearbeschleunigers wird nach einigen km Beschleunigungsstrecke abgezweigt und durch einen Undulator geschickt. Dieser besteht im Prinzip aus einer Reihe von Permanentmagneten, die den Strahl abwechselnd etwas nach rechts und links ablenken. Die dabei entstehende Synchrotronstrahlung wirkt auf den Elektronenstrahl zurück. Falls die Elektronendichte und die Kollimation des Strahls hoch genug sind und eine Resonanzbedingung erfüllt ist, kommt es zu einer Dichtemodulation des Strahls und zu einer kohärenten Anregung von Synchrotronstrahlung mit ungeheurer Steigerung der Intensität. Dies nennt man einen ‚self amplified spontaneous emission free electron laser' (SASE-FEL). Dieses Prinzip wurde erstmals beim DESY im Jahr 2000 bei Wellenlängen von 80–180 nm demonstriert. Die Abb. 17.6 zeigt den dafür benutzten Undulator im Tunnel des VUV-FEL.

Abbildung 17.6 Der Undulator im Tunnel des VUV-FEL (DESY-Archiv).

Mit gängigen Undulatorkonstruktionen liegt die erzeugte Strahlung für Elektronenenergien um 20 GeV im Röntgengebiet bei 0,1 nm Wellenlänge. Diese Strahlung hat drei wichtige Eigenschaften: Ihre Wellenlänge ist einstellbar, die Strahlung kommt in einzelnen Pulsen von 10^{-13} s Länge (dies entspricht 0,03 mm) und sie hat eine Brillanz[2)], die 100 Millionen mal höher als die der besten gegenwärtigen Quellen ist.

Diese Strahlung macht deshalb eine neue Generation von Experimenten mit der Synchrotronstrahlung möglich. Besonders wichtig ist die Zeitstruktur, die es gestattet, den zeitlichen Ablauf chemischer Prozesse auf atomarer Basis in großem Detail zu verfolgen. Die große Brillanz bedeutet eine hohe Photonendichte auf kleinstem Raum. Dies eröffnet neue Möglichkeiten im Bereich der Molekularbiologie, weil damit extrem kleine Proben von biologischen Makromolekülen ausreichen, ihre Struktur zu bestimmen. Die gleiche Eigenschaft der Strahlung ist weiterhin für Forschung auf dem Gebiet der Plasmaphysik wichtig, wo Materiezustände untersucht werden können, wie

2) Als ‚Brillanz' bezeichnet man die Strahlungsintensität (Anzahl der Photonen pro Fläche und Zeit) pro Raumwinkel und Bandbreiteintervall

sie etwa im Zentrum der Sonne vorkommen. Für die Kosten einer derartigen Röntgen-Laser-Anlage inklusive eines Labors für die Untersuchungen mit der erzeugten Strahlung nannte der Plan 530 Mio EUR, wobei angenommen wird, dass die kollidierenden Linacs ebenfalls gebaut und für die Lieferung des Elektronenstrahls benutzt werden.

Der Bericht über das TESLA-Projekt wurde am 23/24 März 2001 in einem Kolloquium vorgestellt. Mitglieder des Wissenschaftsrats informierten sich außerdem im Herbst 2001 vor Ort über das Projekt.

17.4 Was sonst noch geschah

Eine für die zukünftige Struktur von DESY wichtige Entscheidung hatte Björn Wiik noch vorbereitet: In der Sitzung des Wissenschaftlichen Rats am 28. Mai 1999 trug das Direktorium den Wunsch vor, ein weiteres wissenschaftliches Mitglied in das Direktorium berufen zu können. Dieses Mitglied sollte für die Belange der Synchrotronstrahlung zuständig sein.

Der Grund für dieses Anliegen war das zunehmende Gewicht der Forschung mit der Synchrotronstrahlung mit ihrer immer größer werdenden Zahl von Nutzern sowie die Zukunftsplanung des DESY, in welcher ein Röntgen-SASE-FEL eine große Rolle spielen würde. In der DESY-Satzung von 1991 waren ja die Forschung auf dem Gebiet der Hochenergiephysik und mit der Synchrotronstrahlung als gleichrangige Aufgaben benannt worden.

Der Wissenschaftliche Rat stimmte diesem Antrag zu. Dies machte eine Satzungsänderung notwendig, da die alte Satzung die Zahl der Direktoriumsmitglieder auf maximal fünf beschränkte. Der Verwaltungsrat bestellte daraufhin in seiner Sitzung am 9. 12. 1999 Professor Jochen Schneider als weiteres wissenschaftliches Mitglied des Direktoriums.

Am 23. Mai 2000 feierte das DESY seinen 40. Geburtstag mit 2400 Teilnehmern vom DESY und Gästen aus aller Welt, darunter die Bundesministerin für Bildung und Forschung Edelgard Bulmahn, der polnische Wissenschaftsminister Professor Andrzej Wiszniewski, die Hamburger Senatorin für Wissenschaft Krista Sager und die Kultusministerin von Schleswig-Holstein Ute Erdsieck-Rave. Professor Willibald Jentschke, der, fast 90-jährig, ebenfalls teilnahm, wurde mit großem Beifall bedacht.

Im selben Jahr fand die Weltausstellung EXPO 2000 in Hannover statt, die durch externe Projekte ergänzt wurde. Die DESY-Ausstellung ‚Licht der Zukunft' war eines der Hamburger ‚Weltweiten Projekte' der EXPO 2000. Sie fand in der neu errichteten 1200 m^2 großen Experimentierhalle für die zukünftigen Experimente mit dem VUV-FEL statt, einem Bauwerk mit ansprechender Architektur. Neben der Darstellung gegenwärtiger und zukünftiger Forschung am DESY wurden auch viele amüsante und lehrreiche Exponate zur Physik im allgemeinen gezeigt, viele der letzteren zum selbst Ausprobieren. Das fand besonderen Anklang. Auch konnten die ersten 100 m des zukünftigen supraleitenden Linearbeschleunigers für den VUV-FEL mit dem Undulator in seinem Tunnel besichtigt werden. Vom 1. Juni bis 31. Oktober 2000 kamen über 106 000 Besucher, darunter 450 Schulklassen.

Im Jahr darauf, am 11. März 2001, starb Willibald Jentschke, nachdem er im Dezember 2000 noch seinen 90. Geburtstag bei DESY hatte feiern können. DESY ehrt sein Andenken durch die ‚Jentschke Lectures', zu denen jedes Jahr ein prominenter Sprecher eingeladen wird.

Eine wichtige Entscheidung wurde im Herbst 2001 durch das DESY-Direktorium vorbereitet und nach Konsultation mit den Betroffenen und den zuständigen Gremien (Erweiterter Wissenschaftlicher Rat und Wissenschaftlicher Ausschuss) im November 2001 getroffen: Der PETRA-Speicherring sollte ab 2006 zu einer dedizierten Synchrotronstrahlungsquelle ‚PETRA III' umgebaut werden. Dieser Umbau sollte den nächsten notwendigen Schritt in der Verbesserung der Forschungsbedingungen auf dem Gebiet der Synchrotronstrahlung darstellen, und war mit den Nutzern und dem Forschungsbeirat Synchrotronstrahlung abgestimmt. Eine Konsequenz war allerdings, dass damit PETRA nur noch bis 2006 als Injektor für HERA zur Verfügung stehen würde.

In seiner Sitzung im November 2001 stimmte der Erweiterte Wissenschaftliche Rat dem Umbau von PETRA zu PETRA III zu. Weiterhin gab der EWR den neuen Projekten TESLA und XFEL die höchste Priorität. Eine Weiterführung von HERA nach 2006 sollte nur in Erwägung gezogen werden, wenn bis 2003 sehr zwingende physikalische Gründe vorliegen würden. Eine solche Weiterführung würde den Bau eines neuen Injektors für HERA erfordern; hierfür wurde in der Sitzung eine Summe von 24 Mio EUR genannt.

In der Sitzung des Verwaltungsrats am 5. 12. 2001 machten die Vertreter des BMBF unmissverständlich klar, dass für sie ein Ausbau von PETRA für die Synchrotronstrahlung Priorität vor der Weiterführung von HERA habe. Eventuelle Investitionsmittel und auch das Personal für eine Weiterführung von HERA müssten anderswoher kommen.

Diese Haltung, die den Wunsch des BMBF nach einer Verlagerung des Forschungsschwerpunkts von DESY in Richtung Synchrotronstrahlung widerspiegelte, wurde später noch sehr viel deutlicher. Und so stimmte der Erweiterte Wissenschaftliche Rat in seiner Sitzung vom 4. Juni 2002 der Einstellung des HERA-Betriebs im Jahr 2006 (daraus wurde 2007) zu.

Dieser Beschluss sorgte in Teilen der internationalen Nutzergemeinde von HERA für Unruhe. Es bestand ein Interesse, dokumentiert durch spätere formale Vorschläge, HERA über 2007 hinaus zu nutzen, zumal da ein wichtiger Programmpunkt, die Elektron-Deuteron-Streuung, sonst unerledigt bleiben würde. Somit bestände auf absehbare Zeit keine Aussicht, die Strukturfunktion des Neutrons als Gegenstück zum Proton zu messen.

Auf der anderen Seite würde PETRA III eine der besten Quellen für Synchrotronstrahlung auf der Welt sein (siehe Abschnitt 17.5), und damit DESYs Stellung als eine der führenden Einrichtungen für die Forschung auf dem Gebiet der Synchrotronstrahlung festigen.

Dem DESY-Direktorium entging auch nicht die Tatsache, dass sich das Interesse vieler der am HERA-Speicherring arbeitenden auswärtigen Physiker mehr und mehr dem am CERN im Bau befindlichen LHC zuwandte. Und so musste es einen möglichst erträglichen Kompromiss finden. Zum Zeitpunkt der Entscheidung war auch nicht bekannt, dass sich der LHC in seiner Fertigstellung verspäten würde.

Um beide Nutzergemeinden zu befriedigen, würde ein neuer Injektor für HERA gebaut und auch die personellen Resourcen dafür gefunden werden müssen. Zur wissenschaftlichen Begründung für einen Vorstoß in dieser Richtung arbeiteten internationale Gruppen von Physikern zwei Absichtserklärungen für die Weiterführung der HERA-Physik aus. Die eine schlug den Bau eines neuen Detektors zum Studium der QCD vor, die andere die Messung der Elektron-Deuteron-Streuung mit dem H1-Detektor. Diese Absichtserklärungen wurden in einer Sitzung des ‚Physics Research Committee' unter dem Vorsitz von L. Rolandi (CERN) am 7/8. Mai 2003 begutachtet und in ihrer Priorität hinter die übrigen Aktivitäten von DESY, zu denen auch die Weiterentwicklung der Linearcollider-Planung gehörte, eingestuft. Verständlich, dass es unter diesen Umständen unrealistisch war, die benötigten Mittel für die Fortführung von HERA herbeizaubern zu wollen.

Ein weiteres für die Zukunft von DESY wichtiges Ereignis war die Gründung der „Helmholtz-Gemeinschaft Deutscher Forschungszentren" (HGF) in einer Mitgliederversammlung am 12. September 2001. Die HGF war hervorgegangen aus der AGF, der ‚Arbeitsgemeinschaft der Großforschungseinrichtungen'. Das DESY wurde zusammen mit 14 anderen Großforschungseinrichtungen Mitglied dieser Gemeinschaft.

Dagegen hatte der Wissenschaftliche Rat in seiner Sitzung vom 1. 6. 2001 Bedenken erhoben. Diese gründeten sich auf die Sonderrolle von DESY mit seiner starken internationalen Verflechtung, auf den Aufwand eines weiteren, durch die Mitgliedschaft in der HGF implizierten Begutachtungsverfahrens und auf die Reibungsverluste durch die zusätzliche Bürokratie. Dem DESY wurde jedoch vom BMBF sehr deutlich bedeutet, dass es beitreten solle.

Dieser Beitritt sollte weitreichende Konsequenzen nach sich ziehen, da für die Genehmigung von größeren und nun auch nicht so großen wissenschaftlichen Projekten eine neue Entscheidungsebene zwischen das DESY und das BMBF geschoben wurde, mit einem neuen vornehmen administrativen Überbau, getreu dem Bestreben der Regierung, die ausufernde Bürokratie einzudämmen. Damit verbunden war die Umstellung von einer institutionellen zu einer projektorientierten Förderung. DESY rangierte dabei unter dem Thema ‚Struktur der Materie'. Die Konsequenzen von all dem sollten sich erst noch herausstellen. Die angestrebte vertiefte Zusammenarbeit zwischen den Zentren der Helmholtz-Gemeinschaft – von DESY ohnehin seit längerem praktiziert – hätte man auch mit weniger bürokratischem Aufwand erreichen können.

Auch in der internen Struktur des DESY gab es Änderungen. Im Jahr 2002 beschloss das Direktorium, den Bereich Z, ‚technische Infrastruktur', ab 2003 nicht weiterzuführen und die Position des zuständigen Direktoriumsmitglieds zu streichen. Zu dem Z-Bereich gehörten die Informationstechnik mit dem Rechenzentrum, die Sicherheitsdienste, das Bauwesen, die Gruppe Beschleuniger- und Experimenteaufbau, die Elektronik- und die mechanischen Werkstätten. Diese Dienste wurden auf die verbleibenden Bereiche Forschung, Beschleuniger und Verwaltung aufgeteilt, unter dem Stichwort ‚Synergien'. Die praktische Arbeit im Direktorium hatte eine solche Lösung nahegelegt. Diese Umstrukturierung führte unter der Belegschaft zu einiger Unruhe, jedoch lief die Aktion schließlich in geregelten Bahnen ab.

17.5 Die TESLA/XFEL-Entscheidung

Ein für die Zukunft DESYs entscheidendes Ereignis war die Bekanntgabe der Empfehlung des Wissenschaftsrats zum TESLA-Projekt am 18. November 2002. Der Wissenschaftsrat hat die Aufgabe, die Bundesregierung und die Länder zur Entwicklung der Hochschulen, der Wissenschaft und der Forschung zu beraten. Seine Wissenschaftliche Kommission hat 32 Mitglieder, davon 24 Wissenschaftler quer durch die Fakultäten und 8 anerkannte Persönlichkeiten des öffentlichen Lebens, viele davon aus der Industrie. Die Aufgabe des Wissenschaftsrats unter dem Vorsitz von Karl Max Einhäupl, Professor für Neurologie an der Humboldt-Universität Berlin, bestand in diesem Fall in der Begutachtung von neun Großvorhaben der Forschung. Dazu gehörten die Zukunftsprojekte des DESY.

In der Empfehlung vom 18. 11. 2002 wurden zwei der neun Großvorhaben ohne Auflagen zur Förderung empfohlen: Ein Laboratorium für gepulste sehr hohe Magnetfelder und ein Forschungsflugzeug für die Atmosphärenforschung und Erdbeobachtung. Drei weitere wurden mit Auflagen zur Förderung empfohlen, dazu gehörten die vom DESY vorgeschlagenen Projekte TESLA-Linearcollider und XFEL.

Zum TESLA-Linearcollider heißt es: „Die mit dem Linearcollider TESLA zu bearbeitenden wissenschaftlichen Fragestellungen lassen nach Auffassung des Wissenschaftsrats einen besonders hohen Wissensgewinn in fundamentalen Fragestellungen des Mikro- und Makrokosmos erwarten... Der Wissenschaftsrat bittet den Bund, nach Vorlage des hinsichtlich der internationalen Finanzierung und der internationalen Kooperation konkretisierten Projektvorschlags möglichst bald die verbindliche Zusage einer deutschen Beteiligung zu erbringen...“.

Zum TESLA-XFEL schreibt der Wissenschaftsrat: „Aufgrund der hohen Leuchtstärke und zeitlichen Auflösung des XFEL ist für viele Gebiete ... eine neue Qualität von Experimenten zu erwarten. ... Deshalb bittet der Wissenschaftsrat den Bund, nach Vorlage des überarbeiteten Projektvorschlags möglichst bald die verbindliche Zusage einer deutschen Beteiligung zu erbringen.“

Eine gemeinsame Realisierung des TESLA-Linearcolliders und des XFEL hielt der Wissenschaftsrat zwar für finanziell sinnvoll, gab aber zu bedenken, dass eine Entkopplung der beiden Projekte mehr Flexibilität gewähren würde. In der Tat hatte das DESY-Direktorium, veranlasst durch Diskussionen mit Mitgliedern des Wissenschaftsrats, eine Studie zur Entkopplung der beiden Projekte erstellt.

Als drittes Projekt in dieser Kategorie rangierte in der Empfehlung des Wissenschaftsrats eine Beschleunigeranlage zur Erzeugung energetischer Ionenstrahlung, das Zukunftsprojekt „FAIR“ der GSI (Gesellschaft für Schwerionenforschung) in Darmstadt. Für die übrigen Großvorhaben wurde eine Förderempfehlung „zum gegenwärtigen Zeitpunkt“ nicht ausgesprochen.

Diese Empfehlung war ein großer, zukunftsweisender Erfolg für das DESY. Er war die Frucht der jahrelangen soliden und innovativen Arbeit der TESLA-Kollaboration, begonnen mit der Vision und unter der Initiative von Björn Wiik.

Dies war aber auch schon das Ende der guten Nachrichten. Es kam nach Bekanntgabe der Empfehlung zu einem Eklat, indem einige Mitglieder der Kommission öffentlich ihrem eigenen Beschluss der Ablehnung des Baus einer Europäischen Spallations-

Neutronenquelle (ESS) widersprachen. Dies war nicht dazu angetan, der Stimme der Wissenschaft bei wissenschaftspolitischen Entscheidungen das angemessene Gewicht zu erhalten.

Auf die Empfehlung des Wissenschaftsrats vom November 2002 hin folgte am 5. Februar 2003 die Bekanntgabe der Entscheidungen des BMBF zum Bau künftiger Großforschungsgeräte. Die für das DESY wichtigste Entscheidung war die Bereitschaft zum Bau des Röntgenlasers XFEL als europäisches Projekt beim DESY. Deutschland würde die Hälfte (später wurden daraus 60 % und dann später noch mehr) der Baukosten von etwa 1000 Mio EUR beitragen. Die Mehrkosten im Vergleich zum Voranschlag des ‚Technical Design Report' erklärten sich zum größten Teil aus der Tatsache, dass das Projekt nach der Entkopplung vom TESLA-Linearcollider nun auch die Kosten für den Linearbeschleuniger abdecken musste.

Weiterhin würde das BMBF Mittel in Höhe von 225 Mio EUR für den Umbau von PETRA ab 2007 in eine dedizierte Quelle von Synchrotronstrahlung (PETRA III) bereitstellen.

Aufgrund der Entscheidung vom November 2001, den Speicherring PETRA ab Mitte 2007 in eine Synchrotronstrahlungsquelle umzubauen, war 2002 mit detaillierten Designstudien dieser neuen Quelle begonnen worden, die Anfang 2004 abgeschlossen [282] pünktlich zur Genehmigung des Projekts durch das BMBF vorlagen. Der Umbau sieht eine neue 280 m lange Experimentierhalle vor, die Raum für 14 Strahlführungen mit bis zu 30 Experimentierstationen bieten wird. Entscheidend ist dabei die Einführung von Undulatoren anstelle von Wigglern. Die Undulatoren von PETRA III liefern durch kohärente Anfachung von Synchrotronstrahlung eine Brillanz im Röntgengebiet, die 100 000 mal größer als die von DORIS sein und alles bisher dagewesene übertreffen wird. Entsprechend groß war das Interesse der Synchrotronstrahlungs-Nutzer an diesen neuen Möglichkeiten. Das zeigte z. B. die Tatsache, dass das EMBL eine erhebliche Verstärkung seiner Aktivitäten am DESY beschloss. Die Abb. 17.7, entnommen dem Projektbericht [282], zeigt den Vergleich verschieder existierender und geplanter Strahlungsquellen.

Bezüglich des TESLA-Linearcolliders lautete die Entscheidung des BMBF wie folgt: „Die Bundesregierung sieht sich gegenwärtig nicht in der Lage, einen deutschen Standort für diese Maschine anzubieten". Als Grund nannte Bundesministerin Bulmahn, dass diese Maschine in einer weltweiten Kollaboration gebaut und betrieben werden solle und erst internationale Entwicklungen abgewartet werden müssten.

In einer ursprünglichen Fassung des Ministeriumsbeschlusses sollte dem DESY sogar die Mitarbeit an der weiteren Vorbereitung des Linearcollider-Projekts verboten und es damit von der Weiterentwicklung der Hochenergiephysik ausgeschlossen werden. Erst nach einer energischen Intervention von Albrecht Wagner und wohl auch deswegen, weil dieser Teil des Beschlusses der Empfehlung des Wisenschaftsrats direkt zuwiderlief, wurde DESY zugestanden, die Planung dieser Maschine und der zugehörigen Detektoren im internationalen Kontext weiterzuführen, um auch in Zukunft ein starker Partner in dem Projekt zu bleiben.

Angesichts der Größe des TESLA-Linearcolliders (das teuerste der vorgeschlagenen Projekte), was auch die Frage der Abstimmung mit CERN aufwarf, erscheint das vorsichtige Taktieren des BMBF vielleicht verständlich. Auf jeden Fall hatte das DESY

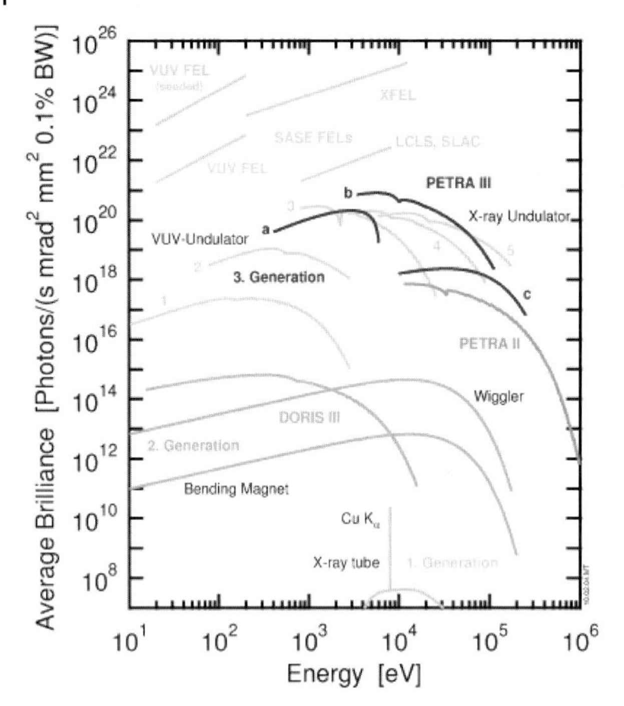

Abbildung 17.7 Mittlere Brillanz verschiedener gegenwärtiger und geplanter Quellen von Synchrotronstrahlung: DORIS III; Quellen der 3.Generation mit den Zahlen 1: BESSY II, 2: ALS Advanced Light Source, USA, 3: Diamond Light Source England, 4: ESRF (European Synchrotron Radiation Facility). Daneben sind PETRA III, die geplante Elektron-Laser-Anlage am SLAC (LCLS) und der XFEL eingetragen ([282]).

eine weit in die Zukunft reichende Perspektive erhalten. Die Forschung mit der Synchrotronstrahlung würde dabei den Schwerpunkt bilden. Es war die Kombination der vielfältigen, auch für praktische Anwendungen relevanten Möglichkeiten dieses Forschungsgebiets zusammen mit der neuen Dimension, die der XFEL erschloss, die ein überzeugendes Programm versprach.

Die Umsetzung der Beschlüsse wurde umgehend in Angriff genommen. Für den XFEL wurde eine neue Trasse vorgeschlagen. Sie soll mit einer Länge von 3,3 km vom DESY-Gelände ausgehend bis nach Schenefeld knapp über die Grenze von Hamburg nach Schleswig-Holstein reichen, wo das neue große Labor für Synchrotronstrahlung entstehen soll. Die Abb. 17.8 zeigt den Verlauf der geplanten Trasse. Die Bundesländer Hamburg und Schleswig-Holstein bereiteten dazu einen Staatsvertrag vor, der auch die Einleitung eines Planfeststellungsverfahrens beinhalten würde.

Der vorläufige Entwurf sieht zur Erzeugung der Synchrotronstrahlung einen supraleitenden Linearbeschleuniger von 20 GeV vor. Der geplante Beschleunigungsgradient beträgt 23,6 MV/m, die Maschine soll mit 10 Hz Wiederholfrequenz laufen und Pulse von 80 fs Dauer[3)] mit jeweils rund 10^{10} Elektronen liefern.

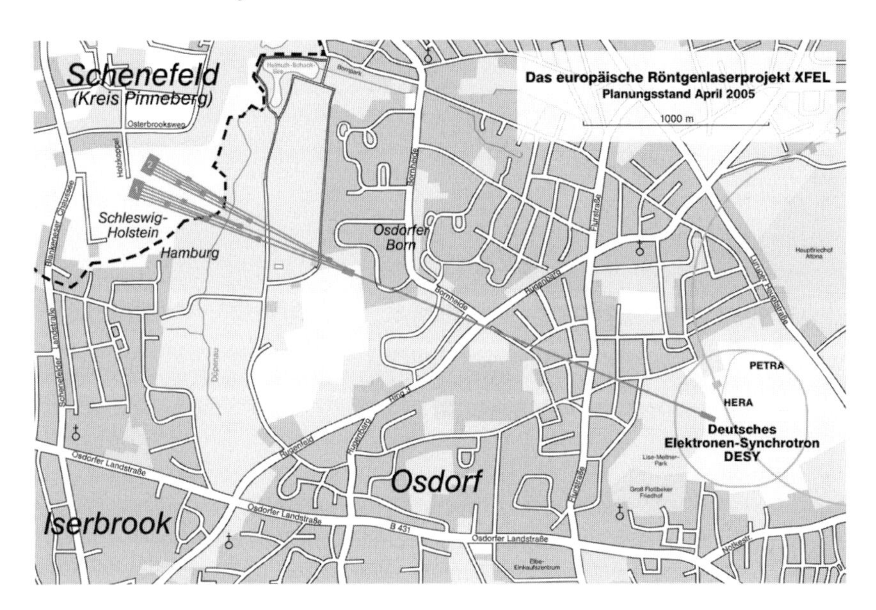

Abbildung 17.8 Die geplante Trasse des XFEL (DESY-Archiv).

[3)] 1 fs (10^{-15} s) entspricht einem Lichtlaufweg von 0,3 µm Länge

18
Epilog: 50 Jahre DESY – Rückblick und Ausblick

Die Darstellung von mehr als einem halben Jahrhundert DESY-Geschichte sollte nicht ohne ein Resümee enden. Dieses ist naturgemäß persönlich gefärbt. Trotzdem wagen wir den Versuch eines zusammenfassenden Rückblicks und eines Blicks in die Zukunft. Als herausragende Entscheidungen, Weichenstellungen und Erfolge vermerken wir:

- Die Konzeption von DESY als einer Institution, die in engster Zusammenarbeit mit den Universitäten diesen die Forschung auf dem Gebiet der Teilchenphysik ermöglichen sollte.
- Die ursprüngliche Option für einen Elektronenbeschleuniger entgegen der vorherrschenden Ansicht, dass Experimente mit Protonen aussichtsreicher seien.
- Das frühe Engagement im Bau von Speicherringen und die Voraussicht, Reserven für Energieerhöhungen und Geländeerweiterungen zu schaffen.
- Die frühzeitige Einrichtung eines organisierten Nutzerbetriebs für die Synchrotronstrahlung, verbunden mit der Ansiedlung ständiger Arbeitsgruppen von auswärtigen Instituten und einem zielstrebigen Ausbau der Forschungsmöglichkeiten. Dies brachte vielfältige Ergebnisse hervor, die in ihrer Bedeutung ebenbürtig neben denen der Teilchenphysik stehen.
- Die Offenheit für die gleichberechtigte Beteiligung ausländischer Gruppen am Forschungsprogramm, die schließlich in einer einzigartigen internationalen Zusammenarbeit beim Bau des Elektron-Proton-Speicherrings ‚HERA' kulminierte.
- DESYs Beitrag zur endgültigen Etablierung der Quantenchromodynamik durch Arbeiten zur Physik der Quarks und ihrer Spektroskopie sowie die Entdeckung der Gluonen.
- Die Entdeckung der Teilchen-Antiteilchen-Mischung bei Mesonen, die *b*-Quarks enthalten. Sie öffnete ein Fenster zur Untersuchung tiefgreifender Fragen der Teilchenphysik.

Von schnellen Teilchen und hellem Licht: 50 Jahre Deutsches Elektronen-Synchrotron DESY.
Erich Lohrmann und Paul Söding

ISBN: 978-3-527-40990-7

– Konzeption und Bau des in der Welt einzigen Elektron-Proton-Colliders HERA und die damit ermöglichte präzise Vermessung des Aufbaus der Protonen aus Quarks, Antiquarks und Gluonen.

– DESYs wegweisende Entwicklung der supraleitenden Technik für Linearcollider und Freie-Elektronen-Laser und der erfolgreiche Bau und Betrieb der weltweit konkurrenzlosen Vakuum-Ultraviolett-Lichtquelle ‚FLASH'.

Einige Fehlschläge, Enttäuschungen und schmerzhafte Entscheidungen gab es natürlich auch. Dazu zählen etwa die vergebliche Suche nach dem top-Quark und die Entscheidungen zur Beendigung des Betriebs des ARGUS-Detektors und des HERA-Speicherrings.

Selbstverständliche Voraussetzungen für DESYs Erfolge waren das stete Engagement der Mitarbeiter für die gemeinsame Sache, wissenschaftliche und technische Kompetenz, ein hohes Maß an Verantwortungsbewusstsein und Streben nach Exzellenz und nicht zuletzt die Unterstützung durch für die Forschung aufgeschlossene Bundes- und Landespolitiker. Entscheidend war aber vor allem die Bereitschaft, neue Wege zu gehen und damit dem Motto Lichtenbergs zu folgen: „Man muss etwas Neues machen, um etwas Neues zu sehen." Wichtig war außerdem, dass es DESY dank der Attraktivität seines Programms gelungen ist, eine große Zahl sehr kompetenter und hoch angesehener Gastgruppen und Gastforscher zur Mitarbeit zu gewinnen. Viele gerade auch der wichtigen Erfolge waren der Mitwirkung auswärtiger Wissenschaftler zu verdanken. Mit Willibald Jentschke, Wolfgang Paul, Herwig Schopper, Volker Soergel, Björn Wiik und Albrecht Wagner an der Spitze war DESY zu allen Zeiten von Physikern geleitet, die – jeder auf seine Weise – als Motor wirkten und das Institut nachhaltig vorangebracht haben. Besonders auf seinem ureigensten Feld, der Entwicklung und dem Bau von Teilchenbeschleunigern, hat DESY nicht zuletzt dank Persönlichkeiten vom Format eines Gustav Adolf Voss und eines Visionärs wie Björn Wiik einen exzellenten „track record" und wird ihm weiterhin gerecht.

Hat sich das ganze „gelohnt"? Es gab Perioden während der vergangenen 50 Jahre, in denen es Mode wurde, massive Zweifel an der „Relevanz" der Grundlagenforschung und insbesondere der Teilchenphysik zu artikulieren. Es wurde argumentiert, durch den Bau und Betrieb der großen Beschleuniger würden Mittel gebunden, die anderswo, etwa bei anwendungsnahen Themen der Physik oder in der Biologie, besser angelegt wären. Im Vergleich zum Mitteleinsatz sei wenig herausgekommen, das außer für einen exklusiven Kreis von Spezialisten irgendeine Bedeutung hätte.

Der kürzlich verstorbene Sir John Maddox, jahrelang Chefredakteur des angesehenen Wissenschaftsmagazins „Nature" und damit einer der besten Kenner der Naturwissenschaften, sah das anders. Als die vier „letzten Welträtsel" nennt er die Entstehung des Universums, die Grundbeschaffenheit der Materie, den Ursprung des Lebens und die Funktionsweise des Gehirns [283]. Bemerkenswert ist, dass drei der vier Maddoxschen Welträtsel Gegenstand der Forschung am DESY sind. Es geht bei dieser Forschung zuvorderst um unsere Antwort auf die Herausforderung, die die Natur durch ihre Existenz für uns darstellt. Das Bemühen, ihr innerstes Wesen und ihr Funktionieren zu ergründen, ist zutiefst menschlich, auch wenn die Einsichten, zu denen man vorstößt, von Tagesproblemen weit entfernt scheinen. Dies ist für neuartige Erkenntnisse typisch. Wer kann heute wissen, auf welchen Feldern sich das Verstehen grundlegender Naturerscheinungen eines Tages als wichtig herausstellen wird?

Dass solche Erkenntnisse ohne Belang bleiben, widerspricht der Erfahrung, hält man sich die Entwicklung von Naturwissenschaften und Technik vor Augen. Eine wesentliche Einsicht ist, dass es die „zweckfreie" Grundlagenforschung war, die oft den Weg zu neuen Technologien öffnete. So galten Relativitäts- und Quantentheorie zunächst als abstrakte, von der täglichen Erfahrung losgelöste Theorien. Niemand konnte ahnen, dass die durch sie angestoßenen Entwicklungen eines Tages profunde Auswirkungen auf das Leben jedes Menschen haben würden. Heute können wir mit Recht vom zwanzigsten Jahrhundert als dem Jahrhundert der angewandten Quantenphysik sprechen. Aus dem Wissen um grundlegende Strukturen, Zusammenhänge und Funktionsmechanismen ist bisher immer Neues entstanden.

Kürzerfristig gibt es direkte Transfereffekte aus den zunächst für die reine Forschung entwickelten Technologien in andere Gebiete. So tun heute Tausende von Teilchenbeschleunigern in Krankenhäusern Dienst, und für die Teilchenforschung entwickelte Nachweisgeräte öffnen der medizinischen Diagnostik neue Wege. Der wohl wichtigste Spin-off der Teilchenphysik heißt Synchrotronstrahlung. Weltweit wurden mehr als 50 Beschleuniger allein zur Erzeugung von Synchrotronstrahlung gebaut. DESY und seine Nutzer können stolz darauf sein, zu dieser Entwicklung maßgeblich beigetragen zu haben.

Mit dem Ende des Betriebs von HERA und dem Startschuss für den Bau des europäischen Röntgenlasers ‚XFEL' beim DESY im Jahr 2007 hat sich der Schwerpunkt des DESY-Programms auf die Forschung mit Photonen verlagert. Dies manifestiert sich auch in der Leitung: Bisher von Teilchenphysikern wahrgenommen, wird sie ab März 2009 mit Helmut Dosch erstmals einem Festkörperphysiker anvertraut. Mit einem Jahres-Grundetat von etwa 170 Millionen Euro und knapp 1900 Mitarbeitern werden Beschleuniger-, Photonen- und Teilchenforschung, letztere ergänzt durch die Astroteilchenphysik, DESYs Programm weiterhin prägen.

Die größte Aufgabe für die kommenden Jahre wird zweifellos der Bau des XFEL sein. Dieser kann atomare Auflösung in Raum und Zeit liefern und verspricht damit Forschungsmöglichkeiten, von denen man bisher nur träumen konnte, und dies auf den verschiedensten Gebieten, von der Physik der Materialien bis zur Biologie. Zu ihrer effizienten Erschließung durch enge Zusammenarbeit zwischen Physikern, Chemikern und Biologen haben DESY, die Universität Hamburg und die Max-Planck-Gesellschaft eigens ein ‚Centre for Free Electron Laser Science' (CFEL) gegründet. Bereits im Jahr 2009 wird mit PETRA III ein neues Paradepferd für die Synchrotronstrahlung im Röntgenbereich in Betrieb gehen. Daneben wird es weiterhin einen regen Nutzerbetrieb am DORIS III und am FLASH sowie ein Ausbauprogramm für FLASH geben. Damit entsteht in Hamburg ein einzigartiges Ensemble von herausragenden Anlagen für die Forschung mit Photonen.

In der Teilchenphysik wird DESY ein starker Partner in zwei der 2009 beginnenden Experimente am ‚Large Hadron Collider' (LHC) des CERN sein. Weiter richtet DESY ein Rechenzentrum für die LHC-Experimente im Rahmen des ‚LHC Computing Grid' sowie ein nationales Analysezentrum ein. An den Planungen für das nach dem LHC nächste große Beschleunigerprojekt der Teilchenphysik, den ‚International

Linear Collider' (ILC), bleibt DESY maßgeblich beteiligt. Die dafür vorgesehene Supraleitungstechnologie ist die gleiche wie beim XFEL. Über die Helmholtz-Allianz „Physik an der Teraskala" besteht eine enge Verflechtung DESYs mit den deutschen Universitäten und Instituten, die an der Physik mit HERA, dem LHC oder dem ILC beteiligt sind. Diese erstreckt sich auch auf die Theorie der Elementarteilchen und die Kosmologie.

In der Astroteilchenphysik werden die Beobachtungen einer Gruppe vom DESY Zeuthen mit dem in Kürze fertiggestellten Südpol-Neutrinoteleskop ‚IceCube' mit Spannung erwartet. Daneben ist die Beteiligung an dem europäischen ‚Cherenkov Telescope Array' (CTA) für hochenergetische Gammastrahlung geplant.

Mit der Aussicht auf Photonenquellen von alles dagewesene weit übertreffender Qualität, einem vielseitigen attraktiven Programm und der Einbindung einer breiten internationalen Wissenschaftlergemeinde dürfte DESY in seinem fünfzigsten Jahr gut gerüstet in eine neue Epoche eintreten und beste Chancen haben, sich auch in Zukunft durch wertvolle, originelle und wegweisende Forschung und Entwicklung ausweisen zu können und damit auch signifikant dazu beizutragen, den Rang Hamburgs als einen im In- und Ausland angesehenen Wissenschaftsstandort zu erhalten und zu festigen.

19
Ergänzungen 2003–2008

Geschichtsschreibung erfordert einen zeitlichen Abstand zu ihrem Gegenstand. Deshalb endet diese Geschichte DESYs mit dem Jahr 2003. Um trotzdem eine gewisse Aktualität zu bieten, sind im folgenden einige wichtige Geschehnisse, die sich seither ereignet haben, ohne Kommentar aufgeführt.

21. Mai 2004 Tagung ‚40 Jahre Forschung mit der Synchrotronstrahlung beim DESY'.

August 2004 Das ICFA-Komitee (International Committee for Future Accelerators) gibt nach eingehender Beratung durch eine Expertenkommission bekannt, dass der nächste große internationale Beschleuniger, der ILC (International Linear Collider), in supraleitender Technologie ausgeführt werden soll. Dies ist die Technologie, die DESY mit der TESLA-Kollaboration für den TESLA-Linearcollider entwickelt hatte.

4. August 2005 Bundeskanzler Gerhard Schröder übergibt den VUV-FEL mit einem symbolischen Knopfduck an die Nutzer.

Januar 2006 Der APE-Rechner in Zeuthen wird mit 2048 Prozessoren auf eine Rechenleistung von 2 TFlops ausgebaut.

17. März 2006 Verleihung des Bundesverdienstkreuzes an Albrecht Wagner, den Vorsitzenden des DESY-Direktoriums.

April 2006 Der VUV-FEL erhält den Namen FLASH.

August 2006 Der Planfeststellungsbeschluss für den XFEL liegt vor. Er schafft die rechtlichen Grundlagen für den Bau und Betrieb des europäischen XFEL.

2006/2007 Ada Yonath, Weizmann Institut, Israel, Leiterin der MPG-Arbeitsgruppe ‚Struktur der Ribosomen' am DESY, erhält den ‚Wolf Foundation Prize' 2006/2007 in Chemie für ihre Pionierarbeit bei der Entschlüsselung der Struktur des Ribosoms.

Von schnellen Teilchen und hellem Licht: 50 Jahre Deutsches Elektronen-Synchrotron DESY.
Erich Lohrmann und Paul Söding

ISBN: 978-3-527-40990-7

Februar 2007 ICFA publiziert den ‚Reference Design Report' für den ‚International Linear Collider' (ILC).

5. Juni 2007 Offizieller Startschuss für den Bau des europäischen XFEL beim DESY durch die Bundesministerin Dr. Annette Schavan.

Juni 2007 Ausschreibung für die unterirdischen Bauten des europäischen XFEL.

30. Juni 2007 Ende des Betriebs des Speicherrings HERA.

Oktober 2007 FLASH erreicht nach Ausbau auf eine Elektronen-Energie von 1 GeV eine Wellenlänge von 6,5 nm.

26. November 2007 Richtfest für die große Experimentierhalle von PETRA III.

28. November 2007 Albrecht Wagner erhält die Ehrendoktorwürde der Slowakischen Akademie der Wissenschaften.

14. Dezember 2007 Rolf-Dieter Heuer, DESY-Forschungsdirektor, wird zum nächsten CERN-Generaldirektor berufen. Er wird sein Amt am 1. Januar 2009 antreten.

31. Januar 2008 Die Datennahme des IceCube-Experiments am Südpol beginnt. Die Hälfte des 1 km^3 großen Neutrinodetektors ist instrumentiert.

10. September 2008 Erster Strahl im ‚Large Hadron Collider' LHC am CERN. Das DESY beteiligt sich an den LHC-Experimenten CMS und ATLAS.

7. Oktober 2008 Professor Jochen Schneider erhält das Bundesverdienstkreuz erster Klasse für seinen Beitrag zum Ausbau DESYs zu einem der weltweit führenden Zentren für Forschung mit Photonen.

30. Oktober 2008 Professor Helmut Dosch wird ab 1. März 2009 sein Amt als neuer Vorsitzender des DESY-Direktoriums antreten. Helmut Dosch ist Direktor am Max-Planck-Instituts für Metallforschung in Stuttgart und Professor an der Universität Stuttgart.

8. Januar 2009 Offizieller Baubeginn des ‚European XFEL'.

Anhang A
Organe der Stiftung

Die Organe der Stiftung DESY sind Verwaltungsrat, Wissenschaftlicher Rat und Direktorium. Für das Direktorium und den Wissenschaftlichen Rat werden im Folgenden die Vorsitzenden für die einzelnen Jahre aufgeführt. Im Verwaltungsrat hat ein Vertreter des für die Forschung zuständigen Bundesministeriums (B) den Vorsitz, Stellvertreter sind die Vertreter der Freien und Hansestadt Hamburg (H) sowie ab 1992 des Landes Brandenburg (Br).

Jahr	Direktorium	Wissenschaftl. Rat	Verwaltungsrat
1959	Prof. Dr. W. Jentschke	Prof. Dr. Ch. Schmelzer	Min. Dir. Dr. A. Hocker (B) Senatsdir. Dr. H. Meins (H)
1960	W. Jentschke	Ch. Schmelzer	A. Hocker, H. Meins
1961	W. Jentschke	Ch. Schmelzer	A. Hocker, H. Meins
1962	W. Jentschke	Ch. Schmelzer	MinDir. Dr. A. Kriele (B) H. Meins (H)
1963	W. Jentschke	Ch. Schmelzer	A. Kriele, H. Meins
1964	W. Jentschke	Ch. Schmelzer	RegDir. Prof. Dr. K. Wolf (B) H. Meins (H)
1965	W. Jentschke	Ch. Schmelzer	K. Wolf (B) MinRat Dr. H. Slemeyer (B) H. Meins (H)
1966	W. Jentschke	Prof. Dr. P. Brix	H. Slemeyer, H. Meins
1967	W. Jentschke	P. Brix	H. Slemeyer, H. Meins
1968	W. Jentschke	Prof. Dr. H. Ehrenberg	H. Slemeyer, H. Meins
1969	W. Jentschke	H. Ehrenberg	H. Slemeyer, H. Meins
1970	W. Jentschke	H. Ehrenberg	MinDir. Dr. G. Schuster (B) H. Meins (H)
1971	Prof. Dr. W. Paul	H. Ehrenberg	G. Schuster, H. Meins
1972	W. Paul	H. Ehrenberg	MinDir. Dr. G. Lehr (B) H. Meins (H)

Von schnellen Teilchen und hellem Licht: 50 Jahre Deutsches Elektronen-Synchrotron DESY.
Erich Lohrmann und Paul Söding

ISBN: 978-3-527-40990-7

1973	W. Paul Prof. Dr. H. Schopper	H. Ehrenberg W. Paul	G. Lehr, H. Meins
1974	H. Schopper	W. Paul	G. Lehr, H. Meins
1975	H. Schopper	W. Paul	G. Lehr, H. Meins
1976	H. Schopper	Prof. Dr. V. Soergel	G. Lehr (B) LtdRegDir. Dr. H. Freudenthal(H)
1977	H. Schopper	Prof. Dr. V. Soergel	G. Lehr, H. Freudenthal
1978	H. Schopper	V. Soergel	G. Lehr, H. Freudenthal
1979	H. Schopper	V. Soergel	G. Lehr, H. Freudenthal
1980	H. Schopper	Prof. Dr. W. Paul	G. Lehr, H. Freudenthal
1981	Prof. Dr. V. Soergel	Prof. Dr. K. Lübelsmeyer	G. Lehr, H. Freudenthal
1982	V. Soergel	K. Lübelsmeyer	G. Lehr, H. Freudenthal
1983	V. Soergel	K. Lübelsmeyer	MinDir. Dr. J. Rembser (B) H. Freudenthal (H)
1984	V. Soergel	K. Lübelsmeyer	J. Rembser, H. Freudenthal
1985	V. Soergel	Prof. Dr. J. Drees	J. Rembser, H. Freudenthal
1986	V. Soergel	J. Drees	J. Rembser, H. Freudenthal
1987	V. Soergel	J. Drees	J. Rembser, H. Freudenthal
1988	V. Soergel	Dr. A. Minten	J. Rembser, H. Freudenthal
1989	V. Soergel	A. Minten	MinDir. Dr. L. Baumgarten (B) H. Freudenthal (H)
1990	V. Soergel	Prof. Dr. S. Brandt	L. Baumgarten, H. Freudenthal
1991	V. Soergel	S. Brandt	L. Baumgarten, H. Freudenthal
1992	V. Soergel	S. Brandt	MinDirig. Dr. H. Strub (B) SenDir. Dr. H. Freudenthal (H) MinDir. K. Faber (Br)
1993	V. Soergel Prof. Dr. B. H. Wiik	S. Brandt Prof. Dr. J. Wess	H. Strub, H. Freudenthal K. Faber
1994	B. H. Wiik	J. Wess	MinDir. Dr. H. C. Eschelbacher (B) H. Freudenthal (H), K. Faber (Br) MinRätin Dr. U. Kleinhans (Br)
1995	B. H. Wiik	J. Wess	H. C. Eschelbacher (B) SenDir. G. Schneider(H) U. Kleinhans (Br)
1996	B. H. Wiik	J. Wess Prof. Dr. D. Wegener	H. C. Eschelbacher (B) Staatsrat H. Lange(H) U. Kleinhans (Br)
1997	B. H. Wiik	D. Wegener	H. C. Eschelbacher, H. Lange MinDir. Dr. H. U. Schmidt (Br)
1998	B. H. Wiik	D. Wegener	H. C. Eschelbacher, H. Lange Staaträtin Prof. Dr. M. Dürkop(H) U. Schmidt (Br)
1999	B. H. Wiik Prof. Dr. A. Wagner	D. Wegener Prof. Dr. R. Eichler	H. C. Eschelbacher MinDir. Dr. H. Schunck (B) M. Dürkop, U. Schmidt

2000	A. Wagner	R. Eichler	H. Schunck, M. Dürkop U. Schmidt
2001	A. Wagner	R. Eichler	H. Schunck, M. Dürkop U. Schmidt
2002	A. Wagner	R. Eichler Prof. Dr. S. Bethke	H. Schunck Staatsrat Dr. R. Salchow (H) U. Schmidt
2003	A. Wagner	S. Bethke	H. Schunck, R. Salchow U. Schmidt

Anhang B
Erklärung einiger Stichworte

Antiteilchen Zu jeder Teilchenart gehört eine Antiteilchen-Art. Masse, Spin und Lebensdauer sind jeweils gleich, aber die Ladungsvorzeichen sind einander entgegengesetzt; das (ungeladene) Photon ist mit seinem Antiteilchen identisch. Trifft ein Teilchen mit einem Antiteilchen seiner Art zusammen, so können sie sich gegenseitig vernichten; die Energie wird in Quarks, Leptonen oder Photonen umgesetzt. Deshalb existieren innerhalb der gewöhnlichen Materie keine Antiteilchen. Sie lassen sich aber kurzzeitig mittels hoher Energien erzeugen und durch geeignete Instrumente nachweisen. In Speicherringen kann man starke Ströme von Antiteilchen – Antielektronen, auch Positronen genannt, oder Antiprotonen – sogar für viele Stunden kreisen lassen und Experimente damit ausführen.

Austauschteilchen Spezielle Teilchen, auch Bosonen genannt, die von Materieteilchen (Quarks, Elektronen) ausgesendet und absorbiert werden können. Auf dem ständigen Austausch solcher Teilchen beruhen die Kräfte und andere Wechselwirkungen zwischen den Materieteilchen. Zu jeder der Grundkräfte gehören ein oder mehrere spezifische Austauschteilchen: Zur elektromagnetischen Kraft das Photon, zur starken Kraft das Gluon, zur schwachen Kraft das W- und das Z-Boson. Auch für die Gravitationskraft nimmt man die Existenz eines Austauschteilchens ‚Graviton' an, doch bleibt dies bisher eine Hypothese.

B-Mesonen Mesonen, bei denen entweder das Quark oder das Antiquark ein schweres b- (oder $\bar{b}$)-Quark – auch „Bottom"-Quark genannt – ist.

Beschleuniger Anlagen, in denen elektrisch geladene Teilchen wie Elektronen oder Protonen durch elektromagnetische Felder auf hohe Energien gebracht werden. Die Forschung benötigt sie zur Untersuchung von Teilchen und deren Wechselwirkungen und entwickelt sie beständig weiter. Vielfach dienen sie auch als Quelle von intensiver elektromagnetischer Strahlung – der Synchrotronstrahlung. Mehr und mehr zeigt sich der Nutzen von Teilchenbeschleunigern für verschiedenartigste Anwendungen, etwa in der medizinischen Therapie und für Materialuntersuchungen und -behandlungen.

Bosonen $\rightarrow$ Austauschteilchen

Von schnellen Teilchen und hellem Licht: 50 Jahre Deutsches Elektronen-Synchrotron DESY.
Erich Lohrmann und Paul Söding

ISBN: 978-3-527-40990-7

CERN Conseil Européen pour la Recherche Nucléaire, Europäische Forschungseinrichtung, gegründet 1954, das zentrale Forschungsinstitut für die europäische Hochenergiephysik in Genf. Deutschland ist eines der Mitgliedsländer der Organisation CERN. Das CERN baut und betreibt große Beschleunigeranlagen. Eine der ersten war das PS (Proton Synchrotron), ein 28 GeV Protonenbeschleuniger. Es folgte der ISR, ein Proton-Proton-Speicherring (die Abkürzung steht für ‚Intersecting Storage Rings') und das SPS (‚Super-Protonen-Synchrotron'). Mit der letzteren Maschine gelang, nach dem Umbau zu einem Proton-Antiproton-Speicherring, die Entdeckung der schwachen Vektorbosonen W und Z im Jahr 1983. Es folgte der Bau und Betrieb des LEP (‚Large Electron Positron Machine'), des größten Elektron-Positron-Speicherrings mit einer Energie von 2×100 GeV. Im Jahr 2009 soll am CERN der LHC (‚Large Hadron Collider') in Betrieb gehen, ein Proton-Proton Speicherring von 2×7000 GeV Energie, der weltweit mit Abstand größte Speicherring.

DESY Deutsches Elektronen-Synchrotron, eine der 15 Forschungseinrichtungen in der Helmholtz-Gemeinschaft. Außerdem gebräuchlich als Name für den ersten Elektronenbeschleuniger des Forschungszentrums.

Detektor In der Teilchenphysik eine zumeist sehr komplexe Anordnung aus verschiedenen einzelnen Instrumenten zur Untersuchung von Elementarteilchen-Prozessen. Die Spuren der Teilchen werden elektronisch aufgezeichnet, ihre Energien bestimmt und die Daten mit Hilfe eines angeschlossenen Rechnersystems analysiert. Am Aufbau eines solchen Detektors sind heutzutage Hunderte von Wissenschaftlern, Ingenieuren, Technikern und Studenten beteiligt.

Elektromagnetische Wechselwirkung Eine der vier fundamentalen Wechselwirkungen der Natur. Sie erzeugt Anziehungs- oder Abstoßungskräfte zwischen elektrisch geladenen Teilchen und hält so zum Beispiel Elektronen in ihren Bindungszuständen in den Atomen und Molekülen. Die elektromagnetische Wechselwirkung liegt auch den chemischen und biologischen Prozessen zugrunde. Sie kommt dadurch zustande, dass elektrisch geladene Teilchen untereinander → Photonen (Lichtquanten) austauschen.

Elektron Stabiles, elektrisch negativ geladenes Elementarteilchen aus der Gruppe der Leptonen. Träger des elektrischen Stromes. Zusammen mit Proton und Neutron ein Grundbaustein aller Atome.

Elementarteilchen Man unterscheidet Materie- und Kraftteilchen. Erstere bilden die kleinsten Einheiten der Materie. Im Urknall entstanden, ist der größere Teil von ihnen nach Bruchteilen von Sekunden wieder zerfallen oder durch das Zusammentreffen mit Antiteilchen vernichtet worden. Von den wenigen verbliebenen stabilen Teilchenarten bilden zwei Arten von Quarks und die Elektronen die gesamte beständige Materie. Die ‚ausgestorbenen' Teilchenarten lassen sich aber durch Beschleuniger für kurze Zeit wieder erzeugen. Die Kraftteilchen werden zwischen Materieteilchen ausgetauscht und vermitteln so die Kräfte zwischen ihnen (→ Austauschteilchen).

Elementarteilchenphysik Dasjenige Gebiet der Physik, das sich mit den fundamentalen Bausteinen der Materie und den zwischen ihnen wirkenden Kräften befasst. Man spricht auch von „Hochenergiephysik", denn die wichtigsten instrumentellen Hilfsmittel sind Teilchenbeschleuniger, in denen elektrisch geladene Teilchen auf hohe Energien beschleunigt und zur Untersuchung ihrer Struktur und ihrer Wechselwirkungen zur Kollision gebracht werden. In den so durchgeführten Experimenten werden die dabei ablaufenden Prozesse mit → Detektoren beobachtet und untersucht.

EMBL European Molecular Biology Laboratory, Europäische Forschungseinrichtung für Molekularbiologie mit Sitz in Heidelberg. Sie unterhält eine Außenstation am DESY zur Nutzung der Synchrotronstrahlung.

Energie, MeV, GeV In der Kern- und Teilchenphysik ist als Energiemaß für einzelne Teilchen das Elektronvolt (eV) gebräuchlich. Es ist derjenige Energiebetrag, den ein Teilchen mit einer elektrischen Ladung von der Größe der Elementarladung (also z. B. ein Elektron oder ein Proton) beim Durchlaufen einer elektrischen Potentialdifferenz von 1 V gewinnt. In ‚makroskopischen' Energieeinheiten ausgedrückt ist 1 eV $= 1{,}602 \cdot 10^{-19}$ J. Gebräuchlich sind auch Angaben in MeV (1 MeV = 10^6 eV) und GeV (1 GeV = 10^9 eV). Einige Beispiele zur Illustration der Größenordnungen: Die Quanten des sichtbaren Lichtes haben Energien im Bereich von einigen eV, die von Röntgenstrahlen von einigen 1000 eV. Die Ruhemasse des Elektrons entspricht einer Energie von etwa 0,5 MeV, die eines Protons von etwa 1 GeV. Bei chemischen Reaktionen werden auf atomarer oder Teilchenebene typischerweise Energien im eV-Bereich, bei Kernreaktionen im MeV-Bereich und bei Elementarteilchen-Prozessen im GeV-Bereich umgesetzt. In Beschleunigern können Teilchen auf Energien bis zu mehreren 1000 GeV hochbeschleunigt werden. In der kosmischen Strahlung wurden Teilchen mit Energien von bis zu 10^{20} eV beobachtet.

FNAL Fermi National Accelerator Laboratory, amerikanisches Forschungszentrum in Batavia bei Chicago, Illinois. Es baute und betreibt einen Proton-Antiproton-Speicherring mit 2×1000 GeV Energie, die bis zur Inbetriebnahme des LHC am CERN größte Anlage dieser Art. Hier wurde 1994 das top-Quark entdeckt. Unter seinem Direktor R. R. Wilson leistete das Laboratorium auch Pionierarbeit beim Bau supraleitender Magnete für große Beschleuniger.

Freie-Elektronen-Laser (FEL) Neuartige Strahlungsquelle für den Ultraviolett- und Röntgenbereich. Ein Elektronenstrahl hoher Energie wird durch ein Magnetfeld mit periodisch wechselnder Polarität geführt, wodurch Bahnschwingungen der ‚freien' (ungebundenen) Elektronen erzeugt werden. Die abgestrahlte → Synchrotronstrahlung bildet durch Überlagerung ein sehr intensives, kohärentes Strahlungsfeld. Die neuesten Entwicklungen, wie sie beim DESY vorangetrieben werden, verwenden supraleitende Linearbeschleuniger als Quellen für Elektronenstrahlen extrem hoher Dichte. Mittels Magnetstrukturen von bis zu Hunderten von Metern Länge lässt sich damit in einem einzigen Durchlauf der Elektronen kohärente Strahlung erzeugen; man benötigt keine Spiegel und erhält einen Laser mit kontinuierlich einstellbarer Wellenlänge und enorm hoher Intensität und Brillianz. Ein solches Instrument erschließt Anwendungen in breiten Bereichen der Grundlagenforschung wie auch der angewandten Wissenschaften. Ein FEL für den Vakuum-Ultraviolettbereich (VUV-FEL, FLASH) ist bereits beim DESY in Betrieb. Das große Zukunftsprojekt ist der Bau eines 3 km langen europäischen XFEL für den harten Röntgenbereich.

Gluonen Die → Austauschteilchen der starken Wechselwirkung (von „glue", engl. für „Leim"). Die Gluonen wurden 1979 am DESY erstmals direkt nachgewiesen.

Hadronen Dies sind Teilchen, welche der starken Wechselwirkung unterliegen. Beispiele sind das Proton und das Neutron, die Bausteine der Atomkerne. Die Kernkräfte, welche zwischen ihnen herrschen, gehen auf die Kräfte der Quantenchromodynamik (QCD) zurück. Die Hadronen selbst sind aus Quarks, Antiquarks und Gluonen aufgebaut. Da es für deren Zusammensetzung viele verschiedene Möglichkeiten gibt, existieren neben Proton und Neutron viele weitere Arten von Hadronen. Diese spielen im Aufbau der gewöhnlichen Materie so gut wie keine Rolle, doch treten sie als Zwischenprodukte bei Kern- und Elementarteilchenreaktionen auf – in der Natur auch bei zahlreichen astrophysikalischen Prozessen. Aus ihrer Untersuchung leiten sich alle unsere Erkenntnisse über die Quarks und ihre Wechselwirkungen her. Das vielleicht wichtigste dieser zusätzlichen Hadronen ist das Pion, das leichteste unter den Hadronen. Es hat etwa 1/7 der Masse des Protons. Die meisten Hadronen in den Teilchenschauern (Jets) sind Pionen.

Halte-Theorem Das Theorem sagt, dass es keinen Algorithmus gibt, welcher in der Lage ist zu entscheiden, ob ein vorgelegtes beliebiges Programm zusammen mit einer beliebigen (endlichen) Eingabedatei nach einer endlichen Zahl von Schritten anhalten wird.

HASYLAB „Hamburger Synchrotronstrahlungslabor". Eine DESY-Einrichtung, in der Synchrotronstrahlungs-Experimente vorbereitet, koordiniert und durchgeführt werden.

Helmholtz-Gemeinschaft Die „Helmholtz-Gemeinschaft Deutscher Forschungszentren" HGF ist der Dachverband von 15 großen deutschen Forschungszentren, zu denen auch DESY gehört. Diese Zentren sind vorrangig aus öffentlichen Mitteln finanziert und betreiben große Anlagen oder bearbeiten komplexe Projekte, an denen auch Universitäten, andere Forschungseinrichtungen des In- und Auslands sowie Industriefirmen beteiligt sind. Der Namenspatron der Gemeinschaft, Hermann von Helmholtz (1821–1894), war ein bedeutender Physiker, dem die Menschheit eine große Zahl erstrangiger Entdeckungen in der Physik und der Physiologie verdankt, zum Beispiel den Satz von der Erhaltung der Energie, und Erfindungen wie den Augenspiegel und das Ophthalmometer.

Hochenergiephysik → Elementarteilchenphysik

Jet In der Teilchenphysik ein Bündel hochenergetischer → Hadronen, meist Pionen, das auf seinen Ursprung aus einem energiereichen Quark, Antiquark oder Gluon hinweist.

KEK Japanisches Hochenergie-Forschungszentrum, an dem ein Elektron-Positron-Speicherring ‚TRISTAN' als Nachfolgemaschine von PETRA gebaut wurde. Heute wird dort eine B-Fabrik (ein Speicherring hoher Luminosität zur Untersuchung von B-Mesonen) betrieben und außerdem ein Synchrotronstrahlungs-Laboratorium.

Kollaboration Aus dem Englischen übernommene Bezeichnung für eine große, in der Regel international zusammengesetzte Arbeitsgruppe aus oft Hunderten von Teilchenphysikern, die gemeinsam ein Experiment mit einem → Detektor an einem → Beschleuniger durchführen. Die in der Teilchenphysik angewendeten Technologien sind mittlerweise so komplex geworden, dass die Forschungsarbeiten ohne die Zusammenarbeit großer Gruppen aus Spezialisten verschiedener Gebiete nicht möglich wären.

Kräfte Es gibt vier Arten von fundamentalen → Wechselwirkungen, auf die sich alle bekannten Kräfte zwischen Materieteilchen zurückführen lassen: Die elektromagnetische, die starke, die schwache Kraft sowie die Schwerkraft. Kräfte zwischen Materieteilchen entstehen dadurch, dass diese untereinander Kraftteilchen (→ Austauschteilchen) austauschen.

Ladung In der Teilchenphysik diejenige Eigenschaft von Elementarteilchen, welche die Quelle für ihre Wechselwirkungen darstellt und ihre Stärke bestimmt. Es gibt drei Arten: Die elektrische, die schwache und die starke Ladung (auch ‚Farbladung' genannt).

Leptonen Neben den Quarks ist das → Elektron, das leichteste der Leptonen, einer der Grundbausteine der Materie. Die Familie der Leptonen enthält aber insgesamt drei Paare von Teilchen, deren jedes aus einem elektrisch geladenen, dem Elektron eng verwandten Teilchen sowie einem → Neutrino besteht: Elektron und Elektron-Neutrino, Myon und Myon-Neutrino, sowie Tau und Tau-Neutrino. Myonen sind hauptsächlich für den auf der Erdoberfläche ständig vorhandenen Strahlungsuntergrund durch die kosmische Strahlung verantwortlich. Neutrinos kommen in großer Zahl aus der Sonne zu uns, aber da sie nur schwache Wechselwirkungen haben, bemerkt man dies normalerweise nicht.

LHC Der ‚Large Hadron Collider' ist die weltweit größte und höchstenergetische Teilchen-Kollisionsanlage. Sie wird am → CERN gebaut. In ihr können Protonen auf Energien von bis zu 7000 GeV beschleunigt werden. In zwei evakuierten 27 km langen ringförmigen Vakuumkammern laufen die Strahlen der beschleunigten Protonen in einander entgegengesetzten Richtungen um und kollidieren miteinander in vier → Wechselwirkungszonen. Dort sind die → Detektoren zur Beobachtung der Reaktionen installiert. Bei den gewaltigen supraleitenden Magneten, mit deren Hilfe die Protonen im LHC auf ihrer Bahn geführt werden, handelt es sich um Weiterentwicklungen der HERA-Magnete.

Linearbeschleuniger Lineare Beschleuniger-Struktur von Vakuumkammern und Beschleunigungsstrecken mit elektrischen Feldern; sie bündeln und beschleunigen elektrisch geladene Teilchen wie Elektronen und Protonen.

Luminosität Die Luminosität L ist ein Maß für die Häufigkeit von Kollisionen in einem Speicherring. Ist σ der Wirkungsquerschnitt für eine bestimmte Reaktion, so ist die Zahl der Reaktionen/Sekunde N dieser Reaktion in einem Speicherring gegeben durch

$$N = \sigma \cdot L. \tag{B.1}$$

Die Luminosität hat also die Dimension $\mathrm{cm}^{-2}\mathrm{s}^{-1}$.
Die von einem Speicherring über einen Zeitraum T gelieferte integrierte Luminosität ist

$$L_{int} = \int_0^T L\, dt. \tag{B.2}$$

Ihre Dimension ist cm^{-2}, und mit $1\ \mathrm{nb} = 10^{-33}\mathrm{cm}^2$, $1\ \mathrm{pb} = 10^{-36}\mathrm{cm}^2$, wird sie gewöhnlich in nb^{-1} bzw. pb^{-1} angegeben.

Materie Alle bekannte Materie besteht aus den Grundbausteinen Quarks und Leptonen, von denen jeweils sechs verschiedene Arten gefunden worden sind. Die Materie unserer Erde ist hauptsächlich aus Protonen, Neutronen und Elektronen aufgebaut, den Bausteinen aller Atome. Die Protonen und Neutronen ihrerseits bestehen aus up- und down-Quarks, während die Elektronen nach heutiger Kenntnis elementarer Natur sind.

Meson Ein → Hadron, das aus einem Quark und einem Antiquark besteht. Die Mesonen treten als Reaktionsprodukte hochenergetischer Prozesse auf. Sie sind instabil und zerfallen sehr rasch; dennoch können sie in Detektoren beobachtet werden. Besonders häufig findet man das Pion, es besteht aus den leichtesten Quark-Antiquark-Paaren und ist vielfach das Produkt von Zerfällen schwererer Hadronen; bei seinen Zerfällen entstehen schließlich Elektronen, Photonen und Neutrinos.

Neutrino Elementarteilchen aus der Gruppe der → Leptonen. Zu jeder elektrisch geladenen Leptonen-Spezies gehört eine Neutrino-Spezies mit der elektrischen Ladung Null. Neutrinos haben außerordentlich kleine, aber doch endliche Massen, die allerdings noch nicht genau bekannt sind. Neutrinos unterliegen allein der schwachen Wechselwirkung und können Materie deshalb nahezu ungehindert durchdringen – sogar den gesamten Erdball. Die Sonne strahlt eine riesige Zahl von Neutrinos aus, so dass unser Körper in jeder Sekunde von Milliarden von ihnen getroffen wird.

Neutron Elektrisch nicht geladenes Teilchen, das aus Quarks zusammengesetzt ist. Die Neutronen bilden zusammen mit den Protonen die Atomkerne.

Nukleon Oberbegriff für → Neutron und → Proton, die Bausteine der Atomkerne.

Parallelrechner Ein Rechner, bei dem ein Programm gleichzeitig durch mehrere miteinder kommunizierende Prozessoren abgearbeitet wird. Die Rechenzeit kann dadurch erheblich verkürzt werden. Als ‚massiv-parallele Rechner' werden Spezialrechner bezeichnet, die zum Einsatz kommen, wenn sich mathematische Probleme in immer wiederkehrende gleiche Rechenschritte strukturieren lassen, die auf eine große Datenmenge angewendet werden müssen.

Photon, Lichtquant → Austauschteilchen der elektromagnetischen Wechselwirkung. Das Photon ist masselos und elektrisch neutral.

Positron Das Antiteilchen des Elektrons, deshalb elektrisch positiv geladen.

Proton Elektrisch positiv geladenes Teilchen, das aus Quarks zusammengesetzt ist. Die Protonen bilden zusammen mit den Neutronen die Atomkerne. Das Proton und sein Antiteilchen, das Antiproton, sind die einzigen, im freien Zustand stabilen → Hadronen.

QCD (Quantenchromodynamik) Sie ist die Quantentheorie der starken Wechselwirkung zwischen Quarks. Die Kräfte zwischen Quarks kommen durch den Austausch von Gluonen, den Feldquanten der starken Wechselwirkung, zustande. Dies ist analog zu den elektromagnetischen Kräften zwischen geladenen Teilchen, die durch Austausch von Quanten des elektromagnetischen Feldes, der Photonen, zustande kommen. Der elektrischen Ladung (genauer ihrem Quadrat) analog ist die Kopplungskonstante α_s der starken Wechselwirkung. Die anziehenden QCD-Kräfte sind es, welche die Quarks im Proton zusammenhalten. Diese Kräfte sind nicht nur viel stärker als die elektromagnetischen Kräfte, sondern sie tendieren auch, anders als die elektromagnetischen Kräfte, mit wachsender Entfernung nicht gegen Null. Deshalb ist es unmöglich, gegen diese Kräfte ein einzelnes Quark aus einem Proton herauszulösen. Falls man es etwa durch einen sehr starken Stoß eines hochenergetischen Elektrons doch versucht, wandelt sich das gestoßene hochenergetische Quark in ein Bündel von normalen Hadronen um, einen sogenannten → ‚Jet'. Ein einzelnes freies Quark kann deshalb niemals beobachtet werden.

Quarks Fundamentale Bausteine der Materie. Wie bei den Leptonen gibt es sechs verschiedene Arten, zusammengefasst in drei Paare: Das up- und das down-, das charme- und das strange-, sowie schließlich das top- und das bottom-Quark. Quarks treten niemals als freie Teilchen auf, sondern stets entweder in der Form von Quark-Antiquark-Paaren (→ ‚Mesonen') oder als Dreierkombinationen aus drei Quarks (‚Baryonen'); der Oberbegriff für diese aus Quarks und Antiquarks gebildeten Agglomerate ist → ‚Hadronen'. Dazu gehören auch die → Protonen und → Neutronen, die Bausteine der Atomkerne; diese sind aus up- und down-Quarks zusammengesetzt. Die Quarks im Proton und Neutron, allgemein in den Hadronen, werden durch Austausch von Gluonen aneinander gebunden.

Reaktionen und Ereignisse In einem Beschleuniger-Experiment kann es beim Zusammenstoß zweier Teilchen durch ihre Wechselwirkung zu verschiedenartigen Reaktionen kommen. Beispiele für mögliche Reaktionen sind die elastische Streuung, die Abstrahlung oder die Erzeugung neuer Teilchen. Wird eine solche Reaktion in einem Detektor registriert, dann spricht man von der Beobachtung eines ‚Ereignisses'.

Schwache Wechselwirkung Eine der fundamentalen Wechselwirkungen zwischen Elementarteilchen. Sie ermöglicht die Energieerzeugung durch Kernfusion in den Sternen und damit das Leuchten der Sonne, und sie verursacht den Zerfall mancher Atomkerne und damit die Radioaktivität. Die schwache Wechselwirkung beruht auf dem Austausch der ‚schwachen Bosonen' W und Z.

SLAC Stanford Linear Accelerator Center, amerikanisches Forschungszentrum in Stanford, Kalifornien. Es wurde 1961 von W. K. H. Panofsky gegründet und besitzt den weltweit größten, zwei Meilen langen Elektronen-Linearbeschleuniger. Auch im Speicherringbau wurde hier Pionierarbeit geleistet. Am SPEAR-Speicherring des SLAC, einer mit DORIS vergleichbaren Anlage, wurde 1974 das J/ψ und kurz darauf das Tau-Lepton entdeckt. Der nächste Speicherring des Zentrums, PEP, stand in direkter Konkurrenz zu PETRA. Auch die ersten Elektron-Positron-Kollisionen mit Linearbeschleunigern gelangen hier, wobei der große Linearbeschleuniger zweifach genutzt und damit 1989 das Z-Boson erzeugt wurde. Eine weitere Innovation war in den Jahren nach 2000 der Bau einer ‚B-Fabrik', eines asymmetrischen Speicherrings sehr hoher Luminosität speziell für die Erzeugung von $\rightarrow$ B-Mesonen. Wie beim DESY gibt es auch am SLAC ein Forschungsprogramm mit der Synchrotronstrahlung, für das ebenfalls ein Röntgenlaser vorgesehen ist.

Speicherring Anlage mit einer ringförmigen evakuierten Röhre, in der auf hohe Energien beschleunigte Elektronen oder Protonen über Stunden umlaufen können. Speicherringe werden für Experimente der Teilchenphysik sowie zur Erzeugung von Synchrotronstrahlung eingesetzt.

Spin Eigendrehimpuls von Elementarteilchen, die wie ein Kreisel um sich selbst zu rotieren scheinen. Der Spin kann nur bestimmte gequantelte Werte annehmen. Bei den Quarks und Leptonen hat er den festen Wert $h/4\pi$ (h = Plancksche Konstante).

Standardmodell Die heutige, sehr gut bestätigte, wenngleich vorläufige Theorie der Elementarteilchen – das heißt ihrer schwachen, elektromagnetischen und starken Wechselwirkungen. Sie beschreibt diese zwar sehr genau, hat aber für viele grundlegende Zusammenhänge der Teilchenphysik, etwa die Systematik der Quark- und Leptonfamilien, keine Erklärung zu bieten.

Starke Wechselwirkung Die stärkste der fundamentalen Wechselwirkungen, die aber nur zwischen $\rightarrow$ Quarks und $\rightarrow$ Gluonen wirkt; Leptonen und Photonen ‚spüren' sie nicht. Die durch die starke Wechselwirkung hervorgerufenen Kräfte halten die Quarks im Innern der Protonen und Neutronen, der Bausteine der Atomkerne, sowie die Atomkerne selbst zusammen. Die starke Wechselwirkung kommt durch den Austausch von Gluonen zwischen den Quarks zustande. Siehe auch → QCD (Quantenchromodynamik) und → Hadronen.

Streuung / Streuprozess Vorgang bei der Kollision von Teilchen in Experimenten an Beschleunigern und Speicherringen. Das ‚gestreute', also abgelenkte Teilchen (z. B. ein Elektron) überträgt einen Teil seines Impulses und seiner Energie auf das streuende Teilchen (z. B. ein Proton), wobei zugleich neue Teilchen erzeugt werden können. Ein Streuprozess ohne Abstrahlung oder Erzeugung neuer Teilchen heißt ‚elastisch'.

Supraleitung Eigenschaft einiger Metalle und keramischer Materialien, bei meist sehr tiefen Temperaturen ideale elektrische Leiter zu werden, durch die ein elektrischer Strom verlustfrei fließen kann. Moderne Beschleuniger nutzen supraleitende Magnete und Hochfrequenzresonatoren, die bei Temperaturen nahe dem absoluten Nullpunkt arbeiten.

Synchrotron Die moderne Version der Ringbeschleuniger. Die Bahn des umlaufenden Teilchenstrahls bleibt während der Beschleunigung nahezu unverändert. Um die Teilchen auf ihrer Bahn zu halten, ist ein Magnetfeld erforderlich, das synchron mit der Energiezunahme anwächst.

Synchrotronstrahlung Intensive, gebündelte, polarisierte und breitbandige elektromagnetische Strahlung, die an einem Elektronen-Synchrotron entdeckt und anfangs als lästige Störung angesehen wurde. Sie entsteht, wenn geladene Teilchen mit sehr hohen Geschwindigkeiten durch ein magnetisches Feld abgelenkt werden. Heute werden meist speziell dafür konstruierte Ekektronen-Speicherringe sowie neuerdings auch Freie-Elektronen-Laser zur Erzeugung von Synchrotronstrahlung eingesetzt. Ihre einzigartigen Eigenschaften ermöglichen vielfältige, ständig sich vermehrende Anwendungen in der Materialforschung, der Oberflächenphysik, der Chemie, Biologie, Medizin u.a. Das DESY verfolgt ein breites Forschungsprogramm mit der Synchrotronstrahlung.

Wechselwirkung Hierunter versteht man in der Teilchenphysik die gegenseitige Beeinflussung zweier oder mehrerer Teilchen. Sie kann sich dadurch äußern, dass die Teilchen Kräfte aufeinander ausüben. Häufig führt sie beim Zusammentreffen der Teilchen zu Streu- oder Umwandlungsprozessen; hierbei können Teilchen zum Beispiel vernichtet oder neue Teilchen gebildet werden. Auch die Zerfälle instabiler Teilchen sind Folgen von Wechselwirkungen. Alle bekannten Kräfte und Prozesse in der Natur gehen auf vier unterschiedliche, fundamentale Arten von Wechselwirkungen zurück, die starke, die elektromagnetische und die schwache Wechselwirkung sowie die Gravitation (Schwerkraft).

Wechselwirkungszone Der Bereich in einem Beschleuniger oder Speicherring, in dem die Strahlen miteinander oder mit einer festen Probe kollidieren. In seiner Nähe baut man den → Detektor auf, mit dem die Kollisionen beobachtet werden.

XFEL → Freie-Elektronen-Laser

Anhang C
Das DESY-Budget 1958–2003

Alles in Millionen EUR
Umrechnungsfaktor 1 EUR = 1.95583 DM
Summe der Investitionsmittel = Gesamtbudget - Betriebsmittel
Die Betriebsausgaben enthalten u.a. die Personalmittel und die Mittel für elektrische Energie. Die sprunghafte Erhöhung des Budgets für Personalmittel im Jahr 1992 ist auf das Hinzukommen des Instituts für Hochenergiephysik IfH in Zeuthen zurückzuführen.

Jahr	Stellenzahl	Personal	El. Energie	Betrieb	Ges. Budget
1958	53				1,3
1959	99				3,1
1960	154				5,0
1961	225				9,9
1962	273				11,3
1963	406				10,9
1964	494	3,0		10,9	14,7
1965	570	4,4		13,9	16,7
1966	658	5,7		19,2	20,8
1967	754	6,7		22,0	23,8
1968	864	7,7		24,3	26,44
1969	922	8,7		25,9	29,3
1970	948	10,6		22,0	34,7
1971	1022	14,1	1,1	23,0	41,8
1972	1071	15,9	1,4	23,9	46,6
1973	1062	16,7	1,6	27,0	51,1
1974	1090	18,8	2,6	32,2	47,5
1975	1083	22,0	3,9	59,1	69,0
1976	1089	23,1	4,1	37,6	64,7
1977	1111	24,9	4,1	36,7	72,3
1978	1130	26,4	5,4	40,5	81,7
1979	1141	28,4	6,2	46,7	76,4
1980	1161	30,0	10,5	51,7	81,1
1981	1176	33,3	8,4	53,6	77,4

Von schnellen Teilchen und hellem Licht: 50 Jahre Deutsches Elektronen-Synchrotron DESY.
Erich Lohrmann und Paul Söding

ISBN: 978-3-527-40990-7

Jahr	Stellenzahl	Personal	El. Energie	Betrieb	Ges. Budget
1982	1197	33,6	10,2	56,7	83,5
1983	1227	34,8	14,0	60,7	85,4
1984	1269	35,3	16,9	64,9	112,8
1985	1259	38,3	15,8	67,5	140,4
1986	1329	41,1	15,3	71,9	192,1
1987	1349	45,3	5,9	67,8	191,9
1988	1405	49,2	8,5	75,1	192,7
1989	1395	49,2	12,3	84,4	170,4
1990	1416	53,3	9,2	87,7	173,9
1991	1393	55,4	14,5	94,5	138,9
1992	1510	61,5	16,7	109,2	155,9
1993	1537	63,6	17,1	111,4	142,8
1994	1581	67,9	17,8	118,6	154,0
1995	1560	70,6	18,3	117,2	151,1
1996	1557	71,8	15,0	119,2	150,6
1997	1580	75,8	15,6	125,1	153,9
1998	1565	77,1	12,5	120,6	154,5
1999	1562	76,8	16,2	119,3	155,0
2000	1534	77,8	14,1	126,7	162,5
2001	1538	80,0	11,8	127,6	158,8
2002	1637	84,4	17,4	131,8	163,0
2003	1619	88,1	16,2	134,3	161,6

Anhang D
Autorenlisten und Detektoren

D.1 DORIS

Vorschlag zum Bau eines 3 GeV Elektron-Positron-Doppelspeicherringes für das Deutsche Elektronen- Synchrotron.
Oktober 1967
I. Borchardt, W. Bothe, E. Dasskowski, H. Gerke, F. Löffler, E. Lohrmann, H. Narciss, H. Nesemann, S. Pätzold, H. Pingel, A. Piwinski, G. Ripken, K. Steffen, U. Völkel, H. Wiedemann, H. Wümpelmann, H. Haensel, C. Kunz.

- -

Volume 68B, number 3 PHYSICS LETTERS 6 June 1977

ANOMALOUS MUON PRODUCTION IN e^+e^- ANNIHILATIONS AS EVIDENCE FOR HEAVY LEPTONS

PLUTO-Collaboration

J. BURMESTER, L. CRIEGEE, H.C. DEHNE, K. DERIKUM, R. DEVENISH, G. FLÜGGE, J.D. FOX, G. FRANKE, Ch. GERKE, P. HARMS, G. HORLITZ, Th. KAHL, G. KNIES, M. RÖSSLER, R. SCHMITZ, U. TIMM, H. WAHL *, P. WALOSCHEK, G.G. WINTER, S. WOLFF and W. ZIMMERMANN
Deutsches Elektronen Synchrotron DESY, Hamburg

V. BLOBEL, B. KOPPITZ, E. LOHRMANN ** and W. LÜHRSEN
II. Institut für Experimentalphysik der Universität Hamburg

A. BÄCKER, J. BÜRGER, C. GRUPEN and G. ZECH
Gesamthochschule Siegen

and

H. MEYER and K. WACKER
Gesamthochschule Wuppertal

Received 10 May 1977

Von schnellen Teilchen und hellem Licht: 50 Jahre Deutsches Elektronen-Synchrotron DESY.
Erich Lohrmann und Paul Söding

ISBN: 978-3-527-40990-7

Volume 57B, number 4 PHYSICS LETTERS 21 July 1975

OBSERVATION OF THE TWO PHOTON CASCADE 3.7 → 3.1 + $\gamma\gamma$ VIA AN INTERMEDIATE STATE P_c

DASP-Collaboration

W. BRAUNSCHWEIG, H.-U. MARTYN, H.G. SANDER, D. SCHMITZ, W. STURM and W. WALLRAFF
I. Physikalisches Institut der RWTH Aachen, Germany

K. BERKELMAN*, D. CORDS, R. FELST, E. GADERMANN, G. GRINDHAMMER, H. HULTSCHIG, P. JOOS, W. KOCH, U. KÖTZ, H. KREHBIEL, D. KREINICK, J. LUDWIG, K.-H. MESS, K.C. MOFFEIT, A. PETERSEN, G. POELZ, J. RINGEL, K. SAUERBERG, P. SCHMÜSER, G. VOGEL**, B.H. WIIK and G. WOLF
Deutsches Elektronen-Synchrotron DESY and II. Institut für Experimentalphysik der Universität Hamburg, Hamburg, Germany

G. BUSCHHORN, R. KOTTHAUS, U.E. KRUSE***, H. LIERL, H. OBERLACK, K. PRETZL, and M. SCHLIWA
Max-Planck-Institut für Physik und Astrophysik, München, Germany

S. ORITO, T. SUDA, Y. TOTSUKA and S. YAMADA
High Energy Physics Laboratory and Dept. of Physics, University of Tokyo, Tokyo, Japan

Received 22 July 1975

Die LENA Kollaboration

Volume 78B, number 2,3 PHYSICS LETTERS 25 September 1978

OBSERVATION OF A NARROW RESONANCE AT 10.02 GeV IN e^+e^- ANNIHILATIONS

J.K. BIENLEIN, E. HÖRBER [1], M. LEISSNER, B. NICZYPORUK [2], C. RIPPICH, M. SCHMITZ and H. VOGEL [3]
DESY, Hamburg, Germany

U. GLAWE, F.H. HEIMLICH, P. LEZOCH and U. STROHBUSCH
I. Institut für Experimentalphysik, Hamburg, Germany

P. BOCK, G. HEINZELMANN and B. PIETRZYK
Physikalisches Institut der Universität, Heidelberg, Germany

and

G. BLANAR, W. BLUM, H. DIETL, E. LORENZ and R. RICHTER
Max-Planck-Institut für Physik, Munich, Germany

Received 5 September 1978

OBSERVATION OF THREE P STATES IN THE RADIATIVE DECAY OF $\Upsilon(2S)^*$

R. Nernst, D. Antreasyan, D. Aschman, D. Besset, J. K. Bienlein, E. D. Bloom,
I. Brock, R. Cabenda, A. Cartacci, M. Cavalli-Sforza, R. Clare, G. Conforto,
S. Cooper, R. Cowan, D. Coyne, D. de Judicibus, C. Edwards, A. Engler,
G. Folger, A. Fridman[†] J. Gaiser, D. Gelphman, G. Godfrey, F. H. Heimlich,
R. Hofstadter, J. Irion, Z. Jakubowski, S. Keh, H. Kilian, I. Kirkbride, T. Kloiber,
W. Koch, A. C. König, K. Königsmann, R. W. Kraemer, R. Lee, S. Leffler,
R. Lekebusch, P. Lezoch, A. M. Litke[‡] W. Lockman, S. Lowe, B. Lurz, D. Marlow,
W. Maschmann, T. Matsui, F. Messing, W. J. Metzger, B. Monteleoni,
C. Newman-Holmes, B. Niczyporuk, G. Nowak, C. Peck, P. G. Pelfer, B. Pollock,
F. C. Porter, D. Prindle, P. Ratoff, B. Renger, C. Rippich, M. Scheer,
P. Schmitt, M. Schmitz, J. Schotanus, A. Schwarz, D. Sievers, T. Skwarnicki,
K. Strauch, U. Strohbusch, J. Tompkins, H.-J. Trost, R. T. Van de Walle,
U. Volland, K. Wacker, W. Walk, H. Wegener, D. Williams, P. Zschorsch

(THE CRYSTAL BALL COLLABORATION)

California Institute of Technology, Pasadena, USA
University of Cape Town, South Africa
Carnegie-Mellon University, Pittsburgh, USA
Cracow Institute of Nuclear Physics, Cracow, Poland
Deutsches Elektronen Synchrotron DESY, Hamburg, Germany
Universität Erlangen-Nürnberg, Erlangen, Germany
INFN and University of Firenze, Italy
Universität Hamburg, I. Institut für Experimentalphysik, Hamburg, Germany
Harvard University, Cambridge, USA
University of Nijmegen and NIKHEF-Nijmegen, The Netherlands
Princeton University, Princeton, USA
Department of Physics, HEPL, and Stanford Linear Accelerator Center, USA
Universität Würzburg, Würzburg, Germany

Submitted to *Physical Review Letters*

DESY 94-100 ISSN 0418-9833
June 1994

The first measurement of the Michel parameter η in τ decays

The ARGUS Collaboration

H. Albrecht, T. Hamacher, R. P. Hofmann, T. Kirchhoff, R. Mankel[1], A. Nau, S. Nowak[1], H. Schröder, H. D. Schulz, M. Walter[1], R. Wurth
DESY, Hamburg, Germany

C. Hast, H. Kapitza, H. Kolanoski, A. Kosche, A. Lange, A. Lindner, M. Schieber, T. Siegmund, B. Spaan, H. Thurn, D. Töpfer, D. Wegener
Institut für Physik[2], Universität Dortmund, Germany

P. Eckstein, K. R. Schubert, R. Schwierz, R. Waldi
Institut für Kern- und Teilchenphysik[3], Technische Universität Dresden, Germany

K. Reim, H. Wegener
Physikalisches Institut[4], Universität Erlangen-Nürnberg, Germany

R. Eckmann, H. Kuipers, O. Mai, R. Mundt, T. Oest, R. Reiner, W. Schmidt-Parzefall
II. Institut für Experimentalphysik, Universität Hamburg, Germany

J. Stiewe, S. Werner
Institut für Hochenergiephysik[5], Universität Heidelberg, Germany

K. Ehret, W. Hofmann, A. Hüpper, K. T. Knöpfle, J. Spengler
Max-Planck-Institut für Kernphysik, Heidelberg, Germany

P. Krieger[6], D. B. MacFarlane[7], J. D. Prentice[6], P. R. B. Saull[7], K. Tzamariudaki[7], R. G. Van de Water[6], T.-S. Yoon[6]
Institute of Particle Physics[8], Canada

C. Frankl, D. Reßing, M. Schmidtler, M. Schneider, S. Weseler
Institut für Experimentelle Kernphysik[9], Universität Karlsruhe, Germany

G. Kernel, P. Križan, E. Križnič, T. Podobnik, T. Živko
Institut J. Stefan and Oddelek za fiziko[10], Univerza v Ljubljani, Ljubljana, Slovenia

V. Balagura, I. Belyaev, S. Chechelnitsky, M. Danilov, A. Droutskoy, Yu. Gershtein, A. Golutvin, I. Korolko, G. Kostina, D. Litvintsev, V. Lubimov, P. Pakhlov, S. Semenov, A. Snizhko, I. Tichomirov, Yu. Zaitsev
Institute of Theoretical and Experimental Physics, Moscow, Russia

D.2 PETRA

Volume 86B, number 3,4 PHYSICS LETTERS 8 October 1979

EVIDENCE FOR GLUON BREMSSTRAHLUNG IN e^+e^- ANNIHILATIONS AT HIGH ENERGIES

PLUTO Collaboration

Ch. BERGER, H. GENZEL, R. GRIGULL, W. LACKAS and F. RAUPACH
I. Physikalisches Institut der RWTH Aachen [1], *Germany*

A. KLOVNING, E. LILLESTÖL, E. LILLETHUN and J.A. SKARD
University of Bergen [2], *Norway*

H. ACKERMANN, G. ALEXANDER[3], F. BARREIRO, J. BÜRGER, L. CRIEGEE, H.C. DEHNE, R. DEVENISH[4], A. ESKREYS[5], G. FLÜGGE, G. FRANKE, W. GABRIEL, Ch. GERKE, G. KNIES, E. LEHMANN, H.D. MERTIENS, K.H. PAPE, H.D. REICH, B. STELLA[6], T.N. RANGA SWAMY[7], U. TIMM, W. WAGNER, P. WALOSCHEK, G.G. WINTER and W. ZIMMERMANN
Deutsches Elektronen-Synchrotron DESY, Hamburg, Germany

O. ACHTERBERG, V. BLOBEL[8], L. BOESTEN, H. KAPITZA, B. KOPPITZ, W. LÜHRSEN, R. MASCHUW[9], R. van STAA and H. SPITZER
II. Institut für Experimentalphysik der Universität Hamburg [1], *Germany*

C.Y. CHANG, R.G. GLASSER, R.G. KELLOGG, K.H. LAU, B. SECHI-ZORN, A. SKUJA, G. WELCH and G.T. ZORN[10]
University of Maryland [11], *Collegepark, MD, USA*

A. BÄCKER, S. BRANDT, K. DERIKUM, A. DIEKMANN, C. GRUPEN, H.J. MEYER, B. NEUMANN, M. ROST and G. ZECH
Gesamthochschule Siegen [1], *Germany*

T. AZEMOON[12], H.J. DAUM, H. MEYER, O. MEYER, M. RÖSSLER, D. SCHMIDT and K. WACKER[13]
Gesamthochschule Wuppertal [1], *Germany*

Received 13 September 1979

Volume 86B, number 2 PHYSICS LETTERS 24 September 1979

EVIDENCE FOR PLANAR EVENTS IN e^+e^- ANNIHILATION AT HIGH ENERGIES

TASSO Collaboration

R. BRANDELIK, W. BRAUNSCHWEIG, K. GATHER, V. KADANSKY, K. LÜBELSMEYER, P. MÄTTIG, H.-U. MARTYN, G. PEISE, J. RIMKUS, H.G. SANDER, D. SCHMITZ, A. SCHULTZ von DRATZIG, D. TRINES and W. WALLRAFF
I. Physikalisches Institut der RWTH Aachen, Germany [5]

H. BOERNER, H.M. FISCHER, H. HARTMANN, E. HILGER, W. HILLEN, G. KNOP, W. KORBACH, P. LEU, B. LÖHR, F. ROTH [1], W. RÜHMER, R. WEDEMEYER, N. WERMES and M. WOLLSTADT
Physikalisches Institut der Universität Bonn, Germany [5]

R. BÜHRING, R. FOHRMANN, D. HEYLAND, H. HULTSCHIG, P. JOOS, W. KOCH, U. KÖTZ, H. KOWALSKI, A. LADAGE, D. LÜKE, H.L. LYNCH, G. MIKENBERG [2], D. NOTZ, J. PYRLIK, R. RIETHMÜLLER, M. SCHLIWA, P. SÖDING, B.H. WIIK and G. WOLF
Deutsches Elektronen-Synchrotron DESY, Hamburg, Germany

M. HOLDER, G. POELZ, J. RINGEL, O. RÖMER, R. RÜSCH and P. SCHMÜSER
II. Institut für Experimentalphysik der Universität Hamburg, Germany [5]

D.M. BINNIE, P.J. DORNAN, N.A. DOWNIE, D.A. GARBUTT, W.G. JONES, S.L. LLOYD, D. PANDOULAS, A. PEVSNER [3], J. SEDGEBEER, S. YARKER and C. YOUNGMAN
Department of Physics, Imperial College, London, England [6]

R.J. BARLOW, R.J. CASHMORE, J. ILLINGWORTH, M. OGG and G.L. SALMON
Department of Nuclear Physics, Oxford University, England [6]

K.W. BELL, W. CHINOWSKY [4], B. FOSTER, J.C. HART, J. PROUDFOOT, D.R. QUARRIE, D.H. SAXON and P.L. WOODWORTH
Rutherford Laboratory, Chilton, England [6]

Y. EISENBERG, U. KARSHON, E. KOGAN, D. REVEL, E. RONAT and A. SHAPIRA
Weizmann Institute, Rehovot, Israel [7]

J. FREEMAN, P. LECOMTE, T. MEYER, SAU LAN WU and G. ZOBERNIG
Department of Physics, University of Wisconsin, Madison, WI, USA [8]

Received 29 August 1979

[1] Now at University Kiel, Germany. [2] On leave from Weizmann Institute, Rehovot, Israel. [3] On leave from Johns Hopkins University, Baltimore, MD, USA. [4] On leave from University of California, Berkeley, USA. [5] Supported by the Deutsches Bundesministerium für Forschung und Technologie. [6] Supported by the UK Science Research Council. [7] Supported by the Minerva Gesellschaft für die Forschung mbH, Munich, Germany. [8] Supported in part by the US Department of Energy, contract EY-76-C-02-0881.

Volume 91B, number 1 PHYSICS LETTERS 24 March 1980

OBSERVATION OF PLANAR THREE-JET EVENTS IN e^+e^- ANNIHILATION AND EVIDENCE FOR GLUON BREMSSTRAHLUNG

JADE Collaboration

W. BARTEL, T. CANZLER [1], D. CORDS, P. DITTMANN, R. EICHLER, R. FELST, D. HAIDT, S. KAWABATA, H. KREHBIEL, B. NAROSKA, L.H. O'NEILL, J. OLSSON, P. STEFFEN and W.L. YEN [2]
Deutsches Elektronen-Synchrotron DESY, Hamburg, Germany

E. ELSEN, M. HELM, A. PETERSEN, P. WARMING and G. WEBER
II. Institut für Experimentalphysik der Universität Hamburg, Germany

H. DRUMM, J. HEINTZE, G. HEINZELMANN, R.D. HEUER, J. von KROGH, P. LENNERT, H. MATSUMURA, T. NOZAKI, H. RIESEBERG and A. WAGNER
Physikalisches Institut der Universität Heidelberg, Germany

D.C. DARVILL, F. FOSTER, G. HUGHES and H. WRIEDT
University of Lancaster, England

J. ALLISON, J. ARMITAGE, I. DUERDOTH, J. HASSARD, F. LOEBINGER, B. KING, A. MACBETH, H. MILLS, P.G. MURPHY, H. PROSPER and K. STEPHENS
University of Manchester, England

D. CLARKE, M.C. GODDARD, R. HEDGECOCK, R. MARSHALL and G.F. PEARCE
Rutherford Laboratory, Chilton, England

M. IMORI, T. KOBAYASHI, S. KOMAMIYA, , M. KOSHIBA, M. MINOWA, S. ORITO, A. SATO, T. SUDA [3], H. TAKEDA, Y. TOTSUKA, Y. WATANABE, S. YAMADA and C. YANAGISAWA [4]
Lab. of Int. Coll. on Elementary Particle Physics and Department of Physics, University of Tokyo, Japan

Received 7 December 1979

MEASUREMENT OF $e^+e^- \to e^+e^-$ and $e^+e^- \to \gamma\gamma$ AT ENERGIES UP TO 36.7 GeV

CELLO Collaboration

H.-J. BEHREND, Ch. CHEN [1], J. FIELD, U. GÜMPEL, V. SCHRÖDER
and H. SINDT
Deutsches Elektronen-Synchrotron, Hamburg, Germany

W.-D. APEL, J. BODENKAMP, D. CHROBACZEK, J. ENGLER, D.C. FRIES, G. FLÜGGE, G. HOPP,
H. MÜLLER, F. MÖNNIG, H. RANDOLL, G. SCHMIDT and H. SCHNEIDER
Kernforschungszentrum Karlsruhe and Universität Karlsruhe, Germany

W. DE BOER, G. BUSCHHORN, G. GRINDHAMMER, P. GROSSE-WIESMAN, B. GUNDERSON,
C. KIESLING, R. KOTTHAUS, U. KRUSE [2], H. LIERL, D. LÜERS, T. MEYER, L. MOSS,
H. OBERLACK, P. SCHACHT, M.-J. SCHACHTER, A. SNYDER and H. STEINER [3]
Max-Planck-Institut für Physik und Astrophysik, Munich, Germany

G. CARNESECCHI, A. CORDIER, M. DAVIER, D. FOURNIER, J.F. GRIVAZ, J. HAISSINSKI,
V. JOURNÉ, A. KLARSFELD, M. COHEN, F. LAPLANCHE, F. Le DIBERDER, U. MALLIK,
J.-J. VEILLET and A. WEITSCH
Laboratoire de l'Accélérateur Linéaire, Orsay, France

R. GEORGE, M. GOLDBERG, B. GROSSETÊTE, F. KAPUSTA, F. KOVACS, G. LONDEN,
L. POGGIOLI and M. RIVOAL
Laboratoire de la Physique Nucléaire et Hautes Energies, Paris, France

and

R. ALEKSAN, J. BOUCHEZ, G. COZZIKA, Y. DUCROS, A. GAIDOT, J. PAMELA,
J.P. PANSART and F. PIERRE
Centre d'Etudes Nucléaires, Saclay, France

Received 14 May 1981

MARK-J

VOLUME 50, NUMBER 26 PHYSICAL REVIEW LETTERS 27 JUNE 1983

Model-Independent Second-Order Determination of the Strong-Coupling Constant α_s

B. Adeva, D. P. Barber, U. Becker, J. Berdugo, G. Berghoff, A. Böhm, J. G. Branson, J. D. Burger, M. Capell, M. Cerrada, C. C. Chang, H. S. Chen, M. Chen, M. L. Chen, M. Y. Chen, Y. S. Chu, R. Clare, E. Deffur, M. Demarteau, P. Duinker, Z. Y. Feng, H. S. Fesefeldt, D. Fong, M. Fukushima, D. Harting, T. Hebbeker, G. Herten, M. C. Ho, M. M. Ilyas, D. Z. Jiang, W. Krenz, P. Kuijer, Q. Z. Li, D. Luckey, E. J. Luit, C. Mana, M. A. Marquina, G. G. G. Massaro, R. Mount, H. Newman, M. Pohl, F. P. Poschmann, R. R. Rau, J. P. Revol, S. Rodriguez, M. Rohde, J. A. Rubio, H. Rykaczewski, J. Salicio, I. Schulz, K. Sinram, M. Steuer, G. M. Swider, H. W. Tang, D. Teuchert, Samuel C. C. Ting, K. L. Tung, M. Q. Wang, M. White, H. G. Wu, S. X. Wu, B. Wyslouch, B. Zhou, R. Y. Zhu, and Y. C. Zhu

III. Physikalisches Institut, Technische Hochschule, D-5100 Aachen, Federal Republic of Germany, and California Institute of Technology, Pasadena, California 91125, and Deutsches Elektronon-Synchrotron DESY, D-2000 Hamburg 52, Federal Republic of Germany, and Laboratory for Nuclear Science, Massachusetts Institute of Technology, Cambridge, Massachusetts 02139, and Junta de Energia Nuclear, Madrid, Spain, and Nationaal Instituut voor Kernfysica en Hoge-Energiefysica, 1009-DB, Amsterdam, The Netherlands, and Institute of High Energy Physics, Chinese Academy of Science, Beijing, People's Republic of China

(Received 4 May 1983)

D.3 HERA

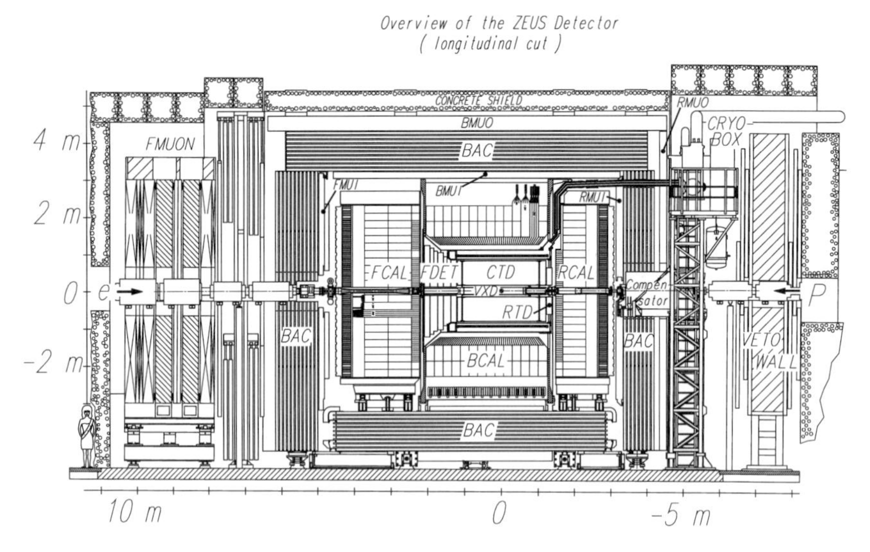

Abbildung D.1 Der ZEUS-Detektor

Eur. Phys. J. C 32, 1–16 (2003)
Digital Object Identifier (DOI) 10.1140/epjc/s2003-01363-5

THE EUROPEAN
PHYSICAL JOURNAL C

Measurement of high-Q^2 charged current cross sections in e^+p deep inelastic scattering at HERA

The ZEUS Collaboration

S. Chekanov, M. Derrick, D. Krakauer, J.H. Loizides[1], S. Magill, B. Musgrave, J. Repond, R. Yoshida
Argonne National Laboratory, Argonne, Illinois 60439-4815[n]

M.C.K. Mattingly
Andrews University, Berrien Springs, Michigan 49104-0380

P. Antonioli, G. Bari, M. Basile, L. Bellagamba, D. Boscherini, A. Bruni, G. Bruni, G. Cara Romeo, L. Cifarelli, F. Cindolo, A. Contin, M. Corradi, S. De Pasquale, P. Giusti, G. Iacobucci, A. Margotti, R. Nania, F. Palmonari, A. Pesci, G. Sartorelli, A. Zichichi
University and INFN Bologna, Bologna, Italy[e]

G. Aghuzumtsyan, D. Bartsch, I. Brock, S. Goers, H. Hartmann, E. Hilger, P. Irrgang, H.-P. Jakob, A. Kappes[2], U.F. Katz[2], O. Kind, U. Meyer, E. Paul[3], J. Rautenberg, R. Renner, A. Stifutkin, J. Tandler, K.C. Voss, M. Wang, A. Weber[4]
Physikalisches Institut der Universität Bonn, Bonn, Germany[b]

D.S. Bailey[5], N.H. Brook[5], J.E. Cole, B. Foster, G.P. Heath, H.F. Heath, S. Robins, E. Rodrigues[6], J. Scott, R.J. Tapper, M. Wing
H.H. Wills Physics Laboratory, University of Bristol, Bristol, UK[m]

M. Capua, A. Mastroberardino, M. Schioppa, G. Susinno
Calabria University, Physics Department and INFN, Cosenza, Italy[e]

J.Y. Kim, Y.K. Kim, J.H. Lee, I.T. Lim, M.Y. Pac[7]
Chonnam National University, Kwangju, Korea[g]

A. Caldwell[8], M. Helbich, X. Liu, B. Mellado, Y. Ning, S. Paganis, Z. Ren, W.B. Schmidke, F. Sciulli
Nevis Laboratories, Columbia University, Irvington on Hudson, New York 10027[o]

J. Chwastowski, A. Eskreys, J. Figiel, K. Olkiewicz, P. Stopa, L. Zawiejski
Institute of Nuclear Physics, Cracow, Poland[i]

L. Adamczyk, T. Bołd, I. Grabowska-Bołd, D. Kisielewska, A.M. Kowal, M. Kowal, T. Kowalski, M. Przybycień, L. Suszycki, D. Szuba, J. Szuba[9]
Faculty of Physics and Nuclear Techniques, University of Mining and Metallurgy, Cracow, Poland[p]

A. Kotański[10], W. Słomiński[11]
Department of Physics, Jagellonian University, Cracow, Poland

V. Adler, L.A.T. Bauerdick[12], U. Behrens, I. Bloch, K. Borras, V. Chiochia, D. Dannheim, G. Drews, J. Fourletova, U. Fricke, A. Geiser, F. Goebel[8], P. Göttlicher[13], O. Gutsche, T. Haas, W. Hain, G.F. Hartner, S. Hillert, B. Kahle, U. Kötz, H. Kowalski[14], G. Kramberger, H. Labes, D. Lelas, B. Löhr, R. Mankel, I.-A. Melzer-Pellmann, M. Moritz[15], C.N. Nguyen, D. Notz, M.C. Petrucci[16], A. Polini, A. Raval, U. Schneekloth, F. Selonke[3], U. Stoesslein, H. Wessoleck, G. Wolf, C. Youngman, W. Zeuner
Deutsches Elektronen-Synchrotron DESY, Hamburg, Germany

S. Schlenstedt
DESY Zeuthen, Zeuthen, Germany

G. Barbagli, E. Gallo, C. Genta, P. G. Pelfer
University and INFN, Florence, Italy[e]

A. Bamberger, A. Benen, N. Coppola
Fakultät für Physik der Universität Freiburg i.Br., Freiburg i.Br., Germany[b]

2 The ZEUS Collaboration: Measurement of high-Q^2 charged current cross sections in e^+p deep inelastic scattering

M. Bell, P.J. Bussey, A.T. Doyle, C. Glasman, J. Hamilton, S. Hanlon, S.W. Lee, A. Lupi, D.H. Saxon, I.O. Skillicorn
Department of Physics and Astronomy, University of Glasgow, Glasgow, UK[m]

I. Gialas
Department of Engineering in Management and Finance, Univ. of Aegean, Greece

B. Bodmann, T. Carli, U. Holm, K. Klimek, N. Krumnack, E. Lohrmann, M. Milite, H. Salehi, S. Stonjek[17], K. Wick, A. Ziegler, Ar. Ziegler
Hamburg University, Institute of Exp. Physics, Hamburg, Germany[b]

C. Collins-Tooth, C. Foudas, R. Gonçalo[6], K.R. Long, A.D. Tapper
Imperial College London, High Energy Nuclear Physics Group, London, UK[m]

P. Cloth, D. Filges
Forschungszentrum Jülich, Institut für Kernphysik, Jülich, Germany

K. Nagano, K. Tokushuku[18], S. Yamada, Y. Yamazaki
Institute of Particle and Nuclear Studies, KEK, Tsukuba, Japan[f]

A.N. Barakbaev, E.G. Boos, N.S. Pokrovskiy, B.O. Zhautykov
Institute of Physics and Technology of Ministry of Education and Science of Kazakhstan, Almaty, Kazakhstan

H. Lim, D. Son
Kyungpook National University, Taegu, Korea[g]

K. Piotrzkowski
Institut de Physique Nucléaire, Université Catholique de Louvain, Louvain-la-Neuve, Belgium

F. Barreiro, O. González, L. Labarga, J. del Peso, E. Tassi, J. Terrón, M. Vázquez
Departamento de Física Teórica, Universidad Autónoma de Madrid, Madrid, Spain[l]

M. Barbi, F. Corriveau, S. Gliga, J. Lainesse, S. Padhi, D.G. Stairs
Department of Physics, McGill University, Montréal, Québec, Canada H3A 2T8[a]

T. Tsurugai
Meiji Gakuin University, Faculty of General Education, Yokohama, Japan[f]

A. Antonov, P. Danilov, B.A. Dolgoshein, D. Gladkov, V. Sosnovtsev, S. Suchkov
Moscow Engineering Physics Institute, Moscow, Russia[j]

R.K. Dementiev, P.F. Ermolov, Yu.A. Golubkov, I.I. Katkov, L.A. Khein, I.A. Korzhavina, V.A. Kuzmin, B.B. Levchenko[19], O.Yu. Lukina, A.S. Proskuryakov, L.M. Shcheglova, N.N. Vlasov, S.A. Zotkin
Moscow State University, Institute of Nuclear Physics, Moscow, Russia[k]

N. Coppola, S. Grijpink, E. Koffeman, P. Kooijman, E. Maddox, A. Pellegrino, S. Schagen, H. Tiecke, J.J. Velthuis, L. Wiggers, E. de Wolf
NIKHEF and University of Amsterdam, Amsterdam, Netherlands[h]

N. Brümmer, B. Bylsma, L.S. Durkin, T.Y. Ling
Physics Department, Ohio State University, Columbus, Ohio 43210[n]

A.M. Cooper-Sarkar, A. Cottrell, R.C.E. Devenish, J. Ferrando, G. Grzelak, S. Patel, M.R. Sutton, R. Walczak
Department of Physics, University of Oxford, Oxford UK[m]

A. Bertolin, R. Brugnera, R. Carlin, F. Dal Corso, S. Dusini, A. Garfagnini, S. Limentani, A. Longhin, A. Parenti, M. Posocco, L. Stanco, M. Turcato
Dipartimento di Fisica dell' Università and INFN, Padova, Italy[e]

E.A. Heaphy, F. Metlica, B.Y. Oh, J.J. Whitmore[20]
Department of Physics, Pennsylvania State University, University Park, Pennsylvania 16802[o]

Y. Iga
Polytechnic University, Sagamihara, Japan[f]

G. D'Agostini, G. Marini, A. Nigro
Dipartimento di Fisica, Università 'La Sapienza' and INFN, Rome, Italy [e]

C. Cormack[21], J.C. Hart, N.A. McCubbin
Rutherford Appleton Laboratory, Chilton, Didcot, Oxon, UK[m]

C. Heusch
University of California, Santa Cruz, California 95064[n]

I.H. Park
Department of Physics, Ewha Womans University, Seoul, Korea

N. Pavel
Fachbereich Physik der Universität-Gesamthochschule Siegen, Germany

H. Abramowicz, A. Gabareen, S. Kananov, A. Kreisel, A. Levy
Raymond and Beverly Sackler Faculty of Exact Sciences, School of Physics, Tel-Aviv University, Tel-Aviv, Israel[d]

M. Kuze
Department of Physics, Tokyo Institute of Technology, Tokyo, Japan[f]

T. Abe, T. Fusayasu, S. Kagawa, T. Kohno, T. Tawara, T. Yamashita
Department of Physics, University of Tokyo, Tokyo, Japan[f]

R. Hamatsu, T. Hirose[3], M. Inuzuka, S. Kitamura[22], K. Matsuzawa, T. Nishimura
Tokyo Metropolitan University, Department of Physics, Tokyo, Japan[f]

M. Arneodo[23], M.I. Ferrero, V. Monaco, M. Ruspa, R. Sacchi, A. Solano
Università di Torino, Dipartimento di Fisica Sperimentale and INFN, Torino, Italy[e]

T. Koop, G.M. Levman, J.F. Martin, A. Mirea
Department of Physics, University of Toronto, Toronto, Ontario, Canada M5S 1A7[a]

J.M. Butterworth, C. Gwenlan, R. Hall-Wilton, T.W. Jones, M.S. Lightwood, B.J. West
Physics and Astronomy Department, University College London, London, UK[m]

J. Ciborowski[24], R. Ciesielski[25], R.J. Nowak, J.M. Pawlak, J. Sztuk[26], T. Tymieniecka[27], A. Ukleja[27], J. Ukleja, A.F. Żarnecki
Warsaw University, Institute of Experimental Physics, Warsaw, Poland[q]

M. Adamus, P. Plucinski
Institute for Nuclear Studies, Warsaw, Poland[q]

Y. Eisenberg, L.K. Gladilin[28], D. Hochman, U. Karshon, M. Riveline
Department of Particle Physics, Weizmann Institute, Rehovot, Israel[c]

D. Kçira, S. Lammers, L. Li, D.D. Reeder, A.A. Savin, W.H. Smith
Department of Physics, University of Wisconsin, Madison, Wisconsin 53706[n]

A. Deshpande, S. Dhawan, P.B. Straub
Department of Physics, Yale University, New Haven, Connecticut 06520-8121[n]

S. Bhadra, C.D. Catterall, S. Fourletov, G. Hartner, S. Menary, M. Soares, J. Standage
Department of Physics, York University, Ontario, Canada M3J 1P3[a]

[1] also affiliated with University College London
[2] on leave of absence at University of Erlangen-Nürnberg, Germany
[3] retired
[4] self-employed
[5] PPARC Advanced fellow
[6] supported by the Portuguese Foundation for Science and Technology (FCT)
[7] now at Dongshin University, Naju, Korea
[8] now at Max-Planck-Institut für Physik, München/Germany
[9] partly supported by the Israel Science Foundation and the Israel Ministry of Science
[10] supported by the Polish State Committee for Scientific Research, grant no. 2 P03B 09322
[11] member of Dept. of Computer Science
[12] now at Fermilab, Batavia/IL, USA
[13] now at DESY group FEB
[14] on leave of absence at Columbia Univ., Nevis Labs., N.Y./USA
[15] now at CERN
[16] now at INFN Perugia, Perugia, Italy
[17] now at Univ. of Oxford, Oxford/UK
[18] also at University of Tokyo
[19] partly supported by the Russian Foundation for Basic Research, grant 02-02-81023

4 The ZEUS Collaboration: Measurement of high-Q^2 charged current cross sections in e^+p deep inelastic scattering

[20] on leave of absence at The National Science Foundation, Arlington, VA/USA
[21] now at Univ. of London, Queen Mary College, London, UK
[22] present address: Tokyo Metropolitan University of Health Sciences, Tokyo 116-8551, Japan
[23] also at Università del Piemonte Orientale, Novara, Italy
[24] also at Łódź University, Poland
[25] supported by the Polish State Committee for Scientific Research, grant no. 2 P03B 07222
[26] Łódź University, Poland
[27] supported by German Federal Ministry for Education and Research (BMBF), POL 01/04328 on leave from MSU, partly supported by University of Wisconsin via the U.S.-Israel BSF

Received: 17 July 2003 /
Published online: 12 November 2003 –

Abstract. Cross sections for e^+p charged current deep inelastic scattering at a centre-of-mass energy of 318 GeV have been determined with an integrated luminosity of 60.9 pb^{-1} collected with the ZEUS detector at HERA. The differential cross sections $d\sigma/dQ^2$, $d\sigma/dx$ and $d\sigma/dy$ for $Q^2 > 200\,\text{GeV}^2$ are presented. In addition, $d^2\sigma/dxdQ^2$ has been measured in the kinematic range $280\,\text{GeV}^2 < Q^2 < 17\,000\,\text{GeV}^2$ and $0.008 < x < 0.42$. The predictions of the Standard Model agree well with the measured cross sections. The mass of the W boson propagator is determined to be $M_W = 78.9 \pm 2.0\,(\text{stat.}) \pm 1.8\,(\text{syst.})\,^{+2.0}_{-1.8}\,(\text{PDF})$ GeV from a fit to $d\sigma/dQ^2$. The chiral structure of the Standard Model is also investigated in terms of the $(1-y)^2$ dependence of the double-differential cross section. The structure-function F_2^{CC} has been extracted by combining the measurements presented here with previous ZEUS results from e^-p scattering, extending the measurement obtained in a neutrino-nucleus scattering experiment to a significantly higher Q^2 region.

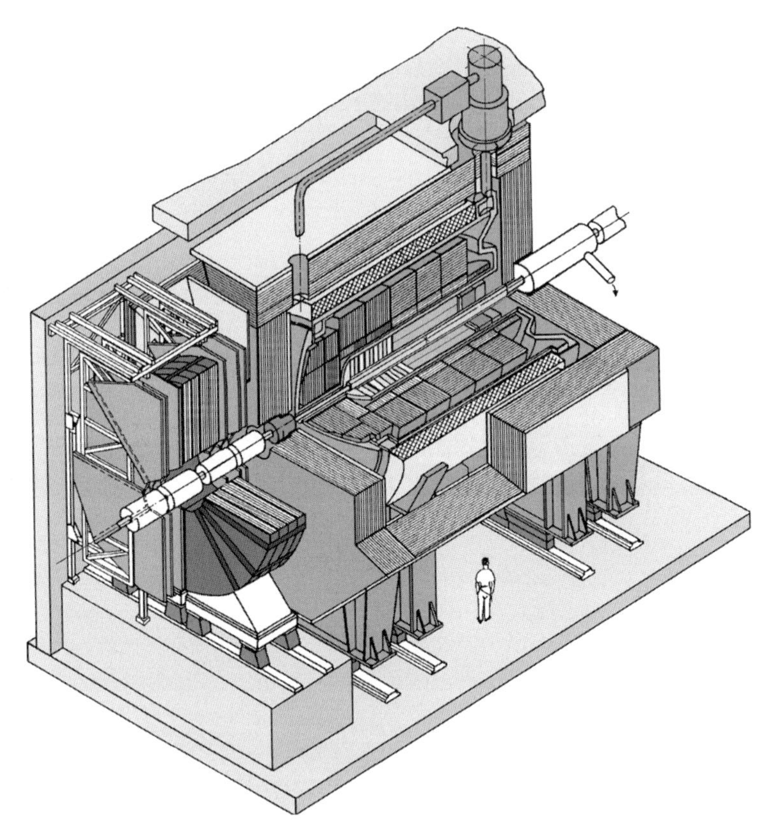

Abbildung D.2 Der H1 Detektor

DESY-03-159 ISSN 0418-9833
October 2003

Muon Pair Production in ep Collisions at HERA

H1 Collaboration

Abstract

Cross sections for the production of two isolated muons up to high di-muon masses are measured in *ep* collisions at HERA with the H1 detector in a data sample corresponding to an integrated luminosity of 71 pb^{-1} at a centre of mass energy of $\sqrt{s} = 319$ GeV. The results are in good agreement with Standard Model predictions, the dominant process being photon-photon interactions. Additional muons or electrons are searched for in events with two high transverse momentum muons using the full data sample corresponding to 114 pb^{-1}, where data at $\sqrt{s} = 301$ GeV and $\sqrt{s} = 319$ GeV are combined. Both the di-lepton sample and the tri-lepton sample agree well with the predictions.

To be submitted to *Phys. Lett.* **B**

A. Aktas[10], V. Andreev[24], T. Anthonis[4], A. Asmone[31], A. Babaev[23], S. Backovic[35], J. Bähr[35], P. Baranov[24], E. Barrelet[28], W. Bartel[10], S. Baumgartner[36], J. Becker[37], M. Beckingham[21], O. Behnke[13], O. Behrendt[7], A. Belousov[24], Ch. Berger[1], N. Berger[36], T. Berndt[14], J.C. Bizot[26], J. Böhme[10], M.-O. Boenig[7], V. Boudry[27], J. Bracinik[25], W. Braunschweig[1], V. Brisson[26], H.-B. Bröker[2], D.P. Brown[10], D. Bruncko[16], F.W. Büsser[11], A. Bunyatyan[12,34], G. Buschhorn[25], L. Bystritskaya[23], A.J. Campbell[10], S. Caron[1], F. Cassol-Brunner[22], K. Cerny[30], V. Chekelian[25], C. Collard[4], J.G. Contreras[7,41], Y.R. Coppens[3], J.A. Coughlan[5], M.-C. Cousinou[22], B.E. Cox[21], G. Cozzika[9], J. Cvach[29], J.B. Dainton[18], W.D. Dau[15], K. Daum[33,39], B. Delcourt[26], N. Delerue[22], R. Demirchyan[34], A. De Roeck[10,43], K. Desch[11], E.A. De Wolf[4], C. Diaconu[22], J. Dingfelder[13], V. Dodonov[12], J.D. Dowell[3], A. Dubak[25], C. Duprel[2], G. Eckerlin[10], V. Efremenko[23], S. Egli[32], R. Eichler[32], F. Eisele[13], M. Ellerbrock[13], E. Elsen[10], M. Erdmann[10,40,e], W. Erdmann[36], P.J.W. Faulkner[3], L. Favart[4], A. Fedotov[23], R. Felst[10], J. Ferencei[10], M. Fleischer[10], P. Fleischmann[10], Y.H. Fleming[3], G. Flucke[10], G. Flügge[2], A. Fomenko[24], I. Foresti[37], J. Formánek[30], G. Franke[10], G. Frising[1], E. Gabathuler[18], K. Gabathuler[32], J. Garvey[3], J. Gassner[32], J. Gayler[10], R. Gerhards[10], C. Gerlich[13], S. Ghazaryan[34], L. Goerlich[6], N. Gogitidze[24], S. Gorbounov[35], C. Grab[36], V. Grabski[34], H. Grässler[2], T. Greenshaw[18], M. Gregori[19], G. Grindhammer[25], D. Haidt[10], L. Hajduk[6], J. Haller[13], G. Heinzelmann[11], R.C.W. Henderson[17], H. Henschel[35], O. Henshaw[3], R. Heremans[4], G. Herrera[7,44], I. Herynek[29], R.-D. Heuer[11], M. Hildebrandt[37], K.H. Hiller[35], J. Hladký[29], P. Höting[2], D. Hoffmann[22], R. Horisberger[32], A. Hovhannisyan[34], M. Ibbotson[21], M. Ismail[21], M. Jacquet[26], L. Janauschek[25], X. Janssen[10], V. Jemanov[11], L. Jönsson[20], C. Johnson[3], D.P. Johnson[4], H. Jung[20,10], D. Kant[19], M. Kapichine[8], M. Karlsson[20], J. Katzy[10], N. Keller[37], J. Kennedy[18], I.R. Kenyon[3], C. Kiesling[25], M. Klein[35], C. Kleinwort[10], T. Kluge[1], G. Knies[10], A. Knutsson[20], B. Koblitz[25], S.D. Kolya[21], V. Korbel[10], P. Kostka[35], R. Koutouev[12], A. Kropivnitskaya[23], J. Kroseberg[37], J. Kückens[10], T. Kuhr[10], M.P.J. Landon[19], W. Lange[35], T. Laštovička[35,30], P. Laycock[18], A. Lebedev[24], B. Leißner[1], R. Lemrani[10], V. Lendermann[10], S. Levonian[10], B. List[36], E. Lobodzinska[35,6], N. Loktionova[24], R. Lopez-Fernandez[10], V. Lubimov[23], H. Lueders[11], S. Lüders[36], D. Lüke[7,10], T. Lux[11], L. Lytkin[12], A. Makankine[8], N. Malden[21], E. Malinovski[24], S. Mangano[36], P. Marage[4], J. Marks[13], R. Marshall[21], M. Martisikova[10], H.-U. Martyn[1], J. Martyniak[6], S.J. Maxfield[18], D. Meer[36], A. Mehta[18], K. Meier[14], A.B. Meyer[11], H. Meyer[33], J. Meyer[10], S. Michine[24], S. Mikocki[6], I. Milcewicz[6], D. Milstead[18], F. Moreau[27], A. Morozov[8], I. Morozov[8], J.V. Morris[5], M. Mozer[13], K. Müller[37], P. Murín[16,42], V. Nagovizin[23], B. Naroska[11], J. Naumann[7], Th. Naumann[35], P.R. Newman[3], C. Niebuhr[10], D. Nikitin[8], G. Nowak[6], M. Nozicka[30], B. Olivier[10], J.E. Olsson[10], G.Ossoskov[8], D. Ozerov[23], C. Pascaud[26], G.D. Patel[18], M. Peez[22], E. Perez[9], A. Perieanu[10], A. Petrukhin[35], D. Pitzl[10], R. Pöschl[26], B. Portheault[26], B. Povh[12], N. Raicevic[35], J. Rauschenberger[11], P. Reimer[29], B. Reisert[25], C. Risler[25], E. Rizvi[3], P. Robmann[37], R. Roosen[4], A. Rostovtsev[23], Z. Rurikova[25], S. Rusakov[24], K. Rybicki[6,†], D.P.C. Sankey[5], E. Sauvan[22], S. Schätzel[13], J. Scheins[10], F.-P. Schilling[10], P. Schleper[10], S. Schmidt[25], S. Schmitt[37], M. Schneider[22], L. Schoeffel[9], A. Schöning[36], V. Schröder[10], H.-C. Schultz-Coulon[7], C. Schwanenberger[10], K. Sedlák[29], F. Sefkow[10], I. Sheviakov[24], L.N. Shtarkov[24], Y. Sirois[27], T. Sloan[17], P. Smirnov[24], Y. Soloviev[24], D. South[21], V. Spaskov[8], A. Specka[27], H. Spitzer[11], R. Stamen[10], B. Stella[31], J. Stiewe[14], I. Strauch[10], U. Straumann[37], G. Thompson[19], P.D. Thompson[3], F. Tomasz[14], D. Traynor[19], P. Truöl[37], G. Tsipolitis[10,38], I. Tsurin[35], J. Turnau[6], E. Tzamariudaki[25], A. Uraev[23], M. Urban[37], A. Usik[24], S. Valkár[30], A. Valkárová[30], C. Vallée[22],

P. Van Mechelen[4], A. Vargas Trevino[7], S. Vassiliev[8], Y. Vazdik[24], C. Veelken[18], A. Vest[1], A. Vichnevski[8], S. Vinokurova[10], V. Volchinski[34], K. Wacker[7], J. Wagner[10], B. Waugh[21], G. Weber[11], R. Weber[36], D. Wegener[7], C. Werner[13], N. Werner[37], M. Wessels[1], B. Wessling[11], M. Winde[35], G.-G. Winter[10], Ch. Wissing[7], E.-E. Woehrling[3], E. Wünsch[10], W. Yan[10], J. Žáček[30], J. Zálešák[30], Z. Zhang[26], A. Zhokin[23], H. Zohrabyan[34], and F. Zomer[26]

[1] *I. Physikalisches Institut der RWTH, Aachen, Germany*[a]
[2] *III. Physikalisches Institut der RWTH, Aachen, Germany*[a]
[3] *School of Physics and Space Research, University of Birmingham, Birmingham, UK*[b]
[4] *Inter-University Institute for High Energies ULB-VUB, Brussels; Universiteit Antwerpen (UIA), Antwerpen; Belgium*[c]
[5] *Rutherford Appleton Laboratory, Chilton, Didcot, UK*[b]
[6] *Institute for Nuclear Physics, Cracow, Poland*[d]
[7] *Institut für Physik, Universität Dortmund, Dortmund, Germany*[a]
[8] *Joint Institute for Nuclear Research, Dubna, Russia*
[9] *CEA, DSM/DAPNIA, CE-Saclay, Gif-sur-Yvette, France*
[10] *DESY, Hamburg, Germany*
[11] *Institut für Experimentalphysik, Universität Hamburg, Hamburg, Germany*[a]
[12] *Max-Planck-Institut für Kernphysik, Heidelberg, Germany*
[13] *Physikalisches Institut, Universität Heidelberg, Heidelberg, Germany*[a]
[14] *Kirchhoff-Institut für Physik, Universität Heidelberg, Heidelberg, Germany*[a]
[15] *Institut für experimentelle und Angewandte Physik, Universität Kiel, Kiel, Germany*
[16] *Institute of Experimental Physics, Slovak Academy of Sciences, Košice, Slovak Republic*[e,f]
[17] *School of Physics and Chemistry, University of Lancaster, Lancaster, UK*[b]
[18] *Department of Physics, University of Liverpool, Liverpool, UK*[b]
[19] *Queen Mary and Westfield College, London, UK*[b]
[20] *Physics Department, University of Lund, Lund, Sweden*[g]
[21] *Physics Department, University of Manchester, Manchester, UK*[b]
[22] *CPPM, CNRS/IN2P3 - Univ Mediterranee, Marseille - France*
[23] *Institute for Theoretical and Experimental Physics, Moscow, Russia*[l]
[24] *Lebedev Physical Institute, Moscow, Russia*[e]
[25] *Max-Planck-Institut für Physik, München, Germany*
[26] *LAL, Université de Paris-Sud, IN2P3-CNRS, Orsay, France*
[27] *LLR, Ecole Polytechnique, IN2P3-CNRS, Palaiseau, France*
[28] *LPNHE, Universités Paris VI and VII, IN2P3-CNRS, Paris, France*
[29] *Institute of Physics, Academy of Sciences of the Czech Republic, Praha, Czech Republic*[e,i]
[30] *Faculty of Mathematics and Physics, Charles University, Praha, Czech Republic*[e,i]
[31] *Dipartimento di Fisica Università di Roma Tre and INFN Roma 3, Roma, Italy*
[32] *Paul Scherrer Institut, Villigen, Switzerland*
[33] *Fachbereich Physik, Bergische Universität Gesamthochschule Wuppertal, Wuppertal, Germany*
[34] *Yerevan Physics Institute, Yerevan, Armenia*
[35] *DESY, Zeuthen, Germany*
[36] *Institut für Teilchenphysik, ETH, Zürich, Switzerland*[j]
[37] *Physik-Institut der Universität Zürich, Zürich, Switzerland*[j]

Flavor Decomposition of the Sea Quark Helicity Distributions in the Nucleon from Semi-inclusive Deep-inelastic Scattering

A. Airapetian,[30] N. Akopov,[30] Z. Akopov,[30] M. Amarian,[6,30] V.V. Ammosov,[22] A. Andrus,[15] E.C. Aschenauer,[6] W. Augustyniak,[29] R. Avakian,[30] A. Avetissian,[30] E. Avetissian,[10] P. Bailey,[15] V. Baturin,[21] C. Baumgarten,[19] M. Beckmann,[5] S. Belostotski,[21] S. Bernreuther,[27] N. Bianchi,[10] H.P. Blok,[20,28] H. Böttcher,[6] A. Borissov,[17] M. Bouwhuis,[15] J. Brack,[4] A. Brüll,[16] V. Bryzgalov,[22] G.P. Capitani,[10] H.C. Chiang,[15] G. Ciullo,[9] M. Contalbrigo,[9] P.F. Dalpiaz,[9] R. De Leo,[3] L. De Nardo,[1] E. De Sanctis,[10] E. Devitsin,[18] P. Di Nezza,[10] M. Düren,[13] M. Ehrenfried,[8] A. Elalaoui-Moulay,[2] G. Elbakian,[30] F. Ellinghaus,[6] U. Elschenbroich,[12] J. Ely,[4] R. Fabbri,[9] A. Fantoni,[10] A. Fechtchenko,[7] L. Felawka,[26] B. Fox,[4] J. Franz,[11] S. Frullani,[24] Y. Gärber,[8] G. Gapienko,[22] V. Gapienko,[22] F. Garibaldi,[24] K. Garrow,[1,25] E. Garutti,[20] D. Gaskell,[4] G. Gavrilov,[5,26] V. Gharibyan,[30] G. Graw,[19] O. Grebeniouk,[21] L.G. Greeniaus,[1,26] K. Hafidi,[2] M. Hartig,[26] D. Hasch,[10] D. Heesbeen,[20] M. Henoch,[8] R. Hertenberger,[19] W.H.A. Hesselink,[20,28] A. Hillenbrand,[8] M. Hoek,[13] Y. Holler,[5] B. Hommez,[12] G. Iarygin,[7] A. Ivanilov,[22] A. Izotov,[21] H.E. Jackson,[2] A. Jgoun,[21] R. Kaiser,[14] E. Kinney,[4] A. Kisselev,[21] K. Königsmann,[11] M. Kopytin,[6] V. Korotkov,[6] V. Kozlov,[18] B. Krauss,[8] V.G. Krivokhijine,[7] L. Lagamba,[3] L. Lapikás,[20] A. Laziev,[20,28] P. Lenisa,[9] P. Liebing,[6] T. Lindemann,[5] K. Lipka,[6] W. Lorenzon,[17] J. Lu,[26] B. Maiheu,[12] N.C.R. Makins,[15] B. Marianski,[29] H. Marukyan,[30] F. Masoli,[9] V. Mexner,[20] N. Meyners,[5] O. Mikloukho,[21] C.A. Miller,[1,26] Y. Miyachi,[27] V. Muccifora,[10] A. Nagaitsev,[7] E. Nappi,[3] Y. Naryshkin,[21] A. Nass,[8] M. Negodaev,[6] W.-D. Nowak,[6] K. Oganessyan,[5,10] H. Ohsuga,[27] G. Orlandi,[24] N. Pickert,[8] S. Potashov,[18] D.H. Potterveld,[2] M. Raithel,[8] D. Reggiani,[9] P.E. Reimer,[2] A. Reischl,[20] A.R. Reolon,[10] C. Riedl,[8] K. Rith,[8] G. Rosner,[14] A. Rostomyan,[30] L. Rubacek,[13] D. Ryckbosch,[12] Y. Salomatin,[22] I. Sanjiev,[2,21] I. Savin,[7] C. Scarlett,[17] A. Schäfer,[23] C. Schill,[11] G. Schnell,[6] K.P. Schüler,[5] A. Schwind,[6] J. Seele,[15] R. Seidl,[8] B. Seitz,[13] R. Shanidze,[8] C. Shearer,[14] T.-A. Shibata,[27] V. Shutov,[7] M.C. Simani,[20,28] K. Sinram,[5] M. Stancari,[9] M. Statera,[9] E. Steffens,[8] J.J.M. Steijger,[20] J. Stewart,[6] U. Stösslein,[4] P. Tait,[8] H. Tanaka,[27] S. Taroian,[30] B. Tchuiko,[22] A. Terkulov,[18] A. Tkabladze,[6] A. Trzcinski,[29] M. Tytgat,[12] A. Vandenbroucke,[12] P. van der Nat,[20,28] G. van der Steenhoven,[20] M.C. Vetterli,[25,26] V. Vikhrov,[21] M.G. Vincter,[1] J. Visser,[20] C. Vogel,[8] M. Vogt,[8] J. Volmer,[6] C. Weiskopf,[8] J. Wendland,[25,26] J. Wilbert,[8] G. Ybeles Smit,[28] S. Yen,[26] B. Zihlmann,[20,28] H. Zohrabian,[30] and P. Zupranski[29]

(The HERMES Collaboration)

[1]*Department of Physics, University of Alberta, Edmonton, Alberta T6G 2J1, Canada*
[2]*Physics Division, Argonne National Laboratory, Argonne, Illinois 60439-4843, USA*
[3]*Istituto Nazionale di Fisica Nucleare, Sezione di Bari, 70124 Bari, Italy*
[4]*Nuclear Physics Laboratory, University of Colorado, Boulder, Colorado 80309-0446, USA*
[5]*DESY, Deutsches Elektronen-Synchrotron, 22603 Hamburg, Germany*
[6]*DESY Zeuthen, 15738 Zeuthen, Germany*
[7]*Joint Institute for Nuclear Research, 141980 Dubna, Russia*
[8]*Physikalisches Institut, Universität Erlangen-Nürnberg, 91058 Erlangen, Germany*
[9]*Istituto Nazionale di Fisica Nucleare, Sezione di Ferrara and Dipartimento di Fisica, Università di Ferrara, 44100 Ferrara, Italy*
[10]*Istituto Nazionale di Fisica Nucleare, Laboratori Nazionali di Frascati, 00044 Frascati, Italy*
[11]*Fakultät für Physik, Universität Freiburg, 79104 Freiburg, Germany*
[12]*Department of Subatomic and Radiation Physics, University of Gent, 9000 Gent, Belgium*
[13]*Physikalisches Institut, Universität Gießen, 35392 Gießen, Germany*
[14]*Department of Physics and Astronomy, University of Glasgow, Glasgow G12 8QQ, United Kingdom*
[15]*Department of Physics, University of Illinois, Urbana, Illinois 61801-3080, USA*
[16]*Laboratory for Nuclear Science, Massachusetts Institute of Technology, Cambridge, Massachusetts 02139, USA*
[17]*Randall Laboratory of Physics, University of Michigan, Ann Arbor, Michigan 48109-1120, USA*
[18]*Lebedev Physical Institute, 117924 Moscow, Russia*
[19]*Sektion Physik, Universität München, 85748 Garching, Germany*
[20]*Nationaal Instituut voor Kernfysica en Hoge-Energiefysica (NIKHEF), 1009 DB Amsterdam, The Netherlands*
[21]*Petersburg Nuclear Physics Institute, St. Petersburg, Gatchina, 188350 Russia*
[22]*Institute for High Energy Physics, Protvino, Moscow region, 142281 Russia*
[23]*Institut für Theoretische Physik, Universität Regensburg, 93040 Regensburg, Germany*
[24]*Istituto Nazionale di Fisica Nucleare, Sezione Roma 1, Gruppo Sanità and Physics Laboratory, Istituto Superiore di Sanità, 00161 Roma, Italy*
[25]*Department of Physics, Simon Fraser University, Burnaby, British Columbia V5A 1S6, Canada*
[26]*TRIUMF, Vancouver, British Columbia V6T 2A3, Canada*
[27]*Department of Physics, Tokyo Institute of Technology, Tokyo 152, Japan*

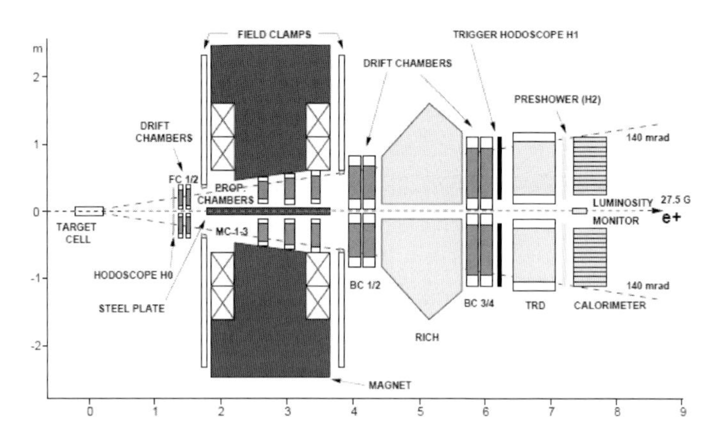

Abbildung D.3 Der HERMES Detektor

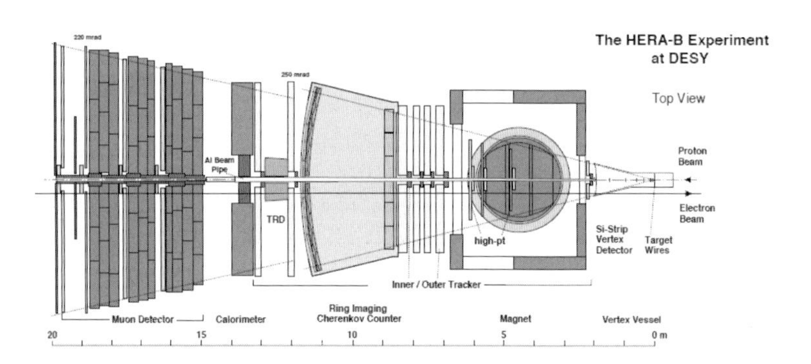

Abbildung D.4 Der HERA B Detektor

DESY-04-086
hep-ex/0405059

Search for the Flavor-Changing Neutral Current Decay $D^0 \to \mu^+\mu^-$ with the HERA-B Detector

I. Abt [x], M. Adams [k], H. Albrecht [m], A. Aleksandrov [ad], V. Amaral [h], A. Amorim [h], S. J. Aplin [m], V. Aushev [q], Y. Bagaturia [m,ak], V. Balagura [w], M. Bargiotti [f], O. Barsukova [ℓ], J. Bastos [h], J. Batista [h], C. Bauer [n], Th. S. Bauer [a], A. Belkov [ℓ], Ar. Belkov [ℓ], A. Bertin [f], B. Bobchenko [w], M. Böcker [aa], A. Bogatyrev [w], G. Bohm [ad], M. Bräuer [n], M. Bruinsma [ac,a], M. Bruschi [f], P. Buchholz [aa], M. Buchler [j], T. Buran [y], J. Carvalho [h], P. Conde [b,m], C. Cruse [k], M. Dam [i], K. M. Danielsen [y], M. Danilov [w], S. De Castro [f], H. Deppe [o], X. Dong [c], H. B. Dreis [o], V. Egorytchev [m], K. Ehret [k], F. Eisele [o], D. Emeliyanov [m], S. Essenov [w], L. Fabbri [f], P. Faccioli [f], M. Feuerstack-Raible [o], J. Flammer [m], B. Fominykh [w], M. Funcke [k], Ll. Garrido [b], B. Giacobbe [f], J. Gläß [u], D. Goloubkov [m,ah], Y. Golubkov [m,ai], A. Golutvin [w], I. Golutvin [ℓ], I. Gorbounov [m,aa], A. Gorišek [r], O. Gouchtchine [w], D. C. Goulart [g], S. Gradl [o], W. Gradl [o], F. Grimaldi [f], Yu. Guilitsky [w,aj], J. D. Hansen [i], R. Harr [j], J. M. Hernández [ad], W. Hofmann [n], T. Hott [o], W. Hulsbergen [a], U. Husemann [aa], O. Igonkina [w], M. Ispiryan [p], T. Jagla [n], C. Jiang [c], H. Kapitza [m], S. Karabekyan [z], P. Karchin [j], N. Karpenko [ℓ], S. Keller [aa], J. Kessler [o], F. Khasanov [w], Yu. Kiryushin [ℓ], K. T. Knöpfle [n], H. Kolanoski [e], S. Korpar [v,r], C. Krauss [o], P. Kreuzer [m,t], P. Križan [s,r], D. Krücker [e], S. Kupper [r], T. Kvaratskheliia [w], A. Lanyov [ℓ], K. Lau [p], B. Lewendel [m], T. Lohse [e], B. Lomonosov [m,ag], R. Männer [u], S. Masciocchi [m], I. Massa [f], I. Matchikhilian [w], G. Medin [e], M. Medinnis [m], M. Mevius [m], A. Michetti [m], Yu. Mikhailov [w,aj], R. Mizuk [w], R. Muresan [i], S. Nam [j], M. zur Nedden [e], M. Negodaev [m,ag], M. Nörenberg [m], S. Nowak [ad], M. T. Núñez Pardo de Vera [m], M. Ouchrif [ac,a], F. Ould-Saada [y], C. Padilla [m], D. Peralta [b], R. Pernack [z], R. Pestotnik [r], M. Piccinini [f], M. A. Pleier [n], M. Poli [af], V. Popov [w], A. Pose [ad],

D. Pose [ℓ,o], S. Prystupa [q], V. Pugatch [q], Y. Pylypchenko [y], J. Pyrlik [p], K. Reeves [n], D. Reßing [m], H. Rick [o], I. Riu [m], P. Robmann [ae], V. Rybnikov [m], F. Sánchez [n], A. Sbrizzi [a], M. Schmelling [n], B. Schmidt [m], A. Schreiner [ad], H. Schröder [z], A. J. Schwartz [g], A. S. Schwarz [m], B. Schwenninger [k], B. Schwingenheuer [n], F. Sciacca [n], N. Semprini-Cesari [f], J. Shiu [j], S. Shuvalov [w,e], L. Silva [h], K. Smirnov [ad], L. Sözüer [m], S. Solunin [ℓ], A. Somov [m], S. Somov [m,ah], J. Spengler [n], R. Spighi [f], A. Spiridonov [ad,w], A. Stanovnik [s,r], M. Starič [r], C. Stegmann [e], H. S. Subramania [p], M. Symalla [k], I. Tikhomirov [w], M. Titov [w], I. Tsakov [ab], U. Uwer [o], C. van Eldik [k], Yu. Vassiliev [q], M. Villa [f], A. Vitale [f], I. Vukotic [e,ad], H. Wahlberg [ac], A. H. Walenta [aa], M. Walter [ad], J. J. Wang [d], D. Wegener [k], U. Werthenbach [aa], H. Wolters [h], R. Wurth [m], A. Wurz [u], Yu. Zaitsev [w], M. Zavertyaev [n,ag], T. Zeuner [m,aa], A. Zhelezov [w], Z. Zheng [c], R. Zimmermann [z], T. Živko [r], A. Zoccoli [f]

[a] *NIKHEF, 1009 DB Amsterdam, The Netherlands* [1]

[b] *Department ECM, Faculty of Physics, University of Barcelona, E-08028 Barcelona, Spain* [2]

[c] *Institute for High Energy Physics, Beijing 100039, P.R. China*

[d] *Institute of Engineering Physics, Tsinghua University, Beijing 100084, P.R. China*

[e] *Institut für Physik, Humboldt-Universität zu Berlin, D-12489 Berlin, Germany* [3,4]

[f] *Dipartimento di Fisica dell' Università di Bologna and INFN Sezione di Bologna, I-40126 Bologna, Italy*

[g] *Department of Physics, University of Cincinnati, Cincinnati, Ohio 45221, USA* [5]

[h] *LIP Coimbra, P-3004-516 Coimbra, Portugal* [6]

[i] *Niels Bohr Institutet, DK 2100 Copenhagen, Denmark* [7]

[j] *Department of Physics and Astronomy, Wayne State University, Detroit, MI 48202, USA* [5]

[k] *Institut für Physik, Universität Dortmund, D-44221 Dortmund, Germany* [4]

[ℓ] *Joint Institute for Nuclear Research Dubna, 141980 Dubna, Moscow region, Russia*

[m] *DESY Hamburg, D-22603 Hamburg, Germany*

[n] *Max-Planck-Institut für Kernphysik, D-69117 Heidelberg, Germany* [4]

[o] *Physikalisches Institut, Universität Heidelberg, D-69120 Heidelberg, Germany* [4]

[p] *Department of Physics, University of Houston, Houston, TX 77204, USA* [5]

[q] *Institute for Nuclear Research, Ukrainian Academy of Science, 03680 Kiev, Ukraine* [8]

[r] *J. Stefan Institute, 1001 Ljubljana, Slovenia*

[s] *University of Ljubljana, 1001 Ljubljana, Slovenia*

[t] *University of California, Los Angeles, CA 90024, USA* [9]

[u] *Lehrstuhl für Informatik V, Universität Mannheim, D-68131 Mannheim, Germany*

[v] *University of Maribor, 2000 Maribor, Slovenia*

[w] *Institute of Theoretical and Experimental Physics, 117259 Moscow, Russia* [10]

[x] *Max-Planck-Institut für Physik, Werner-Heisenberg-Institut, D-80805 München, Germany* [4]

[y] *Dept. of Physics, University of Oslo, N-0316 Oslo, Norway* [11]

[z] *Fachbereich Physik, Universität Rostock, D-18051 Rostock, Germany* [4]

[aa] *Fachbereich Physik, Universität Siegen, D-57068 Siegen, Germany* [4]

[ab] *Institute for Nuclear Research, INRNE-BAS, Sofia, Bulgaria*

[ac] *Universiteit Utrecht/NIKHEF, 3584 CB Utrecht, The Netherlands* [1]

[ad] *DESY Zeuthen, D-15738 Zeuthen, Germany*

[ae] *Physik-Institut, Universität Zürich, CH-8057 Zürich, Switzerland* [12]

[af] *visitor from Dipartimento di Energetica dell' Università di Firenze and INFN Sezione di Bologna, Italy*

[ag] *visitor from P.N. Lebedev Physical Institute, 117924 Moscow B-333, Russia*

[ah] *visitor from Moscow Physical Engineering Institute, 115409 Moscow, Russia*

[ai] *visitor from Moscow State University, 119899 Moscow, Russia*

[aj] *visitor from Institute for High Energy Physics, Protvino, Russia*

[ak] *visitor from High Energy Physics Institute, 380086 Tbilisi, Georgia*

Abstract

We report on a search for the flavor-changing neutral current decay $D^0 \to \mu^+\mu^-$ using 50×10^6 events recorded with a dimuon trigger in interactions of 920 GeV protons with nuclei by the HERA-B experiment. We find no evidence for such decays and set a 90% confidence level upper limit on the branching fraction $\mathcal{B}(D^0 \to \mu^+\mu^-) < 2.0 \times 10^{-6}$.

Key words: Decays of charmed mesons, FCNC
PACS: 13.20.Fc, 14.40.Lb

Anhang E
Tischrede von Professor Wilhelm Walcher

Tischrede, gehalten von Professor W. Walcher während des Festessens im Hamburger Rathaus anlässlich der Gründung von DESY im Dezember 1959.

Wenn ich das Wort ergreife, so muss ich mich zunächst legitimieren. Diese Legitimation geschieht einmal aus der Geschichte dieses Projektes heraus, dessen Stiftungsakt wir soeben erlebt haben. Ich werde darüber gleich noch mehr zu sagen haben. Denn aus der Tatsache heraus, dass dieses Projekt nicht ein Hamburger Projekt sein soll, sondern ein deutsches Projekt, an dem alle deutschen Hochschulen und Forschungsinstitute teilnehmen können, was natürlich nicht heißen soll, dass wir uns nicht auch freuen würden, wenn der Kontakt zu allen Wissenschaftlern der Welt ein sehr lebendiger wird. Gerade dieser Grund ist es, der einen Nicht-Hamburger auf die Rednertribüne stellt, und nicht zuletzt ist es das große Interesse des Verbandes Deutscher Physikalischer Gesellschaften, das den Vorsitzenden vorschickt, um einige Worte über die Bedeutung dieses Tages und dieses Stiftungsaktes für die deutsche Physik zu sagen.

Ich darf vielleicht in einem kurzen Rückblick den Weg beschreiben, den unser Projekt genommen hat. Im Juni des Jahres 1956 fand in Genf eine erste internationale Konferenz über Hochenergie-Maschinen statt, an der einige deutsche Vertreter teilnahmen, mehr als Beobachter, denn zu dieser Zeit war in Deutschland – abgesehen von dem aus dieser Sicht kleinen Bonner Synchrotron – weder eine Maschine noch ein Plan zu einer solchen Maschine vorhanden. Diese Konferenz zeigte, dass nicht nur die großen Nationen USA, UdSSR und England an mehreren Projekten arbeiteten und schon seit langer Zeit Maschinen im Betrieb hatten, sondern auch dass kleinere, weniger reiche Nationen wie Frankreich, Italien, Schweden, Australien mit dem Bau solcher Maschinen beschäftigt und sogar schon weit fortgeschritten waren. Diese Erkenntnis führte an einem Abend zu einer ernsten Diskussion über die deutsche Situation, die etwa diesen Hintergrund hatte: Wenn wir unsere besten jungen Leute, die mit großer Begeisterung an die Forschung gehen, im Lande behalten wollen, nicht ans Ausland verlieren wollen, oder sie, wenn sie draußen sind, wieder zurückgewinnen wollen, müssen wir ihnen auch dieses neue Forschungsgebiet, das an der vordersten Front der Physik liegt, eröffnen. Damit tauchte die Frage nach der Art der Maschine und die weitere Frage, ob nicht die Genfer Einrichtung von CERN diesem Bedarf genügen könnte, auf. Eine überschlägige Abschätzung der Besetzung der Genfer Maschine ergab schnell die Notwendigkeit weiterer Forschungseinrichtungen dieser Art, und dass diese überschlägige

Von schnellen Teilchen und hellem Licht: 50 Jahre Deutsches Elektronen-Synchrotron DESY.
Erich Lohrmann und Paul Söding

ISBN: 978-3-527-40990-7

Rechnung nicht nur wir gemacht hatten, wurde ja durch die Tatsache bewiesen, dass andere an CERN beteiligte Nationen ebenfalls eigene Maschinen bauten. Die Auswahl des Maschinentyps war auch nicht schwer: Während Protonen-Synchrotrons in großer Zahl gebaut waren, wurden oder geplant wurden, bestand nur ein Plan zum Bau eines ESY in Cambridge/Mass., und so entschloss man sich zum Bau eines ESY, das zur Betonung des gesamtdeutschen und nicht allein Hamburger Charakters den schönen Mädchennamen DESY erhielt, obwohl auch HASY ähnliche Assoziationen hervorzurufen im Stande gewesen wäre (wobei allerdings meine Meinung ist, dass DESY vornehmer klingt).

Damit war ein Wunsch geboren, und so kamen wir mit unserem Mädchen DESY (was ja bekanntlich die Abkürzung von Désirée ist) zurück. *Einen* Freier hatten wir schnell gefunden: die Stadt Hamburg war bereit, die Mittel, die sie Herrn Jentschke für den Bau einer kleineren Maschine zugesagt hatte, in das größere Projekt einzubringen, und auch der Bund sagte uns seine Beteiligung zu. Dafür möchte ich an dieser Stelle Ihnen, Herr Minister Balke, Ihnen, Herr Senator Landahl und Herr Senator Weichmann, meinen herzlichen Dank sagen. Ohne diese aufgeschlossene Bereitwilligkeit, in jeder Situation unser Projekt zu fördern, hätten wir nicht den dornenvollen Weg der letzten drei Jahre bis zum glücklichen Ende gehen können. Dieser Weg war in der Tat nicht immer leicht. Wir wollten ja ein gemeinsames Projekt für alle deutschen Hochschulinstitute, die interessiert waren, schaffen und wollten daher die Länder an dem Projekt beteiligen. Aber wir fanden nur recht wenig Gegenliebe. Wir kannten ja die Schwierigkeiten der Hochschulverwaltungen zur Genüge selbst. Wir waren ja nicht nur Verbraucher auf der DESY-Seite, sondern erst recht Verbraucher zu Hause in unserem Institut. So bedurfte es einer Verhandlungszeit von fast drei Jahren, bis nun die Form gefunden wurde, die heute Rechtskraft erlangt hat. Wenn nun Bund und Land Hamburg die Anlage zusammen bauen, so haben wir ihnen für diese Großzügigkeit in erster Linie zu danken. Wir danken aber auch den übrigen Ländern, dass sie sich bereit gefunden haben, gemeinsam mit Bund und Hamburg die Anlage zu betreiben. Besonders dankbar möchte ich in diesem Zusammenhang erwähnen, dass als einziges Land Hessen von Anfang an bereit war, unser Projekt zu unterstützen, und schon im Haushaltsjahr 1958 einen Betrag von DM 300.000,- in den Haushalt eingesetzt hatte, der allerdings wegen des Nichtzustandekommens einer Ländereinigung nicht realisiert werden konnte.

Wenn wir jetzt festen Boden unter den Füßen haben, so können wir uns nach der Bedeutung dieser Forschungsanlage für die deutsche Physik fragen. Das Fundament der deutschen Hochschulen war seit Humboldt die Einheit von Forschung und Lehre. Der Lehrer, der den jungen Menschen durch die verschiedenen Stufen zum eigenen Forschen bringt, sollte sich selbstständig mit offenen Problemen auseinandersetzen. Dieses Prinzip hat zu hervorragenden Leistungen der deutschen Hochschulen geführt, und die Zahl der Nobelpreise – wenn ich nur von dem uns interessierenden Gebiet der Physik spreche – führt eine beredte Sprache. Aber sehen wir uns einmal die nackten Zahlen an: 1900 wurde der erste Nobelpreis erteilt. Von 1900 bis 1910 hatte Deutschland drei Nobelpreise, von 1910 bis 1920 vier, von 1920 bis 1930 drei, von 1930 bis 1940 drei, von 1940 bis 1950 zwei, von 1950 bis 1960 zwei Physiknobelpreise. Ich sage Ihnen damit nichts Neues. Wir wissen von den Verlusten der deutschen Wissenschaft im ersten Weltkrieg, von dem fast tödlichen Stoß in der Zeit von 1933 bis 1945 mit den großen Kriegsverlusten dazu, von den Beschränkungen von 1945 bis 1953. All dies hat dazu geführt, dass wir einer großen Zahl von forscherischen Talenten, und teilweise der besten, beraubt wurden. Die Abwanderung junger Forscher, die nach diesem Krieg in erschreckendem Maße eingesetzt hat, hat noch nicht aufgehört. Die jungen Leute, die vor allem nach Amerika kommen, finden dort ganz andere Arbeitsmöglichkeiten als in der Heimat, sie werden von einem dahinreißenden Strom stürmischer Forschungsarbeit mitgenommen und hören die Urteile über die deutsche Situation: Ja, früher mussten wir die deutsche Sprache kennen, da brachten die deutschen Zeitschriften immer neue Anregungen. Aber heute ist es nicht mehr nötig, die deutsche Literatur zu verfolgen, denn die Zahl der qualifizierten Beiträge ist klein, und die Menge hat nicht die Qualifikation unserer Zeitschriften. Ich weiß, dass man dies nicht gerne hört, weder da noch dort, aber selbst wenn es übertrieben ist, so sollte uns diese Tatsache alarmieren. Unsere Forschung muss wieder an die Front vorstoßen, dazu braucht sie Geld, Geld und nochmal Geld.

Wenn ein Marschall diesen Ausspruch tut, dann müssen Generationen von Schulkindern ihn ehrfürchtig nachbeten, aber wenn ihn ein Physiker tut – und hier spreche ich als der Vorsitzende des Verbandes Deutscher Physikalischer Gesellschaften – so wird er belächelt und verhallt ungehört. Dazu brauchen wir moderne Forschungsanlagen, und wir brauchen Forscher, junge Forscher in genügender Zahl. Die Forschung ist so kompliziert geworden, dass es des Zusammenwirkens vieler Köpfe und vieler Hände bedarf, um große Erfolge zu erzielen. Wir haben genügend begeisterungsfähige junge Menschen, wir müssen sie hinausschicken, damit sie lernen und sehen, wie anderswo mit Erfolg gearbeitet wird, in den Westen und in den Osten, denn auch dort werden große Erfolge erzielt, und wir müssen ihnen die Rückkehr attraktiv machen, damit sie mithelfen, unsere Forschung wieder auf die alte Höhe zu bringen. DESY soll ein solches Zentrum werden, das unseren Nachwuchs anlockt. Und es soll uns helfen, die Einheit von Forschung und Lehre in einem neuen Sinne zu verwirklichen. Die modernen Forschungsanlagen sind teilweise so kompliziert, dass nicht an jeder Universität und Hochschule entsprechende Einrichtungen geschaffen werden können. Wenn die Apparate nicht mehr zu den Forschern kommen können, so müssen die Forscher zu den Apparaten kommen. Hier bei DESY sollen Hochschullehrer aller Altersklassen – vom Assistenten bis zum Ordinarius – und alle Hochschulen die Möglichkeit bekommen, auf kürzere oder längere Zeit, allerdings fern von ihrem eigenen Laboratorium, an Problemen der Hochenergiephysik zu arbeiten. Dem muss natürlich beim Aufbau des Lehrkörpers Rechnung getragen werden, und es darf nicht sein, dass entweder die Arbeit draußen zum Erliegen kommt, oder die Arbeit hier unmöglich ist. Wir brauchen schon aus Gründen der Hochschulreform mehr Lehrstühle und qualifizierte Stellen für jüngere Kollegen, und wenn diese geschaffen sind, wird eine zeitweise Beurlaubung an ein solches zentrales Forschungslaboratorium kein Problem mehr sein.

Und noch eines. Diejenigen, die in den vergangenen Jahren im vorbereitenden Ausschuss von DESY gearbeitet haben, sind oft verzweifelt gewesen über die Hindernisse, die wohlgemeinte Verwaltungsbestimmungen manchmal dem schnellen Fortschritt in den Weg gelegt haben. Wenn ich eine Behörde einrichte – und das geschieht in unserer verwalteten Welt sehr oft – so kann ich mir für die Schreibtische drei Angebote einholen und das günstigste aussuchen, wenn ich aber heirate, so ist dieses Verfahren unangebracht. Sie wissen, warum. Die Kategorien, nach denen der Forscher seine Apparate auszuwählen hat, nähern sich viel mehr denen für die Wahl einer Frau als für die Wahl eines Schreibtisches. Dabei sind wir dankbar, wenn ein tüchtiger Rechnungshof überprüft, ob alles in Ordnung ist, und feststellt, wenn etwas nicht in Ordnung ist, aber auch nachträglich soll er nicht drei Angebote über drei Grazien anfordern. Denn auch er ist kein Paris. Sonst wird ein trojanischer Krieg entfacht, und Sie wissen, was man mit einem trojanischen Pferd alles machen kann. Die sich hier verbergende Sorge ist eine ganz allgemeine. Die Forschung bedarf einer behutsamen und einfachen Verwaltung, wenn nicht die besten Kräfte zwischen den Verwaltungsaufgaben zermahlen werden sollen. Diese Vereinfachung zu schaffen ist ein Anliegen aller Hochschulen und Forschungsinstitute.

Und nun, meine Herren, wenn unsere kleine DESY wachsen und gedeihen soll, so wird aus der Désirée schnell eine Désirante werden, und bedenken Sie: Kleine Mädchen haben viele Wünsche.

Also trinken wir auf DESY.

Literaturverzeichnis

[1] C. Habfast, Großforschung mit kleinen Teilchen: Die Geschichte des Deutschen Elektronen-Synchrotrons, Springer Berlin 1989

[2] M. Schaaf und H. Spitzer, Interview mit W. Jentschke, Interner Bericht DESY H1-97-01, 1997

[3] Ilse Drewitz, Schwerpunkte in der Geschichte von DESY 1956–1979, herausgegeben von DESY PR

[4] E.D. Courant, M.S. Livingston und H.S. Snyder, Phys. Rev. **88** (1952) 1190

[5] R.R. Wilson in ‚Perspectives in Modern Physics', R.E. Marshak ed., Interscience 1996, S. 234 ff.

[6] M.S. Livingston und J.P. Blewett, Particle Accelerators, McGraw Hill, 1962, S. 615 (sollte dort 1953 statt 1954 heißen).

[7] M. Wendt, 700 Jahre Flottbek, Herausgeber SPD Flottbek- Othmarschen, Hamburg 2005, ISBN 3-00-016459-6

[8] P. Waloschek, Als die Teilchen laufen lernten, Vieweg ISBN 3-528-06567-2

[9] Aachen-Berlin-Birmingham-Bonn-Hamburg-London-München Kollaboration, Phys. Lett. **10** (1964) 226

[10] R.W. McAllister und R. Hofstadter, Phys. Rev. **102** (1956) 851

[11] DESY Jahresbericht 1964

[12] Proc. Int. Symp. on Electron and Photon Int. at High Energies, Hamburg 1964, Herausgeber DPG

[13] J.G. Asbury et al., Phys. Rev. Lett. **18** (1967) 65

[14] L. Criegee et al., Phys. Rev. Lett. **16** (1966) 1031 und Err. Phys. Rev. Lett. **17** (1966) 844

[15] G. Bologna et al., Nuovo Cim. **A42** (1966) 844

[16] W. Bertram et al., Phys. Lett. **21** (1966) 471

[17] Aachen-Berlin-Bonn-Hamburg-Heidelberg-München-Koll., Phys. Rev. **175** (1968) 1669

[18] H.G. Hilpert et al., Phys. Lett. **27B** (1968) 474

[19] P. Benz et al., Nucl. Phys. **B79** (1974) 10

[20] Aachen-Berlin-Bonn-Hamburg-Heidelberg-München Kollaboration, Nucl. Phys. **B8** (1968) 535

[21] V. Eckardt et al., Nucl. Phys. **B55** (1973) 45

[22] V. Eckardt et al., Phys. Lett. B43 (1973) 240

[23] W. Struczinski et al., Aachen-Hamburg-Heidelberg-München Kollaboration, Nucl. Phys. **B108** (1976) 45

[24] P. Joos et al., DESY-Hamburg-Glasgow Kollaboration, Phys. Lett. **52B** (1974) 481

[25] G. Alexander et al., Nucl. Phys. **B65** (1973) 301

[26] G. Alexander et al., Nucl. Phys. **B66** (1973) 7

Von schnellen Teilchen und hellem Licht: 50 Jahre Deutsches Elektronen-Synchrotron DESY.
Erich Lohrmann und Paul Söding

ISBN: 978-3-527-40990-7

[27] H. Blechschmidt et al., Nuovo Cim. **A52** (1968) 1348, **A53** (1968) 1045, **A54** (1968) 213

[28] C. Driver et al., Nucl. Phys. **B38** (1972) 1

[29] C. Driver et al., Nucl. Phys. **B39** (1972) 106

[30] I. Dammann et al., Nucl. Phys. **B54** (1973) 355

[31] I. Dammann et al., Nucl. Phys. **B54** (1973) 381

[32] L. Criegee et al., Phys. Lett. **28B** (1968) 282

[33] J.G. Asbury et al., Phys. Rev. Lett. **20** (1968) 227

[34] H. Alvensleben et al., Phys. Rev. Lett. **24** (1970) 786

[35] H. Alvensleben et al., Nucl. Phys. **B25** (1971) 342

[36] H. Alvensleben et al., Phys. Rev. Lett. **30** (1973) 328

[37] G. Jarlskog et al., Phys. Rev. **D8** (1973) 3813

[38] H. Cheng und T.T. Wu, Phys. Rev. **D5** (1972) 3077

[39] W. Braunschweig et al., Nucl. Phys. **B20** (1970) 191

[40] W. Braunschweig et al., Phys. Lett. **33B** (1970) 236

[41] G. Bellettini et al., Nuovo Cim. **66A** (1970) 243

[42] H. Goeing, W. Schorsch, J. Tietge und W. Weilnboeck, Nucl. Phys. **B26** (1971) 121

[43] P. Heide et al., Phys. Rev. Lett. **21** (1968) 248

[44] C. Geweniger et al., Phys. Lett. **29B** (1969) 41

[45] H. Burfeindt et al., Phys. Lett. **33B** (1970) 509

[46] W. Bartel et al., Phys. Lett. **30B** (1969) 285

[47] W. Albrecht et al., Phys. Rev. Lett. **17** (1966) 1192

[48] W. Albrecht et al., Phys. Rev. Lett. **18** (1967) 1014

[49] W. Albrecht et al., Phys. Lett. **26B** (1968) 642

[50] W. Bartel et al., Nucl. Phys. **B58** (1973) 429

[51] S. Galster et al., Nucl. Phys. **B23** (1971) 221

[52] S. Hartwig et al., Lett. Nuovo Cim. **12** (1975) 30

[53] S. Hartwig et al., Lett. Nuovo Cim. **15** (1976) 429

[54] Konferenzberichte zu Resonanzen: SLAC 1967 G. Weber, ‚Nucleon Formfactors‘; Wien 1968 W. Albrecht et al., ‚Inelastic electron proton scattering for test of sum rules‘, F21 Daten gezeigt von W.K.H. Panofsky; Liverpool 1969 F.Gutbrod, ‚Electroproduction of Baryon Resonances‘; Bonn 1973 F.Brasse ‚Particle Production‘.

[55] W. Bartel et al., Phys. Lett. **28B** (1968) 148

[56] P. Brauel et al., Phys. Lett. **45B** (1973) 389

[57] W. Bartel et al., Phys. Lett. **35B** (1971) 181

[58] J.-C. Alder et al., Nucl. Phys. **B48** (1972) 487

[59] F.W. Brasse et al., Nucl. Phys. **B139** (1978) 37

[60] J.-C. Alder et al., Nucl. Phys. **B46** (1972) 573

[61] W. Albrecht et al., Nucl. Phys. **B27** (1971) 615

[62] S. Galster et al., Phys. Rev. **D5** (1972) 519

[63] J.-C. Alder et al., Nucl. Phys. **B105** (1976) 253

[64] J.-C. Alder et al., Nucl. Phys. **B99** (1975) 1

[65] P. Brauel et al., Phys. Lett. **50B** (1974) 507

[66] www.jlab.org oder www.cebaf.gov

[67] W. Albrecht et al., Nucl. Phys. **B13** (1969) 1

[68] W. Dorner, Dr.Arbeit U. Hamburg 1969 und interner Bericht F21/1

[69] W. Albrecht et al., DESY Bericht 69/46

[70] P. Brauel et al.,Z. f. Physik **C3** (1979) 101

[71] J.-C. Alder et al., Nucl. Phys. **B46** (1972) 415

[72] F.W. Brasse et al., Phys. Lett. **58B** (1975) 467

[73] P. Brauel et al., Phys. Lett. **65B** (1976) 181

[74] G. Buschhorn et al., Phys. Lett. **25** (1970) 1306

[75] G. Buschhorn et al., Phys. Lett. **33** (1970) 241

[76] G. Buschhorn et al., Phys. Lett. **37B** (1971) 211

[77] V. Heynen et al., Phys. Lett. **34B** (1971) 651

[78] G.K. O'Neill, in Proc. Int. Conf.on High Energy Accelerators, Brookhaven 1961

[79] C. Bernardini et al., Nuovo Cim. **34** (1964) 1473

[80] K. Robinson und G.A. Voss, tech. Rep. CEAL-1029 (1966) und CEA-TM-149 (1965)

[81] J.D. Bjorken, Phys. Rev. **148** (1966) 1467

[82] Lichtenberg, Aphorismen, insel taschenbuch 165, 1976, S.204

[83] V. Silvestrini, XVI Int.Conf. on High Energy Phys., Chicago 1972, Band 4, S.1.

[84] K. Strauch, in Proc. Int. Symposium on Electron and Photon Interactions at High Energies, Bonn 1973

[85] A. Hofmann, R. Little, H. Mieras, J.M. Paterson, K.W. Robinson, G.A. Voss, H. Winick, Int. Conf. on High Energy Accelerators, Cambridge Mass. 1967

[86] I. Borchardt et al., Vorschlag zum Bau eines 3 GeV Elektron- Positron-Doppelspeicherrings für das Deutsche Elektronen-Synchrotron, Okt. 1967

[87] H.J. Besch et al., Phys. Lett. **78B** (1978) 347

[88] J.J. Aubert et al., Phys. Rev. Lett. **33** (1974) 1404

[89] J.E. Augustin et al., Phys. Rev. Lett. **33** (1974) 1406

[90] W. Braunschweig et al., Phys. Lett. **57B** (1975) 407

[91] G. Goldhaber et al., Phys. Rev. Lett. **37** (1976) 255

[92] W. Braunschweig et al., Phys. Lett. **63B** (1976) 471

[93] M.L. Perl el al., Phys. Rev. Lett. **35** (1975) 1489

[94] S.H. Neddermeyer und C.D. Anderson, Phys. Rev. **51** (1937) 111, 246, 353

[95] J. Burmester et al., Phys. Lett. **68B** (1977) 297, 301

[96] S.W. Herb et al., Phys. Rev. Lett. **39** (1977) 252

[97] Ch. Berger et al., Phys. Lett. **B76** (1978) 243

[98] C.W. Darden et al., Phys. Lett. **B76** (1978) 246; Phys. Lett. **B78** (1978) 346

[99] J.K. Bienlein et al., Phys. Lett. **78B** (1978) 360

[100] G. Alexander et al., Phys. Lett. **B78** (1978) 176

[101] H. Krasemann und K. Koller, Phys. Lett. **88B** (1979) 119

[102] K. Wille, DESY Bericht 81-047

[103] H. Albrecht et al., Phys. Lett. **B236** (1990) 102

[104] H. Albrecht et al., Phys. Lett. **B250** (1990) 164; Phys. Lett. **B349** (1995) 576

[105] H. Albrecht et al., Phys. Lett. **B209** (1988) 119

[106] H. Albrecht et al., Phys. Lett. **B192** (1987) 245

[107] Physics with ARGUS, Phys. Rep. **276** (1996) 223

[108] H. Gerke, H. Wiedemann, B.H. Wiik, G. Wolf: Ein Vorschlag, DORIS als ep Speicherring zu benutzen, DESY Notiz H-72/22

[109] H. Frese et al., IEEE Trans. Nucl. Sc. **NS-26** (1979) 3379

[110] H. Frese und G. Hochweller, IEEE Trans. Nucl. Sc. **NS-26** (1979) 3385

[111] Sitzung des Erweiterten Wissenschaftlichen Rats am 31. 8. 1976

[112] J. Ellis, M.K. Gaillard und G.G. Ross, Nucl. Phys. **B111** (1976) 253

[113] P. Hoyer et al., Nucl. Phys. **B161** (1979) 349

[114] B.H. Wiik, Proc. Neutrino 79, Int. Conf.on Neutrinos, weak Int. and Cosmology, Bergen 1979, Vol.1, S. 113.

[115] Sau Lan Wu und G. Zobernig, Zt. Phys. **C2** (1979) 107

[116] P. Söding, Proc.of the EPS Int. Conf.on High Energy Physics, Genf, 1979, Vol. 1, p. 271

[117] Michael Riordan, The Hunting of the Quark, Simon and Schuster, New York 1987, S.351

[118] R. Brandelik et al., Phys. Lett. **86B** (1979) 243

[119] D. Barber et al., Phys. Rev. Lett. **43** (1979) 830

[120] Ch. Berger et al., Phys. Lett. **B86** (1979) 418

[121] W. Bartel et al., Phys. Lett. **91B** (1980) 142

[122] R. Brandelik et al., Phys. Lett. **97B** (1980) 453

[123] Ch. Berger et al., Phys. Lett. **82B** (1979) 449

[124] J.G. Branson, Proc. Int. Symp. Lepton and Photon Phys., Bonn 1981, S. 287

[125] D. H. Saxon, IX Warsaw Symposium on Elementary Particle Physics, 1986

[126] H. Musfeld, H. Kumpfert und W. Schmidt, Int.Ber.DESY M-81/15, März 1981, und 1981 Particle Accelerator Conf. Washington D.C., März 1981

[127] E. Demmel, NTG/IEEE-Fachtagung Mai 1980

[128] A. Ali und P. Söding (Editors), „High Energy Electron-Positron Physics", World Scientific Publishing Co. (Singapur, New Jersey, Hong Kong) 1988.

[129] B.H. Wiik, H.A. Schwettman und P.B. Wilson, A 200 MeV superconducting racetrack microtron, Rep.HEPL-396, Stanford U.(1965).

[130] D. Möhl et al., SLAC Bericht 967 (1971)

[131] Proceedings of the Seminar on e-p and e-e Storage Rings, DESY 73/66, Dezember 1973

[132] C.H. Llewellyn Smith and B H. Wiik, Physics with Large Electron-Proton Colliding Beams, DESY 77/38 (1977)

[133] CHEEP, an e-p Faxility in the SPS, eds. J. Ellis, B.H. Wiik and K. Hübner, CERN 78-02 (1978)

[134] E. Dasskowski, D. Kohaupt, K. Steffen and G.A. Voss, an e-p Facility at PETRA, DESY 78/02 (January 1978)

[135] Proceedings of the Study of an ep Facility for Europe, ed. U. Amaldi, DESY Hamburg, 2 - 3 April 1979, DESY 79/48 (August 1979)

[136] European Committee For Future Accelerators, Report ECFA 80/42, DESY-HERA 80/01 (17 March 1980)

[137] DESY: Studie zum Projekt des Proton-Elektron-Speicherrings HERA, März 1980

[138] HERA, A Proposal for a large Electron-Proton Colliding Beam Facility at DESY, DESY-HERA 81/10 (July 1981)

[139] Physics with ep Colliders, Discussion Meeting in view of HERA jointly organized by DESY, ECFA and University of Wuppertal, Wuppertal, Oct 2-3 1981, DESY-HERA 81/18

[140] Empfehlungen des Gutachterausschusses „Großprojekte in der Grundlagenforschung“, berufen vom Bundesminister für Forschung und Technologie; Bonn, Februar 1981

[141] Erinnerungen von Dr. Josef Rembser bei seiner Verabschiedung als Vorsitzender des DESY-Verwaltungsrats am 20. Dezember 1988.

[142] H. Kaiser, H. Mess und P. Schmüser, DESY HERA Ber.1986–14 und H. Kaiser, Int.Conf. on High Energy Accelerators, Novosibirsk 1986, Bd.2, S.49 und Referenzen dort.

[143] Nature Vol. 343, S. 495 (8 Feb 1990)

[144] DESY Jahresbericht 1990, S.156

[145] Experimentation at HERA, Workshop jointly organized by DESY, ECFA and NIKHEF, Amsterdam, June 9-11 1983; DESY-HERA 83/20, Oct 1983

[146] Discussion Meeting on HERA Experiments, Genoa, Oct 1-3 1984; DESY-HERA 85/01, Jan 1985

[147] Letter of Intent for an Experiment at HERA, H1 Collaboration, June 28, 1985

[148] ZEUS: A Detector for HERA, Letter of Intent, June 1985

[149] H1 Collaboration, Technical Proposal for the H1 Detector, March 25, 1986

[150] ZEUS Collaboration, The ZEUS Detector, Technical Proposal, March 1986

[151] Proceedings of the HERA Workshop, Hamburg, Oct 12-14 1987 (ed. R. D. Peccei), Aug 1988

[152] Proceedings of the Workshop on Physics at HERA, Hamburg 1991, Vol. I - III (eds. W. Buchmüller, G. Ingelman), 1992

[153] D.P. Barber et al., DESY-Bericht 94-171

[154] H1 Koll. Bildarchiv www-h1.desy.de

[155] ZEUS Koll.Bildarchiv www-zeus.desy.de

[156] A. Airapetian et al., Phys. Rev. **D71** (2005) 012003

[157] S. Bethke, Int.Conf. on QCD, Montpellier 2002

[158] C. Glasman, Proc. Ringberg Workshop 2003, S.126; preprint hep-ex/0312011

[159] P. Stichel, Z. Phys. **180** (1964) 170

[160] G. Kramer und K. Schilling Z. Phys. **191** (1966) 51

[161] M.L. Blackmon, G. Kramer und K. Schilling, Phys. Rev. **183** (1969) 1452

[162] M.L. Blackmon, G. Kramer und K. Schilling, Nucl. Phys. **B12** (1969) 1492

[163] R.D. Kohaupt, Z. Phys.**194** (1966) 18

[164] H. Joos, Phys. Lett. **24B** (1967) 103

[165] J.J. Sakurai und D. Schildknecht, Phys. Lett. **40B** (1972) 121

[166] J.J. Sakurai und D. Schildknecht, Phys. Lett. **41B** (1972) 489

[167] H. Satz, Phys. Lett. **25B** (1967) 27

[168] H. Satz und G. van Keuk, Nuovo Cim. **A50** (1967) 272

[169] T.F. Walsh, Phys. Lett. **36B** (1971) 121

[170] T.F. Walsh und P. Zerwas, Nucl. Phys. **B41** (1972) 551

[171] G. Kramer et al., Phys. Rev. **D3** (1971) 719

[172] M. Böhm, H. Joos und M. Krammer, Nuovo Cim.**7A** (1972) 21

[173] C.G. Callan, Phys. Rev. **D2** (1970) 1541

[174] K. Symanzik, Marseille Conf. on Gauge Theories, 1972

[175] K. Symanzik, Nuovo Cim. Lett. **6** (1973) 77

[176] G. Kramer, G.Schierholz und J.Willrodt, Phys.Lett. **73B** (1978) 249

[177] A. Ali et al., Phys. Lett. **93B** (1980) 155

[178] A. Ali et al., Nucl. Phys. **B167** (1980) 454

[179] M. Krammer und H. Krasemann, Quarkonium, in „Quarks and Leptons as fundamental Particles“, Springer Verlag Wien New York

[180] A. Kwiatkowski, H. Spiesberger und H.-J. Möhring, Comp. Phys. Comm. **69** (1992) 155

[181] K.G. Wilson, Phys. Rev. **D10** (1974) 2445

[182] G. Mack und E. Pietarinen, Phys. Lett. **94B** (1980) 397

[183] G. Münster und P. Weisz, Phys. Lett. **96B** (1980) 119

[184] A. Ringwald und F. Schrempp, Phys. Lett. **B 438** (1998) 217

[185] Proceedings of the Workshop ‚Future Physics at HERA', Hamburg 1995/96 (eds. G.Ingelman, A. De Roek, R. Klanner), http://www.desy.de/heraws96

[186] M. Fukugita und T. Yanagida, Phys. Lett. **B174** (1986) 45

[187] W. Buchmüller und M. Plümacher, Phys. Lett.**B389** (1996) 73

[188] W. Buchmüller, Physik in unserer Zeit **5** (1998) 211

[189] C. Wetterich, Nucl. Phys. **B 302** (1988) 645

[190] J.C. Collins, DESY-01-013 und arXiv:physics/0102024

[191] R. Penrose, Shadows of the Mind, (Oxford 1994)

[192] S. Bhadra et al., Computer Phys. Comm. **57** (1989) 321

[193] R.K. Böck, Konf. Computing in High Energy Physics, Oxford 1989.

[194] B.D. Burow, Konf. Computing in High Energy Physics (CHEP95) S.59, Rio de Janeiro 1995, World Scientific.

[195] D.H. Tomboulian und P.L. Hartman, Phys.Rev. **102** (1956) 1423

[196] P. Joos, Phys. Rev. Lett. **4** (1960) 558

[197] G. Bathow, E. Freytag und R. Haensel, DESY-Ber.66-05

[198] W.Steinmann und M.Skibowski, Phys.Rev.Lett. **16** (1966) 989

[199] D. Lemke und D. Labs, Applied Optics **6** (1967) 1043

[200] R. Haensel, C. Kunz und B. Sonntag, Phys. Lett. **25A** (1967) 205

[201] R. Haensel et al., Phys. Rev. Lett. **22** (1969) 398

[202] K. Feser, Phys. Rev. Lett. **29** (1972) 901

[203] K. Feser, Phys. Rev. Lett. **28** (1972) 1013

[204] R. Haensel et al., Phys. Rev. Lett. **23** (1969) 528

[205] R. Haensel et al., Phys. Stat. Sol.(a) **2** (1970) 85

[206] R. Haensel, C. Kunz und B. Sonntag, Phys. Rev.Lett. **20** (1968) 262

[207] DESY Jahresbericht 1967, S. 3-31

[208] DESY Jahresbericht 1968, S. 4-40

[209] R. Haensel und C. Kunz, Zt. Angew. Phys. **23** (1967) 276

[210] H. Dietrich und C. Kunz, Rev. Sci. Instr. **43** (1972) 434

[211] DESY Jahresbericht 1979, S. 65

[212] G. Rosenbaum, K.C. Holmes und J. Witz, Nature **230** (1971) 434

[213] M. Cardona et al., Phys. Rev. Lett. **25**(1970) 659

[214] E.E. Koch, S. Kunstreich und A. Otto, Optics Comm. **2** (1971) 365

[215] T.Tuomi, K. Naukkarinen und P. Rabe, Phys. Stat. Sol.(a) **25** (1974) 93

[216] E. Spiller et al., IBM Report 25123 Jan. 1976

[217] U. Bonse und G. Materlik, Z. f. Physik **B 24** (1976) 189

[218] K.C. Holmes and G. Rosenbaum, J. of Synchrotron Radiation **5** (1998) 147

[219] F.-J. Himpsel und W. Steinmann, Phys. Rev. Lett. **35** (1975) 1025

[220] R. Brodmann et al., Chem. Phys. Lett. **29** (1974) 250

[221] V. Saile et al., Phys. Rev. Lett. **37** (1976) 305

[222] C. Kunz,H. Petersen und D.W. Lynch, Phys. Rev. Lett. **33** (1974) 1556

[223] H. Petersen und C. Kunz, Phys. Rev. Lett. **35** (1975) 863

[224] U. Bonse und G. Materlik, Z. Phys. **B24** (1976) 189

[225] DESY Jahresbericht 1975, S. 89

[226] B. Niemann, D. Rudolph und G. Schmahl, Appl.Optics **15** (1976) 1883

[227] E.E. Koch, Nucl. Instr. and Meth. **177** (1980) 7

[228] O. Beimgraben et al., Phys. Blätter Heft 1, 1981

[229] W. Graeff und G. Materlik, NIM **195** (1982) 97

[230] G. Materlik, A. Frahm und M. Bedzyk, Phys. Rev. Lett. **52** (1984) 441

[231] C.C. Gluer, W. Graeff und H. Möller, NIM **208** (1983) 701

[232] V. Saile et al., Phys. Lett. **A79** (1980) 221

[233] E.E. Koch et al., Chemical Phys. **59** (1981) 249

[234] K. Kjaer et al., Phys. Rev. Lett. **58** (1987) 2224

[235] M. Braslau et al., Phys. Rev. Lett. **54** (1985) 114

[236] HASYLAB Jahresbericht 1985

[237] G. Zimmerer, Nucl. Inst. Meth. **A308** (1991) 178

[238] G. Schütz et al., Phys. Rev. Lett. **58** (1987) 737

[239] HASYLAB Jahresbericht 1985, S. 190

[240] E. Gerdau,R. Rüffer,H. Winkler,W. Tolksdorf,C.P. Klages und J.P. Hannon, Phys. Rev. Lett. **54** (1985) 835

[241] E. Gerdau,R. Rüffer,R. Hollatz und J.P. Hannon, Phys. Rev. Lett. **57** (1986) 1141

[242] HASYLAB Jahresbericht 1984, S. 5

[243] T. Möller, M. Beland und G. Zimmerer, Phys. Rev. Lett. **55** (1985) 2145

[244] E. Vlieg et al., Surface Science **178** (1986) 36

[245] H. Dosch et al., Phys. Rev. Lett. **60** (1988) 2382

[246] J. Nordgren et al., Rev. Sci. Instr. **60** (1989) 1690

[247] F. Gerken et al., Phys. Scripta **32** (1985) 43

[248] http://hasylab.desy.de/facilities/doris_iii/beamlines/i_superlumi/index_eng.html

[249] Sitzung des Verwaltungsrats am 13. 6. 1991

[250] http://hasylab.desy.de/facilities/doris_iii/beamlines

[251] DESY Jahresbericht 2000

[252] T. Dill et al., Z. Kardiol. **89** (2000) I/27

[253] F. Brinker, A. Febel, G. Hemmie, N. Liu, H. Nesemann, M. Schmitz, K. Tesch, S. Wipf, DESY Bericht M 00-011

[254] T. Gog et al., Phys. Rev. Lett. **76** (1996) 3132

[255] A.J. Steinfort et al., Phys. Rev. Lett. **77** (1996) 2009

[256] O. Björneholm et al., Phys. Rev. Lett. **74** (1995) 3017

[257] L.M. Kiernan et al., J. Phys. **B28** (1995) L161

[258] W. Drube,R. Treusch und G. Materlik, Phys. Rev. Lett. **74** (1995) 42

[259] U. Bonse et al., Bone and Mineral **25** (1994) 25

[260] J. Arthur, G. Materlik und H. Winick edt., SLAC-Report-437

[261] H. Wabnitz et al., Nature **420** (2002) 482

[262] Für eine ausführliche Darstellung der Geschichte des Zeuthener Instituts von der ersten Gründung 1939 bis etwa 1968 siehe: Thomas Stange, Institut X, Teubner-Verlag 2001

[263] Mündlich im Januar 1993 von Dr. O. Baier, einem der seinerzeitigen Mitarbeiter des Instituts.

[264] M. von Ardenne, Ein glückliches Leben für Technik und Forschung, Zürich 1972; A. Speer (ehemaliger Reichsminister der Hitler-Regierung) im Spiegel-Interview, Spiegel Nr.28, 1964

[265] Naturforschung und Medizin in Deutschland 1939–46, Bd. 14: Kernphysik, S. 24 ff; VCH Verlag Chemie, Weinheim 1953

[266] H. Schopper et al., Report of the Review Committee for the Institute for High Energy Physics, September 1990

[267] Institut für Hochenergiephysik der Akademie der Wissenschaften der DDR, Zeuthen: Materialien zur Begutachtung des Instituts, August 1990: Antworten auf 23 Fragen des Wissenschaftsrates; Darstellung des wissenschaftlichen Profils des Instituts für Hochenergiephysik; Vorschlag für die Entwicklung des Instituts für Hochenergiephysik.

[268] Wissenschaftsrat: Stellungnahme zu den Instituten des Forschungsbereichs Physik, zum Einstein-Laboratorium für Theoretische Physik und zum Zentrum für Wissenschaftlichen Gerätebau der ehemaligen Akademie der Wissenschaften der DDR. Düsseldorf 1991; Wissenschaftsrat: Stellungnahme zum Institut für Hochenergiephysik in Zeuthen (Land Brandenburg), Drs. 23/91 vom 25. 1. 1991.

[269] Diese Grundsätze sind in ihrer endgültigen Form in einem von DESY und dem IfH Zeuthen gemeinsam verfassten Dokument „Vereinigung des Instituts für Hochenergiephysik in Zeuthen (Brandenburg) mit DESY (Hamburg)“ vom 21. Mai 1991 formuliert, in dem auch die Infrastruktur, die Verwaltung, die Organisationsstruktur sowie die Personalfragen, Rechtsfragen und der Wirtschaftsplan behandelt werden.

[270] Ausführungsvereinbarung zur „Rahmenvereinbarung Forschungsförderung“ nach Artikel 91 b Grundgesetz zwischen der Bundesrepublik Deutschland, der Freien und Hansestadt Hamburg und dem Land Brandenburg. „Mitteilung des [Hamburger] Senats an die Bürgerschaft“ (Drucksache 14/270 vom 10. 9. 1991).

[271] Professor J. Wanka, Wissenschaftsministerin des Landes Brandenburg, im Grußwort zum 10-jährigen Bestehen von DESY Zeuthen am 30. 1. 2002.

[272] Alpha Collaboration, First results on the running coupling in QCD with two massless flavours, DESY 01-052, 2001; Phys. Lett. **B515** (2001) 49

[273] E. Andres et al. (AMANDA Collaboration), Observation of High Energy Neutrinos with Cherenkov Detectors embedded in deep Antarctic Ice; Nature **410** (2001) 441

[274] C. Spiering, Phys. Scripta **T 121** (2005) 112

[275] Physik Journal **1** (2002), Nr.4, S. 23.

[276] E. Lohrmann, H. Meyer und H. Winzeler, Phys. Lett. **13** (1964) 78

[277] P. Söding, Phys. Lett. **8** (1964) 285

[278] V. Blobel et al., Nucl. Phys. **B69** (1974) 454

[279] G.A. Voss und T. Weiland, DESY-Bericht 82-074

[280] A Wake Field Transformer Experiment, 12. Int. Conf. on High Energy Accelerators, FNAL, Batavia 1983

[281] J. Andruszkow et al., Phys. Rev. Lett. **85** (2000) 3825

[282] K. Balewski, W. Brefeld, W. Decking, H. Franz, R. Röhlsberger, E. Weckert Ed., DESY Bericht 2004-035

[283] J. Maddox: Was zu entdecken bleibt und die Zukunft der Menschheit, Suhrkamp Verlag Frankfurt a.M. 2000

Index